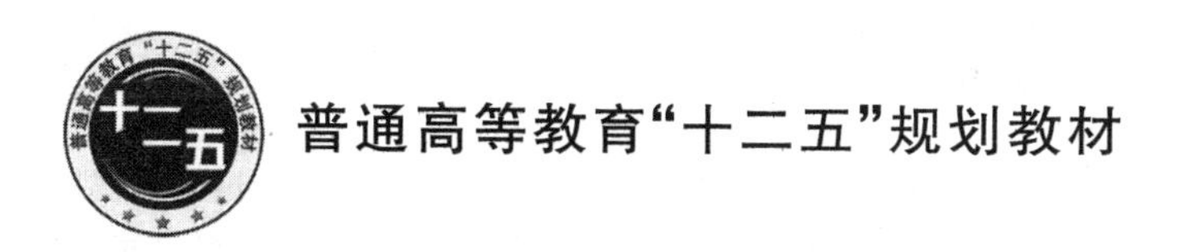

高等数学解题法

（第2版）

刘吉佑　赵新超　陈秀卿　钱　江　编

北京邮电大学出版社
www. buptpress. com

内 容 简 介

本书编写目的是为读者学习高等数学、提高解题技能和熟练程度提供帮助。全书收录的题目比较典型，也有一定难度，总共归结为二十九讲。内容包括预备知识、极限与连续、一元函数微分学、一元函数积分学、多元函数微分学、多元函数积分学、无穷级数、常微分方程等。每一讲分为内容要点、例题选讲、练习题和答案与提示四个模块。例题选讲给出了比较详细的解答或证明，而练习题则只给出答案或提示，以便给读者留有充分的发挥空间。对于一些特别需要引起读者重视的解题方法或解题思路，书中加以"评注"。本书内容覆盖了理工科大学高等数学课程的基本要求和国家研究生数学入学考试的基本要求。

本书可作为"高等数学解题法"课程的教材和学生学习高等数学的参考书，也可作为参加硕士研究生数学入学考试及高等数学竞赛的复习参考书。

图书在版编目(CIP)数据

高等数学解题法 / 刘吉佑等编 . -- 2 版. -- 北京 ：北京邮电大学出版社，2016.9

ISBN 978-7-5635-4909-2

Ⅰ.①高… Ⅱ.①刘… Ⅲ.①高等数学—高等学校—题解 Ⅳ.①O13-44

中国版本图书馆 CIP 数据核字(2016)第 196587 号

书　　名： 高等数学解题法(第 2 版)
著作责任者： 刘吉佑　赵新超　陈秀卿　钱　江　编
责 任 编 辑： 徐振华　马晓仟
出 版 发 行： 北京邮电大学出版社
社　　址： 北京市海淀区西土城路 10 号(邮编:100876)
发 行 部： 电话：010-62282185　传真：010-62283578
E-mail： publish@bupt. edu. cn
经　　销： 各地新华书店
印　　刷： 保定市中画美凯印刷有限公司
开　　本： 787 mm×1 092 mm　1/16
印　　张： 21
字　　数： 548 千字
版　　次： 2011 年 11 月第 1 版　2016 年 9 月第 2 版　2016 年 9 月第 1 次印刷

ISBN 978-7-5635-4909-2　　定　价：44.00 元

前　　言

人们喜欢一件事物，大多是因为了解它，并能体会到其中的乐趣。对《高等数学》的学习正是这样，你要了解它的习性（即基本知识、基本方法，以及其内在的关联），会做一些常见题型，这样才有可能体会到那种由衷的快乐，否则，你感受到的或许只有枯燥了。本书就是想让读者在这方面有所了解，有所体会，获得快乐。

“从前有棵树，叫做高数，上面挂了很多人。”这句话在大学生中流传很广。首先，他们能上去这棵树，说明水平没问题，可为什么被挂住了？或者是被吓的，或者是发现树上没啥好玩的。

为了改善高等数学的教与学，编者根据多年的教学感悟和讲授经验，基于主流高等数学教材的章节顺序（比如同济大学《高等数学》第六版），本书针对高等数学解题方法的课程，设置了预备知识和二十八个专题讲座，每一讲分为内容要点、例题选讲、练习题和答案与提示四个模块。本书是针对“高等数学解题法”课程、考研复习和高等数学竞赛等的提高性配套图书，不是通常的随着章节进行的高等数学辅导书。

内容要点模块纲领性地列出本讲相关的概念和方法，并期望读者将相关内容联系起来；例题选讲模块是每一讲的主要内容，本书的特色也是通过对精选例题的讲解得以体现的，对例题的讲解过程意图体现读者对该题的认识过程，而且不少题目给出多种解法，体现了不同的分析思路，而“思路”是学习中（不仅仅对高数）最关键的部分，因为对一个问题，有没有思路是质的区别，而把思路具体实现只是一个技术性问题，编者希望通过题型分析，引导读者去“想”问题，去“猜”思路，当然这里面也有个排错的过程；练习题模块是根据每讲的核心内容及典型例题所用的方法选编的习题，希望读者通过这些练习题的巩固，实现对该讲知识和方法的掌握，尝试如何“想”问题，如何根据题设条件去“猜”问题的求解思路；答案与提示模块给出练习题的主要思路、方法或答案。编者对这部分的使用建议是：对思路和方法不到万不得已不看，想清楚自己的思路并计算出结果，然后对照答案验证自己的结果。

本书由北京邮电大学理学院数学系刘吉佑、陈秀卿、钱江和赵新超合作编写完成，其中刘吉佑编写了第一至八讲和第十四讲，陈秀卿编写了第九至十二讲，钱江编写了第十六至二十二讲，赵新超编写了第十五讲和第二十三至二十九讲，第十三讲由陈秀卿和赵新超合作编写，最后由刘吉佑统稿。

本书感谢北京邮电大学理学院数学系各位老师的帮助和协作，感谢北京邮电大学出版社编辑的帮助。

虽然编者有非常美好的编著意愿，但限于编者的水平且时间仓促，书中难免会有疏漏和不足之处，恳请读者斧正。

编　者

目　　录

第一讲　预备知识、函数

（一）内容要点

1. 几个常用不等式的初等证明方法

(1) 当 $a,b>0$ 时，$\sqrt{ab}\leqslant\frac{a+b}{2}$，$\frac{1}{a}+a\geqslant 2$，$\frac{a}{b}+\frac{b}{a}\geqslant 2$.

(2) 设 $a_i>0(i=1,2,\cdots,n)$，则有

调和平均 $H_n=\dfrac{n}{\dfrac{1}{a_1}+\dfrac{1}{a_2}+\cdots+\dfrac{1}{a_n}}$，几何平均 $G_n=\sqrt[n]{a_1a_2\cdots a_n}$

算术平均 $A_n=\dfrac{a_1+a_2+\cdots+a_n}{n}$

以上三个平均数有以下关系：$H_n\leqslant G_n\leqslant A_n$.

2. 函数的概念

设数集 $D\subseteq\mathbf{R}$，则称映射 $f:D\to\mathbf{R}$ 为定义在 D 上的函数，简记为 $y=f(x)$，$x\in D$. 其中 x 为自变量，y 为因变量. D 为函数的定义域，$R_f=f(D)=\{y\mid y=f(x),x\in D\}$ 称为函数的值域.

3. 函数的性质

(1) 有界性：若 $\exists M>0$，使得 $\forall x\in D$，均有 $|f(x)|\leqslant M$，则称 $f(x)$ 在集合 D 上有界；若 $\forall M>0$，$\exists x\in D$，使得 $|f(x)|>M$，则称 $f(x)$ 在 D 上无界.

(2) 单调性：若 $\forall x_1,x_2\in D$，$x_1\leqslant x_2$，有 $f(x_1)<f(x_2)$（或 $f(x_1)>f(x_2)$），则称 $f(x)$ 在 D 上严格单调增加（或严格单调减少）. 如果有 $f(x_1)\leqslant f(x_2)$（或 $f(x_1)\geqslant f(x_2)$），则称 $f(x)$ 单调增加（或单调减少）.

(3) 奇偶性：若定义域 D 在 x 轴上关于原点对称，且 $\forall x\in D$，均有 $f(-x)=-f(x)$，则称 $f(x)$ 为奇函数，若 $\forall x\in D$，均有 $f(-x)=f(x)$，则称 $f(x)$ 为偶函数.

(4) 周期性：若 $\exists T>0$，使得 $\forall x\in D$，有 $(x\pm T)\in D$，且 $f(x+T)=f(x)$，则称 $f(x)$ 为周期函数，且称具有上述性质的最小正数 T 为 $f(x)$ 的周期.

4. 复合函数

设函数 $y=f(u)$，$u\in U$ 与 $u=g(x)$，$x\in D$，且 $g(D)\subseteq U$，这时 y 通过 u 表示为 x 的函数 $y=f[g(x)]$，$x\in D$，称为由 $y=f(u)$ 与 $u=g(x)$ 复合而成的复合函数，其中 u 称为中间变量.

5. 反函数

设函数 $y=f(x)$，若 $\forall y\in R_f$，有唯一确定的 $x\in D$，使得 $f(x)=y$，则确定 x 是 y 的函数，

称为 $y=f(x)$ 的反函数,记作 $x=f^{-1}(y)$.

6. 初等函数

常数函数、幂函数、指数函数、对数函数、三角函数、反三角函数统称为基本初等函数.

由基本初等函数经过有限次四则运算及有限次复合运算所构成的能用一个式子表示的函数称为初等函数.

(二) 例题选讲

例 1.1 证明下面不等式:

(1) 当 $a_i\geqslant -1(i=1,2,\cdots,n)$ 且符号相同时

$$(1+a_1)(1+a_2)\cdots(1+a_n)\geqslant 1+(a_1+a_2+\cdots+a_n)$$

(2) 设 $a_i>0(i=1,2,\cdots,n)$ 且 $a_1a_2\cdots a_n=1$,则 $a_1+a_2+\cdots+a_n\geqslant n$.

(3) 设 $a_i\geqslant 0(i=1,2,\cdots,n)$,则有

$$\sqrt[n]{a_1a_2\cdots a_n}\leqslant\frac{a_1+a_2+\cdots+a_n}{n}$$

证明 (1) 当 $a_i>0(i=1,2,\cdots,n)$ 时,不等式显然成立.

当 $-1\leqslant a_i\leqslant 0(i=1,2,\cdots,n)$ 时,用数学归纳法可证明不等式成立.

当 $n=2$ 时,有 $(1+a_1)(1+a_2)=1+(a_1+a_2)+a_1a_2\geqslant 1+(a_1+a_2)$,设 $n=k$ 时不等式成立,即 $(1+a_1)(1+a_2)\cdots(1+a_k)\geqslant 1+(a_1+a_2+\cdots+a_k)$,则

$$\begin{aligned}&(1+a_1)(1+a_2)\cdots(1+a_k)(1+a_{k+1})\geqslant[1+(a_1+a_2+\cdots+a_k)](1+a_{k+1})\\&=1+(a_1+a_2+\cdots+a_k+a_{k+1})+(a_1a_{k+1}+a_2a_{k+1}+\cdots+a_ka_{k+1})\\&\geqslant 1+(a_1+a_2+\cdots+a_k+a_{k+1})\end{aligned}$$

由数学归纳法知所欲证不等式成立.

(2) 用数学归纳法证明.

当 $n=2$ 时,显然成立.

设当 $n=k$ 时不等式成立,考虑当 $n=k+1$ 的情况:不妨设 a_i 不全为1,令 $a_1<1,a_{k+1}>1$,令 $b_1=a_1a_{k+1}$,则有 $b_1a_2\cdots a_k=1$,从而按归纳假设

$$b_1+a_2+\cdots+a_k\geqslant k$$

于是

$$\begin{aligned}a_1+a_2+\cdots+a_k+a_{k+1}&=(b_1+a_2+\cdots+a_k)+a_1+a_{k+1}-b_1\\&\geqslant k+a_1+a_{k+1}-b_1=(k+1)+a_1+a_{k+1}-b_1-1\\&=(k+1)+a_1+a_{k+1}-a_1a_{k+1}-1\\&=(k+1)+(a_{k+1}-1)(1-a_1)\geqslant k+1\end{aligned}$$

(3) 不妨设 $a_i>0(i=1,2,\cdots,n)$,令

$$\alpha=\frac{a_1+a_2+\cdots+a_n}{n},\beta=\sqrt[n]{a_1a_2\cdots a_n},x_1=\frac{a_1}{\beta},x_2=\frac{a_2}{\beta},\cdots,x_n=\frac{a_n}{\beta}$$

因为 $x_1x_2\cdots x_n=\dfrac{a_1a_2\cdots a_n}{\beta^n}=1$,由(2)知

$$x_1+x_2+\cdots+x_n\geqslant n$$

即$\frac{a_1}{\beta}+\frac{a_2}{\beta}+\cdots+\frac{a_n}{\beta}\geqslant n\Leftrightarrow\sqrt[n]{a_1a_2\cdots a_n}\leqslant\frac{a_1+a_2+\cdots+a_n}{n}$.

评注:对 n 个数$\frac{1}{a_1},\frac{1}{a_2},\cdots,\frac{1}{a_n}$,利用算术平均值大于等于几何平均值,即可得不等式 $H_n\leqslant G_n$.

例 1.2　证明下列不等式:

(1) $\left(\sum_{k=1}^{n}a_kb_k\right)^2\leqslant\left(\sum_{k=1}^{n}a_k^2\right)\left(\sum_{k=1}^{n}b_k^2\right)$;

(2) $\left[\sum_{k=1}^{n}(a_k+b_k)^2\right]^{\frac{1}{2}}\leqslant\left(\sum_{k=1}^{n}a_k^2\right)^{\frac{1}{2}}+\left(\sum_{k=1}^{n}b_k^2\right)^{\frac{1}{2}}$.

证明　(1) 设 $A=\sum_{k=1}^{n}a_k^2,B=\sum_{k=1}^{n}a_kb_k,C=\sum_{k=1}^{n}b_k^2$. 因对任意的实数 λ 有

$$\sum_{k=1}^{n}(a_k+\lambda b_k)^2\geqslant 0$$

所以恒有

$$A+2B\lambda+C\lambda^2\geqslant 0$$

故其判别式应小于或等于零: $B^2-AC\leqslant 0$.

即

$$\left(\sum_{k=1}^{n}a_kb_k\right)^2\leqslant\left(\sum_{k=1}^{n}a_k^2\right)\left(\sum_{k=1}^{n}b_k^2\right)$$

(2) 因

$$\sum_{k=1}^{n}(a_k+b_k)^2=\sum_{k=1}^{n}a_k^2+2\sum_{k=1}^{n}a_kb_k+\sum_{k=1}^{n}b_k^2$$

由(1)知

$$\sum_{k=1}^{n}a_kb_k\leqslant\left(\sum_{k=1}^{n}a_k^2\right)^{\frac{1}{2}}\left(\sum_{k=1}^{n}b_k^2\right)^{\frac{1}{2}}$$

$$\begin{aligned}\sum_{k=1}^{n}(a_k+b_k)^2&\leqslant\sum_{k=1}^{n}a_k^2+2\left(\sum_{k=1}^{n}a_k^2\right)^{\frac{1}{2}}\left(\sum_{k=1}^{n}b_k^2\right)^{\frac{1}{2}}+\sum_{k=1}^{n}b_k^2\\&=\left[\left(\sum_{k=1}^{n}a_k^2\right)^{\frac{1}{2}}+\left(\sum_{k=1}^{n}b_k^2\right)^{\frac{1}{2}}\right]^2\end{aligned}$$

即

$$\left[\sum_{k=1}^{n}(a_k+b_k)^2\right]^{\frac{1}{2}}\leqslant\left(\sum_{k=1}^{n}a_k^2\right)^{\frac{1}{2}}+\left(\sum_{k=1}^{n}b_k^2\right)^{\frac{1}{2}}$$

例 1.3　证明不等式 $\sqrt{n}\leqslant\sqrt[n]{n!}\leqslant\frac{n+1}{2}$.

证明　先证右边的不等式

$$\sqrt[n]{n!}=\sqrt[n]{1\cdot 2\cdots n}\leqslant\frac{1+2+\cdots+n}{n}=\frac{n+1}{2}$$

再证左边的不等式,此不等式相当于 $n^n\leqslant(n!)^2$,即

$$n^n\leqslant(1\cdot n)\cdot[2\cdot(n-1)]\cdots[k\cdot(n-k+1)]\cdots(n\cdot 1)$$

下证 $k\leqslant\frac{n}{2}$,皆有 $k\cdot(n-k+1)\geqslant n$.

用归纳法证明之. $k=1$ 时显然成立,设不等式对 k 成立,则

$$\begin{aligned}(k+1)[n-(k+1)+1]&=(k+1)(n-k)\\&=k(n-k+1)+n-2k\geqslant n+n-2k\geqslant n\end{aligned}$$

从而有 $(n!)^2\geqslant n^n$,即 $\sqrt[n]{n!}\geqslant\sqrt{n}$.

评注:熟练掌握如上述几例中的一些不等式及证明方法,对于学好高等数学很有帮助.

例 1.4 求下列函数的定义域：

(1) $y=f(\sin 2x)$,已知 $f(x)$的定义域为$[0,1]$；

(2) $f_n(x)=\underbrace{f(f(\cdots(f(x))))}_{n\text{重}}(n\geqslant 2)$,已知 $f(x)=\dfrac{x}{\sqrt{1-x^2}}$.

解 (1) $y=f(\sin 2x)$的定义域满足 $0\leqslant \sin 2x\leqslant 1$,即 $k\pi\leqslant x\leqslant k\pi+\dfrac{\pi}{2}(k\in\mathbf{Z})$.

(2) 由 $f(x)=\dfrac{x}{\sqrt{1-x^2}}$,$x\in(-1,1)$,得

$$f_2(x)=f(f(x))=\frac{\dfrac{x}{\sqrt{1-x^2}}}{\sqrt{1-\left(\dfrac{x}{\sqrt{1-x^2}}\right)^2}}=\frac{x}{\sqrt{1-2x^2}}$$

一般地,用数学归纳法可证 $f_n(x)=\dfrac{x}{\sqrt{1-nx^2}}$,故函数的定义域为$\left(-\dfrac{1}{n},\dfrac{1}{n}\right)$.

例 1.5 设 $f(x)$在$(-\infty,+\infty)$上有定义,且满足 $f(x+1)+f(x-1)=f(x)$. 求证：$f(x)$为周期函数.

分析:题设条件给了 $f(x+1)$,$f(x-1)$,$f(x)$之间的一个关系,需设法建立两个量 $f(x+l)$,$f(x)$之间的一个关系.

证明
$$f(x+1)+f(x-1)=f(x). \quad ①$$

用 $x+1$ 代替①式中的 x,得到 $f(x+2)+f(x)=f(x+1)$,移项得

$$f(x+2)-f(x+1)=-f(x) \quad ②$$

①式+②式得
$$f(x+2)+f(x-1)=0$$

令 $t=x-1$,得

$$f(t+3)=-f(t),\text{即 } f(x+3)=-f(x)$$

所以 $f(x+6)=-f(x+3)=-(-f(x))=f(x)$.

故 $f(x)$是周期函数,且 $T=6$ 是它的一个周期.

例 1.6 若函数 $f(x)(x\in\mathbf{R})$的图形关于两条直线 $x=a$ 和 $x=b(a<b)$对称,则函数 $f(x)$是周期函数.

证明 由题设条件知,$\forall x\in\mathbf{R}$,恒有 $f(a+x)=f(a-x)$,$f(b+x)=f(b-x)$. 于是$\forall x\in\mathbf{R}$,有

$$\begin{aligned}f(x+2(b-a))&=f(b+(x+b-2a))=f(b-(x+b-2a))\\&=f(2a-x)=f(a+(a-x))=f(a-(a-x))=f(x)\end{aligned}$$

所以 $f(x)$是周期函数,且 $T=2(b-a)$为它的一个周期.

例 1.7 试证：定义在对称区间$(-l,l)$内的任何函数 $f(x)$都可以表示为一个偶函数与一个奇函数之和,并且表示法是唯一的.

证明 设 $\varphi(x)=\dfrac{1}{2}[f(x)+f(-x)]$,$\phi(x)=\dfrac{1}{2}[f(x)-f(-x)]$.

易证 $\varphi(x)$是偶函数,$\phi(x)$是奇函数,且 $f(x)=\varphi(x)+\phi(x)$,故 $f(x)$可以表示为偶函数与奇函数之和.

下面证明表示法是唯一的.

设 $g(x)$是偶函数,$h(x)$是奇函数,且 $f(x)=g(x)+h(x)$. 因此有

$$f(-x)=g(-x)+h(-x)=g(x)-h(x)$$

推得 $$g(x)=\frac{1}{2}[f(x)+f(-x)]=\varphi(x),h(x)=\frac{1}{2}[f(x)-f(-x)]=\phi(x)$$

所以表示法是唯一的.

评注：本例证明过程中的 $\varphi(x)$，$\phi(x)$ 是以函数的奇偶性概念为基础构造出来的. 在高等数学解题中，经常要构造合适的函数，应有意识地加以训练.

例 1.8　证明函数 $f(x)=\frac{x}{1+x}$ 在区间 $[0,+\infty)$ 上单调增加，并由此证明不等式

$$\frac{|a+b|}{1+|a+b|}\leqslant\frac{|a|}{1+|a|}+\frac{|b|}{1+|b|}$$

证明　$\forall x_1,x_2$ 满足 $0\leqslant x_1<x_2<+\infty$，得

$$f(x_2)-f(x_1)=\frac{x_2}{1+x_2}-\frac{x_1}{1+x_1}=\frac{x_2-x_1}{(1+x_2)(1+x_1)}>0$$

所以 $f(x)$ 在区间 $[0,+\infty)$ 上单调增加.

取 $x_1=|a+b|$，$x_2=|a|+|b|$，因为 $0\leqslant x_1\leqslant x_2$，所以 $f(x_1)\leqslant f(x_2)$，即

$$\frac{|a+b|}{1+|a+b|}\leqslant\frac{|a|+|b|}{1+|a|+|b|}=\frac{|a|}{1+|a|+|b|}+\frac{|b|}{1+|a|+|b|}\leqslant\frac{|a|}{1+|a|}+\frac{|b|}{1+|b|}$$

例 1.9　设 $f(x)$ 在 $(0,+\infty)$ 上有定义，且 $a>0,b>0$. 求证：

(1) 若 $\frac{f(x)}{x}$ 单调递减，则 $f(a+b)\leqslant f(a)+f(b)$；

(2) 若 $\frac{f(x)}{x}$ 单调递增，则 $f(a+b)\geqslant f(a)+f(b)$.

证明　(1) 设 $a>0,b>0$ 且 $a<b$，则

$$\frac{f(a)}{a}\geqslant\frac{f(b)}{b}\Rightarrow bf(a)\geqslant af(b) \quad ①$$

$$\frac{f(b)}{b}\geqslant\frac{f(a+b)}{a+b}\Rightarrow af(b)+bf(b)\geqslant bf(a+b) \quad ②$$

由①，②两式得

$$bf(a)+bf(b)\geqslant af(b)+bf(b)\geqslant bf(a+b)$$

即得 $$f(a+b)\leqslant f(a)+f(b)$$

同理可证(2).

例 1.10　设 $f(0)=0$，且 $x\neq0$ 时，$f(x)$ 满足 $af(x)+bf\left(\frac{1}{x}\right)=\frac{c}{x}$（$a,b,c$ 为常数，$|a|\neq|b|$）. 求 $f(x)$，并证明 $f(x)$ 是奇函数.

分析：问题可看做是给了一个以 $f(x)$，$f\left(\frac{1}{x}\right)$ 为未知量的方程，设法再建立一个以 $f(x)$，$f\left(\frac{1}{x}\right)$ 为未知量的方程，解出 $f(x)$.

解　先求 $f(x)$，当 $x\neq0$ 时，令 $x=\frac{1}{t}$，得 $af\left(\frac{1}{t}\right)+bf(t)=ct$，即 $af\left(\frac{1}{x}\right)+bf(x)=cx$，与已知方程联立得

$$\begin{cases}af(x)+bf\left(\frac{1}{x}\right)=\frac{c}{x}\\ af\left(\frac{1}{x}\right)+bf(x)=cx\end{cases}$$

解得 $f(x)=\frac{1}{a^2-b^2}\left(\frac{ac}{x}-bcx\right)$.

因为

$$f(-x)=\frac{1}{a^2-b^2}\left[\frac{ac}{-x}-bc(-x)\right]=-f(x)\text{ 且 }f(0)=0$$

所以 $f(x)$为奇函数.

例 1.11 设 $f(x)=\begin{cases}\frac{1}{x},x>0\\x,x\leqslant 0\end{cases}$,$g(x)=x^2+1$,求 $f^{-1}(x)$,$f[g(x)]$,$g[f(x)]$.

分析:在求分段函数的反函数 $f^{-1}(x)$时,应逐段求其反函数.

解 当 $x>0$,由 $f(x)=\frac{1}{x}$,求得其反函数为 $f^{-1}(x)=\frac{1}{x}$;当 $x\leqslant 0$ 时,由 $f(x)=x$ 求得其反函数为 $f^{-1}(x)=x$,因此 $f(x)$的反函数为 $f^{-1}(x)=\begin{cases}\frac{1}{x},x>0\\x,x\leqslant 0\end{cases}$.

由于 $f[g(x)]=\begin{cases}\frac{1}{g(x)},g(x)>0\\g(x),g(x)\leqslant 0\end{cases}$,而 $g(x)$恒大于零,因此有

$$f[g(x)]=\frac{1}{g(x)}=\frac{1}{x^2+1}$$

同法求得 $g(f(x))=f^2(x)+1=\begin{cases}\frac{1}{x^2}+1,x>0\\x^2+1,x\leqslant 0\end{cases}$.

例 1.12 求证若对任何实数 x,y,有 $|f(x)-f(y)|=|x-y|$ 且 $f(0)=0$,则

(1) $f(x)f(y)=xy$; (2) $f(x+y)=f(x)+f(y)$.

证明 (1) 令 $y=0$,由 $f(0)=0$ 和方程 $|f(x)-f(y)|=|x-y|$ 得到 $|f(x)|=|x|$. 即 $f^2(x)=x^2$. 将方程 $|f(x)-f(y)|=|x-y|$ 两边平方,得

$$f^2(x)-2f(x)f(y)+f^2(y)=x^2-2xy+y^2$$

故

$$f(x)f(y)=xy$$

(2) 令 $y=1$ 并代入 $f(x)f(y)=xy$ 中,得 $f(x)f(1)=x$,从而有

$$f(x+y)f(1)=x+y=f(x)f(1)+f(y)f(1)=[f(x)+f(y)]f(1)$$

因为 $f^2(1)=1\neq 0$,故有 $f(x+y)=f(x)+f(y)$.

例 1.13 设 $f(x)$在区间(a,b)内有定义,且对于任意 $x_1,x_2\in(a,b)$恒有

$$|f(x_1)-f(x_2)|\leqslant(x_1-x_2)^2$$

试证:$f(x)$在(a,b)内为常数.

分析:若能证明 $f(x)$在(a,b)内任意两点的值相等,则 $f(x)$在(a,b)内为常数.

证明 在(a,b)内任取两点 $x<y$,并将$[x,y]n$ 等分,其 $n-1$ 个分点分别为

$$a_1,a_2,\cdots,a_{n-1},a_0=x,a_n=y\Rightarrow a_{i+1}-a_i=\frac{y-x}{n}(i=0,1,2,\cdots,n-1)$$

则

$$\begin{aligned}0\leqslant|f(x)-f(y)|&=|f(a_0)-f(a_1)+f(a_1)-f(a_2)+\cdots+f(a_{n-1})-f(a_n)|\\&\leqslant|f(a_0)-f(a_1)|+|f(a_1)-f(a_2)|+\cdots+|f(a_{n-1})-f(a_n)|\\&\leqslant(a_0-a_1)^2+(a_1-a_2)^2+\cdots+(a_{n-1}-a_n)^2\end{aligned}$$

$$=\left(\frac{y-x}{n}\right)^2+\left(\frac{y-x}{n}\right)^2+\cdots+\left(\frac{y-x}{n}\right)^2$$

$$=\frac{(y-x)^2}{n}\to 0(n\to\infty)$$

由夹逼准则知，$f(x)=f(y)$，故 $f(x)$ 在 (a,b) 内为常数.

例 1.14　证明下列函数均不是周期函数：

(1) $f(x)=x\cos x$；　(2) $f(x)=\sin(x^2)$.

证明　(1) 用反证法. 设 $f(x)=x\cos x$ 是周期函数，且 $T>0$ 为其周期，则对于任何实数 x 均有

$$(x+T)\cos(x+T)=x\cos x$$

令 $x=0$，得 $T\cos T=0$，所以 T 必满足

$$\cos T=0 \quad ①$$

再令 $x=\frac{\pi}{2}$，得

$$\left(T+\frac{\pi}{2}\right)\cos\left(T+\frac{\pi}{2}\right)=0\Rightarrow\sin T=0 \quad ②$$

但同时满足①，②两式的 T 是不存在的，所以 $f(x)=x\cos x$ 不是周期函数.

(2) **证法一**　函数 $f(x)=\sin(x^2)$ 在 $x\geqslant 0$ 时的零点序列为

$$x_n=\sqrt{n\pi}(n=0,1,2,\cdots)$$

$$x_{n+1}-x_n=\sqrt{(n+1)\pi}-\sqrt{n\pi}=\frac{\pi}{\sqrt{(n+1)\pi}+\sqrt{n\pi}}$$

显然，当 $n\to\infty$，$x_{n+1}-x_n\to 0$，这说明两个相邻的零点之间的间隔，随着 n 增大而减小，且趋向于 0，但若 $f(x)$ 是周期函数，则其任意两个相邻零点间的间隔应为常数，故 $f(x)=\sin(x^2)$ 不是周期函数.

证法二　用反证法. 设 $f(x)=\sin(x^2)$ 是周期函数，而 T 是它的一个周期，则 $\forall x\in\mathbf{R}$，应有 $\sin(x+T)^2=\sin x^2$.

令 $x=0$，得 $\sin T^2=0$，从而存在正整数 m，使得

$$T^2=m\pi \quad ①$$

又令 $x=\sqrt{2}T$，得 $\sin(\sqrt{2}T+T)^2=\sin(\sqrt{2}T)^2=\sin(2m\pi)=0$，从而存在正整数 n，使得

$$(\sqrt{2}T+T)^2=(\sqrt{2}+1)^2T^2=n\pi \quad ②$$

由①，②两式得

$$(\sqrt{2}+1)^2=\frac{n}{m} \quad ③$$

而③式左端是无理数，右端是有理数，故矛盾，从而 $f(x)=\sin(x^2)$ 不是周期函数.

例 1.15　设 $f(x)$ 的定义域为 $(-\infty,+\infty)$，且存在正数 k 和 T 使 $f(x+T)=kf(x)$ 对一切 x 均成立. 证明：存在正数 a 和以 T 为周期的函数 $\varphi(x)$，使得 $f(x)=a^x\varphi(x)$.

证明　设 $f(x)=a^x\cdot\frac{f(x)}{a^x}=a^x\cdot\varphi(x)$，其中 $\varphi(x)=\frac{f(x)}{a^x}$.

由

$$\varphi(x+T)=\frac{f(x+T)}{a^{x+T}}=\frac{kf(x)}{a^Ta^x}=\frac{k}{a^T}\cdot\frac{f(x)}{a^x}=\frac{k}{a^T}\cdot\varphi(x)=\varphi(x)$$

从而得 $\frac{k}{a^T}=1\Rightarrow a=k^{\frac{1}{T}}$.

这说明取 $a=k^{\frac{1}{T}}$ 时，$\varphi(x)=\dfrac{f(x)}{a^x}$ 是以 T 为周期的周期函数，且 $f(x)=a^x\varphi(x)$.

例 1.16 设 a,b,c 为奇数，证明：方程 $ax^2+bx+c=0$ 无有理根.

证明 用反证法. 设方程有一个有理根 $x=\dfrac{q}{p}$(p,q 为整数，且互素). 则

$$a\left(\frac{q}{p}\right)^2+b\frac{q}{p}+c=0\Rightarrow aq^2+bpq+cp^2=0$$

若 p,q 两数恰有一个为偶数，则 $aq^2+bpq+cp^2$ 为奇数，从而不能等于 0，矛盾. 若 p,q 均为奇数，则 $aq^2+bpq+cp^2$ 仍为奇数，也矛盾.

(三) 练习题

1.1 设 $f(x)$ 满足：$f(x+1)=2f(x)$，$\forall x\in\mathbf{R}$，且当 $0\leqslant x\leqslant 1$ 时，$f(x+1)=2+x$，分别求出 $f(x)$ 在 $-1\leqslant x\leqslant 0$，$1\leqslant x\leqslant 2$ 时的表达式.

1.2 设 $f(x)$ 是 $(-\infty,+\infty)$ 上的奇函数，$f(1)=a$，且 $f(x+2)-f(x)=f(2)$，$\forall x\in\mathbf{R}$.

(1) 试用 a 表示 $f(2)$ 与 $f(5)$；(2) 问 a 取何值时，$f(x)$ 是以 2 为周期的周期函数.

1.3 设 $f(x)=\ln x$，且 $g(x)=\begin{cases}x^2, & |x|\leqslant 1\\ \dfrac{1}{x^2}, & |x|>1\end{cases}$，试求 $g[f(x)]$ 与 $f[g(x)]$.

1.4 设 $\varphi(x)$，$f(x)$，$\phi(x)$ 都是区间 I 上的严格单调增加函数，且 $\varphi(x)\leqslant f(x)\leqslant\phi(x)$ ($\forall x\in I$). 证明：$\forall x\in I$，有 $\varphi[\varphi(x)]\leqslant f[f(x)]\leqslant\phi[\phi(x)]$.

1.5 证明：若函数 $y=\varphi(x)$ 在数集 A 上严格单调增加，则函数 $y=\varphi(x)$ 存在反函数 $x=\varphi^{-1}(y)$，且反函数 $x=\varphi^{-1}(y)$ 在 $\varphi(A)$ 上严格单调增加.

1.6 设函数 $y=f(x)=\begin{cases}x, & -\infty<x<1\\ x^2, & 1\leqslant x\leqslant 4\\ 2^x, & 4<x<+\infty\end{cases}$，求函数 $y=f(x)$ 的反函数.

1.7 设指数函数 $f(x)=a^x(a>0,a\neq 1)$. 若取 $x_n(n=1,2,3,\cdots)$ 为等差数列，证明 $y_n=f(x_n)(n=1,2,3,\cdots)$ 成等比数列.

1.8 求函数 $f(x)=2\sin\dfrac{x}{3}+5\cos\dfrac{x}{2}$ 的周期.

1.9 设 $f(x)$ 在 $(-\infty,+\infty)$ 上有定义，且 $f(x+a)=\dfrac{1}{2}+\sqrt{f(x)-f^2(x)}$，$\forall x\in\mathbf{R}$，其中 a 为正实数，证明：$f(x)$ 为周期函数.

1.10 设有半圆 $\begin{cases}0\leqslant x\leqslant 2a\\ 0\leqslant y\leqslant\sqrt{2ax-x^2}\end{cases}$ 和一条动直线 $L:x=t$，求半圆内位于动直线 L 左侧部分的面积 S 与 $t(0\leqslant t\leqslant 2a)$ 的函数关系.

(四) 答案与提示

1.1 当 $-1\leqslant x\leqslant 0$ 时，$0\leqslant x+1\leqslant 1$，于是 $f(x)=\dfrac{1}{2}f(x+1)=\dfrac{1}{2}\cdot\dfrac{1}{2}f((x+1)+1)=$

$\frac{1}{4}(2+(x+1))=\frac{3}{4}+\frac{x}{4}$；当 $1\leqslant x\leqslant 2$ 时，$f(x)=f(1+(x-1))=2+(x-1)=x+1$.

1.2　(1) $f(2)=f(-1+2)-f(-1)=f(1)-f(-1)=f(1)+f(1)=2a$,

$f(3)=[f(2+1)-f(1)]+f(1)=2f(1)+f(1)=3a$,

$f(5)=[f(3+2)-f(3)]+f(3)=f(2)+f(3)=5a$.

(2) 当 $a=0$ 时，$f(x)$是以 2 为周期的周期函数.

1.3　$g[f(x)]=\begin{cases}\ln^2 x, & \frac{1}{e}\leqslant x\leqslant e\\ \frac{1}{\ln^2 x}, & x>e, 0<x<\frac{1}{e}\end{cases}$, $f[g(x)]=\begin{cases}\ln x^2, & |x|\leqslant 1\\ -\ln x^2, & |x|>1\end{cases}$.

1.4　由 $\varphi(x)\leqslant f(x)\leqslant \phi(x)$，得 $\varphi[\varphi(x)]\leqslant f[\varphi(x)]$，又 $f(x)$是严格单调增加函数，有 $f[\varphi(x)]\leqslant f[f(x)]$，故 $\varphi[\varphi(x)]\leqslant f[f(x)]$. 同理可证 $f[f(x)]\leqslant \phi[\phi(x)]$.

1.5　用函数的概念验证.

1.6　$f^{-1}(x)=\begin{cases}x, & -\infty<x<1\\ \sqrt{x}, & 1\leqslant x\leqslant 16\\ \log_2 x, & 16<x<+\infty\end{cases}$.

1.7　略.

1.8　12π.

1.9　由于$f(x+2a)=f(x+a+a)=\frac{1}{2}+\sqrt{f(x+a)-f^2(x+a)}$

$$=\frac{1}{2}+\sqrt{\frac{1}{2}+\sqrt{f(x)-f^2(x)}-\left(\frac{1}{2}+\sqrt{f(x)-f^2(x)}\right)^2}=\frac{1}{2}+\left|f(x)-\frac{1}{2}\right|$$

注意到 $f(x)\geqslant\frac{1}{2}$，即有 $f(x+2a)=f(x)$.

1.10　$S=\frac{a^2}{2}\arccos\frac{a-t}{a}-\frac{1}{2}(a-t)\sqrt{2at-t^2}$.

第二讲　数列极限定义及相关问题

（一）内容要点

1. 数列极限的定义

定义：设$\{x_n\}$为一数列，如果存在常数a，对于任意给定的正数ε，总存在正整数N，当$n>N$时，不等式$|x_n-a|<\varepsilon$都成立，那么就称常数a是数列$\{x_n\}$的极限，或者称数列$\{x_n\}$收敛于a，记为$\lim\limits_{n\to\infty}x_n=a$或$x_n\to a(n\to\infty)$.

2. 数列极限的性质及四则运算

(1) 如果数列$\{x_n\}$收敛，那么它的极限唯一；

(2) 如果数列$\{x_n\}$收敛，那么数列$\{x_n\}$一定有界；

(3)（保号性）如果$\lim\limits_{n\to\infty}x_n=a$，且$a>0$（或$a<0$），那么存在正整数$N>0$，当$n>N$时，恒有$x_n>0$（或$x_n<0$）；

(4)（保序性）设数列$\{x_n\}$与$\{y_n\}$满足：$x_n\geqslant y_n(n=1,2,\cdots)$，且有$\lim\limits_{n\to\infty}x_n=a$及$\lim\limits_{n\to\infty}y_n=b$，则$a\geqslant b$；

(5) 设$\lim\limits_{n\to\infty}x_n=a$，$\lim\limits_{n\to\infty}y_n=b$，则对任意实数$\alpha,\beta$，有$\lim\limits_{n\to\infty}(\alpha x_n+\beta y_n)=\alpha a+\beta b$，$\lim\limits_{n\to\infty}(x_ny_n)=ab$，当$b\neq0$时，$\lim\limits_{x\to\infty}\dfrac{x_n}{y_n}=\dfrac{a}{b}$；

(6) 如果数列$\{x_n\}$收敛于a，那么它的任意一个子列也收敛于a.

（二）例题选讲

例 2.1　求证：$\lim\limits_{n\to\infty}\dfrac{n}{2^n}=0$.

分析：按照数列极限的定义，对$\forall\varepsilon>0$，要找正整数$N\in\mathbf{N}_+$，使得当$n>N$时，总有$\left|\dfrac{n}{2^n}-0\right|<\varepsilon$. 这样的$N$不是唯一的，直接由不等式求出这样的$N$有时是不方便的，因此通常是用"放缩"法后，解一个更简单的不等式，求出满足要求的N.

证明　对$\forall\varepsilon>0$，要找$N\in\mathbf{N}_+$，使得当$n>N$时，$\left|\dfrac{n}{2^n}\right|<\varepsilon$.

当 $n\geqslant 2$ 时，$\dfrac{n}{2^n}=\dfrac{n}{(1+1)^n}=\dfrac{n}{1+n+\dfrac{n(n-1)}{2!}+\cdots+1}<\dfrac{n}{\dfrac{n(n-1)}{2!}}=\dfrac{2}{n-1}$.

因此只要 $\dfrac{2}{n-1}<\varepsilon\Leftrightarrow n>1+\dfrac{2}{\varepsilon}$，取 $N=\max\left[2,\left(1+\dfrac{2}{\varepsilon}\right)\right]$，则当 $n>N$ 时，$\left|\dfrac{n}{2^n}\right|<\varepsilon$，所以 $\lim\limits_{x\to\infty}\dfrac{n}{2^n}=0$.

例 2.2　设 $x_n\leqslant a\leqslant y_n$，且 $\lim\limits_{n\to\infty}(y_n-x_n)=0$. 证明：$\lim\limits_{n\to\infty}x_n=a$，$\lim\limits_{n\to\infty}y_n=a$.

证明　对 $\forall\varepsilon>0$，存在正整数 N，当 $n>N$ 时，有 $|y_n-x_n|<\varepsilon$.

由于 $x_n\leqslant a\leqslant y_n$，可得 $|x_n-a|\leqslant|y_n-x_n|<\varepsilon$，所以 $\lim\limits_{n\to\infty}x_n=a$.

同理可得 $\lim\limits_{n\to\infty}y_n=a$.

例 2.3　设 $a>0$，证明 $\lim\limits_{n\to\infty}\sqrt[n]{a}=1$.

证明　当 $a=1$ 时，显然 $\lim\limits_{n\to\infty}\sqrt[n]{a}=1$.

当 $a>1$ 时，则 $\sqrt[n]{a}>1$，令 $\sqrt[n]{a}=1+\lambda_n(\lambda_n>0)$. 为此只要证明 $\lim\limits_{n\to\infty}\lambda_n=0$.

由 $\sqrt[n]{a}=1+\lambda_n$ 得 $a=(1+\lambda_n)^n=1+C_n^1\lambda_n+\cdots+C_n^n\lambda_n^n>n\lambda_n$，于是 $\lambda_n<\dfrac{a}{n}$.

$\forall\varepsilon>0$，要使 $\lambda_n<\varepsilon$，只需 $\dfrac{a}{n}<\varepsilon$. 取 $N=\left[\dfrac{a}{\varepsilon}\right]$，则当 $n>N$ 时，$\lambda_n<\dfrac{a}{n}$，从而 $\lim\limits_{n\to\infty}\lambda_n=0$.

当 $0<a<1$ 时，令 $b=\dfrac{1}{a}$，则 $b>1$，由前面的证明知 $\lim\limits_{n\to\infty}\sqrt[n]{b}=1$.

于是 $\lim\limits_{n\to\infty}\sqrt[n]{a}=\lim\limits_{n\to\infty}\sqrt[n]{\dfrac{1}{b}}=\lim\limits_{n\to\infty}\dfrac{1}{\sqrt[n]{b}}=1$.

例 2.4　证明 $\lim\limits_{n\to\infty}\sqrt[n]{n}=1$.

证明　令 $\sqrt[n]{n}=1+\mu_n(\mu_n>0)$.

当 $n>2$ 时，由 $n=(1+\mu_n)^n=C_n^0+C_n^1\mu_n+C_n^2\mu_n^2+\cdots+C_n^n\mu_n^n>C_n^2\mu_n^2=\dfrac{n(n-1)}{2}\mu_n^2$，由此推得 $\mu_n<\sqrt{\dfrac{2}{n-1}}$.

$\forall\varepsilon>0$，由 $\sqrt{\dfrac{2}{n-1}}<\varepsilon$ 得 $\dfrac{2}{n-1}<\varepsilon^2$，从而得 $n>1+\dfrac{2}{\varepsilon^2}$，取 $N=\left[1+\dfrac{2}{\varepsilon^2}\right]$，则当 $n>N$ 时，有 $\mu_n<\varepsilon$，则有 $\lim\limits_{n\to\infty}\mu_n=0$，故 $\lim\limits_{n\to\infty}\sqrt[n]{n}=1$.

例 2.5　证明 $\lim\limits_{n\to\infty}\dfrac{\ln n}{n}=0$.

证明　因为 $\forall\varepsilon>0$，均有 $e^{\varepsilon}>1$. 由 $\lim\limits_{n\to\infty}\sqrt[n]{n}=1$ 知，存在正整数 N，当 $n>N$ 时，$1<\sqrt[n]{n}<e^{\varepsilon}$，得 $0<\dfrac{\ln n}{n}<\varepsilon$，所以 $\lim\limits_{n\to\infty}\dfrac{\ln n}{n}=0$.

例 2.6　证明 $\lim\limits_{n\to\infty}\dfrac{n!}{n^n}=0$.

分析：数列的通项表达式较复杂，应先进行放缩找一个较大的数列，对较大的数列按数列极限的定义，对任给的 ε，求出相应的正整数 N，从而证明结论.

证明 令 $x_n=\frac{n!}{n^n}$. 当 $n>2$ 时,$\frac{n!}{n^n}=\frac{1\cdot 2\cdots(n-1)\cdot n}{n\cdot n\cdots\cdot n\cdot n}<\frac{1}{n}$.

$\forall\varepsilon>0$,要使 $0<\frac{n!}{n^n}<\varepsilon$,只需 $\frac{1}{n}<\varepsilon$.

为此取 $N=\left[\frac{1}{\varepsilon}\right]$,则当 $n>N$ 时,$\frac{1}{n}<\varepsilon$,所以 $\lim\limits_{n\to\infty}\frac{n!}{n^n}=0$.

例 2.7 证明 $\lim\limits_{n\to\infty}\frac{(2n-1)!!}{(2n)!!}=0$.

证明 记 $x_n=\frac{(2n-1)!!}{(2n)!!}=\frac{1}{2}\cdot\frac{3}{4}\cdot\cdots\cdot\frac{2n-1}{2n}$,$y_n=\frac{(2n)!!}{(2n+1)!!}=\frac{2}{3}\cdot\frac{4}{5}\cdot\cdots\cdot\frac{2n}{2n+1}$,易见 $0<x_n<y_n$,因此

$$0<x_n^2<x_ny_n=\frac{1}{2}\cdot\frac{2}{3}\cdot\frac{3}{4}\cdot\frac{4}{5}\cdot\cdots\cdot\frac{2n-1}{2n}\cdot\frac{2n}{2n+1}=\frac{1}{2n+1}\to 0\quad(n\to\infty)$$

由此易推得 $\lim\limits_{n\to\infty}\frac{(2n-1)!!}{(2n)!!}=0$.

评注:本例中数列 $x_n=\frac{(2n-1)!!}{(2n)!!}=\frac{1}{2}\cdot\frac{3}{4}\cdot\cdots\cdot\frac{2n-1}{2n}$ 的通项随着 n 的增加,乘积因子的个数也在增加,因此该问题应考虑变形或放缩的办法,然后再用数列极限定义或收敛准则证明.

例 2.8 设 $\lim\limits_{n\to\infty}x_n=a$,证明 $\lim\limits_{n\to\infty}\frac{x_1+x_2+\cdots+x_n}{n}=a$.

证明 已知 $\lim\limits_{n\to\infty}x_n=a$,所以 $\forall\varepsilon>0$,$\exists N_1\in\mathbf{N}$,$\forall n>N_1$ 有 $|x_n-a|<\frac{\varepsilon}{2}$. 考虑

$$\begin{aligned}\left|\frac{x_1+x_2+\cdots+x_n}{n}-a\right|&=\left|\frac{x_1+x_2+\cdots+x_{N_1}+x_{N_1+1}+\cdots+x_n}{n}-a\right|\\&=\left|\frac{x_1+x_2+\cdots+x_{N_1}-N_1a+(x_{N_1+1}-a)+\cdots+(x_n-a)}{n}\right|\\&\leqslant\frac{|x_1+x_2+\cdots+x_{N_1}-N_1a|}{n}+\frac{|x_{N_1+1}-a|+\cdots+|x_n-a|}{n}\\&\leqslant\frac{|x_1+x_2+\cdots+x_{N_1}-N_1a|}{n}+\frac{n-N_1}{n}\cdot\frac{\varepsilon}{2}\end{aligned}\qquad①$$

固定 N_1,则 $\lim\limits_{n\to\infty}\frac{x_1+x_2+\cdots+x_{N_1}-N_1a}{n}=0$,于是存在正整数 N_2,当 $n>N_2$ 时,

$$\frac{|x_1+x_2+\cdots+x_{N_1}-N_1a|}{n}<\frac{\varepsilon}{2}\qquad②$$

取 $N=\max[N_1,N_2]$,由①,②两式知,当 $n>N$ 时,得

$$\left|\frac{x_1+x_2+\cdots+x_n}{n}-a\right|<\varepsilon$$

故
$$\lim_{n\to\infty}\frac{x_1+x_2+\cdots+x_n}{n}=a.$$

例 2.9 设 $\lim\limits_{n\to\infty}x_n=a$,$\lim\limits_{n\to\infty}y_n=b$,证明 $\lim\limits_{n\to\infty}\frac{x_1y_n+x_2y_{n-1}+\cdots+x_ny_1}{n}=ab$.

证明 $\frac{x_1y_n+x_2y_{n-1}+\cdots+x_ny_1}{n}$

$$=\frac{(x_1-a)y_n+(x_2-a)y_{n-1}+\cdots+(x_n-a)y_1}{n}+\frac{y_n+y_{n-1}+\cdots+y_1}{n}a \quad ①$$

由$\lim\limits_{n\to\infty}x_n=a$，$\lim\limits_{n\to\infty}y_n=b$可知，$\{y_n\}$有界，即$\exists M>0$，使得$|y_n|\leqslant M$及$\lim\limits_{n\to\infty}(x_n-a)=0$.

$$\left|\frac{(x_1-a)y_n+(x_2-a)y_{n-1}+\cdots+(x_n-a)y_1}{n}\right|\leqslant M\frac{|x_1-a|+|x_2-a|+\cdots+|x_n-a|}{n}$$

由上式及例2.8知，

$$\lim_{n\to\infty}\frac{|x_1-a|+|x_2-a|+\cdots+|x_n-a|}{n}=0 \quad ②$$

且

$$\lim_{n\to\infty}\frac{y_n+y_{n-1}+\cdots+y_1}{n}a=ab \quad ③$$

由①，②，③三式知所欲证成立.

例 2.10　求下列极限$\lim\limits_{n\to\infty}x_n$，设

(1) $x_n=\sum\limits_{i=1}^{n}\dfrac{1}{\sqrt{1^3+2^3+\cdots+i^3}}$；

(2) $x_n=\dfrac{3}{2}\cdot\dfrac{5}{4}\cdot\dfrac{17}{16}\cdot\cdots\cdot\dfrac{2^{2n}+1}{2^{2n}}$.

分析：求(1)中的极限关键是利用公式

$$1^3+2^3+\cdots+n^3=(1+2+\cdots+n)^2=\frac{1}{4}n^2(n+1)^2$$

解　(1) $x_n=\sum\limits_{i=1}^{n}\dfrac{1}{\sqrt{1^3+2^3+\cdots+i^3}}=\sum\limits_{i=1}^{n}\dfrac{1}{\sqrt{(1+2+\cdots+i)^2}}$

$$=\sum_{i=1}^{n}\frac{1}{\frac{1}{2}i(i+1)}=2\sum_{i=1}^{n}\frac{1}{i(i+1)}=2\sum_{i=1}^{n}\left(\frac{1}{i}-\frac{1}{i+1}\right)$$

$$=2\left(1-\frac{1}{n+1}\right)\to 2\quad(n\to\infty)$$

(2) 乘以$\dfrac{1-\frac{1}{2}}{1-\frac{1}{2}}$，再对分子反复应用公式$(a+b)(a-b)=a^2-b^2$，得

$$x_n=\frac{3}{2}\cdot\frac{5}{4}\cdot\frac{17}{16}\cdot\cdots\cdot\frac{2^{2n}+1}{2^{2n}}=\left(1+\frac{1}{2}\right)\left(1+\frac{1}{2^2}\right)\cdots\left(1+\frac{1}{2^{2n}}\right)$$

$$=\frac{1-\frac{1}{2}}{1-\frac{1}{2}}\left(1+\frac{1}{2}\right)\left(1+\frac{1}{2^2}\right)\cdots\left(1+\frac{1}{2^{2n}}\right)=\frac{1-\left(\frac{1}{2^{2n}}\right)^2}{1-\frac{1}{2}}\to 2\quad(n\to\infty)$$

例 2.11　求下列极限：

(1) $\lim\limits_{n\to\infty}(\sqrt[n]{1}+\sqrt[n]{2}+\cdots+\sqrt[n]{10})$；　　(2) $\lim\limits_{n\to\infty}\left(\dfrac{1}{2}+\dfrac{3}{2^2}+\cdots+\dfrac{2n-1}{2^n}\right)$.

分析：对于极限(1)，可直接利用极限$\lim\limits_{n\to\infty}\sqrt[n]{a}=1(a>0)$；(2)中通项乘以$\dfrac{1}{2}$后，再作差则可以把通项变形为更简单的形式，并化简.

解　(1) 根据极限的四则运算法则

$$\lim_{n\to\infty}(\sqrt[n]{1}+\sqrt[n]{2}+\cdots+\sqrt[n]{10})=\lim_{n\to\infty}\sqrt[n]{1}+\lim_{n\to\infty}\sqrt[n]{2}+\cdots+\lim_{n\to\infty}\sqrt[n]{10}=10.$$

(2) 令 $S_n=\frac{1}{2}+\frac{3}{2^2}+\cdots+\frac{2n-1}{2^n}$ ①

则
$$\frac{1}{2}S_n=\frac{1}{2^2}+\frac{3}{2^3}+\cdots+\frac{2n-1}{2^{n+1}} \quad ②$$

①－②,得 $\frac{1}{2}S_n=\frac{1}{2}+\frac{2}{2^2}+\cdots+\frac{2}{2^n}-\frac{2n-1}{2^{n+1}}\Rightarrow S_n=3-\frac{1}{2^{n-2}}-\frac{2n-1}{2^n}$.

根据极限的四则运算法则,得

$$\lim_{n\to\infty}S_n=3-\lim_{n\to\infty}\frac{1}{2^{n-2}}-\lim_{n\to\infty}\frac{2n-1}{2^{n+1}}=3.$$

例 2.12(Stolz 定理一) 设$\{x_n\}$严格单调递增,且$\lim\limits_{n\to\infty}x_n=+\infty$,若$\lim\limits_{n\to\infty}\frac{y_n-y_{n-1}}{x_n-x_{n-1}}=a$,其中$a$为有限值,$+\infty$或$-\infty$. 则$\lim\limits_{n\to\infty}\frac{y_n}{x_n}=a$.

证明 (1) a为有限的情况. 要证:$\forall\varepsilon>0,\exists N>0$,当$n>N$时,有

$$\left|\frac{y_n}{x_n}-a\right|<\varepsilon \quad ①$$

记
$$a_n=\frac{y_n-y_{n-1}}{x_n-x_{n-1}}-a \quad ②$$

由已知条件$\lim\limits_{n\to\infty}a_n=0$,知$\forall\varepsilon>0,\exists N>0$,当$n>N$时,有

$$|a_n|<\frac{\varepsilon}{2} \quad ③$$

现从②式解出y_n并代入①式. 由②式得

$$\begin{aligned}y_n&=y_{n-1}+(a_n+a)(x_n-x_{n-1})\ (\text{再迭代使用此式})\\&=y_{n-2}+(a_{n-1}+a)(x_{n-1}-x_{n-2})+(a_n+a)(x_n-x_{n-1})\\&=\cdots\\&=y_N+(a_{N+1}+a)(x_{N+1}-x_N)+\cdots+(a_n+a)(x_n-x_{n-1})\\&=y_N+a_{N+1}(x_{N+1}-x_N)+\cdots+a_n(x_n-x_{n-1})+a(x_n-x_N)\end{aligned}$$

两边同时除以x_n,再同时减去a,得

$$\begin{aligned}\left|\frac{y_n}{x_n}-a\right|&\leqslant\left|\frac{y_N-ax_N}{x_n}\right|+\frac{|a_{N+1}||x_{N+1}-x_N|+\cdots+|a_n||x_n-x_{n-1}|}{|x_n|}\\&<\left|\frac{y_N-ax_N}{x_n}\right|+\frac{\varepsilon}{2}\left|\frac{x_n-x_N}{x_n}\right|<\left|\frac{y_N-ax_N}{x_n}\right|+\frac{\varepsilon}{2}\end{aligned}$$

因为$\lim\limits_{n\to\infty}x_n=+\infty$,故$\exists N_1>N$,当$n>N_1$时,有

$$\left|\frac{y_N-ax_N}{x_n}\right|<\frac{\varepsilon}{2}$$

于是
$$\left|\frac{y_n}{x_n}-a\right|<\frac{\varepsilon}{2}+\frac{\varepsilon}{2}=\varepsilon$$

(2) $a=+\infty$的情况. 因已知$\lim\limits_{n\to\infty}\frac{y_n-y_{n-1}}{x_n-x_{n-1}}=+\infty$,所以$\lim\limits_{n\to\infty}\frac{x_n-x_{n-1}}{y_n-y_{n-1}}=0$. 利用(1)中的结论只要证明$y_n$严格单调递增,趋于$+\infty$,则有$\lim\limits_{n\to\infty}\frac{x_n}{y_n}=0$,故$\lim\limits_{n\to\infty}\frac{y_n}{x_n}=+\infty$.

因 x_n 严格单调增加，趋于 $+\infty$，要证 y_n 严格单调增加，趋于 $+\infty$，只要证 $\frac{y_n-y_{n-1}}{x_n-x_{n-1}}>1$.

事实上，$\lim\limits_{n\to\infty}\frac{y_n-y_{n-1}}{x_n-x_{n-1}}=+\infty$，所以对 $M=1$，$\exists N>0$，当 $n>N$ 时，有 $\frac{y_n-y_{n-1}}{x_n-x_{n-1}}>1$，即

$$y_n-y_{n-1}>x_n-x_{n-1}>0(\forall n>N) \quad ④$$

所以 $n>N$ 时，y_n 严格单调增加. 在④式中令 $n=N+1,N+2,\cdots,k$，然后相加，可知

$$y_k-y_N>x_k-x_N$$

得 $y_k\to+\infty(k\to+\infty)$.

(3) 极限为 $a=-\infty$ 的情况. 只要令 $y_n=-z_n$，即可转化为(2)中的情况.

评注：关于 Stolz 公式还有另一种类型.

($\frac{0}{0}$型 Stolz 定理二)　设 $\{x_n\}$，$\{y_n\}$ 是两个数列. $\lim\limits_{n\to\infty}y_n=0$，$\{x_n\}$ 严格单调递减且趋向于 0. 如果 $\lim\limits_{n\to\infty}\frac{y_n-y_{n+1}}{x_n-x_{n+1}}=a$，则 $\lim\limits_{n\to\infty}\frac{y_n}{x_n}=a$（其中 a 为有限数，$+\infty$ 或 $-\infty$）.

两个 Stolz 公式，对于求数列的极限都十分有用. 在此只给出定理二的内容，其证明从略.

例 2.13　(1) 设 $x_n>0$，$\lim\limits_{n\to\infty}x_n=a>0$，则 $\lim\limits_{n\to\infty}\sqrt[n]{x_1x_2\cdots x_n}=a$.

(2) 设 $x_n>0$，$\lim\limits_{n\to\infty}\frac{x_{n+1}}{x_n}=a$，则 $\lim\limits_{n\to\infty}\sqrt[n]{x_n}=a$.

(3) 设 $\lim\limits_{n\to\infty}x_n=a$，则 $\lim\limits_{n\to\infty}\frac{x_1+x_2+\cdots+x_n}{n}=a$.

分析：求通项为乘积形式的数列极限时，应通过变形化为和的形式，然后才能用 Stolz 公式.

证明　(1) $\lim\limits_{n\to\infty}\sqrt[n]{x_1x_2\cdots x_n}=\lim\limits_{n\to\infty}\mathrm{e}^{\ln\sqrt[n]{x_1x_2\cdots x_n}}=\lim\limits_{n\to\infty}\mathrm{e}^{\frac{1}{n}\ln(x_1x_2\cdots x_n)}=\lim\limits_{n\to\infty}\mathrm{e}^{\frac{1}{n}\sum\limits_{i=1}^{n}\ln x_i}$　①

因为

$$\lim_{n\to\infty}\frac{1}{n}\sum_{i=1}^{n}\ln x_i=\lim_{n\to\infty}\frac{\sum\limits_{i=1}^{n}\ln x_i-\sum\limits_{i=1}^{n-1}\ln x_i}{n-(n-1)}=\lim_{n\to\infty}\frac{\ln x_n}{1}=\ln a \quad ②$$

由①，②两式，得

$$\lim_{n\to\infty}\sqrt[n]{x_1x_2\cdots x_n}=\mathrm{e}^{\ln a}=a$$

(2) 由假设及(1)的结论有

$$\lim_{n\to\infty}\sqrt[n]{x_n}=\lim_{n\to\infty}\sqrt[n]{\frac{x_1}{1}\cdot\frac{x_2}{x_1}\cdot\cdots\cdot\frac{x_n}{x_{n-1}}}=\lim_{n\to\infty}\frac{x_n}{x_{n-1}}=a$$

(3) 由于假设 $\lim\limits_{n\to\infty}x_n=a$，由 Stolz 定理可得

$$\begin{aligned}\lim_{n\to\infty}\frac{x_1+x_2+\cdots+x_n}{n}&=\lim_{n\to\infty}\frac{(x_1+x_2+\cdots+x_n)-(x_1+x_2+\cdots+x_{n-1})}{n-(n-1)}\\&=\lim_{n\to\infty}x_n=a\end{aligned}$$

例 2.14　设数列 $\{S_n\}$，定义其算术平均值为 $\sigma_n=\frac{S_0+S_1+\cdots+S_n}{n+1}$，令 $a_n=S_n-S_{n-1}$，证明：当 $\lim\limits_{n\to\infty}na_n=0$，且 $\lim\limits_{n\to\infty}\sigma_n=\alpha$ 时，有 $\lim\limits_{n\to\infty}S_n=\alpha$.

证明　考虑

$$S_n-\sigma_n=S_n-\frac{S_0+S_1+\cdots+S_n}{n+1}$$

$$=\frac{(S_n-S_0)+(S_n-S_1)+\cdots+(S_n-S_{n-1})+(S_n-S_n)}{n+1}$$

$$=\frac{1}{n+1}[(a_1+a_2+\cdots+a_n)+(a_2+\cdots+a_n)+\cdots+(a_{n-1}+a_n)+a_n]$$

$$=\frac{1}{n+1}\sum_{k=1}^{n}ka_k \qquad ①$$

因为

$$\lim_{n\to\infty}\frac{1}{n+1}\sum_{k=1}^{n}ka_k=\lim_{n\to\infty}\frac{\sum_{k=1}^{n}ka_k-\sum_{k=1}^{n-1}ka_k}{(n+1)-n}=\lim_{n\to\infty}na_n=0$$

即

$$\lim_{n\to\infty}(S_n-\sigma_n)=0 \qquad ②$$

由①,②两式,得

$$\lim_{n\to\infty}S_n=\lim_{n\to\infty}[(S_n-\sigma_n)+\sigma_n]=\lim_{n\to\infty}(S_n-\sigma_n)+\lim_{n\to\infty}\sigma_n=\lim_{n\to\infty}\sigma_n=\alpha$$

例 2.15 设 $A_n=a_1+a_2+\cdots+a_n$, $\lim\limits_{n\to\infty}A_n=A$,数列$\{P_n\}$为单调递增的正数列,且$\lim\limits_{n\to\infty}P_n=+\infty$,证明$\lim\limits_{n\to\infty}\frac{P_1a_1+P_2a_2+\cdots+P_na_n}{P_n}=0$.

证明 考虑到

$$\frac{P_1a_1+P_2a_2+\cdots+P_na_n}{P_n}=\frac{P_1A_1+P_2(A_2-A_1)+\cdots+P_n(A_n-A_{n-1})}{P_n}$$

$$=\frac{(P_1-P_2)A_1+(P_2-P_3)A_2+\cdots+(P_{n-1}-P_n)A_{n-1}+P_nA_n}{P_n}.$$

于是有

$$\lim_{n\to\infty}\frac{P_1a_1+P_2a_2+\cdots+P_na_n}{P_n}$$

$$=\lim_{n\to\infty}\left[\frac{(P_1-P_2)A_1+(P_2-P_3)A_2+\cdots+(P_{n-1}-P_n)A_{n-1}}{P_n}+A_n\right]$$

$$=\lim_{n\to\infty}\left[\frac{(P_{n-1}-P_n)A_{n-1}}{P_n-P_{n-1}}+A_n\right]=\lim_{n\to\infty}(-A_{n-1}+A_n)=-A+A=0$$

例 2.16 设 $S_n=\frac{1}{n^2}\sum\limits_{k=1}^{n}\ln C_n^k$,求极限$\lim\limits_{n\to\infty}S_n$.

分析:若一个数列极限用一次 Stolz 公式不能奏效,可考虑重复应用 Stolz 公式.

解 因$\{n^2\}$是严格单调递增的数列,应用 Stolz 公式

$$\lim_{n\to\infty}S_n=\lim_{n\to\infty}\frac{\sum_{k=0}^{n+1}\ln C_{n+1}^k-\sum_{k=0}^{n}\ln C_n^k}{(n+1)^2-n^2}$$

$$=\lim_{n\to\infty}\frac{\sum_{k=0}^{n}\ln\frac{C_{n+1}^k}{C_n^k}+\ln C_{n+1}^{n+1}}{2n+1}=\lim_{n\to\infty}\frac{\sum_{k=0}^{n}\ln\frac{n+1}{n-k+1}}{2n+1}$$

$$=\lim_{n\to\infty}\frac{(n+1)\ln(n+1)-\sum_{k=1}^{n+1}\ln k}{2n+1} \quad (再次应用 Stolz 公式)$$

$$= \lim_{n\to\infty} \frac{(n+1)\ln(n+1) - n\ln n - \ln(n+1)}{(2n+1)+(2n-1)}$$

$$= \lim_{n\to\infty} \frac{\ln\left(\frac{n+1}{n}\right)^n}{2} = \frac{1}{2}$$

例 2.17　证明：$\lim\limits_{n\to\infty}\frac{1^p+2^p+\cdots+n^p}{n^{p+1}}=\frac{1}{p+1}$（$p$ 为正整数）.

证明　$\lim\limits_{n\to\infty}\frac{1^p+2^p+\cdots+n^p}{n^{p+1}}=\lim\limits_{n\to\infty}\frac{(n+1)^p}{(n+1)^{p+1}-n^{p+1}}$

$$=\lim_{n\to\infty}\frac{(1+n)^p}{(p+1)n^p+\frac{(p+1)p}{2}n^{p-1}+\cdots+1}=\frac{1}{p+1}$$

例 2.18　设 $x_1\in(0,1)$，$x_{n+1}=x_n(1-x_n)$，证明$\lim\limits_{n\to\infty} nx_n=1$.

证明　由 $x_1\in(0,1)$，$x_{n+1}=x_n(1-x_n)=x_n-x_n^2$ 可知 x_n 单调递减，且 x_n 有下界 0，因此$\lim\limits_{n\to\infty} x_n$ 存在，设$\lim\limits_{n\to\infty}x_n=l$. 再由 $x_{n+1}=x_n(1-x_n)$可得 $l=l(1-l)$，则 $l=0$.

$$\lim_{n\to\infty} nx_n=\lim_{n\to\infty}\frac{n}{\frac{1}{x_n}}=\lim_{n\to\infty}\frac{1}{\frac{1}{x_n}-\frac{1}{x_{n-1}}}=\lim_{n\to\infty}\frac{x_nx_{n-1}}{x_{n-1}-x_n}$$

$$=\lim_{n\to\infty}\frac{x_nx_{n-1}}{x_{n-1}-x_{n-1}(1-x_{n-1})}=\lim_{n\to\infty}\frac{x_nx_{n-1}}{x_{n-1}^2}=\lim_{n\to\infty}\frac{x_n}{x_{n-1}}=\lim_{n\to\infty}(1-x_{n-1})=1$$

例 2.19　求极限$\lim\limits_{n\to\infty}\left(\frac{2}{2^2-1}\right)^{\frac{1}{2^{n-1}}}\left(\frac{2^2}{2^3-1}\right)^{\frac{1}{2^{n-2}}}\cdots\left(\frac{2^{n-1}}{2^n-1}\right)^{\frac{1}{2}}$.

分析：极限式中数列的通项的乘积因子个数随 n 增加而增加，可考虑取对数或换底化成和的形式，然后应用 Stolz 公式.

解　令 $x_n=\left(\frac{2}{2^2-1}\right)^{\frac{1}{2^{n-1}}}\left(\frac{2^2}{2^3-1}\right)^{\frac{1}{2^{n-2}}}\cdots\left(\frac{2^{n-1}}{2^n-1}\right)^{\frac{1}{2}}$. 先取对数，再求极限.

$$\ln x_n=\frac{1}{2^{n-1}}\ln\frac{2}{2^2-1}+\frac{1}{2^{n-2}}\ln\frac{2^2}{2^3-1}+\cdots+\frac{1}{2}\ln\frac{2^{n-1}}{2^n-1}$$

$$=\frac{1}{2^{n-1}}\left(\ln\frac{2}{2^2-1}+2\ln\frac{2^2}{2^3-1}+\cdots+2^{n-2}\ln\frac{2^{n-1}}{2^n-1}\right)$$

应用 Stolz 公式，得

$$\lim_{n\to\infty}\ln x_n=\lim_{n\to\infty}\frac{2^{n-2}\ln\frac{2^{n-1}}{2^n-1}}{2^{n-1}-2^{n-2}}=\lim_{n\to\infty}\ln\frac{1}{2-\frac{1}{2^{n-1}}}=\ln\frac{1}{2}$$

故原极限为$\lim\limits_{n\to\infty} x_n=\frac{1}{2}$.

（三）练习题

2.1　用数列极限的定义证明：

(1) $\lim\limits_{n\to\infty}\frac{\sqrt{n^2+a^2}}{n}=1$；　　(2) $\lim\limits_{n\to\infty}\frac{\sin(n+1)}{\sqrt{n}}=0$.

2.2　用数列极限的定义证明：

(1) $\lim\limits_{n\to\infty}(\sqrt{n+1}-\sqrt{n})=0$；　　(2) $\lim\limits_{n\to\infty}\frac{1+2+\cdots+n}{n^3}=0$.

2.3　求下列极限：

(1) $\lim\limits_{n\to\infty}\left(\sqrt[n]{1}+\sqrt[n]{\frac{1}{2}}+\cdots+\sqrt[n]{\frac{1}{10}}\right)$；　　(2) $\lim\limits_{n\to\infty}\frac{\frac{1}{2}+\frac{1}{2^2}+\cdots+\frac{1}{2^n}}{\frac{1}{3}+\frac{1}{3^2}+\cdots+\frac{1}{3^n}}$.

2.4　证明：$\lim\limits_{n\to\infty}\frac{\ln n}{n^\alpha}=0(\alpha>1)$.

2.5　求极限$\lim\limits_{n\to\infty}\frac{1+\frac{1}{2}+\frac{1}{3}+\cdots+\frac{1}{n}}{n}$.

2.6　若$\lim\limits_{n\to\infty}(a_n-a_{n-1})=\alpha$，求$\lim\limits_{n\to\infty}\frac{a_n}{n}$.

2.7　设$\lim\limits_{n\to\infty}a_n=a$，$\lim\limits_{n\to\infty}b_n=b$. 且令

$$S_n=\max\{a_n,b_n\},T_n=\min\{a_n,b_n\},n=1,2,\cdots$$

证明：(1) $\lim\limits_{n\to\infty}S_n=\max\{a,b\}$；　(2) $\lim\limits_{n\to\infty}T_n=\min\{a,b\}$.

2.8　设$\lim\limits_{n\to\infty}x_n=\alpha$，证明$\lim\limits_{n\to\infty}\frac{x_1+2x_2+\cdots+nx_n}{n(n+1)}=\frac{\alpha}{2}$.

(四) 答案与提示

2.3　(1) 10　(2) 2.

2.4　提示：$0<\frac{\ln n}{n^\alpha}<\frac{n}{n^\alpha}\to0(n\to0)$.

2.5　0.

2.6　α.

2.7　提示：$S_n=\frac{1}{2}(a_n+b_n+|a_n-b_n|)$，$T_n=\frac{1}{2}(a_n+b_n-|a_n-b_n|)$.

2.8　提示：应用Stolz公式.

第三讲　数列极限的求法

（一）内容要点

1. 数列极限存在准则

(1) 夹逼准则：设数列$\{x_n\}$，$\{y_n\}$，$\{z_n\}$当n充分大时满足$y_n \leqslant x_n \leqslant z_n$，若$\lim\limits_{n\to\infty} y_n = a$，$\lim\limits_{n\to\infty} z_n = a$，则数列$\{x_n\}$的极限存在，且$\lim\limits_{n\to\infty} x_n = a$.

(2) 单调有界准则：设数列$\{x_n\}$单调递增(减)，且有上(下)界，则数列的$\{x_n\}$极限存在.

(3) Cauchy 收敛准则：数列$\{x_n\}$收敛的充分必要条件是：对于任意给定的正数ε，存在正整数N，使得当$m>N$，$n>N$时，恒有$|x_m - x_n| < \varepsilon$.

2. 重要极限：$\lim\limits_{n\to\infty}\left(1+\dfrac{1}{n}\right)^n = \mathrm{e}$

评注：在求数列极限时，记住下面几个极限会有帮助：

(1) $\lim\limits_{n\to\infty}\dfrac{n^\alpha}{a^n} = 0, a>1$；　(2) $\lim\limits_{n\to\infty}\dfrac{a^n}{n!} = 0$；　(3) $\lim\limits_{n\to\infty}\sqrt[n]{a} = 1, a>0$；　(4) $\lim\limits_{n\to\infty}\sqrt[n]{n} = 1$.

3. 收敛数列与其子数列间的关系：$\lim\limits_{n\to\infty} x_n = a \Leftrightarrow$ 对于$\{x_n\}$的每个子数列$\{a_{n_k}\}$都有$\lim\limits_{k\to\infty} x_{n_k} = a$.

4. 数列极限与函数极限的关系：设$f(x)$在x_0的某个去心邻域$\mathring{U}(x_0)$内有定义，则

$\lim\limits_{x\to x_0} f(x) = a \Leftrightarrow \forall\, \{x_n\} \subset \mathring{U}(x_0)$，若$x_n \to x_0 (n\to\infty)$，则$\lim\limits_{n\to\infty} f(x_n) = a$.

评注：采用初等变形也是求数列极限的重要方法.

（二）例题选讲

例 3.1　设$x_1 > -6$，$x_{n+1} = \sqrt{x_n + 6}$. 证明$\lim\limits_{n\to\infty} x_n$存在，并求出极限.

分析：当数列的通项是以递推公式形式给出时，证明数列极限的存在性，应仔细验证数列的单调性及有界性.

证明　易见，当$n \geqslant 2$时，$x_n > 0$.

考虑　$$x_3 - x_2 = \sqrt{x_2+6} - x_2 = \frac{(x_2+6)-x_2^2}{\sqrt{x_2+6}+x_2} = -\frac{(x_2+2)(x_2-3)}{\sqrt{x_2+6}+x_2}$$

而$x_2 \geqslant 3 \Leftrightarrow \sqrt{x_1+6} \geqslant 3 \Leftrightarrow x_1 \geqslant 3$. 于是当$x_1 \geqslant 3$时，$x_3 \leqslant x_2$；当$-6 < x_1 < 3$时，$x_3 > x_2$.

当 $n>3$ 时,有

$$x_{n+1}-x_n=\sqrt{x_n+6}-\sqrt{x_{n-1}+6}=\frac{(x_n+6)-(x_{n-1}+6)}{\sqrt{x_n+6}+\sqrt{x_{n-1}+6}}=\frac{x_n-x_{n-1}}{\sqrt{x_n+6}+\sqrt{x_{n-1}+6}}$$

由此推得 $x_{n+1}-x_n$ 与 x_3-x_2 同号,于是当 $x_1\geqslant 3$ 时,$\{x_n\}$是有下界的递减数列;当 $-6<x_1<3$时,$\{x_n\}$是递增数列,且这时 3 是数列的一个上界.

根据单调有界准则可知,$\lim\limits_{n\to\infty} x_n$ 存在.

设$\lim\limits_{n\to\infty} x_n=l$. 等式 $x_{n+1}=\sqrt{x_n+6}$两边求极限得

$$l=\sqrt{l+6}\Rightarrow(l+2)(l-3)=0\Rightarrow l=-2 \text{ 或 } l=3$$

因为 $x_n>0(n\geqslant 2)$,所以$\lim\limits_{n\to\infty} x_n=3$.

例 3.2 设 $x_1=\sqrt{a}, x_{n+1}=\sqrt{a+x_n}$. 证明$\lim\limits_{n\to\infty} x_n$ 存在,并求出极限.

分析:先设想 $x_{n+1}=\sqrt{a+x_n}>x_n$,考察 x_n 应在的范围,再根据题设条件验证 x_n 是否在应满足的范围内.

证明 先证对所有 n,有 $x_n<\dfrac{1+\sqrt{1+4a}}{2}$.

$n=1$ 时,$x_1=\sqrt{a}<\dfrac{1+\sqrt{1+4a}}{2}$.

设 $n=k$ 时,$x_k<\dfrac{1+\sqrt{1+4a}}{2}$,则当 $n=k+1$ 时,有

$$x_{k+1}=\sqrt{a+x_n}<\sqrt{a+\frac{1+\sqrt{1+4a}}{2}}=\frac{1}{2}\sqrt{4a+2+2\sqrt{1+4a}}=\frac{1}{2}(1+\sqrt{1+4a})$$

因此,对所有 n 均有 $x_n<\dfrac{1+\sqrt{1+4a}}{2}$.

若要使 $\sqrt{a+x_n}>x_n$,需使 $x_n^2-x_n-a<0$,得

$$\frac{1-\sqrt{1+4a}}{2}<x_n<\frac{1+\sqrt{1+4a}}{2}$$

因 $0<x_n<\dfrac{1+\sqrt{1+4a}}{2}$,因此,$x_n^2-x_n-a<0$ 对所有 n 成立,即

$$x_{n+1}=\sqrt{a+x_n}>x_n, n=1,2,\cdots$$

综上,$\{x_n\}$单调递增且有上界,因此$\{x_n\}$的极限存在. 设$\lim\limits_{n\to\infty} x_n=l$. $x_{n+1}=\sqrt{a+x_n}$两边取极限得 $l=\sqrt{l+a}$,解得 $l=\dfrac{1\pm\sqrt{1+4a}}{2}$.

因为对所有 $n, x_n\geqslant\sqrt{a}$, $\dfrac{1-\sqrt{1+4a}}{2}<0$,因此取 $l=\dfrac{1+\sqrt{1+4a}}{2}$,即

$$\lim_{n\to\infty}=\frac{1+\sqrt{1+4a}}{2}$$

例 3.3 设 $x_1=1, x_{n+1}=1+\dfrac{x_n}{1+x_n}$,证明$\lim\limits_{n\to\infty} x_n$ 存在,并求之.

证明 由假设 $x_1=1, x_{n+1}=1+\dfrac{x_n}{1+x_n}$,易知对所有 n, $0<x_n<2$.

因为 $x_2>1=x_1$，且

$$x_{n+1}-x_n=\frac{x_n}{1+x_n}-\frac{x_{n-1}}{1+x_{n-1}}=\frac{x_n-x_{n-1}}{(1+x_n)(1+x_{n-1})}$$

用数学归纳法可证$\{x_n\}$递增，从而收敛.

设$\lim\limits_{n\to\infty}x_n=l$，则有 $l=1+\dfrac{l}{1+l}\Rightarrow l^2-l-1=0$，解得 $l=\dfrac{1\pm\sqrt{5}}{2}$.

因为 $0<x_n<2$，故负值舍去，所以$\lim\limits_{n\to\infty}x_n=\dfrac{1+\sqrt{5}}{2}$.

例 3.4 设 $x_1>1$，$x_{n+1}=\dfrac{1}{1+x_n}$，证明$\lim\limits_{n\to\infty}x_n=\dfrac{\sqrt{5}-1}{2}$.

证明 $x_1>1$，$x_2=\dfrac{1}{1+x_1}<\dfrac{1}{2}\Rightarrow x_2<x_1$.

$$x_3-x_1=\frac{1}{1+x_2}-x_1<0,x_4-x_2=\frac{1}{1+x_3}-\frac{1}{1+x_1}=-\frac{x_3-x_1}{(1+x_3)(1+x_1)}>0.$$

一般地，有

$$x_{2n}-x_{2(n-1)}=\frac{1}{1+x_{2n-1}}-\frac{1}{1+x_{2n-3}}=-\frac{x_{2n-1}-x_{2n-3}}{(1+x_{2n-1})(1+x_{2n-3})}>0$$

$$x_{2n+1}-x_{2n-1}=\frac{1}{1+x_{2n}}-\frac{1}{1+x_{2n-2}}=-\frac{x_{2n}-x_{2n-2}}{(1+x_{2n})(1+x_{2n-2})}<0$$

由数学归纳法可知，$\{x_{2n}\}$单调递增，有上界，$\{x_{2n-1}\}$单调递减，有下界. 于是$\lim\limits_{n\to\infty}x_{2n}$及$\lim\limits_{n\to\infty}x_{2n-1}$均存在. 设$\lim\limits_{n\to\infty}x_{2n}=\alpha$，$\lim\limits_{n\to\infty}x_{2n-1}=\beta$，则 $x_{n+1}=\dfrac{1}{1+x_n}$两边取极限，可得 $\alpha=\dfrac{1}{1+\beta}$，$\beta=\dfrac{1}{1+\alpha}\Rightarrow$ $\alpha=\beta\Rightarrow\alpha=\dfrac{1}{1+\alpha}\Rightarrow\alpha=\dfrac{-1\pm\sqrt{5}}{2}$.

故$\lim\limits_{n\to\infty}x_n$ 存在，且应取$\lim\limits_{n\to\infty}x_n=\dfrac{\sqrt{5}-1}{2}$.

评注：本例的证明，用了这样一个事实：$\lim\limits_{n\to\infty}x_n=a\Leftrightarrow\lim\limits_{n\to\infty}x_{2n}=a$ 且$\lim\limits_{n\to\infty}x_{2n-1}=a$.

例 3.5 设 $x_1>0$，$x_{n+1}=\dfrac{1}{2}\left(x_n+\dfrac{a}{x_n}\right)$，$a>0$. 证明$\lim\limits_{n\to\infty}x_n$ 存在，并求之.

证明 依题设条件易知 $x_n>0(n=1,2,\cdots)$. 因为

$$x_n\geqslant\sqrt{x_{n-1}\cdot\frac{a}{x_{n-1}}}=\sqrt{a},n=2,3,\cdots$$

且
$$\frac{x_n}{x_{n-1}}=\frac{1}{2}\left(1+\frac{a}{x_{n-1}^2}\right)\leqslant\frac{1}{2}(1+1)=1$$

所以$\{x_n\}$单调递减有下界，且可求得

$$\lim_{n\to\infty}x_n=\sqrt{a}$$

例 3.6 证明数列 $x_n=1+\dfrac{1}{2}+\dfrac{1}{3}+\cdots+\dfrac{1}{n}-\ln n$ 非负单调递减. 因而$\lim\limits_{n\to\infty}x_n=c$ 存在，且 $c=0.577\cdots$(欧拉常数)，即 $1+\dfrac{1}{2}+\dfrac{1}{3}+\cdots+\dfrac{1}{n}=c+\ln n+\varepsilon_n$，其中 $\varepsilon_n\to 0(n\to\infty)$.

证明
$$x_n=1+\frac{1}{2}+\frac{1}{3}+\cdots+\frac{1}{n}-\ln n$$

$$x_{n+1}=1+\frac{1}{2}+\frac{1}{3}+\cdots+\frac{1}{n+1}-\ln(n+1)$$

$$x_{n+1}-x_n=\frac{1}{n+1}-\ln(n+1)+\ln n=\frac{1}{n+1}-\ln\left(1+\frac{1}{n}\right)$$

由不等式 $\frac{x}{1+x}<\ln(1+x)<x(\forall x>0)$,令 $x=\frac{1}{n}$,得不等式$\frac{1}{n+1}<\ln(1+\frac{1}{n})<\frac{1}{n}$,从而有 $x_{n+1}-x_n<0$,得 x_n 单调递减.

又利用右边的不等式,有$\frac{1}{k}>\ln\left(1+\frac{1}{k}\right)(k=1,2,\cdots,n)$,将这 n 个不等式相加,得

$$1+\frac{1}{2}+\frac{1}{3}+\cdots+\frac{1}{n}>\ln 2+\ln\frac{3}{2}+\ln\frac{4}{3}+\cdots+\ln\frac{n+1}{n}=\ln(n+1)>\ln n$$

所以 $x_n=1+\frac{1}{2}+\frac{1}{3}+\cdots+\frac{1}{n}-\ln n>0$.

故极限$\lim\limits_{n\to\infty}x_n=c$ 存在.

例 3.7 设 $x_n>0,x_n+\frac{4}{x_{n+1}^2}<3$. 证明$\lim\limits_{n\to\infty}x_n=2$.

分析:例中的数列的通项不是以递推公式给出的,而是满足不等式约束,因此利用不等式来分析其单调性和有界性,并求出极限.

证明 由于

$$3>x_n+\frac{4}{x_{n+1}^2}=\frac{x_n}{2}+\frac{x_n}{2}+\frac{4}{x_{n+1}^2}\geqslant 3\sqrt[3]{\frac{x_n}{2}\cdot\frac{x_n}{2}\cdot\frac{4}{x_{n+1}^2}}=3\sqrt[3]{\frac{x_n^2}{x_{n+1}^2}}$$

可推得$\frac{x_n}{x_{n+1}}<1$,即$\{x_n\}$单调递增.

又 $x_n<3-\frac{4}{x_{n+1}^2}<3$,即$\{x_n\}$有上界,故$\lim\limits_{n\to\infty}x_n$ 存在.

设$\lim\limits_{n\to\infty}x_n=\alpha$. 由 $x_n+\frac{4}{x_{n+1}^2}<3$,得 $\alpha+\frac{4}{\alpha^2}\leqslant 3$.

又由于
$$\alpha+\frac{4}{\alpha^2}=\frac{\alpha}{2}+\frac{\alpha}{2}+\frac{4}{\alpha^2}\geqslant 3\sqrt[3]{\frac{\alpha}{2}\cdot\frac{\alpha}{2}\cdot\frac{4}{\alpha^2}}=3$$

于是 $\alpha+\frac{4}{\alpha^2}=3$,解得 $\alpha=-1$ 或 $\alpha=2$.

因为 $x_n>0$,应取$\lim\limits_{n\to\infty}x_n=\alpha=2$.

例 3.8 设 $x_1=a>0,y_1=b>a,x_{n+1}=\sqrt{x_ny_n},y_{n+1}=\frac{x_n+y_n}{2}$,证明$\lim\limits_{n\to\infty}x_n,\lim\limits_{n\to\infty}y_n$ 存在且相等.

证明 因为据题意有 $x_n>0,y_n>0,n=1,2,3,\cdots$. 所以

$$y_{n+1}=\frac{x_n+y_n}{2}\geqslant\sqrt{x_n\cdot y_n}=x_{n+1},n=1,2,\cdots$$

且 $y_1>x_1\Rightarrow x_n\leqslant y_n,n=1,2,\cdots$.

$\Rightarrow x_{n+1}=\sqrt{x_ny_n}\geqslant\sqrt{x_nx_n}=x_n\Rightarrow\{x_n\}$递增.

$\Rightarrow y_{n+1}=\frac{x_n+y_n}{2}\leqslant\frac{y_n+y_n}{2}=y_n\Rightarrow\{y_n\}$递减.

因 $x_n>0,\{x_n\}$单调递增,且 $x_n\leqslant y_n\leqslant b$,故$\{x_n\}$的极限存在,设为$\lim\limits_{n\to\infty}x_n=\alpha$.

因为 $y_n>0$，$\{y_n\}$递减，所以由单调有界准则知$\{y_n\}$的极限存在，设为$\lim\limits_{n\to\infty} y_n=\beta$.

$y_{n+1}=\dfrac{x_n+y_n}{2}$两边同时取极限得：$\alpha=\beta$，即$\lim\limits_{n\to\infty} x_n=\lim\limits_{n\to\infty} y_n$.

例 3.9　设 $0<a_1<b_1$，$a_{n+1}=\dfrac{2a_nb_n}{a_n+b_n}$，$b_{n+1}=\sqrt{a_nb_n}$，证明$\lim\limits_{n\to\infty} a_n$，$\lim\limits_{n\to\infty} b_n$ 存在且相等.

证明　因为 $a_n>0$，$b_n>0\Rightarrow a_n+b_n\geqslant 2\sqrt{a_nb_n}$，所以

$$a_{n+1}=\frac{2a_nb_n}{a_n+b_n}\leqslant\frac{2a_nb_n}{2\sqrt{a_nb_n}}=\sqrt{a_nb_n}=b_{n+1}$$

得
$$a_n\leqslant b_n,n=1,2,\cdots$$

从而
$$a_{n+1}=\frac{2a_nb_n}{a_n+b_n}\geqslant\frac{2a_nb_n}{b_n+b_n}=a_n,b_{n+1}=\sqrt{a_nb_n}\leqslant\sqrt{b_nb_n}=b_n$$

所以$\{a_n\}$为递增数列，$\{b_n\}$为递减数列，由此又可知 $a_n\leqslant b_1$，$b_n\geqslant a_1$，故$\{a_n\}$，$\{b_n\}$皆收敛.

设$\lim\limits_{n\to\infty} a_n=\alpha$，$\lim\limits_{n\to\infty} b_n=\beta$，则有

$$\beta=\sqrt{\alpha\beta}$$

因 $\alpha,\beta>0$，所以有 $\alpha=\beta$.

例 3.10　设 $a_k>0(k=1,2,\cdots,m)$，求$\lim\limits_{n\to\infty}\sqrt[n]{a_1^n+a_2^n+\cdots+a_m^n}$.

解　令

$$M=\max\{a_1,a_2,\cdots,a_m\}$$

显然有
$$M=\sqrt[n]{M^n}\leqslant\sqrt[n]{a_1^n+a_2^n+\cdots+a_m^n}\leqslant\sqrt[n]{mM^n}=\sqrt[n]{m}M$$

由于$\lim\limits_{n\to\infty}\sqrt[n]{m}=1$ 及夹逼准则，即得$\lim\limits_{n\to\infty}\sqrt[n]{a_1^n+a_2^n+\cdots+a_m^n}=M$.

例 3.11　求下列极限：

(1) $\lim\limits_{n\to\infty}[(n+1)^\alpha-n^\alpha]$，其中 $0<\alpha<1$；

(2) $\lim\limits_{n\to\infty}\sum\limits_{k=1}^{n}(n^k+1)^{-\frac{1}{k}}$；

(3) $\lim\limits_{n\to\infty}\sum\limits_{k=1}^{n}\dfrac{k}{n^2+n+k}$.

解　(1) 因

$$0<[(n+1)^\alpha-n^\alpha]=n^\alpha\left[\left(1+\frac{1}{n}\right)^\alpha-1\right]<n^\alpha\left[\left(1+\frac{1}{n}\right)-1\right]=n^{\alpha-1}$$

由于 $0<\alpha<1$ 得$\lim\limits_{n\to\infty}n^{\alpha-1}=0$，由夹逼准则可知，$\lim\limits_{n\to\infty}[(n+1)^\alpha-n^\alpha]=0$.

(2) 由
$$n^k<(n^k+1)<(n+1)^k$$

得
$$n<(n^k+1)^{\frac{1}{k}}<(n+1)$$

从而
$$\frac{1}{n+1}<(n^k+1)^{-\frac{1}{k}}<\frac{1}{n}$$

$$\frac{n}{n+1}=\sum_{k=1}^{n}\frac{1}{n+1}<\sum_{k=1}^{n}(n^k+1)^{-\frac{1}{k}}<\sum_{k=1}^{n}\frac{1}{n}=1$$

由夹逼准则可知，$\lim\limits_{n\to\infty}\sum\limits_{k=1}^{n}(n^k+1)^{-\frac{1}{k}}=1$.

(3) 令 $x_n=\sum\limits_{k=1}^{n}\dfrac{k}{n^2+n+k}$，$y_n=\sum\limits_{k=1}^{n}\dfrac{k}{n^2+n+n}$，$z_n=\sum\limits_{k=1}^{n}\dfrac{k}{n^2+n+1}$，则有 $y_n<x_n<z_n$，

且

$$\lim_{n\to\infty} y_n = \lim_{n\to\infty}\sum_{k=1}^{n}\frac{k}{n^2+n+n} = \lim_{n\to\infty}\frac{1}{2}\frac{n(n+1)}{n^2+n+n} = \frac{1}{2}$$

$$\lim_{n\to\infty} z_n = \lim_{n\to\infty}\sum_{k=1}^{n}\frac{k}{n^2+n+1} = \lim_{n\to\infty}\frac{1}{2}\frac{n(n+1)}{n^2+n+1} = \frac{1}{2}$$

由夹逼准则可知,$\lim\limits_{n\to\infty} x_n=\frac{1}{2}$.

例 3.12 对任意 $a\in\mathbf{R}$,证明 $x_n=1+a+\frac{a^2}{2!}+\frac{a^3}{3!}+\cdots+\frac{a^n}{n!}$极限存在.

分析:因数列通项中 a 可取任意实数,较难判别其单调性和有界性,应用柯西收敛准则.

证明 利用柯西收敛准则,对 $\forall\,\varepsilon>0,\forall\, n,p\in\mathbf{N}$,

$$\begin{aligned}|x_{n+p}-x_n| &= \left|\frac{a^{n+1}}{(n+1)!}+\frac{a^{n+2}}{(n+2)!}+\cdots+\frac{a^{n+p}}{(n+p)!}\right| \\ &\leqslant \frac{|a|^{n+1}}{(n+1)!}\left(1+\frac{|a|}{n+2}+\frac{|a|^2}{(n+2)^2}+\cdots+\frac{|a|^{p-1}}{(n+2)^{p-1}}\right) \\ &\leqslant \frac{|a|^{n+1}}{(n+1)!}\cdot\frac{1}{1-\frac{|a|}{n+2}}\to 0\,(n\to\infty)\end{aligned}$$

由柯西收敛准则即得证.

例 3.13 设$|a_{n+1}-a_n|\leqslant\alpha|a_n-a_{n-1}|$,$0<\alpha<1$. 试证$\{a_n\}$收敛.

证明 令$|a_2-a_1|=b$.

用数学归纳法可以证明

$$|a_{n+1}-a_n|\leqslant\alpha|a_n-a_{n-1}|\leqslant\cdots\leqslant\alpha^{n-1}b$$

对任意的正整数 p 有

$$\begin{aligned}|a_{n+p}-x_n| &\leqslant |a_{n+p}-a_{n+p-1}|+|a_{n+p-1}-a_{n+p-2}|+\cdots+|a_{n+1}-a_n| \\ &\leqslant \alpha^{n-1}b(\alpha^{p-1}+\alpha^{p-2}+\cdots+\alpha+1)<\frac{b}{1-\alpha}\alpha^{n-1}\end{aligned}$$

由于$\lim\limits_{n\to\infty}\frac{b}{1-\alpha}\alpha^{n-1}=0$,所以$\{a_n\}$为柯西数列,根据柯西收敛准则知$\{a_n\}$收敛.

例 3.14 求下列极限:

(1) $\lim\limits_{n\to\infty}(1+x)(1+x^2)\cdots(1+x^{2^n})$, $|x|<1$;

(2) $\lim\limits_{n\to\infty}\left(1+\frac{1+a+\cdots+a^n}{n}\right)^n$,其中$|a|<1$;

(3) $\lim\limits_{n\to\infty}\arctan(n-\ln n\cdot\sin n)$;

(4) $\lim\limits_{n\to\infty}[\sin(\ln(n+1))-\sin(\ln n)]$.

解 (1) $(1+x)(1+x^2)\cdots(1+x^{2^n})$

$$\begin{aligned}&=\frac{1}{1-x}(1-x)(1+x)(1+x^2)\cdots(1+x^{2^n}) \\ &=\frac{1}{1-x}(1-x^2)(1+x^2)\cdots(1+x^{2^n}) \\ &=\cdots=\frac{1}{1-x}(1-x^{2^n})(1+x^{2^n})=\frac{1}{1-x}(1-x^{2^{n+1}})\end{aligned}$$

由于$|x|<1$,故$\lim\limits_{n\to\infty} x^{2^n}=0$,于是$\lim\limits_{n\to\infty}(1+x)(1+x^2)\cdots(1+x^{2^n})=\dfrac{1}{1-x}$.

(2) $\lim\limits_{n\to\infty}\left(1+\dfrac{1+a+\cdots+a^n}{n}\right)^n=\lim\limits_{n\to\infty}\left(1+\dfrac{1-a^{n+1}}{(1-a)n}\right)^n=\lim\limits_{n\to\infty}\left(1+\dfrac{1-a^{n+1}}{(1-a)n}\right)^{\frac{(1-a)n}{1-a^{n+1}}\cdot\frac{1-a^{n+1}}{(1-a)n}\cdot n}$

$=e^{\frac{1}{1-a}}$.

(3) $\lim\limits_{n\to\infty}\arctan(n-\ln n\cdot\sin n)=\lim\limits_{n\to\infty}\arctan\left[n(1-\dfrac{1}{n}\ln n\cdot\sin n)\right]$;

因 $1-\dfrac{1}{n}\ln n\cdot\sin n\to 1(n\to\infty)$,所以 $n\left(1-\dfrac{1}{n}\ln n\cdot\sin n\right)\to+\infty(n\to\infty)$,从而

$\lim\limits_{n\to\infty}\arctan(n-\ln n\cdot\sin n)=\lim\limits_{n\to\infty}\arctan\left[n\left(1-\dfrac{1}{n}\ln n\cdot\sin n\right)\right]=\dfrac{\pi}{2}$.

(4) $\lim\limits_{n\to\infty}[\sin(\ln(n+1))-\sin(\ln n)]=\lim\limits_{n\to\infty}2\sin\dfrac{\ln(n+1)-\ln n}{2}\cos\dfrac{\ln(n+1)+\ln n}{2}$.

$$=\lim_{n\to\infty}2\sin\frac{\ln\left(1+\frac{1}{n}\right)}{2}\cos\frac{\ln[n(n+1)]}{2}=0.$$

例 3.15　求下列极限:

(1) $\lim\limits_{n\to\infty}\left(1-\dfrac{2}{2\cdot3}\right)\left(1-\dfrac{2}{3\cdot4}\right)\cdots\left(1-\dfrac{2}{n\cdot(n+1)}\right)$;

(2) $\lim\limits_{n\to\infty}\left(1-\dfrac{1}{2^2}\right)\left(1-\dfrac{1}{3^2}\right)\cdots\left(1-\dfrac{1}{n^2}\right)$;

(3) $\lim\limits_{n\to\infty}\sin^2(\pi\sqrt{n^2+n})$.

解　(1) 因为 $1-\dfrac{2}{n\cdot(n+1)}=\dfrac{(n-1)(n+2)}{n(n+1)}$,所以

$\left(1-\dfrac{2}{2\cdot3}\right)\left(1-\dfrac{2}{3\cdot4}\right)\cdots\left(1-\dfrac{2}{n\cdot(n+1)}\right)$

$=\dfrac{1\cdot4}{2\cdot3}\cdot\dfrac{2\cdot5}{3\cdot4}\cdot\dfrac{3\cdot6}{4\cdot5}\cdot\cdots\cdot\dfrac{(n-1)(n+2)}{n\cdot(n+1)}=\dfrac{1}{3}\cdot\dfrac{n+2}{n}\to\dfrac{1}{3}(n\to\infty)$

即
$$\lim_{n\to\infty}\left(1-\frac{2}{2\cdot3}\right)\left(1-\frac{2}{3\cdot4}\right)\cdots\left(1-\frac{2}{n\cdot(n+1)}\right)=\frac{1}{3}$$

(2) $\lim\limits_{n\to\infty}\left(1-\dfrac{1}{2^2}\right)\left(1-\dfrac{1}{3^2}\right)\cdots\left(1-\dfrac{1}{n^2}\right)=\lim\limits_{n\to\infty}\dfrac{1\cdot3}{2^2}\cdot\dfrac{2\cdot4}{3^2}\cdot\dfrac{3\cdot5}{4^2}\cdot\cdots\cdot\dfrac{(n-1)(n+1)}{n^2}$

$$=\lim_{n\to\infty}\frac{n+1}{2n}=\frac{1}{2}$$

(3) 因 $\sin^2x$ 是周期为 π 的周期函数,于是有

$\lim\limits_{n\to\infty}\sin^2(\pi\sqrt{n^2+n})=\lim\limits_{n\to\infty}\sin^2(\pi\sqrt{n^2+n}-n\pi)$

$$=\lim_{n\to\infty}\sin^2\left(\pi\frac{n}{\sqrt{n^2+n}+n}\right)=\sin^2\frac{\pi}{2}=1$$

例 3.16　求极限$\lim\limits_{n\to\infty}(n!)^{\frac{1}{n^2}}$.

分析:数列通项 $a_n=(n!)^{\frac{1}{n^2}}$ 中,底数为 $n!$,指数为$\dfrac{1}{n^2}$,均是 n 的表达式,可先取对数或变形,然后用 Stolz 公式.

解　利用变形及 Stolz 公式.

$$\lim_{n\to\infty}(n!)^{\frac{1}{n^2}}=\lim_{n\to\infty}e^{\frac{1}{n^2}\ln(n!)}=\lim_{n\to\infty}e^{\frac{1}{n^2}\sum_{k=1}^{n}\ln k}=\lim_{n\to\infty}e^{\frac{\sum_{k=1}^{n}\ln k-\sum_{k=1}^{n-1}\ln k}{n^2-(n-1)^2}}$$
$$=\lim_{n\to\infty}e^{\frac{\ln n}{2n-1}}=e^0=1$$

例 3.17 求$\lim_{n\to\infty}\tan^n\left(\frac{\pi}{4}+\frac{2}{n}\right)$.

解 $$\lim_{n\to\infty}\tan^n\left(\frac{\pi}{4}+\frac{2}{n}\right)=\lim_{n\to\infty}\left(\frac{1+\tan\frac{2}{n}}{1-\tan\frac{2}{n}}\right)^n=\lim_{n\to\infty}\left(1+\frac{2\tan\frac{2}{n}}{1-\tan\frac{2}{n}}\right)^n$$
$$=\lim_{n\to\infty}\left(1+\frac{2\tan\frac{2}{n}}{1-\tan\frac{2}{n}}\right)^{\frac{1-\tan\frac{2}{n}}{2\tan\frac{2}{n}}\cdot\frac{2\tan\frac{2}{n}}{1-\tan\frac{2}{n}}\cdot n}=e^4$$

例 3.18 设$(1+\sqrt{3})^n=a_n+b_n\sqrt{3}$,其中 $a_n,b_n(n=1,2,\cdots)$为正整数,求$\lim_{x\to\infty}\frac{a_n}{b_n}$.

解 在式$(1+\sqrt{3})^n=a_n+b_n\sqrt{3}$中用$-\sqrt{3}$代替$\sqrt{3}$,得
$$(1-\sqrt{3})^n=a_n-b_n\sqrt{3}$$
从而有
$$a_n=\frac{1}{2}\left[(1+\sqrt{3})^n+(1-\sqrt{3})^n\right]$$
$$b_n=\frac{1}{2\sqrt{3}}\left[(1+\sqrt{3})^n-(1-\sqrt{3})^n\right]$$
所以,$\lim_{n\to\infty}\frac{a_n}{b_n}=\lim_{n\to\infty}\sqrt{3}\times\frac{(1+\sqrt{3})^n+(1-\sqrt{3})^n}{(1+\sqrt{3})^n-(1-\sqrt{3})^n}=\sqrt{3}$.

例 3.19 设$|a_0|<1,a_n=\sqrt{\frac{1+a_{n-1}}{2}}$,求:(1) $\lim_{n\to\infty}4^n(1-a_n)$;(2) $\lim_{n\to\infty}a_1a_2\cdots a_n$.

解 令 $a_0=\cos t,0<t<\pi$,则有
$$a_1=\sqrt{\frac{1+a_0}{2}}=\sqrt{\frac{1+\cos t}{2}}=\cos\frac{t}{2}$$
$$a_2=\sqrt{\frac{1+a_1}{2}}=\cos\frac{t}{2^2}$$
$$\vdots$$
$$a_n=\sqrt{\frac{1+a_{n-1}}{2}}=\sqrt{\frac{1+\cos\frac{t}{2^{n-1}}}{2}}=\cos\frac{t}{2^n}$$
所以

(1) $$\lim_{n\to\infty}4^n(1-a_n)=\lim_{n\to\infty}4^n\left(1-\cos\frac{t}{2^n}\right)=\lim_{n\to\infty}4^n\cdot 2\sin^2\frac{t}{2^{n+1}}=\frac{t^2}{2}=\frac{1}{2}(\arccos a_0)^2$$

(2) $$\lim_{n\to\infty}(a_1a_2\cdots a_n)=\lim_{n\to\infty}\left(\cos\frac{t}{2}\cos\frac{t}{2^2}\cdots\cos\frac{t}{2^n}\right)$$
$$=\lim_{n\to\infty}\frac{2^n\sin\frac{t}{2^n}\cos\frac{t}{2}\cos\frac{t}{2^2}\cdots\cos\frac{t}{2^n}}{2^n\sin\frac{t}{2^n}}=\lim_{n\to\infty}\frac{\sin t}{2^n\sin\frac{t}{2^n}}=\frac{\sin t}{t}=\frac{\sqrt{1-\cos^2 t}}{\arccos a_0}$$

$$=\frac{\sqrt{1-a_0^2}}{\arccos a_0}$$

例 3.20　$\forall x>0$，证明 $\lim\limits_{n\to\infty} x_n=x$ 的充要条件是 $\lim\limits_{n\to\infty} n(\sqrt[n]{x_n}-1)=\ln x$.

证明　必要性．若 $\lim\limits_{n\to\infty} x_n=x$，则

$$\lim_{n\to\infty} n(\sqrt[n]{x_n}-1)=\lim_{n\to\infty}\frac{x_n^{\frac{1}{n}}-1}{\frac{1}{n}-0}=\lim_{n\to\infty}\frac{e^{\frac{1}{n}\ln x_n}-1}{\frac{1}{n}-0}=\lim_{n\to\infty}\ln x_n=\ln x.$$

充分性．若 $\lim\limits_{n\to\infty} n(\sqrt[n]{x_n}-1)=\ln x$，则 $n(\sqrt[n]{x_n}-1)=\ln x+\alpha_n$，$\alpha_n\to 0(n\to\infty)$.

于是
$$x_n=\left(\frac{n+\ln x+\alpha_n}{n}\right)^n=\left(1+\frac{\ln x+\alpha_n}{n}\right)^n$$
$$=\left[\left(1+\frac{\ln x+\alpha_n}{n}\right)^{\frac{n}{\ln x+\alpha_n}}\right]^{\frac{\ln x+\alpha_n}{n}\cdot n}\to e^{\ln x}=x(n\to\infty)$$

例 3.21　设 $\{a_n\}$，$\{b_n\}$ 为正数列，$\lim\limits_{n\to\infty} a_n^n=a>0$，$\lim\limits_{n\to\infty} b_n^n=b>0$，又设 p,q 为非负数且 $p+q=1$，证明 $\lim\limits_{n\to\infty}(pa_n+qb_n)^n=a^pb^q$.

证明　由 $\lim\limits_{n\to\infty} x_n=x\Leftrightarrow\lim\limits_{n\to\infty} n(\sqrt[n]{x_n}-1)=\ln x(x>0)$，知

$$\lim_{n\to\infty} n(a_n-1)=\lim_{n\to\infty} n(\sqrt[n]{a_n^n}-1)=\ln a$$
$$\lim_{n\to\infty} n(b_n-1)=\lim_{n\to\infty} n(\sqrt[n]{b_n^n}-1)=\ln b$$

于是
$$\lim_{n\to\infty} n(\sqrt[n]{(pa_n+qb_n)^n}-1)=\lim_{n\to\infty} n[(pa_n+qb_n)-1]$$
$$\lim_{n\to\infty} n(pa_n+qb_n-p-q)=p\lim_{n\to\infty} n(a_n-1)+q\lim_{n\to\infty} n(b_n-1)$$
$$=p\ln a+q\ln b=\ln(a^pb^q)$$

所以
$$\lim_{n\to\infty}(pa_n+qb_n)^n=a^pb^q$$

例 3.22　求 $\lim\limits_{n\to\infty}\left(\frac{\sqrt[n]{a}+\sqrt[n]{b}}{2}\right)^n$，其中 $a>0,b>0$.

解　$$\lim_{x\to\infty}\left(\frac{a^{\frac{1}{x}}+b^{\frac{1}{x}}}{2}\right)^x=\lim_{x\to\infty} e^{x\ln\left[1+\left(\frac{a^{\frac{1}{x}}+b^{\frac{1}{x}}}{2}-1\right)\right]}=e^{\lim\limits_{x\to\infty} x\ln\left[1+\left(\frac{a^{\frac{1}{x}}+b^{\frac{1}{x}}}{2}-1\right)\right]}$$
$$=e^{\lim\limits_{x\to\infty} x\left(\frac{a^{\frac{1}{x}}+b^{\frac{1}{x}}}{2}-1\right)}=e^{\lim\limits_{x\to\infty}\frac{1}{2}x\left[(a^{\frac{1}{x}}-1)+(b^{\frac{1}{x}}-1)\right]}=e^{\lim\limits_{x\to\infty}\frac{1}{2}x\left(\frac{1}{x}\ln a+\frac{1}{x}\ln b\right)}=e^{\ln\sqrt{ab}}=\sqrt{ab}$$

（三）练习题

3.1　求下列极限：(1) $\lim\limits_{n\to\infty}\frac{e^n}{n!}$；　(2) $\lim\limits_{n\to\infty}\sqrt[n]{n^2+n+1}$.

3.2　设 $a_0=0$，$a_n=\frac{1}{4}(a_{n-1}+3)$，$n=1,2,\cdots$．试证 $\{a_n\}$ 收敛，并求其极限.

3.3　设 $0<x_n<1$，$x_{n+1}=x_n(2-x_n)$，$n=1,2,\cdots$，试证：$\lim\limits_{n\to\infty} x_n$ 存在，并求 $\lim\limits_{n\to\infty}\arctan\frac{x_n}{x_n-1}$.

3.4　设 $x_1=2$，$x_2=2+\frac{1}{x_1}$，$\cdots$，$x_{n+1}=2+\frac{1}{x_n}$，$\cdots$，试证 $\lim\limits_{n\to\infty} x_n$ 存在，并求其值.

3.5 求$\lim\limits_{n\to\infty}\frac{1}{n}(e^{\frac{1}{n}}+e^{\frac{2}{n}}+\cdots+e^{\frac{n}{n}})$.

3.6 求$\lim\limits_{n\to\infty}\sum\limits_{k=1}^{n}\frac{1}{1+2+\cdots+k}$.

3.7 求$\lim\limits_{n\to\infty}\sum\limits_{k=1}^{n}\frac{k^3+6k^2+11k+5}{(k+3)!}$.

3.8 试证：$\lim\limits_{n\to\infty}\sqrt{2+\sqrt{2+\sqrt{2+\cdots+\sqrt{2}}}}=2$.

3.9 设α为一常数,若数列$\{x_n\}$满足$\sum\limits_{k=1}^{n}|x_k-x_{k-1}|<\alpha,n=2,3,\cdots$,试证$\{x_n\}$收敛.

3.10 求$\lim\limits_{n\to\infty}\left(n\tan\frac{1}{n}\right)^{n^2}$.

3.11 求$\lim\limits_{n\to\infty}\frac{1}{n}(\sqrt[n]{1}+\sqrt[n]{2}+\cdots+\sqrt[n]{n})$.

(四) 答案与提示

3.1 (1) 0; (2) 1.

3.2 提示：先用数学归纳法证$\{a_n\}$为有界数列：$a_0=0<1,a_1=\frac{a_0+3}{4}<1$；设$a_n<1\Rightarrow a_{n+1}=\frac{1}{4}(a_n+3)<\frac{1}{4}(1+3)<1$,故$\{a_n\}$有上界 1；又$a_n-a_{n-1}=\frac{1}{4}3(1-a_{n-1})>0$,从而$\{a_n\}$是递增数列,所以$\{a_n\}$收敛.

令$\lim\limits_{n\to\infty}a_n=A\Rightarrow A=\frac{A+3}{4}\Rightarrow A=1$.

3.3 因$\frac{x_{n+1}}{x_n}=2-x_n>1\Rightarrow x_{n+1}>x_n$,即$\{x_n\}$递增,又因$0<x_n<1$,所以$\{x_n\}$收敛. 设$\lim\limits_{n\to\infty}x_n=a\Rightarrow a=a(2-a)$,故$a=0$或$a=1$,由于$\{x_n\}$递增,故$a=1$. 从而$\lim\limits_{n\to\infty}\frac{x_n}{x_n-1}=-\infty\Rightarrow\lim\limits_{n\to\infty}\arctan\frac{x_n}{x_n-1}=-\frac{\pi}{2}$.

3.4 用数学归纳法证明$2\leqslant x_n\leqslant 3$；另一方面可推知$x_{n+1}=\frac{2+5x_{n-1}}{1+2x_{n-1}}$,从而有$x_{n+3}-x_{n+1}=\frac{x_{n+1}-x_{n-1}}{(1+2x_{n+1})(1+2x_{n-1})}$；因$(1+2x_{n+1})(1+2x_{n-1})>0$,所以$x_{n+3}-x_{n+1}$与$x_{n+1}-x_{n-1}$同号,从而推知$\{x_{2n-1}\}$与$\{x_{2n}\}$都是单调有界数列,故都有极限,令$\lim\limits_{n\to\infty}x_{2n}=a,\lim\limits_{n\to\infty}x_{2n-1}=b$,对$x_{n+1}=\frac{2+5x_{n-1}}{1+2x_{n-1}}$两边取极限得$a=\frac{2+5a}{1+2a},b=\frac{2+5b}{1+2b},a>0,b>0\Rightarrow a=b=1+\sqrt{2}$. 所以$\lim\limits_{n\to\infty}x_n$存在,且$\lim\limits_{n\to\infty}x_n=1+\sqrt{2}$.

3.5 e−1.

3.6 2.

3.7　$\frac{5}{3}$.

3.8　证明 $x_n=\lim\limits_{n\to\infty}\sqrt{2+\sqrt{2+\sqrt{2+\cdots+\sqrt{2}}}}$为递增的有界数列，且 2 为其一个上界，可得 $\lim\limits_{n\to\infty}x_n=2$.

3.9　令 $y_n=\sum\limits_{k=1}^{n}|x_k-x_{k-1}|<\alpha, n=2,3,\cdots$，易知 y_n 单调递增，且有上界，由柯西收敛准则知，$\forall\varepsilon>0$，$\exists N>0$，当 $n>N$ 时，有 $|y_{n+p}-y_n|=\sum\limits_{k=n+1}^{n+p}|x_k-x_{k-1}|<\varepsilon, p=1,2,\cdots$，而 $|x_{n+p}-x_n|=|(x_{n+p}-x_{n+p-1})+(x_{n+p-1}-x_{n+p-2})+\cdots+(x_{n+1}-x_n)|\leqslant\sum\limits_{k=n+1}^{n+p}|x_k-x_{k-1}|<\varepsilon$，又由柯西收敛准则知数列$\{x_n\}$收敛.

3.10　$e^{\frac{1}{3}}$.

3.11　1.

第四讲　函数极限

（一）内容要点

1. 函数极限的概念

(1) 设 $f(x)$在 x_0 的某个去心邻域$\mathring{U}(x_0)$内有定义，A 为常数. 若对任意 $\varepsilon>0$，存在 $\delta>0$，当 $0<|x-x_0|<\delta$ 时，恒有$|f(x)-A|<\varepsilon$，则称当 $x\to x_0$ 时，$f(x)$以 A 为极限，记为$\lim\limits_{x\to x_0} f(x)=A$.

如果当$-\delta<x-x_0<0$ 时，恒有$|f(x)-A|<\varepsilon$，则称 $x\to x_0$ 时，$f(x)$的左极限为 A，记为 $\lim\limits_{x\to x_0^-} f(x)=A$. 如果当 $0<x-x_0<\delta$ 时，恒有$|f(x)-A|<\varepsilon$，则称 $x\to x_0$ 时，$f(x)$的右极限为 A，记为$\lim\limits_{x\to x_0^+} f(x)=A$.

(2) 若$\lim\limits_{x\to x_0} f(x)=0$，则称当 $x\to x_0$ 时，$f(x)$为无穷小.

若 $f(x)$在某个$\mathring{U}(x_0)$内有定义，且对任意 $M>0$，存在 $\delta>0$，当 $0<|x-x_0|<\delta$ 时，恒有$|f(x)|>M$，则称当 $x\to x_0$，$f(x)$为无穷大，记为$\lim\limits_{x\to x_0} f(x)=\infty$.

(3) 如果对于任意 $\varepsilon>0$，存在 $M>0$，当$|x|>M$ 时，恒有$|f(x)-A|<\varepsilon$，则称当 $x\to\infty$时，$f(x)$的极限为 A，记为$\lim\limits_{x\to\infty} f(x)=A$；

类似于(1)，也有 $\lim\limits_{x\to-\infty} f(x)=A$，$\lim\limits_{x\to+\infty} f(x)=A$.

2. 函数极限的性质

性质 1：（局部有界性）若$\lim\limits_{x\to x_0} f(x)=A$，则 $f(x)$在 x_0 的某个去心邻域内有界. 即

$$\exists M>0,\ \exists\delta>0,\ \forall x: 0<|x-x_0|<\delta\Rightarrow|f(x)|\leqslant M.$$

性质 2：极限是唯一的.

性质 3：（局部保号性）若 $\lim\limits_{x\to x_0} f(x)=A>0(<0)$，则 $\exists\delta>0$，当 $0<|x-x_0|<\delta$，有$f(x)>0(<0)$.

性质 4：（保序性）若 $\exists\delta>0$，当 $0<|x-x_0|<\delta$，$f(x)\geqslant g(x)$，且 $\lim\limits_{x\to x_0} f(x)=A$，$\lim\limits_{x\to x_0} g(x)=B$，则 $A\geqslant B$.

3. 函数极限存在性判别准则

(1) 夹逼定理：　设在 x_0 的某个去心邻域内，有 $\varphi(x)\leqslant f(x)\leqslant\phi(x)$，且$\lim\limits_{x\to x_0}\varphi(x)=$

$\lim\limits_{x\to x_0}\phi(x)=A$,则$\lim\limits_{x\to x_0}f(x)=A$.

(2) 单调有界准则: 如果函数 $f(x)$在 x_0 的左邻域$(x_0-\delta,x_0)$内,单调递增(递减)且有上(下)界,则 $f(x)$在 x_0 点存在左极限;如果 $f(x)$在 x_0 的右邻域$(x_0,x_0+\delta)$内,单调递增(递减)且有下(上)界,则 $f(x)$在 x_0 点存在右极限.

(3) 柯西收敛准则: $\lim\limits_{x\to x_0}f(x)$存在的充分必要条件是,$\forall\varepsilon>0$,$\exists\delta>0$,使当 $x_1,x_2\in\mathring{U}(x_0,\delta)$时,恒有$|f(x_1)-f(x_2)|<\varepsilon$.

4. 两个重要极限

$$\lim_{x\to 0}\frac{\sin x}{x}=1$$

$$\lim_{x\to 0}(1+x)^{\frac{1}{x}}=\mathrm{e}\ \left(\text{或}\lim_{x\to\infty}\left(1+\frac{1}{x}\right)^x=\mathrm{e}\right).$$

5. 无穷小的性质

(1) $\lim\limits_{x\to x_0}f(x)=A\Leftrightarrow f(x)=A+\alpha(x)$,其中 $\alpha(x)\to 0(x\to x_0)$.

(2) 无穷小量与有界量的乘积仍为无穷小量.

(3) 有限个无穷小的和、差、积仍为无穷小量.

(4) 若 $f(x)$在 x 的某种趋势下为非零的无穷小量,则$\dfrac{1}{f(x)}$在 x 的同一种趋势下为无穷大量.

6. 无穷小量阶的比较

设 $f(x)$,$g(x)$均为 $x\to x_0$ 时的无穷小量.

(1) 若$\lim\limits_{x\to x_0}\dfrac{f(x)}{g(x)}=1$,则称 $x\to x_0$ 时,$f(x)$与 $g(x)$是等价无穷小量,记为 $f(x)\sim g(x)(x\to x_0)$;

(2) 若$\lim\limits_{x\to x_0}\dfrac{f(x)}{g(x)}=c\neq 0$,则称 $x\to x_0$ 时,$f(x)$与 $g(x)$是同阶无穷小量;

(3) 若$\lim\limits_{x\to x_0}\dfrac{f(x)}{g(x)}=0$,则称 $x\to x_0$ 时,$f(x)$是比 $g(x)$高阶的无穷小量,记为 $f(x)=o(g(x))(x\to x_0)$;

(4) 若$\lim\limits_{x\to x_0}\dfrac{f(x)}{g^k(x)}=c\neq 0(k>0)$,则称当 $x\to x_0$ 时,$f(x)$是 $g(x)$的 k 阶无穷小量.

(二) 例题选讲

1. 利用初等变形求极限

例 4.1 (1) 求 $\lim\limits_{x\to-\infty}x(\sqrt{x^2+100}+x)$;

(2) 设 $\sum\limits_{k=1}^{n}c_k=0,n\in\mathbf{N}_+$,求 $\lim\limits_{x\to+\infty}\sum\limits_{k=1}^{n}c_k\sqrt{1+x^2+k}$.

解 (1) $\lim\limits_{x\to-\infty} x(\sqrt{x^2+100}+x)=\lim\limits_{x\to-\infty} x\dfrac{100}{\sqrt{x^2+100}-x}=\lim\limits_{x\to-\infty}\dfrac{100}{-\sqrt{1+\dfrac{100}{x^2}}-1}=-50$

(2) $$\begin{aligned}\lim_{x\to+\infty}\sum_{k=1}^{n}c_k\sqrt{1+x^2+k}&=\lim_{x\to+\infty}\Big(\sum_{k=1}^{n}c_k\sqrt{1+x^2+k}-\sum_{k=1}^{n}c_kx\Big)\\&=\lim_{x\to+\infty}\sum_{k=1}^{n}(c_k\sqrt{1+x^2+k}-c_kx)\\&=\lim_{x\to+\infty}\sum_{k=1}^{n}c_k(\sqrt{1+x^2+k}-x)\\&=\lim_{x\to+\infty}\sum_{k=1}^{n}c_k\frac{1+k}{\sqrt{1+x^2+k}+x}\\&=\sum_{k=1}^{n}c_k\lim_{x\to+\infty}\frac{1+k}{\sqrt{1+x^2+k}+x}=0\end{aligned}$$

例 4.2 求下列极限:

(1) $\lim\limits_{x\to1}\dfrac{(1-\sqrt{x})(1-\sqrt[3]{x})\cdots(1-\sqrt[n]{x})}{(1-x)^{n-1}}$;

(2) $\lim\limits_{x\to0}\dfrac{a^{x^2}-b^{x^2}}{(a^x-b^x)^2}$,$(a,b>0)$;

(3) $\lim\limits_{x\to0}\dfrac{\sqrt[m]{(1+\alpha x)}\cdot\sqrt[n]{(1+\beta x)}-1}{x}$.

解 (1) $\lim\limits_{x\to1}\dfrac{(1-\sqrt{x})(1-\sqrt[3]{x})\cdots(1-\sqrt[n]{x})}{(1-x)^{n-1}}=\lim\limits_{x\to1}\dfrac{(1-\sqrt{x})(1-\sqrt[3]{x})\cdots(1-\sqrt[n]{x})}{(1-x)(1-x)\cdots(1-x)}$

$=\lim\limits_{x\to1}\dfrac{(1-\sqrt{x})}{(1-\sqrt{x})(1+\sqrt{x})}\cdot\dfrac{(1-\sqrt[3]{x})}{(1-\sqrt[3]{x})(1+\sqrt[3]{x}+\sqrt[3]{x^2})}\cdot\cdots\cdot\dfrac{(1-\sqrt[n]{x})}{(1-\sqrt[n]{x})(1+\sqrt[n]{x}+\cdots+\sqrt[n]{x^{n-1}})}$

$=\dfrac{1}{n!}$

(2) 因 $a\neq b$,从而 $x\to0$ 时,a^x-1 与 b^x-1 不等价,$a^{x^2}-1$ 与 $b^{x^2}-1$ 也不等价,故

$$\begin{aligned}\lim_{x\to0}\frac{a^{x^2}-b^{x^2}}{(a^x-b^x)^2}&=\lim_{x\to0}\frac{(a^{x^2}-1)-(b^{x^2}-1)}{[(a^x-1)-(b^x-1)]^2}\\&=\lim_{x\to0}\frac{x^2\ln a-x^2\ln b}{(x\ln a-x\ln b)^2}\\&=\lim_{x\to0}\frac{\ln a-\ln b}{(\ln a-\ln b)^2}=\frac{1}{\ln a-\ln b}\end{aligned}$$

(3) $\lim\limits_{x\to0}\dfrac{\sqrt[m]{(1+\alpha x)}\cdot\sqrt[n]{(1+\beta x)}-1}{x}$

$=\lim\limits_{x\to0}\dfrac{\left[\sqrt[m]{(1+\alpha x)}-1\right]\cdot\sqrt[n]{(1+\beta x)}+\left[\sqrt[n]{(1+\beta x)}-1\right]}{x}$

$=\lim\limits_{x\to0}\dfrac{\dfrac{1}{m}\alpha x\cdot\sqrt[n]{(1+\beta x)}+\dfrac{1}{n}\beta x}{x}=\dfrac{\alpha}{m}+\dfrac{\beta}{n}$

评注:求函数极限时,常采用裂项的方法,即把极限式中的函数分解成若干个易求出极限的函数之和或积.

例 4.3 求下列极限：

(1) $\lim\limits_{x\to 0^+}\left(\dfrac{2^x+3^x}{5}\right)^{\frac{1}{x}}$；(2) $\lim\limits_{\alpha\to\beta}\dfrac{e^\alpha-e^\beta}{\alpha-\beta}$.

解：(1) $\lim\limits_{x\to 0^+}\left(\dfrac{2^x+3^x}{5}\right)^{\frac{1}{x}}=3\lim\limits_{x\to 0^+}\left[\dfrac{1}{5}+\dfrac{1}{5}\left(\dfrac{2}{3}\right)^x\right]^{\frac{1}{x}}=0.$

(2) $\lim\limits_{\alpha\to\beta}\dfrac{e^\alpha-e^\beta}{\alpha-\beta}=\lim\limits_{\alpha\to\beta}\dfrac{e^\beta(e^{\alpha-\beta}-1)}{\alpha-\beta}=\lim\limits_{\alpha\to\beta}\dfrac{e^\beta(\alpha-\beta)}{\alpha-\beta}=e^\beta.$

2. 利用变量替换法求极限

例 4.4 求$\lim\limits_{x\to 0}\dfrac{(1+\alpha x)^{\frac{1}{\beta}}-1}{x}$，其中 β 为正整数.

解 令$(1+\alpha x)^{\frac{1}{\beta}}-1=y$，则 $x=\dfrac{(1+y)^\beta-1}{\alpha}$，显然 $x\to 0\Rightarrow y\to 0$，于是

$$\lim_{x\to 0}\frac{(1+\alpha x)^{\frac{1}{\beta}}-1}{x}=\lim_{y\to 0}\frac{y}{\dfrac{(1+y)^\beta-1}{\alpha}}$$

$$=\lim_{y\to 0}\frac{\alpha y}{1+C_\beta^1 y+C_\beta^2 y^2+\cdots+C_\beta^{\beta-1}y^{\beta-1}+C_\beta^\beta y^\beta-1}=\frac{\alpha}{\beta}$$

例 4.5 求$\lim\limits_{x\to 1}\dfrac{x^{n+1}-(n+1)x+n}{(x-1)^2}$，其中 n 为正整数.

解 令 $t=x-1$，则由 $x\to 1$ 得 $t\to 0$. 于是

$$\lim_{x\to 1}\frac{x^{n+1}-(n+1)x+n}{(x-1)^2}=\lim_{t\to 0}\frac{(1+t)^{n+1}-(n+1)(1+t)+n}{t^2}$$

$$=\lim_{t\to 0}\frac{1+C_{n+1}^1 t+C_{n+1}^2 t^2+C_{n+1}^3 t^3+\cdots+C_{n+1}^{n+1}t^{n+1}-(n+1)(1+t)+n}{t^2}$$

$$=\lim_{t\to 0}\frac{C_{n+1}^2 t^2+C_{n+1}^3 t^3+\cdots+C_{n+1}^{n+1}t^{n+1}}{t^2}=C_{n+1}^2=\frac{1}{2}n(n+1)$$

例 4.6 求 $\lim\limits_{x\to -1^+}\dfrac{\sqrt{\pi}-\sqrt{\arccos x}}{\sqrt{1+x}}$.

解 令 $\arccos x=t\Rightarrow x=\cos t$，于是

$$\lim_{x\to -1^+}\frac{\sqrt{\pi}-\sqrt{\arccos x}}{\sqrt{1+x}}=\lim_{t\to\pi^-}\frac{\sqrt{\pi}-\sqrt{t}}{\sqrt{1+\cos t}}=\lim_{t\to\pi^-}\frac{\pi-t}{\sqrt{1+\cos t}(\sqrt{\pi}+\sqrt{t})}$$

$$=\lim_{t\to\pi^-}\frac{\pi-t}{\sqrt{1+\cos t}\sqrt{1-\cos t}}\cdot\frac{\sqrt{1-\cos t}}{\sqrt{\pi}+\sqrt{t}}$$

$$=\lim_{t\to\pi^-}\frac{\pi-t}{\sin t}\cdot\frac{\sqrt{1-\cos t}}{\sqrt{\pi}+\sqrt{t}}=1\cdot\frac{\sqrt{2}}{2\sqrt{\pi}}=\frac{1}{\sqrt{2\pi}}$$

例 4.7 证明对 $\forall\,\alpha>0,\beta>0$，有 $\lim\limits_{x\to+\infty}\dfrac{(\ln x)^\alpha}{x^\beta}=0$.

证明 易证 $\lim\limits_{x\to+\infty}\dfrac{\ln x}{x}=0$，而且 $\lim\limits_{x\to+\infty}\dfrac{(\ln x)^\alpha}{x^\beta}=\lim\limits_{x\to+\infty}\left(\dfrac{\ln x}{x^{\frac{\beta}{\alpha}}}\right)^\alpha$.

令 $y=x^{\frac{\beta}{\alpha}}$，有 $x=y^{\frac{\alpha}{\beta}}$，于是原式$=\lim\limits_{y\to+\infty}\left(\dfrac{\frac{\alpha}{\beta}\ln y}{y}\right)^\alpha=0.$

例 4.8 求$\lim\limits_{x\to\infty}\left(\sin\frac{1}{x}+\cos\frac{1}{x}\right)^{x}$.

解 令 $y=\frac{1}{x}$,则由 $x\to\infty$ 得 $y\to 0$,于是

$$\text{原式}=\lim_{y\to 0}(\sin y+\cos y)^{\frac{1}{y}}=\lim_{y\to 0}\left[(\sin y+\cos y)^{2}\right]^{\frac{1}{2y}}$$
$$=\lim_{y\to 0}(1+\sin 2y)^{\frac{1}{\sin 2y}\cdot\frac{\sin 2y}{2y}}=\mathrm{e}$$

评注: 例 4.4～例 4.8 采用了变量替换方法,同时结合复合函数极限的求法及其他求法,可把较复杂的极限问题化简,较快地求出极限.

3. 利用等价无穷小替换定理求极限

例 4.9 求下列极限:

(1) $\lim\limits_{x\to 0}\frac{(1+x)^{x}-1}{x^{2}}$; (2) $\lim\limits_{x\to 1}\frac{x^{x}-1}{x-1}$.

分析: 本例中的极限,其函数均有幂指函数部分,可先用对数进行变换 $u^{v}=\mathrm{e}^{v\ln u}(u>0)$,然后求出极限.

解 (1) $\lim\limits_{x\to 0}\frac{(1+x)^{x}-1}{x^{2}}=\lim\limits_{x\to 0}\frac{\mathrm{e}^{x\ln(1+x)}-1}{x^{2}}=\lim\limits_{x\to 0}\frac{x\ln(1+x)}{x^{2}}=1$

(2) $\lim\limits_{x\to 1}\frac{x^{x}-1}{x-1}=\lim\limits_{x\to 1}\frac{\mathrm{e}^{x\ln x}-1}{x-1}=\lim\limits_{x\to 1}\frac{x\ln x}{x-1}=\lim\limits_{x\to 1}\frac{x\ln[1+(x-1)]}{x-1}$

$$=\lim_{x\to 1}\frac{x(x-1)}{x-1}=1$$

例 4.10 求下列极限:

(1) $\lim\limits_{x\to 0}\frac{\sqrt{1+x\sin x}-1}{\mathrm{e}^{x^{2}}-1}$; (2) $\lim\limits_{x\to 0}\frac{\ln(\sin^{2}x+\mathrm{e}^{x})-x}{\ln(x^{2}+\mathrm{e}^{2x})-2x}$.

分析: 本例是应用等价无穷小量替换定理的典型题. 记住一些等价无穷小量,对解题会有帮助. 例如: 当 $x\to 0$ 时,有

$$x\sim\sin x\sim\tan x\sim\arcsin x\sim\arctan x\sim\mathrm{e}^{x}-1\sim\ln(1+x),$$
$$1-\cos x\sim\frac{1}{2}x^{2},(1+x)^{\alpha}-1\sim\alpha x,\sin x-x\sim\frac{1}{6}x^{3}.$$

解 (1) $\lim\limits_{x\to 0}\frac{\sqrt{1+x\sin x}-1}{\mathrm{e}^{x^{2}}-1}=\lim\limits_{x\to 0}\frac{\frac{1}{2}x\sin x}{x^{2}}=\frac{1}{2}\lim\limits_{x\to 0}\frac{\sin x}{x}=\frac{1}{2}$

(2) $\lim\limits_{x\to 0}\frac{\ln(\sin^{2}x+\mathrm{e}^{x})-x}{\ln(x^{2}+\mathrm{e}^{2x})-2x}=\lim\limits_{x\to 0}\frac{\ln[\mathrm{e}^{x}(\mathrm{e}^{-x}\sin^{2}x+1)]-x}{\ln[\mathrm{e}^{2x}(x^{2}\mathrm{e}^{-2x}+1)]-2x}$

$$=\lim_{x\to 0}\frac{x+\ln(\mathrm{e}^{-x}\sin^{2}x+1)-x}{2x+\ln(x^{2}\mathrm{e}^{-2x}+1)-2x}=\lim_{x\to 0}\frac{\ln(\mathrm{e}^{-x}\sin^{2}x+1)}{\ln(x^{2}\mathrm{e}^{-2x}+1)}$$
$$=\lim_{x\to 0}\frac{\mathrm{e}^{-x}\sin^{2}x}{x^{2}\mathrm{e}^{-2x}}=\lim_{x\to 0}\mathrm{e}^{x}\cdot\frac{\sin^{2}x}{x^{2}}=1$$

例 4.11 求$\lim\limits_{x\to 0}\left(\frac{a_1^{x}+a_2^{x}+\cdots+a_n^{x}}{n}\right)^{\frac{1}{x}}$,$(a_1>0,a_2>0,\cdots,a_n>0)$.

分析: 极限式中函数是较复杂的幂指函数,因此先用对数公式将其变形.

解 $\text{原式}=\lim\limits_{x\to 0}\left(\frac{a_1^{x}+a_2^{x}+\cdots+a_n^{x}}{n}\right)^{\frac{1}{x}}=\lim\limits_{x\to 0}\mathrm{e}^{\frac{1}{x}\ln\left[1+\left(\frac{a_1^{x}+a_2^{x}+\cdots+a_n^{x}}{n}-1\right)\right]}$ ①

由于

$$\lim_{x\to 0}\frac{1}{x}\ln\left[1+\left(\frac{a_1^x+a_2^x+\cdots+a_n^x}{n}-1\right)\right]=\lim_{x\to 0}\frac{1}{x}\left(\frac{a_1^x+a_2^x+\cdots+a_n^x}{n}-1\right)$$

$$=\frac{1}{n}\lim_{x\to 0}\frac{(a_1^x-1)+(a_2^x-1)+\cdots+(a_n^x-1)}{x}$$

$$=\frac{1}{n}\lim_{x\to 0}\left(\frac{a_1^x-1}{x}+\frac{a_2^x-1}{x}+\cdots+\frac{a_n^x-1}{x}\right)$$

$$=\frac{1}{n}\lim_{x\to 0}\left(\frac{e^{x\ln a_1}-1}{x}+\frac{e^{x\ln a_2}-1}{x}+\cdots+\frac{e^{x\ln a_n}-1}{x}\right)$$

$$=\frac{1}{n}\lim_{x\to 0}(\ln a_1+\ln a_2+\cdots+\ln a_n)=\ln\sqrt[n]{a_1a_2\cdots a_n} \quad ②$$

由①,②两式得,原式$=\sqrt[n]{a_1a_2\cdots a_n}$.

例 4.12　求 $\lim\limits_{x\to+\infty}\left(\sqrt[k]{(x+a_1)(x+a_2)\cdots(x+a_k)}-x\right)$,其中 k 为正整数.

解　原式$=\lim\limits_{x\to+\infty}x\left[\sqrt[k]{\left(1+\frac{a_1}{x}\right)\left(1+\frac{a_2}{x}\right)\cdots\left(1+\frac{a_k}{x}\right)}-1\right]\left(令\ t=\frac{1}{x}\right)$

$$=\lim_{t\to 0^+}\frac{e^{\frac{1}{k}\sum\limits_{i=1}^{k}\ln(1+a_it)}-1}{t}=\lim_{t\to 0^+}\frac{\frac{1}{k}\sum\limits_{i=1}^{k}\ln(1+a_it)}{t}=\frac{1}{k}\lim_{t\to 0^+}\sum_{i=1}^{k}\frac{a_it}{t}=\frac{1}{k}\sum_{i=1}^{k}a_i$$

例 4.13　已知 $\lim\limits_{x\to+\infty}[(x^3+x^2)^c-x]$存在,求常数 c,并求出此极限.

解　当 $3c>1$ 时,x^{3c}项是主项,而且当 $x\to+\infty$时趋于$+\infty$,当 $3c<1$ 时,$-x$ 项是主项,而且趋于$-\infty$,这都导致极限不存在,因此 $c=\frac{1}{3}$.

$$\lim_{x\to+\infty}[(x^3+x^2)^c-x]=\lim_{x\to+\infty}\frac{x^3+x^2-x^3}{(x^3+x^2)^{\frac{2}{3}}+(x^3+x^2)^{\frac{1}{3}}x+x^2}=\frac{1}{3}$$

4. 利用重要极限求极限

例 4.14　求下列极限:

(1) $\lim\limits_{x\to 0^+}\sqrt[x]{\cos\sqrt{x}}$;　　(2) $\lim\limits_{x\to\frac{\pi}{4}}(\tan x)^{\tan 2x}$.

分析:幂指函数极限的一个求法是用重要极限,先把底函数化为“1+无穷小”的形式,再把指数部分的函数化为底函数中“无穷小”的倒数,再配指数.

解　(1) $\lim\limits_{x\to 0^+}\sqrt[x]{\cos\sqrt{x}}=\lim\limits_{x\to 0^+}\left[1+(\cos\sqrt{x}-1)\right]^{\frac{1}{x}}$

$$=\lim_{x\to 0^+}[1+(\cos\sqrt{x}-1)]^{\frac{1}{\cos\sqrt{x}-1}\cdot\frac{\cos\sqrt{x}-1}{x}}$$

因为$\lim\limits_{x\to 0^+}\left[1+(\cos\sqrt{x}-1)\right]^{\frac{1}{\cos\sqrt{x}-1}}=e$,$\lim\limits_{x\to 0^+}\frac{\cos\sqrt{x}-1}{x}=\lim\limits_{x\to 0^+}\frac{-\frac{1}{2}(\sqrt{x})^2}{x}=-\frac{1}{2}$,所以原式$=e^{-\frac{1}{2}}$.

(2) 令 $t=\tan x$,则 $x\to\frac{\pi}{4}$时,$t\to 1$,于是

$$\lim_{x\to\frac{\pi}{4}}(\tan x)^{\tan 2x}=\lim_{x\to\frac{\pi}{4}}(\tan x)^{\frac{2\tan x}{1-\tan^2 x}}=\lim_{t\to 1}t^{\frac{2t}{1-t^2}}$$

$$=\lim_{t\to 1}[1+(t-1)]^{\frac{1}{t-1}\cdot\frac{-2t}{t+1}}=e^{-1}$$

例 4.15 求 $\lim\limits_{x\to+\infty}[(x+2)\ln(x+2)-(x+1)\ln(x+1)+x\ln x]$.

解 原式 $=\lim\limits_{x\to+\infty}[\ln(x+2)^{x+2}-\ln(x+1)^{x+1}+\ln x^{x}]$

$$=\lim_{x\to+\infty}\ln\frac{(x+2)^{x+2}x^{x}}{(x+1)^{2(x+1)}}=\lim_{x\to+\infty}\ln\left[\left(1+\frac{1}{x+1}\right)^{x+1}\left(1+\frac{1}{x+1}\right)\left(1+\frac{1}{x}\right)^{-x}\right]$$

$$=\ln 1=0$$

例 4.16 求 $\lim\limits_{x\to+\infty}\left(\dfrac{x+\ln x}{x-\ln x}\right)^{\frac{x}{\ln x}}$.

解 $\lim\limits_{x\to+\infty}\left(\dfrac{x+\ln x}{x-\ln x}\right)^{\frac{x}{\ln x}}=\lim\limits_{x\to+\infty}\left[\left(1+\dfrac{2\ln x}{x-\ln x}\right)^{\frac{x-\ln x}{2\ln x}}\right]^{\frac{2\ln x}{x-\ln x}\cdot\frac{x}{\ln x}}=e^{2}$

例 4.17 设 $f(x)=a_1\sin x+a_2\sin 2x+\cdots+a_n\sin nx$,且 $|f(x)|\leqslant|\sin x|$,其中 $a_1,a_2,\cdots,a_n$ 为常数. 试证:$|a_1+2a_2+\cdots+na_n|\leqslant 1$.

证明 用 $|x|\neq 0$ 除 $|f(x)|\leqslant|\sin x|$ 两边,则有

$$\left|\frac{f(x)}{x}\right|=\left|a_1\frac{\sin x}{x}+2a_2\frac{\sin 2x}{2x}+\cdots+na_n\frac{\sin nx}{nx}\right|\leqslant\left|\frac{\sin x}{x}\right|\leqslant 1$$

即

$$-1\leqslant a_1\frac{\sin x}{x}+2a_2\frac{\sin 2x}{2x}+\cdots+na_n\frac{\sin nx}{nx}\leqslant 1$$

当 $x\to 0$ 时,由极限的保序性及重要极限,得

$$-1\leqslant a_1+2a_2+\cdots+na_n\leqslant 1$$

或

$$|a_1+2a_2+\cdots+na_n|\leqslant 1$$

5. 利用导数的定义求极限

例 4.18 设 $f'(0)$ 存在,$f(0)=0$,求 $\lim\limits_{x\to 0}\dfrac{f(1-\cos x)}{\tan 5x^2}$.

分析:若 $\lim\limits_{x\to 0}\alpha(x)=0$ 且在 $x_0=0$ 的某个去心邻域内 $\alpha(x)\neq 0$,则在导数的定义式 $f'(0)=\lim\limits_{x\to 0}\dfrac{f(0+x)-f(0)}{x}$ 中,用 $\alpha(x)$ 替换 x,仍有 $f'(0)=\lim\limits_{x\to 0}\dfrac{f(0+\alpha(x))-f(0)}{\alpha(x)}$.

解 $\lim\limits_{x\to 0}\dfrac{f(1-\cos x)}{\tan 5x^2}=\lim\limits_{x\to 0}\dfrac{f(1-\cos x)-f(0)}{1-\cos x}\dfrac{1-\cos x}{\tan 5x^2}$

$$=\lim_{x\to 0}\frac{f(1-\cos x)-f(0)}{1-\cos x}\cdot\lim_{x\to 0}\frac{1-\cos x}{\tan 5x^2}$$

$$=\lim_{x\to 0}\frac{f(1-\cos x)-f(0)}{1-\cos x}\cdot\lim_{x\to 0}\frac{\frac{1}{2}x^2}{5x^2}=\frac{1}{10}f'(0)$$

例 4.19 求 $\lim\limits_{x\to 0}\dfrac{(2+\tan x)^{10}-(2-\sin x)^{10}}{\sin x}$.

解 原式 $=\lim\limits_{x\to 0}\left[\dfrac{(2+\tan x)^{10}-2^{10}}{\sin x}-\dfrac{(2-\sin x)^{10}-2^{10}}{\sin x}\right]$

$$=\lim_{x\to 0}\frac{(2+\tan x)^{10}-2^{10}}{\tan x}\frac{\tan x}{\sin x}+\lim_{x\to 0}\frac{(2-\sin x)^{10}-2^{10}}{-\sin x}$$

$$=(x^{10})'|_{x=2}+(x^{10})'|_{x=2}=2\times 10\times x^{9}|_{x=2}=10\times 2^{10}$$

例 4.20 设 $f'(a)$ 存在,且 $f(a)\neq 0$,求 $\lim\limits_{n\to\infty}\left[\dfrac{f\left(a+\frac{1}{n}\right)}{f(a)}\right]^{n}$.

解　$\lim\limits_{n\to\infty}\left[\dfrac{f\left(a+\frac{1}{n}\right)}{f(a)}\right]^n=\lim\limits_{n\to\infty}\left\{\left[1+\dfrac{f\left(a+\frac{1}{n}\right)-f(a)}{f(a)}\right]^{\frac{f(a)}{f\left(a+\frac{1}{n}\right)-f(a)}}\right\}^{\frac{f\left(a+\frac{1}{n}\right)-f(a)}{f(a)\frac{1}{n}}}=\mathrm{e}^{\frac{f'(a)}{f(a)}}$

6. 利用洛必达法则求极限

例 4.21　求下列极限：

(1) $\lim\limits_{x\to0}\dfrac{1-\cos(a_1x)\cos(a_2x)\cdots\cos(a_nx)}{x^2}$；

(2) $\lim\limits_{x\to0^+}(\tan x)^{\frac{1}{\ln x}}$；

(3) $\lim\limits_{x\to0}\cot x\left(\dfrac{1}{\sin x}-\dfrac{1}{x}\right)$；

(4) $\lim\limits_{x\to\infty}\left[x-x^2\ln\left(1+\dfrac{1}{x}\right)\right]$.

解　(1) $\lim\limits_{x\to0}\dfrac{1-\cos(a_1x)\cos(a_2x)\cdots\cos(a_nx)}{x^2}$

$$=\lim_{x\to0}\frac{\sum\limits_{i=1}^{n}a_i\cos(a_1x)\cdots\cos(a_{i-1}x)\sin(a_ix)\cos(a_{i+1}x)\cdots\cos(a_nx)}{2x}$$

$$=\lim_{x\to0}\sum_{i=1}^{n}a_i\cos(a_1x)\cdots\cos(a_{i-1}x)\ \frac{\sin(a_ix)}{2x}\cos(a_{i+1}x)\cdots\cos(a_nx)$$

$$=\frac{1}{2}\sum_{i=1}^{n}a_i^2$$

(2) $\lim\limits_{x\to0^+}(\tan x)^{\frac{1}{\ln x}}=\lim\limits_{x\to0^+}\mathrm{e}^{\frac{\ln\tan x}{\ln x}}=\lim\limits_{x\to0^+}\mathrm{e}^{\frac{(\ln\tan x)'}{(\ln x)'}}=\lim\limits_{x\to0^+}\mathrm{e}^{\frac{x\sec^2x}{\tan x}}=\mathrm{e}$

(3) $\lim\limits_{x\to0}\cot x\left(\dfrac{1}{\sin x}-\dfrac{1}{x}\right)=\lim\limits_{x\to0}\dfrac{x-\sin x}{x\sin x\tan x}=\lim\limits_{x\to0}\dfrac{x-\sin x}{x^3}$

$$=\lim_{x\to0}\frac{1-\cos x}{3x^2}=\lim_{x\to0}\frac{\sin x}{6x}=\frac{1}{6}$$

(4) 令 $t=\dfrac{1}{x}$，则 $x\to\infty\Rightarrow t\to0$，于是

$$\lim_{x\to\infty}\left[x-x^2\ln\left(1+\frac{1}{x}\right)\right]=\lim_{t\to0}\left[\frac{1}{t}-\frac{1}{t^2}\ln(1+t)\right]$$

$$=\lim_{t\to0}\frac{t-\ln(1+t)}{t^2}=\lim_{t\to0}\frac{1-\frac{1}{1+t}}{2t}=\lim_{t\to0}\frac{t}{2t(1+t)}=\frac{1}{2}$$

评注：(1) 用洛必达法则求极限时，常与等价无穷小替换定理一起用，这样计算量可大幅减少.

(2) 对于“$\infty-\infty$”未定式，需先将函数通分，化成乘积或商的形式，再求极限.

例 4.22　设 $f(x)$ 在 $x=a$ 的某邻域内有连续的二阶导数，且 $f'(a)\neq0$，求

$$\lim_{x\to a}\left(\frac{1}{f(x)-f(a)}-\frac{1}{(x-a)f'(a)}\right)$$

解　$\lim\limits_{x\to a}\left(\dfrac{1}{f(x)-f(a)}-\dfrac{1}{(x-a)f'(a)}\right)$

$$=\lim_{x\to a}\frac{(x-a)f'(a)-f(x)+f(a)}{[f(x)-f(a)](x-a)f'(a)}$$

$$=\lim_{x\to a}\frac{f'(a)-f'(x)}{f'(x)(x-a)f'(a)+[f(x)-f(a)]f'(a)}$$

$$=\lim_{x\to a}\frac{-f''(x)}{f''(x)(x-a)f'(a)+f'(x)f'(a)+f'(x)f'(a)}$$

$$=-\frac{f''(a)}{2[f'(a)]^2}$$

例 4.23 设 $f(x)$ 在 x_0 的某邻域内有二阶导数,求证:

$$\lim_{h\to 0}\frac{1}{h}\left[\frac{f(x_0+h)-f(x_0)}{h}-f'(x_0)\right]=\frac{f''(x_0)}{2}$$

证明 $\lim\limits_{h\to 0}\frac{1}{h}\left[\frac{f(x_0+h)-f(x_0)}{h}-f'(x_0)\right]$

$$=\lim_{h\to 0}\frac{f(x_0+h)-f(x_0)-hf'(x_0)}{h^2}$$

$$=\lim_{h\to 0}\frac{f'(x_0+h)-f'(x_0)}{2h}$$

$$=\frac{1}{2}\lim_{h\to 0}\frac{f'(x_0+h)-f'(x_0)}{h}=\frac{f''(x_0)}{2}$$

7. 利用定积分的定义求极限

例 4.24 求$\lim\limits_{n\to\infty} n\left(\frac{1}{n^2+1}+\frac{1}{n^2+2^2}+\cdots+\frac{1}{n^2+n^2}\right)$.

分析:本例极限中数列通项的求和项数随 n 的变化而变化,用夹逼准则时,必须使放大和缩小的数列有相同的极限,若这点不易奏效时,可考虑用定积分的定义求极限.

解 记 $f(x)=\frac{1}{1+x^2}$, $x\in[0,1]$,则 $f(x)$ 在 $[0,1]$ 上连续,所以可分为 $T=\left\{0,\frac{1}{n},\frac{2}{n},\cdots,\frac{n}{n}\right\}$,取分点 $\xi_i=x_i=\frac{i}{n}\in\Delta_i$, $i=1,2,\cdots,n$. 则

$$原式=\int_0^1\frac{1}{1+x^2}\mathrm{d}x=\arctan x\,\Big|_0^1=\frac{\pi}{4}.$$

(三) 练习题

4.1 求 $\lim\limits_{x\to a^+}\frac{\sqrt{x}-\sqrt{a}+\sqrt{x-a}}{\sqrt{x^2-a^2}}$, $a>0$.

4.2 求$\lim\limits_{x\to 0}\frac{\sin x+x^2\sin\frac{2}{x}}{\ln(1+x)}$.

4.3 求$\lim\limits_{x\to 0}\frac{\tan(a+x)\tan(a-x)-\tan^2 a}{x^2}$.

4.4 求 $\lim\limits_{x\to+\infty}\left(\sqrt{x^2+x}-\sqrt[3]{x^3+x^2}\right)$.

4.5　求$\lim\limits_{x\to\frac{\pi}{2}}\dfrac{1-(\sin x)^{\alpha+\beta}}{\sqrt{(1-\sin^{\alpha}x)(1-\sin^{\beta}x)}}$，$\alpha,\beta>0$.

4.6　求$\lim\limits_{x\to 0}\left(\dfrac{\cos x}{\cos 2x}\right)^{\frac{1}{x^2}}$.

4.7　设$f'(0)$，$g'(0)$均存在，且$f(0)=g(0)$，求$\lim\limits_{x\to 0}\dfrac{f(x)-g(-x)}{x}$.

4.8　求$\lim\limits_{x\to 0}\left(\dfrac{a^x-x\ln a}{b^x-x\ln b}\right)^{\frac{1}{x^2}}$，其中$a>0$，$b>0$.

4.9　求$\lim\limits_{x\to 0}\dfrac{1-\cos\alpha x\cos\beta x}{x^2}$.

4.10　求$\lim\limits_{x\to 0}\dfrac{(1-\cos x)(3^x-1)}{x\tan(\arcsin^2 x)\cos x}$.

4.11　求$\lim\limits_{x\to 0}\left(\dfrac{\sin x}{x}\right)^{\frac{1}{1-\cos x}}$.

4.12　求$\lim\limits_{x\to 0}\left(\dfrac{1}{\sin x}-\dfrac{1}{x+x^2}\right)$.

4.13　求$\lim\limits_{n\to\infty}\dfrac{1}{n^4}(1^3+2^3+\cdots+n^3)$.

4.14　求$\lim\limits_{n\to\infty}\dfrac{\sqrt[n]{n!}}{n}$.

（四）答案与提示

4.1　$\dfrac{1}{\sqrt{2a}}$.　4.2　1.　4.3　$\tan^2 a-1$.　4.4　$\dfrac{1}{6}$.　4.5　$\dfrac{\alpha+\beta}{\sqrt{\alpha\beta}}$.　4.6　$e^{\frac{3}{2}}$.

4.7　$f'(0)+g'(0)$.　4.8　$\exp\left(\dfrac{1}{2}(\ln^2 a-\ln^2 b)\right)$.

4.9
$$\lim_{x\to 0}\frac{1-\cos\alpha x\cos\beta x}{x^2}=\lim_{x\to 0}\frac{1-\frac{1}{2}[\cos(\alpha+\beta)x+\cos(\alpha-\beta)x]}{x^2}$$
$$=\frac{1}{2}\lim_{x\to 0}\frac{[1-\cos(\alpha+\beta)x]+[1-\cos(\alpha-\beta)x]}{x^2}=\frac{1}{2}(\alpha^2+\beta^2)$$

4.10
$$\lim_{x\to 0}\frac{(1-\cos x)(3^x-1)}{x\tan(\arcsin^2 x)\cos x}=\lim_{x\to 0}\frac{\frac{1}{2}x^2\cdot x\ln 3}{x^3\cos x}=\frac{1}{2}\ln 3$$

4.11
$$\lim_{x\to 0}\left(\frac{\sin x}{x}\right)^{\frac{1}{1-\cos x}}=\lim_{x\to 0}\left[1+\left(\frac{\sin x}{x}-1\right)\right]^{\frac{1}{1-\cos x}}=\lim_{x\to 0}\left(1+\frac{\sin x-x}{x}\right)^{\frac{1}{1-\cos x}}$$
$$=\lim_{x\to 0}\left[\left(1+\frac{\sin x-x}{x}\right)^{\frac{x}{\sin x-x}}\right]^{\frac{\sin x-x}{x}\frac{1}{1-\cos x}}=e^{-\frac{1}{3}}$$

4.12
$$\lim_{x\to 0}\left(\frac{1}{\sin x}-\frac{1}{x+x^2}\right)=\lim_{x\to 0}\frac{x+x^2-\sin x}{(x+x^2)\sin x}=\lim_{x\to 0}\frac{x^2+(x-\sin x)}{(x+x^2)x}$$
$$=\lim_{x\to 0}\frac{x^2+(x-\sin x)}{x^2}=1+\lim_{x\to 0}\frac{x-\sin x}{x^2}=1+\lim_{x\to 0}\frac{1-\cos x}{2x}=1$$

4.13 $\lim\limits_{n\to\infty}\dfrac{1}{n^4}(1^3+2^3+\cdots+n^3)=\lim\limits_{n\to\infty}\sum\limits_{k=1}^{n}\dfrac{1}{n}\left(\dfrac{k}{n}\right)^3=\int_0^1 x^3\,\mathrm{d}x=\dfrac{1}{4}$

4.14 $$\lim_{n\to\infty}\ln\left(\frac{\sqrt[n]{n!}}{n}\right)=\lim_{n\to\infty}\left[\frac{\ln n+\ln(n-1)+\cdots+\ln 1}{n}-\ln n\right]$$

$$=\lim_{n\to\infty}\frac{(\ln n-\ln n)+[\ln(n-1)-\ln n]+\cdots+(\ln 1-\ln n)}{n}$$

$$=\lim_{n\to\infty}\sum_{k=1}^{n}\frac{1}{n}\ln\frac{k}{n}=\int_0^1\ln x\,\mathrm{d}x=-1\Rightarrow\lim_{n\to\infty}\frac{\sqrt[n]{n!}}{n}=\mathrm{e}^{-1}$$

第五讲　函数的连续性

（一）内容要点

1. 定义

设 $f(x)$ 在 x_0 点的某个邻域内有定义，若对 $\forall \varepsilon>0$，$\exists \delta>0$，当 $|x-x_0|<\delta$ 时，恒有 $|f(x)-f(x_0)|<\varepsilon$，则称函数 $f(x)$ 在 x_0 点处连续，即 $\lim\limits_{x\to x_0} f(x)=f(x_0)$.

$f(x)$ 在 x_0 点处连续的一个等价定义：$\lim\limits_{\Delta x\to 0}[f(x_0+\Delta x)-f(x_0)]=0$，或 $\lim\limits_{\Delta x\to 0}\Delta f=0$.

函数 $f(x)$ 在 x_0 点处连续必须满足下面三个条件：

(1) $f(x)$ 在 x_0 点有定义；

(2) $f(x)$ 在 x_0 点处的左、右极限均存在；

(3) $f(x)$ 在 x_0 点处的左、右极限均等于 $f(x_0)$.

若上述三个条件之一不满足，则称 $f(x)$ 在 x_0 不连续（或间断），并称 x_0 是 $f(x)$ 的不连续点（或间断点）.

间断点的分类：若 x_0 是 $f(x)$ 的间断点，且左、右极限 $f(x_0-0)$，$f(x_0+0)$ 均存在，则称 x_0 为 $f(x)$ 的第一类间断点. 若 $f(x_0-0)=f(x_0+0)$，则称 x_0 为 $f(x)$ 的可去间断点；若 $f(x_0-0)\neq f(x_0+0)$，则称 x_0 为 $f(x)$ 的跳跃间断点.

第一类间断点以外的所有间断点称为第二类间断点.

2. 连续函数的运算性质

连续函数的有限多次的和、差、积、商（分母不为 0）仍为连续函数；连续函数有限多次的复合函数仍为连续函数.

若 $f(x)$ 在区间 I 上每一点都连续，则称 $f(x)$ 在 I 上连续. I 上连续函数的全体构成的集合记为 $C(I)$，即 $C(I)=\{f(x)\mid f(x)$ 在 I 上连续$\}$.

3. 闭区间上连续函数的性质

(1) 有界性定理：若函数 $f(x)\in C[a,b]$，则 $f(x)$ 在 $[a,b]$ 上有界.

(2) 最值定理：若函数 $f(x)\in C[a,b]$，则 $f(x)$ 在 $[a,b]$ 上必有最大值和最小值.

(3) 介值定理：若函数 $f(x)\in C[a,b]$，μ 介于 $f(a)$ 与 $f(b)$ 之间，则 $\exists \xi\in[a,b]$，使得 $f(\xi)=\mu$.

(4) 零点定理：若函数 $f(x)\in C[a,b]$，且 $f(a)$ 与 $f(b)$ 异号，则 $\exists \xi\in(a,b)$，使得 $f(\xi)=0$.

介值定理的推广：若函数 $f(x)\in C[a,b]$，且 $f(x)$ 在 $[a,b]$ 上的最小值和最大值分别为 m,M，而

$m<\mu<M$,则存在$\exists\xi\in(a,b)$,使得$f(\xi)=\mu$.

4. 函数一致连续的定义

设函数$f(x)$在区间I上连续,如果$\forall\varepsilon>0$,$\exists\delta(\varepsilon)>0$,$\forall x_1,x_2\in I$,当$|x_1-x_2|<\delta$时,恒有$|f(x_1)-f(x_2)|<\varepsilon$,则称$f(x)$在$I$上一致连续.

(二)例题选讲

1. 函数的连续性及间断点问题

例 5.1 设

$$f(x)=\begin{cases}\dfrac{\ln(1+x)}{x}, & x>0\\ 0, & x=0\\ \dfrac{\sqrt{1+x}-\sqrt{1-x}}{x}, & x<0\end{cases}$$

试研究$f(x)$在$x=0$点的连续性.

分析:对于分段函数,特别要讨论清楚函数在分段点处的连续性,而这需要讨论清楚函数在分段点处左、右两侧的极限.

解 因为

$$\lim_{x\to0^+}f(x)=\lim_{x\to0^+}\frac{\ln(1+x)}{x}=1$$

$$\lim_{x\to0^-}f(x)=\lim_{x\to0^-}\frac{\sqrt{1+x}-\sqrt{1-x}}{x}=\lim_{x\to0^-}\frac{2x}{x(\sqrt{1+x}+\sqrt{1-x})}=1$$

但$f(0)=0$,故$f(x)$在$x=0$点不连续,且$x=0$为可去间断点.

例 5.2 求函数$y=\begin{cases}\dfrac{x(x+2)}{\sin\pi x}, & x<0\\ \dfrac{x}{x^2-1}, & x\geqslant0\end{cases}$的间断点.

解 函数的可疑间断点为$x=k$,$k=-1,-2,\cdots$,$x=0$及$x=1$.

由$\lim\limits_{x\to0^+}\dfrac{x}{x^2-1}=0$,$\lim\limits_{x\to0^-}\dfrac{x(x+2)}{\sin\pi x}=\lim\limits_{x\to0^-}\dfrac{\pi x}{\sin\pi x}\cdot\dfrac{(x+2)}{\pi}=\dfrac{2}{\pi}$,知$x=0$是函数的跳跃间断点;

由$\lim\limits_{x\to1}y=\lim\limits_{x\to1}\dfrac{x}{x^2-1}=\infty$,知$x=1$是函数的第二类间断点(无穷型间断点).

由$\lim\limits_{x\to-2}y=\lim\limits_{x\to-2}\dfrac{x(x+2)}{\sin\pi x}=\lim\limits_{x\to-2}\dfrac{(x+2)\pi}{\sin\pi(x+2)}\cdot\dfrac{x}{\pi}=-\dfrac{2}{\pi}$,知$x=-2$是可去间断点.

当$k\neq-2$且为负整数时,有

$$\lim_{x\to k}y=\lim_{x\to k}\frac{x(x+2)}{\sin\pi x}=\infty$$

因此不等于-2的负整数均为函数的无穷型间断点.

例 5.3 设$f(x)=\lim\limits_{n\to\infty}\dfrac{x^{n+2}}{\sqrt{2^{2n}+x^{2n}}}$,$x\geqslant0$,试讨论$f(x)$的连续性.

分析:用极限形式给出函数,也是函数的一种表示法,应先取极限,再讨论其连续性.

解 因

$$\frac{x^{n+2}}{\sqrt{2^{2n}+x^{2n}}}=\frac{\left(\frac{x}{2}\right)^n}{\sqrt{1+\left(\frac{x}{2}\right)^{2n}}}x^2$$

当 $0\leqslant x<2$ 时,$f(x)=\lim\limits_{n\to\infty}\frac{x^{n+2}}{\sqrt{2^{2n}+x^{2n}}}=0$;

当 $x=2$ 时,$f(x)=\lim\limits_{n\to\infty}\frac{x^{n+2}}{\sqrt{2^{2n}+x^{2n}}}=2\sqrt{2}$;

当 $x>2$ 时,$f(x)=\lim\limits_{n\to\infty}\frac{x^{n+2}}{\sqrt{2^{2n}+x^{2n}}}=\lim\limits_{n\to\infty}\frac{x^2}{\sqrt{\left(\frac{2}{x}\right)^{2n}+1}}=x^2$.

于是有

$$f(x)=\begin{cases}0, & x\leqslant x<2\\ 2\sqrt{2}, & x=2\\ x^2, & x>2\end{cases}$$

所以 $f(x)$在$[0,+\infty)$有一个第一类间断点 $x=2$.

例 5.4 求极限$\lim\limits_{t\to x}\left(\frac{\sin t}{\sin x}\right)^{\frac{x}{\sin t-\sin x}}$,记此极限为 $f(x)$,求 $f(x)$的间断点及类型.

解 由于$\lim\limits_{t\to x}\left(\frac{\sin t}{\sin x}\right)^{\frac{x}{\sin t-\sin x}}=\lim\limits_{t\to x}\left[\left(1+\frac{\sin t-\sin x}{\sin x}\right)^{\frac{\sin x}{\sin t-\sin x}}\right]^{\frac{x}{\sin x}}=e^{\frac{x}{\sin x}}$.

于是 $f(x)=e^{\frac{x}{\sin x}}$.

由此知 $f(x)$为初等函数,且 $f(x)$的间断点只能有 $x=k\pi,k\in\mathbf{Z}$.

由于$\lim\limits_{x\to0}f(x)=\lim\limits_{x\to0}e^{\frac{x}{\sin x}}=e^{\lim\limits_{x\to0}\frac{x}{\sin x}}=e$,所以 $x=0$ 是可去间断点.

当 $k\neq0$ 时,由于$\frac{x}{\sin x}$是偶函数,可得

$$\lim_{x\to[(2k-1)\pi]^-}f(x)=+\infty,\ \lim_{x\to(2k\pi)^+}f(x)=+\infty$$

故 $x=k\pi,k\neq0$ 是 $f(x)$的无穷型间断,即为第二类间断点.

例 5.5 设 $f(x)=\lim\limits_{n\to\infty}\frac{x^{2n+1}+ax^2+bx}{x^{2n}+1}$为连续函数,试确定 a,b 的值.

解 首先求出极限,得

$$f(x)=\begin{cases}x, & |x|>1\\ ax^2+bx, & |x|<1\\ \frac{a+b+1}{2}, & x=1\\ \frac{a-b-1}{2}, & x=-1\end{cases}$$

由 $\lim\limits_{x\to1^+}f(x)=1$, $\lim\limits_{x\to1^-}f(x)=a+b$ 得 $a+b=1$.

由 $\lim\limits_{x\to-1^+}f(x)=a-b$, $\lim\limits_{x\to-1^-}f(x)=-1$ 得 $a-b=-1$.

解得 $a=0,b=1$.

例 5.6 试证：狄利克雷(Dirichlet)函数 $D(x)=\lim\limits_{m\to\infty}\lim\limits_{n\to\infty}\cos^n(\pi m!x)$ 对 $\forall x\in\mathbf{R}$ 都不连续.

证明 首先写出 $D(x)$ 的表达式.

当 x 是有理数时，即 $x=\dfrac{q}{p}$(p,q 互质)，则 $m!x=m!\dfrac{q}{p}$，当 m 足够大时，$m!\dfrac{q}{p}$ 为偶数，所以 $\cos(\pi m!x)=1$，且这里的讨论与 n 无关，所以当 x 是有理数时，有 $D(x)=1$.

当 x 是无理数时，则无论 m 为何数，$m!x$ 总不是整数，即 $|\cos(\pi m!x)|<1$，所以 $\lim\limits_{n\to\infty}\cos^n(\pi m!x)=0$，得 $D(x)=0$.

所以，$D(x)=\begin{cases}1, & x\in\mathbf{Q}\\ 0, & x\in\mathbf{R}\setminus\mathbf{Q}\end{cases}$.

设 x_0 为任意一点，$\{x_n\}$ 为收敛于 x_0 的有理数序列，$\{x'_n\}$ 为收敛于 x_0 的无理数序列，因为 $\lim\limits_{n\to\infty}D(x_n)=1$，$\lim\limits_{n\to\infty}D(x'_n)=0$，所以由 Heine 定理知，$D(x)$ 在 x_0 处间断. 由 x_0 的任意性，即知 $D(x)$ 在任何点 x 处均不连续.

例 5.7 设 $f(x),g(x)$ 连续，证明 $h(x)=\max\{f(x),g(x)\}$ 连续.

证明 因为 $h(x)=\dfrac{1}{2}[f(x)+g(x)]+\dfrac{1}{2}|f(x)-g(x)|$.

由于 $f(x),g(x)$ 连续，所以 $f(x)+g(x),f(x)-g(x)$ 连续，且 $|f(x)-g(x)|$ 连续，故 $h(x)=\max\{f(x),g(x)\}$ 连续.

评注：证明的关键是把 $h(x)$ 表示成 $h(x)=\dfrac{1}{2}[f(x)+g(x)]+\dfrac{1}{2}|f(x)-g(x)|$，然后才容易利用连续函数的性质说明其连续性.

例 5.8 设 $f(x)=\begin{cases}x^2, & x\leqslant 1,\\ 3-x, & x>1\end{cases}$，$g(x)=\begin{cases}x, & x\leqslant 2,\\ x+2, & x>2\end{cases}$. 研究复合函数 $f[g(x)]$ 的连续性.

解 $f[g(x)]=\begin{cases}g^2(x), & g(x)\leqslant 1\\ 3-g(x), & g(x)>1\end{cases}=\begin{cases}x^2, & x\leqslant 1\\ 3-x, & 1<x\leqslant 2\\ 1-x, & x>2\end{cases}$.

由 $\lim\limits_{x\to 1^-}x^2=1$，$\lim\limits_{x\to 1^+}(3-x)=2$ 可知 $x=1$ 是 $f[g(x)]$ 的第一类间断点，是跳跃间断点.

由 $\lim\limits_{x\to 2^-}(3-x)=1$，$\lim\limits_{x\to 2^+}(1-x)=-1$ 可知 $x=2$ 也是 $f[g(x)]$ 的第一类(跳跃)间断点.

$f[g(x)]$ 在其他点处均连续.

2. 与函数的连续性相关的应用问题

例 5.9 已知 $f(x)$ 连续，且 $f(x^2)=f(x)$，$x\in(-\infty,+\infty)$，求出所有这样的函数.

解 因 $f(x^2)=f(x)$，所以 $f(x)$ 为偶函数，又对于任意的 $x>0$ 与正整数 n 有

$$f(x)=f(x^{\frac{1}{2}})=f(x^{\frac{1}{2^2}})=\cdots=f(x^{\frac{1}{2^n}})=\cdots$$

由于 $\lim\limits_{n\to\infty}x^{\frac{1}{2^n}}=1$，且 $f(x)$ 在 $x=1$ 点连续，所以

$$f(x)=\lim_{n\to\infty}f(x^{\frac{1}{2^n}})=f(1)$$

又因为 $f(x)$ 在 $x=0$ 点处也连续，从而有

$$f(0)=\lim_{x\to 0}f(x)=\lim_{x\to 0}f(1)=f(1)$$

所以对于任意的 $x\in[0,+\infty)$，有 $f(x)\equiv f(1)$. 因为 $f(x)$为偶函数，故

$$f(x)\equiv f(1),x\in(-\infty,+\infty)$$

故所欲求之函数为常数函数.

例 5.10 设 $f(x)\in C[a,b]$(表示 $f(x)$在$[a,b]$上连续)，$0<a<c<d<b$，证明 $\exists\xi\in[a,b]$，使得$(a+b)f(\xi)=af(c)+bf(d)$.

分析：由 $f(x)\in C[a,b]$，可知 $f(x)$在$[a,b]$上可取得最小值 m 和最大值 M，只需验证 $m\leqslant\dfrac{af(c)+bf(d)}{a+b}\leqslant M$ 即可.

证明 因为 $f(x)\in C[a,b]$，所以 $f(x)$在$[a,b]$上可以取到最大值 M 和最小值 m，从而有 $m\leqslant f(x)\leqslant M,x\in[a,b]$. 特别地

$$m\leqslant f(c)\leqslant M,m\leqslant f(d)\leqslant M$$

从而有

$$\frac{a}{a+b}m\leqslant\frac{a}{a+b}f(c)\leqslant\frac{a}{a+b}M,\frac{b}{a+b}m\leqslant\frac{b}{a+b}f(d)\leqslant\frac{b}{a+b}M$$

于是得

$$m\leqslant\frac{1}{a+b}[af(c)+bf(d)]\leqslant M$$

由介值定理知，存在 $\xi\in[a,b]$，使得 $f(\xi)=\dfrac{1}{a+b}[af(c)+bf(d)]$，即

$$(a+b)f(\xi)=[af(c)+bf(d)]$$

例 5.11 设 $f(x)$在$[0,1]$连续，且 $f(0)=f(1)$，则必有 $x_0\in[0,1]$使得

$$f\left(x_0+\frac{1}{3}\right)=f(x_0)$$

分析：要证的结论即函数 $f\left(x+\dfrac{1}{3}\right)-f(x)$在$[0,1]$上有零点. 为此作辅助函数 $F(x)=f\left(x+\dfrac{1}{3}\right)-f(x)$.

证明 作辅助函数 $F(x)=f\left(x+\dfrac{1}{3}\right)-f(x)$，则 $F(x)\in C\left[0,\dfrac{2}{3}\right]$. 由

$$F(0)=f\left(\frac{1}{3}\right)-f(0),F\left(\frac{1}{3}\right)=f\left(\frac{2}{3}\right)-f\left(\frac{1}{3}\right),F\left(\frac{2}{3}\right)=f(1)-f\left(\frac{2}{3}\right)$$

得

$$F(0)+F\left(\frac{1}{3}\right)+F\left(\frac{2}{3}\right)=f(1)-f(0)=0$$

所以 $F(0),F\left(\dfrac{1}{3}\right),F\left(\dfrac{2}{3}\right)$或者均为 0，或者必有两个异号，不妨设 $F(0)F\left(\dfrac{2}{3}\right)<0$. 由闭区间上连续函数的介值定理知，存在 $x_0\in\left[0,\dfrac{2}{3}\right]$使得 $F(x_0)=0$，即

$$f\left(x_0+\frac{1}{3}\right)=f(x_0)$$

例 5.12 设 $f(x)\in C[a,b]$，且存在数列$\{x_n\}\subset[a,b]$，使得$\lim\limits_{n\to\infty}f(x_n)=A$，证明 $\exists\xi\in[a,b]$，使得 $f(\xi)=A$.

证明 因为 $f(x)\in C[a,b]$，则 $f(x)$在$[a,b]$上可以取到最大值和最小值，分别设为 M，m. 则有

$$m\leqslant f(x_n)\leqslant M$$

于是 $m\leqslant\lim\limits_{n\to\infty}f(x_n)\leqslant M$，即 $m\leqslant A\leqslant M$，仍由闭区间上连续函数的介值定理的推广知，$\exists\,\xi\in[a,b]$，使得 $f(\xi)=A$.

例 5.13 设 $f(x)$ 在 (a,b) 内连续，且 $f(a+0)=f(b-0)=+\infty$，证明 $f(x)$ 在 (a,b) 内可取到最小值.

证明 由于 $f(a+0)=f(b-0)=+\infty$，对 $M>\min\left\{f\left(\dfrac{a+b}{2}\right),0\right\}$，存在 $0<\delta_1<\dfrac{b-a}{2}$，当 $a<x<a+\delta_1$ 时，有 $f(x)>M$；同理，存在 $0<\delta_2<\dfrac{b-a}{2}$，当 $b-\delta_2<x<b$ 时，$f(x)>M$.

又因 $f(x)\in C[a+\delta_1,b-\delta_2]$，故 $f(x)$ 在区间 $[a+\delta_1,b-\delta_2]$ 可取得最小值，设最小值点为 $x_0\in[a+\delta_1,b-\delta_2]$，则最小值为 $m=f(x_0)$.

由 $[a+\delta_1,b-\delta_2]$ 的构造可知，$m=f(x_0)$ 也是 $f(x)$ 在 (a,b) 上的最小值.

例 5.14 设 $f(x)$ 在 $(-\infty,+\infty)$ 上连续，且 $f(f(x))=x$，证明 $\exists\,\xi$，使 $f(\xi)=\xi$.

证明 用反证法.

设 $\forall\,x\in(-\infty,+\infty)$，均有 $f(x)\neq x$. 因为 $f(x)$ 在 $(-\infty,+\infty)$ 上连续，则在 $(-\infty,+\infty)$ 上恒有 $f(x)>x$ 或 $f(x)<x$.

不妨设 $\forall\,x\in(-\infty,+\infty)$，$f(x)>x$，则可推得 $f(f(x))>f(x)>x$，这与 $f(f(x))=x$ 矛盾. 故必 $\exists\,\xi$，使 $f(\xi)=\xi$.

例 5.15 设 $f(x)$ 在 $[0,n]$ 上连续($n\geqslant 2$ 为自然数)，且 $f(0)=f(n)$，证明 $\exists\,\xi\in[0,n-1]$，使得 $f(\xi)=f(\xi+1)$.

证明 令 $g(x)=f(x+1)-f(x)$，则 $g(x)$ 在 $[0,n-1]$ 上连续. 考虑

$$g(k)=f(k+1)-f(k),k=0,1,2,\cdots,n-1$$

(1) 若有某个 $g(k_0)=0$，则取 $\xi=k_0$，可得 $f(\xi)=f(\xi+1)$.

(2) 若有某两个 k_1,k_2，使 $g(k_1)g(k_2)<0$，由闭区间上连续函数的零点定理知，存在 $\xi\in[0,n-1]$，使得 $g(\xi)=0$，故 $f(\xi)=f(\xi+1)$.

若(1)，(2)两种情形都不成立，则恒有 $g(k)>0$ 或恒有 $g(k)<0(k=0,1,2,\cdots,n-1)$，由此可推得 $\sum\limits_{k=0}^{n-1}g(k)>0$ 或 $\sum\limits_{k=0}^{n-1}g(k)<0$，但这均与

$$\sum_{k=0}^{n-1}g(k)=[f(1)-f(0)]+[f(2)-f(1)]+\cdots+[f(n)-f(n-1)]=f(n)-f(0)=0$$

矛盾.

例 5.16 设 $f(x)$ 在 $[a,b]$ 上连续，且 $f(a)=f(b)=0$，$f'(a)f'(b)>0$，证明 $\exists\,\xi\in(a,b)$，使得 $f(\xi)=0$.

证明 不妨设 $f'(a)>0,f'(b)>0$. 由

$$\lim_{x\to a^+}\frac{f(x)-f(a)}{x-a}=f'(a)>0\text{ 即 }\lim_{x\to a^+}\frac{f(x)}{x-a}=f'(a)>0$$

由极限的局部保号性知，存在 $a<c<\dfrac{a+b}{2}$，使得 $\dfrac{f(c)}{c-a}>0$，从而 $f(c)>0$.

同理由

$$\lim_{x\to b^-}\frac{f(x)-f(b)}{x-b}=f'(b)>0\text{ 即 }\lim_{x\to b^-}\frac{f(x)}{x-b}=f'(b)>0$$

知存在$\frac{a+b}{2}<d<b$,使得 $f(d)<0$.

由闭区间上连续函数的零点定理知,$\exists \xi\in[c,d]\subset[a,b]$,使得 $f(\xi)=0$.

例 5.17　设 $f_n(x)=x+x^2+\cdots+x^n(n=1,2,3,\cdots)$. (1)证明 $\forall n\geqslant 1$, $f_n(x)=1$ 在区间 $[0,+\infty)$上有且仅有一个实根 a_n; (2)证明$\lim\limits_{n\to\infty} a_n$ 存在,并求之.

解　(1) 令 $\varphi_n(x)=f_n(x)-1$,则 $\varphi_n(x)\in C[0,+\infty)$, $\varphi_n(0)=-1<0$, $\varphi(1)=n>0$, $(n\geqslant 1)$,由闭区间上连续函数的零点定理知,$\exists a_n(0<a_n<1)$,使得 $\varphi_n(a_n)=0$,故 $f(a_n)=1$.

显然,$f_n(x)$在区间$[0,+\infty)$是严格单调递增的,所以上述 a_n 是唯一的.

(2) 因为$\{a_n\}\in[0,1]$,只要证明 a_n 单调即可.

由 $a_n+a_n^2+\cdots+a_n^n=1$, $a_{n+1}+a_{n+1}^2+\cdots+a_{n+1}^{n+1}=1$,推得

$$a_n+a_n^2+\cdots+a_n^n>a_{n+1}+a_{n+1}^2+\cdots+a_{n+1}^n$$

进而可推出 $a_n>a_{n+1}$,即 a_n 是递减数列,故$\lim\limits_{n\to\infty} a_n$ 存在.

又 $f_3\left(\frac{2}{3}\right)=\frac{2}{3}+\frac{4}{9}+\frac{8}{27}>1\Rightarrow a_n<\frac{2}{3}(n\geqslant 3)\Rightarrow\lim\limits_{n\to\infty} a_n^{n+1}=0$.

设$\lim\limits_{n\to\infty} a_n=\alpha$. 由于 $a_n+a_n^2+\cdots+a_n^n=1\Leftrightarrow\frac{a_n-a_n^{n+1}}{1-a_n}=1$,两边取极限得

$$\frac{\alpha}{1-\alpha}=1\Rightarrow\alpha=\frac{1}{2}$$

即$\lim\limits_{n\to\infty} a_n=\frac{1}{2}$.

例 5.18　设 $f(x)$满足(1)$a\leqslant f(x)\leqslant b$; (2) $\forall x,y\in[a,b]$, $|f(x)-f(y)|\leqslant|x-y|$. 设 $x_1\in[a,b]$,定义序列$\{x_n\}$: $x_{n+1}=\frac{1}{2}[x_n+f(x_n)]$,证明$\lim\limits_{n\to\infty} x_n$ 存在,记为 α,且 $f(\alpha)=\alpha$.

证明　由$|f(x)-f(y)|\leqslant|x-y|$知 $f(x)$在$[a,b]$上连续.

因 $f([a,b])\subseteq[a,b]$,所以当 $x_n\in[a,b]$时,由 $x_{n+1}=\frac{1}{2}[x_n+f(x_n)]$知,$x_{n+1}\in[a,b]$. 又由于 $x_1\in[a,b]$,故对一切正整数 n,恒有 $x_n\in[a,b]$.

只需再证明$\{x_n\}$单调. 因为 $x_n\in[a,b]$, $n=1,2,\cdots$,自然$\{x_n\}$有极限,记为 α,对 $x_{n+1}=\frac{1}{2}[x_n+f(x_n)]$两边取极限,可知 α 满足 $f(\alpha)=\alpha$.

下面证单调性. 若 $x_1\leqslant f(x_1)$,则 $x_2=\frac{1}{2}[x_1+f(x_1)]\geqslant x_1$,若对 n 有 $x_{n-1}\leqslant x_n$,则由

$$f(x_{n-1})-f(x_n)\leqslant|f(x_{n-1})-f(x_n)|\leqslant|x_{n-1}-x_n|=x_n-x_{n-1}$$

由此推得

$$x_n=\frac{1}{2}[x_{n-1}+f(x_{n-1})]\leqslant x_n=\frac{1}{2}[x_n+f(x_n)]=x_{n+1}$$

故 $x_n\uparrow$. 同理可证,若 $x_1\geqslant f(x_1)$,则 $x_n\downarrow$.

3*. 关于一致连续性

例 5.19*　设 $f(x)$在有限区间(a,b)内连续,试证 $f(x)$在(a,b)内一致连续的充要条件是极限$\lim\limits_{x\to a^+} f(x)$及$\lim\limits_{x\to b^-} f(x)$存在.

证明　(必要性) 已知 $\forall\varepsilon>0$, $\exists\delta>0$,当 $x',x''\in(a,b)$, $|x'-x''|<\delta$ 时,有$|f(x')-f(x'')|<\varepsilon$. 故 $\forall x',x''\in(a,b)$, $a<x'<a+\delta$, $a<x''<a+\delta$ 时,有

$$|f(x')-f(x'')|<\varepsilon$$

根据 Cauchy 准则,知 $\lim\limits_{x\to a^+}f(x)$存在(有限). 同理可证 $\lim\limits_{x\to b^-}f(x)$存在.

(充分性) 补充定义 $f(a)=\lim\limits_{x\to a^+}f(x)$, $f(b)=\lim\limits_{x\to b^-}f(x)$. 则 $f(x)\in C[a,b]$,从而 $f(x)$在$[a,b]$上一致连续,由此推出 $f(x)$在(a,b)内一致连续.

例 5.20* 证明:若 $f(x)$在$[a,+\infty)$上连续,$\lim\limits_{x\to+\infty}f(x)=A$(有限),则 $f(x)$在$[a,+\infty)$上一致连续.

证明 (1) 因 $\lim\limits_{x\to+\infty}f(x)=A$,所以由柯西收敛准则之必要性,$\forall\varepsilon>0$,$\exists b>a$,当 $x',x''>b$ 时,有

$$|f(x')-f(x'')|<\varepsilon \qquad ①$$

(2) 由于闭区间上连续函数必为一致连续函数,于是 $f(x)$在$[a,b+1]$上一致连续,故对此 $\varepsilon>0$,$\exists\delta_1>0$,当 $x',x''\in[a,b+1]$, $|x'-x''|<\delta_1$ 时,有

$$|f(x')-f(x'')|<\varepsilon \qquad ②$$

(3) 令 $\delta=\min\{1,\delta_1\}$,则 $x',x''>a$, $|x'-x''|<\delta$ 时,x',x''要么同时属于$[a,b+1]$,要么同时属于$(b,+\infty)$,从而由①,②两式知$|f(x')-f(x'')|<\varepsilon$. 即 $f(x)$在$[a,+\infty)$上一致连续.

(三) 练习题

5.1 求出函数 $f(x)=\begin{cases}(x+1)\arctan\dfrac{1}{x^2-1}, & |x|\neq 1\\ 0, & |x|=1\end{cases}$ 的间断点并指出其类型.

5.2 求极限:(1) $\lim\limits_{x\to\frac{\pi}{4}}(\pi-x)\tan x$; (2) $\lim\limits_{x\to1^+}\dfrac{x\sqrt{1+2x}-\sqrt{x^2-1}}{x+1}$.

5.3 设 $f(x)$在$[a,b]$上连续,且对任何 $x\in[a,b]$,存在 $y\in[a,b]$,使得$|f(y)|\leqslant\dfrac{1}{2}|f(x)|$,证明:存在 $\xi\in[a,b]$,使得 $f(\xi)=0$.

5.4 证明方程$\dfrac{1}{x-3}+\dfrac{3}{x-4}+\dfrac{4}{x-7}=0$ 在(3,4)和(4,7)内各有一个根.

5.5 证明方程 $x=2\sin x+1$,至少有一个正根,且这个根小于 3.

5.6 设 $f(x)\in C(-\infty,+\infty)$,且 $f(x)>0$, $\lim\limits_{x\to\infty}f(x)=0$. 证明 $f(x)$在$(-\infty,+\infty)$内必有最大值.

5.7 设函数 $f(x)$在(0,1)内有定义,且函数 $F(x)=e^xf(x)$与 $G(x)=e^{-f(x)}$在(0,1)内都单调递增,试证:$f(x)$在(0,1)内连续.

5.8 设 $f(x)$在$(-\infty,+\infty)$上连续,且$\lim\limits_{x\to\infty}\dfrac{f(x)}{x^n}=0$($n$ 为奇数),试证:方程 $x^n+f(x)=0$ 有实根.

5.9 设函数 $f(x)$在$[a,b]$上连续且恒为正,$x_1,x_2,\cdots,x_n$ 为(a,b)内的任意 n 个点,证明$\exists\xi\in(a,b)$,使得 $f(\xi)=\sqrt[n]{f(x_1)f(x_2)\cdots f(x_n)}$.

5.10 设 $f(x)\in C[a,b]$且 $f(a)=f(b)$,求证:$\exists\xi\in[a,b]$,使得 $f(\xi)=f\left(\xi+\dfrac{b-a}{2}\right)$.

（四）答案与提示

5.1　$x=1$ 是第一类间断点，$x=0$ 是连续点.

5.2　(1) 由于 $(\pi-x)\tan x$ 为初等函数，而点 $\frac{\pi}{4}$ 在定义域内，从而函数在该点连续，于是有 $\lim\limits_{x\to\frac{\pi}{4}}(\pi-x)\tan x=(\pi-\lim\limits_{x\to\frac{\pi}{4}}x)\lim\limits_{x\to\frac{\pi}{4}}\tan x=\left(\pi-\frac{\pi}{4}\right)\cdot 1=\frac{3\pi}{4}$.

(2) 该函数为初等函数，在点 $x=1$ 处右连续，故极限为其函数值 $\frac{\sqrt{3}}{2}$.

5.3　由 $f(x)\in C[a,b]$ 得 $|f(x)|\in C[a,b]$，所以 $|f(x)|$ 在 $[a,b]$ 上有最小值，设其最小值为 $m=|f(\xi)|$. 若 $m=0$，则已得证，若 $m>0$，由题设条件，存在 $y\in[a,b]$，使得 $|f(y)|<\frac{1}{2}|f(\xi)|=\frac{1}{2}m<m$，这与 m 是 $|f(x)|$ 在 $[a,b]$ 上的最小值矛盾.

5.4　作适当的辅助函数，再讨论函数值的正负.

5.5　令 $f(x)=x-2\sin x-1$，则 $f(0)=-1<0$，$f(3)=3-2\sin 3-1>0$，于是存在 $\xi\in(0,3)$ 使得 $f(\xi)=0$.

5.6　依题设 $f(0)>0$. 由于 $\lim\limits_{x\to\infty}f(x)=0$，存在 $a>0$，当 $|x|>a$ 时，$0<f(x)<\frac{1}{2}f(0)$，又因 $f(x)\in C[-a,a]$，从而 $f(x)$ 在 $[-a,a]$ 上可以取到最大值 $f(\xi)=M$，显然 M 也是 $f(x)$ 在 $(-\infty,+\infty)$ 上的最大值.

5.7　设 x_0 为 $(0,1)$ 中任一点，当 $x_0<x<1$ 时，有 $e^{x_0}f(x_0)\leqslant e^{x}f(x)$，$e^{-f(x_0)}\leqslant e^{-f(x)}$，从而有 $e^{x_0-x}f(x_0)\leqslant f(x)\leqslant f(x_0)$，故 $\lim\limits_{x\to x_0^+}f(x)=f(x_0)$；同理可证，$\lim\limits_{x\to x_0^-}f(x)=f(x_0)$，故 $f(x)$ 在 x_0 点连续.

5.8　设 $F(x)=x^n+f(x)$. 因 $F(x)=x^n\left[1+\frac{f(x)}{x^n}\right]$. 由 $\lim\limits_{x\to\infty}\frac{f(x)}{x^n}=0$，必有 $x_0>0$，当 $|x|>x_0$ 时，$\left|\frac{f(x)}{x^n}\right|<\frac{1}{2}$，从而在 $(-\infty,-x_0)\cup(x_0,+\infty)$ 上分别存在 x_1,x_2 使得 $F(x_1)<0$，$F(x_2)>0$，由连续函数的中值定理知，存在 $\xi\in(x_1,x_2)$ 使 $F(\xi)=0$，所以得 $\xi^n+f(\xi)=0$.

5.9　提示：证明 $\min\limits_{x\in[a,b]}f(x)\leqslant\sqrt[n]{f(x_1)f(x_2)\cdots f(x_n)}\leqslant\max\limits_{x\in[a,b]}f(x)$.

5.10 令 $F(x)=f(x)-f\left(x+\frac{b-a}{2}\right)$，用反证法. 设 $F(x)$ 在 $\left[a,\frac{a+b}{2}\right]$ 上无零点，则 $F(x)$ 在此区间上不变号，不妨设 $F(x)>0$. 令 $x=a$，则有 $f(a)>f\left(\frac{a+b}{2}\right)$，再令 $x=\frac{a+b}{2}$，有 $f\left(\frac{a+b}{2}\right)>f(b)$，由此得 $f(a)>f(b)$，这与已知矛盾.

第六讲　导数与微分的计算

（一）内容要点

1. 导数的概念

定义：设函数 $y=f(x)$ 在点 x_0 的某邻域内有定义．当自变量 x 在 x_0 处获得增量 Δx 时，函数 y 相应地取得增量 $\Delta y=f(x_0+\Delta x)-f(x_0)$．如果当 $\Delta x\to 0$ 时，增量比 $\dfrac{\Delta y}{\Delta x}$ 的极限存在，则称函数 $y=f(x)$ 在 x_0 可导，且称该极限为函数 $y=f(x)$ 在 x_0 的导数．即

$$f'(x_0)=\lim_{\Delta x\to 0}\frac{f(x_0+\Delta x)-f(x_0)}{\Delta x}$$

函数 $y=f(x)$ 在点 x_0 处可导，要求函数在 x_0 的某邻域内有定义．在导数定义的极限过程中，x 是不变的，而 Δx 是一个可正可负的变量．当 $\Delta x>0$ 时，得右导数；当 $\Delta x<0$ 时，得左导数．求极限后所得导数是 x 的函数，与 Δx 无关．

两个要点：

(1) $f(x)$ 在 x_0 点可导，当且仅当 $f(x)$ 在 x_0 点的左导数 $f'_-(x_0)$ 和右导数 $f'_+(x_0)$ 均存在且相等，即 $f'_-(x_0)=f'_+(x_0)$．

(2) $f(x)$ 在 x_0 点可导，则 $f(x)$ 在 x_0 点连续，但反之不然．

2. 导数的几何意义

曲线的切线和法线方程：设 $y=f(x)$ 在 x_0 点可导，导数为 $f'(x_0)$，则曲线 $y=f(x)$ 上点 (x_0,y_0) 处的切线方程为

$$y-y_0=f'(x_0)(x-x_0)$$

当 $f'(x_0)\neq 0$ 时，曲线 $y=f(x)$ 上点 (x_0,y_0) 处的法线方程为

$$y-y_0=-\frac{1}{f'(x_0)}(x-x_0)$$

3. 导数的计算

函数求导的四则运算法则

设 $u(x)$ 和 $v(x)$ 在区间 I 内可导，c 为任意常数，则 $\forall x\in I$，有

(1) $(u\pm v)'=u'\pm v'$；　　(2) $(uv)'=u'v+uv'$；

(3) $(cu)'=cu'$；　　(4) $\left(\dfrac{u}{v}\right)'=\dfrac{u'v-uv'}{v^2}$ $(v\neq 0)$．

4. 复合函数、反函数、参数方程确定的函数及隐函数求导法则

(1) 设 $u=\varphi(x)$在区间 I 上可导，$y=f(u)$在对应区间 $I_u=\varphi(I)$上可导，则在区间 I 上有 $\frac{dy}{dx}=\frac{dy}{du}\cdot\frac{du}{dx}$或 $y'(x)=y'(u)u'(x)=y'(u)\varphi'(x)$.

(2) 设函数 $x=\varphi(y)$在某区间 I_y 内单调、可导且 $\varphi'(y)\neq0$，则其反函数 $y=f(x)$在对应区间 $I_x=\varphi(I_y)$内也可导，且有 $f'(x)=\frac{1}{\varphi'(y)}=\frac{1}{\varphi'(f(x))}$.

(3) 设 $y=f(x)$由参数方程 $\begin{cases}x=\varphi(t)\\y=\phi(t)\end{cases}$ 给出，$\varphi(t)$，$\phi(t)$在区间 I_t 上可导，且 $\varphi'(t)\neq0$，则 $y=f(x)$也可导，且$\frac{dy}{dx}=\frac{\phi'(t)}{\varphi'(t)}$.

(4) 设 $F(x,y)=0$ 确定了隐函数 $y=y(x)$，则方程的两端同时对 x 求导，视 y 为中间变量 $y=y(x)$，可得$\frac{dy}{dx}$.

(5) 对于幂指函数 $u(x)^{v(x)}$ 和多因子乘积构成的函数，可以先对其取对数，再用隐函数的求导法，求出导数$\frac{dy}{dx}$.

5. 函数的微分

定义：设 x 在 x_0 点取得增量 Δx 时，函数 $y=f(x)$的增量 $\Delta y=f(x_0+\Delta x)-f(x_0)$可表示为

$$\Delta y=f(x_0+\Delta x)-f(x_0)=A\Delta x+o(\Delta x)$$

则称函数 $y=f(x)$在 x_0 点处可微. 其中线性部分 $A\Delta x$ 称为 $f(x)$在 x_0 的微分，其中 $o(\Delta x)$是当 $\Delta x\to0$ 时比 Δx 高阶的无穷小量.

6. 高阶导数

(1) 定义：$\frac{d^2y}{dx^2}=\frac{d}{dx}\left(\frac{dy}{dx}\right)$，$\frac{d^3y}{dx^3}=\frac{d}{dx}\left(\frac{d^2y}{dx^2}\right)$，…，$\frac{d^ny}{dx^n}=\frac{d}{dx}\left(\frac{d^{n-1}y}{dx^{n-1}}\right)$.

(2) 高阶导数的计算法则

设函数 $u(x)$，$v(x)$均在区间 I 上 n 阶可导，则在区间 I 上有：

① $[au\pm bv]^{(n)}=au^{(n)}\pm bv^{(n)}$，其中 a，b 为常数；

② $(uv)^{(n)}=C_n^0u^{(0)}v^{(n)}+C_n^1u^{(1)}v^{(n-1)}+\cdots+C_n^{n-1}u^{(n-1)}v^{(1)}+C_n^nu^{(n)}v^{(0)}$，其中 $u^{(0)}=u$，$v^{(0)}=v$.

（二）例题选讲

1. 导数的概念

例 6.1　下列说法是否正确？

(1) 若 $f(x)$在 x_0 处可导，则 $f(x)$在 x_0 的某邻域内有界；

(2) 若 $f(x)$在 x_0 处可导，则 $f(x)$在 x_0 的某邻域内连续；

(3) 若 $f(x)$在 x_0 处左(右)可导，则 $f(x)$在 x_0 处左(右)连续.

解　(1)正确. 因 $f(x)$在 x_0 处可导，则在 x_0 处连续，从而在 x_0 处局部有界，即在 x_0 的某

邻域内有界.

(2) 不正确. 函数 $f(x)$在 x_0 处可导,反映 $f(x)$在 x_0 点的性质,并不全面反映在 x_0 点的邻域内其他点处的性质. 例如

$$f(x)=\begin{cases}x^2, & x\in\mathbf{Q}\\ 0, & x\in\mathbf{R}\setminus\mathbf{Q}\end{cases}$$

在 $x=0$ 处可导,但在 $x\neq0$ 处均不连续.

(3) 正确. 若 $f(x)$在 x_0 处左可导,设

$$\lim_{\Delta x\to0^-}\frac{f(x_0+\Delta x)-f(x_0)}{\Delta x_0}=f'_-(x_0)$$

则有
$$\frac{f(x_0+\Delta x)-f(x_0)}{\Delta x}=f'_-(x_0)+\alpha(\Delta x),\ \lim_{\Delta x\to0^-}\alpha(\Delta x)=0$$

于是得
$$f(x_0+\Delta x)-f(x_0)=f'_-(x_0)\Delta x+\alpha(\Delta x)\Delta x$$

从而
$$\lim_{\Delta x\to0^-}[f(x_0+\Delta x)-f(x_0)]=\lim_{\Delta x\to0^-}[f'_-(x_0)\Delta x+\alpha(\Delta x)\Delta x]=0$$

这就证明 $f(x)$在 x_0 点处左连续.

同理可证,若 $f(x)$在 x_0 处右可导,则 $f(x)$在 x_0 处右连续.

例 6.2 设 $f(x)=(x-x_0)^n\varphi(x)$,$n\geqslant1$,$\varphi(x)$在 $x=x_0$ 处连续,求证:$f(x)$在 $x=x_0$ 可导.

分析:函数 $f(x)$是半显化半抽象的函数,且仅知 $\varphi(x)$在点 x_0 处连续,于是试用导数的定义讨论 $f(x)$在 x_0 的可导性.

证明
$$f'(x_0)=\lim_{h\to0}\frac{f(x_0+h)-f(x_0)}{h}=\lim_{h\to0}\frac{h^n\varphi(x_0+h)}{h}$$
$$=\lim_{h\to0}h^{n-1}\varphi(x_0+h)=\begin{cases}\varphi(x_0), & n=1\\ 0, & n>1\end{cases}$$

所以 $f(x)$在 $x=x_0$ 处可导.

例 6.3 设 $f(x)$对 $\forall x_1,x_2\in\mathbf{R}$,均有 $f(x_1+x_2)=f(x_1)f(x_2)$,且 $f'(0)=1$,求证:$f(x)=\mathrm{e}^x$.

证明 首先证明 $f'(x)=f(x)$.

因为 $f'(0)=1\neq0$,所以 $f(x)$不恒为零,所以 $\exists x_0\in\mathbf{R}$,使得 $f(x_0)\neq0$. 又因为 $f(x_0)=f(x_0+0)=f(x_0)f(0)$,于是得 $f(0)=1$. 从而

$$f'(x)=\lim_{h\to0}\frac{f(x+h)-f(x)}{h}=\lim_{h\to0}\frac{f(x)f(h)-f(x)}{h}$$
$$=f(x)\lim_{h\to0}\frac{f(h)-1}{h}$$
$$=f(x)\lim_{h\to0}\frac{f(h)-f(0)}{h-0}=f(x)f'(0)=f(x)$$

下证 $f(x)=\mathrm{e}^x$.

令 $F(x)=\dfrac{f(x)}{\mathrm{e}^x}$,则 $F'(x)=\dfrac{f'(x)\mathrm{e}^x-f(x)\mathrm{e}^x}{\mathrm{e}^x}=0$,所以 $F(x)=C$,即$\dfrac{f(x)}{\mathrm{e}^x}=C$.

由 $f(0)=1$ 得 $C=1$,所以 $f(x)=\mathrm{e}^x$.

2. 分段函数的求导法

例 6.4 讨论 $f(x)=\begin{cases}(x-2)^\alpha\arctan\dfrac{1}{x-2}, & x\neq2\\ 0, & x=2\end{cases}$ 在点 $x=2$ 处的连续性及可导性,其

中 α 为常数.

分析:分段函数在分段点处的连续性和可导性,常用连续与左、右连续的关系,导数与左、右导数的关系以及连续和导数的定义式来讨论.

解　(1) 当 $\alpha<0$ 时,$\lim\limits_{x\to 2^+}(x-2)^{\alpha}\arctan\dfrac{1}{x-2}=+\infty$,所以 $f(x)$ 在 $x=2$ 处不连续,从而也不可导.

(2) 当 $\alpha=0$ 时,$\lim\limits_{x\to 2^-}(x-2)^{\alpha}\arctan\dfrac{1}{x-2}=\lim\limits_{x\to 2^-}\arctan\dfrac{1}{x-2}=-\dfrac{\pi}{2}$,

$$\lim_{x\to 2^+}(x-2)^{\alpha}\arctan\frac{1}{x-2}=\lim_{x\to 2^+}\arctan\frac{1}{x-2}=\frac{\pi}{2}.$$

$f(x)$ 在 $x=2$ 处不连续,从而也不可导.

(3) 当 $0<\alpha\leqslant 1$ 时,有 $\lim\limits_{x\to 2}(x-2)^{\alpha}\arctan\dfrac{1}{x-2}=0$,所以 $f(x)$ 在 $x=2$ 处连续.

类似于(1),(2)的讨论知,极限

$$\lim_{x\to 2}=\frac{f(x)-f(2)}{x-2}=\lim_{x\to 2}(x-2)^{\alpha-1}\arctan\frac{1}{x-2}$$

不存在,所以 $f(x)$ 在 $x=2$ 处不可导.

(4) 当 $\alpha>1$ 时,$\alpha-1>0$,于是

$$f'(2)=\lim_{x\to 2}\frac{f(x)-f(2)}{x-2}=\lim_{x\to 2}(x-2)^{\alpha-1}\arctan\frac{1}{x-2}=0$$

所以 $f(x)$ 在 $x=2$ 处可导,从而也连续.

例 6.5　设 $f(x)$ 在区间 $(-\infty,+\infty)$ 有定义,且 $\forall x$ 有 $f(x+1)=2f(x)$,而当 $0\leqslant x\leqslant 1$ 时,$f(x)=x(1-x^2)$,讨论 $f(x)$ 在 $x=0$ 点的可导性.

解　当 $-1\leqslant x<0$ 时,$0\leqslant x+1<1$,于是

$$f(x)=\frac{1}{2}f(x+1)=\frac{1}{2}(x+1)[1-(x+1)^2]=-\frac{1}{2}x(x+1)(x+2)$$

$$f'_-(0)=\lim_{x\to 0^-}\frac{f(x)-f(0)}{x-0}=\lim_{x\to 0^-}\frac{-\frac{1}{2}x(x+1)(x+2)}{x}=-1$$

$$f'_+(0)=\lim_{x\to 0^+}\frac{f(x)-f(0)}{x-0}=\lim_{x\to 0^-}\frac{x(1-x^2)}{x}=1$$

因为 $f'_-(0)\neq f'_+(0)$,所以 $f(x)$ 在 $x=0$ 点不可导.

例 6.6　设 $f(x)=\begin{cases}\dfrac{\varphi(x)-\cos x}{x}, & x\neq 0,\\ a, & x=0.\end{cases}$ 其中 $\varphi(x)$ 具有连续二阶导数,且 $\varphi(0)=1$.

(1) 确定 a 的值,使 $f(x)$ 在点 $x=0$ 处连续;

(2) 求 $f'(x)$;

(3) 讨论 $f'(x)$ 在点 $x=0$ 处的连续性.

解　(1) 因为 $\lim\limits_{x\to 0}f(x)=\lim\limits_{x\to 0}\dfrac{\varphi(x)-\cos x}{x}=\lim\limits_{x\to 0}\dfrac{[\varphi(x)-1]+(1-\cos x)}{x}$

$$=\lim_{x\to 0}\frac{\varphi(x)-\varphi(0)}{x-0}+\lim_{x\to 0}\frac{1-\cos x}{x}=\varphi'(0)$$

所以当 $a=\varphi'(0)$ 时,$f(x)$ 在点 $x=0$ 处连续.

(2) 当 $x\neq0$ 时，$$f'(x)=\frac{x[\varphi'(x)+\sin x]-[\varphi(x)-\cos x]}{x^2}$$

当 $x=0$ 时，$$f'(0)=\lim_{x\to0}\frac{f(x)-f(0)}{x-0}=\lim_{x\to0}\frac{\frac{\varphi(x)-\cos x}{x}-\varphi'(0)}{x}$$

$$=\lim_{x\to0}\frac{\varphi(x)-\cos x-x\varphi'(0)}{x^2}=\lim_{x\to0}\frac{\varphi'(x)+\sin x-\varphi'(0)}{2x}$$

$$=\lim_{x\to0}\left[\frac{1}{2}\frac{\varphi'(x)-\varphi'(0)}{x}+\frac{\sin x}{2x}\right]=\frac{1}{2}\varphi''(0)+\frac{1}{2}$$

于是 $$f'(x)=\begin{cases}\dfrac{x[\varphi'(x)+\sin x]-[\varphi(x)-\cos x]}{x^2}, & x\neq0\\ \dfrac{1}{2}\varphi''(0)+\dfrac{1}{2}, & x=0\end{cases}.$$

(3) 因为 $$\lim_{x\to0}f'(x)=\lim_{x\to0}\frac{x[\varphi'(x)+\sin x]-[\varphi(x)-\cos x]}{x^2}$$

$$=\lim_{x\to0}\frac{[\varphi'(x)+\sin x]+x[\varphi''(x)+\cos x]-[\varphi'(x)+\sin x]}{2x}$$

$$=\lim_{x\to0}\frac{\varphi''(x)+\cos x}{2}=\frac{\varphi''(0)+1}{2}=f'(0)$$

所以 $f'(x)$在点 $x=0$ 处连续.

3. 初等函数求导法

例 6.7 设 $y=\mathrm{e}^{\sin^2(\ln x)}$，求 y'.

解 利用复合函数的求导法则，得

$$y'=\mathrm{e}^{\sin^2(\ln x)}\cdot2\sin(\ln x)\cdot\cos(\ln x)\cdot\frac{1}{x}=\frac{1}{x}\mathrm{e}^{\sin^2(\ln x)}\cdot\sin[2(\ln x)]$$

例 6.8 设 $y=\arcsin f(\sqrt{x})+g(\arctan x^2)$，其中 $f(u)$，$g(v)$可导，求$\dfrac{\mathrm{d}y}{\mathrm{d}x}$.

解 利用复合函数求导法则，得

$$\frac{\mathrm{d}y}{\mathrm{d}x}=\frac{1}{\sqrt{1-f^2(\sqrt{x})}}f'(\sqrt{x})\frac{1}{2\sqrt{x}}+g'(\arctan x^2)\frac{2x}{1+x^4}$$

4. 利用变形方法求导

例 6.9 设 $y=\log_x\sin x+(1+x^2)^{x^3}$，求 y'.

分析：对幂指函数 $u(x)^{v(x)}$ 求导时，或者转化为求导数$(\mathrm{e}^{v(x)\ln u(x)})'$，或者对 $y=u(x)^{v(x)}$ 两边先取对数 $\ln y=v(x)\ln u(x)$，然后用隐函数求导法求出其导数.

解 $$y'=(\log_x\sin x)'+[(1+x^2)^{x^3}]'=\left(\frac{\ln\sin x}{\ln x}\right)'+(\mathrm{e}^{x^3\ln(1+x^2)})'$$

$$=\frac{\cot x\ln x-\frac{1}{x}\ln\sin x}{(\ln x)^2}+\mathrm{e}^{x^3\ln(1+x^2)}\left[3x^2\ln(1+x^2)+\frac{2x^4}{1+x^2}\right]$$

$$=\frac{x\cot x\ln x-\ln\sin x}{x(\ln x)^2}+(1+x^2)^{x^3}\left[3x^2\ln(1+x^2)+\frac{2x^4}{1+x^2}\right]$$

例 6.10 设 $f(x)=\left(\tan\dfrac{\pi x}{4}-1\right)\left(\tan\dfrac{\pi x^2}{4}-2\right)\cdots\left(\tan\dfrac{\pi x^{2011}}{4}-2011\right)$，求 $f'(1)$.

解　令 $\varphi(x)=\tan\frac{\pi x}{4}-1, \phi(x)=\frac{f(x)}{\varphi(x)}=\left(\tan\frac{\pi x^2}{4}-2\right)\cdots\left(\tan\frac{\pi x^{2011}}{4}-2011\right)$，则 $f(x)=\varphi(x)\phi(x)$. 于是

$$f'(x)=\varphi'(x)\phi(x)+\varphi(x)\phi'(x)$$

$$\varphi'(x)=\frac{\pi}{4}\sec^2\left(\frac{\pi x}{4}\right)$$

得

$$\varphi'(1)=\frac{\pi}{2}, \varphi(1)=\tan\frac{\pi}{4}-1=0$$

由此推得

$$f'(1)=\frac{\pi}{2}\left(\tan\frac{\pi}{4}-2\right)\left(\tan\frac{\pi}{4}-3\right)\cdots\left(\tan\frac{\pi}{4}-2011\right)+0$$

$$=\frac{\pi}{2}(-1)^{2010}\cdot 2010! \ =2010\cdot\frac{\pi}{2}$$

5. 隐函数求导法

例 6.11　设由方程 $x^3+y^3-\sin 3x+6y=0$ 确定隐函数 $y=y(x)$. 求 $\mathrm{d}y|_{x=0}, y', y''$.

解　两边关于 x 求导，并注意把 y 看成中间变量，得

$$3x^2+3y^2y'-3\cos 3x+6y'=0$$

解得 $y'=\frac{\cos 3x-x^2}{2+y^2}$.　①

当 $x=0$ 时，$y=0$，于是 $y'(0)=\frac{1}{2}$，所以 $\mathrm{d}y|_{x=0}=\frac{1}{2}\mathrm{d}x$.

① 式两边再对 x 求导，得

$$y''=\frac{(-3\sin 3x-2x)(2+y^2)-(\cos 3x-x^2)2y'}{2+y^2} \quad ②$$

把①式中 y' 代入②式，并化简得

$$y''=-\frac{(3\sin 3x+2x)(2+y^2)^2+2(\cos 3x-x^2)^2}{(2+y^2)^3}$$

例 6.12　设由方程 $y=f(x+y)$ 确定函数 $y=y(x)$，求 y''.

解　两边对 x 求导，得

$$y'=f'(x+y)(1+y')$$

$$[1-f'(x+y)]y'=f'(x+y)$$

$$y'=\frac{f'(x+y)}{1-f'(x+y)}$$

上式再对 x 求导，得

$$y''=\frac{f''(x+y)(1+y')[1-f'(x+y)]+f'(x+y)f''(x+y)(1+y')}{[1-f'(x+y)]^2}$$

将 y' 表达式代入上式，并化简得

$$y''=\frac{f''(x+y)}{[1-f'(x+y)]^3}$$

6. 反函数求导法

例 6.13　设 $y=f(x)$ 的反函数为 $x=\varphi(y)$. 求 x'_y 及 x''_y.

解　利用反函数求导公式，得

$$x'_y=\frac{1}{f'(x)}$$

$$x''_y=\frac{\mathrm{d}}{\mathrm{d}y}(x'_y)=\frac{\mathrm{d}}{\mathrm{d}y}\left(\frac{1}{f'(x)}\right)=\frac{\mathrm{d}}{\mathrm{d}x}\left(\frac{1}{f'(x)}\right)\frac{\mathrm{d}x}{\mathrm{d}y}=-\frac{f''(x)}{[f'(x)]^2}\frac{1}{f'(x)}=-\frac{f''(x)}{[f'(x)]^3}$$

7. 参数方程求导法

例 6.14 已知$\begin{cases}x=3t^2+2t\\ \mathrm{e}^y\sin t-y+1=0\end{cases}$,求$\left.\frac{\mathrm{d}y}{\mathrm{d}x}\right|_{t=0}$.

解 由隐函数求导法求出$\frac{\mathrm{d}y}{\mathrm{d}t}$. 方程 $\mathrm{e}^y\sin t-y+1=0$ 两边关于 t 求导,得

$$\mathrm{e}^y\sin t\,\frac{\mathrm{d}y}{\mathrm{d}t}+\mathrm{e}^y\cos t-\frac{\mathrm{d}y}{\mathrm{d}t}=0.$$

由方程 $\mathrm{e}^y\sin t-y+1=0$ 可知,当 $t=0$ 时,$y=1$,代入上式可得$\left.\frac{\mathrm{d}y}{\mathrm{d}t}\right|_{t=0}=\mathrm{e}$.

又因$\left.\frac{\mathrm{d}x}{\mathrm{d}t}\right|_{t=0}=(6t+2)|_{t=0}=2$,故$\left.\frac{\mathrm{d}y}{\mathrm{d}x}\right|_{t=0}=\frac{\mathrm{e}}{2}$.

例 6.15 试用变量代换 $x=\sin t$ 化简方程$(1-x^2)\frac{\mathrm{d}^2y}{\mathrm{d}x^2}-x\frac{\mathrm{d}y}{\mathrm{d}x}+a^2y=0$.

解 利用变量代换 $x=\sin t$,把 x 视为中间变量,把方程化为以 t 为自变量的方程.

$$\frac{\mathrm{d}y}{\mathrm{d}x}=\frac{\mathrm{d}y}{\mathrm{d}t}\frac{\mathrm{d}t}{\mathrm{d}x}=\frac{\mathrm{d}y}{\mathrm{d}t}\frac{1}{\frac{\mathrm{d}x}{\mathrm{d}t}}=\frac{\mathrm{d}y}{\mathrm{d}t}\frac{1}{\cos t}$$

$$\begin{aligned}\frac{\mathrm{d}^2y}{\mathrm{d}x^2}&=\frac{\mathrm{d}y}{\mathrm{d}x}\left(\frac{\mathrm{d}y}{\mathrm{d}t}\frac{1}{\cos t}\right)=\frac{\mathrm{d}y}{\mathrm{d}t}\left(\frac{\mathrm{d}y}{\mathrm{d}t}\frac{1}{\cos t}\right)\frac{\mathrm{d}t}{\mathrm{d}x}=\frac{\mathrm{d}y}{\mathrm{d}t}\left(\frac{\mathrm{d}y}{\mathrm{d}t}\frac{1}{\cos t}\right)\frac{1}{\cos t}\\&=\left(\frac{\mathrm{d}^2y}{\mathrm{d}t^2}\frac{1}{\cos t}+\frac{\mathrm{d}y}{\mathrm{d}t}\frac{\sin t}{\cos^2t}\right)\frac{1}{\cos t}\end{aligned}$$

代入原方程,得

$$(1-\sin^2t)\left(\frac{\mathrm{d}^2y}{\mathrm{d}t^2}\frac{1}{\cos t}+\frac{\mathrm{d}y}{\mathrm{d}t}\frac{\sin t}{\cos^2t}\right)\frac{1}{\cos t}-\sin t\,\frac{\mathrm{d}y}{\mathrm{d}t}\frac{1}{\cos t}+a^2y=0$$

即

$$\cos^2t\left(\frac{\mathrm{d}^2y}{\mathrm{d}t^2}\frac{1}{\cos^2t}+\frac{\mathrm{d}y}{\mathrm{d}t}\tan t\,\frac{1}{\cos^2t}\right)-\frac{\mathrm{d}y}{\mathrm{d}t}\tan t+a^2y=0$$

化简得$\frac{\mathrm{d}^2y}{\mathrm{d}t^2}+a^2y=0$.

例 6.16 求三叶玫瑰线 $r=a\sin 3\theta$ 在 $\theta=\frac{\pi}{3}$处的切线方程.

分析:当曲线以极坐标方程给出时,常以 θ 为参数先化为参数方程,然后再求其切线方程及法线方程.

解 把三叶玫瑰线的方程改写为以 θ 为参数的参数方程如下:

$$\begin{cases}x=r\cos\theta=a\sin 3\theta\cos\theta\\ y=r\sin\theta=a\sin 3\theta\sin\theta\end{cases}$$

$\theta=\frac{\pi}{3}$对应曲线上的点(0,0).

由 $x'_\theta=3a\cos 3\theta\cos\theta-a\sin 3\theta\sin\theta$ 得 $x'_\theta\left(\frac{\pi}{3}\right)=-\frac{3}{2}a$.

由 $y'_\theta=3a\cos 3\theta\sin\theta+a\sin 3\theta\cos\theta$ 得 $y'_\theta\left(\frac{\pi}{3}\right)=-\frac{3\sqrt{3}}{2}a$.

于是切线的斜率为 $k=\left.\frac{y'_\theta}{x'_\theta}\right|_{\theta=\frac{\pi}{3}}=\sqrt{3}$.

所以切线方程为 $y=\sqrt{3}x$ 或 $\theta=\frac{\pi}{3}$.

8. 高阶导数的求法

例 6.17　设 $f(x)=(x-a)^n\varphi(x)$，$\varphi(x)$在 $x=a$ 的某邻域内有 $n-1$ 阶连续导数，求 $f^{(n)}(a)$.

解　$f(x)$是一个显函数与一个抽象函数的乘积形式，可考虑用莱布尼茨公式求 $f^{(n)}(a)$.

$f^{(n-1)}(x)=C_{n-1}^0(x-a)^n\varphi^{(n-1)}(x)+C_{n-1}^1 n(x-a)^{n-1}\varphi^{(n-2)}(x)+\cdots+C_{n-1}^{n-1}n!\ (x-a)\varphi^{(0)}(x)$

于是得 $f^{(n-1)}(a)=0$.

$$\begin{aligned}f^{(n)}(a)&=\lim_{x\to a}\frac{f^{(n-1)}(x)-f^{(n-1)}(a)}{x-a}\\&=\lim_{x\to a}\Big[C_{n-1}^0(x-a)^{n-1}\varphi^{(n-1)}(x)+C_{n-1}^1 n(x-a)^{n-2}\varphi^{(n-2)}(x)+\cdots+\\&\qquad C_{n-1}^{n-2}\frac{n!}{2}(x-a)\varphi^{(1)}(x)+C_{n-1}^{n-1}n!\ \varphi^{(0)}(x)\Big]\\&=n!\ \varphi^{(0)}(a)=n!\ \varphi(a)\end{aligned}$$

例 6.18　设 $y=\frac{3x+2}{x^2-2x+5}$，求 $y^{(n)}(0)$的递推公式.

解　题中所给函数变形为$(x^2-2x+5)y=3x+2$. $y^{(0)}(0)=\frac{2}{5}$.

两边关于 x 求导 $(2x-2)y+(x^2-2x+5)y'=3\Rightarrow -2y(0)+5y'(0)=3$，于是 $y'(0)=\frac{19}{25}$.

当 $n\geqslant 2$ 时，用莱布尼茨公式，$(x^2-2x+5)y=3x+2$ 两边关于 x 求 n 阶导数，得

$$C_n^0(x^2-2x+5)y^{(n)}(x)+C_n^1(2x-2)y^{(n-1)}(x)+C_n^2 2y^{(n-2)}(x)=0$$

令 $x=0$，得

$$\begin{cases}5y^{(n)}(0)-2ny^{(n-1)}(0)+n(n-1)y^{(n-2)}(0)=0\\ y(0)=\frac{2}{5},\ y'(0)=\frac{9}{25}\end{cases}$$

即为所求的递推公式.

例 6.19　设 $y=\frac{x^3}{x^2-3x+2}$，求 $y^{(n)}(x)$.

分析：函数 y 是一个有理函数，是一个假分式，对 y 求高阶导数时，可先将其化为一个多项式与一个真分式之和，再用间接法求其高阶导数.

解　$y=x+3+\frac{9x-8}{x^2-3x+2}=x+3+\frac{9x-8}{(x-1)(x-2)}=x+3-\frac{1}{x-1}+\frac{10}{x-2}$

$$y'(x)=1+\frac{1}{(x-1)^2}-\frac{10}{(x-2)^2}$$

当 $n\geqslant 2$，利用公式$\left(\frac{1}{x+a}\right)^{(n)}=(-1)^n\frac{n!}{(x+a)^{n+1}}$，求出 $y^{(n)}(x)$.

$$y^{(n)}(x)=\left(-\frac{1}{x-1}\right)^{(n)}+\left(\frac{10}{x-2}\right)^{(n)}=(-1)^n n!\ \left[-\frac{1}{(x-1)^{n+1}}+\frac{10}{(x-2)^{n+1}}\right]$$

例 6.20 设 $y=\sin^4 x+\cos^4 x$,求 $y^{(n)}(x)$.

解 $y=\sin^4 x+\cos^4 x=(\sin^2 x+\cos^2 x)^2-2\sin^2 x\cos^2 x=1-\dfrac{1}{2}\sin^2(2x)$

$$=1-\frac{1}{2}\cdot\frac{1-\cos 4x}{2}=\frac{3}{4}+\frac{3}{4}\cos 4x$$

于是

$$y^{(n)}(x)=\frac{3}{4}(\cos 4x)^{(n)}=\frac{3}{4}\cdot 4^n\cos\left(4x+\frac{n\pi}{2}\right)(n\text{ 为大于等于 1 的整数}).$$

例 6.21 设 $y=(\arcsin x)^2$,求 $y^{(n)}(0)$.

解 由 $y'=2\arcsin x\cdot\dfrac{1}{\sqrt{1-x^2}}$得

$$\sqrt{1-x^2}\,y'=2\arcsin x$$

上式两边关于 x 求导,得$-\dfrac{x}{\sqrt{1-x^2}}y'+\sqrt{1-x^2}\,y''=\dfrac{2}{\sqrt{1-x^2}}$,即$(1-x^2)y''-xy'=2$.

再对上式两边关于 x 求 n 阶导数

$$C_n^0(1-x^2)(y'')^{(n)}+C_n^1(-2x)(y'')^{(n-1)}+C_n^2(-2)(y'')^{(n-2)}-C_n^0 x(y')^{(n)}-C_n^1(y')^{(n-1)}=0$$

令 $x=0$,并整理后得

$$y^{(n+2)}(0)=n^2y^{(n)}(0)$$

由于 $y(0)=0,y'(0)=0,y''(0)=2$,根据上述递推公式即可推出

$$y^{(2n-1)}(0)=0\quad(n\geqslant 1)$$

$$y^{(2n)}(0)=(2n-2)^2(2n-4)^2\cdots 4^2 2^2 2=2[(2n-2)!!]^2\quad(n\geqslant 1)$$

例 6.22* 设 $y=\dfrac{1}{1+x-2x^2}$,求 $y^{(n)}(0)$.

分析:求函数在给定点处的高阶导数时,利用幂级数展开是一个有用的方法.

解 $y=\dfrac{1}{1+x-2x^2}=\dfrac{1}{(1+2x)(1-x)}=\dfrac{2}{3}\dfrac{1}{1+2x}+\dfrac{1}{3}\dfrac{1}{1-x}$

$$=\frac{2}{3}\sum_{n=0}^{\infty}(-2x)^n+\frac{1}{3}\sum_{n=0}^{\infty}x^n=\sum_{n=0}^{\infty}\frac{1}{3}[1+(-1)^n 2^{n+1}]x^n.$$

由$\dfrac{y^{(n)}(0)}{n!}=\dfrac{1}{3}[1+(-1)^n 2^{n+1}]$,得

$$y^{(n)}(0)=\frac{1}{3}[1+(-1)^n 2^{n+1}]n!\ (n=0,1,2,\cdots)$$

(三)练习题

6.1 设 $y=\cos^2(e^{\sqrt{x}})$,求 y'.

6.2 设 $y=\left(\dfrac{b}{a}\right)^x\left(\dfrac{b}{x}\right)^a\left(\dfrac{x}{a}\right)^b$,$a,b>0,a\neq b$,求 y'.

6.3 设 $f(x)=\lim\limits_{n\to\infty}x^2\left(1-\dfrac{1}{2n}\right)^{3nx+2}$,求 $f'(x)$.

6.4 设方程 $e^{xy}+\sin(x+y)=0$ 确定隐函数 $y=y(x)$,求$\dfrac{dy}{dx}$.

6.5　设函数 $y=y(x)$ 由参数方程 $\begin{cases}x=at+b\\ y=\dfrac{1}{2}at^2+bt\end{cases}$ 确定，求 $\dfrac{d^2y}{dx^2}$.

6.6　设 $f(x)=\begin{cases}\dfrac{1-\sqrt{1-x^2}}{\sin x}, & x<0\\ a+bx, & x\geqslant 0\end{cases}$，问 a,b 为何值时，$f(x)$ 在 $x=0$ 点可导.

6.7　设 $f(x)$ 在 $x=-2$ 处连续，又已知 $\lim\limits_{x\to -2}\dfrac{f(x)}{x+2}=7$，求 $f'(-2)$.

6.8　设 $f'(0)$ 存在，$f(0)=0$，求 $\lim\limits_{x\to 0}\dfrac{f(1-\cos x)}{\tan(5x^2)}$.

6.9　设 $y=(x^2-1)^n$，求 $y^{(n)}(-1)$，$y^{(n)}(1)$.

6.10　设 $y=\arcsin x$，求 $y^{(n)}(0)$.

6.11　设 $y=\sin x\sin 2x\sin 3x$，求 $y^{(n)}$.

6.12　设 $y=\sin^6 x+\cos^6 x$，求 $y^{(n)}$.

6.13　设 $y=\ln(x^2+3x+2)$，求 $y^{(n)}$.

6.14　设 $P(x)=1+x+\dfrac{x^2}{2!}+\cdots+\dfrac{x^n}{n!}$，证明：方程 $P(x)=0$ 无重根.

6.15　设 $f(x)$ 在 $(-\infty,+\infty)$ 上有定义，且 $f'(0)$ 存在，又对于 $\forall x,y\in\mathbf{R}$，恒有 $f(x+y)=f(x)+f(y)+2xy$，求 $f(x)$.

（四）答案与提示

6.1　$y'=2\cos(e^{\sqrt{x}})(-\sin(e^{\sqrt{x}}))e^{\sqrt{x}}\dfrac{1}{2\sqrt{x}}=-\dfrac{1}{2\sqrt{x}}e^{\sqrt{x}}\sin(2e^{\sqrt{x}})$.

6.2　$y'=\left(\dfrac{b}{a}\right)^x\left(\dfrac{b}{x}\right)^a\left(\dfrac{x}{a}\right)^b\left(\ln\dfrac{b}{a}+\dfrac{b-a}{x}\right)$.

6.3　$f(x)=x^2e^{-\frac{3}{2}x}$，故 $f'(x)=x\left(2-\dfrac{3}{2}x\right)e^{-\frac{3}{2}x}$.

6.4　两边关于 x 求导，并注意 $y=y(x)$，得 $e^{xy}\left(y+x\dfrac{dy}{dx}\right)+\cos(x+y)\left(1+\dfrac{dy}{dx}\right)=0$，故 $\dfrac{dy}{dx}=-\dfrac{ye^{xy}+\cos(x+y)}{xe^{xy}+\cos(x+y)}$.

6.5　$\dfrac{dy}{dx}=\dfrac{at+b}{a}=t+\dfrac{b}{a}$，$\dfrac{d^2y}{dx^2}=\dfrac{d}{dx}\left(\dfrac{dy}{dx}\right)=\dfrac{d}{dt}\left(\dfrac{dy}{dx}\right)\dfrac{dt}{dx}=\dfrac{d}{dt}(t)\dfrac{1}{\dfrac{dx}{dt}}=\dfrac{1}{a}$.

6.6　提示：$f(x)$ 在 $x=0$ 点处可导，必左连续，右连续，且左可导，右可导. 于是有 $\lim\limits_{x\to 0^-}f(x)=\lim\limits_{x\to 0^+}f(x)$，$f'_-(0)=f'_+(0)$，故 $a=0$，$b=\dfrac{1}{2}$.

6.7
$$f(-2)=\lim_{x\to -2}f(x)=\lim_{x\to -2}(x+2)\frac{f(x)}{x+2}=0\cdot 7=0$$
$$f'(-2)=\lim_{x\to -2}\frac{f(x)-f(-2)}{x-(-2)}=\lim_{x\to -2}\frac{f(x)}{x+2}=7$$

6.8 $$\lim_{x\to 0}\frac{f(1-\cos x)}{\tan(5x^2)}=\lim_{x\to 0}\frac{f(1-\cos x)-f(x)}{1-\cos x}\cdot\frac{1-\cos x}{\tan(5x^2)}=\frac{1}{10}f'(0).$$

6.9 $y=(x+1)^n(x-1)^n$

$$y^{(n)}=n!(x+1)^n+n^2(x+1)^{n-1}n!(x-1)+\cdots+n^2n!(x+1)(x-1)^{n-1}+n!(x-1)^n$$

$$y^{(n)}(-1)=n!(-2)^n,y^{(n)}(1)=n!2^n$$

6.10 $$y'=\frac{1}{\sqrt{1-x^2}},y''=-\frac{1}{1-x^2}\frac{-2x}{2\sqrt{1-x^2}}=\frac{1}{1-x^2}\frac{x}{\sqrt{1-x^2}}$$

得$(1-x^2)y''-xy'=0$

利用莱布尼茨公式求 n 阶导数,得

$$C_n^0(1-x^2)y^{(n+2)}+C_n^1(-2x)y^{(n+1)}+C_n^2(-2)y^{(n)}-C_n^0xy^{(n+1)}-C_n^1y^{(n)}=0$$

令 $x=0$,化简得递推公式:$y^{(n+2)}(0)=n^2y^{(n)}(0)$,由 $y(0)=0,y'(0)=1,y''(0)=0$,可推出 $y^{(2n)}(0)=0,y^{(2n-1)}(0)=[(2n-1)!!]^2$($n$ 为大于等于 1 的整数).

6.11 $y=\frac{1}{4}\sin 4x+\frac{1}{4}\sin 2x-\frac{1}{4}\sin 6x$,利用$(\sin x)^{(n)}=\sin\left(x+\frac{n\pi}{2}\right)$,求得

$$y^{(n)}=\frac{1}{4}\left[2^n\sin\left(2x+\frac{n\pi}{2}\right)+4^n\sin\left(4x+\frac{n\pi}{2}\right)-6^n\sin\left(6x+\frac{n\pi}{2}\right)\right]$$

6.12 $y=\frac{5}{8}+\frac{3}{8}\cos 4x,y^{(n)}=3\cdot 2^{2n-3}\cos\left(4x+\frac{n\pi}{2}\right)$.

6.13 $y'=\frac{2x+3}{x^2+3x+2}=\frac{1}{x+1}+\frac{1}{x+2},y^{(n)}=(-)^{n-1}(n-1)!\left[\frac{1}{(x+1)^n}+\frac{1}{(x+2)^n}\right]$.

6.14 假设方程 $P(x)=0$ 有重根 x_0,则 $P(x_0)=0,P'(x_0)=0$.

但是 $P'(x_0)=1+x_0+\frac{x_0^2}{2!}+\cdots+\frac{x_0^{n-1}}{(n-1)!}=P(x_0)-\frac{x_0^n}{n!}\Rightarrow-\frac{x_0^n}{n!}=0$,于是 $x_0=0$,于是 $P(0)=0$,但显然 $P(0)=1$,矛盾.

6.15 令 $x=0$,有 $f(0+y)=f(0)+f(y)\Rightarrow f(0)=0$.

因为 $f'(0)=\lim_{y\to 0}\frac{f(0+y)-f(0)}{y}=\lim_{y\to 0}\frac{f(y)}{y}$,而

$$\frac{f(x+y)-f(x)}{y}=\frac{f(y)+2xy}{y}=\frac{f(y)}{y}+2x$$

故

$$f'(x)=\lim_{y\to 0}\frac{f(x+y)-f(x)}{y}=\lim_{y\to 0}\left[\frac{f(x)}{y}+2x\right]=f'(0)+2x$$

于是 $f(x)=f'(0)x+x^2+c$,由 $f(0)=0$ 得 $c=0$,故 $f(x)=f'(0)x+x^2$.

第七讲　中值定理及其应用

（一）内容要点

1. 费马定理

设 $f(x)$在点 x_0 处可导，且 x_0 为 $f(x)$的极值点，则必有 $f'(x_0)=0$.

2. 罗尔(Rolle)中值定理

设 $f(x)\in C[a,b]$，在(a,b)内可导，且 $f(a)=f(b)$，则至少存在一点 $\xi\in(a,b)$，使得 $f'(\xi)=0$.

3. 拉格朗日(Lagrange)中值定理

设 $f(x)\in C[a,b]$，在(a,b)内可导，则至少存在一点 $\xi\in(a,b)$，使得

$$\frac{f(b)-f(a)}{b-a}=f'(\xi)\text{或 } f(b)-f(a)=f'(\xi)(b-a)$$

4. 柯西(Cauchy)中值定理

设 $f(x),g(x)\in C[a,b]$，在(a,b)内可导，且 $g'(x)\neq 0$，则至少存在一点 $\xi\in(a,b)$，使得

$$\frac{f(b)-f(a)}{g(b)-g(a)}=\frac{f'(\xi)}{g'(\xi)}$$

5. 广义罗尔定理

设 $f(x)$在有限区间或无限区间(a,b)内可导，且 $\lim\limits_{x\to a^+}f(x)=\lim\limits_{x\to b^-}f(x)=A$ 存在，则至少存在一点 $\xi\in(a,b)$，使得 $f'(\xi)=0$.

（二）例题选讲

1. 罗尔定理

例 7.1　设 $f(x)$在$[0,1]$上有二阶导数，且 $f(0)=f(1)=0$，又设 $F(x)=x^2f(x)$，试证：在$(0,1)$至少存在一点 ξ，使得 $F''(\xi)=0$.

分析：要证函数的高阶导数，如 $F''(x)$，$F'''(x)$等有零点，可重复应用中值定理，或综合应用几个中值定理.

证明　因 $F(0)=0$，$F(1)=f(1)=0$，由罗尔定理知，存在 $\alpha\in(0,1)$，使得

$$F'(\alpha)=0$$

又因 $F'(x)=2xf(x)+x^2 f(x)$,所以 $F'(0)=0$,在区间$[0,\alpha]$上再用一次罗尔定理知,$\exists\xi\in(0,\alpha)\subset(0,1)$,使得

$$F''(\xi)=0$$

例 7.2 设函数 $f(x)$在$(a,+\infty)$内可导,且 $\lim\limits_{x\to a^+}f(x)=\lim\limits_{x\to+\infty}f(x)=A$ 存在,试证明:$\exists\xi\in(a,+\infty)$,使得 $f'(\xi)=0$.

分析:本例可看做罗尔定理的推广,可以仿照罗尔定理的证明过程进行.

证明 (1) 当 $f(x)$在$(a,+\infty)$内恒为常数 A 时结论显然成立.

(2) 当 $f(x)$在$(a,+\infty)$内不恒为常数 A 时,则必有一点 $b\in(a,+\infty)$,$f(b)>A$ 或 $f(b)<A$. 不妨设 $f(b)=B>A$.

如果 b 为极大值点,则 $f'(b)=0$,令 $\xi=b$ 即可.

如果 b 不是极大值点,由 $\lim\limits_{x\to a^+}f(x)=\lim\limits_{x\to+\infty}f(x)=A$ 知,存在 $\delta>0,N>0$,当 $a<x\leqslant a+\delta$ 或 $x\geqslant N$ 时,有

$$f(x)<B$$

由此可知,函数 $f(x)$在$[a+\delta,N]$上的最大值点 ξ 必为极大值点,从而

$$f'(\xi)=0$$

例 7.3 设 $f(x)$在$[a,b]$上可导,且 $f(a)=f(b)=0$,$f'(a)f'(b)>0$,证明:$f'(x)$在(a,b)内至少有两个实根.

分析:关键是证明 $f(x)$在(a,b)内至少有一个零点.

证明 由 $f'(a)f'(b)>0$,不妨设 $f'(a)>0$,$f'(b)>0$.

由 $f'(a)=\lim\limits_{x\to a^+}\dfrac{f(x)-f(a)}{x-a}=\lim\limits_{x\to a^+}\dfrac{f(x)}{x-a}>0$,可知$\exists x_1\in\left(a,\dfrac{a+b}{2}\right)$使得 $f(x_1)>0$.

同理可证,$\exists x_2\in\left(\dfrac{a+b}{2},b\right)$,使得 $f(x_2)<0$.

因为 $f(x)$在$[x_1,x_2]$上连续,由介值定理知,$\exists c\in(x_1,x_2)\subset(a,b)$使得 $f(c)=0$.

再对 $f(x)$分别在$[a,c]$,$[c,b]$上用罗尔定理知,$\exists\xi\in(a,c)$,$\eta\in(c,b)$,使得

$$f'(\xi)=0,f'(\eta)=0$$

例 7.4 设 $f(x)$,$g(x)$在$[a,b]$上可导,且 $f(x)g'(x)\neq f'(x)g(x)$,证明在以 $f(x)$的两个零点为端点的闭区间上,$g(x)$至少有一个零点.

证明 设 $\alpha,\beta\in[a,b]$是 $f(x)$的两个零点,且不妨设 $\alpha<\beta$.

用反证法证明 $g(x)$在$[\alpha,\beta]$上至少有一个零点.

设 $g(x)$在$[\alpha,\beta]$没有零点,作辅助函数 $F(x)=\dfrac{f(x)}{g(x)}$,则 $F(x)$在$[\alpha,\beta]$上满足罗尔定理条件,于是$\exists\xi\in(\alpha,\beta)$,使得 $F'(\xi)=0$.

由于 $F'(x)=\dfrac{f'(x)g(x)-f(x)g'(x)}{g^2(x)}$,推得 $f'(\xi)g(\xi)-f(\xi)g'(\xi)=0$,与题给条件矛盾.

2. 拉格朗日中值定理

例 7.5 设非负函数 $f(x)$在$[a,b]$上二阶可导,在$[a,b]$的任意子区间内不恒为零,且 $f''(x)>0$,证明方程 $f(x)=0$ 在(a,b)内若有根,则仅有一个根.

证明 设 $f(x)=0$ 在(a,b)有两个根 $x_1,x_2\in(a,b)$,且不妨设 $x_1<x_2$. 则$\exists c\in(x_1,x_2)$,

使得 $f'(c)=0$.

$f(x)$在$[c,x_2]$上非负,且不恒为零,于是存在 $x_0\in(c,x_2)$,使得 $f(x_0)>0$.

在$[x_0,x_2]$上用拉格朗日中值定理知,$\exists d\in(x_0,x_2)$,使得

$$f'(d)=\frac{f(x_2)-f(x_0)}{x_2-x_0}<0$$

又在$[c,d]$上用拉格朗日中值定理知,$\exists \xi\in(c,d)\subset(a,b)$,使得

$$f''(\xi)=\frac{f'(d)-f'(c)}{d-c}<0$$

这与题设条件矛盾.

例 7.6　设 $f(x)$有连续导数,且存在常数 a_1,a_2,b_1,b_2,使得

$$\lim_{x\to-\infty}[f(x)-(a_1x+b_1)]=0,\ \lim_{x\to+\infty}[f(x)-(a_2x+b_2)]=0$$

其中 $a_1<a_2$,证明:$\forall c\in(a_1,a_2)$,$\exists\xi$,使得 $f'(\xi)=c$.

证明　由已知可得

$$\lim_{x\to-\infty}\frac{f(x)-f(0)}{x-0}=\lim_{x\to-\infty}\frac{[f(x)-(a_1x+b_1)]-f(0)+a_1x+b_1}{x}=a_1<c$$

$$\lim_{x\to+\infty}\frac{f(x)-f(0)}{x-0}=\lim_{x\to+\infty}\frac{[f(x)-(a_2x+b_2)]-f(0)+a_2x+b_2}{x}=a_2>c$$

于是由极限的保号性知,$\exists x_1<0,x_2>0$,使得

$$\frac{f(x_1)-f(0)}{x_1}<c,\frac{f(x_2)-f(0)}{x_2}>c$$

由拉格朗日中值定理知,存在 $\eta_1<0,\eta_2>0$,使得

$$f'(\eta_1)=\frac{f(x_1)-f(0)}{x_1}<c,f'(\eta_2)=\frac{f(x_2)-f(0)}{x_2}>c$$

因为 $f'(x)$在$[\eta_1,\eta_2]$上连续,由介值定理知,$\exists\xi\in(\eta_1,\eta_2)$,使得 $f'(\xi)=c$.

例 7.7　设 $f(x)$在$(0,+\infty)$内有二阶导数,证明 $\forall a>0$,存在 c,使得 $2a<c<4a$,且

$$f(4a)-2f(3a)+f(2a)=a^2f''(c)$$

证明　令 $F(x)=f(x+a)-f(x)$,则 $F(x)$在$[2a,3a]$上满足拉格朗日中值定理条件,因此$\exists\xi\in(2a,3a)$,使得

$$F(3a)-F(2a)=F'(\xi)a$$

即

$$f(4a)-2f(3a)+f(2a)=a[f'(\xi+a)-f'(\xi)]$$

依题意,$f'(x)$在$[\xi,a+\xi]$也满足拉格朗日中值定理条件,于是对 $f'(x)$在$[\xi,a+\xi]$上再次利用拉格朗日中值定理知,存在 $c\in(\xi,a+\xi)$,使得

$$f'(\xi+a)-f'(\xi)=af''(c)$$

所以 $f(4a)-2f(3a)+f(2a)=a^2f''(c)$,显然 $2a<c<4a$.

例 7.8　设 $f(x)$在$[a,b]$上连续,在(a,b)内可导,且 $f(a)=f(b)=1$,证明$\exists\xi,\eta\in(a,b)$,使得

$$e^{\eta-\xi}[f(\eta)+f'(\eta)]=1$$

分析:当要证明的结论中有两个中值时,先把中值分离到等式的两边,再分别考虑应用相应的中值定理.

证明　$e^{\eta-\xi}[f(\eta)+f'(\eta)]=1$ 等价于 $e^{\eta}[f(\eta)+f'(\eta)]=e^{\xi}$.

令 $F(x)=e^xf(x)$,则 $F(x)$在$[a,b]$上连续,在(a,b)内可导.由拉格朗日中值定理知,存在

$\eta\in(a,b)$,使得

$$F(b)-F(a)=F'(\eta)(b-a)=[\mathrm{e}^x f(x)]|_{x=\eta}(b-a)$$
$$=\mathrm{e}^x[f(x)+f'(x)]|_{x=\eta}(b-a)=\mathrm{e}^\eta[f(\eta)+f'(\eta)](b-a) \quad ①$$

另一方面,由于 $f(a)=f(b)=1$,所以

$$F(b)-F(a)=\mathrm{e}^b f(b)-\mathrm{e}^a f(a)=\mathrm{e}^b-\mathrm{e}^a$$

记 $g(x)=\mathrm{e}^x$,对 $g(x)$ 在 $[a,b]$ 上用拉格朗日中值定理知,存在 $\xi\in(a,b)$,使得

$$\mathrm{e}^b-\mathrm{e}^a=\mathrm{e}^\xi(b-a)$$

于是

$$F(b)-F(a)=\mathrm{e}^b-\mathrm{e}^a=\mathrm{e}^\xi(b-a) \quad ②$$

由①,②两式即得所欲证等式.

3. 柯西中值定理

例 7.9 设 $f(x)$ 在 $[a,b]$ 上连续,在 (a,b) 内可导,且 $ab>0$,证明 $\exists\xi\in(a,b)$,使得

$$\frac{ab}{b-a}\begin{vmatrix} b & a \\ f(a) & f(b) \end{vmatrix}=\xi^2[f(\xi)+\xi f'(\xi)]$$

证明 将结论变形为

$$\frac{ab}{b-a}\begin{vmatrix} b & a \\ f(a) & f(b) \end{vmatrix}=\frac{ab}{b-a}[bf(b)-af(a)]=-\frac{bf(b)-af(a)}{\frac{1}{b}-\frac{1}{a}} \quad ①$$

令 $F(x)=xf(x)$,$G(x)=\frac{1}{x}$.因为 $ab>0$,所以 $0\notin[a,b]$,因而 $F(x)$,$G(x)$ 在 $[a,b]$ 满足柯西中值定理条件,所以 $\exists\xi\in(a,b)$,使得 $\frac{F(b)-F(a)}{G(b)-G(a)}=\frac{F'(\xi)}{G'(\xi)}$. 即

$$\frac{bf(b)-af(a)}{\frac{1}{b}-\frac{1}{a}}=\frac{[xf(x)]'}{\left(\frac{1}{x}\right)'}=\frac{f(\xi)+\xi f'(\xi)}{-\frac{1}{\xi^2}}=-\xi^2[f(\xi)+\xi f'(\xi)] \quad ②$$

由①,②两式即得所欲证的结论.

例 7.10 设 $f(x)$ 在 $[a,b]$ 上连续,在 (a,b) 内可导,且 $0<a<b$,证明:$\exists\xi,\eta\in(a,b)$ 使得 $f'(\xi)=\frac{\eta^2 f'(\eta)}{ab}$.

证明 要证的结论等价于 $f'(\xi)=-\frac{1}{ab}\cdot\frac{f'(\eta)}{-\frac{1}{\eta^2}}$.

对 $f(x)$ 在 $[a,b]$ 上用拉格朗日中值定理知,$\exists\xi\in(a,b)$,使得

$$f'(\xi)=\frac{f(b)-f(a)}{b-a}=-\frac{1}{ab}\cdot\frac{f(b)-f(a)}{\frac{1}{b}-\frac{1}{a}} \quad ①$$

令 $g(x)=\frac{1}{x}$,因为 $0<a<b$,所以 $0\notin(a,b)$,于是对 $f(x)$,$g(x)$ 柯西中值定理条件成立.所以存在 $\eta\in(a,b)$,使得

$$\frac{f(b)-f(a)}{g(b)-g(a)}=\frac{f(b)-f(a)}{\frac{1}{b}-\frac{1}{a}}=\frac{f'(\eta)}{-\frac{1}{\eta^2}}=-\eta^2 f'(\eta) \quad ②$$

由①,②两式得 $f'(\xi)=\frac{\eta^2 f'(\eta)}{ab}$.

例 7.11　设 $f(x)\in C[a,b]$，在 (a,b) 内可导，$0\leqslant a\leqslant b\leqslant\frac{\pi}{2}$，证明：$\exists\,\xi,\eta\in(a,b)$ 使得 $f'(\eta)\tan\frac{a+b}{2}=f'(\xi)\frac{\sin\eta}{\cos\xi}$.

证明　将要证的结论分离中值，即得等价的等式 $f'(\eta)\tan\frac{a+b}{2}\frac{1}{\sin\eta}=\frac{f'(\xi)}{\cos\xi}$.

对 $f(x),g(x)=\sin x$ 在 $[a,b]$ 上用柯西中值定理知，$\exists\,\xi\in(a,b)$，使得

$$\frac{f(b)-f(a)}{\sin b-\sin a}=\frac{f'(\xi)}{\cos\xi}$$

上式左端变形为

$$\frac{f(b)-f(a)}{\sin b-\sin a}=\frac{f(b)-f(a)}{(-\cos b)-(-\cos a)}\left(-\frac{\cos b-\cos a}{\sin b-\sin a}\right)$$

由于 $0\leqslant a\leqslant b\leqslant\frac{\pi}{2}$，所以函数 $f(x),h(x)=-\cos x$ 在 $[a,b]$ 上满足柯西中值定理条件，于是 $\exists\,\eta\in(a,b)$，使得

$$\frac{f(b)-f(a)}{(-\cos b)-(-\cos a)}=\frac{f'(\eta)}{\sin\eta}$$

又因为 $-\frac{\cos b-\cos a}{\sin b-\sin a}=\frac{2\sin\frac{a+b}{2}\sin\frac{b-a}{2}}{2\cos\frac{a+b}{2}\sin\frac{b-a}{2}}=\tan\frac{a+b}{2}$，所以

$$f'(\eta)\tan\frac{a+b}{2}\frac{1}{\sin\eta}=\frac{f'(\xi)}{\cos\xi}$$

4. 中值定理的构造辅助函数法

例 7.12　设 $f(x),g(x)$ 在 $[a,b]$ 上连续，在 (a,b) 内可导，且 $\forall\,x\in[a,b]$，$g(x)\neq0$，$f(a)=f(b)=0$，证明 $\exists\,\xi\in(a,b)$，使得 $f'(\xi)g(\xi)=f(\xi)g'(\xi)$.

证明　作辅助函数 $F(x)=\frac{f(x)}{g(x)}$，则易知 $F(x)$ 在 $[a,b]$ 满足罗尔中值定理条件，所以 $\exists\,\xi\in(a,b)$，使得 $F'(\xi)=0$.

由于 $F'(x)=\frac{f'(x)g(x)-f(x)g'(x)}{g^2(x)}$，于是由 $F'(\xi)=0$，推得

$$f'(\xi)g(\xi)-f(\xi)g'(\xi)=0\Leftrightarrow f'(\xi)g(\xi)=f(\xi)g'(\xi)$$

例 7.13　设 $f(x),g(x)$ 在 $[a,b]$ 上连续，在 (a,b) 内可导，且 $f(a)=f(b)=0$，证明：$\exists\,\xi\in(a,b)$ 使得 $f'(\xi)+f(\xi)g'(\xi)=0$.

分析：证明的结论是 $f'(x)+f(x)g'(x)$ 有零点，于是需要作辅助函数 $F(x)$，使得 $F'(x)$ 为 $f'(x)+f(x)g'(x)$ 与另一个函数的乘积. 由于题设 $f(a)=f(b)=0$，可猜想 $F(x)$ 有形式 $F(x)=f(x)u(x)$，其中 $u(x)$ 可能是某个函数与 $g(x)$ 复合得到.

证明　令 $F(x)=f(x)e^{g(x)}$，由于 $f(a)=f(b)=0$，知 $F(x)$ 在 $[a,b]$ 上满足罗尔中值定理条件，于是 $\exists\,\xi\in(a,b)$ 使得 $F'(\xi)=0$.

由于 $F(x)=f'(x)e^{g(x)}+f(x)g'(x)e^{g(x)}$，于是 $F'(\xi)=0$，即

$$F(\xi)=f'(\xi)e^{g(\xi)}+f(\xi)g'(\xi)e^{g(\xi)}=0$$

由此推得 $f'(\xi)+f(\xi)g'(\xi)=0$.

例 7.14　设 $f(x)$ 在 $[0,1]$ 上连续，在 $(0,1)$ 内可导，$f(0)=0$，$\forall\,x\in(0,1]$，$f(x)>0$，证明

$\forall \alpha>0$，$\exists \xi\in(0,1)$，使得

$$\frac{\alpha f'(\xi)}{f(\xi)}=\frac{f'(1-\xi)}{f(1-\xi)}$$

分析：证明的关键是作辅助函数. 从要证之结论开始分析，求出所需要的辅助函数：

$$\frac{\alpha f'(x)}{f(x)}=\frac{f'(1-x)}{f(1-x)}\Rightarrow\int\frac{\alpha f'(x)}{f(x)}\mathrm{d}x=\int\frac{f'(1-x)}{f(1-x)}\mathrm{d}x$$

得
$$\ln f^{\alpha}(x)=-\ln f(1-x)\Rightarrow\ln[f^{\alpha}(x)f(1-x)]=0$$

至此可知，应作辅助函数 $F(x)=f^{\alpha}(x)f(1-x)$.

思考：为什么不能令 $F(x)=\ln[f^{\alpha}(x)f(1-x)]$？

证明 作辅助函数 $F(x)=f^{\alpha}(x)f(1-x)$，则由题设条件知，$F(x)$在$[0,1]$上满足罗尔中值定理条件，于是$\exists\xi\in(0,1)$，使得 $F'(\xi)=0$.

由于 $F'(x)=\alpha f^{\alpha-1}(x)f'(x)f(1-x)-f^{\alpha}(x)f'(1-x)$，所以 $F'(\xi)=\alpha f^{\alpha-1}(\xi)f'(\xi)\cdot f(1-\xi)-f^{\alpha}(\xi)f'(1-\xi)=0$.

当$\xi\in(0,1)$时，$1-\xi\in(0,1)$，从而 $f(\xi)\neq0$，$f(1-\xi)\neq0$. 故由上式得

$$\frac{\alpha f'(\xi)}{f(\xi)}=\frac{f'(1-\xi)}{f(1-\xi)}$$

例 7.15 设 $f(x)$在$[0,\pi]$上连续，在$(0,\pi)$内可导，且 $f(0)=0$，证明$\exists\xi\in(0,\pi)$，使得

$$2f'(\xi)=\tan\frac{\xi}{2}f(\xi)$$

分析：先分析等式 $2f'(x)=\tan\frac{x}{2}f(x)$，寻找出需要构造的辅助函数. 该式等价于

$2\cos\frac{x}{2}f'(x)=\sin\frac{x}{2}f(x)\Leftrightarrow2\cos\frac{x}{2}f'(x)-\sin\frac{x}{2}f(x)=0\Leftrightarrow\left(2\cos\frac{x}{2}f(x)\right)'=0$，由此看出，要证的结论即存在$\xi\in(0,\pi)$使得$\left(2\cos\frac{x}{2}f(x)\right)'\Big|_{x=\xi}=0$，下面可以作出辅助函数了.

证明 令 $F(x)=2\cos\frac{x}{2}f(x)$. 由题设条件知，$F(x)$在$[0,\pi]$上满足罗尔定理条件，于是由罗尔定理知，$\exists\xi\in(0,\pi)$，使得 $F'(\xi)=0$.

从而由 $F'(x)=2\cos\frac{x}{2}f'(x)-\sin\frac{x}{2}f(x)$，可得

$$2\cos\frac{\xi}{2}f'(\xi)-\sin\frac{\xi}{2}f(\xi)=0$$

因$\exists\xi\in(0,\pi)$，可知 $0<\frac{\xi}{2}<\frac{\pi}{2}$，故 $\cos\frac{\xi}{2}\neq0$，所以

$$2f'(\xi)=\tan\frac{\xi}{2}f(\xi)$$

例 7.16 设 $f(x)$在$[0,2\pi]$上二阶可导，且 $f''(x)\neq f(x)$，证明$\exists\xi\in(0,2\pi)$，使得

$$\tan\xi=\frac{2f'(\xi)}{f(\xi)-f''(\xi)}$$

分析：分析等式 $\tan x=\frac{2f'(x)}{f(x)-f''(x)}$，找出所需要的辅助函数.

$$\tan x=\frac{2f'(x)}{f(x)-f''(x)}\Leftrightarrow[f(x)-f''(x)]\sin x=2\cos xf'(x)$$

$$\Leftrightarrow f'(x)\cdot2\cos x-f(x)\sin x+f''(x)\sin x=0$$

$\Leftrightarrow[f'(x)\cos x-f(x)\sin x]+[f''(x)\sin x+\cos x f'(x)]=0$

$\Leftrightarrow[f(x)\cos x]'+[f'(x)\sin x]'=0\Leftrightarrow[f(x)\cos x+f'(x)\sin x]'=0$

$\Leftrightarrow[f(x)\sin x]''=0.$

由此知应作辅助函数 $F(x)=f(x)\sin x$.

证明　令 $F(x)=f(x)\sin x$. 则 $F(x)$在$[0,2\pi]$二阶可导,且

$$F(0)=F(\pi)=F(2\pi)=0$$

由此可知,$F(x)$分别在$[0,\pi]$和$[\pi,2\pi]$满足罗尔中值定理条件,于是$\exists x_1\in(0,\pi),x_2\in(\pi,2\pi)$,使得 $F'(x_1)=F'(x_2)=0$. 于是 $F'(x)$在区间$[x_1,x_2]$又满足罗尔中值定理条件,再次应用罗尔定理知,$\exists\xi\in(x_1,x_2)$,使得 $F''(\xi)=0$.

据此,由分析过程逆推,可得 $\tan\xi=\dfrac{2f'(\xi)}{f(\xi)-f''(\xi)}$.

例 7.17　设 $f(x)$在$(-\infty,+\infty)$内可导,且 $\lim\limits_{x\to-\infty}f(x)=\lim\limits_{x\to+\infty}f(x)=A$,试证:$\exists\xi$,使得 $f'(\xi)=0$.

证明　令 $x=\tan t$,并设

$$F(t)=\begin{cases}f(\tan t), & t\in\left(-\dfrac{\pi}{2},\dfrac{\pi}{2}\right)\\ A, & t=\pm\dfrac{\pi}{2}\end{cases}$$

则 $F(t)$在$\left[-\dfrac{\pi}{2},\dfrac{\pi}{2}\right]$上连续,在$\left(-\dfrac{\pi}{2},\dfrac{\pi}{2}\right)$内可导,且 $F\left(-\dfrac{\pi}{2}\right)=F\left(\dfrac{\pi}{2}\right)=A$,由罗尔定理知,$\exists\eta\in\left(-\dfrac{\pi}{2},\dfrac{\pi}{2}\right)$,使得 $F'(\eta)=0$,即 $f'(\tan\eta)\sec^2\eta=0$. 因为 $\eta\in\left(-\dfrac{\pi}{2},\dfrac{\pi}{2}\right)$,所以 $\sec^2\eta\neq0$,从而 $f'(\tan\eta)=0$ 令 $\xi=\tan\eta$,则 $f'(\xi)=0$.

例 7.18　设 $a<b<c$,函数 $f(x)$在$[a,c]$上具有二阶导数 $f''(x)$,试证:至少$\exists\xi\in(a,c)$,使得$\dfrac{f(a)}{(a-b)(a-c)}+\dfrac{f(b)}{(b-a)(b-c)}+\dfrac{f(c)}{(c-a)(c-b)}=\dfrac{1}{2}f''(\xi)$.

分析:利用常数变易法.

令$\dfrac{f(a)}{(a-b)(a-c)}+\dfrac{f(b)}{(b-a)(b-c)}+\dfrac{f(c)}{(c-a)(c-b)}=k$

得$(b-c)f(a)+(c-a)f(b)+(a-b)f(c)=k(a-b)(a-c)(b-c)$.

这是关于端点 a,b,c 的轮换对称式,令 $b=x$,作辅助函数

$$F(x)=(x-c)f(a)+(c-a)f(x)+(a-x)f(c)-k(a-x)(a-c)(x-c)$$

证明　作辅助函数

$$F(x)=(x-c)f(a)+(c-a)f(x)+(a-x)f(c)-k(a-x)(a-c)(x-c)$$

其中 k 为分析过程中的表达式.

显然 $F(x)$在$[a,b]$,$[b,c]$上满足罗尔定理条件,$F(a)=F(b)=F(c)=0$,于是分别 $\xi_1\in(a,b)$,$\xi_2\in(b,c)$,使得

$$F'(\xi_1)=F'(\xi_2)=0$$

又 $F'(x)=f(a)+(c-a)f'(x)-f(c)+k(a-c)(x-c)-k(a-x)(a-c)$,

$$F''(x)=(c-a)f''(x)+2k(a-c).$$

对 $F'(x)$在区间$[\xi_1,\xi_2]$上再次利用罗尔中值定理知,$\exists\xi\in(\xi_1,\xi_2)$,使得 $F''(\xi)=0$,即得

$$F''(x)=(c-a)f''(\xi)+2k(a-c)=0\Rightarrow\frac{1}{2}f''(\xi)=k$$

5. 利用中值定理讨论函数的性质

例 7.19 设 $f(x)$ 在 $[0,1]$ 上连续,在 $(0,1)$ 内可导,且 $f(0)=0$, $|f'(x)|\leqslant|f(x)|$,证明:$f(x)\equiv0$.

证明 因为 $f(x)\in C[0,1]$,所以 $f(x)$ 在 $[0,1]$ 上有界,设一个界为 M,即 $|f(x)|\leqslant M$, $\forall x\in[0,1]$.

依题意,$f(x)$ 在 $[0,1]$ 的任一闭子区间上均满足拉格朗日中值定理条件.

对 $\forall x\in(0,1)$,$\exists\xi_1\in(0,x)$ 使得

$$|f(x)|=|f(x)-f(0)|=|f'(\xi_1)|x\leqslant|f(\xi_1)|x\leqslant Mx$$

又 $\exists\xi_2\in[0,\xi_1]$,使得 $|f(\xi_1)|x=|f(\xi_1)-f(0)|x=|f'(\xi_2)|\xi_1x\leqslant Mx^2$,从而

$$|f(x)|\leqslant Mx^2$$

利用数学归纳法易证,对任意的正整数 n,有

$$|f(x)|\leqslant Mx^n$$

由于 $0<x<1$,故 $\lim\limits_{n\to\infty}Mx^n=0$,由夹逼准则知,$\forall x\in(0,1)$,$f(x)\equiv0$.

再由 $f(x)\in C[0,1]$,得 $f(0)=\lim\limits_{x\to0^+}f(x)=0$,$f(1)=\lim\limits_{x\to1^-}f(x)=0$,所以

$$f(x)\equiv0,\ \forall x\in[0,1]$$

例 7.20 设 $f(x)$ 在 $[a,b]$ 上连续,在 (a,b) 内二阶可导,$f(a)=f(b)=0$,且 $f''(x)\leqslant0$,证明:$f(x)\geqslant0$.

证明 证法一:利用函数的凹凸性立得结论.

证法二:利用拉格朗日中值定理,用反证法.

设有 $c\in(a,b)$,使得 $f(c)<0$.对 $f(x)$ 分别在 $[a,c]$,$[c,b]$ 用拉格朗日中值定理知,$\exists\alpha\in(a,c)$,$\beta\in(c,b)$,使得

$$f'(\alpha)=\frac{f(c)-f(a)}{c-a}<0,\ f'(\beta)=\frac{f(b)-f(c)}{b-c}>0$$

在区间 $[\alpha,\beta]$ 上对 $f'(x)$ 用拉格朗日中值定理知,$\exists\xi\in(\alpha,\beta)$,使得

$$f''(\xi)=\frac{f(\beta)-f(\alpha)}{\beta-\alpha}>0$$

这与假设的条件 $f''(x)\leqslant0$ 矛盾.

例 7.21 设 $f(x)$ 在 $[a,b]$ 上连续,在 (a,b) 内可导,$f(a)=0$,且 $\forall x\in(a,b)$,$f(x)>0$,证明不存在常数 $M>0$,使得 $\forall x\in(a,b)$,$\left|\frac{f'(x)}{f(x)}\right|\leqslant M$.

证明 用反证法.若 $\exists M>0$,使得 $\forall x\in(a,b)$,$\left|\frac{f'(x)}{f(x)}\right|\leqslant M$.

讨论函数 $g(x)=\ln f(x)$,$x\in(a,b)$.

任意取定 $x_0\in(a,b)$. $\forall x\in(a,b)$,存在介于 x_0 与 x 之间的点 ξ,使得

$$g(x)-g(x_0)=g'(\xi)(x-x_0)=\frac{f'(\xi)}{f(\xi)}(x-x_0)$$

得

$$|g(x)|\leqslant|g(x_0)|+M(b-a)$$

这表明 $g(x)$ 在 $(0,1)$ 内有界.但显然有

$$\lim_{x\to a^+} f(x)=0$$

得
$$\lim_{x\to a^+} g(x)=\lim_{x\to a^+}\ln f(x)=-\infty$$

这是矛盾的.

例 7.22　设 $f(x)$在$[0,a]$上二阶可导,且$|f''(x)|\leqslant M$,$f(x)$在$(0,a)$内取得最大值,证明:$|f'(0)|+|f'(a)|\leqslant Ma$.

证明　设 $x_0\in(0,a)$为 $f(x)$在$(0,a)$内的最大值点,最大值记为 $f(x_0)=A$,由费马定理有 $f'(x_0)=0$. 在$[0,x_0]$,$[x_0,a]$上对 $f'(x)$用拉格朗日定理知,$\xi_1\in(0,x_0)$,$\xi_2\in(x_0,a)$,使得

$$f'(x_0)-f'(0)=f''(\xi_1)x_0$$

则
$$|f'(0)|\leqslant Mx_0$$

$$f'(a)-f'(x_0)=f''(\xi_2)(a-x_0)$$

则
$$|f'(a)|\leqslant M(a-x_0)$$

所以
$$|f'(0)|+|f'(a)|\leqslant Ma$$

(三) 练习题

7.1　设 $f_1(x)$,$f_2(x)$,$f_3(x)$在$[a,b]$上连续,在(a,b)内可导,则至少存在一点 $\xi\in(a,b)$,使得

$$\begin{vmatrix} f_1(a) & f_2(a) & f_3(a) \\ f_1(b) & f_2(b) & f_3(b) \\ f_1'(\xi) & f_2'(\xi) & f_3'(\xi) \end{vmatrix}=0$$

7.2　设 $f(x)$在$[0,1]$上有三阶导数,且 $f(0)=f(1)=0$,令 $F(x)=x^3 f(x)$,证明至少存在一点 $\xi\in(0,1)$,使得 $F'''(\xi)=0$.

7.3　设 $f(x)$在$[0,1]$上可导,$0<f(x)<1$,且$\forall x\in(0,1)$,$f'(x)\neq 1$,证明方程 $f(x)=x$ 在$(0,1)$内有且仅有一个根.

7.4　设多项式 $P_n(x)=a_0x^n+a_1x^{n-1}+\cdots+a_{n-1}x+a_n$ 的一切根均为实根,证明$P_n'(x)$,$P_n''(x)$,$\cdots$,$P_n^{(n-1)}(x)$也只有实根,其中 n 为正整数.

7.5　设 $f(x)$在$[a,b]$上连续,在(a,b)内可导,且 $f(a)=f(b)=0$,证明:对任意的正数 α,必存在一点 $\xi\in(a,b)$,使得 $\alpha f(\xi)+f'(\xi)=0$.

7.6　设 $f(x)$在$[0,1]$上连续,在$(0,1)$内可导,且 $f(0)=f(1)=0$,证明必存在一点 $\xi\in(0,1)$,使得 $\xi f'(\xi)+2f(\xi)=0$.

7.7　设 $f(x)=\sum\limits_{k=0}^{n} a_k\cos kx$,其中 a_k,$k=0,1,\cdots,n$ 满足 $|a_0|+|a_1|+\cdots+|a_{n-1}|<a_n$,证明:$f^{(n)}(x)=0$ 在$(0,2\pi)$内至少有 n 个根.

7.8　设 $f(x)$在$[a,b]$上连续,在(a,b)内可导,$0<a<b$,证明 $\exists\,\xi\in(a,b)$,使得 $\dfrac{f(b)-f(a)}{b-a}=(a^2+ab+b^2)\dfrac{f'\xi}{3\xi^2}$.

7.9　设 $f(x)$在$[0,1]$上连续,在$(0,1)$内可导,$f\left(\dfrac{1}{2}\right)=1$,$f(0)=f(1)=0$,证明 $\exists\,\xi\in(0,1)$,使得 $f'(\xi)=1$.

7.10　设 $f(x)$在$[1,2]$上连续,在$(1,2)$内可导,$f(1)=\frac{1}{2}$,$f(2)=2$,证明 $\xi\in(1,2)$,使得 $f'(\xi)=\frac{2f(\xi)}{\xi}$.

7.11　设 $f(x)$在$[0,1]$上二阶可导,且 $f(0)=f(1)=0$,证明 $\exists\xi\in(0,1)$,使得 $f''(\xi)=\frac{2f'(\xi)}{1-\xi}$.

7.12　设 $f(x)$,$g(x)$在$[a,b]$上二阶可导,$f(a)=f(b)=g(a)=g(b)=0$,$g''(x)\neq 0$. 证明:(1) $\forall x\in(a,b)$,$g(x)\neq 0$;(2) $\exists\xi\in(a,b)$,使得 $f''(\xi)g(\xi)=f(\xi)g''(\xi)$.

7.13　设 $f(x)=\begin{cases}|x|, & x\neq 0\\ 1, & x=0\end{cases}$,证明不存在一个函数以 $f(x)$为其导数.

7.14　设 $f(x)$在 x_0 的某个邻域内连续,且在 x_0 的这个邻域内除 x_0 外可导,$\lim\limits_{x\to x_0}f'(x)$存在,证明 $f(x)$在 x_0 处可导,且$\lim\limits_{x\to x_0}f'(x)=f'(x_0)$.

7.15　设 $a>1$,n 为正整数,证明:$\frac{a^{\frac{1}{n+1}}}{(n+1)^2}<\frac{a^{\frac{1}{n}}-a^{\frac{1}{n+1}}}{\ln a}<\frac{a^{\frac{1}{n}}}{n^2}$.

7.16　设 $a>\mathrm{e}$,$0<x<y<\frac{\pi}{2}$,证明 $a^y-a^x>(\cos x-\cos y)a^x\ln x$.

(四)答案与提示

7.1　作辅助函数 $F(x)=\begin{vmatrix}f_1(a) & f_2(a) & f_3(a)\\ f_1(b) & f_2(b) & f_3(b)\\ f_1(x) & f_2(x) & f_3(x)\end{vmatrix}$,在$[a,b]$上用罗尔定理.

7.2　$F(x)$在$[0,1]$满足罗尔定理条件,所以 $\exists\xi_1\in(0,1)$,使得 $F'(\xi_1)=0$;由于 $F'(x)=3x^2f(x)+x^3f'(x)$,知 $F'(x)$在$[0,\xi_1]$满足罗尔定理条件,于是 $\exists\xi_2\in(0,\xi_1)$,使得 $F''(\xi_2)=0$;对 $F''(x)=6xf(x)+6x^2f'(x)+x^3f''(x)$在$[0,\xi_2]$上用罗尔定理,$\exists\xi\in(0,\xi_2)$,使得$F'''(\xi)=0$.

7.3　作辅助函数 $F(x)=f(x)-x$,用介值定理证明 $\exists\xi\in(0,1)$,使得 $F(\xi)=0$;用反证法证明 $F(x)$在$(0,1)$内只有一个零点,设有两个零点 $\alpha,\beta\in(0,1)$,$\alpha<\beta$,$F(\alpha)=F(\beta)=0$,则 $\exists\xi\in(\alpha,\beta)$,使 $F'(\xi)=0$,得 $f'(\xi)=1$,这与题设矛盾.

7.4　重复利用罗尔定理即可.

7.5　令 $F(x)=\mathrm{e}^{\alpha x}f(x)$,则 $F(x)\in C[a,b]$,在(a,b)内可导,且 $F(a)=F(b)=0$,由罗尔定理知,$\exists\xi\in(a,b)$,使得 $F'(\xi)=0$. 由于 $F'(x)=\alpha\mathrm{e}^{\alpha x}f(x)+\mathrm{e}^{\alpha x}f'(x)$,于是得 $\alpha f(\xi)+f'(\xi)=0$.

7.6　作辅助函数 $F(x)=x^2f(x)$.

7.7　考虑 $f(x)$在 $x_k=\frac{k\pi}{n}$,$k=0,1,2,\cdots,2n$ 点的值,应用罗尔定理.

7.8　将要证的等式变形为$\frac{f(b)-f(a)}{(b-a)(a^2+ab+b^2)}=\frac{f'\xi}{3\xi^2}$即$\frac{f(b)-f(a)}{b^3-a^3}=\frac{f'\xi}{3\xi^2}$,令 $g(x)=x^3$,因为 $0<a<b$,所以 $f(x)$,$g(x)$在$[a,b]$上满足柯西中值定理条件,对 $f(x)$,$g(x)$在$[a,b]$上用柯西中值定理.

7.9　令 $F(x)=f(x)-x$，则 $F(0)=0$，$F\left(\frac{1}{2}\right)=\frac{1}{2}$，$F(1)=-1$，由介值定理知，$\exists x_0\in\left[\frac{1}{2},1\right]$，使得 $F(x_0)=0$，对 $F(x)$ 在 $[0,x_0]$ 上用罗尔定理知，$\exists\xi\in(0,x_0)$，使 $F'(\xi)=0$，即得 $f'(\xi)=1$.

7.10　作辅助函数 $F(x)=\frac{f(x)}{x^2}$，用罗尔定理.

7.11　令 $F(x)=(1-x)f(x)$，则

$$F'(x)=-f(x)+(1-x)f'(x),F''(x)=(1-x)f''(x)-2f'(x)$$

由于 $F(0)=F(1)=0$，由罗尔定理知，$\xi_1\in(0,1)$，使得 $F'(\xi_1)=0$.

又因 $F'(1)=-f(1)+(1-1)f'(1)=0$，对 $F'(x)$ 在 $[\xi_1,1]$ 上再次用罗尔定理知，$\exists\xi\in(\xi_1,1)$，使得 $F''(\xi)=0$，由此即可得所欲证结论.

7.12　(1) 反证. 若 $\exists c\in(a,b)$，$g(c)=0$，则由 $g(a)=g(b)=g(c)=0$ 可知 $\exists\xi\in(a,b)$，使得 $g''(\xi)=0$，与题设矛盾.

(2) 作辅助函数 $F(x)=f'(x)g(x)-f(x)g'(x)$，用罗尔定理，立知结论成立.

7.13　反证. 设存在函数 $F(x)$，使 $F'(x)=f(x)$，则 $F'(0)=1$；对任意 $x\neq 1$，存在 ξ 介于 0 与 x 之间，使 $F(x)-1=F(x)-F(0)=F'(\xi)x=f(\xi)x=|\xi|x$，推得

$F'(0)=\lim\limits_{x\to 0}\frac{F(x)-F(0)}{x-0}=\lim\limits_{x\to 0}|\xi|=0\neq 1$，与题设矛盾.

7.14　$\forall x>x_0$，在 $[x_0,x]$ 上用拉格朗日中值定理，$\exists\xi_x\in(x_0,x)$，使

$$\frac{f(x)-f(x_0)}{x-x_0}=f'(\xi_x)$$

得

$$\lim_{x\to x_0^+}\frac{f(x)-f(x_0)}{x-x_0}=\lim_{x\to x_0^+}f'(\xi_x)=f'(x_0)$$

同理可证 $\lim\limits_{x\to x_0^-}\frac{f(x)-f(x_0)}{x-x_0}=\lim\limits_{x\to x_0^-}f'(\xi_x)=f'(x_0)$.

7.15　对 $f(x)=a^x$ 在 $\left[\frac{1}{n+1},\frac{1}{n}\right]$ 上用拉格朗日定理，$\exists\xi\in\left(\frac{1}{n+1},\frac{1}{n}\right)$，使得 $a^{\frac{1}{n}}-a^{\frac{1}{n+1}}=a^{\xi}\ln a\cdot\left(\frac{1}{n}-\frac{1}{n+1}\right)$，得 $\frac{a^{\frac{1}{n}}-a^{\frac{1}{n+1}}}{\ln a}=\frac{a^{\xi}}{n(n+1)}$，且 $\frac{a^{\frac{1}{n+1}}}{(n+1)^2}<\frac{a^{\xi}}{\ln a}<\frac{a^{\frac{1}{n}}}{n^2}$，由此立得结论.

7.16　由题设条件及柯西中值定理知，$\exists\xi\in(x,y)$，使得 $\frac{a^y-a^x}{-\cos y-(-\cos x)}=\frac{a^{\xi}\ln a}{\sin\xi}>a^{\xi}\ln a$；当 $\xi>x>0$ 时，$a^{\xi}\ln a>a^x\ln x$，故 $a^y-a^x>(\cos x-\cos y)a^x\ln x$.

第八讲 泰勒公式

（一）内容要点

1. 泰勒公式

1.1 设函数 $f(x)$ 在含有 x_0 的某个区间 (a,b) 内具有直到 $(n+1)$ 阶的导数，则对任一 $x\in(a,b)$ 有

$$f(x)=f(x_0)+f'(x_0)(x-x_0)+\frac{f''(x_0)}{2!}(x-x_0)^2+\cdots+\frac{f^{(n)}(x_0)}{n!}(x-x_0)^n+R_n(x)$$

其中 $R_n(x)=\dfrac{f^{(n+1)}(\xi)}{(n+1)!}(x-x_0)^{n+1}$，$\xi$ 是 x_0 与 x 之间的某个值(拉格朗日型余项).

1.2 设函数 $f(x)$ 在 x_0 处 n 阶可微，则

$$f(x)=f(x_0)+f'(x_0)(x-x_0)+\frac{f''(x_0)}{2!}(x-x_0)^2+\cdots+\frac{f^{(n)}(x_0)}{n!}(x-x_0)^n+R_n(x)$$

其中 $R_n(x)=o((x-x_0)^n)$(皮亚诺型余项).

2. 马克劳林公式

当 $x_0=0$ 时，泰勒公式称为马克劳林公式，即

$$f(x)=f(0)+f'(0)x+\frac{f''(0)}{2!}x^2+\cdots+\frac{f^{(n)}(0)}{n!}x^n+R_n(x)$$

3. 几个常见函数的马克劳林公式

(1) $\mathrm{e}^x=1+x+\dfrac{x^2}{2!}+\cdots+\dfrac{x^n}{n!}+R_n$，$R_n=\dfrac{\mathrm{e}^{\xi}}{(n+1)!}x^{n+1}$ 或 $R_n=o(x^n)$；

(2) $\sin x=x-\dfrac{x^3}{3!}+\dfrac{x^5}{5!}-\cdots+(-1)^{n-1}\dfrac{x^{2n-1}}{(2n-1)!}+R_n$，

$$R_n=\frac{\sin\left(\xi+\frac{(2n+1)\pi}{2}\right)}{(2n+1)!}x^{2n+1}=\frac{(-1)^n\cos\xi}{(2n+1)!}x^{2n+1}\text{ 或 }R_n=o(x^{2n-1})\text{；}$$

(3) $\cos x=1-\dfrac{x^2}{2!}+\dfrac{x^4}{4!}-\cdots+(-1)^{n-1}\dfrac{x^{2n}}{(2n)!}+R_n$，

$$R_n=\frac{\cos[\xi+(n+1)\pi]}{[2(n+1)]!}x^{2n+2}=\frac{(-1)^{n+1}\cos\xi}{[2(n+1)]!}x^{2n+2}\text{ 或 }R_n=o(x^{2n})\text{；}$$

(4) $\ln(1+x)=x-\dfrac{x^2}{2}+\dfrac{x^3}{3}-\cdots+(-1)^{n-1}\dfrac{x^n}{n}+R_n$，

$$R_n=\frac{(-1)^n}{(n+1)(1+\xi)^{n+1}}x^{n+1}\text{或}R_n=o(x^n);$$

(5) $(1+x)^\alpha=1+\alpha x+\frac{\alpha(\alpha-1)}{2!}x^2+\cdots+\frac{\alpha(\alpha-1)\cdots(\alpha-n+1)}{n!}x^n+R_n$,

$$R_n=\frac{\alpha(\alpha-1)\cdots(\alpha-n)}{(n+1)!}\frac{x^{n+1}}{(1+\xi)^{n+1-\alpha}}\text{或}R_n=o(x^n).$$

评注:(1) 当讨论的问题涉及高阶导数时,常考虑泰勒公式;

(2) 应用泰勒公式,难点在于展开点 x_0 的选取,以及展开式阶数的确定.

展开点常选为所讨论问题的区间的端点、中点、函数的极值点、最值点和一般点.

(二) 例题选讲

1. 利用泰勒公式讨论函数的性质

例 8.1　设 $f(x)$在$[a,b]$上有连续的二阶导数,证明

$$\left|\frac{f(a)+f(b)}{2}-f\left(\frac{a+b}{2}\right)\right|\leqslant\frac{(b-a)^2}{8}\max_{a\leqslant x\leqslant b}|f''(x)|$$

分析:要证的等式中出现了 $f(a),f(b),f\left(\frac{a+b}{2}\right)$,考虑选择 $x_0=\frac{a+b}{2}$为展开点.

证明　设 $M=\max\limits_{a\leqslant x\leqslant b}|f''(x)|$.将函数在端点的值在 $x_0=\frac{a+b}{2}$处展开.

$$f(a)=f\left(\frac{a+b}{2}\right)+f'\left(\frac{a+b}{2}\right)\left(a-\frac{a+b}{2}\right)+\frac{f''(\xi)}{2!}\left(a-\frac{a+b}{2}\right)^2$$

即 $f(a)=f\left(\frac{a+b}{2}\right)+f'\left(\frac{a+b}{2}\right)\left(\frac{a-b}{2}\right)+\frac{f''(\xi)}{2!}\left(\frac{a-b}{2}\right)^2$,$\xi$ 介于 a 与$\frac{a+b}{2}$之间;

同理有 $f(b)=f\left(\frac{a+b}{2}\right)+f'\left(\frac{a+b}{2}\right)\left(\frac{b-a}{2}\right)+\frac{f''(\eta)}{2!}\left(\frac{b-a}{2}\right)^2$,$\eta$ 介于 a 与$\frac{a+b}{2}$之间.

上面两式相加,并化得

$$f(a)+f(b)-2f\left(\frac{a+b}{2}\right)=\frac{f''(\xi)}{8}(b-a)^2+\frac{f''(\eta)}{8}(b-a)^2$$

得

$$\left|\frac{f(a)+f(b)}{2}-f\left(\frac{a+b}{2}\right)\right|=\frac{1}{2}\left|\frac{f''(\xi)}{8}(b-a)^2+\frac{f''(\eta)}{8}(b-a)^2\right|$$

$$\leqslant\frac{(b-a)^2}{16}[|f''(\xi)|+|f''(\eta)|]\leqslant\frac{(b-a)^2}{16}2M=\frac{(b-a)^2}{8}M$$

例 8.2　设 $f(x)$在$[a,b]$上有 n 阶导数($n\geqslant2$),且 $f^{(i)}(a)=f^{(i)}(b)=0(i=1,2,\cdots,n-1)$,证明 $\exists\,\xi\in(a,b)$使得

$$|f^{(n)}(\xi)|\geqslant\frac{2^{n-1}n!}{(b-a)^n}|f(b)-f(a)|$$

证明　将 $f\left(\frac{a+b}{2}\right)$分别在 a 和 b 点展开.

$$f\left(\frac{a+b}{2}\right)=f(a)+f'(a)\frac{b-a}{2}+\cdots+\frac{f^{(n-1)}(a)}{(n-1)!}\left(\frac{b-a}{2}\right)^{n-1}+\frac{f^{(n)}(\xi)}{n!}\left(\frac{b-a}{2}\right)^n$$

$$f\left(\frac{a+b}{2}\right)=f(b)+f'(b)\frac{a-b}{2}+\cdots+\frac{f^{(n-1)}(b)}{(n-1)!}\left(\frac{a-b}{2}\right)^{n-1}+\frac{f^{(n)}(\eta)}{n!}\left(\frac{a-b}{2}\right)^{n}$$

其中 $\xi\in\left(a,\frac{a+b}{2}\right)$，$\eta\in\left(\frac{a+b}{2},b\right)$.

由于 $f^{(i)}(a)=f^{(i)}(b)=0(i=1,2,\cdots,n-1)$，所以有

$$f\left(\frac{a+b}{2}\right)=f(a)+\frac{f^{(n)}(\xi)}{n!}\left(\frac{b-a}{2}\right)^{n},f\left(\frac{a+b}{2}\right)=f(b)+\frac{f^{(n)}(\eta)}{n!}\left(\frac{a-b}{2}\right)^{n}$$

以上两式相减，得

$$f(a)-f(b)+\frac{f^{(n)}(\xi)}{n!}\left(\frac{b-a}{2}\right)^{n}-\frac{f^{(n)}(\eta)}{n!}\left(\frac{b-a}{2}\right)^{n}=0$$

从而

$$|f(a)-f(b)|=\left|\frac{f^{(n)}(\xi)}{n!}\left(\frac{b-a}{2}\right)^{n}-\frac{f^{(n)}(\eta)}{n!}\left(\frac{b-a}{2}\right)^{n}\right|\leqslant\frac{(b-a)^{n}}{n!\ 2^{n}}|f^{(n)}(\xi)-f^{(n)}(\eta)|$$

不妨设 $|f^{(n)}(\xi)|\geqslant|f^{(n)}(\eta)|$，则

$$|f(a)-f(b)|\leqslant\frac{(b-a)^{n}}{n!\ 2^{n}}|f^{(n)}(\xi)-f^{(n)}(\eta)|\leqslant\frac{(b-a)^{n}}{n!\ 2^{n-1}}|f^{(n)}(\xi)|$$

即
$$|f^{(n)}(\xi)|\geqslant\frac{n!\ 2^{n-1}}{(b-a)^{n}}|f(a)-f(b)|$$

例 8.3 设 $f(x)$，$f'''(x)$ 在 $(-\infty,+\infty)$ 上有界，证明 $f'(x)$，$f''(x)$ 也有界.

分析：本题中是无穷区间 $(-\infty,+\infty)$，考虑将 $f(x\pm h)$ 在点 x 处展开.

证明 设 $|f(x)|\leqslant M$，$|f'''(x)|\leqslant M$，$\forall x\in(-\infty,+\infty)$. 对 $\forall x\in(-\infty,+\infty)$，$h\neq0$，有

$$f(x+h)=f(x)+f'(x)h+\frac{f''(x)}{2!}h^{2}+\frac{f'''(\xi)}{3!}h^{3}$$

$$f(x-h)=f(x)-f'(x)h+\frac{f''(x)}{2!}h^{2}-\frac{f'''(\eta)}{3!}h^{3}$$

当 $h=1$ 时，有

$$f(x+1)=f(x)+f'(x)+\frac{f''(x)}{2!}+\frac{f'''(\xi)}{3!} \quad ①$$

$$f(x-1)=f(x)-f'(x)+\frac{f''(x)}{2!}-\frac{f'''(\eta)}{3!} \quad ②$$

①+②，得

$$f(x+1)+f(x-1)=2f(x)+f''(x)+\frac{f'''(\xi)}{6}-\frac{f'''(\eta)}{6}$$

故
$$f''(x)=f(x+1)+f(x-1)-2f(x)-\frac{f'''(\xi)}{6}+\frac{f'''(\eta)}{6}$$

从而推得
$$|f''(x)|\leqslant|f(x+1)|+|f(x-1)|+2|f(x)|+\frac{1}{6}|f'''(\xi)|+\frac{1}{6}|f'''(\eta)|$$

$$\leqslant4M+\frac{1}{3}M=\frac{13}{3}M$$

即 $f''(x)$ 有界.

同理，由(1)－(2)可证明 $f'(x)$ 有界.

例 8.4 设 $f(x)$ 在区间 $(-\infty,+\infty)$ 上二阶可导，且 $M_i=\max|f^{(i)}(x)|<\infty$，$i=0,1,2$，

证明：$M_1^2 \leqslant 2M_0M_2$.

证明　对任意点 x，将 $f(x+h)$，$\forall h>0$ 在点 x 处展开.

$$f(x+h)=f(x)+f'(x)h+\frac{f''(\xi)}{2!}h^2$$

$$f(x-h)=f(x)-f'(x)h+\frac{f''(\eta)}{2!}h^2$$

由上面两式可得

$$f(x+h)-f(x-h)=2f'(x)h+\frac{1}{2}[f''(\xi)-f''(\eta)]h^2$$

即
$$2f'(x)h=f(x+h)-f(x-h)-\frac{1}{2}[f''(\xi)-f''(\eta)]h^2$$

于是有
$$2|f'(x)|h=|f(x+h)|+|f(x-h)|+\frac{1}{2}[|f''(\xi)|+|f''(\eta)|]h^2$$

从而
$$2|f'(x)|h\leqslant 2M_0+M_2h^2$$

得
$$2M_1h\leqslant 2M_0+M_2h^2$$

显然对 $\forall h<0$ 上式也成立，即 $\forall h\neq 0$，总有

$$M_2h^2-2M_1h+2M_0\geqslant 0$$

所以判别式
$$\Delta=(-2M_1)^2-8M_0M_2\leqslant 0$$

即
$$M_1^2\leqslant 2M_0M_2$$

例 8.5　设 $f(x)$ 在 $[0,1]$ 上具有二阶导数，$f(0)=f(1)=0$，$\min\limits_{0\leqslant x\leqslant 1} f(x)=-1$，求证：$\max\limits_{0\leqslant x\leqslant 1} f''(x)\geqslant 8$.

分析：条件中给出一个最小值，故以最小值点作为展开点，同时因为给出了端点函数值，因此端点作为取值点.

证明　设 x_0 为最小值点，则 $f(x_0)=-1$，$f'(x_0)=0$. 将 $f(x)$ 在 x_0 点展开，并分别求在 0，1 两点的值，有

$$f(0)=f(x_0)+f'(x_0)(0-x_0)+\frac{f''(\xi)}{2!}(0-x_0)^2,\ 0<\xi<x_0$$

$$f(1)=f(x_0)+f'(x_0)(1-x_0)+\frac{f''(\eta)}{2!}(1-x_0)^2,\ x_0<\eta<1$$

所以 $f''(\xi)=\dfrac{2}{x_0^2}$，$f''(\eta)=\dfrac{2}{(1-x_0)^2}$.

当 $0<x_0\leqslant\dfrac{1}{2}$ 时，$f''(\xi)=\dfrac{2}{x_0^2}\geqslant 8$；当 $\dfrac{1}{2}<x_0<1$ 时，$f''(\eta)=\dfrac{2}{(1-x_0)^2}\geqslant 8$.

总之，$\max\limits_{0\leqslant x\leqslant 1} f''(x)\geqslant 8$.

例 8.6　设 $f(x)$ 在 $[a,b]$ 上二阶可导，且 $f'(a)=f'(b)=0$，则存在 $c\in(a,b)$，使得

$$|f''(c)|\geqslant\frac{4}{(b-a)^2}|f(b)-f(a)|$$

分析：题目中涉及函数值、一阶导数及二阶导数值，要想沟通这三者之间的联系，就会联想到应用泰勒公式.

证明　把 $f(x)$ 在点 a，b 处展开，并求其中点 $\dfrac{a+b}{2}$ 的值，有

$$f\left(\frac{a+b}{2}\right)=f(a)+f'(a)\left(\frac{a+b}{2}-a\right)+\frac{f''(\xi)}{2}\left(\frac{a+b}{2}-a\right)^2,\xi\in\left(a,\frac{a+b}{2}\right) \quad ①$$

$$f\left(\frac{a+b}{2}\right)=f(b)+f'(b)\left(\frac{a+b}{2}-b\right)+\frac{f''(\eta)}{2!}\left(\frac{a+b}{2}-b\right)^2,\eta\in\left(\frac{a+b}{2},b\right) \quad ②$$

②－①,得

$$f(b)-f(a)+\frac{(b-a)^2}{8}[f''(\eta)-f''(\xi)]=0$$

即
$$f''(\eta)-f''(\xi)=\frac{8}{(b-a)^2}[f(a)-f(b)]$$

令$|f''(c)|=\max\{|f''(\xi)|,|f(\eta)|\}$,则有$|f''(c)|\geqslant\frac{4}{(b-a)^2}|f(b)-f(a)|$.

例 8.7 设 $f(x)$在$[a,b]$上存在二阶导数,$f''(x)>0$,证明$\forall\lambda\in(0,1)$有 $f(\lambda x+(1-\lambda)y)\leqslant\lambda f(x)+(1-\lambda)f(y)$,$\forall x,y\in[a,b]$.

证明 对任意取定的 $x,y\in[a,b]$,令 $x_0=\lambda x+(1-\lambda)y$,$\forall\lambda\in(0,1)$,则 $x_0\in(a,b)$. 把 $f(x)$,$f(y)$分别在 x_0 点处展开,并注意到 $f''(x)>0$,得

$$f(x)=f(x_0)+f'(x_0)(x-x_0)+\frac{1}{2!}f''(\xi)(x-x_0)^2\geqslant f(x_0)+f'(x_0)(x-x_0) \quad ①$$

$$f(y)=f(x_0)+f'(x_0)(y-x_0)+\frac{1}{2!}f''(\eta)(y-x_0)^2\geqslant f(x_0)+f'(x_0)(y-x_0) \quad ②$$

$\lambda\times$①$+(1-\lambda)\times$②,得

$$\begin{aligned}&\lambda f(x)+(1-\lambda)f(y)\\ \geqslant&\lambda f(x_0)+f'(x_0)(\lambda x-\lambda x_0)+(1-\lambda)f(x_0)+f'(x_0)[(1-\lambda)y-(1-\lambda)x_0]\\ =&f(x_0)=f(\lambda x+(1-\lambda)y)\end{aligned}$$

所以
$$f(\lambda x+(1-\lambda)y)\leqslant\lambda f(x)+(1-\lambda)f(y)$$

例 8.8 设 $f(x)$在 x_0 的某邻域内存在四阶导数,且$\exists M>0$,使得$|f^{(4)}(x)|\leqslant M$,证明对此邻域内异于 x_0 的任何 x,都有$\left|f''(x_0)-\frac{f(x)-2f(x_0)+f(\tilde{x})}{(x-x_0)^2}\right|\leqslant\frac{M}{12}(x-x_0)^2$,其中 $\tilde{x}$ 为 x 关于 x_0 的对称点.

证明 以 x_0 为展开点,表示出 $f(x)$,$f(\tilde{x})$的值.

$$f(x)=f(x_0)+f'(x_0)(x-x_0)+\frac{f''(x_0)}{2}(x-x_0)^2+\frac{f'''(x_0)}{6}(x-x_0)^3+\frac{f^{(4)}(\xi)}{24}(x_0)(x-x_0)^4$$

$$f(\tilde{x})=f(x_0)+f'(x_0)(\tilde{x}-x_0)+\frac{f''(x_0)}{2}(\tilde{x}-x_0)^2+\frac{f'''(x_0)}{6}(\tilde{x}-x_0)^3+\frac{f^{(4)}(\eta)}{24}(x_0)(\tilde{x}-x_0)^4$$

由于 $x-x_0=-(\tilde{x}-x_0)$,所以上述两式相加,即得

$$f(x)+f(\tilde{x})=2f(x_0)+f''(x_0)(x-x_0)^2+\frac{1}{24}[f^{(4)}(\xi)+f^{(4)}(\eta)](x-x_0)^4$$

由$|f^{(4)}(x)|\leqslant M$,可得

$$\left|f''(x_0)-\frac{f(x)-2f(x_0)+f(\tilde{x})}{(x-x_0)^2}\right|\leqslant\frac{M}{12}(x-x_0)^2$$

例 8.9 设 $f(x)$ 二阶可导，$f''(x)>0$，且存在 x_0 使得 $f(x_0)<0$，又 $\lim\limits_{x\to-\infty}f'(x)=\alpha<0$，$\lim\limits_{x\to+\infty}f'(x)=\beta>0$，证明 $f(x)$ 有且仅有两个零点.

证明 因为 $\lim\limits_{x\to+\infty}f'(x)=\beta>0$，所以 $\exists x_1$，使得 $f'(x_1)>\dfrac{\beta}{2}>0$. 当 $x>x_1$ 时，将 $f(x)$ 在 x_1 点处展开，有

$$f(x)=f(x_1)+f'(x_1)(x-x_1)+\frac{1}{2}f''(\xi)(x-x_1)^2\to+\infty,x\to+\infty.$$

所以存在 $x_2>x_0$，使得 $f(x_2)>0$，从而由介值定理知，$\exists\xi$ 介于 x_0 与 x_2 之间，使 $f(\xi)=0$；同理，由假设条件 $\lim\limits_{x\to-\infty}f'(x)=\alpha<0$ 可得 $\eta\neq\xi$，使得 $f(\eta)=0$.

这证明 $f(x)$ 有两个零点.

用反证法证明 $f(x)$ 仅有两个零点. 设 $f(x)$ 有三个不同零点 ξ,η,ζ，不妨设 $\xi<\eta<\zeta$，由罗尔定理可推出 $f'(x)$ 在 (ξ,η)，(η,ζ) 内分别至少有一个零点，从而 $f''(x)$ 至少有一个零点，与 $f''(x)>0$ 矛盾.

2. 利用皮亚诺余项泰勒公式讨论与极限相关问题

例 8.10 设 $f(x)$ 在 $x=a$ 的某邻域内有二阶连续导数，证明

$$\lim_{x\to a}\left(\frac{1}{f(x)-f(a)}-\frac{1}{(x-a)f'(a)}\right)=-\frac{f''(a)}{2[f'(a)]^2}$$

证明 将 $f(x)$ 在 a 点处展开，存在介于 x 与 a 之间的点 ξ，使得

$$f(x)=f(a)+f'(a)(x-a)+\frac{1}{2}f''(\xi)(x-a)^2$$

即

$$-f(x)+f(a)+f'(a)(x-a)=-\frac{1}{2}f''(\xi)(x-a)^2$$

于是

$$\begin{aligned}\lim_{x\to a}\left(\frac{1}{f(x)-f(a)}-\frac{1}{(x-a)f'(a)}\right)&=\lim_{x\to a}\frac{-f(x)+f(a)+(x-a)f'(a)}{[f(x)-f(a)](x-a)f'(a)}\\&=-\frac{1}{2}\lim_{x\to a}\frac{f''(\xi)(x-a)^2}{[f(x)-f(a)](x-a)f'(a)}\\&=-\frac{1}{2}\lim_{x\to a}\frac{f''(\xi)}{\dfrac{f(x)-f(a)}{x-a}\cdot f'(a)}=-\frac{f''(a)}{2[f'(a)]^2}\end{aligned}$$

例 8.11 求极限 $\lim\limits_{x\to0}\dfrac{\tan(\tan x)-\sin(\sin x)}{\tan x-\sin x}$.

分析：求题中极限，用洛必达法则较复杂，等价无穷小不能使用，因此用带皮亚诺余项的泰勒公式求极限.

解 $\sin x=x-\dfrac{x^3}{6}+o(x^3)$

$\tan x=x+\dfrac{x^3}{3}+o(x^3)$（可直接将 $\tan x$ 展开成 3 阶皮亚诺余项泰勒公式）

$$\begin{aligned}\tan(\tan x)&=\tan\left(x+\frac{x^3}{3}+o(x^3)\right)=x+\frac{x^3}{3}+o(x^3)+\frac{1}{3}\left(x+\frac{x^3}{3}+o(x^3)\right)^3+o(x^3)\\&=x+\frac{2}{3}x^3+o(x^3)\end{aligned}$$

$$\sin(\sin x)=\sin\left(x-\frac{x^3}{6}+o(x^3)\right)=x-\frac{x^3}{6}+o(x^3)-\frac{1}{6}\left(x-\frac{x^3}{6}+o(x^3)\right)^3+o(x^3)$$
$$=x-\frac{1}{3}x^3+o(x^3)$$

所以 $$原式=\lim_{x\to0}\frac{\left(x+\frac{2}{3}x^3+o(x^3)\right)-\left(x-\frac{1}{3}x^3+o(x^3)\right)}{\left(x+\frac{1}{3}x^3+o(x^3)\right)-\left(x-\frac{1}{6}x^3+o(x^3)\right)}=\lim_{x\to0}\frac{x^3+o(x^3)}{\frac{1}{2}x^3+o(x^3)}=2$$

例 8.12 设当 $x\to0$ 时,$f(x)=x-(a+b\cos x)\sin x$ 是 x 的五阶无穷小,求 a,b.

解 $$f(x)=x-\left[a+b\left(1-\frac{x^2}{2!}+\frac{x^4}{4!}+o(x^4)\right)\right]\left(x-\frac{x^3}{3!}+\frac{x^5}{5!}+o(x^5)\right)$$
$$=x-\left[a+b\left(1-\frac{x^2}{2}+\frac{x^4}{24}+o(x^4)\right)\right]\left(x-\frac{x^3}{6}+\frac{x^5}{120}+o(x^5)\right)$$

整理得 $$f(x)=(1-a-b)x+\frac{a+4b}{6}x^3+\left(-\frac{a}{120}+\frac{4b}{120}\right)x^5+o(x^5)$$

所以 $$1-a-b=0,a+4b=0$$

解得 $$a=\frac{4}{3},b=-\frac{1}{3}$$

例 8.13 设 $f(x)$有三阶连续的导数,$\lim\limits_{x\to0}\left[1+x+\frac{f(x)}{x}\right]^{\frac{1}{x}}=e^3$,求 $f(0),f'(0),f''(0)$及 $\lim\limits_{x\to0}\left[1+\frac{f(x)}{x}\right]^{\frac{1}{x}}=e^3$.

解 由$\lim\limits_{x\to0}\left[1+x+\frac{f(x)}{x}\right]^{\frac{1}{x}}=e^3$ 即

$$\lim_{x\to0}\left[1+x+\frac{f(x)}{x}\right]^{\frac{1}{x}}=e^{\lim\limits_{x\to0}\frac{1}{x}\ln\left[1+x+\frac{f(x)}{x}\right]}=e^3$$
$$\Rightarrow\lim_{x\to0}\frac{1}{x}\ln\left[1+x+\frac{f(x)}{x}\right]=3\Rightarrow\lim_{x\to0}\ln\left[1+x+\frac{f(x)}{x}\right]=0$$
$$\Rightarrow\lim_{x\to0}\left(x+\frac{f(x)}{x}\right)=0\Rightarrow\lim_{x\to0}\left(x+\frac{f(0)+f'(0)x+o(x)}{x}\right)=0$$

于是得 $f(0)=0,f'(0)=0$.

又由$\lim\limits_{x\to0}\frac{1}{x}\ln\left[1+x+\frac{f(x)}{x}\right]=3$,即$\lim\limits_{x\to0}\ln\left[1+x+\frac{f(x)}{x}\right]^{\frac{1}{x}}=3$,得

$$\lim_{x\to0}\ln\left[1+\left(x+\frac{f(x)}{x}\right)\right]^{\frac{1}{x+\frac{f(x)}{x}}\cdot\frac{x+\frac{f(x)}{x}}{x}}=3\Rightarrow\ln e^{\lim\limits_{x\to0}\left(1+\frac{f(x)}{x^2}\right)}=3$$
$$\lim_{x\to0}\left(1+\frac{f(x)}{x^2}\right)=3\Rightarrow\lim_{x\to0}\frac{f(x)}{x^2}=2\Rightarrow\lim_{x\to0}\frac{f''(x)}{2}=2(用洛必达法则两次)$$

从而 $f''(0)=4$.

例 8.14 设 $f(x)$存在 $n+1$ 阶不等于零的连续导数($n\geqslant1$),且 $\forall h\in\mathbf{R}$,有

$$f(x+h)=f(x)+f'(x)h+\frac{f''(x)}{2!}h^2+\cdots+\frac{f^{(n)}(x+\theta h)}{n!}h^n,\qquad(*)$$

证明:$\lim\limits_{h\to0}\theta=\frac{1}{n+1}$.

证明 将 $f(x)$展开成 n 阶泰勒公式:

$$f(x+h)=f(x)+f'(x)h+\frac{f''(x)}{2!}h^2+\cdots+\frac{f^{(n)}(x)}{n!}h^n+\frac{f^{(n+1)}(x+\theta' h)}{(n+1)!}h^{n+1}$$

上式与(*)式比较,得

$$\frac{f^{(n)}(x)}{n!}h^n+\frac{f^{(n+1)}(x+\theta' h)}{(n+1)!}h^{n+1}=\frac{f^{(n)}(x+\theta h)}{n!}h^n$$

故

$$f^{(n)}(x)+\frac{f^{(n+1)}(x+\theta' h)}{n+1}h=f^{(n)}(x+\theta h)$$

$$\frac{f^{(n)}(x+\theta h)-f^{(n)}(x)}{\theta h}\cdot\theta=\frac{f^{(n+1)}(x+\theta' h)}{n+1}$$

由于 $f^{(n+1)}(x)\neq 0$ 且连续,上式中令 $h\to 0$,两边取极限即得

$$\lim_{h\to 0}\theta=\frac{1}{n+1}$$

例 8.15　证明:设 $f(x)$ 在 $(a,+\infty)$ 上可导,若 $\lim\limits_{x\to+\infty}f(x)$, $\lim\limits_{x\to+\infty}f'(x)$ 均存在,则 $\lim\limits_{x\to+\infty}f'(x)=0$.

证明　因为 $\lim\limits_{x\to+\infty}f(x)$ 存在,由函数极限的柯西准则,$\forall\varepsilon_k>0(\varepsilon_k\to 0)$,$\exists X_k$,当 $x',x''>X_k$ 时

$$|f(x')-f(x'')|<\varepsilon_k$$

取正整数 $n_k>X_k$,$n_{k+1}>n_k+1$,有

$$|f(n_k+1)-f(n_k)|<\varepsilon_k$$

利用拉格朗日中值定理,$\exists\xi_k$,$n_k<\xi_k<n_k+1$,使

$$|f'(\xi_k)|<\varepsilon_k$$

于是

$$\lim_{k\to\infty}|f'(\xi_k)|=0$$

因为 $\lim\limits_{x\to+\infty}f'(x)$ 存在,由 Heine 定理可知

$$\lim_{x\to+\infty}f'(x)=0$$

例 8.16　设 $f(x)$ 在 $(a,+\infty)$ 上 n 阶可导,若 $\lim\limits_{x\to+\infty}f(x)$ 和 $\lim\limits_{x\to+\infty}f^{(n)}(x)$ 都存在,则 $\lim\limits_{x\to+\infty}f^{(k)}(x)=0(k=1,2,\cdots,n)$.

证明　把函数 $f(x+j)(j=1,2,\cdots,n-1)$ 在点 x 处展开到 $n-1$ 阶泰勒公式

$$f(x+j)=f(x)+f'(x)j+\cdots+\frac{f^{(n-1)}(x)}{(n-1)!}j^{n-1}+\frac{f^{(n)}(\xi_j)}{n!}j^n\ (j=1,2,\cdots,n-1,x<\xi_j<x+j)$$

把 $f'(x),f''(x),\cdots,f^{(n-1)}(x)$ 看做变量解出上述线性方程组,这些导数可以表示为 $f(x+j)-f(x)$,$f^{(n)}(\xi_j)(j=1,2,\cdots,n-1)$ 的线性组合.

由题设条件:$\lim\limits_{x\to+\infty}f(x)$ 和 $\lim\limits_{x\to+\infty}f^{(n)}(x)$ 均存在,故有

$$\lim_{x\to+\infty}[f(x+j)-f(x)]=0$$

$$\lim_{x\to+\infty}f^{(n)}(\xi_j)\text{存在}(j=1,2,\cdots,n-1)$$

于是 $\lim\limits_{x\to+\infty}f^{(k)}(x)(k=1,2,\cdots,n-1)$ 存在. 从 $\lim\limits_{x\to+\infty}f^{(n-1)}(x)$, $\lim\limits_{x\to+\infty}f^{(n)}(x)$ 存在可得 $\lim\limits_{x\to+\infty}f^{(n)}(x)=0$.

由前面所证可得

$$\lim_{x\to+\infty}f^{(k)}(x)=0(k=1,2,\cdots,n-1)$$

(三)练习题

8.1　将下列函数在指定点展开成泰勒公式：

(1) 将 $f(x)=\ln x$ 在 $x=3$ 展开成带拉格朗日余项的泰勒公式；

(2) 将 $f(x)=\sqrt{\cos x}$ 在 $x=0$ 点展开成带皮亚诺余项3阶的泰勒公式.

8.2　设 $f(x)$ 在 $[0,1]$ 上二阶可导，且 $f(0)=f(1)=0$，$\max\limits_{0\leqslant x\leqslant 1} f(x)=2$，试证：$\min\limits_{0\leqslant x\leqslant 1} f''(x)\leqslant -16$.

8.3　设函数 $f(x)$ 在 $[-1,1]$ 上存在三阶导数，且 $f(-1)=0$，$f(0)=1$，$f(1)=0$，$f'(0)=0$，试证：一定存在 $\xi\in(-1,1)$，使得 $f'''(\xi)\geqslant 3$.

8.4　设在 (a,b) 内，$f''(x)\geqslant 0$，试证：$f\left(\sum\limits_{i=1}^{n}\lambda_i x_i\right)\leqslant \sum\limits_{i=1}^{n}\lambda_i f(x_i)$，其中 $x_i\in(a,b)$，$\lambda_i>0$，$k=1,2,\cdots,n$，$\sum\limits_{i=1}^{n}\lambda_i=1$，此不等式称为詹生(Jansen)不等式.

8.5　设 $f(x+h)=f(x)+f'(x)h+\dfrac{f''(x+h\theta)}{2!}h^2$，其中 $0<\theta<1$，且 $f'''(x)\neq 0$，证明：$\lim\limits_{h\to 0}\theta=\dfrac{1}{3}$.

8.6　设 $f(x)$ 在 $[0,2]$ 上二阶可导，且 $f'(0)=f'(2)=0$，证明：必存在一点 $\xi\in(0,2)$，使得

$$|f''(\xi)|\geqslant|f(2)-f(0)|$$

8.7　设 $f(x)$ 在 $(-\infty,+\infty)$ 上有连续的三阶导数，且满足 $f(x+h)=f(x)+f'(x+\theta h)h$，其中 $0<\theta<1$ 为常数，x,h 为任意实数.

8.8　设 $f(x)$ 在 $(0,+\infty)$ 上两次可微，且 $|f(x)|\leqslant A$，$|f''(x)|\leqslant B$，试证：$|f'(x)|\leqslant 2\sqrt{AB}$.

8.9　设 $f(x)$ 在 $[a,b]$ 上三次可导，试证：$\exists c\in(a,b)$，使得

$$f(b)=f(a)+f'\left(\frac{a+b}{2}\right)(b-a)+\frac{1}{24}f'''(c)(b-a)^3$$

8.10　求极限 $\lim\limits_{x\to 0}\dfrac{\ln\cos x+\dfrac{x^2}{2}}{x^4}$.

8.11　设 $x>0$，$f(x)=(1+x)^{\frac{1}{x}}$，求证：当 $x\to 0^+$ 时，$f(x)=\mathrm{e}+Ax+Bx^2+o(x^2)$，并求 A,B 两常数的值.

8.12　求一个多项式 $p(x)$ 使 $x\cos x=p(x)+o((x-1)^3)$.

(四)答案与提示

8.1　(1) $\ln 3+\dfrac{1}{3}(x-3)-\dfrac{1}{2\cdot 3^2}(x-3)^2+\cdots+(-1)^{n-1}\dfrac{1}{n\cdot 3^n}(x-3)^n+(-1)^n\dfrac{1}{(n+1)\cdot\xi^{n+1}}(x-3)^{n+1}$

(2) $1-\frac{1}{4}x^2+o(x^3)$

8.2　令 $f(x_0)=\max\limits_{0\leqslant x\leqslant 1}f(x)$，$x_0\in(0,1)$，由泰勒公式有

$$f(0)=f(x_0)+f'(x_0)(0-x_0)+\frac{f''(\xi)}{2}(0-x_0)^2,\xi\in(0,x_0)$$

$$f(1)=f(x_0)+f'(x_0)(1-x_0)+\frac{f''(\eta)}{2}(1-x_0)^2,\eta\in(x_0,1)$$

即 $0=2+\frac{f''(\xi)}{2}x_0^2$，$0=2+\frac{f''(\eta)}{2}(1-x_0)^2$.

当 $0<x_0\leqslant\frac{1}{2}$ 时，$f''(\xi)\leqslant-16$；当 $\frac{1}{2}<x_0<1$ 时，$f''(\eta)\leqslant-16$；所以 $\min\limits_{0\leqslant x\leqslant 1}f''(x)\leqslant-16$.

8.3　用泰勒公式：$f(-1)=f(0)+f'(0)(-1)+\frac{f''(0)}{2!}(-1)^2+\frac{f'''(\xi)}{3!}(-1)^3$，$\xi\in(-1,0)$

$$f(1)=f(0)+f'(0)+\frac{f''(0)}{2!}+\frac{f'''(\eta)}{3!},\eta\in(0,1)$$

有 $0=\frac{f''(0)}{2!}-\frac{f'''(\xi)}{6}$，$1=\frac{f''(0)}{2!}+\frac{f'''(\mu)}{6}$，可得 $f'''(\xi)+f'''(\eta)=6$.

故 $f'''(\xi)\geqslant 3$ 或 $f'''(\eta)\geqslant 3$.

8.4　本习题是例 8.7 的推广. 令 $x_0=\sum\limits_{i=1}^{n}\lambda_i x_i$，将诸 $f(x_i)$ 在 x_0 处展开成泰勒公式，可用例 8.7 的方法证明之.

8.5　用泰勒公式.

8.6　对 $\forall x\in(0,2)$，利用泰勒公式，有

$$f(x)=f(0)+f'(0)x+\frac{f''(\xi_x)}{2!}x^2,f(x)=f(2)+f'(2)(x-2)+\frac{f''(\eta_x)}{2!}(x-2)^2$$

两式相减，并取 $x=1$，得

$$0=f(2)-f(0)+\frac{1}{2}f''(\eta)-\frac{1}{2}f''(\xi)$$

所以

$$\frac{1}{2}[|f''(\eta)|+|f''(\xi)|]\geqslant|f(2)-f(0)|$$

故有 $|f''(\xi)|\geqslant|f(2)-f(0)|$ 或 $|f''(\eta)|\geqslant|f(2)-f(0)|$.

8.7　两边对 h 求导得

$$f'(x+h)=f'(x+\theta h)+\theta hf''(x+\theta h)\qquad(*)$$

即

$$\frac{f'(x+h)-f'(x+\theta h)}{h}=\theta f''(x+\theta h)\Rightarrow f''(x)-\theta f''(x)=\theta f''(x)$$

$\Rightarrow(1-2\theta)f''(x)=0$，当 $1-2\theta\neq 0$ 时，$f''(x)=0$，于是 $f(x)$ 是线性函数.

当 $\theta=\frac{1}{2}$ 时，由(*)式两边先对 h 求导后，令 $h\to 0$，取极限并整理得 $f'''(x)=0$，这时 $f(x)$ 至多是一个二次多项式.

8.8　根据泰勒公式 $f(x+h)=f(x)+f'(x)h+\frac{1}{2}f''(x+\theta h)h^2$，$0<\theta<1$，特别地取 $h=$

$2\sqrt{\dfrac{A}{B}}$,则有

$$|f'(x)|=\left|\frac{f(x+h)-f(x)-\frac{1}{2}f''(x+\theta h)h^2}{h}\right|$$

$$\leqslant\frac{2|f(x+h)|+2|f(x)|+|f''(x+\theta h)|h^2}{2h}\leqslant\frac{4A+B\cdot 4\left(\sqrt{\frac{A}{B}}\right)^2}{4\sqrt{\frac{A}{B}}}=2\sqrt{AB}$$

8.9　设 k 为使下式成立的实数. $f(b)-f(a)-f'\left(\frac{a+b}{2}\right)(b-a)-\frac{1}{24}k(b-a)^3=0$,这时,问题归结为证明:$\exists c\in(a,b)$,使得 $f'''(c)=k$.

令
$$g(x)=f(x)-f(a)-f'\left(\frac{a+x}{2}\right)(x-a)-\frac{1}{24}k(x-a)^3$$

则 $g(a)=g(b)=0$,根据罗尔定理,$\exists\xi\in(a,b)$,使得 $g'(\xi)=0$,即

$$f'(\xi)-f'\left(\frac{a+\xi}{2}\right)-f''\left(\frac{a+\xi}{2}\right)\cdot\frac{\xi-a}{2}-\frac{1}{8}k(\xi-a)^2=0 \qquad ①$$

这是关于 k 的方程,注意到 $f'(\xi)$ 在点 $\frac{a+\xi}{2}$ 处的泰勒公式:

$$f'(\xi)=f'\left(\frac{a+\xi}{2}\right)-f''\left(\frac{a+\xi}{2}\right)\cdot\frac{a+\xi}{2}+\frac{1}{2}f'''(c)\left(\frac{\xi-a}{2}\right)^2 \qquad ②$$

比较①,②两式,即得证.

8.10　利用皮亚诺余项泰勒公式来求极限,得极限为 $-\frac{1}{12}$.

8.11　$f(x)=(1+x)^{\frac{1}{x}}=e^{\frac{1}{x}\ln(1+x)}=e^{\frac{1}{x}\left(x-\frac{x^2}{2}+\frac{x^3}{3}+o(x^3)\right)}=e^{1-\frac{x}{2}+\frac{x^2}{3}+o(x^2)}=e\cdot e^{-\frac{x}{2}+\frac{x^2}{3}+o(x^2)}$

$$=e\left\{1-\frac{x}{2}+\frac{x^2}{3}+o(x^2)+\frac{1}{2}\left[-\frac{x}{2}+\frac{x^2}{3}+o(x^2)\right]^2\right\}$$

$$=e\left[1-\frac{x}{2}+\frac{x^2}{3}+\frac{x^2}{8}+o(x^2)\right]=e-\frac{e}{2}x+\frac{11}{24}ex^2+o(x^2)$$

故 $A=-\frac{e}{2}$,$B=\frac{11}{24}e$.

8.12　利用泰勒公式.

$$p(x)=\cos 1+(\cos 1-\sin 1)(x-1)-\frac{1}{2}(2\sin 1+\cos 1)(x-1)^2+\frac{1}{6}(\sin 1-3\cos 1)(x-1)^3$$

第九讲　极值及一些相关问题

(一) 内容要点

极值、单调性和凹凸性是刻画函数基本性态的概念,因极值问题本身具有极为重要的理论意义和应用价值,应予以重点讨论,其理论属于泰勒公式和微分中值定理的直接应用.

1. 极值的概念:若 $f(x)$ 在 x_0 的某邻域内有定义,且对于这个邻域内异于 x_0 的任何点 x,总有 $f(x)\leqslant(\geqslant)f(x_0)$,则 x_0 是 $f(x)$ 的极大值(极小值)点. $f(x_0)$ 为极大值(极小值).

2. 极值点的必要条件(费马定理):可导的极值点是驻点.

评注:费马定理告诉我们候选极值点是不可导点和驻点.

3. 判别极值的两个充分条件

极值点的第一充分条件　设 $f(x)$ 在 x_0 点连续,且在 x_0 的某空心邻域 $\mathring{U}(x_0,\delta)$ 上可导. 则

(1) $\left.\begin{array}{l}(x_0-\delta,x_0): f'(x)>0\\(x_0,x_0+\delta): f'(x)<0\end{array}\right\}\Rightarrow x_0$ 是极大值点;

(2) $\left.\begin{array}{l}(x_0-\delta,x_0): f'(x)<0\\(x_0,x_0+\delta): f'(x)>0\end{array}\right\}\Rightarrow x_0$ 是极小值点;

(3) $\mathring{U}(x_0,\delta): f'(x)$ 不变号 $\Rightarrow x_0$ 不是极值点.

极值点的第二充分条件　设 $f'(x_0)=0$ 且 $f''(x_0)\neq 0$. 则

(1) $f''(x_0)<0\Rightarrow x_0$ 是极大值点;

(2) $f''(x_0)>0\Rightarrow x_0$ 是极小值点.

(二) 例题选讲

1. 讨论极值或最值

例 9.1　设 f 是偶函数且在 $x=0$ 点有二阶非零导数. 证明 $x=0$ 是极值点.

证明　因 f 是偶函数,故 $f(-x)=f(x)$;又由 f 二阶可导得在 $x=0$ 的某邻域内 f 可导,从而上式两边求导并取 $x=0$ 得 $-f'(0)=f'(0)$,故 $f'(0)=0$. 因为 $f''(0)\neq 0$,所以由极值点的第二充分条件得 $x=0$ 是极值点.

评注:还可以用左右导数定义证明 $f'(0)=0$.

例 9.2　求 $\{\sqrt[n]{n}\}_{n\geqslant 1}$ 中最大的项.

解 令 $f(x)=x^{\frac{1}{x}}(x\geqslant 1)$,则 $f'(x)=(\mathrm{e}^{\frac{1}{x}\ln x})'=x^{\frac{1}{x}-2}(1-\ln x)$.

当 $1\leqslant x<\mathrm{e}$ 时,$f'(x)>0$,$f(x)$严格单调增;当 $x>\mathrm{e}$ 时,$f'(x)<0$,$f(x)$严格单调减.故 $f(\mathrm{e})$为函数的最大值,从而$\{\sqrt[n]{n}\}_{n\geqslant 1}$中最大的项是 $\max\{\sqrt[2]{2},\sqrt[3]{3}\}=\sqrt[3]{3}$.

评注:对于数列极值、单调性或极限等问题,常可通过引入辅助函数转化成函数的相应问题.

例 9.3 比较 e^{π},π^{e} 的大小.

分析 假设 $\mathrm{e}^{\pi}<\pi^{\mathrm{e}}$,则 $\mathrm{e}^{\pi}<\pi^{\mathrm{e}}\Leftrightarrow\pi\ln\mathrm{e}<\mathrm{e}\ln\pi\Leftrightarrow\frac{\ln\mathrm{e}}{\mathrm{e}}<\frac{\ln\pi}{\pi}$,因此可引入辅助函数 $f(x)=\frac{\ln x}{x}(x>0)$.

解 类似于例 9.2 可得 $\mathrm{e}^{\pi}>\pi^{\mathrm{e}}$.

例 9.4 设函数 $y=y(x)$由方程 $2y^3-2y^2+2xy-x^2=1$ 所确定,试求 $y=y(x)$的驻点,并判别它是否为极值点.

解 对方程两边关于 x 求导可得

$$3y^2y'-2yy'+xy'+y-x=0 \quad ①$$

令 $y'=0$,由上式得 $y=x$,将此代入原方程有

$$2x^3-x^2-1=0$$

从而可得唯一驻点 $x=1$.对①式两边再求导,得

$$(3y^2-2y+x)y''+2(3y-1)(y')^2+2y'-1=0$$

因此 $y''|_{(1,1)}=\frac{1}{2}>0$,故 $x=1$ 是 $y=y(x)$的极小值点.

例 9.5 设 $f(x)$二阶可导且满足 $xf''(x)+3x[f'(x)]^2=1-\mathrm{e}^{-x}$.

(1) 若 $f(x)$在点 $x=c(c\neq 0)$处取得极值,证明它是极小值.

(2) 若 $f(x)$在点 $x=0$ 处取得极值,问它是极大值还是极小值?

解 (1)由费马定理得 $f'(c)=0$,再将 $x=c$ 代入方程得 $f''(c)=\frac{1-\mathrm{e}^{-c}}{c}>0$,因此极值点的第二充分条件蕴涵 $f(c)$是极小值.

(2) 由费马定理得 $f'(0)=0$,而

$$f''(0)=\lim_{x\to 0}\frac{f'(x)-f'(0)}{x}=\lim_{x\to 0}f''(x)=\lim_{x\to 0}\left\{\frac{1-\mathrm{e}^{-x}}{x}-3[f'(x)]^2\right\}=1>0$$

故 $f(0)$也是极小值.

2. 利用极值讨论函数性质

例 9.6 试判定下面的命题是否正确,如果你认为不正确,试举出反例.

(1) 若 $f'(x_0)=0$,则 x_0 必为 $f(x)$的极值点;

(2) 若 x_0 为 $f(x)$的极值点,则必有 $f'(x_0)=0$;

(3) $f(x)$在(a,b)的极大值必大于其极小值;

(4) 若 x_0 为 $f(x)$的极大值点,则必存在 x_0 的某邻域,在此邻域内,函数 $f(x)$在 x_0 的左侧单调递增,而在 x_0 的右侧单调递减.

解 (1) 强调驻点不一定是极值点;例如 $f(x)=x^3$,显然 $x_0=0$ 是其驻点,但不是极值点;

(2) 表明当 $y=f(x)$在 x_0 点可导时,$f'(x_0)=0$ 是取得极值的必要条件;例如 $f(x)=|x|$;

(3) 表明极值是函数在某邻域内的局部性质，不是函数在某区间上的整体性质(反例略)；

(4) 表明了极值的概念：若 $f(x)$ 在 x_0 的某邻域内有定义，且对于这个邻域内异于 x_0 的任何点 x，总有 $f(x)\leqslant(\geqslant)f(x_0)$，则 x_0 是 $f(x)$的极大值(极小值)点.

$f(x)$在 x_0 点取得极值，并不能保证其在 x_0 点左右两侧具有相反的单调性.

反例：$f(x)=\begin{cases}2-2x^2+x^2\sin\dfrac{1}{x} & ,x\neq 0\\ 2 & ,x=0\end{cases}$，易知 $x=0$ 是函数 $f(x)$的极大值点；当 $x\neq 0$ 时，$f'(x)=-2x\left(2-\sin\dfrac{1}{x}\right)-\cos\dfrac{1}{x}$，在 $x=0$ 的充分小邻域内，$f'(x)$总是可以取到正值，也可以取到负值，因此 $f(x)$在 $x=0$ 的两侧都不是单调的.

例 9.7　设 $f(x)=\begin{cases}x^4\sin^2\dfrac{1}{x} & ,x\neq 0\\ 0 & ,x=0\end{cases}$.

(1) 证明：$x=0$ 是极小值点；

(2) 说明 f 在极小值点 $x=0$ 处是否满足极值的第一充分条件或第二充分条件.

解　(1) 当 $x\neq 0$ 时，$f(x)=x^4\sin^2\dfrac{1}{x}\geqslant 0$，当 $x=0$ 时，$f(x)=0$，故由极值的定义知，$x=0$ 是 $f(x)$的极小值点.

(2) 当 $x\neq 0$ 时，$f'(x)=4x^3\sin^2\dfrac{1}{x}-x^2\sin\dfrac{2}{x}=2x^2\sin\dfrac{1}{x}\left[2x\sin\dfrac{1}{x}-\cos\dfrac{1}{x}\right]$，$f'(0)=\lim\limits_{x\to 0}x^3\sin^2\dfrac{1}{x}=0$. 然而

$$x_k=\left(k\pi+\frac{\pi}{4}\right)^{-1},k=1,2,\cdots\Rightarrow f'(x_k)<0$$

$$x_k'=\left(k\pi+\frac{3\pi}{4}\right)^{-1},k=1,2,\cdots\Rightarrow f'(x_k')>0$$

从而对 $\forall\delta>0$，在区间$(0,\delta)$内 $f'(x)$总是有正也有负，在$(-\delta,0)$内可推得同样结果，所以 $f(x)$在极小值点 $x=0$ 处不满足第一充分条件.

而 $f''(0)=\lim\limits_{x\to 0}2x\sin\dfrac{1}{x}\left(2x\sin\dfrac{1}{x}-\cos\dfrac{1}{x}\right)=0$，于是可知 $f(x)$在极小值点 $x=0$ 处也不满足第二个充分条件.

例 9.8　设 f 在 $\mathbf{R}$ 上有二阶导数且 $|f(x)|\leqslant 1$，$[f(0)]^2+[f'(0)]^2=4$. 证明 $\exists\xi$，使得 $f(\xi)+f''(\xi)=0$.

分析：$f(x)+f''(x)=0\overset{f'(x)\neq 0}{\Longleftrightarrow}2f(x)f'(x)+2f'(x)f''(x)=0$

$\Leftrightarrow\{[f(x)]^2+[f'(x)]^2\}'=0\overset{F(x)=[f(x)]^2+[f'(x)]^2}{\Longleftrightarrow}F'(x)=0$

证明　令 $F(x)=[f(x)]^2+[f'(x)]^2$，则 $F(0)=4$. 在$[0,2]$上由拉格朗日中值定理，$\exists\xi_1\in(0,2)$，使得 $|f'(\xi_1)|=\left|\dfrac{f(2)-f(0)}{2-0}\right|\leqslant 1$，从而 $F(\xi_1)\leqslant 2<F(0)$. 同理 $\exists\xi_2\in(-2,0)$，使得 $F(\xi_2)\leqslant 2<F(0)$. 故 $F(x)$在$[\xi_1,\xi_2]$上的最大值必在(ξ_1,ξ_2)内部取到. 设 ξ 为 $F(x)$在$[\xi_1,\xi_2]$上的最大值点，则 $F'(\xi)=0$，即 $2f'(\xi)[f(\xi)+f''(\xi)]=0$. 若 $f'(\xi)=0$，则 $F(\xi)=[f(\xi)]^2\leqslant 1<4\leqslant F(\xi)$矛盾. 所以 $f'(\xi)\neq 0$，从而结论成立.

评注：开区间内部的最值点必是极值点.

例 9.9 设 f 在$[a,b]$上有连续导数,且$\exists c\in(a,b)$,使 $f'(c)=0$. 证明$\exists \xi\in(a,b)$,使得 $f'(\xi)=\dfrac{f(\xi)-f(a)}{b-a}$.

分析 结论$\Leftrightarrow f'(x)-\dfrac{f(x)-f(a)}{b-a}=0$ 有零点.

证明 令 $F(x)=f'(x)-\dfrac{f(x)-f(a)}{b-a}$,则 $F(c)=-\dfrac{f(c)-f(a)}{b-a}$.

若 $f(c)=f(a)$,则 $F(c)=0$ 结论成立.

若 $f(c)>f(a)$,则 $F(c)<0$. 设 f 在$[a,c]$上的最大值在 x_0 点取到,则 $x_0\neq a$ 且 $f(x_0)>f(a)$. 由拉格朗日中值定理得$\exists x_1\in(a,x_0)$,使得 $f'(x_1)=\dfrac{f(x_0)-f(a)}{x_0-a}$,从而有

$$F(x_1)=f'(x_1)-\frac{f(x_1)-f(a)}{b-a}=\frac{f(x_0)-f(a)}{x_0-a}-\frac{f(x_1)-f(a)}{b-a}$$

$$\geqslant\frac{f(x_0)-f(a)}{b-a}-\frac{f(x_1)-f(a)}{b-a}=\frac{f(x_0)-f(x_1)}{b-a}\geqslant 0.$$

若 $F(x_1)=0$,则结论成立;若 $F(x_1)>0$,又 $F(c)<0$,由介值定理知结论成立.

若 $f(c)<f(a)$,则 $F(c)>0$. 证明类似,请读者思考.

3. 应用问题

例 9.10 在极坐标曲线 $r=\mathrm{e}^{\theta}$ 的$\theta\in\left[0,\dfrac{\pi}{2}\right]$范围内曲线上找一点,使经过该点的切线与 x 轴和 y 轴的正向所围的三角形面积为最小,并求出此面积的值.

解 曲线的参数方程为$\begin{cases}x=\mathrm{e}^{\theta}\cos\theta\\ y=\mathrm{e}^{\theta}\sin\theta\end{cases}$,曲线上任一点处的导数为

$$\frac{\mathrm{d}y}{\mathrm{d}x}=\frac{\mathrm{e}^{\theta}\sin\theta+\mathrm{e}^{\theta}\cos\theta}{\mathrm{e}^{\theta}\cos\theta-\mathrm{e}^{\theta}\sin\theta}=\frac{\sin\theta+\cos\theta}{\cos\theta-\sin\theta}$$

切线方程为 $y-\mathrm{e}^{\theta}\sin\theta=\dfrac{\sin\theta+\cos\theta}{\cos\theta-\sin\theta}(x-\mathrm{e}^{\theta}\cos\theta)$,切线在 x 轴和 y 轴上的截距分别为 $a=\dfrac{\mathrm{e}^{\theta}}{\cos\theta+\sin\theta}$,$b=\dfrac{\mathrm{e}^{\theta}}{\cos\theta-\sin\theta}$,当 $\theta\neq\dfrac{\pi}{4}$时,所围图形的面积为

$$S=S(\theta)=\frac{1}{2}\frac{\mathrm{e}^{\theta}}{\cos\theta+\sin\theta}\cdot\frac{\mathrm{e}^{\theta}}{\cos\theta-\sin\theta}=\frac{1}{2}\frac{\mathrm{e}^{2\theta}}{\cos 2\theta}$$

令 $S=S'(\theta)=\dfrac{1}{2}\dfrac{2\mathrm{e}^{2\theta}\cos 2\theta+2\mathrm{e}^{2\theta}\sin 2\theta}{\cos 2\theta}=\mathrm{e}^{2\theta}(1+\tan 2\theta)=0$,解得唯一的驻点 $\theta=\dfrac{3\pi}{8}$,易知 $\theta=\dfrac{3\pi}{8}$即为所求的点,最小面积为 $S\left(\dfrac{3\pi}{8}\right)=\sqrt{2}\mathrm{e}^{\frac{3\pi}{4}}$.

4. 方程的根的问题

例 9.11 讨论方程$|x|^{\frac{1}{4}}+|x|^{\frac{1}{2}}-\cos x=0$ 的实根个数.

解 令 $f(x)=|x|^{\frac{1}{4}}+|x|^{\frac{1}{2}}-\cos x$,则当 $x>0$ 时,$f(x)=x^{\frac{1}{4}}+x^{\frac{1}{2}}-\cos x$,$f'(x)=\dfrac{1}{4}x^{-\frac{3}{4}}+\dfrac{1}{2}x^{-\frac{1}{2}}+\sin x$. 因为 $f(0)\cdot f(1)=-2+\cos 1<0$,由介值定理知 f 在$(0,1)$上存在实根,又当 $0<x<1$ 时,$f'(x)>0\Rightarrow f(x)$严格单调增$\Rightarrow$在区间$(0,1)$上该实根是唯一的. 再由于当 $x\geqslant 1$ 时,$f(x)>0$,我们有 f 在$(0,+\infty)$上存在唯一的实根. 因为 f 是偶函数且 $f(0)\neq 0$,所以

它在 $\mathbf{R}$ 上有且仅有两个实根.

例 9.12　应 k 的不同取值情况,确定方程 $x-\frac{\pi}{2}\sin x=k$ 在 $\left(0,\frac{\pi}{2}\right)$ 内根的个数.

分析　构造函数 $f(x)=x-\frac{\pi}{2}\sin x-k$,讨论 $f(x)$ 的零点,或构造函数 $\varphi(x)=x-\frac{\pi}{2}\sin x$,讨论 $\varphi(x)$ 的值域与 k 的关系.

解

解法一

令 $f(x)=x-\frac{\pi}{2}\sin x-k$,则 $f(x)$ 在 $\left[0,\frac{\pi}{2}\right]$ 上连续可导,且 $f'(x)=1-\frac{\pi}{2}\cos x$,令 $f'(x)=0$ 解出驻点 $x_0=\arccos\frac{2}{\pi}<1$,当 $x\in[0,x_0]$ 时,$f'(x)<0$,$f(x)$ 单调减少;当 $x\in\left[x_0,\frac{\pi}{2}\right]$ 时,$f'(x)>0$,$f(x)$ 单调增加.因此 x_0 是 $f(x)$ 在 $\left(0,\frac{\pi}{2}\right)$ 内唯一的极小值点,且 $f(0)=f\left(\frac{\pi}{2}\right)=-k$,$f(x_0)=x_0-\frac{\pi}{2}\sin x_0-k$,于是可得以下结论:

(1) 当 $f(0)f(x_0)>0$ 时,$f(x)$ 在 $\left(0,\frac{\pi}{2}\right)$ 内无零点,此时有 $k\left(x_0-\frac{\pi}{2}\sin x_0-k\right)<0$.解此不等式有

$$\begin{cases}k>0\\k>x_0-\frac{\pi}{2}\sin x_0\end{cases}\text{或}\begin{cases}k<0\\k<x_0-\frac{\pi}{2}\sin x_0\end{cases}$$

注意到 $\frac{\pi}{2}\sin x_0=\frac{\pi}{2}\cdot\frac{\sqrt{\pi^2-4}}{\pi}=\frac{\sqrt{\pi^2-4}}{2}>1$,因而 $x_0-\frac{\pi}{2}\sin x_0<0$,于是得到 $k>0$ 或 $k<x_0-\frac{\pi}{2}\sin x_0$.

(2) 当 $f(0)f(x_0)<0$ 时,$f(x)$ 在 $\left(0,\frac{\pi}{2}\right)$ 内恰有两个零点:$x_1\in(0,x_0)$ 及 $x_2\in\left(x_0,\frac{\pi}{2}\right)$,此时有 $k\left(x_0-\frac{\pi}{2}\sin x_0-k\right)>0$,解此不等式得

$$\begin{cases}k<0\\k>x_0-\frac{\pi}{2}\sin x_0\end{cases}\text{或}\begin{cases}k>0\\k<x_0-\frac{\pi}{2}\sin x_0<0\end{cases}$$

上述第二组不等式无解,因而得到 $x_0-\frac{\pi}{2}\sin x_0<k<0$.

(3) 当 $f(0)f(x_0)=0$ 时,$f(x)$ 在 $\left(0,\frac{\pi}{2}\right)$ 内恰有一个零点,此时应有 $f(x_0)=0$ 或 $f(0)=0$,即有 $k=0$ 或 $k=x_0-\frac{\pi}{2}\sin x_0$,但 $k=0$ 时,考察 $f(x)=x-\frac{\pi}{2}\sin x$,$f(0)=f\left(\frac{\pi}{2}\right)=0$,且 $f''(x)=\frac{\pi}{2}\sin x>0$,$f(x)$ 为下凸函数,故 $f(x)<0\left(0<x<\frac{\pi}{2}\right)$,于是得知 $k=0$ 时,$f(x)$ 在 $\left(0,\frac{\pi}{2}\right)$ 内无零点.

综上分析,结论如下:

当 $k<x_0-\frac{\pi}{2}\sin x_0$ 或 $k\geqslant 0$ 时,原方程在 $\left(0,\frac{\pi}{2}\right)$ 内无实根;当 $k=x_0-\frac{\pi}{2}\sin x_0$ 时,原方程

在$\left(0,\frac{\pi}{2}\right)$内有一个实根;当$x_0-\frac{\pi}{2}\sin x_0<k<0$时,原方程在$\left(0,\frac{\pi}{2}\right)$内有两个实根,其中$x_0=\arccos\frac{2}{\pi}$.

解法二 令$\varphi(x)=x-\frac{\pi}{2}\sin x$,则$\varphi(x)$连续可导,且$\varphi'(x)=1-\frac{\pi}{2}\cos x$,令$\varphi'(x)=0$解得驻点为$x_0=\arccos\frac{2}{\pi}<1$,且$x_0$为$\varphi(x)$在$\left(0,\frac{\pi}{2}\right)$内唯一极小值点,又$\varphi(0)=\varphi\left(\frac{\pi}{2}\right)=0$,则$\varphi(x)$在$\left(0,\frac{\pi}{2}\right)$内的值域为$(y_0,0)$,其中$y_0=x_0-\frac{\pi}{2}\sin x_0=\varphi(x_0)<0$,于是得知

(1) 当$k\notin[y_0,0]$,即$k<y_0$或$k>0$时,方程$\varphi(x)=k$在$\left(0,\frac{\pi}{2}\right)$内无根;

(2) 当$k=y_0$时,$\varphi(x)=k$在$\left(0,\frac{\pi}{2}\right)$内有唯一的根;

(3) 当$k\in(y_0,0)$时,由连续函数的介值定理,推知方程$\varphi(x)=k$在$(0,x_0)$和$\left(x_0,\frac{\pi}{2}\right)$内各有一个实根,即在$\left(0,\frac{\pi}{2}\right)$内有两个根.

例 9.13 设$x^{-2}+kx=1$有且仅有一个正根,求常数k的范围.

解 当$k=0$时,显然方程有唯一的正根1.

当$k\neq0$时,令$f(x)=x^{-2}+kx-1,x\in(0,+\infty)$,则$f'(x)=-2x^{-3}+k$.

(1) 当$k<0$时,$f'(x)<0\Rightarrow f(x)$严格单调减,又由$\lim\limits_{x\to0^+}f(x)=+\infty$,$\lim\limits_{x\to+\infty}f(x)=-\infty$,知方程存在唯一的正根;

(2) 当$k>0$时,$f'\left(\sqrt[3]{\frac{2}{k}}\right)=0$;当$x\in\left(0,\sqrt[3]{\frac{2}{k}}\right)$时,$f'(x)<0$;当$x\in\left(\sqrt[3]{\frac{2}{k}},+\infty\right)$时,$f'(x)>0$;故$x=\sqrt[3]{\frac{2}{k}}$是$f(x)$的最小值点,最小值为$f\left(\sqrt[3]{\frac{2}{k}}\right)=\sqrt[3]{\frac{k^2}{4}}\left(3-\sqrt[3]{\frac{4}{k^2}}\right)$.当$3-\sqrt[3]{\frac{4}{k^2}}=0$,即当$k=\frac{2\sqrt{3}}{9}$时,方程有唯一的正根.

综上所述可得$k\in(-\infty,0]\cup\left\{\frac{2\sqrt{3}}{9}\right\}$.

例 9.14 讨论方程$a^x=bx(a>1)$的实根个数.

解 当$b=0$时,显然方程无根.

当$b\neq0$时,令$f(x)=a^x-bx$,则$f'(x)=a^x\ln a-b$.

(1) 当$b<0$时,$f'(x)>0\Rightarrow f(x)$严格单调增,又$\lim\limits_{x\to-\infty}f(x)=-\infty$,$\lim\limits_{x\to+\infty}f(x)=+\infty$,方程存在唯一的正实根;

(2) 当$b>0$时,解得唯一驻点$x_0=\frac{\ln b-\ln(\ln a)}{\ln a}$;当$x<x_0$时,$f'(x)<0$;当$x>x_0$时,$f'(x)>0$;故$x_0$是$f(x)$的最小值点,最小值为$f(x_0)=\frac{b}{\ln a}\ln\left(\frac{e\ln a}{b}\right)$.当$b<e\ln a$时方程无实根;当$b=e\ln a$时方程有唯一的实根;当$b>e\ln a$时方程有两个实根.

例 9.15 设在$[0,+\infty)$上函数$f(x)$有连续导数,且$f'(x)\geqslant k>0$,$f(0)<0$,证明$f(x)$在$(0,+\infty)$内有且仅有一个零点.

证明　由题设 $f'(x)\geqslant k>0, x\in[0,+\infty)$，$f(x)$单调增加，由积分性质知

$$\int_0^x f'(x)\mathrm{d}x \geqslant \int_0^x k\mathrm{d}x \Rightarrow f(x) \geqslant kx + f(0)$$

取 $x_1>-\dfrac{f(0)}{k}>0$，由上式得 $f(x_1)>k\left[-\dfrac{f(0)}{k}\right]+f(0)=0$.

又因 $f(0)<0$，根据零点定理，必存在 $x_0\in(0,x_1)$，使 $f(x_0)=0$. 由于 $f'(x)>0$，函数 $f(x)$严格单调递增，所以根是唯一的.

（三）练习题

9.1　比较$(\sqrt{n})^{\sqrt{n+1}}$与$(\sqrt{n+1})^{\sqrt{n}}$的大小，其中 $n\geqslant 8$.

9.2　设 $f(x)=x+a\cos x(a>1)$在$(0,2\pi)$上存在极小值 0.

(1) 证明对应的极小值点在$\left(\dfrac{\pi}{2},\pi\right)$上；

(2) 证明它在$(0,2\pi)$上存在一个极大值 π，并求出对应的极大值点.

9.3（导数零点定理）　设 $f(x)$在$[a,b]$上可导且 $f'_+(a)\cdot f'_-(b)<0$. 则$\exists\,\xi\in(a,b)$，使得 $f'(\xi)=0$.

9.4（导数介值定理）　设 $f(x)$在$[a,b]$上可导. 则对任意介于 $f'_+(a)$与 $f'_-(b)$之间的数 μ，$\exists\,\xi\in(a,b)$，使得 $f'(\xi)=\mu$.

9.5　设 $f(x)$在 $\mathbf{R}$ 上有二阶导数，满足 $f''(x)+f'(x)g(x)-f(x)=0$，其中 $g(x)$为一个函数. 证明若 $f(x)$有两个零点，则在这两个零点之间 $f(x)$恒为零.

9.6　设 $f(x)$在$[a,b]$上有二阶导数且$\exists\,\xi\in(a,b)$，使得 $f''(\xi)\neq 0$. 证明$\exists\,x_1,x_2\in(a,b)$，使得$\dfrac{f(x_2)-f(x_1)}{x_2-x_1}=f'(\xi)$.

9.7　求一正数 a，使它与其倒数之和最小.

9.8　在抛物线 $y^2=2px$ 上哪一点的法线被抛物线所截之线段为最短？

9.9　设 $f(x)=1+\sum\limits_{k=1}^{n}(-1)^k\dfrac{x^k}{k}$. 证明当 n 是奇数时，$f(x)$ 有唯一的零点；当 n 是偶数时，$f(x)$ 没有零点.

9.10　讨论方程 $x^3+x^2-ax-b=0(a,b>0)$的正根个数.

9.11　讨论方程 $\mathrm{e}^x=ax$ 的实根个数.

（四）答案与提示

9.1　引入辅助函数 $f(x)=\dfrac{\ln x}{x}(x>0)$；计算结果为$(\sqrt{n})^{\sqrt{n+1}}>(\sqrt{n+1})^{\sqrt{n}}$.

9.2　证明(1)设 $x_0\in(0,2\pi)$是对应极小值点，则 $f(x_0)=x_0+a\cos x_0=0$ 且 $f'(x_0)=1-a\sin x_0=0$. 故 $0<\sin x_0=\dfrac{1}{a}<1\Rightarrow x_0\in(0,\pi)$；$\cos x_0=-\dfrac{x_0}{a}<0\Rightarrow x_0\in\left(\dfrac{\pi}{2},\dfrac{3\pi}{2}\right)$，从而 $x_0\in$

$\left(\frac{\pi}{2},\pi\right)$.

(2) 由 $f'(x)=1-a\sin x=0$ 可得另外一个候选极值点 $x_1=\pi-x_0\in\left(0,\frac{\pi}{2}\right)$,且 $f''(x_1)=-a\cos x_1<0$, 故 x_1 点是极大值点,且极大值 $f(x_1)=\pi-x_0+a\cos(\pi-x_0)=\pi-x_0-a\cos x_0=\pi$.

9.3 证明:不妨设 $f'_+(a)>0,f'_-(b)<0$,则 $f'_+(a)=\lim\limits_{x\to a^+}\frac{f(x)-f(a)}{x-a}>0$,故 $\exists\,\delta>0,\forall\,x\in(a,a+\delta),f(x)-f(a)>0$,从而 $f(a)$ 不是 $f(x)$ 在 $[a,b]$ 上的最大值. 同理 $f'_-(b)<0$ 蕴涵 $f(b)$ 也不是 $f(x)$ 在 $[a,b]$ 上的最大值. 因此 $f(x)$ 的最大值在 (a,b) 内部取到,进而由费马定理知,$\exists\,\xi\in(a,b)$,使得 $f'(\xi)=0$.

9.4 先引入辅助函数 $F(x)=f(x)-\mu x$,再利用 9.3 的结论.

9.5 反证法:设 $f(a)=f(b)=0$. 假设 $\exists\,x_0\in(x_1,x_2)$,使得 $f(x_0)\neq 0$,不妨设 $f(x_0)>0$,则 $f(x)$ 在 $[x_1,x_2]$ 上的最大值在 (x_1,x_2) 内部某点 $x=c$ 处取到. 从而 $f'(c)=0$ 且 $f(c)>0$. 由 $f''(c)+f'(c)g(c)-f(c)=0$ 得 $f''(c)>0$,可得 $x=c$ 为极小值点,矛盾.

9.6 不妨设 $f''(\xi)>0$,则

(1) 当 $f'(\xi)=0$ 时,$f(\xi)$ 为极小值,再进一步讨论;

(2) 当 $f'(\xi)\neq 0$ 时,令 $F(x)=f(x)-f'(\xi)x$,再利用(1)的结论.

9.7 $a=1$.

9.8 $(p,\pm\sqrt{2}p)$.

9.9 $f'(x)=\begin{cases}-\dfrac{1-(-x)^n}{1+x}, & x\neq -1\\ -n, & x=-1\end{cases}$,则当 n 是奇数时 $f'(x)<0$,又由 $\lim\limits_{x\to+\infty}f(x)=-\infty$, $\lim\limits_{x\to-\infty}f(x)=+\infty$ 可知 $f(x)$ 有唯一零点;当 n 是偶数时,$f(x)$ 有唯一驻点 $x=1$,又当 $x<1$ 时 $f'(x)<1$,当 $x>1$ 时 $f'(x)>0$,$f(x)$ 的最小值 $f(1)=1+\sum\limits_{k=1}^{n}\frac{(-1)^k}{k}>0$,因此无零点.

9.10 唯一.

9.11 讨论函数 $f(x)=x^{-2}e^x-a(x\neq 0)$ 可得:当 $a\leqslant 0$ 时无实根;当 $0<a<\frac{1}{4}e^2$ 时有一个实根;当 $a=\frac{1}{4}e^2$ 时有两个实根;当 $a>\frac{1}{4}e^2$ 时有三个实根.

第十讲　显式不等式的证明

（一）内容要点

不等式是解决许多数学问题的基本工具，而证明它的主要方法是利用函数的极值、单调性和凹凸性、微分中值定理和泰勒公式.

1. 单调性

单调性的充要条件　设 $f(x)$在$[a,b]$上连续，在(a,b)上可导，则

(1) $[a,b]:f(x)$单调增$\Leftrightarrow(a,b):f'(x)\geqslant 0$；

(2) $[a,b]:f(x)$单调减$\Leftrightarrow(a,b):f'(x)\leqslant 0$.

严格单调性的判别　设 $f(x)$在$[a,b]$上连续，在(a,b)上可导，则

(1) $(a,b):f'(x)>0\Rightarrow[a,b]:f(x)$严格单调增；

(2) $(a,b):f'(x)<0\Rightarrow[a,b]:f(x)$严格单调减.

2. 凹凸性

凹凸性的等价定义　若 $f(x)$在区间 I 上连续，则 $f(x)$在 I 上下凸

$$\Leftrightarrow \forall x_1,x_2\in I, f\left(\frac{x_1+x_2}{2}\right)\leqslant\frac{f(x_1)+f(x_2)}{2}$$

$$\Leftrightarrow \forall x_i\in I(i=1,2,\cdots,n), f\left(\frac{1}{n}\sum_{i=1}^{n}x_i\right)\leqslant\frac{1}{n}\sum_{i=1}^{n}f(x_i)$$

$$\Leftrightarrow \forall x_1,x_2\in I,\forall\lambda\in(0,1), f(\lambda x_1+(1-\lambda)x_2)\leqslant\lambda f(x_1)+(1-\lambda)f(x_2)$$

$$\Leftrightarrow \forall x_i\in I,\forall\lambda_i\in(0,1)(i=1,2,\cdots,n), f\left(\sum_{i=1}^{n}\lambda_i x_i\right)\leqslant\sum_{i=1}^{n}\lambda_i f(x_i)$$

若对任意不完全相同的 $x_i\in I$ 不等号是严格的，则 $f(x)$在 I 上严格下凸.

若不等号方向相反，则 $f(x)$在 I 上(严格)上凸.

凹凸性的充要条件　设 $f(x)$在$[a,b]$上连续，在(a,b)上可导，则

(1) $[a,b]:f(x)$下凸$\Leftrightarrow(a,b):f'(x)$单调增；

(2) $[a,b]:f(x)$上凸$\Leftrightarrow(a,b):f'(x)$单调减.

严格凹凸性的判别　设 $f(x)$在$[a,b]$上连续，在(a,b)上可导，则

(1) $(a,b):f'(x)$严格单调增$\Rightarrow[a,b]:f(x)$严格下凸；

(2) $(a,b):f'(x)$严格单调减$\Rightarrow[a,b]:f(x)$严格上凸.

推论　设 $f(x)$在$[a,b]$上连续，在(a,b)上二阶可导，则

(1) $(a,b):f''(x)\geqslant(>)0\Rightarrow[a,b]:f(x)$(严格)下凸；

(2) (a,b):$f'(x)\leqslant(<)0\Rightarrow[a,b]$:$f(x)$(严格)上凸.

(二) 例题选讲

1. 利用函数的单调性证明不等式

例 10.1 证明$(x^\alpha+y^\alpha)^{\frac{1}{\alpha}}>(x^\beta+y^\beta)^{\frac{1}{\beta}}$,其中 $x,y>0,0<\alpha<\beta$.

证明 由对称性不妨设 $x\leqslant y$,则结论$\Leftrightarrow\left[1+\left(\frac{y}{x}\right)^\alpha\right]^{\frac{1}{\alpha}}>\left[1+\left(\frac{y}{x}\right)^\beta\right]^{\frac{1}{\beta}}$.

令 $a=\frac{y}{x}\geqslant1,f(t)=(1+a^t)^{\frac{1}{t}},t>0$, 则结论$\Leftrightarrow f(\alpha)>f(\beta)$. 只要证明 $f(t)$在$(0,+\infty)$上严格单调减.

事实上:$f'(t)=(1+a^t)^{\frac{1}{t}}\left[\frac{1}{t}\ln(1+a^t)\right]'=(1+a^t)^{\frac{1}{t}}\frac{a^t\ln a^t-(1+a^t)\ln(1+a^t)}{t^2(1+a^t)}$.

令 $g(s)=s\ln s,(s\geqslant1)$,则 $g'(s)=\ln s+1>0$. 故 $g(s)$在$[1,+\infty)$上严格单调增,从而 $g(a^t)<g(1+a^t)$,进而 $f'(t)<0$. 结论得证.

评注:注意根据结论引入合适的辅助函数;有时在考查导数符号的过程中也常引入辅助函数.

例 10.2 证明$\left(\frac{ax+y}{x+y}\right)^{x+y}>a^x$,其中 $x,y>0,a>1$.

证明 令 $f(t)=\left(\frac{ax+t}{x+t}\right)^{x+t}(t\geqslant0)$,则 $f(0)=a^x$,结论$\Leftrightarrow f(y)>f(0)$,只要 $f(t)$在$[0,+\infty)$上严格单调增. 事实上: $f'(t)=\left(\frac{ax+t}{x+t}\right)^{x+t}\left[(x+t)\ln\frac{ax+t}{x+t}\right]'=\left(\frac{ax+t}{x+t}\right)^{x+t}\cdot\left(\ln\frac{ax+t}{x+t}+\frac{x+t}{ax+t}-1\right)$. 令 $g(s)=\ln s+\frac{1}{s}-1,s\geqslant1$,则 $g'(s)=\frac{s-1}{s^2}>0,\forall s>1$. 故 $g(s)$在$[1,+\infty)$上严格单调增,从而由$\frac{ax+t}{x+t}>1$ 得 $g\left(\frac{ax+t}{x+t}\right)>g(1)=0$,进而 $f'(t)>0$. 结论得证.

评注:注意开区间上一阶导数的符号刻画了闭区间上连续函数的单调性.

例 10.3 证明$\forall x>0,\ln^2\left(1+\frac{1}{x}\right)<\frac{1}{x(x+1)}$.

证明 令 $t=\frac{1}{x}$,则结论$\Leftrightarrow\forall t>0,\ln^2(1+t)<\frac{t^2}{1+t}\Leftrightarrow\forall t>0,\sqrt{1+t}\ln(1+t)-t<0$. 令 $f(t)=\sqrt{1+t}\ln(1+t)-t,t\geqslant0$,则结论$\Leftrightarrow f(t)<f(0)$,只要 $f(t)$在$[0,+\infty)$上严格单调减. 事实上:$f'(t)=\frac{\ln\sqrt{1+t}-\sqrt{1+t}+1}{\sqrt{1+t}}$. 令 $g(s)=\ln s-s+1,s\geqslant1$,则 $g'(s)=\frac{1-s}{s}<0,\forall s>1$. 故 $g(s)$在$[1,+\infty)$上严格单调减,从而 $g(\sqrt{1+t})<g(1)=0$,进而 $f'(t)<0$. 结论得证.

评注:例 10.10～例 10.12 的证明过程颇具代表性,关键在于构造合适的辅助函数.

例 10.4 证明$\forall 0<x<1,\frac{2}{\mathrm{e}}<x^{\frac{x}{1-x}}+x^{\frac{1}{1-x}}<1$.

证明 令 $f(x)=x^{\frac{x}{1-x}}+x^{\frac{1}{1-x}},0<x<1$,则

$$\lim_{x\to0^+}f(x)=\lim_{x\to0^+}\left(e^{\frac{x}{1-x}\ln x}+e^{\frac{1}{1-x}\ln x}\right)=1,\lim_{x\to1^-}f(x)=\lim_{x\to1^-}\left(e^{\frac{x}{1-x}\ln x}+e^{\frac{1}{1-x}\ln x}\right)=\frac{2}{e}$$

只要证明 $\forall\, 0<x<1$，$f(x)$严格单调减，便有$\frac{2}{e}=f(1^-)<f(x)<f(0^+)=1$.

而

$$f'(x)=x^{\frac{x}{1-x}}\left(\frac{x}{1-x}\ln x\right)'+x^{\frac{1}{1-x}}\left(\frac{1}{1-x}\ln x\right)'=x^{\frac{x}{1-x}}\frac{1}{(1-x)^2}[(x+1)\ln x+2(1-x)]$$

令 $g(x)=(x+1)\ln x+2(1-x)$，$x>0$，则 $g'(x)=\ln x+\frac{1}{x}-1$；$g''(x)=\frac{x-1}{x^2}<0$，$\forall x\in(0,1)\Rightarrow g'(x)$在$(0,1]$上严格单调减$\Rightarrow g'(x)>g'(1)=0$，$\forall x\in(0,1)\Rightarrow g(x)$在$(0,1]$上严格单调增$\Rightarrow g(x)<g(1)=0$，$\forall x\in(0,1)\Rightarrow f'(x)<0$，$\forall x\in(0,1)$. 结论得证.

评注：如果一阶导数的符号不易判别，有时要利用二阶导数的单调性，但本质上与例 10.1～例 10.3 一致(只要把导函数 $g'(x)$看成一个新的辅助函数 $h(x)$即可).

例 10.5　证明不等式$\frac{2x}{\pi}<\sin x<x$，$x\in\left(0,\frac{\pi}{2}\right)$.

证明　先证 $x\in\left(0,\frac{\pi}{2}\right)$时，有 $\sin x<x$；令 $f(x)=x-\sin x$，则

$$f'(x)=1-\cos x>0,x\in\left(0,\frac{\pi}{2}\right)$$

所以 $f(x)$在$\left(0,\frac{\pi}{2}\right)$内严格递增，又 $f(x)$在 $x=0$ 点处连续，故当 $x\in\left(0,\frac{\pi}{2}\right)$时，有 $f(x)>f(0)=0\Rightarrow\sin x<x$.

当 $x\in\left(0,\frac{\pi}{2}\right)$时，令 $g(x)=\frac{\sin x}{x}$，则 $g'(x)=\frac{x\cos x-\sin x}{x^2}=\frac{\cos x(x-\tan x)}{x^2}$.

再令 $h(x)=x-\tan x$，下面确定 $h(x)$正负号：当 $x\in\left(0,\frac{\pi}{2}\right)$时，$h'(x)=1-\sec^2 x=-\tan^2 x<0$，所以 h 在$\left(0,\frac{\pi}{2}\right)$内严格递减，又 h 在 $x=0$ 处连续，故

$$h(x)<h(0)=0,x\in\left(0,\frac{\pi}{2}\right)$$

由此可得：$h'(x)<0$，$x\in\left(0,\frac{\pi}{2}\right)$. 所以 $g(x)$在$\left(0,\frac{\pi}{2}\right)$内严格单调递减，又 $g(x)$在 $x=\frac{\pi}{2}$处连续，所以当 $x\in\left(0,\frac{\pi}{2}\right)$时，有 $g(x)>g\left(\frac{\pi}{2}\right)=\frac{2}{\pi}\Rightarrow\frac{2}{\pi}x<\sin x$.

例 10.6　设 $b>a>0$，求证：$\ln\frac{b}{a}>\frac{2(b-a)}{a+b}$.

分析：即证 $\ln\frac{b}{a}-\frac{2(b-a)}{a+b}>0$，若令 $b=a$，则 $\ln\frac{a}{a}-\frac{2(a-a)}{a+b}=0$，这就隐含着函数的单调性：$b=a$ 时，$f(b)=0$，要证 $b>a$ 时，$f(b)>0=f(a)$，于是用函数的单调性.

证明　令 $F(x)=\ln\frac{x}{a}-\frac{2(x-a)}{a+x}(x>a)$，$F(a)=0$. 即

$$F(x)=\ln x-\ln a-2+\frac{4a}{a+x}$$

于是 $F'(x)=\frac{1}{x}-\frac{4a}{(x+a)^2}$.

因为当 $x>a$ 时，$(x+a)^2>4ax$，所以 $F'(x)>\frac{1}{x}-\frac{4a}{4ax}=0$，从而 $F(x)$ 严格单调递增.

所以 $\forall x>a, F(x)>F(a)=0$，所以 $F(b)>0\Rightarrow \ln\frac{b}{a}>\frac{2(b-a)}{a+b}$.

例 10.7 设 $x>0$，常数 $a>\mathrm{e}$. 证明 $(a+x)^a<a^{a+x}$.

证明 由函数 $y=\ln x$ 的单调性，只需证明 $a\ln(a+x)<(a+x)\ln a$.

设 $f(x)=(a+x)\ln a-a\ln(a+x)$，则 $f(x)$ 在 $[0,+\infty)$ 内连续、可导，且

$$f'(x)=\ln a-\frac{a}{a+x}>0$$

所以 $f(x)$ 在 $[0,+\infty)$ 内单调增加，又 $f(0)=0$，从而当 $x>0$ 时，有 $f(x)>0$，即

$$a\ln(a+x)<(a+x)\ln a, x>0$$

所以 $(a+x)^a<a^{a+x}, x>0$.

例 10.8 设 $0<x<1$，证明 $\left(1+\frac{1}{x}\right)^x(1+x)^{\frac{1}{x}}<4$.

分析：由于涉及幂指函数又是乘积形式，直接求导会很复杂，应先取对数变形，再用单调性证明.

证明 两边取对数，将所要证明的不等式变形为等价的不等式：

$$x\ln\left(1+\frac{1}{x}\right)+\frac{1}{x}\ln(1+x)<\ln 4$$

作辅助函数 $\varphi(x)=x\ln\left(1+\frac{1}{x}\right)+\frac{1}{x}\ln(1+x)-\ln 4, 0<x<1$.

则有 $\varphi(1)=0$，且

$$\varphi'(x)=\ln\left(1+\frac{1}{x}\right)-\frac{1}{x+1}-\frac{1}{x^2}\ln(1+x)+\frac{1}{x(x+1)}$$

对于 $\varphi'(x)$，直接看不出它的符号，将它看做一个新的函数，用单调性讨论它在 $0<x<1$ 的符号. 易见

$$\varphi'(1)=0, \varphi''(x)=\frac{2}{x^3}\left[\ln(1+x)-\frac{x(2x+1)}{(x+1)^2}\right]$$

仍不能看出当 $0<x<1$ 时 $\varphi''(x)$ 的符号，再令

$$\psi(x)=\ln(1+x)-\frac{x(2x+1)}{(x+1)^2}$$

有 $\psi(0)=0, \psi'(x)=\frac{x(x-1)}{(x+1)^3}<0, (0<x<1)$. 于是推得，当 $0<x<1$ 时，$\psi(x)<0\Rightarrow\varphi''(x)<0$ $(0<x<1)$. 由 $\varphi'(1)=0$ 推知，当 $0<x<1$ 时，$\varphi'(x)>0$.

再由 $\varphi(1)=0$ 推知，当 $0<x<1$ 时 $\varphi(x)<0$，即

$$x\ln\left(1+\frac{1}{x}\right)+\frac{1}{x}\ln(1+x)<\ln 4$$

2. 利用函数的极值或最值证明不等式

例 10.9 试证：当 $x>0$ 时，$(x^2-1)\ln x\geqslant(x-1)^2$.

证明

证法一 令 $\varphi(x)=(x^2-1)\ln x-(x-1)^2$，易知 $\varphi(1)=0$，由于

$$\varphi'(x)=2x\ln x-x+2-\frac{1}{x}, \varphi'(1)=0$$

$$\varphi''(x)=2\ln x+1+\frac{1}{x^2},\varphi''(1)=2>0$$

$$\varphi'''(x)=\frac{2(x^2-1)}{x^3}$$

故当 $0<x<1$ 时 $\varphi'''(x)<0$；当 $1<x<+\infty$ 时 $\varphi'''(x)>0$，从而当 $x\in(0,+\infty)$ 时 $\varphi''(x)>0$.

由 $\varphi'(1)=0$ 推知当 $0<x<1$ 时 $\varphi'(x)<0$；当 $1<x<+\infty$ 时 $\varphi'(x)>0$. 再则 $\varphi(1)=0$ 推知当 $(x^2-1)\ln x\geqslant(x-1)^2$.

证法二　令 $\varphi(x)=\ln x-\frac{x-1}{x+1}$，则

$$\varphi'(x)=\frac{1}{x}-\frac{2}{(x+1)^2}=\frac{x^2+1}{x(x+1)^2}>0(x>0)$$

因为 $\varphi(1)=0$，所以当 $0<x<1$ 时，$\varphi(x)<0$；当 $1<x<+\infty$ 时，$\varphi(x)>0$，于是当 $x>0$ 时，$(x^2-1)\varphi(x)=(x^2-1)\ln x-(x-1)^2\geqslant0$，所以 $(x^2-1)\ln x\geqslant(x-1)^2$.

例 10.10　设 $x<2$，证明 $(2x-3)\ln(2-x)-x+1\leqslant0$，并问何处等号成立.

分析：先求导试试，发现存在驻点，试探用最值方法来证明不等式.

证明　令 $\varphi(x)=(2x-3)\ln(2-x)-x+1,x<2$. 有

$$\varphi'(x)=2\ln(2-x)+\frac{1-x}{2-x}$$

易见，$\varphi'(1)=0$，且当 $x<1$ 时 $\varphi'(x)>0$，当 $1<x<2$ 时 $\varphi'(x)<0$. 所以 $\varphi(1)$ 是 $\varphi(x)$ 在区间 $(-\infty,2)$ 内的唯一极大值，即最大值，所以当 $x<2$ 时，有

$$\varphi(x)=(2x-3)\ln(2-x)-x+1\leqslant0$$

且仅在 $x=1$ 时等号成立.

例 10.11　证明 $2^{1-p}\leqslant x^p+(1-x)^p\leqslant1$，其中 $0\leqslant x\leqslant1,p>1$.

证明　令 $f(x)=x^p+(1-x)^p,0\leqslant x\leqslant1$，则 $f'(x)=p[x^{p-1}-(1-x)^{p-1}]$ 在 $(0,1)$ 内有唯一驻点 $x=\frac{1}{2}$. 由于 $f\left(\frac{1}{2}\right)=2^{1-p}$，$f(0)=f(1)=1$，故 $\max\limits_{x\in[0,1]}f(x)=1$，$\min\limits_{x\in[0,1]}f(x)=2^{1-p}$，从而结论成立.

例 10.12　设 $1\leqslant x\leqslant3\mathrm{e}$，证明不等式

$$1-(\ln 3)^2\leqslant\ln x^2-\ln^2x\leqslant1$$

证明　设 $f(x)=\ln x^2-\ln^2x,x\in[1,3\mathrm{e}]$，则

$$f'(x)=[2\ln x-(\ln x)^2]'=\frac{2}{x}(1-\ln x)$$

令 $f'(x)=0$，得唯一驻点 $x_0=\mathrm{e}$，计算 $f(\mathrm{e})=1,f(1)=0,f(3\mathrm{e})=1-(\ln 3)^2<0$，于是

$$\min_{x\in[1,3\mathrm{e}]}f(x)=f(3\mathrm{e})=1-(\ln 3)^2,\ \max_{x\in[1,3\mathrm{e}]}f(x)=f(\mathrm{e})=1$$

从而得所欲证不等式 $1-(\ln 3)^2\leqslant\ln x^2-\ln^2x\leqslant1.(1\leqslant x\leqslant3\mathrm{e})$

例 10.13　证明 $\forall x>0,x^2-(2\ln 2)x+1<\mathrm{e}^x$.

证明　令 $f(x)=x^2-(2\ln 2)x+1-\mathrm{e}^x$，则 $f(0)=0$ 且 $f'(x)=2x-2\ln 2-\mathrm{e}^x$，$f''(x)=2-\mathrm{e}^x$. 当 $0<x<\ln 2$ 时，$f''(x)>0$，$f'(x)$ 严格单调增；当 $x>\ln 2$ 时，$f''(x)<0$，$f'(x)$ 严格单调减. 故 $\max\limits_{x>0}f'(x)=f'(\ln 2)=-2<0$，从而 $f(x)$ 在 $[0,+\infty)$ 上严格单调减，进而 $\forall x>0$，$f(x)<f(0)=0$，结论成立.

例 10.14　证明 $\forall x,y>0$ 且 $x\neq y$，$x\ln x-y\ln y<(x-y)(\ln x+1)$.

证明 对任意固定的正数 x,令 $f(y)=x\ln x-y\ln y-(x-y)(\ln x+1)$,则 $f(x)=0$ 且 $f'(y)=\ln x-\ln y$,$f(y)$在$(0,+\infty)$上有唯一驻点 $y=x$. 当 $y<x$ 时,$f'(y)>0$,$f(y)$严格单调增;当 $y>x$ 时,$f'(y)<0$,$f(y)$严格单调减. 从而 $\forall\, 0<y\neq x$,$f(y)<f(x)$,结论成立.

例 10.15 求 α,使得 $\forall\, x,y>0$,$x\leqslant\dfrac{\alpha-1}{\alpha}y+\dfrac{1}{\alpha}\dfrac{x^{\alpha}}{y^{\alpha-1}}$.

解 对任意固定的正数 x,令 $f(y)=\dfrac{\alpha-1}{\alpha}y+\dfrac{1}{\alpha}\dfrac{x^{\alpha}}{y^{\alpha-1}}$,则 $f(x)=x$ 且 $f'(y)=\dfrac{\alpha-1}{\alpha}\cdot\left[1-\left(\dfrac{x}{y}\right)^{\alpha}\right]$,$f(y)$在$(0,+\infty)$上有唯一驻点 $y=x$.

(1) 当 $\alpha<0$ 时,当 $y<x$ 时,$f'(y)>0$,$f(y)$严格单调增;当 $y>x$ 时,$f'(y)<0$,$f(y)$严格单调减. 故 $\forall\, 0<y\neq x$,$f(y)<f(x)=x$.

(2) 当 $0<\alpha<1$ 时,同理可证 $\forall\, 0<y\neq x$,$f(y)<f(x)=x$.

(3) 当 $\alpha\geqslant 1$ 时,当 $y<x$ 时,$f'(y)<0$,$f(y)$严格单调减;当 $y>x$ 时,$f'(y)>0$,$f(y)$严格单调增. 故 $f(y)\geqslant f(x)=x$.

综上可得 $\alpha\in[1,+\infty)$.

3. 利用函数的凸凹性证明不等式

例 10.16 证明 $ab\leqslant\dfrac{a^p}{p}+\dfrac{b^q}{q}$,其中 $a,b>0$,$p,q>1$,$\dfrac{1}{p}+\dfrac{1}{q}=1$.

分析:$\mathrm{e}^{\frac{\ln a^p}{p}+\frac{\ln b^q}{q}}=\mathrm{e}^{\ln a+\ln b}=ab\leqslant\dfrac{a^p}{p}+\dfrac{b^q}{q}=\dfrac{1}{p}\mathrm{e}^{\ln a^p}+\dfrac{1}{q}\mathrm{e}^{\ln b^q}$. 令 $f(x)=\mathrm{e}^x$,$\lambda=\dfrac{1}{p}$,$x_1=\ln a^p$,$x_2=\ln b^q$,则 $0<\lambda<1$ 且$\dfrac{1}{q}=1-\lambda$,从而上式$\Leftrightarrow f(\lambda x_1+(1-\lambda)x_2)\leqslant\lambda f(x_1)+(1-\lambda)f(x_2)$.

证明 令 $f(x)=\mathrm{e}^x$,则 $f''(x)=\mathrm{e}^x>0$,从而 $f(x)$在 $\mathbf{R}$ 上下凸,结论成立.

评注:关键在于从结论出发寻找辅助函数.

例 10.17 证明$(a_1a_2\cdots a_n)^{\frac{1}{n}}+(b_1b_2\cdots b_n)^{\frac{1}{n}}\leqslant[(a_1+b_1)(a_2+b_2)\cdots(a_n+b_n)]^{\frac{1}{n}}$,其中 a_i,$b_i\geqslant 0(i=1,2,\cdots,n)$.

证明 若 a_i,b_i 中有一个为零,则不等式显然成立. 因此不妨设 a_i,b_i 全为正数. 两边除以$(a_1a_2\cdots a_n)^{\frac{1}{n}}$,并令 $x_i=\dfrac{b_i}{a_i}$,结论等价于$1+(x_1x_2\cdots x_n)^{\frac{1}{n}}\leqslant[(1+x_1)(1+x_2)\cdots(1+x_n)]^{\frac{1}{n}}$,其中 $x_i>0$,$1\leqslant i\leqslant n$. 进一步设 $t_i=\ln x_i$,$f(t)=\ln(1+\mathrm{e}^t)$,则上式$\Leftrightarrow\ln(1+\mathrm{e}^{\frac{1}{n}(t_1+t_2+\cdots+t_n)})\leqslant\dfrac{1}{n}\left[\sum\limits_{i=1}^{n}\ln(1+\mathrm{e}^{t_i})\right]\Leftrightarrow f\left(\dfrac{1}{n}\sum\limits_{i=1}^{n}t_i\right)\leqslant\dfrac{1}{n}\sum\limits_{i=1}^{n}f(t_i)$. 而 $f''(t)=\dfrac{\mathrm{e}^t}{(1+\mathrm{e}^t)^2}>0$ 蕴涵 $f(t)$ 下凸,结论得证.

例 10.18 证明 $\left(\dfrac{\sum\limits_{i=1}^{n}p_ia_i}{\sum\limits_{i=1}^{n}p_i}\right)^r\leqslant\dfrac{\sum\limits_{i=1}^{n}p_ia_i^r}{\sum\limits_{i=1}^{n}p_i}$,其中 $r>1$,a_i,$p_i>0(i=1,2,\cdots,n)$.

分析:结论 $\Leftrightarrow\left[\sum\limits_{i=1}^{n}\left(\dfrac{p_i}{\sum\limits_{i=1}^{n}p_i}\right)a_i\right]^r\leqslant\sum\limits_{i=1}^{n}\left(\dfrac{p_i}{\sum\limits_{i=1}^{n}p_i}\right)a_i^r$,令 $f(x)=x^r$,$\lambda_i=\dfrac{p_i}{\sum\limits_{i=1}^{n}p_i}$,则 $\lambda_i>0$ 且 $\sum\limits_{i=1}^{n}\lambda_i=1$. 上式 $\Leftrightarrow f\left(\sum\limits_{i=1}^{n}\lambda_ia_i\right)\leqslant\sum\limits_{i=1}^{n}\lambda_if(a_i)$. 只要证 $f(x)$ 在$(0,+\infty)$上下凸.

证明　略.

评注:思考当 $0<r<1$ 时,有没有类似的不等式?

4. 利用中值定理或泰勒公式证明不等式

例 10.19　设 $a>b>0,p>1$,证明不等式

$$pb^{p-1}(a-b)\leqslant a^p-b^p\leqslant pa^{p-1}(a-b)$$

证明　令 $f(x)=x^p$,在$[a,b]$上用拉格朗日中值定理,则有

$$a^p-b^p=p\xi^{p-1}(a-b),\xi\in(b,a)$$

因为 $\varphi(x)=x^{p-1}(p>1)$单调增加,于是原不等式成立.

例 10.20　设 $0<a<b$,证明不等式$\frac{2a}{a^2+b^2}<\frac{\ln b-\ln a}{b-a}<\frac{1}{\sqrt{ab}}$.

证明　为证右边不等式,令 $f(x)=\ln x-\ln a-\frac{x-a}{\sqrt{ax}}(x\geqslant a>0)$,则 $f(a)=0$,于是

$$f'(x)=\frac{1}{x}-\ln a-\frac{1}{\sqrt{a}}\left(\frac{1}{2\sqrt{x}}-\frac{a}{2x\sqrt{x}}\right)=-\frac{(\sqrt{x}-\sqrt{a})^2}{2x\sqrt{ax}}<0$$

于是 $f(x)$单调减少,所以 $f(x)<0$.令 $x=b$,得到

$$f(b)=\ln b-\ln a-\frac{b-a}{\sqrt{ab}}<0$$

即右边的不等式成立.

再证左边的不等式.令 $g(x)=\ln x(x>a>0)$,在区间$[a,b]$上用拉格朗日中值定理,$\exists\xi\in(a,b)$,使得

$$\frac{\ln b-\ln a}{b-a}=(\ln x)'|_{x=\xi}=\frac{1}{\xi}>\frac{1}{b}>\frac{2a}{a^2+b^2}$$

因此得到$\frac{2a}{a^2+b^2}<\frac{\ln b-\ln a}{b-a}$.

评注:以上用了基本不等式 $a^2+b^2>2ab(a\neq b)$.此外也可作辅助函数

$$F(x)=(x^2+a^2)(\ln x-\ln a)-2a(x-a)(x>a>0)$$

再利用单调性来证明.

例 10.21　设 $\mathrm{e}<a<b<\mathrm{e}^2$,证明 $\ln^2 b-\ln^2 a>\frac{4}{\mathrm{e}^2}(b-a)$.

分析:本题所给不等式的形式容易使人想到用拉格朗日中值定理证明.

证明　令 $f(x)=\ln^2 x$,在区间$[a,b]$上用拉格朗日中值公式,有

$$f(b)-f(a)=\ln^2 b-\ln^2 a=(\ln^2 x)'|_{x=\xi}(b-a)=\frac{2\ln\xi}{\xi}(b-a),a<\xi<b$$

因此,为证 $\ln^2 b-\ln^2 a>\frac{4}{\mathrm{e}^2}(b-a)$,只要证明当 $a<\xi<b$ 时有

$$\frac{2\ln\xi}{\xi}>\frac{4}{\mathrm{e}^2} \qquad ①$$

令 $\varphi(x)=\frac{2\ln x}{x}-\frac{4}{\mathrm{e}^2}$,有 $\varphi(\mathrm{e}^2)=0,\varphi'(x)=2\cdot\frac{1-\ln x}{x^2}<0(x>\mathrm{e})$,于是推知,当 $\mathrm{e}<x<\mathrm{e}^2$ 时 $\varphi(x)>0$,从而式①成立,这就证明了所欲证不等式.

(三) 练习题

10.1 利用函数的单调性证明不等式：

(1) $\tan x > x - \frac{x^3}{3}, x \in \left(0, \frac{\pi}{3}\right)$； (2) $x - \frac{x^2}{2} < \ln(1+x) < x - \frac{x^2}{2(1+x)}, x > 0$.

10.2 设 $x > a > 0$，证明 $\ln x - \ln a < \frac{x-a}{\sqrt{ax}}$.

10.3 设 $x \in (0,1)$，证明不等式：

(1) $(1+x)\ln^2(1+x) < x^2$； (2) $\frac{1}{\ln 2} - 1 < \frac{1}{\ln(1+x)} - \frac{1}{x} < \frac{1}{2}$.

10.4 证明$(1+a)\ln(1+a) + (1+b)\ln(1+b) < (1+a+b)\ln(1+a+b)$，其中 $a, b > 0$.

10.5 证明 $\forall x > 0, (1+x)^{1+\frac{1}{x}} < e^{1+\frac{x}{2}}$.

10.6 证明 $\forall x > 0, (x^2+2x+2)e^{-x} < 2$.

10.7 证明 $\forall 0 < x < 1, \sqrt{\frac{1-x}{1+x}} < \frac{\ln(1+x)}{\arcsin x}$.

10.8 证明 $\forall x > 0, \forall n \in \mathbf{N}, 0 < e^x - \sum_{k=0}^{n} \frac{x^k}{k!} < \frac{x}{n}(e^x - 1)$.

10.9 证明 $\forall x > 0, 2x \leqslant x\ln x + e$.

10.10 证明 $\forall 0 < x < 1, \forall n \in \mathbf{N}, x^n(1-x) < \frac{1}{ne}$.

10.11 证明$\left(\frac{a+x}{b+x}\right)^{b+x} > \left(\frac{a}{b}\right)^b$，其中 $a, b, x > 0, a \neq b$.

10.12 求最大的 α 和最小的 β，使得 $\forall n \in \mathbf{N}, \left(1+\frac{1}{n}\right)^{n+\alpha} \leqslant e \leqslant \left(1+\frac{1}{n}\right)^{n+\beta}$.

10.13 证明平均值不等式$\frac{n}{\frac{1}{a_1}+\frac{1}{a_2}+\cdots+\frac{1}{a_n}} \leqslant \sqrt[n]{a_1a_2\cdots a_n} \leqslant \frac{a_1+a_2+\cdots+a_n}{n}$，其中 $a_i > 0$ $(i=1,2\cdots,n)$.

10.14 证明 $a_1^{p_1}a_2^{p_2}\cdots a_n^{p_n} \leqslant \left(\frac{p_1a_1+p_2a_2+\cdots+p_na_n}{p_1+p_2+\cdots+p_n}\right)^{p_1+p_2+\cdots+p_n}$，其中 $a_i, p_i > 0$ $(i=1, 2\cdots,n)$.

10.15 利用例10.16证明$\sum_{i=1}^{n} a_ib_i \leqslant \left(\sum_{i=1}^{n} a_i^p\right)^{\frac{1}{p}} \left(\sum_{i=1}^{n} b_i^q\right)^{\frac{1}{q}}$，其中 $a_i, b_i > 0$ $(i=1,2\cdots,n)$ $p, q > 1, \frac{1}{p} + \frac{1}{q} = 1$.

10.16 设 $e < x_1 < x_2$，证明$\frac{x_1}{x_2} < \frac{\ln x_1}{\ln x_2} < \frac{x_2}{x_1}$.

(四) 答案与提示

10.1 作适当辅助函数.

10.2　令 $\varphi(x)=\ln x-\ln a-\dfrac{x-a}{\sqrt{ax}}$，$a<x<+\infty$，讨论函数 $\varphi(x)$ 的单调性.

10.3　(1) 作辅助函数 $f(x)=(1+x)\ln^2(1+x)-x^2$，$x\in(0,1)$，用单调性方法证明.

(2) 作辅助函数 $g(x)=\dfrac{1}{\ln(1+x)}-\dfrac{1}{x}$，$x\in(0,1)$，综合利用单调性和极值或最值方法证明.

10.4　讨论 $f(x)=(1+a)\ln(1+a)+(1+x)\ln(1+x)-(1+a+x)\ln(1+a+x)$，$x\geqslant 0$.

10.5　利用 $f(x)=(1+x)\ln(1+x)-x-\dfrac{x^2}{2}$，$x\geqslant 0$ 证明等价不等式 $(1+x)\ln(1+x)<x+\dfrac{x^2}{2}$，$x>0$.

10.6　利用 $f(x)=x^2+2x+2-2\mathrm{e}^x$，$x\geqslant 0$ 证明等价不等式 $\forall x>0$，$x^2+2x+2<2\mathrm{e}^x$.

10.7　证明等价不等式 $\arcsin x<\sqrt{\dfrac{1+x}{1-x}}\ln(1+x)$.

10.8　令 $f(x)=\mathrm{e}^x\left(1-\dfrac{x}{n}\right)+\dfrac{x}{n}-\sum\limits_{k=0}^{n}\dfrac{x^k}{k!}$，$x\geqslant 0$. 则 $f'(x)=\mathrm{e}^x\left(1-\dfrac{1}{n}-\dfrac{x}{n}\right)+\dfrac{1}{n}-\sum\limits_{k=0}^{n-1}\dfrac{x^k}{k!}$；$f^{(i)}(x)=\mathrm{e}^x\left(1-\dfrac{i}{n}-\dfrac{x}{n}\right)-\sum\limits_{k=0}^{n-i}\dfrac{x^k}{k!}\,(2\leqslant i\leqslant n)$ 且 $f^{(i)}(0)=\begin{cases}0, & i=0,1\\ -\dfrac{i}{n}, & 2\leqslant i\leqslant n\end{cases}$. 由于 $f^{(n)}(x)=-\dfrac{x\mathrm{e}^x}{n}-1<0\Rightarrow f^{(n-1)}(x)$ 在 $[0,+\infty)$ 上严格单调减 $\Rightarrow\forall x>0$，$f^{(n-1)}(x)<f^{(n-1)}(0)<0\Rightarrow f^{(n-2)}(x)$ 在 $[0,+\infty)$ 上严格单调减 $\Rightarrow\forall x>0$，$f^{(n-2)}(x)<f^{(n-2)}(0)<0\Rightarrow\cdots\Rightarrow f'(x)$ 在 $[0,+\infty)$ 上严格单调减 $\Rightarrow\forall x>0$，$f'(x)<f'(0)=0\Rightarrow f(x)$ 在 $[0,+\infty)$ 上严格单调减 $\Rightarrow\forall x>0$，$f(x)<f(0)=0$. 结论得证.

10.9　讨论 $f(x)=2x-x\ln x-\mathrm{e}$.

10.10　令 $f(x)=x^n(1-x)$，$0<x<1$. 则 $f'(x)=x^{n-1}[n-(n+1)x]$，$f(x)$ 在 $(0,1)$ 上有唯一驻点 $x=\dfrac{n}{n+1}$. 当 $0<x<\dfrac{n}{n+1}$ 时，$f(x)$ 严格单调增；当 $\dfrac{n}{n+1}<x<1$ 时，$f(x)$ 严格单调减. 故 $\forall\, 0<x<1$，$f(x)\leqslant f\left(\dfrac{n}{n+1}\right)=\left(\dfrac{n}{n+1}\right)^n\dfrac{1}{n+1}=\left(\dfrac{n}{n+1}\right)^{n+1}\dfrac{1}{n}$. 令 $x_n=\left(\dfrac{n}{n+1}\right)^{n+1}$，因为由平均值不等式可得 $x_n=\left(\dfrac{n}{n+1}\right)^{n+1}\cdot 1\leqslant\left[\dfrac{(n+1)\dfrac{n}{n+1}+1}{n+2}\right]^{n+2}=\left(\dfrac{n+1}{n+2}\right)^{n+2}=x_{n+1}$，从而 x_n 单调增，又极限为 $\dfrac{1}{\mathrm{e}}$. 因此 $x_n<\dfrac{1}{\mathrm{e}}$，结论成立.

10.11　讨论 $f(x)=(b+x)\ln(a+x)+(b+x)\ln(b+x)-b(\ln a-\ln b)$，$x\geqslant 0$.

10.12　结论 $\Leftrightarrow\alpha\leqslant\dfrac{1}{\ln\left(1+\dfrac{1}{n}\right)}-n\leqslant\beta$，因此只要求出 $f(x)=\dfrac{1}{\ln(1+x)}-\dfrac{1}{x}$，$0<x\leqslant 1$ 的最大值和最小值. 可证出 $f'(x)<0$，$f(x)$ 在 $(0,1]$ 上严格单调减，故 $\dfrac{1}{\ln 2}-1=f(1)<f(x)<f(0^+)=\dfrac{1}{2}$. 因此 α 最大值为 $\dfrac{1}{\ln 2}-1$，β 最小值为 $\dfrac{1}{2}$.

10.13　左边不等式$\Leftrightarrow \ln \dfrac{\dfrac{1}{a_1}+\dfrac{1}{a_2}+\cdots+\dfrac{1}{a_n}}{n} \geqslant \dfrac{\ln \dfrac{1}{a_1}+\ln \dfrac{1}{a_2}+\cdots+\ln \dfrac{1}{a_n}}{n}$；右边不等式$\Leftrightarrow$ $\dfrac{\ln a_1+\ln a_2+\cdots+\ln a_n}{n} \leqslant \ln \dfrac{a_1+a_2+\cdots+a_n}{n}$，只要检验 $\ln x$ 上凸.

10.14　结论$\Leftrightarrow \dfrac{p_1 \ln a_1+p_2 \ln a_2+\cdots+p_n \ln a_n}{p_1+p_2+\cdots+p_n} \leqslant \ln \dfrac{p_1 a_1+p_2 a_2+\cdots+p_n a_n}{p_1+p_2+\cdots+p_n} \Leftrightarrow$ $\sum\limits_{i=1}^{n}\left(\dfrac{p_i}{\sum\limits_{i=1}^{n} p_i}\right) \ln a_i \leqslant \ln \left[\sum\limits_{i=1}^{n}\left(\dfrac{p_i}{\sum\limits_{i=1}^{n} p_i}\right) a_i\right]$，下面类似于例 10.18.

10.15　结论$\Leftrightarrow \sum\limits_{i=1}^{n} \dfrac{a_i}{\left(\sum\limits_{i=1}^{n} a_i^p\right)^{\frac{1}{p}}} \dfrac{b_i}{\left(\sum\limits_{i=1}^{n} b_i^q\right)^{\frac{1}{q}}} \leqslant 1 \Leftrightarrow \sum\limits_{i=1}^{n}\left(\dfrac{a_i^p}{\sum\limits_{i=1}^{n} a_i^p}\right)^{\frac{1}{p}}\left(\dfrac{b_i^q}{\sum\limits_{i=1}^{n} b_i^q}\right)^{\frac{1}{q}} \leqslant 1$，再利用例10.16证明.

10.16　提示：利用拉格朗日中值定理证明.

第十一讲 不定积分

（一）内容要点

不定积分的计算方法非常灵活，核心思想就是“简化”.

1. 换元积分法——“换元简化”

$$\int g(t)\mathrm{d}t=\int f(\varphi(t))\varphi'(t)\mathrm{d}t=\int f(\varphi(t))\mathrm{d}\varphi(t)\xlongequal{x=\varphi(t)}\int f(x)\mathrm{d}x$$

如果最左端的积分比较复杂，就把 $g(t)\mathrm{d}t$ 凑成 $f(\varphi(t))\varphi'(t)\mathrm{d}t=f(\varphi(t))\mathrm{d}\varphi(t)$，再换元 $x=\varphi(t)$，一旦最右端积分简便，问题就解决了. 这一过程叫第一类换元法（凑微分法）.

如果最右端的积分比较复杂（如复杂无理式的积分），换元 $x=\varphi(t)$ 之后，一旦最左端积分简便，问题就解决了. 这一过程叫第二类换元法.

两种换元法过程互逆，都以复合函数求导公式为基础.

2. 分部积分法——“转移简化”

$$\int f(x)\mathrm{d}x=\int u(x)\mathrm{d}v(x)=u(x)v(x)-\int v(x)\mathrm{d}u(x)$$

两个原则：第一、易凑微分 $f(x)\mathrm{d}x=u(x)\mathrm{d}v(x)$；第二、易算积分 $\int v(x)\mathrm{d}u(x)$.

分部积分法基于乘积求导法则，通过转移实现简化.

3. 有理函数积分——“分解简化”

有理函数　多项式的商. 当分子次数小于分母次数时，叫真分式；否则叫假分式.

最简真分式　$\dfrac{A}{x-a}$；$\dfrac{A}{(x-a)^n}$；$\dfrac{Bx+C}{x^2+px+q}$；$\dfrac{Bx+C}{(x^2+px+q)^n}$（$p^2-4q<0$）

真分式 $\dfrac{P(x)}{Q(x)}$ 的分解

(1) $Q(x)$ 含因子 $(x-a)^k$：$\dfrac{P(x)}{Q(x)}$ 分解式含 $\dfrac{A_1}{x-a}+\dfrac{A_2}{(x-a)^2}+\cdots+\dfrac{A_k}{(x-a)^k}$；

(2) $Q(x)$ 含因子 $(x^2+px+q)^k$：$\dfrac{P(x)}{Q(x)}$ 分解式含

$$\frac{B_1x+C_1}{x^2+px+q}+\frac{B_2x+C_2}{(x^2+px+q)^2}+\cdots+\frac{B_kx+C_k}{(x^2+px+q)^k}$$

代数学理论保证了：有理函数＝多项式＋最简真分式. 由于四种最简真分式都有标准的积分方法，因此任意有理函数积分可求. 还有很多积分可以通过换元或利用三角公式化成有理函数的积分,自然也可求.

(二)例题选讲

例 11.1 $\int \frac{\mathrm{d}x}{x(x^n+4)}(n\in \mathbf{N})$.

解 原式$=\frac{1}{4}\int \frac{(x^n+4)-x^n}{x(x^n+4)}\mathrm{d}x=\frac{1}{4}\int\left(\frac{1}{x}-\frac{x^{n-1}}{x^n+4}\right)\mathrm{d}x$

$$=\frac{1}{4}\left(\ln|x|-\frac{1}{n}\int\frac{\mathrm{d}(x^n+4)}{x^n+4}\right)=\frac{1}{4}\left(\ln|x|-\frac{1}{n}\ln|x^n+4|\right)+C$$

评注:"参照分母凑分子"是常用的思想.

例 11.2 $\int \frac{x^4+1}{(x-1)(x^2+1)}\mathrm{d}x$.

解 原式$=\int\frac{(x^4-1)+2}{(x-1)(x^2+1)}\mathrm{d}x=\int\left(x+1+\frac{2}{(x-1)(x^2+1)}\right)\mathrm{d}x$

$$=\int\left(x+1+\frac{1}{x-1}-\frac{x+1}{x^2+1}\right)\mathrm{d}x=\frac{1}{2}x^2+x+\ln|x-1|-\frac{1}{2}\ln(x^2+1)-\arctan x+C$$

例 11.3 $\int\frac{x^4+1}{x^6+1}\mathrm{d}x$.

解 原式$=\int\frac{(x^4-x^2+1)+x^2}{(x^2+1)(x^4-x^2+1)}\mathrm{d}x=\int\left(\frac{1}{x^2+1}+\frac{x^2}{x^6+1}\right)\mathrm{d}x$

$$=\arctan x+\frac{1}{3}\arctan x^3+C$$

例 11.4 $\int\frac{\mathrm{d}x}{x^8(x^2+1)}$.

解 原式$=\int\frac{(x^2+1)-x^2}{x^8(x^2+1)}\mathrm{d}x=\int\left(\frac{1}{x^8}-\frac{1}{x^6(x^2+1)}\right)\mathrm{d}x$

$$=\int\left(\frac{1}{x^8}-\frac{(x^2+1)-x^2}{x^6(x^2+1)}\right)\mathrm{d}x=\int\left(\frac{1}{x^8}-\frac{1}{x^6}+\frac{1}{x^4(x^2+1)}\right)\mathrm{d}x$$

$$=\int\left(\frac{1}{x^8}-\frac{1}{x^6}+\frac{(x^2+1)-x^2}{x^4(x^2+1)}\right)\mathrm{d}x=\int\left(\frac{1}{x^8}-\frac{1}{x^6}+\frac{1}{x^4}-\frac{1}{x^2(x^2+1)}\right)\mathrm{d}x$$

$$=\int\left(\frac{1}{x^8}-\frac{1}{x^6}+\frac{1}{x^4}-\frac{1}{x^2}+\frac{1}{x^2+1}\right)\mathrm{d}x=-\frac{1}{7}x^{-7}+\frac{1}{5}x^{-5}-\frac{1}{3}x^{-3}+\frac{1}{x}+\arctan x+C$$

另解:原式$=\int\frac{(1-x^4)+x^4}{x^8(x^2+1)}\mathrm{d}x=\int\left(\frac{1}{x^8}-\frac{1}{x^6}+\frac{1}{x^4(x^2+1)}\right)\mathrm{d}x$,后面同理.

例 11.5 $\int\frac{\mathrm{d}x}{(x^2+1)^3}$.

解 原式$\xlongequal{x=\tan t}\int\frac{\sec^2 t\mathrm{d}t}{\sec^6 t}=\int\cos^4 t\mathrm{d}t=\int\left(\frac{\cos 2t+1}{2}\right)^2\mathrm{d}t$

$$=\frac{1}{4}\int\left(1+2\cos 2t+\frac{\cos 4t+1}{2}\right)\mathrm{d}x=\frac{3}{8}t+\frac{1}{4}\sin 2t+\frac{1}{32}\sin 4t+C$$

$$=\frac{3}{8}t+\frac{1}{2}\sin t\cos t+\frac{1}{8}\sin t\cos t(\cos^2 t-\sin^2 t)+C$$

$$=\frac{3}{8}\arctan x+\frac{x}{2(1+x^2)}+\frac{x-x^3}{8(1+x^2)^2}+C$$

例 11.6 $\int\frac{x^8(x^2+1)\mathrm{d}x}{(x^2-1)^{10}}$.

解　原式 $=\int\frac{1+\frac{1}{x^2}}{\left(x-\frac{1}{x}\right)^{10}}\mathrm{d}x=\int\frac{\mathrm{d}\left(x-\frac{1}{x}\right)}{\left(x-\frac{1}{x}\right)^{10}}=-\frac{1}{9}\left(x-\frac{1}{x}\right)^{-9}+C$

例 11.7 $\int\frac{\mathrm{d}x}{x^4+1}$.

解

解法一　原式 $=\frac{1}{2}\int\frac{(x^2+1)+(1-x^2)}{x^4+1}\mathrm{d}x=\frac{1}{2}\int\frac{x^2+1}{x^4+1}\mathrm{d}x-\frac{1}{2}\int\frac{x^2-1}{x^4+1}\mathrm{d}x$

$$=\frac{1}{2}\int\frac{1+\frac{1}{x^2}}{x^2+\frac{1}{x^2}}\mathrm{d}x-\frac{1}{2}\int\frac{1-\frac{1}{x^2}}{x^2+\frac{1}{x^2}}\mathrm{d}x=\frac{1}{2}\int\frac{\mathrm{d}\left(x-\frac{1}{x}\right)}{\left(x-\frac{1}{x}\right)^2+2}-\frac{1}{2}\int\frac{\mathrm{d}\left(x+\frac{1}{x}\right)}{\left(x+\frac{1}{x}\right)^2-2}$$

$$=\frac{1}{2\sqrt{2}}\arctan\frac{x^2-1}{\sqrt{2}x}-\frac{1}{4\sqrt{2}}\ln\left|\frac{x^2+1-\sqrt{2}x}{x^2+1+\sqrt{2}x}\right|+C$$

解法二　由于 $\frac{1}{x^4+1}=\frac{1}{(x^4+2x^2+1)-2x^2}=\frac{1}{(x^2+1)^2-(\sqrt{2}x)^2}$

$$=\frac{1}{(x^2+\sqrt{2}x+1)(x^2-\sqrt{2}x+1)}=\frac{\sqrt{2}}{4}\left(\frac{x+\sqrt{2}}{x^2+\sqrt{2}x+1}-\frac{x-\sqrt{2}}{x^2-\sqrt{2}x+1}\right)$$

原式 $=\frac{\sqrt{2}}{4}\int\frac{x+\sqrt{2}}{x^2+\sqrt{2}x+1}\mathrm{d}x-\frac{\sqrt{2}}{4}\int\frac{x-\sqrt{2}}{x^2-\sqrt{2}x+1}\mathrm{d}x$

$$=\frac{\sqrt{2}}{4}\int\frac{\left(x+\frac{\sqrt{2}}{2}\right)+\frac{\sqrt{2}}{2}}{\left(x+\frac{\sqrt{2}}{2}\right)^2+\frac{1}{2}}\mathrm{d}x-\frac{\sqrt{2}}{4}\int\frac{\left(x-\frac{\sqrt{2}}{2}\right)-\frac{\sqrt{2}}{2}}{\left(x-\frac{\sqrt{2}}{2}\right)^2+\frac{1}{2}}\mathrm{d}x$$

$$=\frac{\sqrt{2}}{4}\int\frac{\left(x+\frac{\sqrt{2}}{2}\right)\mathrm{d}\left(x+\frac{\sqrt{2}}{2}\right)}{\left(x+\frac{\sqrt{2}}{2}\right)^2+\frac{1}{2}}+\frac{1}{4}\int\frac{\mathrm{d}\left(x+\frac{\sqrt{2}}{2}\right)}{\left(x+\frac{\sqrt{2}}{2}\right)^2+\frac{1}{2}}-$$

$$\frac{\sqrt{2}}{4}\int\frac{\left(x-\frac{\sqrt{2}}{2}\right)\mathrm{d}\left(x-\frac{\sqrt{2}}{2}\right)}{\left(x-\frac{\sqrt{2}}{2}\right)^2+\frac{1}{2}}+\frac{1}{4}\int\frac{\mathrm{d}\left(x-\frac{\sqrt{2}}{2}\right)}{\left(x-\frac{\sqrt{2}}{2}\right)^2+\frac{1}{2}}$$

$$=\frac{\sqrt{2}}{8}\ln\left|\frac{x^2+1+\sqrt{2}x}{x^2+1-\sqrt{2}x}\right|+\frac{\sqrt{2}}{4}\left[\arctan(\sqrt{2}x+1)+\arctan(\sqrt{2}x-1)\right]+C$$

评注：用不同的方法得到的结论在形式上可以不同，但函数的基本类型应一致，本质上只相差一个常数，可以通过求导进行检验．

例 11.8 $\int \frac{dx}{x^6+1}$.

解 原式$=\frac{1}{2}\int \frac{(x^4+1)+(1-x^4)}{x^6+1}dx=\frac{1}{2}\int \frac{(x^4-x^2+1)+x^2}{x^6+1}dx+\frac{1}{2}\int \frac{1-x^4}{x^6+1}dx$

$$=\frac{1}{2}\int \frac{1}{x^2+1}dx+\frac{1}{2}\int \frac{x^2}{x^6+1}dx-\frac{1}{2}\int \frac{x^2-1}{x^4-x^2+1}dx$$

$$=\frac{1}{2}\int \frac{1}{x^2+1}dx+\frac{1}{6}\int \frac{dx^3}{x^6+1}-\frac{1}{2}\int \frac{1-\frac{1}{x^2}}{x^2-1+\frac{1}{x^2}}dx$$

$$=\frac{1}{2}\arctan x+\frac{1}{6}\arctan x^3-\frac{1}{2}\int \frac{d\left(x+\frac{1}{x}\right)}{\left(x+\frac{1}{x}\right)^2-3}$$

$$=\frac{1}{2}\arctan x+\frac{1}{6}\arctan x^3-\frac{1}{4\sqrt{3}}\ln\left|\frac{x^2+1-\sqrt{3}x}{x^2+1+\sqrt{3}x}\right|+C$$

例 11.9 $\int \frac{dx}{\sin^4 x\cos^2 x}$.

解

解法一 原式$=\int \frac{(\sin^2 x+\cos^2 x)^2 dx}{\sin^4 x\cos^2 x}=\int (\sec^2 x+2\csc^2 x+\cot^2 x\csc^2 x)dx$

$$=\tan x-2\cot x-\frac{1}{3}\cot^3 x+C$$

解法二 原式$=\int \frac{\csc^2 x dx}{\sin^2 x\cos^2 x}=-\int \frac{4d\cot x}{\sin^2 2x}\xlongequal{t=\cot x}-\int \left(t+\frac{1}{t}\right)^2 dt=-\int \left(t^2+2+\frac{1}{t^2}\right)dt$

$$=-\frac{1}{3}t^3-2t+\frac{1}{t}+C=-\frac{1}{3}\cot^3 x-2\cot x+\tan x+C$$

例 11.10 $\int \frac{\tan^5 x}{\cos x}dx$.

解 原式$=\int \frac{\sin^5 x}{\cos^6 x}dx=-\int \frac{(1-\cos^2 x)^2}{\cos^6 x}d\cos x\xlongequal{t=\cos x}-\int \frac{(1-t^2)^2}{t^6}dt$

$$=-\int (t^{-2}-2t^{-4}+t^{-6})dt=t^{-1}-\frac{2}{3}t^{-3}+\frac{1}{5}t^{-5}+C=\sec x-\frac{2}{3}\sec^3 x+\frac{1}{5}\sec^5 x+C$$

例 11.11 $\int \frac{\cos x}{\sin x+\cos x}dx$.

解

解法一 $\int \frac{\cos x}{\sin x+\cos x}dx=\int \frac{(\cos x+\sin x)-\sin x}{\sin x+\cos x}dx=x+\int \frac{-\sin x}{\sin x+\cos x}dx$

$$=x+\int \frac{(\cos x-\sin x)-\cos x}{\sin x+\cos x}dx=x+\int \frac{d(\sin x+\cos x)}{\sin x+\cos x}-\int \frac{\cos x}{\sin x+\cos x}dx$$

$$=x+\ln(\sin x+\cos x)-\int \frac{\cos x}{\sin x+\cos x}dx$$

$$原式 = \frac{x}{2} + \frac{1}{2}\ln(\sin x + \cos x) + C$$

解法二 原式$= \frac{1}{2}\int \frac{(\cos x + \sin x) + (\cos x - \sin x)}{\sin x + \cos x}dx = \frac{x}{2} + \int \frac{d(\sin x + \cos x)}{\sin x + \cos x}$

$$= \frac{x}{2} + \frac{1}{2}\ln(\sin x + \cos x) + C$$

评注:这里的解法本质上都源于公式$(\sin x + \cos x)' = \cos x - \sin x$. 一般地由于$(a\sin x + b\cos x)' = a\cos x - b\sin x$,今后对于形如$\int \frac{a_1\sin x + b_1\cos x}{a\sin x + b\cos x}dx$的积分,可将分子分解为$a_1\sin x + b_1\cos x = A(a\sin x + b\cos x) + B(a\cos x - b\sin x)$.

例 11.12 $\int \frac{7\cos x - 3\sin x}{5\cos x + 2\sin x}dx$.

解 设$7\cos x - 3\sin x = A(5\cos x + 2\sin x) + B(-5\sin x + 2\cos x)$,则有$\begin{cases} 5A + 2B = 7 \\ 2A - 5B = -3 \end{cases}$,解得$A = B = 1$. 于是

$$原式 = \int \frac{5\cos x + 2\sin x}{5\cos x + 2\sin x}dx + \int \frac{-5\sin x + 2\cos x}{5\cos x + 2\sin x}dx$$

$$= \int dx + \int \frac{d(5\cos x + 2\sin x)}{5\cos x + 2\sin x} = x + \ln|5\cos x + 2\sin x| + C$$

例 11.13 $\int \frac{\sin x\cos x}{\sin x + \cos x}dx$.

解 原式$= \frac{1}{2}\int \frac{(2\sin x\cos x + 1) - 1}{\sin x + \cos x}dx = \frac{1}{2}\int \frac{(\sin x + \cos x)^2 - 1}{\sin x + \cos x}dx$

$$= \frac{1}{2}\int (\sin x + \cos x)dx - \frac{1}{2}\int \frac{1}{\sin x + \cos x}dx = \frac{1}{2}(\sin x - \cos x) - \frac{1}{2\sqrt{2}} \cdot \int \frac{d\left(x + \frac{\pi}{4}\right)}{\sin\left(x + \frac{\pi}{4}\right)}$$

$$= \frac{1}{2}(\sin x - \cos x) - \frac{1}{2\sqrt{2}}\ln\left|\csc\left(x + \frac{\pi}{4}\right) - \cot\left(x + \frac{\pi}{4}\right)\right| + C$$

例 11.14 $\int \frac{\sin x}{1 + \sin x}dx$.

解 原式$= \int \frac{\sin x(1 - \sin x)}{1 - \sin^2 x}dx = \int \frac{\sin x - \sin^2 x}{\cos^2 x}dx$

$$= -\int \frac{d\cos x}{\cos^2 x} - \int (\sec^2 x - 1)dx = \sec x - \tan x + x + C$$

例 11.15 $\int \frac{1}{\sin x\sqrt{1 + \cos x}}dx$.

解 原式$= \int \frac{\sin x dx}{\sin^2 x\sqrt{1 + \cos x}} = \int \frac{d(\cos x + 1)}{(\cos^2 x - 1)\sqrt{1 + \cos x}} = 2\int \frac{d\sqrt{1 + \cos x}}{(\cos x + 1)[(\cos x + 1) - 2]}$

$$\xlongequal{t = \sqrt{1 + \cos x}} 2\int \frac{dt}{t(t - 2)} = \ln\left|\frac{t - 2}{t}\right| + C = \ln\left|1 - \frac{2}{\sqrt{1 + \cos x}}\right| + C$$

例 11.16 $\int \sqrt{\tan x}dx$.

解 原式$\xlongequal[x=\arctan t^2]{t=\sqrt{\tan x}}\int t\mathrm{d}(\arctan t^2)=\int\frac{2t^2\mathrm{d}t}{1+t^4}$,再利用有理函数积分标准方法.

例 11.17 $\int\frac{\mathrm{d}x}{x\sqrt{x^2-1}}$.

解

解法一 原式$=\int\frac{1}{x^2}\cdot\frac{x\mathrm{d}x}{\sqrt{x^2-1}}=\int\frac{1}{x^2}\mathrm{d}\sqrt{x^2-1}=\int\frac{\mathrm{d}\sqrt{x^2-1}}{(x^2-1)+1}=\arctan\sqrt{x^2-1}+C.$

解法二 原式$\xlongequal{t=\frac{1}{x}}\int\frac{\mathrm{d}t^{-1}}{t^{-1}\sqrt{t^{-2}-1}}=-\int\frac{|t|\mathrm{d}t}{t\sqrt{1-t^2}}$

$$=\begin{cases}-\int\frac{\mathrm{d}t}{\sqrt{1-t^2}}=\arccos t+C,t>0\\ \int\frac{\mathrm{d}t}{\sqrt{1-t^2}}=\arcsin t+C,t<0\end{cases}=\begin{cases}\arccos\frac{1}{x}+C,x>1\\ \arcsin\frac{1}{x}+C,x<-1\end{cases}$$

解法三 当$x>1$时,令$x=\sec t,0<t<\frac{\pi}{2}$.

原式$=\int\frac{\mathrm{d}\sec t}{\sec t\tan t}=\int\mathrm{d}t=t+C=\arccos\frac{1}{x}+C$

当$x<-1$时,令$x=-y$,则$y>1$.

原式$=\int\frac{\mathrm{d}y}{y\sqrt{y^2-1}}=\arccos\frac{1}{y}+C=\arccos\left(-\frac{1}{x}\right)+C$

例 11.18 $\int\sqrt{\frac{\ln(x+\sqrt{1+x^2})}{1+x^2}}\mathrm{d}x$.

解 原式$=\int\sqrt{\ln(x+\sqrt{1+x^2})}\mathrm{d}\ln(x+\sqrt{1+x^2})=\frac{2}{3}\ln^{\frac{3}{2}}(x+\sqrt{1+x^2})+C$

评注:这里$\left[\ln(x+\sqrt{1+x^2})\right]'=\frac{1}{\sqrt{1+x^2}}$是较常见的求导公式,应熟练掌握.

例 11.19 $\int\mathrm{e}^{\sin 2x-2x}\sin^2 x\mathrm{d}x$.

解 注意到$(\sin 2x-2x)'=2(\cos 2x-1)=-4\sin^2 x$.

原式$=-\frac{1}{4}\int\mathrm{e}^{\sin 2x-2x}(-4\sin^2 x)\mathrm{d}x=-\frac{1}{4}\int\mathrm{e}^{\sin 2x-2x}\mathrm{d}(\sin 2x-2x)=-\frac{1}{4}\mathrm{e}^{\sin 2x-2x}+C$

例 11.20 $\int\frac{1+x\cos x}{x(1+x\mathrm{e}^{\sin x})}\mathrm{d}x$.

解 注意到$(x\mathrm{e}^{\sin x})'=\mathrm{e}^{\sin x}(1+x\cos x)$.

原式$=\int\frac{\mathrm{e}^{\sin x}(1+x\cos x)}{x\mathrm{e}^{\sin x}(1+x\mathrm{e}^{\sin x})}\mathrm{d}x=\int\frac{\mathrm{d}(x\mathrm{e}^{\sin x})}{x\mathrm{e}^{\sin x}(1+x\mathrm{e}^{\sin x})}=\ln\left|\frac{x\mathrm{e}^{\sin x}}{1+x\mathrm{e}^{\sin x}}\right|+C$

例 11.21 $\int\sqrt{\frac{\mathrm{e}^x-1}{\mathrm{e}^x+1}}\mathrm{d}x$.

解 原式$=\int\frac{\mathrm{e}^x-1}{\sqrt{\mathrm{e}^{2x}-1}}\mathrm{d}x=\int\frac{\mathrm{d}\mathrm{e}^x}{\sqrt{\mathrm{e}^{2x}-1}}-\int\frac{\mathrm{d}x}{\sqrt{\mathrm{e}^{2x}-1}}=\ln(\mathrm{e}^x+\sqrt{\mathrm{e}^{2x}-1})+\int\frac{-\mathrm{e}^{-x}\mathrm{d}x}{\sqrt{1-\mathrm{e}^{-2x}}}$

$=\ln(\mathrm{e}^x+\sqrt{\mathrm{e}^{2x}-1})+\arcsin\mathrm{e}^{-x}+C$

另解：令 $t=\sqrt{\dfrac{e^x-1}{e^x+1}}$.

例 11.22　$\displaystyle\int\frac{e^{3x}+e^x}{e^{4x}-e^{2x}+1}dx$.

解　原式 $\displaystyle=\int\frac{e^x+e^{-x}}{e^{2x}-1+e^{-2x}}dx=\int\frac{d(e^x-e^{-x})}{(e^x-e^{-x})^2+1}=\arctan(e^x-e^{-x})+C$

例 11.23　$\displaystyle\int\ln^2(x+\sqrt{1+x^2})dx$.

解　原式 $\displaystyle=x\ln^2(x+\sqrt{1+x^2})-\int x d\ln^2(x+\sqrt{1+x^2})$

$$=x\ln^2(x+\sqrt{1+x^2})-2\int\frac{x\ln(x+\sqrt{1+x^2})}{\sqrt{1+x^2}}dx$$

$$=x\ln^2(x+\sqrt{1+x^2})-2\int\ln(x+\sqrt{1+x^2})\frac{xdx}{\sqrt{1+x^2}}$$

$$=x\ln^2(x+\sqrt{1+x^2})-2\int\ln(x+\sqrt{1+x^2})d\sqrt{1+x^2}$$

$$=x\ln^2(x+\sqrt{1+x^2})-2\sqrt{1+x^2}\ln(x+\sqrt{1+x^2})+\int\sqrt{1+x^2}d\ln(x+\sqrt{1+x^2})$$

$$=x\ln^2(x+\sqrt{1+x^2})-2\sqrt{1+x^2}\ln(x+\sqrt{1+x^2})+\int dx$$

$$=x\ln^2(x+\sqrt{1+x^2})-2\sqrt{1+x^2}\ln(x+\sqrt{1+x^2})+x+C$$

例 11.24　$\displaystyle I=\int\frac{xe^{\arctan x}}{(1+x^2)^{\frac{3}{2}}}dx$.

解

解法一　$\displaystyle I=\int\frac{x}{\sqrt{1+x^2}}\cdot\frac{e^{\arctan x}}{1+x^2}dx=\int\frac{x}{\sqrt{1+x^2}}de^{\arctan x}$

$$=\frac{xe^{\arctan x}}{\sqrt{1+x^2}}-\int e^{\arctan x}d\frac{x}{\sqrt{1+x^2}}=\frac{xe^{\arctan x}}{\sqrt{1+x^2}}-\int\frac{e^{\arctan x}dx}{(1+x^2)^{\frac{3}{2}}}$$

$$=\frac{xe^{\arctan x}}{\sqrt{1+x^2}}-\int\frac{1}{\sqrt{1+x^2}}\cdot\frac{e^{\arctan x}}{1+x^2}dx=\frac{xe^{\arctan x}}{\sqrt{1+x^2}}-\int\frac{de^{\arctan x}}{\sqrt{1+x^2}}$$

$$=\frac{x-1}{\sqrt{1+x^2}}e^{\arctan x}+\int e^{\arctan x}d\frac{1}{\sqrt{1+x^2}}=\frac{x-1}{\sqrt{1+x^2}}e^{\arctan x}-I.$$

故 $I=\dfrac{x-1}{2\sqrt{1+x^2}}e^{\arctan x}+C$.

解法二　令 $t=\arctan x$.

（三）练习题

11.1　$\displaystyle\int\frac{x}{x^8-1}dx$.

11.2　$\displaystyle\int\frac{x^{2n-1}}{x^n+1}dx(n\in\mathbf{N})$.

11.3　$\displaystyle\int\frac{x^2+1}{x^4+1}dx$.

11.4　$\displaystyle\int\frac{1-x^7}{x(1+x^7)}dx$.

11.5 $\int\frac{dx}{(x-1)^2(x+1)^3}$.

11.6 $\int\frac{\sin 2x}{\sin^4 x+\cos^4 x}dx$.

11.7 $\int\frac{\tan x}{a^2\sin^2 x+b^2\cos^2 x}dx(a\neq 0)$.

11.8 $\int\frac{dx}{\sin(x+a)\sin(x+b)}(\sin(a-b)\neq 0)$.

11.9 $\int\frac{1+\sin x+\cos x}{1+\sin^2 x}dx$.

11.10 $\int\frac{\sin x}{\sin x-\cos x}dx$.

11.11 $\int\frac{dx}{\sqrt[3]{(x+1)^2(x-1)^4}}$.

11.12 $\int\sqrt{\frac{a+x}{a-x}}dx(a>0)$.

11.13 $\int\frac{dx}{\sqrt{(x-a)(b-x)}}(a<x<b)$.

11.14 $\int\frac{x^2+x+1}{\sqrt{8+4x-4x^2}}dx$.

11.15 $\int\frac{dx}{x^2(2+x^3)^{\frac{5}{3}}}$

11.16 $\int\frac{dx}{\sqrt{x^{14}-x^2}}$.

11.17 $\int x\ln(1+x^2)\arctan x dx$.

11.18 $\int\arcsin x\arccos x dx$.

11.19 $\int\frac{x+\sin x}{1+\cos x}dx$.

11.20 $\int e^{-\frac{x}{2}}\frac{\cos x-\sin x}{\sqrt{\sin x}}dx$.

11.21 $\int\frac{1-\ln x}{(x-\ln x)^2}dx$.

11.22 $\int\frac{x^2}{(x\sin x+\cos x)^2}dx$.

11.23 $\int\frac{\ln(1+x)-\ln x}{x(1+x)}dx$.

11.24 $\int\frac{\arctan\sqrt{x}}{\sqrt{x}(1+x)}dx$.

11.25 $\int\frac{dx}{\sqrt{1+e^x}}$.

11.26 $\int\frac{x+1}{x(1+xe^x)}dx$.

(四) 答案与提示

11.1 $\frac{1}{8}\ln\left|\frac{x^2-1}{x^2+1}\right|-\frac{1}{4}\arctan x^2+C$.

11.2 $\frac{x^n}{n}-\frac{1}{n}\ln|1+x^n|+C$.

11.3 $\frac{1}{\sqrt{2}}\arctan\frac{x^2-1}{\sqrt{2}x}+C$.

11.4 $\frac{1}{7}\ln|x^7|-\frac{2}{7}\ln|1+x^7|+C$.

11.5 对于形如$\int\frac{dx}{(x+a)^m(x+b)^n}(m,n\in\mathbf{N})$的积分,可引入 $t=\frac{x+a}{x+b}$ 进行简化.

11.6 $\arctan(2\sin^2 x-1)+C$. 注意到$(\sin^2 x)'=\sin 2x$.

11.7 $\frac{1}{2a^2}\ln(a^2\tan^2 x+b^2)+C$.

11.8 $\frac{1}{\sin(a-b)}\ln\left|\frac{\sin(x+b)}{\sin(x+a)}\right|+C$. 注意到 $\sin(a-b)=\sin[(a+x)-(b+x)]=\sin(a+x)\cos(b+x)-\cos(a+x)\sin(b+x)$.

11.9 原式$=\int\frac{dx}{2-\cos^2 x}+\int\frac{\sin x dx}{2-\cos^2 x}+\int\frac{\cos x dx}{1+\sin^2 x}$

$$=\frac{\sqrt{2}}{2}\arctan(\sqrt{2}\tan x)-\frac{1}{2\sqrt{2}}\ln\left|\frac{\sqrt{2}+\cos x}{\sqrt{2}-\cos x}\right|+\arctan(\sin x)+C$$

11.10　$\frac{x}{2}+\frac{1}{2}\ln|\sin x-\cos x|+C.$

11.11　$-\frac{3}{2}\sqrt[3]{\frac{x+1}{x-1}}+C.$ 令 $t=\sqrt[3]{\frac{x+1}{x-1}}.$

11.12　令 $t=\sqrt{\frac{a+x}{a-x}}.$

11.13　注意对$(x-a)(b-x)$配方.

11.14　注意对 $8+4x-4x^2$ 配方.

11.15　令 $t=\frac{1}{x}.$

11.16　原式 $=\int\frac{x^{-7}\mathrm{d}x}{\sqrt{1-x^{-12}}}=\frac{1}{6}\arccos x^{-6}+C.$

11.17　因为$\int x\ln(1+x^2)\mathrm{d}x=\frac{1}{2}(1+x^2)[\ln(1+x^2)-1]+C$，所以原式 $=\frac{1}{2}\int\arctan x\mathrm{d}\{(1+x^2)[\ln(1+x^2)-1]\}.$

11.18　直接分部积分或令 $t=\arcsin x.$

11.19　原式 $=\int\frac{(x+\sin x)(1-\cos x)}{\sin^2 x}\mathrm{d}x=-x\cot x+x\csc x+C.$

11.20　原式 $=2\int \mathrm{e}^{-\frac{x}{2}}\mathrm{d}\sqrt{\sin x}-\int \mathrm{e}^{-\frac{x}{2}}\sqrt{\sin x}\mathrm{d}x=2\mathrm{e}^{-\frac{x}{2}}\sqrt{\sin x}+C.$

11.21　注意到$(x-\ln x)'=\frac{x-1}{x}.$

原式 $=\int\frac{(x-\ln x)+(1-x)}{(x-\ln x)^2}\mathrm{d}x=\int\frac{\mathrm{d}x}{x-\ln x}+\int x\mathrm{d}\frac{1}{x-\ln x}=\frac{x}{x-\ln x}+C.$

11.22　注意到$(x\sin x+\cos x)'=x\cos x.$

原式 $=-\int\frac{x}{\cos x}\mathrm{d}\frac{1}{x\sin x+\cos x}=-\frac{x}{\cos x(x\sin x+\cos x)}+\tan x+C.$

11.23　$-\frac{1}{2}[\ln(1+x)-\ln x]^2+C.$ 注意到$[\ln(1+x)-\ln x]'=-\frac{1}{x(1+x)}.$

11.24　原式 $=2\int\arctan\sqrt{x}\,\frac{\mathrm{d}\sqrt{x}}{(1+x)}=2\int\arctan\sqrt{x}\mathrm{d}\arctan\sqrt{x}=\arctan^2\sqrt{x}+C$；或令 $t=\arctan\sqrt{x}.$

11.25　原式 $=\int\frac{\mathrm{e}^{-\frac{x}{2}}\mathrm{d}x}{\sqrt{1+\mathrm{e}^{-x}}}=-2\int\frac{\mathrm{d}\mathrm{e}^{-\frac{x}{2}}}{\sqrt{1+\mathrm{e}^{-x}}}=-2\ln(\mathrm{e}^{-\frac{x}{2}}+\sqrt{1+\mathrm{e}^{-x}})+C.$

11.26　注意到$(x\mathrm{e}^x)'=\mathrm{e}^x(1+x).$

原式 $=\int\frac{\mathrm{e}^x(x+1)\mathrm{d}x}{x\mathrm{e}^x(1+x\mathrm{e}^x)}=\int\frac{\mathrm{d}(x\mathrm{e}^x)}{x\mathrm{e}^x(1+x\mathrm{e}^x)}=\ln\left|\frac{x\mathrm{e}^x}{1+x\mathrm{e}^x}\right|+C.$

第十二讲　定积分的计算

（一）内容要点

定积分是某种特殊和式的极限，几何上它能刻画曲边梯形的面积，物理上它能描述变速直线运动的路程．计算定积分最基本的方法自然是先求原函数，再用牛顿-莱布尼茨公式．因此对于能够先求不定积分的题目，这里不再赘述；只强调不定积分难求的情况下，求定积分特有的方法．

1．等分极限　$f \in C[a,b] \Rightarrow \int_a^b f(x)\mathrm{d}x = \lim\limits_{n\to+\infty} \frac{b-a}{n}\sum\limits_{i=1}^{n} f\left(a+\frac{b-a}{n}i\right)$．

特别地　$f \in C[0,1] \Rightarrow \int_0^1 f(x)\mathrm{d}x = \lim\limits_{n\to+\infty} \frac{1}{n}\sum\limits_{i=1}^{n} f\left(\frac{i}{n}\right)$．

2．保号性　$[a,b]$ 上 f 可积且 $f(x) \geqslant 0 \Rightarrow \int_a^b f(x)\mathrm{d}x \geqslant 0$．

推论 1(保序性) $[a,b]$ 上 f,g 可积且 $f(x) \leqslant g(x) \Rightarrow \int_a^b f(x)\mathrm{d}x \leqslant \int_a^b g(x)\mathrm{d}x$．

推论 2(绝对可积性) $[a,b]$ 上 f 可积 $\Rightarrow \left|\int_a^b f(x)\mathrm{d}x\right| \leqslant \int_a^b |f(x)|\mathrm{d}x$．

推论 3(估值定理) $[a,b]$ 上 f 可积且 $m \leqslant f(x) \leqslant M \Rightarrow m(b-a) \leqslant \int_a^b |f(x)|\mathrm{d}x \leqslant M(b-a)$．

3．积分中值定理　$f \in C[a,b] \Rightarrow \exists\, \xi \in (a,b)$，使得 $\int_a^b f(x)\mathrm{d}x = f(\xi)(b-a)$．

一般地　$f,g \in C[a,b]$ 且 $g(x)$ 在 $[a,b]$ 上不变号 $\Rightarrow \exists\, \xi \in (a,b)$，使得 $\int_a^b f(x)g(x)\mathrm{d}x = f(\xi)\int_a^b g(x)\mathrm{d}x$．

4．变上限积分求导　$f \in C[a,b] \Rightarrow \left[\int_a^x f(t)\mathrm{d}t\right]' = f(x)$．

5．牛顿-莱布尼茨公式

f 在 $[a,b]$ 上可积且 $F'(x) = f(x) \Rightarrow \int_a^b f(x)\mathrm{d}x = F(b) - F(a)$．

6．换元积分法　若 $u=u(t)$ 在 $[\alpha,\beta]$ 上连续可微且 $f(u)$ 在 $u=u(t)$ 的值域上连续，则

$$\int_{u(\alpha)}^{u(\beta)} f(u)\mathrm{d}u \xlongequal{u=u(t)} \int_\alpha^\beta f(u(t))u'(t)\mathrm{d}t$$

7. 分部积分法　若 $u(x),v(x)$ 在$[a,b]$上连续可微,则$\int_a^b u\mathrm{d}v = uv\big|_a^b - \int_a^b v\mathrm{d}u$.

(二)例题选讲

例 12.1　$\int_0^1 x\,|\,x-a\,|\,\mathrm{d}x$.

解　当 $a<0$ 时,原式 $=\int_0^1 x(x-a)\mathrm{d}x=\frac{1}{3}-\frac{a}{2}$.

当 $0\leqslant a<1$ 时,原式 $=\int_0^a x(a-x)\mathrm{d}x+\int_a^1 x(x-a)\mathrm{d}x=\frac{a^3}{3}-\frac{a}{2}+\frac{1}{3}$.

当 $a>1$ 时,原式 $=\int_0^1 x(a-x)\mathrm{d}x=\frac{a}{2}-\frac{1}{3}$.

评注:被积函数中绝对值要去掉,才能直接计算.

例 12.2　$\int_{-1}^1(|\,x\,|+x)\mathrm{e}^{-|x|}\mathrm{d}x$.

解　原式 $=\int_{-1}^1|\,x\,|\,\mathrm{e}^{-|x|}\mathrm{d}x+\int_{-1}^1 x\mathrm{e}^{-|x|}\mathrm{d}x=2\int_0^1 x\mathrm{e}^{-x}\mathrm{d}x=2-\frac{4}{\mathrm{e}}$.

评注:对称区间上奇函数和偶函数积分的性质常可以简化计算.

例 12.3　设 $f(x)=\begin{cases}\sin x, & |\,x\,|<\frac{\pi}{2}\\ 0, & |\,x\,|\geqslant\frac{\pi}{2}\end{cases}$,求$\int_0^x f(t)\mathrm{d}t$.

解　当$-\frac{\pi}{2}<x<\frac{\pi}{2}$时,原式 $=\int_0^x \sin t\mathrm{d}t=1-\cos x$.

当 $x\geqslant\frac{\pi}{2}$ 时,原式 $=\int_0^{\frac{\pi}{2}}f(t)\mathrm{d}t+\int_{\frac{\pi}{2}}^x f(t)\mathrm{d}t=\int_0^{\frac{\pi}{2}}\sin t\mathrm{d}t=1$.

当 $x\leqslant-\frac{\pi}{2}$ 时,原式 $=-\int_x^0 f(t)\mathrm{d}t=-\int_x^{-\frac{\pi}{2}}f(t)\mathrm{d}t+\int_{-\frac{\pi}{2}}^0 f(t)\mathrm{d}t=-\int_{-\frac{\pi}{2}}^0\sin t\mathrm{d}t=1$.

例 12.4　$\int_0^{n\pi}\sqrt{1-\sin 2x}\mathrm{d}x(n\in\mathbf{N})$.

解　原式 $=n\int_0^{\pi}\sqrt{1-\sin 2x}\mathrm{d}x=n\int_0^{\pi}|\,\sin x-\cos x\,|\,\mathrm{d}x$

$$=\sqrt{2}n\int_0^{\pi}\left|\sin\left(x-\frac{\pi}{4}\right)\right|\mathrm{d}x\xlongequal{t=x-\frac{\pi}{4}}\sqrt{2}n\int_{-\frac{\pi}{4}}^{\pi-\frac{\pi}{4}}|\,\sin t\,|\,\mathrm{d}t=\sqrt{2}n\int_0^{\pi}|\,\sin t\,|\,\mathrm{d}t=2\sqrt{2}n$$

评注:周期函数在任意长度为一个周期的区间上积分值相等.

例 12.5　$I=\int_0^{\pi}\frac{x\sin x}{1+\cos^2 x}\mathrm{d}x$.

解法一(区间对称化)

$$I\xlongequal[t=\frac{\pi}{2}-x]{x=\frac{\pi}{2}-t}\int_{\frac{\pi}{2}}^{-\frac{\pi}{2}}\frac{\left(\frac{\pi}{2}-t\right)\sin\left(\frac{\pi}{2}-t\right)}{1+\cos^2\left(\frac{\pi}{2}-t\right)}\mathrm{d}\left(\frac{\pi}{2}-t\right)=\int_{-\frac{\pi}{2}}^{\frac{\pi}{2}}\frac{\left(\frac{\pi}{2}-t\right)\cos t}{1+\sin^2 t}\mathrm{d}t$$

$$=\frac{\pi}{2}\int_{-\frac{\pi}{2}}^{\frac{\pi}{2}}\frac{\cos t\mathrm{d}t}{1+\sin^2 t}-\int_{-\frac{\pi}{2}}^{\frac{\pi}{2}}\frac{t\cos t}{1+\sin^2 t}\mathrm{d}t=\pi\int_0^{\frac{\pi}{2}}\frac{\cos t\mathrm{d}t}{1+\sin^2 t}=\frac{\pi^2}{4}$$

解法二(分离被积函数)

$$I \xlongequal[t=\pi-x]{x=\pi-t} \int_{\pi}^{0} \frac{(\pi-t)\sin(\pi-t)}{1+\cos^2(\pi-t)}\mathrm{d}(\pi-t) = \int_0^{\pi} \frac{(\pi-t)\sin t}{1+\cos^2 t}\mathrm{d}t$$

$$= \pi\int_0^{\pi} \frac{\sin t\mathrm{d}t}{1+\cos^2 t} - \int_0^{\pi} \frac{t\sin t}{1+\cos^2 t}\mathrm{d}t = \frac{\pi^2}{2} - I$$

故 $I=\frac{\pi^2}{4}$.

解法三(分离区间)

$$I = \int_0^{\frac{\pi}{2}} \frac{x\sin x}{1+\cos^2 x}\mathrm{d}x + \int_{\frac{\pi}{2}}^{\pi} \frac{x\sin x}{1+\cos^2 x}\mathrm{d}x$$

$$\xlongequal[t=\pi-x]{x=\pi-t} \int_0^{\frac{\pi}{2}} \frac{x\sin x}{1+\cos^2 x}\mathrm{d}x + \int_{\frac{\pi}{2}}^{0} \frac{(\pi-t)\sin(\pi-t)}{1+\cos^2(\pi-t)}\mathrm{d}(\pi-t)$$

$$= \int_0^{\frac{\pi}{2}} \frac{x\sin x}{1+\cos^2 x}\mathrm{d}x + \int_0^{\frac{\pi}{2}} \frac{(\pi-t)\sin t}{1+\cos^2 t}\mathrm{d}t = \pi\int_0^{\frac{\pi}{2}} \frac{\sin t}{1+\cos^2 t}\mathrm{d}t = \frac{\pi^2}{4}$$

评注:(1)“区间对称化”的目的往往是利用对称区间上奇函数和偶函数积分的性质;(2)“分离被积函数”时要注意变量替换前后积分区间不变,最后往往得到一个恒等式.

例 12.6 $I = \int_0^{\frac{\pi}{4}} \ln(1+\tan x)\mathrm{d}x$.

解 $I \xlongequal{x=\frac{\pi}{4}-t} \int_{\frac{\pi}{4}}^{0} \ln\left[1+\tan\left(\frac{\pi}{4}-t\right)\right]\mathrm{d}(-t) = \int_0^{\frac{\pi}{4}} \ln\left(1+\frac{1-\tan t}{1+\tan t}\right)\mathrm{d}t$

$$= \int_0^{\frac{\pi}{4}} \ln\frac{2}{1+\tan t}\mathrm{d}t = \frac{\pi}{4}\ln 2 - I$$

故 $I=\frac{\pi}{8}\ln 2$.

例 12.7 $I = \int_0^1 \frac{\ln(1+x)}{1+x^2}\mathrm{d}x$.

解

解法一 令 $x=\frac{1-t}{1+t}$,则 $I=\int_1^0 \frac{\ln\frac{2}{1+t}}{1+\left(\frac{1-t}{1+t}\right)^2}\mathrm{d}\left(\frac{1-t}{1+t}\right)=\int_0^1 \frac{\ln 2-\ln(1+t)}{1+t^2}\mathrm{d}t = \frac{\pi}{4}\ln 2 - I$.

故 $I=\frac{\pi}{8}\ln 2$.

解法二 $I = \int_0^1 \ln(1+x)\mathrm{d}\arctan x \xlongequal{t=\arctan x} \int_0^{\frac{\pi}{4}} \ln(1+\tan t)\mathrm{d}t \overset{12.6}{=} \frac{\pi}{8}\ln 2$.

例 12.8 设 f 连续且 $f(xy)=f(x)+f(y)$. 证明

$$\int_0^{\frac{\pi}{4}} f(1+\tan x)\mathrm{d}x = \int_0^1 \frac{f(1+x)}{1+x^2}\mathrm{d}x = \frac{\pi}{8}f(2)$$

评注:令 $f(x)=\ln x$,则例 12.6 和 12.7 是本题的特例;证明也是类似的,其思想都是“分离被积函数”,最终得到一个恒等式.

例 12.9 $I = \int_0^{n\pi} x\,|\sin x|\,\mathrm{d}x (n \in \mathbf{N})$.

解 $I \xlongequal{x=n\pi-t} \int_{n\pi}^{0} (n\pi-t)\,|\sin(n\pi-t)|\,\mathrm{d}(-t) = \int_0^{n\pi} (n\pi-t)\,|\sin t|\,\mathrm{d}t$

$$= n\pi\int_0^{n\pi} |\sin t|\,dt - I = n^2\pi\int_0^{\pi} |\sin t|\,dt - I = 2n^2\pi - I$$

故 $I = n^2\pi$.

例 12.10　设 $p>0$,求

$$I_1 = \int_0^{\frac{\pi}{2}} \frac{\cos^p x}{\sin^p x + \cos^p x}dx = \int_0^{\frac{\pi}{2}} \frac{1}{1+\tan^p x}dx = \int_0^{\frac{\pi}{2}} \frac{\sin^p x}{\sin^p x + \cos^p x}dx = \int_0^{\frac{\pi}{2}} \frac{1}{1+\cot^p x}dx$$

解　$I_1 \xlongequal{x=\frac{\pi}{2}-t} \int_{\frac{\pi}{2}}^0 \frac{\sin^p t}{\cos^p t + \sin^p t}d(-t) = \int_0^{\frac{\pi}{2}} \frac{\sin^p t}{\cos^p t + \sin^p t}dt$

$$= \int_0^{\frac{\pi}{2}} \frac{(\sin^p t + \cos^p t) - \cos^p t}{\cos^p t + \sin^p t}dt = \frac{\pi}{2} - I_1$$

故 $I_1 = \frac{\pi}{4}$.

评注:"异化被积函数"的思想同"分离被积函数".

例 12.11　$I = \int_2^4 \frac{\sqrt{\ln(9-x)}}{\sqrt{\ln(9-x)} + \sqrt{\ln(x+3)}}dx$.

解　$I \xlongequal[x+3=9-y]{9-x=y+3} \int_4^2 \frac{\sqrt{\ln(y+3)}}{\sqrt{\ln(y+3)} + \sqrt{\ln(9-y)}}d(-y) = \int_2^4 \frac{\sqrt{\ln(y+3)}}{\sqrt{\ln(y+3)} + \sqrt{\ln(9-y)}}dy$

$$= \int_2^4 \frac{\left[\sqrt{\ln(y+3)} + \sqrt{\ln(9-y)}\right] - \sqrt{\ln(9-y)}}{\sqrt{\ln(y+3)} + \sqrt{\ln(9-y)}}dy = 2 - I$$

故 $I=1$.

例 12.12　求 $I = \int_a^b \frac{f(x)}{f(x) + f(a+b-x)}dx$,其中 f 连续.

解　令 $x=a+b-y$,则

$$I = \int_b^a \frac{f(a+b-y)}{f(a+b-y) + f(y)}(-dy) = \int_a^b \frac{f(a+b-x)}{f(a+b-x) + f(x)}dx$$

$$= \frac{1}{2}\left[\int_b^a \frac{f(x)}{f(a+b-x) + f(x)}dx + \int_a^b \frac{f(a+b-x)}{f(a+b-x) + f(x)}dx\right] = \frac{b-a}{2}$$

评注:令 $f(x)=\sqrt{\ln(9-x)}$,$a=2$,$b=4$,则例 12.11 是本题的特例;证明也是类似的,只要令 $x=a+b-y$.

例 12.13　$I = \int_{-\frac{\pi}{2}}^{\frac{\pi}{2}} \frac{\cos x}{1+e^x}dx$.

解　$I \xlongequal{x=-t} \int_{\frac{\pi}{2}}^{-\frac{\pi}{2}} \frac{\cos(-t)}{1+e^{-t}}d(-t) = \int_{-\frac{\pi}{2}}^{\frac{\pi}{2}} \frac{\cos t}{1+e^{-t}}dt = \int_{-\frac{\pi}{2}}^{\frac{\pi}{2}} \frac{e^t\cos t}{e^t+1}dt$

$$= \int_{-\frac{\pi}{2}}^{\frac{\pi}{2}} \frac{(e^t+1)\cos t - \cos t}{1+e^t}dt = \int_{-\frac{\pi}{2}}^{\frac{\pi}{2}} \cos t\,dt - I = 2 - I$$

故 $I=1$.

另解:$I = \int_{-\frac{\pi}{2}}^0 \frac{\cos x}{1+e^x}dx + \int_0^{\frac{\pi}{2}} \frac{\cos x}{1+e^x}dx \xlongequal{x=-t} \int_{\frac{\pi}{2}}^0 \frac{\cos(-t)}{1+e^{-t}}d(-t) + \int_0^{\frac{\pi}{2}} \frac{\cos x}{1+e^x}dx$

$$= \int_0^{\frac{\pi}{2}} \frac{\cos x}{1+e^{-x}}dx + \int_0^{\frac{\pi}{2}} \frac{\cos x}{1+e^x}dx = \int_0^{\frac{\pi}{2}} \frac{e^x\cos x}{1+e^x}dx + \int_0^{\frac{\pi}{2}} \frac{\cos x}{1+e^x}dx$$

$$= \int_0^{\frac{\pi}{2}} \cos x\,dx = 1$$

例 12.14 设 f 连续非负且满足 $f(x)f(-x)=1$;g 是连续的偶函数. 证明$\int_{-\frac{\pi}{2}}^{\frac{\pi}{2}}\frac{g(x)}{1+f(x)}\mathrm{d}x=\int_0^{\frac{\pi}{2}}g(x)\mathrm{d}x$.

评注:令 $f(x)=\mathrm{e}^x$,$g(x)=\cos x$,则例 12.13 是本题的特例;证明也是类似的.

例 12.15 $\int_0^{\pi}\frac{\sin(2nx)}{\sin x}\mathrm{d}x(n\in\mathbf{N})$.

解 原式$\xlongequal{x=\frac{\pi}{2}-t}\int_{\frac{\pi}{2}}^{-\frac{\pi}{2}}\frac{\sin(n\pi-2nt)}{\sin\left(\frac{\pi}{2}-t\right)}\mathrm{d}(-t)=\int_{-\frac{\pi}{2}}^{\frac{\pi}{2}}\frac{(-1)^{n+1}\sin(2nt)}{\cos t}\mathrm{d}t=0$.

例 12.16 $\int_0^{2008}x(x-1)(x-2)\cdots(x-2008)\mathrm{d}x$.

解 原式$\xlongequal{t=x-1004}\int_{-1004}^{1004}(t+1004)(t+1003)\cdots(t+1)t(t-1)(t-2)\cdots(t-1004)\mathrm{d}t$

$$=\int_{-1004}^{1004}t(t^2-1)(t^2-2^2)\cdots(t^2-1004^2)\mathrm{d}t=0$$

例 12.17 $\int_0^{\pi}[f(\mathrm{e}^{\cos x})-f(\mathrm{e}^{-\cos x})]\mathrm{d}x$.

解 原式$\xlongequal{x=\frac{\pi}{2}-t}\int_{\frac{\pi}{2}}^{-\frac{\pi}{2}}[f(\mathrm{e}^{\sin t})-f(\mathrm{e}^{-\sin t})]\mathrm{d}(-t)=\int_{-\frac{\pi}{2}}^{\frac{\pi}{2}}[f(\mathrm{e}^{\sin t})-f(\mathrm{e}^{-\sin t})]\mathrm{d}t=0$

评注:注意到最右边积分的被积函数是奇函数.

例 12.18 $\int_0^{\pi}\left(\cos x\int_0^x\mathrm{e}^{\cos t}\mathrm{d}t\right)\mathrm{d}x$.

解 原式$=\int_0^{\pi}\left(\int_0^x\mathrm{e}^{\cos t}\mathrm{d}t\right)\mathrm{d}\sin x=\left(\sin x\int_0^x\mathrm{e}^{\cos t}\mathrm{d}t\right)\Big|_0^{\pi}-\int_0^{\pi}\sin x\mathrm{d}\left(\int_0^x\mathrm{e}^{\cos t}\mathrm{d}t\right)$

$$=-\int_0^{\pi}\sin x\mathrm{e}^{\cos x}\mathrm{d}x=\int_0^{\pi}\mathrm{e}^{\cos x}\mathrm{d}\cos x=\frac{1}{\mathrm{e}}-\mathrm{e}$$

例 12.19 $I_n=\int_0^{\pi}\frac{\sin[(2n-1)x]}{\sin x}\mathrm{d}x(n\in\mathbf{N})$.

解 例 12.15 的方法是不可行的,在这里推导递推公式

$$I_{n+1}=\int_0^{\pi}\frac{\sin[(2n+1)x]}{\sin x}\mathrm{d}x=\int_0^{\pi}\frac{\sin(2nx)\cos x+\cos(2nx)\sin x}{\sin x}\mathrm{d}x$$

$$=\int_0^{\pi}\frac{\sin(2nx)\cos x}{\sin x}\mathrm{d}x+\int_0^{\pi}\cos(2nx)\mathrm{d}x=\int_0^{\pi}\frac{\sin[(2n-1)x+x]\cos x}{\sin x}\mathrm{d}x$$

$$=\int_0^{\pi}\frac{\sin[(2n-1)x]\cos x+\cos[(2n-1)x]\sin x}{\sin x}\cos x\mathrm{d}x$$

$$=\int_0^{\pi}\frac{\sin[(2n-1)x](1-\sin^2x)}{\sin x}\mathrm{d}x+\int_0^{\pi}\cos[(2n-1)x]\cos x\mathrm{d}x$$

$$=I_n-\int_0^{\pi}\sin[(2n-1)x]\sin x\mathrm{d}x+\int_0^{\pi}\cos[(2n-1)x]\cos x\mathrm{d}x$$

$$=I_n+\int_0^{\pi}(\cos[(2n-1)x]\cos x-\sin[(2n-1)x]\sin x)\mathrm{d}x=I_n+\int_0^{\pi}\cos(2nx)\mathrm{d}x=I_n$$

故 $I_n=I_1=\pi$.

例 12.20 $I=\int_0^{\frac{\pi}{4}}\ln(\sin 2x)\mathrm{d}x$.

解　$I \xlongequal{t=2x} \frac{1}{2}\int_0^{\frac{\pi}{2}} \ln(\sin t)\mathrm{d}t = \frac{1}{2}\left[\int_0^{\frac{\pi}{4}} \ln(\sin t)\mathrm{d}t + \int_{\frac{\pi}{4}}^{\frac{\pi}{2}} \ln(\sin t)\mathrm{d}t\right]$

$$\xlongequal{t=\frac{\pi}{2}-y} \frac{1}{2}\left[\int_0^{\frac{\pi}{4}} \ln(\sin t)\mathrm{d}t + \int_0^{\frac{\pi}{4}} \ln(\cos y)\mathrm{d}y\right] = \frac{1}{2}\int_0^{\frac{\pi}{4}} \ln\left(\frac{\sin 2t}{2}\right)\mathrm{d}t = \frac{1}{2}\left[-\frac{\pi}{4}\ln 2 + I\right]$$

故 $I = -\frac{\pi}{4}\ln 2$.

由于这是一个广义积分，因此还要说明它的收敛性，才能保证上述推导的正确性. 事实上

$$\lim_{t\to 0^+} \frac{-\ln(\sin t)}{t^{-\frac{1}{2}}} = \lim_{t\to 0^+} \frac{-\cos t}{-\frac{1}{2}t^{-\frac{3}{2}}\sin t} = 2\lim_{t\to 0^+} t^{\frac{1}{2}}\cos t = 0 \Rightarrow \int_0^{\frac{\pi}{2}} \ln(\sin t)\mathrm{d}t \text{ 收敛.}$$

（三）练习题

12.1　设 $f(x) = \begin{cases} 1+2x, & x<0 \\ 1+\mathrm{e}^x, & x \geqslant 0 \end{cases}$，求 $\int_{-1}^{x} f(t)\mathrm{d}t$.

12.2　$\int_0^{\pi} \sqrt{\sin^3 x - \sin^5 x}\,\mathrm{d}x$.

12.3　$\int_0^{\pi} \frac{x}{1+\cos^2 x}\mathrm{d}x$.

12.4　设 $f(x)$ 在 $\mathbf{R}$ 上满足 $f(x) = f(x-\pi) + \sin x$，且 $\forall x \in [0,\pi]$，$f(x) = x$. 求 $\int_{\pi}^{3\pi} f(x)\mathrm{d}x$.

12.5　$\int_0^{\pi} \sin^{n-1} x\cos(n+1)x\,\mathrm{d}x\ (n \in \mathbf{N})$.

12.6　$\int_{-1}^{1} (x^2-1)^n \mathrm{d}x\ (n \in \mathbf{N})$.

12.7　设 $f(\pi) = 1$，$\int_0^{\pi} [f(x) + f''(x)]\sin x\,\mathrm{d}x = 3$. 求 $f(0)$.

12.8　$\int_{\frac{1}{\mathrm{e}}}^{\mathrm{e}} x\,|\ln x|\,\mathrm{d}x$.

12.9　$\int_{\mathrm{e}^{-2n\pi}}^{1} \left|\frac{\mathrm{d}}{\mathrm{d}x}\cos\left(\ln\frac{1}{x}\right)\right|\mathrm{d}x\ (n \in \mathbf{N})$.

12.10　设 $f(x)$ 在 $[0,1]$ 上连续，证明 $\int_0^{2\pi} f(|\cos x|)\mathrm{d}x = 4\int_0^{\frac{\pi}{2}} f(|\cos x|)\mathrm{d}x$.

12.11　设 $f(x)$ 在 $[-a,a]$ 上连续，证明 $\int_{-a}^{a} f(x)\mathrm{d}x = \int_0^{a} [f(x)+f(-x)]\mathrm{d}x$，并由此计算 $\int_{-\frac{\pi}{4}}^{\frac{\pi}{4}} \frac{\mathrm{d}x}{1+\sin x}$.

12.12　$\int_0^{\pi} \frac{x\,|\sin x\cos x|}{1+\sin^4 x}\mathrm{d}x$.

12.13　$\int_0^{\pi} \sin^m x\cos^n x\,\mathrm{d}x$ ($m,n \in \mathbf{N}$ 且 n 为奇数).

12.14 $\int_0^{\pi}\frac{\sin\left(n+\frac{1}{2}\right)x}{\sin\frac{x}{2}}\mathrm{d}x=\pi$.

12.15 $\int_{-\frac{\pi}{2}}^{\frac{\pi}{2}}\frac{\sin^2 x}{1+\mathrm{e}^{-\sin^{2009}x}}\mathrm{d}x$

12.16 $\int_0^{\pi}\ln\sin x\mathrm{d}x$.

12.17 $\int_0^{\frac{\pi}{2}}\frac{x}{\tan x}\mathrm{d}x$.

(四) 答案与提示

12.1 $\begin{cases}x+x^2, & x<0\\ x+\mathrm{e}^x-1, & x\geqslant 0\end{cases}$.

12.2 $\frac{4}{5}$.

12.3 $\frac{\pi^2}{2\sqrt{2}}$.先令 $x=\frac{\pi}{2}-t$,再对化简后的积分引入 $y=\tan t$.

12.4 π^2-2.

12.5 0.注意到 $\cos(n+1)x=\cos nx\cos x-\sin nx\sin x$.

12.6 $(-1)^n\frac{(n!)^2 2^{2n+1}}{(2n+1)!}$.

12.7 2.

12.8 $\frac{1}{2}+\frac{\mathrm{e}^2}{4}-\frac{3\mathrm{e}^{-2}}{4}$.

12.9 $4n$.

12.10 利用周期性和变量替换.

12.11 2.

12.12 $\frac{\pi^2}{8}$.令 $x=\frac{\pi}{2}-t$.

12.13 0.令 $x=\frac{\pi}{2}-t$.

12.14 利用积化和差公式可得 $2\sin\frac{x}{2}\left(\frac{1}{2}+\cos x+\cos 2x+\cdots+\cos nx\right)=\sin\left(n+\frac{1}{2}\right)x$.

12.15 $\frac{\pi}{4}$.例 12.14 的特例.

12.16 $-\pi\ln 2$.

12.17 $\int_0^{\frac{\pi}{2}}\frac{x}{\tan x}\mathrm{d}x=\int_0^{\frac{\pi}{2}}x\mathrm{d}(\ln\sin x)=-\int_0^{\frac{\pi}{2}}\ln\sin x\mathrm{d}x=\frac{\pi}{2}\ln 2$.

第十三讲　积分不等式

（一）内容要点

积分不等式是研究很多数学问题的基本工具，相关的证明思想和方法也极为丰富，几乎涉及了一元微积分学的所有内容. 本节将主要利用**微分中值定理**、**积分中值定理**、**泰勒公式**、**函数单调性**、**分部积分**、**变量替换**、**定积分的定义**和**保序性**等性质证明积分不等式.

（二）例题选讲

1. 证明显示不等式

例 13.1　证明：$\dfrac{\pi}{6}<\displaystyle\int_0^1 \frac{1}{\sqrt{4-x^2-x^3}}\mathrm{d}x<\frac{\pi}{4\sqrt{2}}$.

证明　$\forall x\in(0,1), 4-2x^2<4-x^2-x^3<4-x^2, \Rightarrow \dfrac{1}{\sqrt{4-x^2}}<\dfrac{1}{\sqrt{4-x^2-x^3}}<$

$$\frac{1}{\sqrt{4-2x^2}}\Rightarrow\int_0^1\frac{1}{\sqrt{4-x^2}}\mathrm{d}x<\int_0^1\frac{1}{\sqrt{4-x^2-x^3}}\mathrm{d}x<\int_0^1\frac{1}{\sqrt{4-2x^2}}\mathrm{d}x$$

而 $\displaystyle\int_0^1\frac{1}{\sqrt{4-x^2}}\mathrm{d}x=\arcsin\frac{x}{2}\Big|_0^1=\frac{\pi}{6}, \int_0^1\frac{1}{\sqrt{4-2x^2}}\mathrm{d}x=\frac{1}{\sqrt{2}}\arcsin\frac{x}{\sqrt{2}}\Big|_0^1=\frac{\pi}{4\sqrt{2}}$.

评注： 中间的积分不可积，而到两端的上下界，必然要由不可积适当放缩到可积.

例 13.2　证明：$\left|\displaystyle\int_x^{x+1}\sin t^2\mathrm{d}t\right|\leqslant\frac{1}{x}(x>0)$.

证明　$$I=\int_x^{x+1}-\frac{(\cos t^2)'}{2t}\mathrm{d}t=-\frac{\cos t^2}{2t}\Big|_x^{x+1}+\int_x^{x+1}\frac{\cos t^2}{2}\left(-\frac{1}{t^2}\right)\mathrm{d}t$$
$$=\frac{\cos x^2}{2x}-\frac{\cos(x+1)^2}{2(x+1)}-\int_x^{x+1}\frac{\cos t^2}{2t^2}\mathrm{d}t$$

故
$$|I|\leqslant\frac{1}{2x}+\frac{1}{2(x+1)}+\int_x^{x+1}\frac{1}{2t^2}\mathrm{d}t$$
$$=\frac{1}{2x}+\frac{1}{2(x+1)}+\left[\frac{1}{2x}-\frac{1}{2(x+1)}\right]=\frac{1}{x}$$

评注： 由 $(\cos t^2)'=-2t\sin t^2$ 转化为分部积分是关键，此方法经典.

例 13.3　设 $f(x)\in C[0,1]$，且 $\displaystyle\int_0^1 f(x)\mathrm{d}x=1$，试证：$\displaystyle\int_0^1(1+x^2)f^2(x)\mathrm{d}x\geqslant\frac{4}{\pi}$.

证明 $1=\int_0^1 f(x)\mathrm{d}x=\left(\int_0^1 f(x)\mathrm{d}x\right)^2=\left(\int_0^1 \sqrt{1+x^2}f(x)\cdot\frac{1}{\sqrt{1+x^2}}\mathrm{d}x\right)^2$

$$\leqslant\int_0^1(1+x^2)f^2(x)\mathrm{d}x\cdot\int_0^1\frac{1}{1+x^2}\mathrm{d}x$$

$$=\frac{\pi}{4}\int_0^1(1+x^2)f^2(x)\mathrm{d}x$$

故 $$\int_0^1(1+x^2)f^2(x)\mathrm{d}x\geqslant\frac{4}{\pi}$$

评注: 积分的柯西-施瓦茨不等式 $\left(\int_a^b f(x)\cdot g(x)\mathrm{d}x\right)^2\leqslant\int_a^b f^2(x)\mathrm{d}x\cdot\int_a^b g^2(x)\mathrm{d}x$.

例 13.4 (1) $\int_0^{\frac{\pi}{2}}\sqrt{x\sin x}\mathrm{d}x\leqslant\frac{\pi}{2\sqrt{2}}$; (2) $\int_0^1 \mathrm{e}^{f(x)}\mathrm{d}x\cdot\int_0^1\mathrm{e}^{-f(y)}\mathrm{d}y\geqslant 1$.

证明 (1) $I=\int_0^{\frac{\pi}{2}}\sqrt{x}\cdot\sqrt{\sin x}\mathrm{d}x\leqslant\left(\int_0^{\frac{\pi}{2}}x\mathrm{d}x\right)^{\frac{1}{2}}\cdot\left(\int_0^{\frac{\pi}{2}}\sin x\mathrm{d}x\right)^{\frac{1}{2}}=\frac{\pi}{2\sqrt{2}}$

(2) $I=\int_0^1\mathrm{e}^{f(x)}\mathrm{d}x\cdot\int_0^1\mathrm{e}^{-f(x)}\mathrm{d}x=\int_0^1\left(\mathrm{e}^{\frac{f(x)}{2}}\right)^2\mathrm{d}x\cdot\int_0^1\left(\mathrm{e}^{-\frac{f(x)}{2}}\right)^2\mathrm{d}x$

$$\geqslant\left(\int_0^1\mathrm{e}^{\frac{f(x)}{2}}\cdot\mathrm{e}^{-\frac{f(x)}{2}}\mathrm{d}x\right)^2=1.$$

评注: 柯西-施瓦茨不等式.

2. 用微分相关定理证明积分不等式

例 13.5 设 $f(x)$ 在$[a,b]$上有连续的导数,$f'(x)\leqslant M$,$f(a)=0$.证明$\int_a^b f(x)\mathrm{d}x\leqslant\frac{1}{2}M(b-a)^2$.

证明

证法一 (积分保序性)$\forall x\in[a,b]:f'(x)\leqslant M\Rightarrow\forall x\in[a,b]:\int_a^x f'(t)\mathrm{d}t\leqslant\int_a^x M\mathrm{d}t$

$\xRightarrow{f(a)=0}\forall x\in[a,b]:f(x)\leqslant M(x-a)\Rightarrow\int_a^b f(x)\mathrm{d}x\leqslant M\int_a^b(x-a)\mathrm{d}x=\frac{1}{2}M(b-a)^2$.

证法二 (微分中值定理)$\forall x\in(a,b]$,在$[a,x]$上由拉格朗日中值定理,$\exists\xi\in(a,x)$使得 $f(x)-f(a)=f'(\xi)(x-a)\Rightarrow\forall x\in(a,b]:f(x)\leqslant M(x-a)\Rightarrow\int_a^b f(x)\mathrm{d}x\leqslant M\int_a^b(x-a)\mathrm{d}x=\frac{1}{2}M(b-a)^2$.

证法三 (泰勒公式)令 $F(x)=\int_a^x f(t)\mathrm{d}t$,则 $F(a)=F'(a)=0$ 且 $F(x)=F(a)+F'(a)(x-a)+\frac{1}{2}F''(\xi)(x-a)^2=\frac{1}{2}f'(\xi)(x-a)^2\leqslant\frac{1}{2}M(x-a)^2\Rightarrow F(b)\leqslant\frac{1}{2}M(b-a)^2$,即结论成立.

证法四 (单调性)令 $g(x)=\int_a^x f(t)\mathrm{d}t-\frac{1}{2}M(x-a)^2$,则 $g(a)=0$ 且 $g'(x)=f(x)-M(x-a)$.接下来有两种处理方式.

方式1:$g'(a)=0$ 且 $g''(x)=f'(x)-M\leqslant0\Rightarrow g'(x)\leqslant g'(a)=0\Rightarrow g(b)\leqslant g(a)=0\Rightarrow$ 结论成立.

方式 2：$g'(x)=(x-a)\left[\dfrac{f(x)-f(a)}{x-a}-M\right]\xlongequal{\exists\xi\in(a,x)}(x-a)[f'(\xi)-M]\leqslant 0\Rightarrow g(b)\leqslant g(a)=0\Rightarrow$ 结论成立.

证法五　(分部积分)$\displaystyle\int_a^b f(x)\mathrm{d}x=\int_a^b f(x)\mathrm{d}(x-b)=(x-b)f(x)\Big|_a^b-\int_a^b(x-b)\mathrm{d}f(x)$

$$=\int_a^b(b-x)f'(x)\mathrm{d}x\leqslant M\int_a^b(b-x)\mathrm{d}x=\frac{1}{2}M(b-a)^2.$$

评注：用泰勒公式证明时，常取变上限积分 $F(x)=\int_a^x f(t)\mathrm{d}t$ 作辅助函数，并在下限 $x=a$ 展开，此时展开式的首项 $F(a)=\int_a^a f(t)\mathrm{d}t$ 自然为零；用单调性证明时，常从结论出发通过取某边界点为变量构造辅助函数；用分部积分证明时，由于已知 $f(a)=0$，为了保证分部积分后边界值为零，所以要凑微分 $\mathrm{d}x=\mathrm{d}(x-b)$ 而非 $\mathrm{d}x=\mathrm{d}(x-a)$.

例 13.6　设 $f(x)$在$[a,b]$上有连续的导数且 $f(a)=f(b)=0$.

证明　$\left|\int_a^b f(x)\mathrm{d}x\right|\leqslant\dfrac{(b-a)^2}{4}\max\limits_{x\in[a,b]}|f'(x)|$.

证明　为了表达的简洁，设 $M=\max\limits_{x\in[a,b]}|f'(x)|$.

证法一　令 $F(x)=\int_a^x f(t)\mathrm{d}t$，则 $F'(a)=F'(b)=0$ 且

$$F\left(\frac{a+b}{2}\right)=F(a)+F'(a)\left(\frac{a+b}{2}-a\right)+\frac{1}{2!}F''(\xi_1)\left(\frac{a+b}{2}-a\right)^2\left(a<\xi_1<\frac{a+b}{2}\right)$$

$$F\left(\frac{a+b}{2}\right)=F(b)+F'(b)\left(\frac{a+b}{2}-b\right)+\frac{1}{2!}F''(\xi_2)\left(\frac{a+b}{2}-b\right)^2\left(\frac{a+b}{2}<\xi_2<b\right)$$

两式相减得 $0=-\int_a^b f(t)\mathrm{d}t+\left(\dfrac{b-a}{2}\right)^2\dfrac{f'(\xi_1)-f'(\xi_2)}{2}$.

故 $\left|\int_a^b f(t)\mathrm{d}t\right|=\dfrac{(b-a)^2}{4}\left|\dfrac{f'(\xi_1)-f'(\xi_2)}{2}\right|\leqslant\dfrac{(b-a)^2}{4}\max\limits_{x\in[a,b]}|f'(x)|$.

证法二　$\forall x\in(a,b)$，根据拉格朗日中值定理：

$[a,x]$：$\exists\xi_1\in(a,x)$，$f(x)-f(a)=f'(\xi_1)(x-a)\Rightarrow|f(x)|=|f'(\xi_1)|(x-a)\leqslant M(x-a)\Rightarrow\int_a^{\frac{a+b}{2}}|f(x)|\mathrm{d}x\leqslant M\int_a^{\frac{a+b}{2}}(x-a)\mathrm{d}x=\dfrac{(b-a)^2}{8}M$.

$[x,b]$：$\exists\xi_2\in(x,b)$，$f(b)-f(x)=f'(\xi_2)(b-x)\Rightarrow|f(x)|=|f'(\xi_2)|(b-x)\leqslant M(b-x)\Rightarrow\int_{\frac{a+b}{2}}^b|f(x)|\mathrm{d}x\leqslant M\int_{\frac{a+b}{2}}^b(b-x)\mathrm{d}x=\dfrac{(b-a)^2}{8}M$.

综上可得$\int_a^b|f(x)|\mathrm{d}x=\int_a^{\frac{a+b}{2}}|f(x)|\mathrm{d}x+\int_{\frac{a+b}{2}}^b|f(x)|\mathrm{d}x\leqslant\dfrac{(b-a)^2}{4}M$.

证法三　$\displaystyle\int_a^b f(x)\mathrm{d}x=\int_a^b f(x)\mathrm{d}\left(x-\frac{a+b}{2}\right)=\left(x-\frac{a+b}{2}\right)f(x)\Big|_a^b-\int_a^b\left(x-\frac{a+b}{2}\right)f'(x)\mathrm{d}x$

$$=-\int_a^b\left(x-\frac{a+b}{2}\right)f'(x)\mathrm{d}x$$

故 $\displaystyle\left|\int_a^b f(x)\mathrm{d}x\right|\leqslant M\int_a^b\left|x-\frac{a+b}{2}\right|\mathrm{d}x=M\left[\int_a^{\frac{a+b}{2}}\left(\frac{a+b}{2}-x\right)\mathrm{d}x+\int_{\frac{a+b}{2}}^b\left(x-\frac{a+b}{2}\right)\mathrm{d}x\right]$

$$=\frac{(b-a)^2}{4}M.$$

例 13.7 设 $f(x)$ 在 $[a,b]$ 上有连续的二阶导数且 $f\left(\frac{a+b}{2}\right)=0$. 证明 $\left|\int_a^b f(x)\mathrm{d}x\right| \leqslant \frac{(b-a)^3}{24}\cdot\max\limits_{x\in[a,b]}|f''(x)|$.

证明

证法一 令 $F(x)=\int_{\frac{a+b}{2}}^{x} f(t)\mathrm{d}t$,则 $F\left(\frac{a+b}{2}\right)=F'\left(\frac{a+b}{2}\right)=0$ 且

$$F(a)=\frac{1}{2!}F''\left(\frac{a+b}{2}\right)\left(a-\frac{a+b}{2}\right)^2+\frac{1}{3!}F'''(\xi_1)\left(a-\frac{a+b}{2}\right)^3\left(a<\xi_1<\frac{a+b}{2}\right)$$

$$F(b)=\frac{1}{2!}F''\left(\frac{a+b}{2}\right)\left(b-\frac{a+b}{2}\right)^2+\frac{1}{3!}F'''(\xi_2)\left(b-\frac{a+b}{2}\right)^3\left(\frac{a+b}{2}<\xi_2<b\right)$$

两式相减得 $-\int_a^b f(t)\mathrm{d}t=-\left(\frac{b-a}{2}\right)^3\frac{f''(\xi_1)+f''(\xi_2)}{6}$.

故 $\left|\int_a^b f(t)\mathrm{d}t\right|=\frac{(b-a)^3}{8}\left|\frac{f''(\xi_1)+f''(\xi_2)}{6}\right|\leqslant\frac{(b-a)^3}{24}\max\limits_{x\in[a,b]}|f''(x)|$.

证法二 $\forall x\in(a,b)$, $\exists\xi$ 介于 x 与 $\frac{a+b}{2}$ 之间,使得

$f(x)=f'\left(\frac{a+b}{2}\right)\left(x-\frac{a+b}{2}\right)+\frac{1}{2!}f''(\xi)\left(x-\frac{a+b}{2}\right)^2$. 两边在 $[a,b]$ 上积分得

$$\int_a^b f(x)\mathrm{d}x=f'\left(\frac{a+b}{2}\right)\int_a^b\left(x-\frac{a+b}{2}\right)\mathrm{d}x+\frac{1}{2!}\int_a^b f''(\xi)\left(x-\frac{a+b}{2}\right)^2\mathrm{d}x$$
$$=\frac{1}{2!}\int_a^b f''(\xi)\left(x-\frac{a+b}{2}\right)^2\mathrm{d}x$$

故 $\left|\int_a^b f(x)\mathrm{d}x\right|\leqslant\frac{1}{2!}\max\limits_{x\in[a,b]}|f''(x)|\int_a^b\left(x-\frac{a+b}{2}\right)^2\mathrm{d}x=\frac{(b-a)^3}{24}\max\limits_{x\in[a,b]}|f''(x)|$.

证法三
$$\int_a^{\frac{a+b}{2}}f(x)\mathrm{d}x=\int_a^{\frac{a+b}{2}}f(x)\mathrm{d}(x-a)=(x-a)f(x)\Big|_a^{\frac{a+b}{2}}-\int_a^{\frac{a+b}{2}}(x-a)f'(x)\mathrm{d}x$$
$$=-\int_a^{\frac{a+b}{2}}(x-a)f'(x)\mathrm{d}x=-\frac{1}{2}\int_a^{\frac{a+b}{2}}f'(x)\mathrm{d}(x-a)^2$$
$$=-\frac{1}{2}(x-a)^2f'(x)\Big|_a^{\frac{a+b}{2}}+\frac{1}{2}\int_a^{\frac{a+b}{2}}(x-a)^2f''(x)\mathrm{d}x$$
$$=-\frac{1}{2}\left(\frac{b-a}{2}\right)^2f'\left(\frac{a+b}{2}\right)+\frac{1}{2}\int_a^{\frac{a+b}{2}}(x-a)^2f''(x)\mathrm{d}x$$

同理

$$\int_{\frac{a+b}{2}}^b f(x)\mathrm{d}x=\int_{\frac{a+b}{2}}^b f(x)\mathrm{d}(x-b)$$
$$=\frac{1}{2}\left(\frac{b-a}{2}\right)^2f'\left(\frac{a+b}{2}\right)+\frac{1}{2}\int_{\frac{a+b}{2}}^b(x-b)^2f''(x)\mathrm{d}x$$

故

$$\left|\int_a^b f(x)\mathrm{d}x\right|=\left|\frac{1}{2}\int_a^{\frac{a+b}{2}}(x-a)^2f''(x)\mathrm{d}x+\frac{1}{2}\int_{\frac{a+b}{2}}^b(x-b)^2f''(x)\mathrm{d}x\right|$$
$$\leqslant\frac{1}{2}\max_{x\in[a,b]}|f''(x)|\left[\int_a^{\frac{a+b}{2}}(x-a)^2\mathrm{d}x+\int_{\frac{a+b}{2}}^b(x-b)^2\mathrm{d}x\right]=\frac{(b-a)^2}{24}\max_{x\in[a,b]}|f''(x)|$$

例 13.8　设 $f(x)$ 在 $[a,b]$ 上有连续的二阶导数且 $f(a)=f(b)=0$. 证明：$\left|\int_a^b f(x)\mathrm{d}x\right| \leqslant \frac{(b-a)^3}{12}\max\limits_{x\in[a,b]}|f''(x)|$.

证明　令 $g(x)=(x-a)(x-b)$，则 $g(a)=g(b)=0$ 且 $g''(x)=2$.

$$\begin{aligned}\int_a^b f(x)\mathrm{d}x &= \frac{1}{2}\int_a^b f(x)g''(x)\mathrm{d}x = \frac{1}{2}\int_a^b f(x)\mathrm{d}g'(x)\\ &= \frac{1}{2}f(x)g'(x)\Big|_a^b - \frac{1}{2}\int_a^b g'(x)\mathrm{d}f(x) = -\frac{1}{2}\int_a^b f'(x)\mathrm{d}g(x)\\ &= -\frac{1}{2}f'(x)g(x)\Big|_a^b + \frac{1}{2}\int_a^b g(x)\mathrm{d}f'(x) = \frac{1}{2}\int_a^b g(x)f''(x)\mathrm{d}x\end{aligned}$$

故

$$\begin{aligned}\left|\int_a^b f(x)\mathrm{d}x\right| &\leqslant \frac{1}{2}\max_{x\in[a,b]}|f''(x)|\int_a^b |g(x)|\mathrm{d}x = \frac{1}{2}\max_{x\in[a,b]}|f''(x)|\int_a^b (x-a)(b-x)\mathrm{d}x\\ &= \frac{(b-a)^3}{12}\max_{x\in[a,b]}|f''(x)|\end{aligned}$$

评注：思考：是否可以用类似于例 13.7 的另外两种方法进行证明？

例 13.9　设 $f(x)$ 在 $[a,b]$ 上二阶可导，$f''(x)>0$. 证明：$(b-a)f\left(\frac{a+b}{2}\right)<\int_a^b f(x)\mathrm{d}x<(b-a)\frac{f(a)+f(b)}{2}$.

证明　这里只证明右边不等式，左边不等式证明类似.

证法一　令 $F(x)=\int_a^x f(t)\mathrm{d}t$，则

$$F\left(\frac{a+b}{2}\right)=F(a)+F'(a)\left(\frac{a+b}{2}-a\right)+\frac{1}{2!}F''(\xi_1)\left(\frac{a+b}{2}-a\right)^2\left(a<\xi_1<\frac{a+b}{2}\right)$$

$$F\left(\frac{a+b}{2}\right)=F(b)+F'(b)\left(\frac{a+b}{2}-b\right)+\frac{1}{2!}F''(\xi_2)\left(\frac{a+b}{2}-b\right)^2\left(\frac{a+b}{2}<\xi_2<b\right)$$

两式相减得 $0=-\int_a^b f(t)\mathrm{d}t+\frac{b-a}{2}[f(a)+f(b)]+\left(\frac{b-a}{2}\right)^2\frac{f'(\xi_1)-f'(\xi_2)}{2}$.

由于 $f'(x)$ 严格单调增，有 $f'(\xi_1)<f'(\xi_2)$，从而

$$\int_a^b f(t)\mathrm{d}t=\frac{b-a}{2}[f(a)+f(b)]+\left(\frac{b-a}{2}\right)^2\frac{f'(\xi_1)-f'(\xi_2)}{2}<\frac{b-a}{2}[f(a)+f(b)]$$

证法二　$\forall x\in(a,b)$，$\exists a<\xi_1<x<\xi_1<b$，使得

$$f(a)=f(x)+f'(x)(a-x)+\frac{1}{2!}f''(\xi_1)(a-x)^2>f(x)+f'(x)(a-x)$$

$$f(b)=f(x)+f'(x)(b-x)+\frac{1}{2!}f''(\xi_2)(b-x)^2>f(x)+f'(x)(b-x)$$

两式相加除以 2 得 $f(x)+f'(x)\left(\frac{a+b}{2}-x\right)<\frac{f(a)+f(b)}{2}$.

两边在 $[a,b]$ 上积分得 $\int_a^b f(x)\mathrm{d}x+\int_a^b\left(\frac{a+b}{2}-x\right)\mathrm{d}f(x)<(b-a)\frac{f(a)+f(b)}{2}$.

左边分部积分得 $2\int_a^b f(x)\mathrm{d}x+(a-b)\frac{f(a)+f(b)}{2}<(b-a)\frac{f(a)+f(b)}{2}$.

故结论成立.

证法三 令 $g(x)=\int_a^x f(t)\mathrm{d}t-(x-a)\dfrac{f(a)+f(x)}{2}$,则 $g(a)=0$ 且 $g'(x)=f(x)-\dfrac{1}{2}[f(a)+f(x)+f'(x)(x-a)]=-\dfrac{1}{2}[f(a)-f(x)-f'(x)(a-x)]\xlongequal{\exists\xi\in(a,x)}-\dfrac{1}{4}f''(\xi)(a-x)^2<0(\forall x\in(a,b))\Rightarrow g(x)$ 在 $[a,b]$ 上严格单调减 $\Rightarrow g(b)<g(a)=0\Rightarrow$ 结论成立.

这里还有另外的处理方式:

$g'(x)=-\dfrac{1}{2}(a-x)\left[\dfrac{f(a)-f(x)}{a-x}-f'(x)\right]\xlongequal{\exists\xi\in(a,x)}\dfrac{1}{2}(x-a)[f'(\xi)-f'(x)]<0\Rightarrow g(b)<g(a)=0\Rightarrow$ 结论成立.

证法四

$$\begin{aligned}\int_a^b f(x)\mathrm{d}x&=\int_a^b f(x)\mathrm{d}\left(x-\frac{a+b}{2}\right)\\&=\left(x-\frac{a+b}{2}\right)f(x)\Big|_a^b-\int_a^b\left(x-\frac{a+b}{2}\right)f'(x)\mathrm{d}x\\&=\frac{b-a}{2}[f(b)+f(a)]+\int_a^b\left(\frac{a+b}{2}-x\right)f'(x)\mathrm{d}x\\&=\frac{b-a}{2}[f(b)+f(a)]+\int_a^{\frac{a+b}{2}}\left(\frac{a+b}{2}-x\right)f'(x)\mathrm{d}x+\int_{\frac{a+b}{2}}^b\left(\frac{a+b}{2}-x\right)f'(x)\mathrm{d}x\\&<\frac{b-a}{2}[f(b)+f(a)]+f'\left(\frac{a+b}{2}\right)\int_a^{\frac{a+b}{2}}\left(\frac{a+b}{2}-x\right)\mathrm{d}x+f'\left(\frac{a+b}{2}\right)\int_{\frac{a+b}{2}}^b\left(\frac{a+b}{2}-x\right)\mathrm{d}x\\&=\frac{b-a}{2}[f(b)+f(a)]+f'\left(\frac{a+b}{2}\right)\int_a^b\left(\frac{a+b}{2}-x\right)\mathrm{d}x=\frac{b-a}{2}[f(b)+f(a)]\end{aligned}$$

例 13.10 设 $f(x)$ 在 $[0,1]$ 上连续且单调减. 证明 $\forall\alpha\in(0,1)$,$\int_0^\alpha f(x)\mathrm{d}x\geqslant\alpha\int_0^1 f(x)\mathrm{d}x$.

证明

证法一 (变量替换)$\int_0^\alpha f(x)\mathrm{d}x\xlongequal[t=\frac{x}{\alpha}]{x=\alpha t}\alpha\int_0^1 f(\alpha t)\mathrm{d}t\overset{\alpha t\leqslant t\Rightarrow f(\alpha t)\geqslant f(t)}{\geqslant}\alpha\int_0^1 f(t)\mathrm{d}t$.

证法二 结论 $\Leftrightarrow\int_0^\alpha f(x)\mathrm{d}x\geqslant\alpha\int_0^\alpha f(x)\mathrm{d}x+\alpha\int_\alpha^1 f(x)\mathrm{d}x\Leftrightarrow(1-\alpha)\int_0^\alpha f(x)\mathrm{d}x\geqslant\alpha\int_\alpha^1 f(x)\mathrm{d}x$

$$\Leftrightarrow\frac{1}{\alpha}\int_0^\alpha f(x)\mathrm{d}x\geqslant\frac{1}{1-\alpha}\int_\alpha^1 f(x)\mathrm{d}x.$$

而 f 单调减 $\Rightarrow\dfrac{1}{\alpha}\int_0^\alpha f(x)\mathrm{d}x\geqslant f(\alpha)\geqslant\dfrac{1}{1-\alpha}\int_\alpha^1 f(x)\mathrm{d}x$,结论成立.

评注:若附加条件 $f\in C[0,1]$,则可以引入辅助函数 $g(x)=\int_0^x f(t)\mathrm{d}t-x\int_0^1 f(t)\mathrm{d}t$ 或 $g(x)=\dfrac{\int_0^x f(t)\mathrm{d}t}{x}$ 进行证明.

例 13.11 设 $f(x)$ 在 $\mathbf{R}$ 上二阶可导且下凸,$\varphi\in C[a,b]$. 证明 $f\left(\dfrac{1}{b-a}\int_a^b\varphi(x)\mathrm{d}x\right)\leqslant\dfrac{1}{b-a}\int_a^b f(\varphi(x))\mathrm{d}x$

证明

证法一 (定积分定义)f 下凸 $\Rightarrow f\left(\dfrac{1}{n}\sum\limits_{i=1}^n x_i\right)\leqslant\dfrac{1}{n}\sum\limits_{i=1}^n f(x_i)$

$$\xrightarrow{x_i=\varphi\left(a+\frac{b-a}{n}i\right)} f\left(\frac{1}{n}\sum_{i=1}^{n}\varphi\left(a+\frac{b-a}{n}i\right)\right)\leqslant\frac{1}{n}\sum_{i=1}^{n}f\left(\varphi\left(a+\frac{b-a}{n}i\right)\right)$$

$$\xrightarrow{x_i=\varphi\left(a+\frac{b-a}{n}i\right)} f\left(\frac{1}{b-a}\left[\frac{b-a}{n}\sum_{i=1}^{n}\varphi\left(a+\frac{b-a}{n}i\right)\right]\right)\leqslant\frac{1}{b-a}\left[\frac{b-a}{n}\sum_{i=1}^{n}f\left(\varphi\left(a+\frac{b-a}{n}i\right)\right)\right].$$

两边取 $n\to\infty$ 的极限,结论成立.

证法二　令 $x_0=\frac{1}{b-a}\int_a^b\varphi(x)\mathrm{d}x$,又 f 下凸蕴涵 $f''(x)\geqslant 0$,则 $\exists\xi$ 介于 $\varphi(x)$ 与 x_0 之间,使得

$$\begin{aligned}f(\varphi(x))&=f(x_0)+f'(x_0)(\varphi(x)-x_0)+\frac{1}{2}f''(\xi)(\varphi(x)-x_0)^2\\&\geqslant f(x_0)+f'(x_0)(\varphi(x)-x_0)\end{aligned}$$

两边取$[a,b]$上的积分得

$$\int_a^b f(\varphi(x))\mathrm{d}x\geqslant f(x_0)(b-a)+f'(x_0)\left[\int_a^b\varphi(x)\mathrm{d}x-x_0(b-a)\right]=f(x_0)(b-a)\Rightarrow$$

$$\frac{\int_a^b f(\varphi(x))\mathrm{d}x}{b-a}\geqslant f(x_0)$$,即结论成立.

例 13.12　设 $f,g\in C[a,b]$且单调增.证明

$$\int_a^b f(x)\mathrm{d}x\int_a^b g(x)\mathrm{d}x\leqslant(b-a)\int_a^b f(x)g(x)\mathrm{d}x$$

证明　令 $F(x)=\int_a^x f(t)\mathrm{d}t\int_a^x g(t)\mathrm{d}t-(x-a)\int_a^x f(t)g(t)\mathrm{d}t$,则

$$\begin{aligned}F'(x)&=f(x)\int_a^x g(t)\mathrm{d}t+g(x)\int_a^x f(t)\mathrm{d}t-\int_a^x f(t)g(t)\mathrm{d}t-(x-a)f(x)g(x)\\&=\int_a^x[f(x)g(t)+g(x)f(t)-f(t)g(t)-f(x)g(x)]\mathrm{d}t\\&=\int_a^x[f(x)-f(t)][g(t)-g(x)]\mathrm{d}t\leqslant 0.\text{故 }F(b)\leqslant F(a)=0\end{aligned}$$

结论成立.

例 13.13　设 f,g 在$[a,b]$上非负连续,且满足 $f(t)\leqslant K+k\int_a^t f(s)g(s)\mathrm{d}s$,其中 $K,k\geqslant 0$ 为常数.证明 $f(t)\leqslant K\mathrm{e}^{k\int_a^t g(s)\mathrm{d}s}$.

证明　令 $F(t)=K+k\int_a^t f(s)g(s)\mathrm{d}s$,则 $F'(t)=kf(t)g(t)\leqslant kF(t)g(t)\Rightarrow\mathrm{e}^{-k\int_a^t g(s)\mathrm{d}s}F'(t)-k\mathrm{e}^{-k\int_a^t g(s)\mathrm{d}s}g(t)F(t)\leqslant 0\Rightarrow[\mathrm{e}^{-k\int_a^t g(s)\mathrm{d}s}F(t)]'\leqslant 0$.两边取$[a,t]$上的定积分得 $\mathrm{e}^{-k\int_a^t g(s)\mathrm{d}s}F(t)-F(a)\leqslant 0\Rightarrow F(t)\leqslant F(a)\mathrm{e}^{k\int_a^t g(s)\mathrm{d}s}$,所以,$f(t)\leqslant F(t)\leqslant k\mathrm{e}^{k\int_a^t g(s)\mathrm{d}s}$,即结论成立.

例 13.14　设 $f(x)$ 在$[0,1]$上有连续导数且 $\int_0^1 f(x)\mathrm{d}x=0$.证明 $\forall\alpha\in(0,1)$,$\left|\int_0^\alpha f(x)\mathrm{d}x\right|\leqslant\frac{1}{8}\max\limits_{0\leqslant x\leqslant 1}|f'(x)|$.

证明　记 $M=\max\limits_{0\leqslant x\leqslant 1}|f'(x)|$.令 $g(x)=\int_0^x f(x)\mathrm{d}x$,则 $g(0)=g(1)=0$,不妨设 $g(x)$ 不恒为零,此时 $|g(x)|$ 的最大值必在$(0,1)$内 $g(x)$ 的驻点 x_0 取到,从而 $g'(x_0)=f(x_0)=0$.故

$$g(0)=g(x_0)+g'(x_0)(-x_0)+\frac{1}{2}g''(\xi_1)(-x_0)^2(0<\xi_1<x_0)$$

$$g(1)=g(x_0)+g'(x_0)(1-x_0)+\frac{1}{2}g''(\xi_2)(1-x_0)^2(x_0<\xi_2<1)$$

蕴涵 $|g(x_0)|=\frac{1}{2}|f'(\xi_1)|x_0^2\leqslant\frac{1}{2}Mx_0^2$；$|g(x_0)|=\frac{1}{2}|f'(\xi_1)|(1-x_0)^2\leqslant\frac{1}{2}M(1-x_0)^2$. 因此，$|g(x_0)|\leqslant\frac{1}{2}M\min\{x_0^2,(1-x_0)^2\}\leqslant\frac{1}{8}M$. 结论得证 .

评注:实际上本题$\Leftrightarrow$设 g 在$[0,1]$上有连续的二阶导数，且 $g(0)=g(1)=0$. 证明 $\max\limits_{x\in[a,b]}|g(x)|\leqslant\frac{1}{8}\max\limits_{x\in[a,b]}|g''(x)|$. 这是典型的微分不等式.

例 13.15 设 $f(x)$在$[a,b]$上二阶连续可微,且 $f(a)=f(b)=0$. 证明

$$\int_a^b|f''(x)|\,\mathrm{d}x\geqslant\frac{4}{b-a}\max_{x\in[a,b]}|f(x)|.$$

证明 不妨设 $f(x)$不恒为零,则 $\exists\, x_0\in(a,b)$,使$|f(x_0)|=\max\limits_{x\in[a,b]}|f(x)|$. 从而

$$\exists\,\xi_1\in(a,x_0),\text{使得 } f(x_0)-f(a)=f'(\xi_1)(x_0-a)\Rightarrow f'(\xi_1)=\frac{f(x_0)}{x_0-a};$$

$$\exists\,\xi_2\in(x_0,b),\text{使得 } f(b)-f(x_0)=f'(\xi_2)(b-x_0)\Rightarrow f'(\xi_2)=-\frac{f(x_0)}{b-x_0}.$$

注意到

$$0<(x_0-a)(b-x_0)\leqslant\left[\frac{(x_0-a)+(b-x_0)}{2}\right]^2=\frac{(b-a)^2}{4}$$

则

$$\int_a^b|f''(x)|\,\mathrm{d}x\geqslant\int_{\xi_1}^{\xi_2}|f''(x)|\,\mathrm{d}x\geqslant\left|\int_{\xi_1}^{\xi_2}f''(x)\mathrm{d}x\right|=|f'(\xi_2)-f'(\xi_1)|$$

$$=\frac{b-a}{(x_0-a)(b-x_0)}|f(x_0)|\geqslant\frac{4}{b-a}|f(x_0)|$$

结论得证 .

例 13.16 设 $f(x)$在$[0,1]$上有连续的一阶导数,证明

$$\int_0^1|f(x)|\,\mathrm{d}x\leqslant\max\left\{\int_0^1|f'(x)|\,\mathrm{d}x,\left|\int_0^1f(x)\mathrm{d}x\right|\right\}$$

证明 (1) 若 $\int_0^1|f(x)|\,\mathrm{d}x=\left|\int_0^1f(x)\mathrm{d}x\right|$,则结论成立;

(2) 若 $\int_0^1|f(x)|\,\mathrm{d}x>\left|\int_0^1f(x)\mathrm{d}x\right|$,则 $f(x)$ 在$[0,1]$上变号,由函数连续性,知 $\exists\, x_0\in(0,1)$,使得 $f(x_0)=0$,于是

$$|f(x)|=|f(x)-f(x_0)|=\left|\int_{x_0}^xf'(x)\mathrm{d}x\right|\leqslant\left|\int_{x_0}^x|f'(x)|\,\mathrm{d}x\right|\leqslant\int_0^1|f'(x)|\,\mathrm{d}x$$

再取积分,得$\int_0^1|f(x)|\,\mathrm{d}x\leqslant\int_0^1|f'(x)|\,\mathrm{d}x$.

综合(1)(2) 知:$\int_0^1|f(x)|\,\mathrm{d}x\leqslant\max\left\{\int_0^1|f'(x)|\,\mathrm{d}x,\left|\int_0^1f(x)\mathrm{d}x\right|\right\}$.

3. 利用定积分定义和性质证明不等式

例 13.17 设 $f(x)$在$[0,1]$上取正值、连续,证明

$$\ln\left(\int_0^1 f(x)\mathrm{d}x\right)\geqslant\int_0^1 \ln f(x)\mathrm{d}x$$

证明　将$[0,1]$ n等分,分点为$x_i=\dfrac{i}{n}$,$i=1,2,\cdots,n$,则

$$\int_0^1 f(x)\mathrm{d}x=\lim_{n\to\infty}\left(\sum_{i=1}^{n}f\left(\frac{i}{n}\right)\cdot\frac{1}{n}\right)$$

而由均值不等式 $\sum\limits_{i=1}^{n}f\left(\dfrac{i}{n}\right)\cdot\dfrac{1}{n}\geqslant\left(\sum\limits_{i=1}^{n}f\left(\dfrac{i}{n}\right)\right)^{\frac{1}{n}}$ 两边取对数，得 $\ln\left(\sum\limits_{i=1}^{n}f\left(\dfrac{i}{n}\right)\cdot\dfrac{1}{n}\right)\geqslant\dfrac{1}{n}\left(\sum\limits_{i=1}^{n}\ln\left[f\left(\dfrac{i}{n}\right)\right]\right)$.

由对数函数的连续性,上式取极限得

$$\ln\left(\int_0^1 f(x)\mathrm{d}x\right)=\lim_{n\to\infty}\ln\left(\sum_{i=1}^{n}f\left(\frac{i}{n}\right)\cdot\frac{1}{n}\right)\geqslant\lim_{n\to\infty}\frac{1}{n}\left(\sum_{i=1}^{n}\ln\left[f\left(\frac{i}{n}\right)\right]\right)=\int_0^1\ln f(x)\mathrm{d}x$$

例 13.18　设$f(x)$在$[0,1]$上取非负、连续、单调递减,证明

$$\forall\, 0<\alpha<\beta<1 \text{ 有}\frac{\alpha}{\beta}\int_\alpha^\beta f(x)\mathrm{d}x\leqslant\int_0^\alpha f(x)\mathrm{d}x$$

证明　由积分中值定理,$\exists\,\xi_1>\xi_2$,使得

$$\int_\alpha^\beta f(x)\mathrm{d}x=f(\xi_1)(\beta-\alpha),\int_0^\alpha f(x)\mathrm{d}x=f(\xi_2)\alpha$$

由$f(x)$为非负、单调递减函数,知$f(\xi_1)\leqslant f(\xi_2)$,$\dfrac{1}{\beta-\alpha}\displaystyle\int_\alpha^\beta f(x)\mathrm{d}x\leqslant\frac{1}{\alpha}\int_0^\alpha f(x)\mathrm{d}x$,即 $\dfrac{\alpha}{\beta}\displaystyle\int_\alpha^\beta f(x)\mathrm{d}x\leqslant\frac{\alpha}{\beta-\alpha}\int_\alpha^\beta f(x)\mathrm{d}x\leqslant\int_0^\alpha f(x)\mathrm{d}x$.

例 13.19　设$f(x)$在$[a,b]$上连续可导,且$f(a)=0$,证明

(1) $\max\limits_{x\in[a,b]}|f(x)|^2\leqslant\left|(b-a)\displaystyle\int_a^b|f'(x)|^2\mathrm{d}x\right|$;

(2) $\displaystyle\int_a^b f^2(x)\mathrm{d}x\leqslant\frac{(b-a)^2}{2}\int_a^b[f'(x)]^2\mathrm{d}x$.

证明　(1) 由原函数定义,$f(x)=\displaystyle\int_a^x f'(t)\mathrm{d}t+f(a)$,两边平方,再由柯西-施瓦茨不等式,得

$$f^2(x)=\left(\int_a^x f'(t)\mathrm{d}t\right)^2\leqslant\int_a^x 1^2\mathrm{d}t\cdot\int_a^x[f'(t)]^2\mathrm{d}t\leqslant(x-a)\int_a^b[f'(t)]^2\mathrm{d}t,$$

故

$$\max_{x\in[a,b]}|f(x)|^2\leqslant\left|(b-a)\int_a^b|f'(x)|^2\mathrm{d}x\right|.$$

(2) 由$f^2(x)\leqslant(x-a)\displaystyle\int_a^b[f'(t)]^2\mathrm{d}t$,两边做积分得

$$\int_a^b f^2(x)\mathrm{d}x\leqslant\int_a^b(x-a)\mathrm{d}x\int_a^b[f'(x)]^2\mathrm{d}x=\frac{(b-a)^2}{2}\int_a^b[f'(x)]^2\mathrm{d}x$$

例 13.20　设$f(x)$在$[0,1]$上连续,满足$\displaystyle\int_0^1 x^k f(x)\mathrm{d}x=0$,$k=0,1,\cdots,n-1$,$\displaystyle\int_0^1 x^n f(x)\mathrm{d}x=1$,其中$n$为正整数,证明:$\exists\,x_0\in[0,1]$,使得$|f(x)|\geqslant(n+1)2^n$.

证明　反证法

假设$\forall\,x\in[0,1]$,使得$|f(x)|<(n+1)2^n$,则由已知条件,易知$\forall\,\alpha\in[0,1]$,恒有$\displaystyle\int_0^1(x-$

$\alpha)^n f(x)\mathrm{d}x = 1$. 因此

$$\left|\int_0^1 (x-\alpha)^n f(x)\mathrm{d}x\right| \leqslant \int_0^1 |x-\alpha|^n |f(x)| \mathrm{d}x < (n+1)2^n \int_0^1 |x-\alpha|^n \mathrm{d}x \left(取\ \alpha = \frac{1}{2}\right)$$

$$= (n+1)2^n \left[\int_0^{\frac{1}{2}} \left(\frac{1}{2}-x\right)^n \mathrm{d}x + \int_{\frac{1}{2}}^1 \left(x-\frac{1}{2}\right)^n \mathrm{d}x\right]$$

$$= 1$$

即 $\left|\int_0^1 \left(x-\frac{1}{2}\right)^n f(x)\mathrm{d}x\right| < 1$,与 $\forall \alpha \in [0,1]$,恒有 $\int_0^1 (x-\alpha)^n f(x)\mathrm{d}x = 1$ 相矛盾,因此,$\exists x_0 \in [0,1]$,使得 $|f(x)| \geqslant (n+1)2^n$.

例 13.21 设 $f(x)$ 在 $[0,1]$ 上有一阶连续导数,且存在 $M>0$,使得 $|f'(x)| \leqslant M$,证明:对任意正整数 n,有 $\left|\int_0^1 f(x)\mathrm{d}x - \frac{1}{n}\sum_{k=1}^n f\left(\frac{k}{n}\right)\right| \leqslant \frac{M}{2n}$.

证明 由微分中值定理得

$$\left|\int_0^1 f(x)\mathrm{d}x - \frac{1}{n}\sum_{k=1}^n f\left(\frac{k}{n}\right)\right| = \left|\sum_{k=1}^n \int_{\frac{k-1}{n}}^{\frac{k}{n}} f(x)\mathrm{d}x - \frac{1}{n}\sum_{k=1}^n f\left(\frac{k}{n}\right)\right|$$

$$= \left|\sum_{k=1}^n \int_{\frac{k-1}{n}}^{\frac{k}{n}} \left[f(x) - f\left(\frac{k}{n}\right)\right]\mathrm{d}x\right| = \left|\sum_{k=1}^n \int_{\frac{k-1}{n}}^{\frac{k}{n}} f'(\xi_k)\left(x-\frac{k}{n}\right)\mathrm{d}x\right|$$

$$\leqslant \sum_{k=1}^n \int_{\frac{k-1}{n}}^{\frac{k}{n}} |f'(\xi_k)| \left|x-\frac{k}{n}\right| \mathrm{d}x \leqslant M\sum_{k=1}^n \int_{\frac{k-1}{n}}^{\frac{k}{n}} \left(\frac{k}{n}-x\right)\mathrm{d}x$$

$$= M\sum_{k=1}^n \left[\frac{k}{n}x - \frac{x^2}{2}\right]_{\frac{k-1}{n}}^{\frac{k}{n}}$$

$$= M\sum_{k=1}^n \frac{1}{2n^2} = \frac{M}{2n}$$

评注:定积分与 n 项和要能在一起运算,必定化为一致;其实微分中值定理和积分中值定理也是将不同层次的函数问题化为同一个层次上去.

例 13.22 设 $f(x)$ 在 $[0,1]$ 上连续,最小值为 $m>0$,最大值为 M,证明

$$\int_0^1 f(x)\mathrm{d}x \int_0^1 \frac{1}{f(x)}\mathrm{d}x \leqslant \frac{(m+1)^2}{4mM}$$

证明 由于 $\frac{[f(x)-m][f(x)-M]}{f(x)} \leqslant 0$,即 $f(x)-(m+M)+\frac{mM}{f(x)} \leqslant 0$,在 $[0,1]$ 上取定积分,得 $\int_0^1 f(x)\mathrm{d}x + mM\int_0^1 \frac{1}{f(x)}\mathrm{d}x \leqslant m+M$. 记 $\mu = mM\int_0^1 \frac{1}{f(x)}\mathrm{d}x$,则 $\mu > 0$,于是 $\mu\int_0^1 f(x)\mathrm{d}x \leqslant (m+M)\mu - \mu^2$. 记 $\varphi(\mu) = (m+M)\mu - \mu^2$,则 $\varphi'(\mu) = (m+M) - 2\mu = 0$,得驻点 $\mu = \frac{m+M}{2}$. 又 $\varphi''(\mu) = -2 < 0$,因此 $\mu = \frac{m+M}{2}$ 是 $\varphi(\mu)$ 唯一的极大值点,即最大值点. 因此 $\varphi(\mu) \leqslant (m+M)\frac{m+M}{2} - \left(\frac{m+M}{2}\right)^2 = \frac{(m+M)^2}{4}$,即 $mM\int_0^1 f(x)\mathrm{d}x\int_0^1 \frac{1}{f(x)}\mathrm{d}x \leqslant \frac{(m+M)^2}{4}$,因此 $\int_0^1 f(x)\mathrm{d}x\int_0^1 \frac{1}{f(x)}\mathrm{d}x \leqslant \frac{(m+1)^2}{4mM}$.

(三) 练习题

13.1　证明：$\frac{\pi}{2}\mathrm{e}^{-R}<\int_0^{\frac{\pi}{2}}\mathrm{e}^{-R\sin x}\mathrm{d}x<\frac{\pi(1-\mathrm{e}^{-R})}{2R}(R>0)$.

13.2　证明：$\int_0^{\pi}\mathrm{e}^{\sin^2 x}\mathrm{d}x\geqslant \mathrm{e}^{-\frac{1}{2}}\pi$.

13.3　设 $f(x)\in C[0,1]$，且 $f(x)\geqslant 0$，$\int_0^1 f(x)\mathrm{d}x=1$，试证

$$\left(\int_0^1 f(x)\cos kx\,\mathrm{d}x\right)^2+\left(\int_0^1 f(x)\sin kx\,\mathrm{d}x\right)^2\leqslant 1$$

13.4　设 $f(x)$在$[0,1]$上有连续的导数，且 $f(0)=0$，证明：$\int_0^1 f^2(x)\mathrm{d}x\leqslant\int_0^1[f'(x)]^2\mathrm{d}x$.

13.5　设 $f(x)$在$[a,b]$上 n 阶连续可微，且满足 $f^{(i)}(a)=0(i=0,1,\cdots,n-1)$或 $f^{(i)}(b)=0\ (i=0,1,\cdots,n-1)$中任意一个条件. 证明

$$\left|\int_a^b f(x)\mathrm{d}x\right|\leqslant\frac{(b-a)^{n+1}}{(n+1)!}\max_{x\in[a,b]}|f^{(n)}(x)|$$

13.6　设 $f(x)$在$[a,b]$上 n 阶连续可微，且 $f^{(i)}(a)=f^{(i)}(b)=0(i=0,1,\cdots,n-1)$. 证明

$$\left|\int_a^b f(x)\mathrm{d}x\right|\leqslant\frac{(b-a)^{n+1}}{2^n(n+1)!}\max_{x\in[a,b]}|f^{(n)}(x)|$$

13.7　设 $f(x)$在$[a,b]$上 n 阶连续可微，且 $f^{(i)}\left(\frac{a+b}{2}\right)=0(0\leqslant i\leqslant n-1$ 且为偶数). 证明

$$\left|\int_a^b f(x)\mathrm{d}x\right|\leqslant\frac{(b-a)^{n+1}}{2^n(n+1)!}\max_{x\in[a,b]}|f^{(n)}(x)|$$

13.8　设 $f(x)$在$[a,b]$上 $2n$ 阶连续可微，且 $f^{(i)}(a)=f^{(i)}(b)=0(i=0,1,\cdots,n-1)$. 证明

$$\left|\int_a^b f(x)\mathrm{d}x\right|\leqslant\frac{(n!)^2(b-a)^{2n+1}}{(2n)!(2n+1)!}\max_{x\in[a,b]}|f^{(2n)}(x)|$$

13.9　设 $f(x)$在$[0,1]$上可导，$f(0)=0$，$0\leqslant f'(x)\leqslant 1$. 证明：$\left[\int_0^1 f(x)\mathrm{d}x\right]^2\geqslant\int_0^1 f^3(x)\mathrm{d}x$，并给出一个使等号成立的非零函数.

13.10　设 $f(x)$在$[0,1]$上二阶可导且 $f'(x)\leqslant 0$. 证明

$$\int_0^1 f(x^n)\mathrm{d}x\leqslant f\left(\frac{1}{n+1}\right)(n\in\mathbf{N})$$

13.11　设 $f(x)$在$[a,b]$上二阶可导，且 $f(x)\geqslant 0$，$f''(x)\leqslant 0$. 证明

$$\frac{1}{b-a}\int_a^b f(x)\mathrm{d}x\leqslant\max_{x\in[a,b]}f(x)\leqslant\frac{2}{b-a}\int_a^b f(x)\mathrm{d}x$$

13.12　设 $f(x)$在$[0,2]$上可导，且 $f(0)=f(2)=1$，$|f'(x)|\leqslant 1$. 证明 $\int_0^2 f(x)\mathrm{d}x\leqslant 3$.

13.13　设 $f(x)$在$[0,1]$上二阶连续可微，$f(0)=f(1)=0$ 且 $\forall x\in(0,1)$，$f(x)\neq 0$. 证明

$$\int_0^1\left|\frac{f''(x)}{f(x)}\right|\mathrm{d}x\geqslant 4$$

13.14　设 $y=\varphi(x)$可导、严格单调增，$\varphi(0)=0$，又设其反函数为 $x=\psi(y)$. 证明

$$\forall a,b>0,\text{有}\int_0^a \varphi(x)\mathrm{d}x+\int_0^b \psi(y)\mathrm{d}y \geqslant ab$$

13.15　设 $f(x)$ 在 $[0,2\pi]$ 有连续导数，且 $f'(x)\geqslant 0$，证明

$$\left|\int_0^{2\pi} f(x)\sin nx\,\mathrm{d}x\right| \leqslant \frac{2[f(2\pi)-f(0)]}{n}$$

13.16　设 $f(x)$ 在 $[a,b]$ 有连续导数，证明

$$\max_{x\in[a,b]}|f(x)| \leqslant \left|\frac{1}{b-a}\int_a^b f(x)\mathrm{d}x\right|+\int_a^b |f'(x)|\,\mathrm{d}x$$

13.17　设 $a,b>0$，$f(x)\geqslant 0$，且 $\int_{-a}^b xf(x)\mathrm{d}x=0$，证明：$\int_{-a}^b x^2 f(x)\mathrm{d}x \leqslant ab\int_{-a}^b f(x)\mathrm{d}x$.

13.18　设 $f(x)$ 非负、单调增，n 为正整数，证明：$\sum_{k=1}^{n-1} f(k) \leqslant \int_1^n f(x)\mathrm{d}x \leqslant \sum_{k=2}^{n} f(k)$.

(四) 答案与提示

13.1　$\frac{2}{\pi}x<\sin x<1,\forall x\in\left(0,\frac{\pi}{2}\right)\Rightarrow \mathrm{e}^{-R}<\mathrm{e}^{-R\sin x}<\mathrm{e}^{-R\frac{2}{\pi}x}$.

13.2　$I=\int_0^{\frac{\pi}{2}}\mathrm{e}^{\sin^2 x}\mathrm{d}x+\int_{\frac{\pi}{2}}^{\pi}\mathrm{e}^{\sin^2 x}\mathrm{d}x=\int_0^{\frac{\pi}{2}}[\mathrm{e}^{\sin^2 x}+\mathrm{e}^{\cos^2 x}]\mathrm{d}x \geqslant 2\int_0^{\frac{\pi}{2}}\sqrt{\mathrm{e}^{\sin^2 x+\cos^2 x}}\,\mathrm{d}x$.

13.3　应用柯西-施瓦茨不等式，$\left(\int_0^1 f(x)\cos kx\,\mathrm{d}x\right)^2=\left(\int_0^1\sqrt{f(x)}\cdot\sqrt{f(x)}\cos kx\,\mathrm{d}x\right)^2\leqslant$ $\int_0^1 f(x)\mathrm{d}x\cdot\int_0^1 f(x)\cos^2 kx\,\mathrm{d}x$.

13.4　$f(x)=\int_0^x f'(t)\mathrm{d}t+f(0)$，再用柯西-施瓦茨不等式.

13.5　泰勒展开，积分，适当放大.

13.6　参看例13.6的推广.

13.7　参看例13.7的方法.

13.8　例13.8的推广.

13.9　令 $F(x)=\left[\int_0^x f(t)\mathrm{d}t\right]^2-\int_0^x f^3(t)\mathrm{d}t$；$f(x)\equiv 0$ 时等号成立.

13.10　$f(x)$ 在 $x_0=\frac{1}{n+1}$ 处二阶泰勒展开，二阶余项非正.

13.11　设 $f(c)=\max\limits_{x\in[a,b]}|f(x)|$，只需证 $f(c)$ 满足上下界限定，对 $f(c)$ 在 x 点处泰勒展开.

13.12　$f(x)$ 分别与端点0和2用拉格朗日中值公式，两式相加解出 $f(x)$ 的表达式，再积分、整理.

13.14　作变量替换 $x=\psi(y)$（同时 $y=\varphi(x)$），有

$$\int_0^a \varphi(x)\mathrm{d}x=\int_0^{\varphi(a)} y\mathrm{d}\psi(y)=y\psi(y)\Big|_0^{\varphi(a)}-\int_0^{\varphi(a)}\psi(y)\mathrm{d}y=a\varphi(a)-\int_0^{\varphi(a)}\psi(y)\mathrm{d}y$$

则

$$\int_0^a \varphi(x)\mathrm{d}x+\int_0^b \psi(y)\mathrm{d}y=\left[a\varphi(a)-\int_0^{\varphi(a)}\psi(y)\mathrm{d}y\right]+\left[\int_0^{\varphi(a)}\psi(y)\mathrm{d}y+\int_{\varphi(a)}^b \psi(y)\mathrm{d}y\right]$$

$$= a\varphi(a) + \int_{\varphi(a)}^{b} \psi(y)\mathrm{d}y$$

当 $b \geqslant \varphi(a)$ 时，$a\varphi(a) + \int_{\varphi(a)}^{b} \psi(y)\mathrm{d}y \geqslant a\varphi(a) + \int_{\varphi(a)}^{b} \psi(\varphi(a))\mathrm{d}y = ab$；当 $b \leqslant \varphi(a)$ 时类似可得.

13.15 分部积分和绝对值不等式.

13.16 积分中值定理 $\frac{1}{b-a}\int_a^b f(x)\mathrm{d}x = f(\xi)$，则 $\forall\, x \in (a,b)$，有

$$f(x) = [f(x) - f(\xi)] + f(\xi) = \int_{\xi}^{x} f'(t)\mathrm{d}t + \frac{1}{b-a}\int_a^b f(x)\mathrm{d}x$$

13.17 $\int_{-a}^{b} (x+a)(b-x)f(x)\mathrm{d}x \geqslant 0$，展开化简.

13.18 $\int_1^n f(x)\mathrm{d}x = \sum_{k=1}^{n-1}\int_k^{k+1} f(x)\mathrm{d}x \geqslant \sum_{k=1}^{n-1}\int_k^{k+1} f(k)\mathrm{d}x = \sum_{k=1}^{n-1} f(k)$，

$$\int_1^n f(x)\mathrm{d}x = \sum_{k=2}^{n}\int_{k-1}^{k} f(x)\mathrm{d}x \leqslant \sum_{k=2}^{n}\int_{k-1}^{k} f(k)\mathrm{d}x = \sum_{k=2}^{n} f(k).$$

第十四讲　$f(x)$的求法或$f(x)$恒等于常数的证明方法

（一）内容要点

1. 求解函数方程的方法

（1）推归法：对于一个给定的函数方程，由最简单的情况入手，一步一步地推导，边推导边归纳，逐步求出函数；

（2）转化法：引入适当的新自变量，作变量替换，将所给的函数方程转化为熟知的函数方程，或从所给的限制条件，导出熟知的限制条件，从而利用熟知的问题求解；

（3）应用微积分知识建立常微分方程，用微分方程的方法求解函数 $f(x)$.

2. $f(x)$恒等于常数的问题

函数恒等于常数的问题，等价于函数恒等于零问题，即 $f(x)\equiv c\Leftrightarrow F(x)=f(x)-c\equiv 0$，这类问题称为归零问题.

（二）例题选讲

1. 利用连续性求解函数方程

例 14.1　设 $f(x)$连续，且满足 $f(x+y)=f(x)+f(y)$，求证 $f(x)$为齐次线性函数.

证明　（1）当 $x=y=0$ 时，由 $f(0+0)=f(0)+f(0)$知 $f(0)=0$.

（2）对任意的正整数 n，由归纳法有 $f(nx)=nf(x)$.

对任意的正整数 $m(m\geqslant 1)$，有 $f(1)=f\left(m\cdot\frac{1}{m}\right)=mf\left(\frac{1}{m}\right)$，于是 $f\left(\frac{1}{m}\right)=\frac{1}{m}f(1)$.

对任意的正有理数$\frac{n}{m}$，有 $f\left(\frac{n}{m}\right)=nf\left(\frac{1}{m}\right)=n\cdot\frac{1}{m}f(1)=\frac{n}{m}f(1)$.

对任意的正无理数 r，存在有理数列 r_n，满足 $\lim\limits_{n\to\infty} r_n=r$，由于 $f(x)$连续，所以 $f(r)=\lim\limits_{n\to\infty}f(r_n)=\lim\limits_{n\to\infty}r_nf(1)=rf(1)$.

对任意负实数 x，由于 $f(x-x)=f(0)=0$ 且 $f(x-x)=f(x)+f(-x)=f(x)+(-x)\cdot f(1)$，得 $f(x)=f(0)+xf(1)=xf(1)$.

故 $f(x)$是线性函数.

例 14.2　设函数满足 $f(x+y)=f(x)f(y)$，且 $f'(0)$存在，求 $f(x)$.

解　由 $f(0)=f(0+0)=f(0)f(0)\Rightarrow f(0)=0$ 或 $f(0)=1$.

若 $f(0)=0$，则 $\forall x\in\mathbf{R}$ 有，$f(x)=f(x+0)=f(x)f(0)=0$.

若 $f(0)=1$，则 $\forall x\in\mathbf{R}$ 有

$$\frac{f(x+\Delta x)-f(x)}{\Delta x}=\frac{f(x)f(\Delta x)-f(x)}{\Delta x}=f(x)\frac{f(\Delta x)-1}{\Delta x}=f(x)\frac{f(\Delta x)-f(0)}{\Delta x}$$

于是 $f'(x)=f(x)f'(0)\Rightarrow\dfrac{f'(x)}{f(x)}=f'(0)$，从而

$$\int\frac{f'(x)}{f(x)}\mathrm{d}x=\int f'(0)\mathrm{d}x\Rightarrow\ln|f(x)|=f'(0)x+C$$

由 $f(0)=1$，得 $C=0$，所以

$$\ln|f(x)|=f'(0)x\Rightarrow f(x)=\pm\mathrm{e}^{f'(0)x}\text{（负号舍去）}$$

例 14.3　设 $f(x)$的定义域为$(0,+\infty)$，且满足 $f(xy)=f(x)+f(y)-\ln a$，$f'(1)=1$，求 $f(x)$.

解　令 $x=y=1$ 得 $f(1)=\ln a$.

当 $x>0$ 时，有

$$\begin{aligned}f(x+h)&=f\left(x\left(1+\frac{h}{x}\right)\right)=f(x)+f\left(1+\frac{h}{x}\right)-\ln a\\&=f(x)+f\left(1+\frac{h}{x}\right)-f(1)\end{aligned}$$

于是 $\dfrac{f(x+h)-f(x)}{h}=\dfrac{f\left(1+\frac{h}{x}\right)-f(1)}{\frac{h}{x}}\cdot\dfrac{1}{x}$，从而

$$f'(x)=\lim_{h\to0}\frac{f(x+h)-f(x)}{h}=f'(1)\cdot\frac{1}{x}=\frac{1}{x}\Rightarrow f(x)=\ln x+c$$

由 $f(1)=\ln a$ 得 $c=\ln a$，所以 $f(x)=\ln x+\ln a$.

例 14.4　设 $y=f(x)$的定义域为$(0,+\infty)$且 $f(x)>0$，严格单调增加且可导，$x=f^{-1}(y)$为其反函数，又对任意的 $x,y>0$ 有 $xy\leqslant\dfrac{[xf(x)+yf^{-1}(y)]}{2}$，求 $f(x)$.

解　取 $y=f(t)$，则

$$xf(t)\leqslant\frac{[xf(x)+tf(t)]}{2}\Rightarrow x[f(t)-f(x)]\leqslant f(t)(t-x)$$

对 $\forall x>0$，及充分小的 h，使 $t=x+h>0$，有

$$x[f(x+h)-f(x)]\leqslant f(x+h)[(x+h)-x]=hf(x+h)$$

当 $h>0$ 时，有

$$\frac{f(x+h)-f(x)}{h}\leqslant\frac{f(x+h)}{x}\qquad ①$$

当 $h<0$ 时，有

$$\frac{f(x+h)-f(x)}{h}\geqslant\frac{f(x+h)}{x}\qquad ②$$

因为 $f(x)$可导，由①式知，$f'_+(x)\leqslant\dfrac{f(x)}{x}$，由②式知，$f'_-(x)\geqslant\dfrac{f(x)}{x}$，由此推出 $f'(x)=\dfrac{f(x)}{x}$.

从而

$$\frac{f'(x)}{f(x)}=\frac{1}{x}\Rightarrow \ln|f(x)|=\ln x+c_1=\ln(e^{c_1}x)$$

$$|f(x)|=e^{c_1}x\Rightarrow f(x)=\pm e^{c_1}x$$

记 $c=e^{c_1}$,并舍去负值,所以 $f(x)=cx$.

例 14.5 设 $f(x)$在$(-\infty,+\infty)$内有连续的三阶导数,且满足方程

$$f(x+h)=f(x)+hf'(x+\theta h),0<\theta<1(\theta\text{ 与 }h\text{ 无关}) \qquad ①$$

试证:$f(x)$是一次或二次函数.

证明 问题在于证明 $f''(x)\equiv 0$ 或 $f'''(x)\equiv 0$. 为此将①式对 h 求导,注意 θ 与 h 无关,有

$$f'(x+h)=f'(x+\theta h)+\theta hf''(x+\theta h) \qquad ②$$

从而

$$\frac{f'(x+h)-f'(x)+f'(x)-f'(x+\theta h)}{h}=\theta f''(x+\theta h)$$

令 $h\to 0$ 取极限,得

$$f''(x)-\theta f''(x)=\theta f''(x)\Rightarrow f''(x)=2\theta f''(x)$$

若 $\theta\neq\frac{1}{2}$,由此知 $f''(x)\equiv 0$,$f(x)$为一次函数;若 $\theta=\frac{1}{2}$,②式给出

$$f'(x+h)=f'(x+\frac{1}{2}h)+\frac{1}{2}hf''(x+\frac{1}{2}h)$$

上式两端同时对 h 求导,减去 $f''(x)$,除以 h,然后令 $h\to 0$ 取极限,即得 $f'''(x)\equiv 0$,$f(x)$为二次函数.

评注:在一定条件下证明某函数 $f(x)\equiv 0$ 的问题,我们称之为归零问题. 因此上例实际上是 $f''(x)$,$f'''(x)$的归零问题.

2. 积分方程

例 14.6 求满足 $f(x)=e^x+e^x\int_0^x f^2(t)dt$ 的连续函数.

解 方程化为 $e^{-x}f(x)=1+\int_0^x f^2(t)dt$,两边对 x 求导,得

$$-e^{-x}f(x)+e^{-x}f'(x)=f^2(t)$$

即 $f'(x)-f(x)=e^x f^2(x)$,且 $f(0)=1$,令 $y=f(x)$,则

$$y'-y=e^x y^2$$

得 $\left(\frac{1}{y}\right)'+\frac{1}{y}=-e^x$,解为

$$\frac{1}{y}=e^{-\int dx}\left(-\int e^x e^{\int dx}dx+c\right)=e^{-x}\left(-\int e^x e^x dx+c\right)$$

$$=e^{-x}\left(-\frac{1}{2}e^{2x}+c\right)$$

由 $y(0)=1$ 得 $c=\frac{3}{2}$,代入上述解并化简得 $y=-\frac{2e^x}{e^{2x}-3}$.

例 14.7 求满足 $f(x)=x+\int_0^x f(t)\sin(x-t)dt$ 的连续函数.

解 $f(x)=x+\int_0^x f(t)[\sin x\cos t-\cos x\sin t]dt$

$$= x + \sin x\int_0^x f(t)\cos t\mathrm{d}t - \cos x\int_0^x f(t)\sin t\mathrm{d}t \qquad ①$$

上式两边对 x 求导，得

$$f'(x) = 1 + \cos x\int_0^x f(t)\cos t\mathrm{d}t + \sin x\cos x \cdot f(x) + \sin x\int_0^x f(t)\sin t\mathrm{d}t - \cos x\sin x \cdot f(x)$$

即
$$f'(x) = 1 + \cos x\int_0^x f(t)\cos t\mathrm{d}t + \sin x\int_0^x f(t)\sin t\mathrm{d}t \qquad ②$$

②$\times\sin x-$①$\times\cos x$，并化简得

$$\sin xf'(x) - \cos xf(x) = \sin x - x\cos x + \int_0^x f(t)\sin t\mathrm{d}t$$

上式两边求导，并化简得 $\sin xf''(x)=x\sin x$，即得常微分方程

$$f''(x)=x$$

解得 $f(x)=\frac{1}{6}x^3+c_1x+c_2$.

由题设条件及②式知：$f(0)=0,f'(0)=1$，由此推出 $c_1=1,c_2=0$，所以

$$f(x)=\frac{1}{6}x^3+x$$

例 14.8　求满足下列方程的可微函数 $f(x)$：

$$\int_0^x f(t)\mathrm{d}t = x + \int_0^x tf(x-t)\mathrm{d}t$$

解　令 $u=x-t$，则

$$\int_0^x tf(x-t)\mathrm{d}t = \int_x^0 (x-u)f(u)(-\mathrm{d}u) = x\int_0^x f(u)\mathrm{d}u - \int_0^x uf(u)\mathrm{d}u$$

原方程化为
$$\int_0^x f(t)\mathrm{d}t = x + x\int_0^x f(u)\mathrm{d}u - \int_0^x uf(u)\mathrm{d}u$$

即
$$\int_0^x f(t)\mathrm{d}t = x + x\int_0^x f(t)\mathrm{d}t - \int_0^x tf(t)\mathrm{d}t$$

上式两边对 x 求导，得

$$f(x) = 1 + \int_0^x f(t)\mathrm{d}t + xf(x) - xf(x) = 1 + \int_0^x f(t)\mathrm{d}t \qquad ①$$

上式两边再对 x 求导，得

$$f'(x)=f(x)$$

解得 $f(x)=c\mathrm{e}^x$.

由①式得，$f(0)=1$，代入上式得 $c=1$，故所求函数为 $f(x)=\mathrm{e}^x$.

例 14.9　设 $f(x)$ 对任意的 $x,a\neq 0$ 满足$\frac{1}{2a}\int_{x-a}^{x+a}f(t)\mathrm{d}t = f(x)$，证明 $f(x)$ 为线性函数.

证明　由 $f(x)=\frac{1}{2a}\int_{x-a}^{x+a}f(t)\mathrm{d}t$ 可知 $f(x)$ 是连续函数，而 $f(x)$ 作为一个连续函数的原函数也是可导的，且其导数 $f'(x)$ 连续，重复这一推理过程可知 $f(x)$ 是任意次可微的.

由假设知，$\forall a\neq 0$，有

$$2af(x) = \int_{x-a}^{x+a}f(t)\mathrm{d}t$$

两边对 a 求导,得

$$2f(x)=f(x+a)+f(x-a)$$

上式两边再对 a 求导,得 $f'(x+a)=f'(x-a)$.

令 $a=x\neq0$,则 $f'(2x)=f'(0)$,即 $\forall x\neq0, f'(2x)=b$,其中 b 是常数. 从而 $f'(x)=b, \forall x\neq0$. 由于 $f(x)$连续,所以 $f(x)=bx+c$.

例 14.10 设对于在 $x>0$ 上可微函数 $f(x)$及其反函数 $g(x)$,满足方程

$$\int_0^{f(x)} g(t)\mathrm{d}t=\frac{1}{3}(x^{\frac{3}{2}}-8)$$

求函数 $f(x)$.

解 方程两边对 x 求导,得 $g[f(x)]f'(x)=\frac{1}{2}\sqrt{x}$,即 $xf'(x)=\frac{1}{2}\sqrt{x}\Rightarrow f'(x)=\frac{1}{2\sqrt{x}}$,所以 $f(x)=\sqrt{x}+c$.

3. 证明 $f(x)$恒等于常数

例 14.11 设 $f(x)$在$(-\infty,+\infty)$上有任意阶导数,且对任意正整数 n,有 $f\left(\frac{1}{n}\right)=0$,且 $\exists M>0$,使得 $\forall x, \forall n\in\mathbf{N}$,有 $|f^{(n)}(x)|\leqslant M$. 试证 $f(x)\equiv0$.

证明 由于 $f\left(\frac{1}{n}\right)=0, \forall n\in\mathbf{N}$,且 $f(x)$有任意阶导数,可得 $f(0)=\lim\limits_{n\to\infty}f\left(\frac{1}{n}\right)=0$.

$$f'(0)=\lim_{x\to0^+}\frac{f(x)-f(0)}{x}=\lim_{n\to\infty}\frac{f\left(\frac{1}{n}\right)-f(0)}{\frac{1}{n}}=0$$

$\forall n\in\mathbf{N}, \exists x_n^{(1)}\in\left(\frac{1}{n+1},\frac{1}{n}\right)$使得 $f'(x_n^{(1)})=\dfrac{f\left(\frac{1}{n+1}\right)-f\left(\frac{1}{n}\right)}{\frac{1}{n}-\frac{1}{n+1}}=0$.

显然,$\lim\limits_{n\to\infty}x_n^{(1)}=0$,于是推出 $f'(0)=\lim\limits_{n\to\infty}f(x_n^{(1)})=0$.

利用数学归纳法可证:$\forall n\in\mathbf{N}, f^{(n)}(0)=0$.

对 $f(x)$在 $x=0$ 点处应用泰勒公式:$\exists\xi\in(x,0)$或$\exists\xi\in(0,x)$,使得

$$f(x)=f(0)+f'(0)x+\frac{f''(0)}{2!}x^2+\cdots+\frac{f^{(n)}(0)}{n!}x^n+\frac{f^{(n+1)}(\xi)}{(n+1)!}x^{n+1}$$

$$=\frac{f^{(n+1)}(\xi)}{(n+1)!}x^{n+1}\Rightarrow|f(x)|\leqslant M\cdot\frac{|x|^{n+1}}{(n+1)!}\to0,(n\to\infty)$$

所以 $\forall x\in(-\infty,+\infty), f(x)\equiv0$.

例 14.12 设 $f(x)$在$[0,1]$上可导,$f(0)=0$,且 $\forall x\in[0,1], \forall\lambda\in[0,1]$,满足 $f(\lambda x)=f'(x)$,试证 $f(x)\equiv0$.

证明 由假设知 $f(x)$在$[0,1]$上存在任意阶导数.

$$f'(x)=f(\lambda x)$$

$$f''(x)=\lambda f'(\lambda x)=\lambda f(\lambda^2x)$$

$$f'''(x)=\lambda^3f'(\lambda^2x)=\lambda^3f(\lambda^3x)$$

$$\vdots$$

$$f^{(k)}(x)=\lambda^{\theta(k)}f(\lambda^kx),k=4,5,\cdots \tag{*}$$

其中 $\theta(k)$是与 k 有关的正整数.

由于 $f(0)=0$,所以 $f^{(n)}(0)=0,n=1,2,\cdots$.

又根据题设条件和($*$)式可知,$\forall x\in[0,1]$,恒有$|f^{(n)}(x)|\leqslant M$.根据泰勒公式:

$$f(x)=f(0)+f'(0)x+\frac{f''(0)}{2!}x^2+\cdots+\frac{f^{(n-1)}(0)}{(n-1)!}x^{n-1}+\frac{f^{(n)}(\theta)}{n!}x^n,0<\theta<1$$

$$\Rightarrow|f(x)|\leqslant\frac{M}{n!},\forall x\in[0,1]$$

因为$\lim\limits_{n\to\infty}\frac{M}{n!}=0$,所以必有 $f(x)\equiv0,x\in[0,1]$.

例 14.13　设 $f(x)\in C[a,b]$,对任意的满足$\int_a^b\varphi(x)\mathrm{d}x=0$ 的连续函数 $\varphi(x)$,都有$\int_a^b f(x)\varphi(x)\mathrm{d}x=0$,试证 $f(x)$ 为常数函数.

证明　令 $\varphi_0(x)=f(x)-\frac{1}{b-a}\int_a^b f(x)\mathrm{d}x$,则

$$\int_a^b\varphi_0(x)\mathrm{d}x=\int_a^b\left[f(x)-\frac{1}{b-a}\int_a^b f(x)\mathrm{d}x\right]\mathrm{d}x=\int_a^b f(x)\mathrm{d}x-\int_a^b f(x)\mathrm{d}x=0$$

令 $\alpha=\int_a^b f(x)\mathrm{d}x$,则

$$\int_a^b f(x)\left[f(x)-\frac{\alpha}{b-a}\right]\mathrm{d}x=0\Rightarrow\int_a^b f^2(x)\mathrm{d}x=\frac{\alpha}{b-a}\int_a^b f(x)\mathrm{d}x=\frac{\alpha^2}{b-a}$$

又由于

$$\int_a^b\left[f(x)-\frac{\alpha}{b-a}\right]^2\mathrm{d}x=\int_a^b f^2(x)\mathrm{d}x-\frac{2\alpha}{b-a}\int_a^b f(x)\mathrm{d}x+\frac{\alpha^2}{(b-a)^2}(b-a)$$
$$=\frac{\alpha^2}{b-a}-\frac{2\alpha^2}{b-a}+\frac{\alpha^2}{(b-a)^2}(b-a)=0$$

所以 $f(x)=\frac{\alpha}{b-a}=$常数.

例 14.14　设 $f(x)$ 在$[a,+\infty)$ 连续,$|f(x)|\leqslant k\int_a^x|f(t)|\mathrm{d}t$,其中 k 为正常数,试证

$$f(x)\equiv0$$

证明　令 $F(x)=\mathrm{e}^{-kx}\int_a^x|f(t)|\mathrm{d}t$,易知 $F(a)=0$.

$$F'(x)=-k\mathrm{e}^{-kx}\int_a^x|f(t)|\mathrm{d}t+\mathrm{e}^{-kx}|f(x)|$$
$$\leqslant-k\mathrm{e}^{-kx}\int_a^x|f(t)|\mathrm{d}t+\mathrm{e}^{-kx}\int_a^x|f(t)|\mathrm{d}t=0\text{(题设条件)}$$

所以 $F(x)$在$[a,+\infty)$上单调递减,于是当 $x\geqslant a$ 时,$F(x)\leqslant F(a)=0$.

但显然 $F(x)\geqslant0$,故必有 $F(x)\equiv0$,从而$\int_a^x|f(t)|\mathrm{d}t\equiv0$.

因为$|f(x)|$连续,所以必有$|f(x)|\equiv0$,即 $f(x)\equiv0$.

例 14.15　设 $f(x)\in C(-\infty,+\infty)$,而函数 $\varphi(x)=f(x)\int_0^x f(t)\mathrm{d}t$ 单调递减,试证

$$f(x)\equiv0$$

证明　令 $F(x)=\int_0^x f(t)\mathrm{d}t$,则有 $F(0)=0$,且 $\varphi(x)=f(x)\int_0^x f(t)\mathrm{d}t=F'(x)F(x)$.

故 $$\int_0^x \varphi(x)\mathrm{d}x = \int_0^x F'(x)F(x)\mathrm{d}x = \frac{1}{2}F^2(x)$$

因为 $\varphi(0)=0$，且 $\varphi(x)$ 单调递减，故当 $x<0$ 时，$\varphi(x)>0$，当 $x>0$ 时，$\varphi(x)\leqslant 0$，从而

$$\int_0^x \varphi(t)\mathrm{d}t \leqslant 0, \forall x \in (-\infty, +\infty)$$

即 $\frac{1}{2}F^2(x)\leqslant 0 \Rightarrow F(x)\equiv 0(\forall x\in(-\infty,+\infty)) \Rightarrow f(x)=F'(x)\equiv 0$.

例 14.16 设 $f(x)$ 二阶可导，$\forall u,v$ 有 $\frac{f(u)-f(v)}{u-v}=\alpha f'(u)+\beta f'(v)$，其中 $\alpha+\beta=1$，$\alpha>0,\beta>0$. 证明 $f(x)$ 为线性或二次函数.

证明 由 $f(u)-f(v)=[\alpha f'(u)+\beta f'(v)](u-v)$ ①

$\Rightarrow f(v)-f(u)=[\alpha f'(v)+\beta f'(u)](v-u)$ （对调 u,v）

$\Rightarrow[\alpha(u-v)-\beta(u-v)]f'(u)+[\beta(u-v)-\alpha(u-v)]f'(v)=0$

即得 $(\alpha-\beta)f'(u)-(\alpha-\beta)f'(v)=0$

当 $\alpha\neq\beta$ 时，$f'(u)=f'(v)\Rightarrow f'(x)\equiv$常数，因此 $f(x)$ 是线性函数.

当 $\alpha=\beta=\frac{1}{2}$ 时，取 $u=x+h, v=x-h$，由①式，得

$$f(x+h)-f(x-h)=h[f'(x+h)+f'(x-h)]$$

上式两端对 h 求导，得 $f''(x+h)=f''(x-h)$，令 $x=h$，得 $f''(2x)=f''(0)=$常数，由此可推出 $f(x)$ 是二次函数.

例 14.17 设 $f(x)\in C[a,b]$，且 $\forall x_1,x_2\in[a,b]$ 均有

$$\left|\int_{x_1}^{x_2} f(x)\right|\mathrm{d}x \leqslant M\mid x_2-x_1\mid^2$$

试证 $f(x)\equiv 0, x\in[a,b]$.

证明 若 $f(x)$ 不恒为零，则 $\exists x_0\in[a,b]$ 使 $f(x_0)\neq 0$，不妨设 $f(x_0)>0$. 由 $f(x)$ 在 $[a,b]$ 连续可知，存在 $[c,d]\subset[a,b]$，使得 $f(x)>0, \forall x\in[c,d]$.

令 $f(\xi)=\min\{f(x)\mid c\leqslant x\leqslant d\}$，则当 $x\in[c,d]$ 时，

$$\left|\int_\xi^x f(x)\mathrm{d}x\right| \geqslant f(\xi)\mid x-\xi\mid$$

$$\Rightarrow f(\xi)|x-\xi|\leqslant M|x-\xi|^2 \Rightarrow f(\xi)\leqslant M|x-\xi|$$

令 $x\to\xi \Rightarrow f(\xi)=0$，与 $f(\xi)>0$ 矛盾.

（三）练习题

14.1 求在 $\mathbf{R}$ 上满足方程

$$f\left(\frac{x+y}{2}\right)=\frac{f(x)+f(y)}{2}(\forall x,y\in\mathbf{R}) \quad (*)$$

的连续函数.

14.2 设 $\Delta f(x)=f(x+\Delta x)-f(x)$，$\Delta^2 f(x)=\Delta(\Delta f(x))=f(x+2\Delta x)-2f(x+\Delta x)+f(x)$，试求满足方程 $\Delta^2 f(x)\equiv 0(\forall x\in\mathbf{R})$ 的连续函数.

14.3 函数方程

$$f(x+y)=f(x)+f(y)(\forall x,y\in\mathbf{R}) \qquad (*)$$

有区间$(-\eta,\eta)$内有界的唯一解为$f(x)=ax$(其中$\eta>0$为某常数,$a=f(1)$).

14.4　设二阶可导函数$f(x)$在$x>-1$时满足$f'(x)+f(x)-\dfrac{1}{x+1}\int_0^x f(t)\mathrm{d}t=0$,$f(0)=1$.求$f'(x)$,并证明当$x\geqslant 0$时,$\mathrm{e}^{-x}\leqslant f(x)\leqslant 1$.

14.5　设$f(x)\in C[a,b]$且满足$\dfrac{1}{x_2-x_1}\int_{x_1}^{x_2} f(t)\mathrm{d}t=\dfrac{1}{2}[f(x_1)+f(x_2)]$,$x_1\neq x_2$,求$f(x)$.

14.6　设$f(x)\in C(a,b)$,且满足关系式$f(x)\int_a^x f(t)\mathrm{d}t\equiv 0$,试证$f(x)\equiv 0$.

14.7　设函数$f(x)\in C[0,1]$,且对任意的$x\in[0,1]$有$\int_0^x f(\mu)\mathrm{d}\mu\geqslant f(x)\geqslant 0$,证明$f(x)\equiv 0$.

14.8　设函数$f(x)$在区间$[a,b]$上连续,且$f(x)\leqslant\int_a^x f(t)\mathrm{d}t$,$\forall x\in[a,b]$,试证:$\forall x\in[a,b]$,$f(x)\leqslant 0$.

(四)答案与提示

14.1　利用方程$(*)$有$\dfrac{f(x)+f(y)}{2}=f\left(\dfrac{(x+y)+0}{2}\right)=\dfrac{f(x+y)+f(0)}{2}$,令$b=f(0)$,则上式可化为$f(x)+f(y)=f(x+y)+b$,即$f(x)-b+f(y)-b=f(x+y)-b$.

由此令$g(x)=f(x)-b$,则有$g(x+y)=g(x)+g(y)$,由例1知,$g(x)=ax$,a为常数,从而$f(x)=g(x)+b=ax+b$.不难验证$f(x)$是方程(1)的解.

14.2　$\Delta^2 f(x)\equiv 0(\forall x\in\mathbf{R})\Rightarrow f(x+\Delta x)=\dfrac{f(x+2\Delta x)+f(x)}{2}$,令$y=x+2x\Delta$,则得$f\left(\dfrac{x+y}{2}\right)=\dfrac{f(x)+f(y)}{2}$,推出所求函数为$f(x)=ax+b$,且易证明$f(x)=ax+b$是方程的解.

14.3　由方程$(*)$可知,$\forall n\in\mathbf{N}\Rightarrow f\left(\dfrac{1}{n}x\right)=\dfrac{1}{n}f(x)$及$f(0)=0$,于是由方程$(*)$可得,$|f(x)-f(0)|=|f(x)|=\left|f\left(\dfrac{1}{n}x\right)\right|=\dfrac{1}{n}|f(nx)|$,由于$f(x)$在$(-\eta,\eta)$内有界,于是可推得:当$x$充分小时,只要$n$取得充分大,$\dfrac{1}{n}|f(nx)|$便可任意地小,从而$|f(x)-f(0)|$可任意小,故$f(x)$在$x=0$处连续.再由例1即证.

14.4　由题设条件得$(x+1)f'(x)+(x+1)f(x)=\int_0^x f(t)\mathrm{d}t$,$(x>-1)$,建立微分方程$f''+\left(1+\dfrac{1}{x+1}\right)f'=0$,解微分方程,并注意条件$f(x)=1$,解得$f'(x)=-\dfrac{\mathrm{e}^{-x}}{x+1}$.

因为$f'(x)<0(x>0)\Rightarrow f(x)\downarrow\Rightarrow f(x)\leqslant f(0)=1$,$x\in[0,+\infty)$.

又当$\forall x\geqslant 0$时,令$g(x)=f(x)-\mathrm{e}^{-x}$,则$g'(x)=f'(x)+\mathrm{e}^{-x}=-\dfrac{\mathrm{e}^{-x}}{1+x}+\mathrm{e}^{-x}=\dfrac{x\mathrm{e}^{-x}}{1+x}$,所以$g(x)$在区间$[0,+\infty)$上单调递增,由此推出$g(x)\geqslant 0\Rightarrow f(x)\geqslant \mathrm{e}^{-x}$.

14.5　当 $x \in (a,b]$ 时有 $\frac{1}{x-a}\int_a^x f(t)\mathrm{d}t = \frac{1}{2}[f(a)+f(x)]$，当 $x \in [a,b)$ 时有 $\frac{1}{b-x}\int_x^b f(t)\mathrm{d}t = \frac{1}{2}[f(b)+f(x)]$，而 $\frac{1}{b-a}\int_a^b f(t)\mathrm{d}t = \frac{1}{2}[f(a)+f(b)] \Rightarrow \int_a^x f(t)\mathrm{d}t = \frac{1}{2}[f(a)+f(x)](x-a)$，$\int_x^b f(t)\mathrm{d}t = \frac{1}{2}[f(b)+f(x)](b-a) \Rightarrow f(x) = \frac{1}{b-a}\{[f(b)-f(a)]x+[bf(a)-af(b)]$.

14.6　反证：设 $\exists x_0 \in (a,b), f(x_0)>0 \Rightarrow \exists \delta>0$，使得 $\forall x \in (x_0-\delta, x_0+\delta) \subset (a,b)$，有 $f(x)>0$. 取 $x_0-\delta<x_1<x_0<x_2<x_0+\delta$，则 $f(x)>0, \forall x \in [x_1,x_2]$，由此推出 $\int_a^{x_1} f(t)\mathrm{d}t = 0, \int_a^{x_2} f(t)\mathrm{d}t = 0 \Rightarrow \int_{x_1}^{x_2} f(x)\mathrm{d}x = \int_a^{x_2} f(t)\mathrm{d}t - \int_a^{x_1} f(t)\mathrm{d}t = 0$，矛盾.

14.7　由积分中值定理，对任意的 $x \in [0,1]$ 有 $\int_0^x f(\mu)\mathrm{d}\mu = f(\xi)(x-0), \xi \in [0,x]$. 由于 $f(x) \geqslant 0$，所以 $xf(\xi) = \int_0^x f(\mu)\mathrm{d}\mu \geqslant \int_0^{\xi} f(\mu)\mathrm{d}\mu \geqslant f(\xi) \Rightarrow (x-1)f(\xi) \geqslant 0$. 当 $x<1$ 时，$f(\xi) \leqslant 0 \Rightarrow f(\xi) = 0 \Leftrightarrow \int_0^x f(\mu)\mathrm{d}\mu = 0$. 由于 $f(x)$ 连续，可得 $\int_0^1 f(\mu)\mathrm{d}\mu = 0$. 因为 $f(x) \geqslant 0$ 且连续，所以在 $[0,1]$，$f(x) \equiv 0$.

14.8　略.

第十五讲　与定积分相关的几个问题

（一）内容要点

利用定积分的定义、性质和定理，本部分主要讨论与定积分相关的几个问题，包括积分等式的证明，利用积分定义与性质证明不等式与求极限，变限定积分函数的性质及方程的根等有关问题.

（二）例题选讲

1. 积分等式的证明

例 15.1　设 $f(x)$ 在 $[a,b]$ 上连续，且 $\forall x\in[a,b]$，有 $f\left(\frac{a+b}{2}-x\right)=f\left(\frac{a+b}{2}+x\right)$，证明：$\int_a^b xf(x)\mathrm{d}x=\frac{a+b}{2}\int_a^b f(x)\mathrm{d}x$.

证明

$$
\begin{aligned}
\int_a^b xf(x)\mathrm{d}x &\xlongequal[t=a+b-x]{x=a+b-t} -\int_b^a(a+b-t)f(a+b-t)\mathrm{d}t\\
&=\int_a^b(a+b)f(a+b-t)\mathrm{d}t-\int_a^b tf(a+b-t)\mathrm{d}t\\
&=\int_a^b(a+b)f\left[\frac{a+b}{2}+\left(\frac{a+b}{2}-t\right)\right]\mathrm{d}t-\int_a^b tf\left[\frac{a+b}{2}+\left(\frac{a+b}{2}-t\right)\right]\mathrm{d}t\\
&=(a+b)\int_a^b f\left[\frac{a+b}{2}-\left(\frac{a+b}{2}-t\right)\right]\mathrm{d}t-\int_a^b tf\left[\frac{a+b}{2}-\left(\frac{a+b}{2}-t\right)\right]\mathrm{d}t\\
&=(a+b)\int_a^b f(t)\mathrm{d}t-\int_a^b tf(t)\mathrm{d}t\\
&\Rightarrow\int_a^b xf(x)\mathrm{d}x=\frac{a+b}{2}\int_a^b f(x)\mathrm{d}x
\end{aligned}
$$

评注：由已知条件，函数 $f(x)$ 必定要变化为 $f\left(\frac{a+b}{2}-x\right)$，而本题采取的保持积分限不变的变量替换是常用的一种变换方式.

例 15.2　证明：$\int_1^a f\left(x^2+\frac{a^2}{x^2}\right)\frac{\mathrm{d}x}{x}=\int_1^a f\left(x+\frac{a^2}{x}\right)\frac{\mathrm{d}x}{x}(a>0)$.

证明　令 $t=x^2$，则 $\frac{\mathrm{d}x}{x}=\frac{1}{2}\frac{\mathrm{d}t}{t}\left(2x\mathrm{d}x=\mathrm{d}t\Rightarrow\frac{\mathrm{d}x}{x}=\frac{1}{2}\frac{\mathrm{d}t}{t}\right)$

故
$$\int_1^a f\left(x^2+\frac{a^2}{x^2}\right)\frac{dx}{x}=\frac{1}{2}\int_1^{a^2} f\left(t+\frac{a^2}{t}\right)\frac{dt}{t}$$
$$=\frac{1}{2}\int_1^a f\left(t+\frac{a^2}{t}\right)\frac{dt}{t}+\frac{1}{2}\int_a^{a^2} f\left(t+\frac{a^2}{t}\right)\frac{dt}{t}$$

又
$$\int_a^{a^2} f\left(t+\frac{a^2}{t}\right)\frac{dt}{t}\xlongequal[\frac{dt}{t}=-\frac{du}{u}]{u=\frac{a^2}{t}}\int_a^1 f\left(u+\frac{a^2}{u}\right)\left(-\frac{du}{u}\right)$$
$$=\int_1^a f\left(u+\frac{a^2}{u}\right)\frac{du}{u}=\int_1^a f\left(t+\frac{a^2}{t}\right)\frac{dt}{t}$$

故
$$\int_1^a f\left(x^2+\frac{a^2}{x^2}\right)\frac{dx}{x}=\int_1^a f\left(t+\frac{a^2}{t}\right)\frac{dt}{t}=\int_1^a f\left(x+\frac{a^2}{x}\right)\frac{dx}{x}$$

例 15.3 设函数 $f(x)$二次可微,证明在(a,b)内存在一点 ξ,使得
$$f''(\xi)=\frac{24}{(b-a)^3}\int_a^b\left(f(x)-f\left(\frac{a+b}{2}\right)\right)dx$$

证明 设 $x_0=\dfrac{a+b}{2}$,将函数在 $x=x_0$ 处按泰勒公式展开:
$$f(x)-f(x_0)=(x-x_0)f'(x_0)+\frac{(x-x_0)^2}{2}f''(\eta)(\eta\text{ 位于 }x,x_0\text{ 之间})$$
对上式两边在$[a,b]$上积分,并注意右式第一项的积分为零,因此有
$$\int_a^b(f(x)-f(x_0))dx=\frac{1}{2}\int_a^b(x-x_0)^2f''(\eta)dx$$
($f''(\eta)$不一定连续,但导数具有介质性质,第一积分中值定理仍然成立)
$$=\frac{1}{2}f''(\xi)\int_a^b(x-x_0)^2dx=\frac{(b-a)^3}{24}f''(\xi)$$
整理即得结论.

例 15.4 设 n 为自然数,证明:$\int_0^{\frac{\pi}{2}}\sin^n x\cos^n x\,dx=\frac{1}{2^n}\int_0^{\frac{\pi}{2}}\cos^n x\,dx$.

证明 $\int_0^{\frac{\pi}{2}}\sin^n x\cos^n x\,dx=\int_0^{\frac{\pi}{2}}\frac{1}{2^n}\sin^n 2x\,dx$
$$\xlongequal{2x=t}\frac{1}{2^n}\cdot\frac{1}{2}\int_0^{\pi}\sin^n t\,dt\xlongequal{t=\frac{\pi}{2}-u}\frac{1}{2^{n+1}}\int_{\frac{\pi}{2}}^{-\frac{\pi}{2}}\sin^n\left(\frac{\pi}{2}-u\right)(-du)$$
$$=\frac{1}{2^{n+1}}\int_{-\frac{\pi}{2}}^{\frac{\pi}{2}}\cos^n u\,du=\frac{1}{2^n}\int_0^{\frac{\pi}{2}}\cos^n u\,du$$

例 15.5 证明:$\int_0^{+\infty}\frac{1}{(1+x^2)(1+x^\alpha)}dx=\frac{\pi}{4}$,其中 α 为常数.

证明 令 $x=\dfrac{1}{t}$,则 $dx=-\dfrac{1}{t^2}dt$
$$\int_0^{+\infty}\frac{1}{(1+x^2)(1+x^\alpha)}dx=\int_{+\infty}^0\frac{1}{\left(1+\frac{1}{t^2}\right)\left(1+\frac{1}{t^\alpha}\right)}\left(-\frac{1}{t^2}dt\right)$$
$$=\int_0^{+\infty}\frac{t^\alpha}{(1+t^2)(1+t^\alpha)}dt=\int_0^{+\infty}\frac{(1+t^\alpha)-1}{(1+t^2)(1+t^\alpha)}dt$$
$$=\int_0^{+\infty}\frac{dt}{1+t^2}-\int_0^{+\infty}\frac{dt}{(1+t^2)(1+t^\alpha)}$$

$$\int_0^{+\infty}\frac{1}{(1+x^2)(1+x^a)}\mathrm{d}x=\frac{1}{2}\int_0^{+\infty}\frac{\mathrm{d}t}{1+t^2}=\frac{1}{2}\arctan t\Big|_0^{+\infty}=\frac{\pi}{4}$$

例 15.6　设 $f(x)$是以 T 为周期的连续函数,证明

$$\lim_{x\to+\infty}\frac{1}{x}\int_0^x f(t)\mathrm{d}t=\frac{1}{T}\int_0^T f(t)\mathrm{d}t$$

证明　设 $x\in[nT,(n+1)T]$,则

$$\frac{1}{x}\int_0^x f(t)\mathrm{d}t=\frac{1}{x}\left[\int_0^{nT}f(t)\mathrm{d}t+\int_{nT}^x f(t)\mathrm{d}t\right]=\frac{1}{x}\left[n\int_0^T f(t)\mathrm{d}t+\int_{nT}^x f(t)\mathrm{d}t\right]$$

由于$\left|\frac{1}{x}\int_{nT}^x f(t)\mathrm{d}t\right|\leqslant\frac{1}{x}\int_{nT}^{(n+1)T}|f(t)|\mathrm{d}t=\frac{1}{x}\int_0^T|f(t)|\mathrm{d}t$,而$\lim\limits_{x\to+\infty}\frac{1}{x}\int_0^T|f(t)|\mathrm{d}t=0$,所以$\lim\limits_{x\to+\infty}\frac{1}{x}\int_{nT}^x f(t)\mathrm{d}t=0$. 又$\frac{n}{(n+1)T}\leqslant\frac{n}{x}\leqslant\frac{n}{nT}$,而$\lim\limits_{n\to\infty}\frac{n}{(n+1)T}\int_0^T f(t)\mathrm{d}t=\lim\limits_{n\to\infty}\frac{n}{nT}\int_0^T f(t)\mathrm{d}t=\frac{1}{T}\int_0^T f(t)\mathrm{d}t$,于是$\lim\limits_{x\to+\infty}\frac{n}{x}\int_0^T f(t)\mathrm{d}t=\frac{1}{T}\int_0^T f(t)\mathrm{d}t$.

故

$$\lim_{x\to+\infty}\frac{1}{x}\int_0^x f(t)\mathrm{d}t=\lim_{x\to+\infty}\frac{n}{x}\int_0^T f(t)\mathrm{d}t=\frac{1}{T}\int_0^T f(t)\mathrm{d}t$$

例 15.7　设 $-1<x<1$,$f(x)=\int_0^x\frac{\ln(1-t)}{t}\mathrm{d}t$,证明:$f(x)+f(-x)=\frac{1}{2}f(x^2)$.

证明

证法一　$f(-x)=\int_0^{-x}\frac{\ln(1-t)}{t}\mathrm{d}t\xlongequal{-t=u}\int_0^x\frac{\ln(1+u)}{u}\mathrm{d}u=\int_0^x\frac{\ln(1+t)}{t}\mathrm{d}t$

所以

$$\begin{aligned}f(x)+f(-x)&=\int_0^x\frac{\ln(1-t)}{t}\mathrm{d}t+\int_0^x\frac{\ln(1+t)}{t}\mathrm{d}t\\&=\int_0^x\frac{\ln(1-t)+\ln(1+t)}{t}\mathrm{d}t=\int_0^x\frac{\ln(1-t^2)}{t}\mathrm{d}t\\&\xlongequal[\frac{\mathrm{d}t}{t}=\frac{1}{2}\frac{\mathrm{d}u}{u}]{t^2=u}\frac{1}{2}\int_0^{x^2}\frac{\ln(1-u)}{u}\mathrm{d}u=\frac{1}{2}f(x^2)\end{aligned}$$

证法二　令 $F(x)=f(x)+f(-x)-\frac{1}{2}f(x^2)$,则 $F(0)=0$.

$$\begin{aligned}F'(x)&=\frac{\mathrm{d}}{\mathrm{d}x}\left[\int_0^x\frac{\ln(1-t)}{t}\mathrm{d}t+\int_0^{-x}\frac{\ln(1-t)}{t}\mathrm{d}t-\frac{1}{2}\int_0^{x^2}\frac{\ln(1-t)}{t}\mathrm{d}t\right]\\&=\frac{\ln(1-x)}{x}-\frac{\ln(1+x)}{-x}-\frac{1}{2}\cdot 2x\cdot\frac{\ln(1-x^2)}{x^2}\\&=\frac{\ln(1-x^2)}{x}-\frac{\ln(1-x^2)}{x}=0\end{aligned}$$

所以 $F(x)=c$. 由于 $F(0)=0\Rightarrow c=0$,推出 $F(x)=0$.

例 15.8　设 $f(x)$在$[0,1]$上有二阶连续导数,则

$$\int_0^1 f(x)\mathrm{d}x=\frac{f(0)+f(1)}{2}-\frac{1}{2}\int_0^1 x(1-x)f''(x)\mathrm{d}x$$

证明　$\int_0^1 x(1-x)f''(x)\mathrm{d}x=\int_0^1(x-x^2)\mathrm{d}f'(x)=(x-x^2)f'(x)\Big|_0^1-\int_0^1 f'(x)(1-2x)\mathrm{d}x$

$$\begin{aligned}&=-\int_0^1(1-2x)\mathrm{d}f(x)\\&=-\left[(1-2x)f(x)\Big|_0^1-\int_0^1(-2)f(x)\mathrm{d}x\right]\end{aligned}$$

$$= f(1) + f(0) - 2\int_0^1 f(x)\mathrm{d}x$$

移项、整理即得该结论.

评注:*被积函数含有 $f''(x)$,左端积分只有函数 $f(x)$,因此用分部积分.*

例 15.9 设 $f(x)$取正值、连续,证明

$$\int_0^1 \ln f(x+t)\mathrm{d}t = \int_0^x \ln\left[\frac{f(t+1)}{f(t)}\right]\mathrm{d}t + \int_0^1 \ln f(t)\mathrm{d}t$$

分析:右端第一个积分上限是 x,左端被积函数含参变量 x,若两个相等,应该做变量替换.

证明

证法一 令 $x+t=u+1$,有 $x+t-1=u$,则

$$\begin{aligned}
&\int_0^1 \ln f(x+t)\mathrm{d}t \\
&= \int_{x-1}^x \ln f(u+1)\mathrm{d}u \\
&= \int_{x-1}^0 \ln f(u+1)\mathrm{d}u + \int_0^x \ln f(u+1)\mathrm{d}u \\
&= \int_x^1 \ln f(t)\mathrm{d}t + \int_0^x \ln f(t+1)\mathrm{d}t \\
&= \int_x^0 \ln f(t)\mathrm{d}t + \int_0^1 \ln f(t)\mathrm{d}t + \int_0^x \ln f(t+1)\mathrm{d}t \\
&= \int_0^x [\ln f(t+1) - \ln f(t)]\mathrm{d}t + \int_0^1 \ln f(t)\mathrm{d}t \\
&= \int_0^x \ln\left[\frac{f(t+1)}{f(t)}\right]\mathrm{d}t + \int_0^1 \ln f(t)\mathrm{d}t
\end{aligned}$$

证法二 令 $F(x) = \int_0^1 \ln f(x+t)\mathrm{d}t - \int_0^x \ln\left[\frac{f(t+1)}{f(t)}\right]\mathrm{d}t - \int_0^1 \ln f(t)\mathrm{d}t$

则

$$F(0) = \int_0^1 \ln f(t)\mathrm{d}t - \int_0^1 \ln f(t)\mathrm{d}t = 0$$

$$\begin{aligned}
F'(x) &= \frac{\mathrm{d}}{\mathrm{d}x}\left\{\int_0^1 \ln f(x+t)\mathrm{d}t - \int_0^x \ln\left[\frac{f(t+1)}{f(t)}\right]\mathrm{d}t - \int_0^1 \ln f(t)\mathrm{d}t\right\} \\
&= \frac{\mathrm{d}}{\mathrm{d}x}\left\{\int_x^{x+1} \ln f(u)\mathrm{d}u - \int_0^x \ln\left[\frac{f(t+1)}{f(t)}\right]\mathrm{d}t - \int_0^1 \ln f(t)\mathrm{d}t\right\} \\
&= \ln f(x+1) - \ln f(x) - \ln f(x+1) + \ln f(x) \\
&= 0
\end{aligned}$$

所以 $F(0) \equiv 0$,即$\int_0^1 \ln f(x+t)\mathrm{d}t = \int_0^x \ln\left[\frac{f(t+1)}{f(t)}\right]\mathrm{d}t + \int_0^1 \ln f(t)\mathrm{d}t$.

例 15.10 设 $f(x)$有连续导数,证明

$$f(0)f(2a) + \int_0^{2a} f(x)f'(2a-x)\mathrm{d}x = f^2(a) + 2\int_0^a f(x)f'(2a-x)\mathrm{d}x$$

证明 由于

$$\int_0^{2a} f(x)f'(2a-x)\mathrm{d}x$$

$$= \int_0^a f(x)f'(2a-x)\mathrm{d}x + \int_a^{2a} f(x)f'(2a-x)\mathrm{d}x$$

而

$$\int_a^{2a} f(x)f'(2a-x)\mathrm{d}x$$

$$\xlongequal{2a-x=u}-\int_a^0 f(2a-u)f'(u)\mathrm{d}u$$

$$=\int_0^a f(2a-u)f'(u)\mathrm{d}u$$

$$=f(2a-u)f(u)\Big|_0^a-\int_0^a f(u)\mathrm{d}f(2a-u)$$

$$=f^2(a)-f(2a)f(0)+\int_0^a f(u)f'(2a-u)\mathrm{d}u$$

$$=f^2(a)-f(2a)f(0)+\int_0^a f(x)f'(2a-x)\mathrm{d}x$$

故

$$f(0)f(2a)+\int_0^{2a} f(x)f'(2a-x)\mathrm{d}x$$

$$=f(0)f(2a)+\int_0^a f(x)f'(2a-x)\mathrm{d}x+\int_a^{2a} f(x)f'(2a-x)\mathrm{d}x$$

$$=f(0)f(2a)+f^2(a)-f(2a)f(0)+2\int_0^a f(x)f'(2a-x)\mathrm{d}x$$

$$=f^2(a)+2\int_0^a f(x)f'(2a-x)\mathrm{d}x$$

2. 利用积分定义证明不等式

例 15.11　设 $0\leqslant a\leqslant x_1\leqslant x_2$，$n$ 为正整数，证明：$x_2^{\frac{1}{n}}-x_1^{\frac{1}{n}}\leqslant(x_2-a)^{\frac{1}{n}}-(x_1-a)^{\frac{1}{n}}$.

证明　令 $f(x)=x^{\frac{1}{n}}$ 则

$$x_1^{\frac{1}{n}}-x_1^{\frac{1}{n}}\leqslant(x_2-a)^{\frac{1}{n}}-(x_1-a)^{\frac{1}{n}}\Leftrightarrow\int_{x_1}^{x_2} f'(x)\mathrm{d}x\leqslant\int_{x_1-a}^{x_2-a} f'(x)\mathrm{d}x$$

而 $f'(x)=\dfrac{1}{n}x^{\frac{1}{n}-1}$ 单调递减，故

$$\int_{x_1-a}^{x_2-a} f'(x)\mathrm{d}x\xlongequal{x+a=t}\int_{x_1}^{x_2} f'(t-a)\mathrm{d}t\geqslant\int_{x_1}^{x_2} f'(t)\mathrm{d}t=\int_{x_1}^{x_2} f'(x)\mathrm{d}x$$

即 $x_2^{\frac{1}{n}}-x_1^{\frac{1}{n}}\leqslant(x_2-a)^{\frac{1}{n}}-(x_1-a)^{\frac{1}{n}}$.

评注：形式统一的两项差的问题，一般想牛顿-莱布尼茨或拉格朗日中值公式.

例 15.12　设 $f(x)$ 在 $[0,1]$ 上可导，$|f'(x)|<M$，证明

$$\left|\int_0^1 f(x)\mathrm{d}x-\frac{1}{n}\sum_{k=1}^n f\left(\frac{k}{n}\right)\right|\leqslant\frac{M}{2n}$$

证明　将 $[0,1]$ n 等分，则

$$\left|\int_0^1 f(x)\mathrm{d}x-\frac{1}{n}\sum_{k=1}^n f\left(\frac{k}{n}\right)\right|=\left|\sum_{k=1}^n\int_{(k-1)/n}^{k/n} f(x)\mathrm{d}x-\sum_{k=1}^n\int_{(k-1)/n}^{k/n} f\left(\frac{k}{n}\right)\mathrm{d}x\right|$$

$$=\left|\sum_{k=1}^n\int_{(k-1)/n}^{k/n}\left[f(x)-f\left(\frac{k}{n}\right)\right]\mathrm{d}x\right|\leqslant\sum_{k=1}^n\int_{(k-1)/n}^{k/n}\left|f(x)-f\left(\frac{k}{n}\right)\right|\mathrm{d}x$$

$$\leqslant\sum_{k=1}^n\int_{(k-1)/n}^{k/n}\left|f'(\xi_k)\left(x-\frac{k}{n}\right)\right|\mathrm{d}x\left(\xi_k\in\left[\frac{k-1}{n},\frac{k}{n}\right]\right)$$

$$\leqslant M\sum_{k=1}^n\int_{(k-1)/n}^{k/n}\left(\frac{k}{n}-x\right)\mathrm{d}x$$

$$=M\sum_{k=1}^n\frac{1}{2n^2}=\frac{M}{2n}$$

例 15.13 设 n 为正整数,证明:$\frac{1}{2}\ln(2n+1)\leqslant 1+\frac{1}{3}+\cdots+\frac{1}{2n-1}\leqslant 1+\frac{1}{2}\ln(2n+1)$.

证明 由于 $\frac{1}{2}\ln(2n+1)=\frac{1}{2}[\ln(2n+1)-\ln 1]=\int_1^{n+1}\frac{1}{2x-1}\mathrm{d}x$

即
$$\sum_{k=1}^{n}\frac{1}{2(k+1)-1}\leqslant\int_1^{n+1}\frac{1}{2x-1}\mathrm{d}x=\sum_{k=1}^{n}\int_k^{k+1}\frac{1}{2x-1}\mathrm{d}x\leqslant\sum_{k=1}^{n}\frac{1}{2k-1}$$

即
$$\frac{1}{3}+\frac{1}{5}+\cdots+\frac{1}{2n+1}\leqslant\frac{1}{2}\ln(2n+1)\leqslant 1+\frac{1}{3}+\frac{1}{5}+\cdots+\frac{1}{2n-1}\Rightarrow$$

$$1+\frac{1}{3}+\cdots+\frac{1}{2n-1}=\left(\frac{1}{3}+\frac{1}{5}+\cdots+\frac{1}{2n+1}\right)+\left(1-\frac{1}{2n+1}\right)\leqslant 1+\frac{1}{2}\ln(2n+1)-\frac{1}{2n+1}\leqslant 1+\frac{1}{2}\ln(2n+1)$$

综上知,$\frac{1}{2}\ln(2n+1)\leqslant 1+\frac{1}{3}+\cdots+\frac{1}{2n-1}\leqslant 1+\frac{1}{2}\ln(2n+1)$.

例 15.14 设 $f_1(x),f_2(x),\cdots,f_n(x)$ 均为 $[a,b]$ 上正值可积函数($0<a<b$),证明 $\int_a^b[f_1(x)f_2(x)\cdots f_n(x)]^{\frac{1}{n}}\mathrm{d}x\leqslant\left[\int_a^b(x)\mathrm{d}x\right]^{\frac{1}{n}}\left[\int_a^b f_2(x)\mathrm{d}x\right]^{\frac{1}{n}}\cdots\left[\int_a^b f_n(x)\mathrm{d}x\right]^{\frac{1}{n}}$($n$ 是自然数)

证明

$$\frac{\int_a^b[f_1(x)f_2(x)\cdots f_n(x)]^{\frac{1}{n}}\mathrm{d}x}{\left[\int_a^b f_1(x)\mathrm{d}x\right]^{\frac{1}{n}}\left[\int_a^b f_2(x)\mathrm{d}x\right]^{\frac{1}{n}}\cdots\left[\int_a^b f_n(x)\mathrm{d}x\right]^{\frac{1}{n}}}$$

$$=\int_a^b\left[\frac{f_1(x)}{\int_a^b f_1(x)\mathrm{d}x}\frac{f_2(x)}{\int_a^b f_2(x)\mathrm{d}x}\cdots\frac{f_n(x)}{\int_a^b f_n(x)\mathrm{d}x}\right]^{\frac{1}{n}}\mathrm{d}x$$

$$\leqslant\int_a^b\frac{1}{n}\left[\frac{f_1(x)}{\int_a^b f_1(x)\mathrm{d}x}+\frac{f_2(x)}{\int_a^b f_2(x)\mathrm{d}x}+\cdots+\frac{f_n(x)}{\int_a^b f_n(x)\mathrm{d}x}\right]\mathrm{d}x$$

$$=\frac{1}{n}\left[\frac{\int_a^b f_1(x)\mathrm{d}x}{\int_a^b f_1(x)\mathrm{d}x}+\frac{\int_a^b f_2(x)\mathrm{d}x}{\int_a^b f_2(x)\mathrm{d}x}+\cdots+\frac{\int_a^b f_n(x)\mathrm{d}x}{\int_a^b f_n(x)\mathrm{d}x}\right]=\frac{n}{n}=1$$

3. 利用积分定义求极限

例 15.15 求 $\lim\limits_{n\to\infty}\frac{1^{p+1}+2^{p+1}+\cdots+n^{p+1}}{n(1^p+2^p+\cdots+n^p)}$,其中 $p>0$.

解
$$\lim_{n\to\infty}\frac{1^{p+1}+2^{p+1}+\cdots+n^{p+1}}{n(1^p+2^p+\cdots+n^p)}$$

$$=\lim_{n\to\infty}\frac{n^{p+1}\left[\frac{1}{n^{p+1}}+\left(\frac{2}{n}\right)^{p+1}+\cdots+\left(\frac{n}{n}\right)^{p+1}\right]}{n^{p+1}\left[\frac{1}{n^p}+\left(\frac{2}{n}\right)^{p}+\cdots+\left(\frac{n}{n}\right)^{p}\right]}$$

$$=\frac{\lim\limits_{n\to\infty}\frac{1}{n}\sum\limits_{k=1}^{n}\left(\frac{k}{n}\right)^{p+1}}{\lim\limits_{n\to\infty}\frac{1}{n}\sum\limits_{k=1}^{n}\left(\frac{k}{n}\right)^{p}}=\frac{\int_0^1 x^{p+1}\mathrm{d}x}{\int_0^1 x^p\mathrm{d}x}=\frac{\left.\frac{x^{p+2}}{p+2}\right|_0^1}{\left.\frac{x^{p+1}}{p+1}\right|_0^1}=\frac{p+1}{p+2}$$

例 15.16　设 $f(x)=x-[x]$（$[x]$表示不超过 x 的最大整数），求 $\lim\limits_{x\to+\infty}\dfrac{1}{x}\int_0^x f(x)\mathrm{d}x$.

解　当 $n\leqslant x<n+1$ 时

$$\begin{aligned}\frac{1}{x}\int_0^x f(x)\mathrm{d}x &= \frac{1}{x}\left[\int_0^1 x\mathrm{d}x+\int_1^2(x-1)\mathrm{d}x+\cdots+\int_{n-1}^n(x-(n-1))\mathrm{d}x+\int_n^x(x-n)\mathrm{d}x\right]\\ &= \frac{1}{x}\left[\frac{1}{2}+\frac{1}{2}+\cdots+\frac{1}{2}+\frac{1}{2}(x-n)^2\right]\\ &= \frac{1}{2x}[n+(x-n)^2]\end{aligned}$$

由于$\dfrac{1}{2(n+1)}(n+0)\leqslant\dfrac{1}{2x}[n+(x-n)^2]\leqslant\dfrac{1}{2n}(n+1)$，且$\lim\limits_{n\to\infty}\dfrac{n}{2(n+1)}=\lim\limits_{n\to\infty}\dfrac{n+1}{2n}=\dfrac{1}{2}$，因此 $\lim\limits_{x\to+\infty}\dfrac{1}{x}\int_0^x f(x)\mathrm{d}x=\dfrac{1}{2}$.

例 15.17　求 $\lim\limits_{n\to\infty}\dfrac{1}{n^4}\prod\limits_{i=1}^{2n}(n^2+i^2)^{\frac{1}{n}}$.

解

$$\begin{aligned}\lim_{n\to\infty}\frac{1}{n^4}\prod_{i=1}^{2n}(n^2+i^2)^{\frac{1}{n}} &= \lim_{n\to\infty}\mathrm{e}^{\ln\frac{1}{n^4}\prod\limits_{i=1}^{2n}(n^2+i^2)^{\frac{1}{n}}}\\ = \mathrm{e}^{\lim\limits_{n\to\infty}\frac{1}{n}\sum\limits_{i=1}^{2n}\ln(n^2+i^2)-\ln n^4} &= \mathrm{e}^{\lim\limits_{n\to\infty}\frac{1}{n}\sum\limits_{i=1}^{2n}\ln(n^2+i^2)-2\ln n^2}\\ = \mathrm{e}^{\lim\limits_{n\to\infty}\frac{1}{n}\left[\sum\limits_{i=1}^{2n}\ln(n^2+i^2)-2n\ln n^2\right]} &= \mathrm{e}^{\lim\limits_{n\to\infty}\frac{1}{n}\sum\limits_{i=1}^{2n}\ln\left[1+\left(\frac{i}{n}\right)^2\right]}\\ = \mathrm{e}^{2\lim\limits_{n\to\infty}\frac{1}{2n}\sum\limits_{i=1}^{2n}\ln\left[1+4\left(\frac{i}{2n}\right)^2\right]} &= \mathrm{e}^{2\int_0^1\ln(1+4x^2)\mathrm{d}x}\end{aligned}$$

而

$$\int_0^1\ln(1+4x^2)\mathrm{d}x = x\ln(1+4x^2)\Big|_0^1-\int_0^1 x[\ln(1+4x^2)]'\mathrm{d}x$$

$$\begin{aligned}&= \ln 5-\int_0^1\frac{8x^2}{1+4x^2}\mathrm{d}x = \ln 5-\int_0^1\frac{2(4x^2+1)-2}{1+4x^2}\mathrm{d}x\\ &= \ln 5-\int_0^1 2\mathrm{d}x+\int_0^1\frac{\mathrm{d}(2x)}{1+(2x)^2}\\ &= \ln 5-2x\Big|_0^1+\arctan 2x\Big|_0^1\\ &= \ln 5-2+\arctan 2\end{aligned}$$

故$\lim\limits_{n\to\infty}\dfrac{1}{n^4}\prod\limits_{i=1}^{2n}(n^2+i^2)^{\frac{1}{n}}=\mathrm{e}^{2(\ln 5-2+\arctan 2)}$.

例 15.18　求 $\lim\limits_{n\to\infty}\sum\limits_{k=1}^{n}\left(1+\dfrac{k}{n}\right)\sin\dfrac{k\pi}{n^2}$.

解　由于 $x-\dfrac{x^3}{6}\leqslant\sin x\leqslant x$，$\forall x\in(0,2\pi)$，故

$$\sum_{k=1}^{n}\left(1+\frac{k}{n}\right)\sin\frac{k\pi}{n^2}\leqslant\sum_{k=1}^{n}\left(1+\frac{k}{n}\right)\frac{k\pi}{n^2}=\frac{\pi}{n}\sum_{k=1}^{n}\left(1+\frac{k}{n}\right)\frac{k}{n}$$

所以

$$\begin{aligned}\lim_{n\to\infty}\sum_{k=1}^{n}\left(1+\frac{k}{n}\right)\sin\frac{k\pi}{n^2} &\leqslant \pi\lim_{n\to\infty}\frac{1}{n}\sum_{k=1}^{n}\left(1+\frac{k}{n}\right)\frac{k}{n}\\ &= \pi\int_0^1(1+x)x\mathrm{d}x=\pi\left(\frac{x^2}{2}+\frac{x^3}{3}\right)\Big|_0^1=\frac{5\pi}{6}\end{aligned}$$

另一方面 $$\lim_{n\to\infty}\sum_{k=1}^{n}\left(1+\frac{k}{n}\right)\sin\frac{k\pi}{n^2}\geqslant\lim_{n\to\infty}\sum_{k=1}^{n}\left(1+\frac{k}{n}\right)\left[\frac{k\pi}{n^2}-\frac{\left(\frac{k\pi}{n^2}\right)^3}{6}\right]$$

$$=\lim_{n\to\infty}\sum_{k=1}^{n}\left(1+\frac{k}{n}\right)\frac{k\pi}{n^2}-\lim_{n\to\infty}\frac{\pi^3}{6n^2}\sum_{k=1}^{n}\frac{1}{n}\left(1+\frac{k}{n}\right)\left(\frac{k}{n}\right)^3$$

$$=\frac{5\pi}{6}-\lim_{n\to\infty}\frac{\pi^3}{6}\cdot\frac{1}{n^2}\cdot\lim_{n\to\infty}\sum_{k=1}^{n}\frac{1}{n}\left(1+\frac{k}{n}\right)\left(\frac{k}{n}\right)^3$$

$$=\frac{5\pi}{6}-\lim_{n\to\infty}\frac{\pi^3}{6}\cdot\frac{1}{n^2}\int_0^1(1+x)x^3\,\mathrm{d}x$$

$$=\frac{5\pi}{6}$$

故由夹逼定理得$\lim\limits_{n\to\infty}\sum\limits_{k=1}^{n}\left(1+\frac{k}{n}\right)\sin\frac{k\pi}{n^2}=\frac{5\pi}{6}$.

例 15.19 设 $f(x)$ 在$[0,1]$上连续,试证$\lim\limits_{h\to0^+}\int_0^1\frac{h}{h^2+x^2}f(x)\,\mathrm{d}x=\frac{\pi}{2}f(0)$.

证明

证法一 $$\int_0^1\frac{h}{h^2+x^2}f(x)\,\mathrm{d}x=\int_0^{h^{\frac14}}\frac{hf(x)}{h^2+x^2}\mathrm{d}x+\int_{h^{\frac14}}^1\frac{hf(x)}{h^2+x^2}\mathrm{d}x=I_1+I_2$$

其中 $$I_1=\int_0^{h^{\frac14}}\frac{hf(x)}{h^2+x^2}\mathrm{d}x=f(\xi)\int_0^{h^{\frac14}}\frac{h}{h^2+x^2}\mathrm{d}x=f(\xi)\arctan\frac{x}{h}\Big|_0^{h^{\frac14}}$$

$$=f(\xi)\arctan\frac{1}{h^{\frac34}}\to f(0)\frac{\pi}{2}(h\to0^+)$$

$$|I_2|=\left|\int_{h^{\frac14}}^1\frac{hf(x)}{h^2+x^2}\mathrm{d}x\right|\leqslant M\int_{h^{\frac14}}^1\frac{h}{h^2+x^2}\mathrm{d}x(|f(x)|\leqslant M)$$

$$=M\left(\arctan\frac{1}{h}-\arctan\frac{1}{h^{\frac34}}\right)\to0(h\to0^+)$$

所以$\lim\limits_{h\to0^+}\int_0^1\frac{h}{h^2+x^2}f(x)\,\mathrm{d}x=\frac{\pi}{2}f(0)$.

证法二 因为 $\lim\limits_{h\to0^+}\int_0^1\frac{h}{h^2+x^2}\mathrm{d}x=\frac{\pi}{2}$,所以$\frac{\pi}{2}f(0)=\lim\limits_{h\to0^+}\int_0^1\frac{h}{h^2+x^2}f(0)\,\mathrm{d}x$,因此问题归结为证明$\int_0^1\frac{h}{h^2+x^2}[f(x)-f(0)]\,\mathrm{d}x=0$,而

$$\int_0^1\frac{h}{h^2+x^2}[f(x)-f(0)]\,\mathrm{d}x=\left(\int_0^\delta+\int_\delta^1\right)\frac{h}{h^2+x^2}[f(x)-f(0)]\,\mathrm{d}x$$

由于 $f(x)$在 $x=0$ 点连续,因此 $\forall\varepsilon>0$,$\exists$ 充分小的 δ,在$[0,\delta]$上,$|f(x)-f(0)|<\frac{\varepsilon}{\pi}$,因而 $\left|\int_0^\delta\frac{h}{h^2+x^2}[f(x)-f(0)]\,\mathrm{d}x\right|\leqslant\int_0^\delta\frac{h}{h^2+x^2}|f(x)-f(0)|\,\mathrm{d}x\leqslant\frac{\varepsilon}{\pi}\int_0^\delta\frac{h}{h^2+x^2}\mathrm{d}x=\frac{\varepsilon}{\pi}\arctan\frac{\delta}{h}\leqslant\frac{\varepsilon}{\pi}\cdot\frac{\pi}{2}=\frac{\varepsilon}{2}$. 固定$\delta$,第二个积分$\left|\int_\delta^1\frac{h}{h^2+x^2}[f(x)-f(0)]\,\mathrm{d}x\right|\leqslant h\int_\delta^1\frac{1}{x^2}|f(x)-f(0)|\,\mathrm{d}x\triangleq h\cdot M_0$,所以当 $0<h<\frac{\varepsilon}{2M_0}$ 时,$\left|\int_0^1\frac{h}{h^2+x^2}[f(x)-f(0)]\,\mathrm{d}x\right|\leqslant\frac{\varepsilon}{2}+\frac{\varepsilon}{2}=\varepsilon$.

证法三 $$\int_0^1\frac{h}{h^2+x^2}f(x)\,\mathrm{d}x=\int_0^1\frac{h[f(x)-f(0)]}{h^2+x^2}\mathrm{d}x+f(0)\int_0^1\frac{h}{h^2+x^2}\mathrm{d}x=I_1+I_2$$ 然后

证明 $I_1 \to 0, I_2 \to \frac{\pi}{2}f(0)$ 即可.

例 15.20 设 $f(x)$ 在$[0,2\pi]$上连续,证明:$\lim\limits_{n\to\infty}\int_0^{2\pi} f(x)|\sin nx|\mathrm{d}x = \frac{2}{\pi}\int_0^{2\pi} f(x)\mathrm{d}x$.

证明 由于 $\int_0^{2\pi} f(x)|\sin nx|\mathrm{d}x = \sum\limits_{k=1}^{n}\int_{\frac{(2k-1)\pi}{n}}^{\frac{2k\pi}{n}} f(x)|\sin nx|\mathrm{d}x$

$$\xlongequal[\text{定理}]{\text{积分中值}} \sum_{k=1}^{n} f(\xi_k)\int_{\frac{(2k-1)\pi}{n}}^{\frac{2k\pi}{n}}|\sin nx|\mathrm{d}x, \xi_k \in \left[\frac{(2k-1)\pi}{n}, \frac{2k\pi}{n}\right]$$

$$\xlongequal{nx=t} \sum_{k=1}^{n} f(\xi_k)\frac{1}{n}\int_{(2k-1)\pi}^{2k\pi}|\sin nt|\mathrm{d}t$$

$$\xlongequal[\text{为周期}]{\sin t\text{ 以 }2\pi} \frac{1}{n}\sum_{k=1}^{n} f(\xi_k)\cdot\int_{-\pi}^{0}|\sin t|\mathrm{d}t$$

$$= \frac{1}{n}\sum_{k=1}^{n} f(\xi_k)\cdot\int_0^{\pi}\sin t\mathrm{d}t$$

$$= \frac{2}{\pi}\cdot\frac{\pi}{n}\sum_{k=1}^{n} f(\xi_k)$$

$$= \frac{2}{\pi}\int_0^{2\pi} f(x)\mathrm{d}x$$

4. 方程的根或其他相关问题

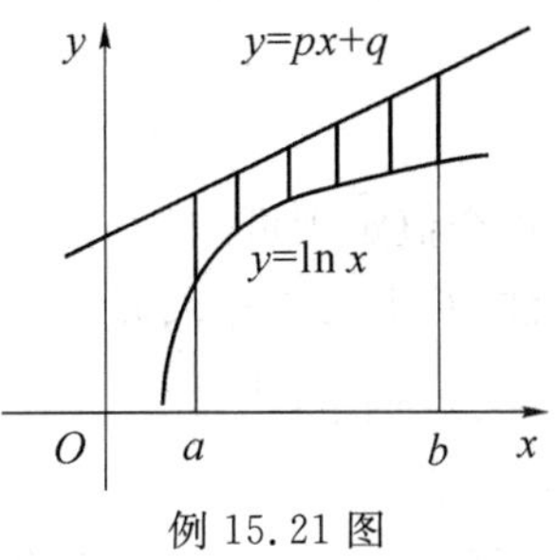

例 15.21 图

例 15.21 设在区间$[a,b]$$(1<a<b)$上,数 p 和 q 满足条件 $px+q\geqslant \ln x$,试求积分 $I=\int_a^b(px+q-\ln x)\mathrm{d}x$ 取得最小值时的 p 和 q 的值.

解 如例 15.21 图所示,由于 $px+q\geqslant \ln x$,因此积分表示曲线 $y=\ln x$ 与直线 $px+q\geqslant \ln x$, $x=a$, $x=b$ 所围成的图形面积.

显然,当直线 $px+q\geqslant \ln x$ 与曲线 $y=\ln x$ 相切时 I 取到最小值.

设切点为$(c,\ln c)$,则切线方程为

$$y-\ln c=\frac{1}{c}(x-c),\text{即 } y=\frac{1}{c}x+\ln c-1$$

于是

$$I=\int_a^b\left(\frac{1}{c}x+\ln c-1-\ln x\right)\mathrm{d}x$$

$$=\frac{1}{2c}(b^2-a^2)+\ln c\cdot(b-a)-\int_a^b(1+\ln x)\mathrm{d}x$$

令

$$\frac{\mathrm{d}I}{\mathrm{d}c}=-\frac{1}{2c^2}(b^2-a^2)+\frac{1}{c}(b-a)=\frac{1}{c^2}(b-a)\left(-\frac{a+b}{2}+c\right)=0$$

得驻点 $c=\frac{a+b}{2}$,且当 $c<\frac{a+b}{2}$ 时,$\frac{\mathrm{d}I}{\mathrm{d}c}<0$;当 $c>\frac{a+b}{2}$ 时,$\frac{\mathrm{d}I}{\mathrm{d}c}>0$;因此 $c=\frac{a+b}{2}$ 时积分取得极小值,也是最小值,此时

$$p=\frac{1}{c}=\frac{2}{a+b}, q=\ln c-1=\ln\frac{a+b}{2}-1$$

例 15.22 证明方程 $\int_0^x \mathrm{e}^{-t}\left(1+\frac{t}{1!}+\cdots+\frac{t^{100}}{100!}\right)\mathrm{d}t=50$ 在区间$(50,100)$内有根.

证明 作为上限 x 的函数，$F(x)=\int_0^x e^{-t}\left(1+\frac{t}{1!}+\cdots+\frac{t^{100}}{100!}\right)dt$ 连续递增，考虑介值定理，由于 $e^{-t}\left(1+\frac{t}{1!}+\cdots+\frac{t^{100}}{100!}\right)<e^{-t}\left(1+\frac{t}{1!}+\cdots+\frac{t^{100}}{100!}+\cdots\right)=e^{-t}\cdot e^{t}=1$，所以 $F(50)<\int_0^{50}1dt=50$.

下面证明 $F(100)>50$，反复使用分部积分法：

$$
\begin{aligned}
F(100)&=\int_0^{100}e^{-t}\left(1+\frac{t}{1!}+\cdots+\frac{t^{100}}{100!}\right)dt=-\int_0^{100}\left(1+\frac{t}{1!}+\cdots+\frac{t^{100}}{100!}\right)de^{-t}\\
&=1-e^{-100}\left(1+\frac{100}{1!}+\cdots+\frac{100^{100}}{100!}\right)+\int_0^{100}e^{-t}\left(1+\frac{t}{1!}+\cdots+\frac{t^{99}}{99!}\right)dt\\
&\ \ \vdots\\
&=1-e^{-100}\left(1+\frac{100}{1!}+\cdots+\frac{100^{100}}{100!}\right)+\\
&\quad 1-e^{-100}\left(1+\frac{100}{1!}+\cdots+\frac{100^{99}}{99!}\right)+\cdots+\\
&\quad 1-e^{-100}\left(1+\frac{100}{1!}\right)+\\
&\quad 1-e^{-100}\\
&>101-e^{-100}\cdot\frac{101}{2}\left(1+\frac{100}{1!}+\cdots+\frac{100^{101}}{101!}\right)^{\text{注}}\\
&>101-\frac{101}{2}>50
\end{aligned}
$$

因此由介值定理可知，方程在区间(50,100)内有根.

注：对上述不等式的减数部分整理，得

$$
\begin{aligned}
&=e^{-100}\left(1+\frac{100}{1!}+\cdots+\frac{100^{100}}{100!}\right)+e^{-100}\left(1+\frac{100}{1!}+\cdots+\frac{100^{99}}{99!}\right)+\cdots+e^{-100}\left(1+\frac{100}{1!}\right)+e^{-100}\\
&=e^{-100}\left[\left(1+\frac{100}{1!}+\cdots+\frac{100^{100}}{100!}\right)+\left(1+\frac{100}{1!}+\cdots+\frac{100^{99}}{99!}\right)+\cdots+\left(1+\frac{100}{1!}\right)+1\right]\\
&=e^{-100}\left(101+100\cdot\frac{100}{1!}+99\cdot\frac{100^2}{2!}+\cdots+2\cdot\frac{100^{99}}{99!}+1\cdot\frac{100^{100}}{100!}\right)\\
&<e^{-100}\cdot\frac{1}{2}\cdot\left(101+101\cdot\frac{100}{1!}+101\cdot\frac{100^2}{2!}+\cdots+101\cdot\frac{100^{99}}{99!}+101\cdot\frac{100^{100}}{100!}\right)\\
&\qquad\because\left(101+100\cdot\frac{100}{1!}+99\cdot\frac{100^2}{2!}+\cdots+2\cdot\frac{100^{99}}{99!}+1\cdot\frac{100^{100}}{100!}\right)\\
&\qquad<\left(0+1\cdot\frac{100}{1!}+2\cdot\frac{100^2}{2!}+\cdots+99\cdot\frac{100^{99}}{99!}+100\cdot\frac{100^{100}}{100!}\right)\\
&<\frac{101}{2}\cdot e^{-100}\cdot\left(1+\frac{100}{1!}+\frac{100^2}{2!}+\cdots+\frac{100^{99}}{99!}+\frac{100^{100}}{100!}\right)\\
&<\frac{101}{2}\cdot e^{-100}\cdot\left(1+\frac{100}{1!}+\frac{100^2}{2!}+\cdots+\frac{100^{99}}{99!}+\frac{100^{100}}{100!}+\cdots\right)=\frac{101}{2}
\end{aligned}
$$

故 $F(100)>101-\frac{101}{2}>50$.

（三）练习题

15.1　证明：$\int_0^x e^{xt-t^2}\,dt = e^{\frac{x^2}{4}}\int_0^x e^{-\frac{t^2}{4}}\,dt$.

15.2　设 a,b 为常数，证明：$\int_0^{2\pi} f(a\cos x + b\sin x)\,dx = \int_0^{2\pi} f(\sqrt{a^2+b^2}\sin x)\,dx$.

15.3　设 $f(x)$ 连续，证明：$\int_0^a x^3 f(x^2)\,dx = \frac{1}{2}\int_0^{a^2} xf(x)\,dx$.

15.4　设 $f(x)$ 在 $(0,+\infty)$ 连续，证明：$\int_1^4 f\left(\frac{2}{x}+\frac{x}{2}\right)\frac{\ln x}{x}\,dx = \ln 2\int_1^4 f\left(\frac{2}{x}+\frac{x}{2}\right)\frac{1}{x}\,dx$.

15.5　设 $f(x)$ 连续，且关于 $x=T$ 对称，$a<t<b$，证明

$$\int_a^b f(x)\,dx = 2\int_T^b f(x)\,dx + \int_a^{2T-b} f(x)\,dx$$

15.6　设 $f'(x)$ 连续，$F(x) = \int_0^x f(t)f'(2a-t)\,dt$，证明

$$F(2a) - 2F(a) = f^2(a) - f(0)f(2a)$$

15.7　设对任意整数 a，积分 $\int_a^{+\infty}\frac{f(x)}{x}dx$ 收敛，其中 $f(x)$ 连续满足 $f(0)=L$，证明

$$\int_a^{+\infty}\frac{f(\alpha x)-f(\beta x)}{x}dx = L\ln\frac{\beta}{\alpha}，其中(\alpha,\beta>0)$$

15.8　设 $f(x)$ 连续满足 $f(1)=1$，且对 $x\geqslant 1$，有 $f'(x)=\frac{1}{x^2+f^2(x)}$，试证：$\lim\limits_{x\to\infty}f(x)$ 存在且小于 $1+\frac{\pi}{4}$.

15.9　设 $0<y<x$，证明：$\frac{x+y}{2}>\frac{x-y}{\ln x-\ln y}$.

15.10　设 n 为正整数，s 为正数，证明：$\frac{n^{s+1}}{s+1}<1^s+2^s+\cdots+n^s<\frac{(n+1)^{s+1}}{s+1}$.

15.11　求 $\lim\limits_{n\to\infty}\frac{\sqrt[n]{n!}}{n}$.

15.12　求 $\lim\limits_{n\to\infty}\sum\limits_{k=1}^{n}\frac{1}{n+\frac{1}{k}}\sin\frac{k\pi}{n}$.

15.13　设 $0<a<b$，求 $\lim\limits_{t\to 0}\left[\int_0^1 (bx+a(1-x))^t\,dx\right]^{\frac{1}{t}}$.

15.14　设 $f(x)$ 在 $[A,B]$ 上连续，$A<a<b<B$，试证

$$\lim_{h\to 0}\int_a^b \frac{f(x+h)-f(x)}{h}dx = f(b)-f(a)$$

15.15　设对任意的 x，$f(x+T)=f(x)$，T 是正常数，则 $F(x)=\int_a^x f(t)\,dt$ 能表示成线性函数与周期函数之和.

15.16　估计 $\int_0^{\sqrt{2\pi}}\sin(x^2)\,dx$ 的符号.

15.17　设 $f(x)$ 在 $[a,b]$ 上可导，且 $f'(x)$ 在 $[a,b]$ 上可积，$f(a)=f(b)=0$，试证

$$|f(x)|\leqslant\frac{1}{2}\int_a^b|f'(x)|\mathrm{d}x\quad(a<x<b)$$

15.18　设 $f(x)$ 连续，$\varphi(x)=\int_0^1 f(xt)\mathrm{d}t$，且 $\lim\limits_{x\to0}\frac{f(x)}{x}=A$(常数)，求 $\varphi'(x)$，并讨论其在 $x=0$ 处的连续性.

(四) 答案与提示

15.1　证明：$\int_0^x \mathrm{e}^{xt-t^2}\mathrm{d}t=\int_0^x \mathrm{e}^{-\left(t-\frac{x}{2}\right)^2+\frac{x^2}{4}}\mathrm{d}t=\mathrm{e}^{\frac{x^2}{4}}\int_0^x \mathrm{e}^{-\left(t-\frac{x}{2}\right)^2}\mathrm{d}t$(令 $t-\frac{x}{2}=\frac{u}{2}$)

$$=\frac{1}{2}\mathrm{e}^{\frac{x^2}{4}}\int_x^{-x}\mathrm{e}^{-\frac{u^2}{4}}\mathrm{d}u=\mathrm{e}^{\frac{x^2}{4}}\int_0^x\mathrm{e}^{-\frac{u^2}{4}}\mathrm{d}u=\mathrm{e}^{\frac{x^2}{4}}\int_0^x\mathrm{e}^{-\frac{t^2}{4}}\mathrm{d}t$$

15.2　证明：由于 $a\cos x+b\sin x=\sqrt{a^2+b^2}\left(\frac{a}{\sqrt{a^2+b^2}}\cos x+\frac{b}{\sqrt{a^2+b^2}}\sin x\right)$，设 $\cos\theta=\frac{b}{\sqrt{a^2+b^2}}$，$\sin\theta=\frac{b}{\sqrt{a^2+b^2}}$.

故
$$\int_0^{2\pi}f(a\cos x+b\sin x)\mathrm{d}x=\int_0^{2\pi}f\left(\sqrt{a^2+b^2}\sin(x+\theta)\right)\mathrm{d}x$$

$$\xlongequal{x+\theta=t}\int_\theta^{2\pi+\theta}f\left(\sqrt{a^2+b^2}\sin t\right)\mathrm{d}t=\int_0^{2\pi}f\left(\sqrt{a^2+b^2}\sin t\right)\mathrm{d}t$$

15.3　证明

证法一　$\int_0^a x^3f(x^2)\mathrm{d}x\xlongequal[x\mathrm{d}x=\frac{1}{2}\mathrm{d}t]{x^2=t}\int_0^{a^2}tf(t)\cdot\frac{1}{2}\mathrm{d}t=\frac{1}{2}\int_0^{a^2}xf(x)\mathrm{d}x$

证法二　令 $F(a)=\int_0^a x^3f(x^2)\mathrm{d}x-\frac{1}{2}\int_0^{a^2}xf(x)\mathrm{d}x$，则

$$F'(a)=a^3f(a^2)-\frac{1}{2}a^2f(a^2)\cdot(a^2)'$$
$$=a^3f(a^2)-a^3f(a^2)=0$$

得 $F(a)\equiv C$，又 $F(0)=0$，故 $F(a)=0$，即 $\int_0^a x^3f(x^2)\mathrm{d}x=\frac{1}{2}\int_0^{a^2}xf(x)\mathrm{d}x$.

15.4　分析：从被积函数看出，不宜选取变量替换；两端积分区间虽然相同，这里应用上下界交换过程，从积分限入手选取变量替换.

设 $x=\frac{4}{t}$，则 $\mathrm{d}x=-\frac{4}{t^2}\mathrm{d}t$，则 $\int_1^4 f\left(\frac{2}{x}+\frac{x}{2}\right)\frac{\ln x}{x}\mathrm{d}x=\int_1^4 f\left(\frac{t}{2}+\frac{2}{t}\right)\frac{\ln 4-\ln t}{t}\mathrm{d}t$，右端积分分成两项，移项整理.

15.5　设 $x=2T-u$，由题设 $f(T+x)=f(T-x)$，则

$$\int_T^{2T-b}f(x)\mathrm{d}x=\int_T^b f(2T-u)(-\mathrm{d}u)=-\int_T^b f(T-(u-T))\mathrm{d}u$$

$$=-\int_T^b f(T+(u-T))\mathrm{d}u=-\int_T^b f(u)\mathrm{d}u=-\int_T^b f(x)\mathrm{d}x$$

故
$$\int_a^b f(x)\mathrm{d}x=\int_a^b f(x)\mathrm{d}x+\int_T^b f(x)\mathrm{d}x+\int_T^{2T-b}f(x)\mathrm{d}x$$

$$= \int_a^T f(x)\mathrm{d}x + \int_T^b f(x)\mathrm{d}x + \int_T^b f(x)\mathrm{d}x + \int_T^{2T-b} f(x)\mathrm{d}x$$

故 $$\int_a^b f(x)\mathrm{d}x = 2\int_T^b f(x)\mathrm{d}x + \int_a^{2T-b} f(x)\mathrm{d}x\,.$$

15.6 $$F(2a) - 2F(a) = \int_0^{2a} f(t)f'(2a-t)\mathrm{d}t - 2\int_0^a f(t)f'(2a-t)\mathrm{d}t$$
$$= \int_a^{2a} f(t)f'(2a-t)\mathrm{d}t - \int_0^a f(t)f'(2a-t)\mathrm{d}t,$$对第一项分部积分.

15.7 $$I = \int_a^{+\infty} \frac{f(\alpha x)}{x}\mathrm{d}x - \int_a^{+\infty} \frac{f(\beta x)}{x}\mathrm{d}x\text{（分别换元）}$$
$$= \int_{a\alpha}^{+\infty} \frac{f(t)}{t}\mathrm{d}t - \int_{a\beta}^{+\infty} \frac{f(t)}{t}\mathrm{d}t = \int_{a\alpha}^{a\beta} \frac{f(t)}{t}\mathrm{d}t$$
$$= f(\xi)\int_{a\alpha}^{a\beta} \frac{1}{t}\mathrm{d}t = f(\xi)\ln\frac{\beta}{\alpha} \to L\ln\frac{\beta}{\alpha}\ (a\to 0^+)$$

15.8 $f(x)$ 单增，由 $f(1)=1$ 得 $f'(x) \leqslant \dfrac{1}{x^2+1}$，故 $\displaystyle\int_1^x f'(x)\mathrm{d}x \leqslant \int_1^x \frac{1}{x^2+1}\mathrm{d}x$. 故 $f(x) \leqslant 1+\arctan x - \dfrac{\pi}{4} = 1+\dfrac{\pi}{4}$，因此 $f(x)$ 单增有上界.

15.9 分析：$\dfrac{x+y}{2} > \dfrac{x-y}{\ln x - \ln y} \Leftrightarrow \ln x - \ln y > 2\cdot\dfrac{x-y}{x+y} \Leftrightarrow \ln\dfrac{x}{y} > 2\cdot\dfrac{\frac{x}{y}-1}{\frac{x}{y}+1}$.

令 $\dfrac{x}{y}=t \Leftrightarrow \ln t - \ln 1 > 2\cdot\dfrac{t-1}{t+1}$，令 $f(t)=\ln t$，则 $\ln t = \ln t - \ln 1 = \displaystyle\int_1^t f'(t)\mathrm{d}t = \int_1^t \frac{1}{t}\mathrm{d}t > \int_1^t \frac{4}{(t+1)^2}\mathrm{d}t = \frac{2(t-1)}{t+1}$，再令 $t=\dfrac{x}{y}$.

15.10 证明：一方面，$\dfrac{1}{s+1} = \displaystyle\int_0^1 x^s\mathrm{d}x = \sum_{k=0}^{n-1}\int_{\frac{k}{n}}^{\frac{k+1}{n}} x^s\mathrm{d}x < \sum_{k=0}^{n-1}\left(\frac{k+1}{n}\right)^s\int_{\frac{k}{n}}^{\frac{k+1}{n}}\mathrm{d}x = \sum_{k=0}^{n-1}\left(\frac{k+1}{n}\right)^s\left(\frac{k+1}{n}-\frac{k}{n}\right) = \frac{1^s+2^s+\cdots+n^s}{n^{s+1}}$.

另一方面，$\dfrac{1}{s+1} = \displaystyle\int_0^1 x^s\mathrm{d}x = \sum_{k=0}^{n}\int_{\frac{k}{n+1}}^{\frac{k+1}{n+1}} x^s\mathrm{d}x > \sum_{k=0}^{n}\left(\frac{k}{n+1}\right)^s\int_{\frac{k}{n+1}}^{\frac{k+1}{n+1}}\mathrm{d}x = \sum_{k=0}^{n}\left(\frac{k}{n+1}\right)^s\left(\frac{k+1}{n+1}-\frac{k}{n+1}\right) = \frac{1^s+2^s+\cdots+n^s}{(n+1)^{s+1}}$.

15.11 解：$$\lim_{n\to\infty}\frac{\sqrt[n]{n!}}{n} = \mathrm{e}^{\lim\limits_{n\to\infty}(\ln\sqrt[n]{n!}-\ln n)} = \mathrm{e}^{\lim\limits_{n\to\infty}(\frac{1}{n}\ln n!-\ln n)}$$
$$= \mathrm{e}^{\lim\limits_{n\to\infty}\frac{1}{n}(\ln\frac{1}{n}+\ln\frac{2}{n}+\cdots+\ln\frac{n}{n})} = \mathrm{e}^{\int_0^1\ln x\mathrm{d}x} = \mathrm{e}^{x\ln x - x\,\big|_0^1}\ \mathrm{e}^{-1}$$

15.12 由 $$\sum_{k=1}^{n}\frac{1}{n+\frac{1}{k}}\sin\frac{k\pi}{n} < \frac{1}{n}\left(\sin\frac{\pi}{n}+\sin\frac{2\pi}{n}+\cdots+\sin\pi\right) \to \int_0^1 \sin\pi x\mathrm{d}x = \frac{2}{\pi}$$

又 $$\sum_{k=1}^{n}\frac{1}{n+\frac{1}{k}}\sin\frac{k\pi}{n} > \frac{1}{n+1}\left(\sin\frac{\pi}{n}+\sin\frac{2\pi}{n}+\cdots+\sin\pi\right) \to \int_0^1 \sin\pi x\mathrm{d}x = \frac{2}{\pi}$$

由两边夹逼定理知 $\displaystyle\lim_{n\to\infty}\sum_{k=1}^{n}\frac{1}{n+\frac{1}{k}}\sin\frac{k\pi}{n} = \frac{\pi}{2}$.

15.13　令 $u=bx+a(1-x)$，$f(t)=\left[\int_0^1(bx+a(1-x))^t\mathrm{d}x\right]^{\frac{1}{t}}$，则 $I=\frac{1}{b-a}\int_a^b u^t\mathrm{d}u=\frac{b^{t+1}-a^{t+1}}{(b-a)(1+t)}$，则

$$\lim_{t\to0}\ln f(t)=\lim_{t\to0}\frac{\ln(b^{t+1}-a^{t+1})-\ln(b-a)}{t}-\lim_{t\to0}\frac{\ln(1+t)}{t}=\frac{b\ln b-a\ln a}{b-a}-1$$

故 $\lim_{t\to0}f(t)=\mathrm{e}^{-1}\left(\frac{b^b}{a^a}\right)^{\frac{1}{b-a}}$.

15.14　$\lim_{h\to0}\int_a^b\frac{f(x+h)-f(x)}{h}\mathrm{d}x=\lim_{h\to0}\frac{1}{h}\int_a^b[f(x+h)-f(x)]\mathrm{d}x$ 再用变量替换与洛必达法则.

15.15　对任意 A，$F(x)=\int_a^x[f(t)-A+A]\mathrm{d}t=\int_a^x[f(t)-A]\mathrm{d}t+A(x-a)$.

下面证明适当选取常数 A，可使 $G(x)=\int_a^x[f(t)-A]\mathrm{d}t$ 是周期函数.

$$G(x+T)-G(x)=\int_x^{x+T}f(x)\mathrm{d}x-AT=\int_0^T f(x)\mathrm{d}x-AT$$

故 $A=\frac{1}{T}\int_0^T f(x)\mathrm{d}x$ 时，$G(x+t)$ 是周期函数.

15.16　$\int_0^{\sqrt{2\pi}}\sin(x^2)\mathrm{d}x=\frac{1}{2}\int_0^{\pi}\frac{\sin(t)}{\sqrt{t}}\mathrm{d}t+\frac{1}{2}\int_{\pi}^{2\pi}\frac{\sin(t)}{\sqrt{t}}\mathrm{d}t$

$$=\frac{1}{2}\int_0^{\pi}\left(\frac{1}{\sqrt{t}}-\frac{1}{\sqrt{t+\pi}}\right)\sin t\mathrm{d}t>0.$$

15.17　$f(x)=\int_a^x f'(x)\mathrm{d}x+f(a)=\int_a^x f'(x)\mathrm{d}x$，$f(x)=\int_b^x f'(x)\mathrm{d}x+f(b)=\int_b^x f'(x)\mathrm{d}x$

故 $|f(x)|\leqslant\frac{1}{2}\left|\int_a^x f'(x)\mathrm{d}x\right|+\frac{1}{2}\left|\int_x^b f'(x)\mathrm{d}x\right|\leqslant\frac{1}{2}\int_a^b|f'(x)|\mathrm{d}x$.

15.18　由于 $\lim_{x\to0}\frac{f(x)}{x}=A$，有 $f(0)=\lim_{x\to0}f(x)=0$，故 $\varphi(0)=\int_0^1 f(0)\mathrm{d}t=0$.

令 $u=xt$，$\varphi(x)=\frac{\int_0^x f(u)\mathrm{d}u}{x}(x\neq0)$，则

$$\varphi'(x)=\frac{xf(x)-\int_0^x f(u)\mathrm{d}u}{x^2}\quad(x\neq0)$$

$$\varphi'(0)=\lim_{x\to0}\frac{\varphi(x)-\varphi(0)}{x-0}=\lim_{x\to0}\frac{\varphi(x)}{x}=\lim_{x\to0}\frac{\int_0^x f(u)\mathrm{d}u}{x^2}=\lim_{x\to0}\frac{f(x)}{2x}=\frac{A}{2}$$

$$\lim_{x\to0}\varphi'(x)=\lim_{x\to0}\frac{xf(x)-\int_0^x f(u)\mathrm{d}u}{x^2}=\lim_{x\to0}\frac{f(x)}{x}-\lim_{x\to0}\frac{\int_0^x f(u)\mathrm{d}u}{x^2}=A-\frac{A}{2}=\frac{A}{2}$$

因此 $\varphi'(x)$ 在 $x=0$ 处连续.

第十六讲　数项级数敛散性判断

（一）内容要点

1. 数项级数的收敛与发散的定义

如果数项级数$\sum\limits_{n=1}^{\infty}u_n$的部分和序列$\{S_n\}$（$S_n=\sum\limits_{k=1}^{n}u_k$）存在极限，即$\lim\limits_{n\to\infty}S_n=S$，则称级数$\sum\limits_{n=1}^{\infty}u_n$收敛，其和为$S$；否则称级数$\sum\limits_{n=1}^{\infty}u_n$发散.

2. 数项级数的性质

(1) 设C为非零常数，则级数$\sum\limits_{n=1}^{\infty}u_n$和$\sum\limits_{n=1}^{\infty}Cu_n$同时收敛或发散；

(2) 若级数$\sum\limits_{n=1}^{\infty}u_n$和$\sum\limits_{n=1}^{\infty}v_n$都收敛，则$\sum\limits_{n=1}^{\infty}(u_n+v_n)$也收敛；

评注： 级数$\sum\limits_{n=1}^{\infty}u_n$和$\sum\limits_{n=1}^{\infty}v_n$都发散不能推出$\sum\limits_{n=1}^{\infty}(u_n+v_n)$也发散. 但是如果$\sum\limits_{n=1}^{\infty}u_n$收敛，$\sum\limits_{n=1}^{\infty}v_n$发散，则$\sum\limits_{n=1}^{\infty}(u_n+v_n)$发散.

(3) 任意改变级数的有限多项，不改变其敛散性；

(4) 对收敛级数的项任意加括号后，所得到的新级数仍然收敛，且和不变；

评注： 若对级数按照某种方式加括号后所得到的新级数发散，则原级数必发散. 若新级数收敛，则原级数可能收敛，也可能发散.

(5)（级数收敛的必要条件）若级数$\sum\limits_{n=1}^{\infty}u_n$收敛，则$\lim\limits_{n\to\infty}u_n=0$.

评注： 若$\lim\limits_{n\to\infty}u_n\neq 0$，则级数$\sum\limits_{n=1}^{\infty}u_n$必发散. 这经常用来判别级数发散.

3. 正项级数的判别法

(1) 基本定理：正项级数$\sum\limits_{n=1}^{\infty}u_n$收敛的充分必要条件是其部分和序列$\{S_n\}$有上界.

(2) 比较判别法：设有两个正项级数$\sum\limits_{n=1}^{\infty}u_n$和$\sum\limits_{n=1}^{\infty}v_n$，若从某一项开始后，存在一个正数$k$，

使得 $u_n \leqslant kv_n$,则当 $\sum_{n=1}^{\infty} v_n$ 收敛时,$\sum_{n=1}^{\infty} u_n$ 收敛;当 $\sum_{n=1}^{\infty} u_n$ 发散时,$\sum_{n=1}^{\infty} v_n$ 发散.

(3) 比较判别法的极限形式:假设 $\lim_{n\to\infty} \frac{u_n}{v_n} = l$,若 $0 < l < \infty$,则级数 $\sum_{n=1}^{\infty} u_n$ 和 $\sum_{n=1}^{\infty} v_n$ 同时敛散;若 $l = 0$,则当 $\sum_{n=1}^{\infty} v_n$ 收敛时,$\sum_{n=1}^{\infty} u_n$ 收敛;若 $l = \infty$,则当 $\sum_{n=1}^{\infty} v_n$ 发散时,$\sum_{n=1}^{\infty} u_n$ 发散.

评注:应用比较判别法时,常用的级数有等比级数 $\sum_{n=1}^{\infty} q^n$($|q|<1$ 时收敛,$|q|\geqslant 1$ 时发散)和 p-级数 $\sum_{n=1}^{\infty} \frac{1}{n^p}$($p>1$ 时收敛,$p\leqslant 1$ 时发散).

(4) 比值判别法:假设 $\lim_{n\to\infty} \frac{u_{n+1}}{u_n} = l$,则当 $l<1$ 时,级数 $\sum_{n=1}^{\infty} u_n$ 收敛;当 $l>1$ 时,级数发散;当 $l=1$ 时无法判断.

(5) 根值判别法:假设 $\lim_{n\to\infty} \sqrt[n]{u_n} = l$,则当 $l<1$ 时,级数 $\sum_{n=1}^{\infty} u_n$ 收敛;当 $l>1$ 时,级数发散;当 $l=1$ 时无法判断.

(6) 积分判别法:若存在单调递减函数 $f(x)$ 使得 $f(n)=u_n$,则级数 $\sum_{n=1}^{\infty} u_n$ 与广义积分 $\int_1^{\infty} f(x)\mathrm{d}x$ 具有相同的敛散性.

评注:由积分判别法可得级数 $\sum_{n=2}^{\infty} \frac{1}{n\ln^p n}$,当 $p>1$ 时收敛,$p\leqslant 1$ 时发散.

4. 交错级数的判别法(莱布尼茨判别法)

对于交错级数 $\sum_{n=1}^{\infty} (-1)^n u_n (u_n > 0)$,若 u_n 单调递减,且 $\lim_{n\to\infty} u_n = 0$,则原交错级数收敛.

5. 任意项级数的判别法

(1) 绝对收敛与条件收敛:若级数 $\sum_{n=1}^{\infty} |u_n|$ 收敛,则称级数 $\sum_{n=1}^{\infty} u_n$ 绝对收敛;若 $\sum_{n=1}^{\infty} |u_n|$ 发散,$\sum_{n=1}^{\infty} u_n$ 收敛,则称级数 $\sum_{n=1}^{\infty} u_n$ 条件收敛.

(2) 若 $\sum_{n=1}^{\infty} |u_n|$ 收敛,则 $\sum_{n=1}^{\infty} u_n$ 必收敛.

(二) 例题选讲

例 16.1 设 $a_n > 0$,证明 $\sum_{n=1}^{\infty} \frac{a_n}{(1+a_1)\cdots(1+a_n)}$ 收敛.

证明 由 $u_n = \frac{(1+a_n)-1}{(1+a_1)\cdots(1+a_n)} = \frac{1}{(1+a_1)\cdots(1+a_{n-1})} - \frac{1}{(1+a_1)\cdots(1+a_n)}$,有

$$S_n = 1 - \frac{1}{1+a_1} + \frac{1}{1+a_1} - \frac{1}{(1+a_1)(1+a_2)} + \cdots + \frac{1}{(1+a_1)\cdots(1+a_{n-1})} - \frac{1}{(1+a_1)\cdots(1+a_n)}$$

$$=1-\frac{1}{(1+a_1)\cdots(1+a_n)}<1$$

故原级数收敛.

例 16.2　设$\{a_n\}$是单调递增有界的正数列,证明$\sum_{n=1}^{\infty}\left(1-\frac{a_n}{a_{n+1}}\right)$收敛.

证明　不妨设$a_n\leqslant M$,由$u_n=\frac{a_{n+1}-a_n}{a_{n+1}}\leqslant\frac{a_{n+1}-a_n}{a_1}$,有

$$S_n\leqslant\frac{a_2-a_1}{a_1}+\frac{a_3-a_2}{a_1}+\cdots+\frac{a_{n+1}-a_n}{a_1}=\frac{a_{n+1}-a_1}{a_1}\leqslant\frac{M-a_1}{a_1}$$

故原级数收敛.

评注:利用拆项技巧求出级数的部分和或给出部分和的上界估计,是判断级数收敛或求级数和的一个重要的方法.

例 16.3　判断下列正项级数的敛散性:

(1) $\sum_{n=1}^{\infty}\frac{n^{n+\frac{1}{n}}}{\left(n+\frac{1}{n}\right)^n}$;　　(2) $\sum_{n=1}^{\infty}\frac{n\cos^2\frac{n\pi}{3}}{2^n}$;

(3) $\sum_{n=1}^{\infty}\frac{1}{(2n)!}\left(\sum_{k=1}^{n}k!\right)$;　　(4) $\sum_{n=1}^{\infty}\frac{(\ln n)^2}{n^{7/6}}$;

(5) $\sum_{n=1}^{\infty}\left(n^{\frac{1}{n^2+1}}-1\right)$;　　(6) $\sum_{n=1}^{\infty}\frac{[(n+1)!]^n}{2!4!\cdots(2n)!}$.

解　(1) 由于$u_n=\frac{n^{n+\frac{1}{n}}}{\left(n+\frac{1}{n}\right)^n}=\frac{n^{\frac{1}{n}}}{\left(1+\frac{1}{n^2}\right)^n}=\frac{n^{\frac{1}{n}}}{\left[\left(1+\frac{1}{n^2}\right)^{n^2}\right]^{1/n}}\to1$,故原级数发散.

(2) 由于$u_n=\frac{n\cos^2\frac{n\pi}{3}}{2^n}\leqslant\frac{n}{2^n}$,而$\lim\limits_{n\to\infty}\sqrt[n]{\frac{n}{2^n}}=\frac{1}{2}<1$,即$\sum_{n=1}^{\infty}\frac{n}{2^n}$收敛,故由比较判别法可知原级数收敛.

(3) $u_n=\frac{1}{(2n)!}\left(\sum_{k=1}^{n}k!\right)\leqslant\frac{n\cdot n!}{(2n)!}$,而对于级数$\sum_{n=1}^{\infty}\frac{n\cdot n!}{(2n)!}$,由于

$$\frac{v_{n+1}}{v_n}=\frac{(n+1)(n+1)!}{(2n+2)!}\cdot\frac{(2n)!}{n\cdot n!}=\frac{(n+1)^2}{n(2n+1)(2n+2)}\to0$$

故$\sum_{n=1}^{\infty}\frac{n\cdot n!}{(2n)!}$收敛,从而由比较判别法可知原级数收敛.

(4) 由于对任意$\varepsilon>0$,都有$\frac{(\ln n)^2}{n^{\varepsilon}}\to0$,故$\frac{\frac{(\ln n)^2}{n^{7/6}}}{\frac{1}{n^{\frac{7}{6}-\varepsilon}}}\to0$. 取$\varepsilon$充分小,使得$\frac{7}{6}-\varepsilon>1$,从而可知原级数收敛.

(5) $u_n=n^{\frac{1}{n^2+1}}-1=e^{\frac{\ln n}{n^2+1}}-1\sim\frac{\ln n}{n^2+1}$,利用与上题相同的方法可知$\sum_{n=1}^{\infty}\frac{\ln n}{n^2+1}$收敛,故原级数收敛.

(6) $\frac{u_{n+1}}{u_n}=\frac{[(n+2)!]^{n+1}}{2!\ 4!\ \cdots(2n+2)!}\cdot\frac{2!\ 4!\ \cdots(2n)!}{[(n+1)!]^n}=\frac{(n+2)!\ (n+2)^n}{(2n+1)!\ (2n+2)!}<\frac{1}{(2n+1)!}\to$

0,故原级数收敛.

评注:要注意灵活运用正项级数的几个判别法.等价无穷小替换是很有效的工具.此外对下面几个量趋于无穷的速度要熟练掌握:

$$\ln^k n\,(k>0)\prec n^{\varepsilon}\,(\varepsilon>0)\prec a^n\,(a>1)\prec n!\prec n^n,$$

这里记号$\prec$是指右边是左边的高阶无穷大.

例 16.4 设 $u_n=\frac{1}{2}\cdot\frac{3}{4}\cdot\cdots\cdot\frac{2n-1}{2n}$,讨论$\sum\limits_{n=1}^{\infty}u_n^2$ 和$\sum\limits_{n=1}^{\infty}u_n^3$ 的敛散性.

解 由 $u_n^2=\frac{1}{2}\cdot\frac{1}{2}\cdot\frac{3}{4}\cdot\frac{3}{4}\cdot\cdots\cdot\frac{2n-1}{2n}\cdot\frac{2n-1}{2n}>\frac{1}{2}\cdot\frac{1}{2}\cdot\frac{2}{3}\cdot\frac{3}{4}\cdot\cdots\cdot\frac{2n-2}{2n-1}\cdot\frac{2n-1}{2n}=\frac{1}{4n}$,故$\sum\limits_{n=1}^{\infty}u_n^2$ 发散.

另一方面,由 $u_n^2=\frac{1}{2}\cdot\frac{1}{2}\cdot\frac{3}{4}\cdot\frac{3}{4}\cdot\cdots\cdot\frac{2n-1}{2n}\cdot\frac{2n-1}{2n}<\frac{1}{2}\cdot\frac{2}{3}\cdot\frac{3}{4}\cdot\frac{4}{5}\cdot\cdots\cdot\frac{2n-1}{2n}\cdot\frac{2n}{2n+1}=\frac{1}{2n+1}$ 有 $u_n^3<\frac{1}{(2n+1)^{3/2}}$,故$\sum\limits_{n=1}^{\infty}u_n^3$ 收敛.

评注:注意在判断$\sum\limits_{n=1}^{\infty}u_n^2$ 和$\sum\limits_{n=1}^{\infty}u_n^3$ 的敛散性时,仅对 u_n 进行缩小或放大估计只能判断出其中一个的敛散性,另一个会出现无法判断的情形.

例 16.5 (1) 证明 $\sum\limits_{n=1}^{\infty}\left(\frac{1}{n}-\ln\left(1+\frac{1}{n}\right)\right)$收敛;(2) 证明 $u_n=1+\frac{1}{2}+\cdots+\frac{1}{n}-\ln(n+1)$收敛;(3) 求极限$\lim\limits_{n\to\infty}\frac{1}{\ln n}\left(1+\frac{1}{2}+\cdots+\frac{1}{n}\right)$.

解 (1) 显然这是一个正项级数.而$\frac{1}{n}-\ln\left(1+\frac{1}{n}\right)=\frac{1}{n}-\left(\frac{1}{n}+O\left(\frac{1}{n^2}\right)\right)=O\left(\frac{1}{n^2}\right)$,故级数收敛.

(2) 计算(1)中级数的部分和为

$$S_n=\sum_{k=1}^{n}\left(\frac{1}{k}-\ln(k+1)+\ln k\right)=\sum_{k=1}^{n}\frac{1}{k}-\ln(n+1)=u_n$$

而(1)中级数是收敛的,故 $u_n=S_n$ 也收敛.

(3) 不妨设$\lim\limits_{n\to\infty}u_n=\lim\limits_{n\to\infty}\left(1+\frac{1}{2}+\cdots+\frac{1}{n}-\ln(n+1)\right)=c$,则

$$\lim_{n\to\infty}\frac{1}{\ln n}\left(1+\frac{1}{2}+\cdots+\frac{1}{n}\right)=\lim_{n\to\infty}\left[\frac{1+\frac{1}{2}+\cdots+\frac{1}{n}-\ln(n+1)}{\ln n}+\frac{\ln(n+1)}{\ln n}\right]=0+1=1$$

评注 1:在(1)的证明中,如果利用$\frac{1}{n}-\ln\left(1+\frac{1}{n}\right)=\frac{1}{n}-\left(\frac{1}{n}+o\left(\frac{1}{n}\right)\right)=o\left(\frac{1}{n}\right)$得到原级数收敛,则是错误的.因为 $u_n=o\left(\frac{1}{n}\right)$并不能保证正项级数$\sum\limits_{n=1}^{\infty}u_n$ 收敛,$u_n=\frac{1}{n\ln n}$ 就是一个反例.

评注 2:利用(2)的结论有 $1+\frac{1}{2}+\cdots+\frac{1}{n}=\ln n+c+\varepsilon_n$,其中 $\varepsilon_n\to 0\,(n\to\infty)$.这里的 c 称为欧拉常数.

例 16.6 判断下列正项级数的敛散性:

(1) $\sum_{n=1}^{\infty}\int_0^{\frac{1}{n}}\frac{\sqrt{x}}{1+x^2}dx$；

(2) $\sum_{n=1}^{\infty}\frac{1}{\int_0^n\sqrt[4]{1+x^4}dx}$；

(3) $\sum_{n=1}^{\infty}\int_0^1 x^n\arctan x dx$.

解　(1) $u_n=\int_0^{\frac{1}{n}}\frac{\sqrt{x}}{1+x^2}dx\leqslant\int_0^{\frac{1}{n}}\sqrt{x}dx=\frac{2}{3n^{\frac{3}{2}}}$，而级数$\sum_{n=1}^{\infty}\frac{2}{3n^{\frac{3}{2}}}$收敛，故原级数收敛.

(2) $u_n=\frac{1}{\int_0^n\sqrt[4]{1+x^4}dx}\leqslant\frac{1}{\int_0^n x dx}=\frac{2}{n^2}$，而级数$\sum_{n=1}^{\infty}\frac{2}{n^2}$收敛，故原级数收敛.

(3) $u_n=\int_0^1 x^n\arctan x dx=\frac{1}{n+1}\int_0^1\arctan x dx^{n+1}$

$$=\frac{1}{n+1}x^{n+1}\arctan x\Big|_0^1-\frac{1}{n+1}\int_0^1\frac{x^{n+1}}{1+x^2}dx=\frac{\pi}{4(n+1)}-\frac{1}{n+1}\int_0^1\frac{x^{n+1}}{1+x^2}dx,$$

级数$\sum_{n=1}^{\infty}\frac{\pi}{4(n+1)}$显然发散，而对于正项级数$\sum_{n=1}^{\infty}\frac{1}{n+1}\int_0^1\frac{x^{n+1}}{1+x^2}dx$，由于

$$\frac{1}{n+1}\int_0^1\frac{x^{n+1}}{1+x^2}dx\leqslant\frac{1}{n+1}\int_0^1 x^{n+1}dx=\frac{1}{(n+1)(n+2)}$$

故$\sum_{n=1}^{\infty}\frac{1}{n+1}\int_0^1\frac{x^{n+1}}{1+x^2}dx$收敛，从而原级数发散.

例 16.7　讨论下列正项级数的敛散性：

(1) $\sum_{n=2}^{\infty}\frac{\sin(2\pi\sqrt{n^2+1})}{\ln^p n}$；　　(2) $\sum_{n=1}^{\infty}\left(e-\left(1+\frac{1}{n}\right)^n\right)^p$；

(3) $\sum_{n=1}^{\infty}n^a b^n(a,b\in R,b>0)$；　　(4) $\sum_{n=1}^{\infty}\frac{a^{\frac{n(n+1)}{2}}}{(1+a)(1+a^2)\cdots(1+a^n)}(a>0)$.

解　(1) 由于$\sin(2\pi\sqrt{n^2+1})=\sin(2\pi(\sqrt{n^2+1}-n))=\sin\left(\frac{2\pi}{\sqrt{n^2+1}+n}\right)\sim\frac{\pi}{n}$，因此有

$u_n=\frac{\sin(2\pi\sqrt{n^2+1})}{\ln^p n}\sim\frac{\pi}{n\ln^p n}$. 由此可知，当$p>1$时收敛，当$p\leqslant1$时发散.

(2) 由于

$$e-\left(1+\frac{1}{n}\right)^n=e-e^{n\ln\left(1+\frac{1}{n}\right)}=e-e^{n\left(\frac{1}{n}-\frac{1}{2n^2}+o\left(\frac{1}{n^2}\right)\right)}=e\left(1-e^{\left(-\frac{1}{2n}+o\left(\frac{1}{n}\right)\right)}\right)\sim\frac{e}{2n}+o\left(\frac{1}{n}\right)\sim\frac{e}{2n}$$

因此$u_n=\left(e-\left(1+\frac{1}{n}\right)^n\right)^p\sim\frac{e^p}{(2n)^p}$. 由此可知，当$p>1$时收敛，当$p\leqslant1$时发散.

(3) $\lim_{n\to\infty}\sqrt[n]{u_n}=\lim_{n\to\infty}\sqrt[n]{n^a b^n}=b$，因此当$b<1$时原级数收敛，当$b>1$时级数发散. 而当$b=1$时，$u_n=n^a=\frac{1}{n^{-a}}$，因此当$a<-1$时收敛，当$a\geqslant-1$时发散.

(4) $\lim_{n\to\infty}\frac{u_{n+1}}{u_n}=\lim_{n\to\infty}\frac{a^{\frac{(n+1)(n+2)}{2}}}{(1+a)\cdots(1+a^{n+1})}\cdot\frac{(1+a)\cdots(1+a^n)}{a^{\frac{n(n+1)}{2}}}$

$$=\lim_{n\to\infty}\frac{a^{n+1}}{1+a^{n+1}}=\begin{cases}0 & a<1\\ \frac{1}{2} & a=1\\ 1 & a>1\end{cases}$$

因此当 $a\leqslant 1$ 时原级数收敛. 而当 $a>1$ 时,令 $b=\frac{1}{a}$,则 $0<b<1$,且有

$$\begin{aligned}u_n &= \frac{a\cdot a^2\cdot\cdots\cdot a^n}{(1+a)(1+a^2)\cdots(1+a^n)}=\frac{1}{(1+b)(1+b^2)\cdots(1+b^n)}\\ &=\exp(-\ln((1+b)(1+b^2)\cdots(1+b^n)))\\ &=\exp\left(-\sum_{k=1}^{n}\ln(1+b^k)\right)>\exp\left(-\sum_{k=1}^{n}b^k\right)\\ &=\exp\left(-\frac{1-b^n}{1-b}\right)>\exp\left(-\frac{1}{1-b}\right)\end{aligned}$$

由此可以看出 u_n 不趋于零,故当 $a>1$ 时,原级数发散.

例 16.8 判断下列级数的敛散性:

(1) $\sum_{n=1}^{\infty}\frac{(-1)^n}{n-\ln n}$;　　(2) $\sum_{n=1}^{\infty}(-1)^n\sin\frac{1}{n\sqrt[3]{n}}$;

(3) $\sum_{n=2}^{\infty}\frac{(-1)^n}{\sqrt{n+(-1)^n}}$;　　(4) $\sum_{n=1}^{\infty}(-1)^n\left(e^{n^{-1/2}}-1-n^{-\frac{1}{2}}\right)$.

解 (1) 显然 $|u_n|=\frac{1}{n-\ln n}\sim\frac{1}{n}$,即不是绝对收敛的. 另一方面,若令 $f(x)=x-\ln x$,则当 $x>1$ 时,$f'(x)=1-\frac{1}{x}>0$,且 $f(x)>0$,从而$\frac{1}{n-\ln n}$是单调递减趋于零的,故由莱布尼茨判别法可知,原级数是条件收敛的.

(2) 由 $|u_n|=\sin\frac{1}{n\sqrt[3]{n}}\sim\frac{1}{n\sqrt[3]{n}}$可知,级数是绝对收敛的.

评注:在判断一般项级数的敛散性时,注意要先判断级数是否绝对收敛.

(3) $|u_n|=\frac{1}{\sqrt{n+(-1)^n}}\sim\frac{1}{\sqrt{n}}$,因此不是绝对收敛的. 下面考虑序列 $S_{2n}=\sum_{k=1}^{2n}u_k$. 首先显然有 $S_{2n+2}-S_{2n}=\frac{1}{\sqrt{2n+3}}-\frac{1}{\sqrt{2n+2}}<0$,即 S_{2n} 是单调递减的.

另一方面

$$\begin{aligned}S_{2n}&=\frac{1}{\sqrt{3}}-\frac{1}{\sqrt{2}}+\frac{1}{\sqrt{5}}-\frac{1}{\sqrt{4}}+\cdots+\frac{1}{\sqrt{2n+1}}-\frac{1}{\sqrt{2n}}\\ &=-\frac{1}{\sqrt{2}}+\left(\frac{1}{\sqrt{3}}-\frac{1}{\sqrt{4}}\right)+\left(\frac{1}{\sqrt{5}}-\frac{1}{\sqrt{6}}\right)+\cdots+\left(\frac{1}{\sqrt{2n-1}}-\frac{1}{\sqrt{2n}}\right)+\frac{1}{\sqrt{2n+1}}>-\frac{1}{\sqrt{2}}\end{aligned}$$

即 S_{2n} 单调递减有下界,从而 S_{2n} 收敛. 不妨设 $\lim_{n\to\infty}S_{2n}=a$,注意到 $u_{2n+1}\to 0$,因此就有 $\lim_{n\to\infty}S_{2n+1}=\lim_{n\to\infty}(S_{2n}+u_{2n+1})=a$,从而有 $\lim_{n\to\infty}S_n=a$,即原级数是条件收敛的.

评注: 注意本题虽然是交错级数,但正项部分不是单调递减的,不满足莱布尼茨判别法的条件,因此不能用莱布尼茨判别法.

(4) 由于 $e^{n^{-1/2}}-1-n^{-\frac{1}{2}}=\frac{1}{2n}+O\left(\frac{1}{n^{3/2}}\right)$,因此 $\sum_{n=1}^{\infty}|u_n|$ 是发散的. 另外,由莱布尼茨判别

法容易知道级数 $\sum_{n=1}^{\infty}(-1)^n\frac{1}{2n}$ 是收敛的，而级数 $\sum_{n=1}^{\infty}(-1)^n O\left(\frac{1}{n^{3/2}}\right)$ 是绝对收敛的，从而也是收敛的，故级数 $\sum_{n=1}^{\infty}u_n$ 收敛，即原级数是条件收敛的.

例 16.9　讨论下列级数的敛散性：

(1) $\sum_{n=1}^{\infty}\sin nx$；　　(2) $\sum_{n=1}^{\infty}\frac{(-1)^n n^{2n}}{(n+a)^{n+b}(n+b)^{n+a}}(a>0,b>0)$.

解　(1) 当 $x=k\pi$ 时，显然有 $u_n=0$，此时级数绝对收敛. 当 $x\neq k\pi$ 时，可以证明此时 $\sin nx$ 极限不存在. 若不然，假设 $\lim\limits_{n\to\infty}\sin nx=a$. 若 $a=0$，则在等式 $\sin(n+1)x=\sin nx\cos x+\cos nx\sin x$ 两边取极限即有 $\lim\limits_{n\to\infty}\cos nx=0$，这与 $\sin^2 nx+\cos^2 nx=1$ 矛盾. 若 $a\neq0$，在等式 $\sin 2nx=2\sin nx\cos nx$ 两边同时取极限即有 $\lim\limits_{n\to\infty}\cos nx=\frac{1}{2}$，再在 $\cos 2nx=2\cos^2 nx-1$ 两边同时取极限有 $\frac{1}{2}=-\frac{1}{2}$，矛盾. 故当 $x\neq k\pi$ 时，$\sin nx$ 极限不存在，此时级数发散.

(2) 注意到

$$|u_n|=\frac{n^{2n}}{(n+a)^{n+b}(n+b)^{n+a}}=\frac{1}{\left(1+\frac{a}{n}\right)^n\left(1+\frac{b}{n}\right)^n(n+a)^b(n+b)^a}=O\left(\frac{1}{n^{a+b}}\right)$$

因此当 $a+b>1$ 时级数绝对收敛. 当 $a+b\leqslant1$ 时，级数不是绝对收敛的，此时，考虑函数 $f(x)=\ln\frac{x^{2x}}{(x+a)^{x+b}(x+b)^{x+a}}=2x\ln x-(x+b)\ln(x+a)-(x+a)\ln(x+b)$，则有

$$\begin{aligned}f'(x)&=2+2\ln x-\ln(x+a)-\frac{x+b}{x+a}-\ln(x+b)-\frac{x+a}{x+b}\\&=\ln\frac{x^2}{(x+a)(x+b)}+\left(2-\frac{x+b}{x+a}-\frac{x+a}{x+b}\right)<0\end{aligned}$$

因此 $\frac{n^{2n}}{(n+a)^{n+b}(n+b)^{n+a}}$ 是单调递减的，显然还有 $\lim\limits_{n\to\infty}\frac{n^{2n}}{(n+a)^{n+b}(n+b)^{n+a}}=0$，因此由莱布尼茨判别法可知此时级数收敛. 故原级数当 $a+b>1$ 时绝对收敛，当 $a+b\leqslant1$ 时条件收敛.

例 16.10　讨论级数 $\sum_{n=1}^{\infty}\ln\left(1+\frac{(-1)^n}{n^p}\right)(p>0)$ 的敛散性.

解　首先 $u_n=\ln\left(1+\frac{(-1)^n}{n^p}\right)=\frac{(-1)^n}{n^p}-\frac{1}{2n^{2p}}+o\left(\frac{1}{n^{2p}}\right)$.

(1) 当 $p>1$ 时，$|u_n|\leqslant\frac{1}{n^p}+\frac{1}{2n^{2p}}+\left|o\left(\frac{1}{n^{2p}}\right)\right|$，而正项级数 $\sum_{n=1}^{\infty}\frac{1}{n^p}$，$\sum_{n=1}^{\infty}\frac{1}{2n^{2p}}$，$\sum_{n=1}^{\infty}\left|o\left(\frac{1}{n^{2p}}\right)\right|$ 显然都收敛，因此，此时原级数绝对收敛.

(2) 当 $\frac{1}{2}<p\leqslant1$ 时，注意到 $-\frac{1}{2n^{2p}}+o\left(\frac{1}{n^{2p}}\right)=o\left(\frac{1}{n^p}\right)$，因此当 n 充分大时一定有 $\frac{1}{2n^{2p}}+\left|o\left(\frac{1}{n^{2p}}\right)\right|<\frac{1}{2n^p}$，因此 $|u_n|\geqslant\frac{1}{n^p}-\frac{1}{2n^{2p}}-\left|o\left(\frac{1}{n^{2p}}\right)\right|\geqslant\frac{1}{2n^p}$，而级数 $\sum_{n=1}^{\infty}\frac{1}{2n^p}$ 此时是发散的，故原级数不是绝对收敛的. 另一方面，由莱布尼茨判别法容易得到 $\sum_{n=1}^{\infty}\frac{(-1)^n}{n^p}$ 收敛，而 $\sum_{n=1}^{\infty}\frac{-1}{2n^{2p}}$，$\sum_{n=1}^{\infty}o\left(\frac{1}{n^{2p}}\right)$ 都绝对收敛从而收敛.

故$\sum\limits_{n=1}^{\infty}u_n=\sum\limits_{n=1}^{\infty}\dfrac{(-1)^n}{n^p}+\sum\limits_{n=1}^{\infty}\dfrac{-1}{2n^{2p}}+\sum\limits_{n=1}^{\infty}o\left(\dfrac{1}{n^{2p}}\right)$收敛. 因此,此时级数条件收敛.

(3) 当$0<p\leqslant\dfrac{1}{2}$时,当n充分大时有$\left|o\left(\dfrac{1}{n^{2p}}\right)\right|<\dfrac{1}{4n^{2p}}$,因此$\dfrac{1}{2n^{2p}}-o\left(\dfrac{1}{n^{2p}}\right)\geqslant\dfrac{1}{4n^{2p}}$,而级数$\sum\limits_{n=1}^{\infty}\dfrac{1}{4n^{2p}}$此时是发散的,从而$\sum\limits_{n=1}^{\infty}\left(\dfrac{1}{2n^{2p}}-o\left(\dfrac{1}{n^{2p}}\right)\right)$是发散的. 另一方面,由莱布尼茨判别法容易得到$\sum\limits_{n=1}^{\infty}\dfrac{(-1)^n}{n^p}$收敛,故$\sum\limits_{n=1}^{\infty}u_n=\sum\limits_{n=1}^{\infty}\dfrac{(-1)^n}{n^p}-\sum\limits_{n=1}^{\infty}\left(\dfrac{1}{2n^{2p}}-o\left(\dfrac{1}{n^{2p}}\right)\right)$发散. 因此,此时级数发散.

(三) 练习题

16.1 设$a_n>0$,$\{a_n\}$为等差数列,且$\lim\limits_{n\to\infty}a_n=+\infty$,证明$\sum\limits_{n=1}^{\infty}\dfrac{1}{a_na_{n+1}\cdots a_{n+m}}(m>1)$收敛.

16.2 若序列$\{na_n\}$收敛,且级数$\sum\limits_{n=2}^{\infty}n(a_n-a_{n-1})$收敛,证明$\sum\limits_{n=1}^{\infty}a_n$收敛.

16.3 设正项级数$\sum\limits_{n=1}^{\infty}a_n$收敛,证明当$p>\dfrac{1}{2}$时,$\sum\limits_{n=1}^{\infty}\dfrac{\sqrt{a_n}}{n^p}$收敛.

16.4 判断下列正项级数的敛散性:

(1) $\sum\limits_{n=1}^{\infty}\dfrac{2+(-1)^n}{2^n}$;　　(2) $\sum\limits_{n=1}^{\infty}2^n\sin\dfrac{\pi}{3^n}$;

(3) $\sum\limits_{n=2}^{\infty}(\sqrt{n+1}-\sqrt{n})^{\frac{1}{2}}\ln\left(\dfrac{n+1}{n-1}\right)$;　　(4) $\sum\limits_{n=1}^{\infty}\dfrac{(2n^2-1)^n}{(3n+1)^{2n}}$;

(5) $\sum\limits_{n=1}^{\infty}\dfrac{n^{n-2}}{(2n^2+n+1)^{\frac{n+1}{2}}}$;　　(6) $\sum\limits_{n=1}^{\infty}2^{-n-(-1)^n}$.

16.5 判断下列正项级数的敛散性:

(1) $\sum\limits_{n=1}^{\infty}\int_0^{\frac{\pi}{n}}\dfrac{\sin x}{1+x}\mathrm{d}x$;　　(2) $\sum\limits_{n=1}^{\infty}\int_n^{n+1}\dfrac{\mathrm{e}^{-x}}{x}\mathrm{d}x$.

16.6 讨论下列正项级数的敛散性:

(1) $\sum\limits_{n=1}^{\infty}\tan\left(\sqrt[3]{\dfrac{n^2+a}{n^2}}-1\right)(a>0)$;　　(2) $\sum\limits_{n=1}^{\infty}\dfrac{a^nn!}{n^n}$;

(3) $\sum\limits_{n=1}^{\infty}\dfrac{\sqrt{2+\sqrt{2+\sqrt{2+n}}}}{n^a}$;　　(4) $\sum\limits_{n=1}^{\infty}\mathrm{e}^{(a^2-1)n}$.

16.7 判断下列级数的敛散性:

(1) $\sum\limits_{n=1}^{\infty}(-1)^n(\sqrt{n+1}-\sqrt{n})$;　　(2) $\sum\limits_{n=2}^{\infty}\sin\left(n\pi+\dfrac{1}{\ln n}\right)$;

(3) $\sum\limits_{n=1}^{\infty}\left(1-\dfrac{1}{2}+\dfrac{1}{3}+\cdots+(-1)^{n-1}\dfrac{1}{n}\right)$;　　(4) $\sum\limits_{n=1}^{\infty}\dfrac{n^2-n^3}{2^n+3^n}$.

16.8 讨论下列级数的敛散性:

(1) $\sum\limits_{n=1}^{\infty}\dfrac{(-1)^n}{n}\dfrac{a}{1+a^n}(a>0)$;　　(2) $\sum\limits_{n=1}^{\infty}\dfrac{1}{n}\sin^n\theta$.

（四）答案与提示

16.1　提示：利用$\dfrac{1}{a_n a_{n+1}\cdots a_{n+m}}=\dfrac{1}{md}\left(\dfrac{1}{a_n\cdots a_{n+m-1}}-\dfrac{1}{a_{n+1}\cdots a_{n+m}}\right)$.

16.2　提示：级数$\sum\limits_{n=1}^{\infty}n(a_n-a_{n-1})$的部分和为

$$\begin{aligned}S_n&=2(a_2-a_1)+3(a_3-a_2)+\cdots+n(a_n-a_{n-1})+(n+1)(a_{n+1}-a_n)\\&=-(a_1+a_2+\cdots+a_n)-a_1-(n+1)a_{n+1}.\end{aligned}$$

16.3　提示：$\dfrac{\sqrt{a_n}}{n^p}\leqslant\dfrac{1}{2}\left(a_n+\dfrac{1}{n^{2p}}\right)$.

16.4　(1) 收敛. 提示：$\dfrac{2+(-1)^n}{2^n}\leqslant\dfrac{3}{2^n}$.

(2) 收敛. 提示：$2^n\sin\dfrac{\pi}{3^n}\sim2^n\dfrac{\pi}{3^n}=\pi\left(\dfrac{2}{3}\right)^n$.

(3) 收敛. 提示：$u_n=\left(\dfrac{1}{\sqrt{n+1}+\sqrt{n}}\right)^{\frac{1}{2}}\ln\left(1+\dfrac{2}{n-1}\right)\sim\left(\dfrac{1}{2\sqrt{n}}\right)^{\frac{1}{2}}\dfrac{2}{n-1}\sim\dfrac{\sqrt{2}}{n^{\frac{5}{4}}}$.

(4) 收敛. 提示：$\sqrt[n]{\dfrac{(2n^2-1)^n}{(3n+1)^{2n}}}=\dfrac{2n^2-1}{(3n+2)^2}\to\dfrac{2}{9}$.

(5) 收敛. 提示：$\sqrt[n]{\dfrac{n^{n-2}}{(2n^2+n+1)^{\frac{n+1}{2}}}}\to\dfrac{1}{\sqrt{2}}$.

(6) 收敛. 提示：$\sqrt[n]{2^{-n-(-1)^n}}\to\dfrac{1}{2}$.

16.5　(1) 收敛. 提示：$\displaystyle\int_0^{\frac{\pi}{n}}\frac{\sin x}{1+x}\mathrm{d}x\leqslant\int_0^{\frac{\pi}{n}}\sin x\mathrm{d}x=1-\cos\frac{\pi}{n}\sim\frac{\pi^2}{2n^2}$.

(2) 收敛. 提示：$\displaystyle\int_n^{n+1}\frac{\mathrm{e}^{-x}}{x}\mathrm{d}x\leqslant\mathrm{e}^{-n}\int_n^{n+1}\frac{1}{x}\mathrm{d}x\leqslant2\left(\frac{1}{\mathrm{e}}\right)^n$.

16.6　(1) 收敛. 提示：$\tan\left(\sqrt[3]{\dfrac{n^2+a}{n^2}}-1\right)\sim\sqrt[3]{1+\dfrac{a}{n^2}}-1\sim\dfrac{a}{3n^2}$.

(2) 当$a<\mathrm{e}$时收敛，当$a\geqslant\mathrm{e}$时发散. 提示：由$\dfrac{u_{n+1}}{u_n}=\dfrac{a}{\left(1+\dfrac{1}{n}\right)^n}\to\dfrac{a}{\mathrm{e}}$可知当$a<\mathrm{e}$时收敛，当$a>\mathrm{e}$时发散. 当$a=\mathrm{e}$时，注意到$\left(1+\dfrac{1}{n}\right)^n<\mathrm{e}$，因此$u_n$不趋于零，从而发散.

(3) 当$a>\dfrac{9}{8}$时收敛，当$a\leqslant\dfrac{9}{8}$时发散. 提示：$\dfrac{\sqrt{2+\sqrt{2+\sqrt{2+n}}}}{n^a}\sim\dfrac{1}{n^{a-\frac{1}{8}}}$.

(4) 当$|a|<1$时收敛，当$|a|\geqslant1$时发散. 提示：等比级数，公比为$\mathrm{e}^{(a^2-1)}$.

16.7　(1) 条件收敛. 提示：莱布尼茨判别法.

(2) 条件收敛. 提示：注意到$\sin\left(n\pi+\dfrac{1}{\ln n}\right)=(-1)^n\sin\dfrac{1}{\ln n}$.

(3) 发散. 提示：通项不趋于零.

(4) 绝对收敛. 提示:$\sqrt[n]{\left|\dfrac{n^2-n^3}{2^n+3^n}\right|}\to\dfrac{1}{3}$.

16.8 (1) 当 $a>1$ 时收敛,当 $a\leqslant 1$ 时发散. 提示:当 $a>1$ 时,$\sqrt[n]{|u_n|}\to\dfrac{1}{a}<1$,当 $a\leqslant 1$ 时,利用莱布尼茨判别法.

(2) 当 $\theta\neq 2k\pi\pm\dfrac{\pi}{2}$ 时绝对收敛,当 $\theta=2k\pi-\dfrac{\pi}{2}$ 时条件收敛,当 $\theta=2k\pi+\dfrac{\pi}{2}$ 时发散. 提示:当 $|\sin\theta|<1$ 时绝对收敛,当 $\sin\theta=-1$ 时条件收敛,当 $\sin\theta=1$ 时发散.

第十七讲　函数项级数的收敛域

（一）内容要点

1. 函数项级数的收敛域

设 $x_0 \in R$，如果数项级数 $\sum\limits_{n=1}^{\infty} u_n(x_0)$ 收敛，则称 x_0 是函数项级数 $\sum\limits_{n=1}^{\infty} u_n(x)$ 的收敛点. $\sum\limits_{n=1}^{\infty} u_n(x)$ 的收敛点的全体称为其收敛域.

2. 幂级数的收敛区间和收敛半径

(1) 如果幂级数 $\sum\limits_{n=0}^{\infty} a_n x^n$ 在 $(-R,R)$ 内收敛，在 $(-R,R)$ 外发散，则幂级数 $\sum\limits_{n=0}^{\infty} a_n x^n$ 的收敛区间为 $(-R,R)$，收敛半径为 R.

(2) 若 $\lim\limits_{n\to\infty} \dfrac{|a_{n+1}|}{|a_n|} = \rho (0 \leqslant \rho \leqslant \infty)$，则当 $0 < \rho < \infty$ 时，$R = \dfrac{1}{\rho}$；当 $\rho = 0$ 时，$R = \infty$；当 $\rho = \infty$ 时，$R = 0$.

3. 幂级数的收敛域的确定

(1) 确定幂级数 $\sum\limits_{n=0}^{\infty} a_n x^n$ 的收敛区间 $(-R,R)$；

(2) 判断幂级数 $\sum\limits_{n=0}^{\infty} a_n x^n$ 在端点 $x = \pm R$ 处的敛散性.

（二）例题选讲

例 17.1　设幂级数 $\sum\limits_{n=1}^{\infty} a_n x^n$ 和 $\sum\limits_{n=1}^{\infty} b_n x^n$ 的收敛半径分别为 R_1 和 $R_2 (R_1 \neq R_2)$，求 $\sum\limits_{n=1}^{\infty} (a_n + b_n) x^n$ 的收敛半径.

解　当 $|x| < \min\{R_1, R_2\}$ 时，级数 $\sum\limits_{n=1}^{\infty} a_n x^n$ 和 $\sum\limits_{n=1}^{\infty} b_n x^n$ 都收敛，从而级数 $\sum\limits_{n=1}^{\infty} (a_n + b_n) x^n$

也收敛.当$\min\{R_1,R_2\}<|x|<\max\{R_1,R_2\}$时,级数$\sum_{n=1}^{\infty}a_nx^n$和$\sum_{n=1}^{\infty}b_nx^n$中必有一个发散,一个收敛,从而级数$\sum_{n=1}^{\infty}(a_n+b_n)x^n$发散.由幂级数的性质可知$\sum_{n=1}^{\infty}(a_n+b_n)x^n$的收敛半径为$\min\{R_1,R_2\}$.

评注:注意只有当题目中条件$R_1\neq R_2$成立时,$\sum_{n=1}^{\infty}(a_n+b_n)x^n$的收敛半径才是$\min\{R_1,R_2\}$.一个简单的反例是,级数$\sum_{n=1}^{\infty}x^n$和$\sum_{n=1}^{\infty}-x^n$的收敛半径都是1,但它们的和的收敛半径是无穷大.

例17.2 设a_n表示$(1+\sqrt{3})^{2n}$与离它最近的整数之差,求$\sum_{n=1}^{\infty}a_nx^n$的收敛域.

解 容易验证$(1+\sqrt{3})^{2n}+(\sqrt{3}-1)^{2n}$一定是整数,且当$n\geqslant 2$时,$0<(\sqrt{3}-1)^{2n}<\frac{1}{2}$.因此当$n\geqslant 2$时,$a_n=(\sqrt{3}-1)^{2n}$.因此级数当且仅当$\left|(\sqrt{3}-1)^2x\right|<1$时收敛,即幂级数的收敛域为$\left(-\frac{2+\sqrt{3}}{2},\frac{2+\sqrt{3}}{2}\right)$.

例17.3 设幂级数$\sum_{n=1}^{\infty}a_nx^n$的收敛半径为$R$,求$\sum_{n=1}^{\infty}\frac{a_n}{b^n}x^n$的收敛半径.

解 当$|x|<|b|R$时,则存在$\varepsilon>0$,使得$|x|<|b|(R-\varepsilon)$,此时$\left|\frac{a_n}{b^n}x^n\right|<a_n(R-\varepsilon)^n$.由于幂级数$\sum_{n=1}^{\infty}a_nx^n$的收敛半径为$R$,因此级数$\sum_{n=1}^{\infty}a_n(R-\varepsilon)^n$收敛,故此时$\sum_{n=1}^{\infty}\frac{a_n}{b^n}x^n$绝对收敛.另一方面,当$|x|>|b|R$,则存在$\varepsilon>0$,使得$|x|>|b|(R+\varepsilon)$,此时$\left|\frac{a_n}{b^n}x^n\right|>a_n(R+\varepsilon)^n$.由于级数$\sum_{n=1}^{\infty}a_n(R+\varepsilon)^n$发散,故此时$\sum_{n=1}^{\infty}\frac{a_n}{b^n}x^n$发散.所以$\sum_{n=1}^{\infty}\frac{a_n}{b^n}x^n$的收敛半径为$|b|R$.

评注:此题容易犯的错误是由$\lim\limits_{n\to\infty}\sqrt[n]{\left|\frac{a^n}{b^n}\right|}=\frac{\lim\limits_{n\to\infty}\sqrt[n]{|a^n|}}{|b|}=\frac{1}{|b|R}$推出$\sum_{n=1}^{\infty}\frac{a_n}{b^n}x^n$的收敛半径为$|b|R$.这个结论是正确的,但过程是错误的,原因就是$\lim\limits_{n\to\infty}\sqrt[n]{|a^n|}=\frac{1}{R}$只是幂级数$\sum_{n=1}^{\infty}a_nx^n$的收敛半径为$R$的一个充分条件,而非必要条件,也就是说从$\sum_{n=1}^{\infty}a_nx^n$的收敛半径为$R$是无法推出$\lim\limits_{n\to\infty}\sqrt[n]{|a^n|}=\frac{1}{R}$的.

例17.4 求下列幂级数的收敛域:

(1) $\sum_{n=1}^{\infty}\frac{x^n}{a^n+b^n}(0<a<b)$;

(2) $\sum_{n=1}^{\infty}(-1)^n\frac{x^n}{\sqrt[n]{n!}}$;

(3) $\sum_{n=1}^{\infty}\left(\frac{1}{n^2}+\frac{(-1)^n}{n}+\sin n\right)x^n$;

(4) $\sum_{n=1}^{\infty}(-1)^n\left(1+\frac{1}{2}+\cdots\frac{1}{n}\right)x^n$;

(5) $\sum\limits_{n=1}^{\infty}\frac{4^n+(-3)^n}{n}x^n$；　　(6) $\sum\limits_{n=1}^{\infty}\left(\frac{a^n}{n^2}+\frac{b^n}{2n}\right)x^n(a>0,b>0)$；

(7) $\sum\limits_{n=1}^{\infty}\left(1+\frac{1}{n}\right)^{n^2}x^n$；　　(8) $\sum\limits_{n=1}^{\infty}\frac{2^n}{\sqrt{3n+1}}(x+1)^n$；

(9) $\sum\limits_{n=1}^{\infty}(-1)^n\frac{(2n-1)!!}{(2n)!!}x^{2n}$.

解　(1) $a_n=\frac{1}{a^n+b^n}>0$. 由于 $0<a<b$，容易计算 $\lim\limits_{n\to\infty}\sqrt[n]{a_n}=\frac{1}{b}$，即收敛半径为 b. 当 $x=\pm b$ 时，由于 $\lim\limits_{n\to\infty}\frac{b^n}{a^n+b^n}=1$，因此通项不趋于零，级数发散. 故幂级数的收敛域为 $(-b,b)$.

(2) $a_n=\frac{(-1)^n}{\sqrt[n]{n!}}$. 由于 $1\leqslant\sqrt[n]{n!}\leqslant n$，有 $\lim\limits_{n\to\infty}\sqrt[n]{|a_n|}=1$，所以幂级数的收敛半径为 1. 当 $x=1$ 时，容易证明 $\frac{1}{\sqrt[n]{n!}}$ 是单调递减趋于零的，此时级数收敛. 当 $x=-1$ 时，$\frac{1}{\sqrt[n]{n!}}\geqslant\frac{1}{n}$，此时级数发散. 故幂级数的收敛域为 $(-1,1]$.

(3) 当 $|x|<1$ 时，$\sum\limits_{n=1}^{\infty}\left|\left(\frac{1}{n^2}+\frac{(-1)^n}{n}+\sin n\right)x^n\right|\leqslant\sum\limits_{n=1}^{\infty}(3|x|^n)$，此时级数收敛. 而当 $|x|=1$ 时，由于 $\lim\limits_{n\to\infty}\left(\frac{1}{n^2}+\frac{(-1)^n}{n}\right)=0$，而 $\lim\limits_{n\to\infty}\sin n$ 极限不存在，因此通项不趋于零，即级数发散. 故幂级数的收敛域为 $(-1,1)$.

评注：证明 $\lim\limits_{n\to\infty}\sin n$ 极限不存在可以利用上一讲中例 16.9 中(1)小题的结果.

(4) $a_n=(-1)^n\left(1+\frac{1}{2}+\cdots\frac{1}{n}\right)$. 计算可得

$$\lim_{n\to\infty}\frac{|a_{n+1}|}{|a_n|}=\lim_{n\to\infty}\frac{1+\frac{1}{2}+\cdots+\frac{1}{n+1}}{1+\frac{1}{2}+\cdots\frac{1}{n}}=1+\lim_{n\to\infty}\frac{\frac{1}{n+1}}{1+\frac{1}{2}+\cdots\frac{1}{n}}=1$$

因此幂级数的收敛半径为 1. 当 $|x|=1$ 时，通项显然不趋于零，即级数发散. 故幂级数的收敛域为 $(-1,1)$.

(5) $a_n=\frac{4^n+(-3)^n}{n}$，容易计算出 $\lim\limits_{n\to\infty}\sqrt[n]{|a_n|}=4$，即幂级数的收敛半径为 $\frac{1}{4}$. 当 $x=\frac{1}{4}$ 时，级数为 $\sum\limits_{n=1}^{\infty}\frac{1+\left(-\frac{3}{4}\right)^n}{n}$，这是一个正项级数. 由于 $\lim\limits_{n\to\infty}\left(-\frac{3}{4}\right)^n=0$，因此当 n 充分大时，$\frac{1+\left(-\frac{3}{4}\right)^n}{n}\geqslant\frac{1}{2n}$，故级数发散. 当 $x=-\frac{1}{4}$ 时，级数为 $\sum\limits_{n=1}^{\infty}\frac{(-1)^n+\left(\frac{3}{4}\right)^n}{n}$，而 $\sum\limits_{n=1}^{\infty}\frac{(-1)^n}{n}$ 和 $\sum\limits_{n=1}^{\infty}\frac{\left(\frac{3}{4}\right)^n}{n}$ 都收敛，故此时级数收敛. 因此幂级数的收敛域为 $\left[-\frac{1}{4},\frac{1}{4}\right)$.

(6) $a_n=\frac{a^n}{n^2}+\frac{b^n}{2n}>0$. 当 $a>b$ 时，$\lim\limits_{n\to\infty}\sqrt[n]{|a_n|}=a$，即收敛半径为 $\frac{1}{a}$. 当 $x=\frac{1}{a}$ 时，级数为 $\sum\limits_{n=1}^{\infty}\left(\frac{1}{n^2}+\frac{b^n}{2na^n}\right)=\sum\limits_{n=1}^{\infty}\frac{1}{n^2}+\sum\limits_{n=1}^{\infty}\frac{1}{2n}\left(\frac{b}{a}\right)^n$，显然是收敛的，而当 $x=-\frac{1}{a}$ 时，级数为

$\sum_{n=1}^{\infty}\left(\frac{(-1)^n}{n^2}+\frac{b^n}{2n(-a)^n}\right)=\sum_{n=1}^{\infty}\frac{(-1)^n}{n^2}+\sum_{n=1}^{\infty}\frac{1}{2n}\left(-\frac{b}{a}\right)^n$ 也收敛,故当 $a>b$ 时,幂级数的收敛域为 $\left[-\frac{1}{a},\frac{1}{a}\right]$. 当 $a\leqslant b$ 时,$\lim\limits_{n\to\infty}\sqrt[n]{|a_n|}=b$,即收敛半径为 $\frac{1}{b}$. 当 $x=\frac{1}{b}$ 时,级数为 $\sum_{n=1}^{\infty}\left(\frac{a^n}{n^2b^n}+\frac{1}{2n}\right)=\sum_{n=1}^{\infty}\frac{1}{n^2}\left(\frac{a}{b}\right)^n+\sum_{n=1}^{\infty}\frac{1}{2n}$,显然是发散的,而当 $x=-\frac{1}{b}$ 时,级数为 $\sum_{n=1}^{\infty}\left(\frac{a^n}{n^2(-b)^n}+\frac{(-1)^n}{2n}\right)=\sum_{n=1}^{\infty}\frac{1}{n^2}\left(-\frac{a}{b}\right)^n+\sum_{n=1}^{\infty}\frac{(-1)^n}{2n}$ 是收敛的,故当 $a\leqslant b$ 时,幂级数的收敛域为 $\left[-\frac{1}{b},\frac{1}{b}\right)$.

(7) $a_n=\left(1+\frac{1}{n}\right)^{n^2}$,显然有 $\lim\limits_{n\to\infty}\sqrt[n]{|a_n|}=\mathrm{e}$,即收敛半径为 $\frac{1}{\mathrm{e}}$. 当 $x=\frac{1}{\mathrm{e}}$ 时,级数为 $\sum_{n=1}^{\infty}\left[\frac{\left(1+\frac{1}{n}\right)^n}{\mathrm{e}}\right]^n$. 由于 $\frac{1}{\mathrm{e}}\left(1+\frac{1}{n}\right)^n=\mathrm{e}^{n\ln\left(1+\frac{1}{n}\right)-1}=\mathrm{e}^{-\frac{1}{2n}+o\left(\frac{1}{n}\right)}$,因此 $\left[\frac{\left(1+\frac{1}{n}\right)^n}{\mathrm{e}}\right]^n\to\mathrm{e}^{-\frac{1}{2}}$,即通项不趋于零,级数发散. 类似地,当 $x=-\frac{1}{\mathrm{e}}$ 时,也可以证明通项不趋于零,级数发散. 因此幂级数的收敛域为 $\left(-\frac{1}{\mathrm{e}},\frac{1}{\mathrm{e}}\right)$.

(8) 令 $t=x+1$,先考虑幂级数 $\sum_{n=1}^{\infty}\frac{2^n}{\sqrt{3n+1}}t^n$,由于 $\lim\limits_{n\to\infty}\sqrt[n]{a_n}=\lim\limits_{n\to\infty}\sqrt[n]{\frac{2^n}{\sqrt{3n+1}}}=2$,故收敛半径为 $\frac{1}{2}$. 当 $t=\frac{1}{2}$ 时,级数为 $\sum_{n=1}^{\infty}\frac{1}{\sqrt{3n+1}}$ 显然发散,当 $t=-\frac{1}{2}$ 时,级数为 $\sum_{n=1}^{\infty}\frac{(-1)^n}{\sqrt{3n+1}}$ 收敛,故幂级数 $\sum_{n=1}^{\infty}\frac{2^n}{\sqrt{3n+1}}t^n$ 的收敛域为 $\left[-\frac{1}{2},\frac{1}{2}\right)$,从而原幂级数的收敛域为 $\left[-\frac{3}{2},-\frac{1}{2}\right)$.

(9) 考虑 $u_n(x)=(-1)^n\frac{(2n-1)!!}{(2n)!!}x^{2n}$,则

$$\frac{u_{n+1}(x)}{u_n(x)}=\frac{(2n+1)!!\,x^{2n+2}}{(2n+2)!!}\cdot\frac{(2n)!!}{(2n-1)!!\,x^{2n}}=\frac{(2n+1)x^2}{2n+2}\to x^2$$

因此当 $x^2<1$ 时级数收敛. 当 $x=\pm1$ 时,级数为 $\sum_{n=1}^{\infty}(-1)^n\frac{(2n-1)!!}{(2n)!!}$,容易证明 $\frac{(2n-1)!!}{(2n)!!}$ 是单调递减趋于零的,因此级数收敛. 故幂级数的收敛域为 $[-1,1]$.

评注: 本题也可以令 $t=x^2$,考虑幂级数 $\sum_{n=1}^{\infty}(-1)^n\frac{(2n-1)!!}{(2n)!!}t^n$ 的收敛域. 关于 $\frac{(2n-1)!!}{(2n)!!}$ 单调递减趋于零的证明方法可以参考第十六讲中例 16.4.

例 17.5 设 $a_n\geqslant0$,$A_n=a_1+a_2+\cdots+a_n$,且 $\lim\limits_{n\to\infty}A_n=+\infty$,$\lim\limits_{n\to\infty}\frac{a_{n+1}}{A_n}=0$,证明 $\sum_{n=1}^{\infty}a_nx^n$ 的收敛半径为 1.

证明 设幂级数 $\sum_{n=1}^{\infty}a_nx^n$ 和 $\sum_{n=1}^{\infty}A_nx^n$ 的收敛半径分别为 r 和 R. 由 A_n 的定义及 $\lim\limits_{n\to\infty}A_n=+\infty$ 可知,当 $x=1$ 时,级数 $\sum_{n=1}^{\infty}a_nx^n$ 发散,因此有 $r\leqslant1$. 另一方面,由于 $a_n\leqslant A_n$,因

此必有 $r \geqslant R$. 而对于级数 $\sum_{n=1}^{\infty} A_n x^n$，由 $\lim_{n\to\infty} \frac{a_{n+1}}{A_n} = 0$ 可得 $\lim_{n\to\infty} \frac{A_{n+1}}{A_n} = \lim_{n\to\infty} \frac{A_n + a_{n+1}}{A_n} = 1$，即 $R = 1$，于是就有 $r \geqslant R = 1$. 因此 $r = 1$，即幂级数 $\sum_{n=1}^{\infty} a_n x^n$ 的收敛半径为 1 .

例 17.6　求下列函数项级数的收敛域：

(1) $\sum_{n=1}^{\infty} \ln^n(1+x)$；　　(2) $\sum_{n=1}^{\infty} n^2 \mathrm{e}^{-nx}$；

(3) $\sum_{n=1}^{\infty} \frac{1^n + 2^n + \cdots + 100^n}{n^2}\left(\frac{1-x}{1+x}\right)^n$；　　(4) $\sum_{n=1}^{\infty} \sin\frac{1}{3n}(x^2+x-1)^n$；

(5) $\sum_{n=1}^{\infty} \frac{(n+x)^n}{n^{n+x}}$；　　(6) $\sum_{n=1}^{\infty} n! x^{n!}$；

(7) $\sum_{n=1}^{\infty} \frac{x^n}{1-x^n}$；　　(8) $\sum_{n=1}^{\infty} \frac{(-1)^n}{(n^3-3n+5)^x}$.

解　(1) 显然幂级数当且仅当 $-1<\ln(1+x)<1$ 时收敛，故收敛域为 $\left(\frac{1}{\mathrm{e}}-1, \mathrm{e}-1\right)$.

(2) 令 $t = \mathrm{e}^{-x}$，先考虑幂级数 $\sum_{n=1}^{\infty} n^2 t^n$. 由 $\lim_{n\to\infty} \sqrt[n]{n^2} = 1$ 可知其收敛半径为 1. 而当 $t = \pm 1$ 时，级数显然发散，故幂级数 $\sum_{n=1}^{\infty} n^2 t^n$ 的收敛域为 $(-1,1)$. 因此幂级数 $\sum_{n=1}^{\infty} n^2 \mathrm{e}^{-nx}$ 当且仅当 $-1 < \mathrm{e}^{-x} < 1$ 时收敛，即其收敛域为 $(0, +\infty)$.

(3) 令 $t = \frac{1-x}{1+x}$，先考虑幂级数 $\sum_{n=1}^{\infty} \frac{1^n + 2^n + \cdots + 100^n}{n^2} t^n$.

由 $\lim_{n\to\infty} \sqrt[n]{\frac{1^n + 2^n + \cdots + 100^n}{n^2}} = 100$ 可知其收敛半径为 $\frac{1}{100}$. 当 $t = \frac{1}{100}$ 时，级数为 $\sum_{n=1}^{\infty} \frac{\left(\frac{1}{100}\right)^n + \left(\frac{2}{100}\right)^n + \cdots + 1}{n^2}$，显然当 n 充分大时，$\frac{\left(\frac{1}{100}\right)^n + \left(\frac{2}{100}\right)^n + \cdots + 1}{n^2} < \frac{2}{n^2}$，故此时级数收敛. 类似可得当 $t = -\frac{1}{100}$ 时，级数绝对收敛，从而收敛. 故幂级数 $\sum_{n=1}^{\infty} \frac{1^n + 2^n + \cdots + 100^n}{n^2} t^n$ 的收敛域为 $\left[-\frac{1}{100}, \frac{1}{100}\right]$. 因此原幂级数的收敛域为 $\left[\frac{99}{101}, \frac{101}{99}\right]$.

(4) 令 $t = x^2 + x - 1$，先考虑幂级数 $\sum_{n=1}^{\infty} \sin\frac{1}{3n} t^n$，容易求得该幂级数的收敛域为 $[-1,1)$，因此幂级数 $\sum_{n=1}^{\infty} \sin\frac{1}{3n}(x^2+x-1)^n$ 当且仅当 $-1 \leqslant x^2 + x - 1 < 1$ 时收敛，即收敛域为 $(-2,-1] \cup [0,1)$.

(5) 考虑 $u_n(x) = \frac{(n+x)^n}{n^{n+x}} = \frac{\left(1+\frac{x}{n}\right)^{\frac{n}{x}\cdot x}}{n^x}$，因此当 $x \leqslant 0$ 时，通项不趋于零，级数发散. 当 $x>0$ 时，通项趋于零，且 $u_n(x) \sim \frac{\mathrm{e}^x}{n^x}$，因此当 $x>1$ 时收敛，当 $x \leqslant 1$ 时发散. 故幂级数的收敛域为 $(1,+\infty)$.

(6) 考虑 $u_n(x) = n!\, x^{n!}$，当 $|x| \geqslant 1$ 时，通项不趋于零，级数发散. 当 $|x|<1$ 时，

$\left|\dfrac{u_{n+1}(x)}{u_n(x)}\right|=\left|\dfrac{(n+1)!\,x^{(n+1)!}}{n!\,x^{n!}}\right|=(n+1)|x|^{n\cdot n!}\leqslant(n+1)|x|^n\to0$,此时级数收敛.故幂级数的收敛域为$(-1,1)$.

(7) 注意到$x\neq\pm1$.考虑$u_n(x)=\dfrac{x^n}{1-x^n}$,当$|x|>1$时,$u_n(x)\to-1$,级数发散.当$|x|<1$时,$|u_n(x)|\sim|x|^n$,级数收敛.故幂级数的收敛域为$(-1,1)$.

(8) 考虑$u_n(x)=\dfrac{(-1)^n}{(n^3-3n+5)^x}$.当$x\leqslant0$时,通项不趋于零,级数发散.当$x>0$时,容易证明,对于充分大的$n$,$\dfrac{1}{(n^3-3n+5)^x}>0$,而且是单调递减趋于零的,此时级数收敛.故幂级数的收敛域为$(0,+\infty)$.

(三) 练习题

17.1 求下列幂级数的收敛域:

(1) $\sum\limits_{n=1}^{\infty}\dfrac{x^n}{2^n+3^n}$;

(2) $\sum\limits_{n=1}^{\infty}\dfrac{x^n}{1+\dfrac{1}{2}+\cdots\dfrac{1}{n}}$;

(3) $\sum\limits_{n=1}^{\infty}\dfrac{1}{3^n+(-2)^n}\dfrac{x^n}{n}$;

(4) $\sum\limits_{n=1}^{\infty}\dfrac{x^n}{b^{\sqrt{n}}}(b>0)$;

(5) $\sum\limits_{n=1}^{\infty}\dfrac{(-1)^n n^n}{c^{n^2}}x^n(c\neq0)$;

(6) $\sum\limits_{n=1}^{\infty}\dfrac{\ln(n+1)}{n}x^{n-1}$;

(7) $\sum\limits_{n=1}^{\infty}\dfrac{(n!)^2}{(2n)!}x^n$;

(8) $\sum\limits_{n=1}^{\infty}\dfrac{2n-1}{3^n}x^{2n-2}$;

(9) $\sum\limits_{n=1}^{\infty}\dfrac{x^{3n+3}}{8^n(4n+1)}$;

(10) $\sum\limits_{n=1}^{\infty}\dfrac{(x-2)^n}{4^n n}$.

17.2 设$a_0>0$,$a_n=a_{n-1}+d$,求$\sum\limits_{n=1}^{\infty}a_nx^n$的收敛域.

17.3 设$\sum\limits_{n=1}^{\infty}a_nx^n$的收敛域为$[-9,9)$,求$\sum\limits_{n=1}^{\infty}a_nx^{2n+1}$的收敛域.

17.4 求下列函数项级数的收敛域:

(1) $\sum\limits_{n=1}^{\infty}(x-2[x])^n$;

(2) $\sum\limits_{n=1}^{\infty}\dfrac{(-1)^n}{\ln(n+2)}x^n(4-x)^n$;

(3) $\sum\limits_{n=1}^{\infty}\dfrac{2^n\mathrm{e}^{-nx}}{n}$;

(4) $\sum\limits_{n=1}^{\infty}\dfrac{1}{x^n}\sin\dfrac{\pi}{2^n}$;

(5) $\sum\limits_{n=1}^{\infty}\dfrac{1}{n!}x^{\frac{n(n-1)}{2}}$;

(6) $\sum\limits_{n=1}^{\infty}\dfrac{1}{1+x^n}$;

(7) $\sum\limits_{n=1}^{\infty}\dfrac{|x|^n}{1+x^{2n}}$;

(8) $\sum\limits_{n=1}^{\infty}\dfrac{x}{n^x}$.

(四) 答案与提示

17.1 (1) $(-3,3)$.

(2) $[-1,1)$.

(3) $[-3,3)$.

(4) 当 $b\leqslant 1$ 时,收敛域为 $(-1,1)$,当 $b>1$ 时,收敛域为 $[-1,1]$.

(5) 当 $|c|\leqslant 1$ 时,收敛域只有 $x=0$,当 $|c|>1$ 时,收敛域为 $(-\infty,+\infty)$.

(6) $[-1,1)$.

(7) $(-1,1)$. 提示:当 $x=\pm 1$ 时,通项不趋于零.

(8) $(-\sqrt{3},\sqrt{3})$.

(9) $[-2,2)$.

(10) $[-2,6)$.

17.2 $(-1,1)$. 提示:求收敛半径时要分 $d\neq 0$ 和 $d=0$ 两种情形讨论.

17.3 $(-3,3)$.

17.4 (1) $(0,1)\cup(1,2)$. 提示:$-1<x-2[x]<1$.

(2) $(2-\sqrt{5},2-\sqrt{3}]\cup[2+\sqrt{3},2+\sqrt{5})$. 提示:令 $t=x(4-x)$.

(3) $(\ln 2,+\infty)$. 提示:令 $t=\mathrm{e}^{-x}$.

(4) $\left(-\frac{1}{2},\frac{1}{2}\right)$. 提示:令 $t=\frac{1}{x}$.

(5) $[-1,1]$.

(6) $(-\infty,-1)\cup(1,+\infty)$. 提示:分成 $|x|\leqslant 1$ 和 $|x|>1$ 两种情形讨论.

(7) $(-\infty,-1)\cup(-1,1)\cup(1,+\infty)$. 提示:分成 $|x|<1$, $|x|=1$ 和 $|x|>1$ 三种情形讨论.

(8) $\{0\}\cup(1,+\infty)$. 提示:分成 $x<0$, $x=0$ 和 $x>0$ 三种情形讨论.

第十八讲　级数求和

（一）内容要点

1. 幂级数和函数的性质

设幂级数$\sum\limits_{n=0}^{\infty}a_nx^n$的收敛半径为$R(R>0)$，和函数为$S(x)$，则在$(-R,R)$内有

（1）$S(x)$是连续函数；

（2）$S(x)$是可导函数，且可逐项求导，即$S'(x)=\left(\sum\limits_{n=0}^{\infty}a_nx^n\right)'=\sum\limits_{n=0}^{\infty}(a_nx^n)'$；

（3）$S(x)$可逐项积分，即$\int S(x)\mathrm{d}x=\int\left(\sum\limits_{n=0}^{\infty}a_nx^n\right)\mathrm{d}x=\sum\limits_{n=0}^{\infty}\int(a_nx^n)\mathrm{d}x$.

2. 泰勒级数

（1）设$f(x)$在点x_0的某邻域内任意阶可导，则称幂级数$\sum\limits_{n=0}^{\infty}\dfrac{f^{(n)}(x_0)}{n!}(x-x_0)^n$为$f(x)$在点$x_0$的泰勒级数. 在$x_0=0$点的泰勒级数称为麦克劳林级数.

（2）几个常用初等函数的麦克劳林展开式：

$$\mathrm{e}^x=\sum_{n=0}^{\infty}\frac{1}{n!}x^n,\quad x\in R;$$

$$\sin x=\sum_{n=0}^{\infty}\frac{(-1)^n}{(2n+1)!}x^{2n+1},\quad x\in R;$$

$$\cos x=\sum_{n=0}^{\infty}\frac{(-1)^n}{(2n)!}x^{2n},\quad x\in R;$$

$$\ln(1+x)=\sum_{n=1}^{\infty}\frac{(-1)^{n-1}}{n}x^n,\quad x\in(-1,1];$$

$$\frac{1}{1-x}=\sum_{n=0}^{\infty}x^n,x\in(-1,1);$$

$$(1+x)^{\alpha}=1+\sum_{n=1}^{\infty}\frac{\alpha(\alpha-1)\cdots(\alpha-n+1)}{n!}x^n,\quad x\in(-1,1).$$

3. 傅里叶级数

（1）函数在$[-\pi,\pi]$上的傅里叶级数

① 设函数 $f(x)$ 是以 2π 为周期的函数，且在区间 $[-\pi,\pi]$ 上可积，则称三角函数 $\frac{a_0}{2}+\sum_{n=1}^{\infty}(a_n\cos nx+b_n\sin nx)$ 为 $f(x)$ 的傅里叶级数，其中 $a_n=\frac{1}{\pi}\int_{-\pi}^{\pi}f(x)\cos nx\,dx$ 和 $b_n=\frac{1}{\pi}\int_{-\pi}^{\pi}f(x)\sin nx\,dx$ 称为傅里叶系数．

② 设函数 $f(x)$ 在区间 $[-\pi,\pi]$ 上连续，或至多有有限多个第一类间断点，且仅有有限个极值(狄利克雷条件)，则其傅里叶级数 $\frac{a_0}{2}+\sum_{n=1}^{\infty}(a_n\cos nx+b_n\sin nx)$ 在 $(-\infty,+\infty)$ 上收敛，且其傅里叶级数的和函数 $S(x)$ 满足：若 x 是 $f(x)$ 的连续点，则 $S(x)=f(x)$；若 x 是 $f(x)$ 的间断点，则 $S(x)=\frac{f(x+0)+f(x-0)}{2}$．

(2) 函数在 $[0,\pi]$ 上的傅里叶级数

设函数 $f(x)$ 定义在区间 $[0,\pi]$ 上，且满足狄利克雷条件，把 $f(x)$ 做偶延拓后，则可将其展开为余弦级数 $f(x)\sim\frac{a_0}{2}+\sum_{n=1}^{\infty}a_n\cos nx$；把 $f(x)$ 做奇延拓后，则可将其展开为正弦级数 $f(x)\sim\sum_{n=1}^{\infty}b_n\sin nx$．

(3) 函数在 $[-l,l]$ 上的傅里叶级数

设函数 $f(x)$ 在区间 $[-l,l]$ 上满足狄利克雷条件，则其傅里叶级数展开为 $f(x)\sim\frac{a_0}{2}+\sum_{n=1}^{\infty}(a_n\cos nx+b_n\sin nx)$，其中傅里叶系数为 $a_n=\frac{1}{l}\int_{-l}^{l}f(x)\cos\frac{n\pi x}{l}dx$，$b_n=\frac{1}{l}\int_{-l}^{l}f(x)\sin\frac{n\pi x}{l}dx$.

(二) 例题选讲

例 18.1 求下列数项级数的和：

(1) $\sum_{n=2}^{\infty}\frac{\ln\left(\left(1+\frac{1}{n}\right)^n(n+1)\right)}{\ln n^n\ln(n+1)^{n+1}}$；

(2) $\sum_{n=1}^{\infty}\frac{1}{n(n+1)(n+2)}$；

(3) $\sum_{n=1}^{\infty}\frac{n}{(n+1)!}$；

(4) $\sum_{n=1}^{\infty}\frac{n+2}{n!+(n+1)!+(n+2)!}$；

(5) $\sum_{n=1}^{\infty}(-1)^n\frac{n}{(2n+1)!}$；

(6) $\sum_{n=0}^{\infty}\frac{n^2+1}{3^n n!}$；

(7) $\sum_{n=1}^{\infty}\frac{2n-1}{2^n}$；

(8) $\sum_{n=0}^{\infty}\frac{(-1)^n}{2n+1}$；

(9) $\sum_{n=0}^{\infty}\frac{1}{2^n(n^2+3n+2)}$；

(10) $\sum_{n=0}^{\infty}\frac{(-1)^n(n^2-n+1)}{2^n}$；

(11) $\sum_{n=2}^{\infty}\frac{1}{(n^2-1)2^n}$；

(12) $\sum_{n=0}^{\infty}\frac{(2n+1)2^n}{n!}$．

解 (1) 由$\dfrac{\ln\left(\left(1+\frac{1}{n}\right)^n(n+1)\right)}{\ln n^n\ln(n+1)^{n+1}}=\dfrac{(n+1)\ln(n+1)-n\ln n}{n\ln n\cdot(n+1)\ln(n+1)}=\dfrac{1}{n\ln n}-\dfrac{1}{(n+1)\ln(n+1)}$

可得$\sum\limits_{n=2}^{\infty}\dfrac{\ln\left(\left(1+\frac{1}{n}\right)^n(n+1)\right)}{\ln n^n\ln(n+1)^{n+1}}=\dfrac{1}{2\ln 2}-\lim\limits_{n\to\infty}\dfrac{1}{(n+1)\ln(n+1)}=\dfrac{1}{2\ln 2}$.

(2) 注意到$\dfrac{1}{n(n+1)(n+2)}=\dfrac{1}{2}\left(\dfrac{1}{n(n+1)}-\dfrac{1}{(n+1)(n+2)}\right)$,因此有$\sum\limits_{n=1}^{\infty}\dfrac{1}{n(n+1)(n+2)}=\dfrac{1}{2}\left(\dfrac{1}{1\cdot 2}-\lim\limits_{n\to\infty}\dfrac{1}{(n+1)(n+2)}\right)=\dfrac{1}{4}$.

(3) 由于$\dfrac{n}{(n+1)!}=\dfrac{1}{n!}-\dfrac{1}{(n+1)!}$,因此$\sum\limits_{n=1}^{\infty}\dfrac{n}{(n+1)!}=\dfrac{1}{1!}-\lim\limits_{n\to\infty}\dfrac{1}{(n+1)!}=1$.

(4) 注意到

$$\begin{aligned}\frac{n+2}{n!+(n+1)!+(n+2)!}&=\frac{n+2}{n![1+(n+1)+(n+1)(n+2)]}\\&=\frac{1}{n!(n+2)}=\frac{n+1}{(n+2)!}=\frac{1}{(n+1)!}-\frac{1}{(n+2)!}\end{aligned}$$

因此有$\sum\limits_{n=1}^{\infty}\dfrac{n+2}{n!+(n+1)!+(n+2)!}=\dfrac{1}{2!}-\lim\limits_{n\to\infty}\dfrac{1}{(n+2)!}=\dfrac{1}{2}$.

评注:前 4 个小题都是利用拆项技巧直接计算出级数的和,这是一种非常有用的技巧.

(5)
$$\begin{aligned}\sum_{n=1}^{\infty}(-1)^n\frac{n}{(2n+1)!}&=\frac{1}{2}\sum_{n=1}^{\infty}(-1)^n\frac{(2n+1)-1}{(2n+1)!}\\&=\frac{1}{2}\sum_{n=1}^{\infty}(-1)^n\frac{1}{(2n)!}+\frac{1}{2}\sum_{n=1}^{\infty}(-1)^n\frac{1}{(2n+1)!}\\&=\frac{1}{2}(\cos 1-1)+\frac{1}{2}(\sin 1-1)=\frac{1}{2}(\cos 1+\sin 1)-1\end{aligned}$$

评注:本题中利用了 $\sin x$ 和 $\cos x$ 的幂级数展开.尤其需要特别注意级数和是从哪一项开始的.

(6)
$$\begin{aligned}\sum_{n=0}^{\infty}\frac{n^2+1}{3^n n!}&=\sum_{n=0}^{\infty}\frac{n(n-1)+n+1}{3^n n!}=\sum_{n=2}^{\infty}\frac{1}{3^n(n-2)!}+\sum_{n=1}^{\infty}\frac{1}{3^n(n-1)!}+\sum_{n=0}^{\infty}\frac{1}{3^n n!}\\&=\frac{1}{9}\sum_{n=0}^{\infty}\frac{\left(\frac{1}{3}\right)^n}{n!}+\frac{1}{3}\sum_{n=0}^{\infty}\frac{\left(\frac{1}{3}\right)^n}{n!}+\sum_{n=0}^{\infty}\frac{\left(\frac{1}{3}\right)^n}{n!}=\frac{13}{9}e^{\frac{1}{3}}\end{aligned}$$

(7) 考虑幂级数 $S(x)=\sum\limits_{n=1}^{\infty}(2n-1)x^n$,容易求得该幂级数的收敛域为$(-1,1)$,则有

$$\begin{aligned}S(x)&=2x\sum_{n=1}^{\infty}nx^{n-1}-\sum_{n=1}^{\infty}x^n=2x\sum_{n=1}^{\infty}(x^n)'-\frac{x}{1-x}=2x\left(\sum_{n=1}^{\infty}x^n\right)'-\frac{x}{1-x}\\&=2x\left(\frac{x}{1-x}\right)'-\frac{x}{1-x}=\frac{2x}{(1-x)^2}-\frac{x}{1-x}=\frac{x^2+x}{(1-x)^2}\end{aligned}$$

因此所求的级数为$\sum\limits_{n=1}^{\infty}\dfrac{2n-1}{2^n}=S\left(\dfrac{1}{2}\right)=3$.

评注:本题也可以考虑幂级数 $S(x)=\sum\limits_{n=1}^{\infty}(2n-1)x^{2n-2}$,这样有$\sum\limits_{n=1}^{\infty}\dfrac{2n-1}{2^n}=\dfrac{1}{2}S\left(\dfrac{1}{\sqrt{2}}\right)$.

(8) 考虑幂级数 $S(x)=\sum\limits_{n=0}^{\infty}\dfrac{(-1)^n}{2n+1}x^{2n+1}$，容易求得该幂级数的收敛域为 $(-1,1]$，则 $S'(x)=\sum\limits_{n=0}^{\infty}(-1)^n x^{2n}=\dfrac{1}{1+x^2}$，于是 $S(x)=\arctan x+C$. 再由 $S(0)=0$ 即有 $C=0$. 于是有 $\sum\limits_{n=0}^{\infty}\dfrac{(-1)^n}{2n+1}=S(1)=\dfrac{\pi}{4}$.

评注：本题和上题中的方法是求级数和的两个基本技巧：逐项求导和逐项积分，需要熟练掌握. 在用本题的方法时，有一个需要注意的细节是计算出 $S'(x)$ 后，利用不定积分求 $S(x)$ 时有一个常数 C. 虽然可能大部分情形下这个常数 C 都是零，但也有可能出现 C 不是零的情形.

(9) 考虑幂级数 $S(x)=\sum\limits_{n=0}^{\infty}\dfrac{1}{(n+1)(n+2)}x^{n+2}$，容易求得该幂级数的收敛域为 $[-1,1]$. 则有 $S'(x)=\sum\limits_{n=0}^{\infty}\dfrac{1}{(n+1)}x^{n+1}$，$S''(x)=\sum\limits_{n=0}^{\infty}x^n=\dfrac{1}{1-x}$. 于是有 $S'(x)=-\ln(1-x)+C_1$，由 $S'(0)=0$ 有 $C_1=0$，即 $S'(x)=-\ln(1-x)$. 从而有 $S(x)=x+(1-x)\ln(1-x)+C$，由 $S(0)=0$ 有 $C=0$，即 $S(x)=x+(1-x)\ln(1-x)$. 因此 $\sum\limits_{n=0}^{\infty}\dfrac{1}{2^n(n^2+3n+2)}=4S\left(\dfrac{1}{2}\right)=\dfrac{1}{2}(1-\ln 2)$.

(10) 考虑幂级数 $S(x)=\sum\limits_{n=0}^{\infty}(n^2-n+1)x^n$，易求得该幂级数的收敛域为 $(-1,1)$. 则有 $S(x)=\sum\limits_{n=0}^{\infty}n(n-1)x^n+\sum\limits_{n=0}^{\infty}x^n=x^2\left(\sum\limits_{n=0}^{\infty}x^n\right)''+\dfrac{1}{1-x}=x^2\left(\dfrac{1}{1-x}\right)''+\dfrac{1}{1-x}=\dfrac{3x^2-2x+1}{(1-x)^3}$. 所以 $\sum\limits_{n=0}^{\infty}\dfrac{(-1)^n(n^2-n+1)}{2^n}=S\left(-\dfrac{1}{2}\right)=\dfrac{22}{27}$.

(11) 考虑幂级数 $S(x)=\sum\limits_{n=2}^{\infty}\dfrac{1}{(n^2-1)}x^n$，容易求得该幂级数的收敛域为 $[-1,1]$，则有 $S(x)=\dfrac{1}{2}\sum\limits_{n=2}^{\infty}\dfrac{1}{n-1}x^n-\dfrac{1}{2}\sum\limits_{n=2}^{\infty}\dfrac{1}{n+1}x^n$. 令 $S_1(x)=\sum\limits_{n=2}^{\infty}\dfrac{1}{n-1}x^{n-1}$，$S_2(x)=\sum\limits_{n=2}^{\infty}\dfrac{1}{n+1}x^{n+1}$，则 $S'_1(x)=\sum\limits_{n=2}^{\infty}x^{n-2}=\dfrac{1}{1-x}$，$S'_2(x)=\sum\limits_{n=2}^{\infty}x^n=\dfrac{x^2}{1-x}$，注意到 $S_1(0)=S_2(0)=0$，由此可求得 $S_1(x)=-\ln(1-x)$，$S_2(x)=-\dfrac{1}{2}x^2-x-\ln(1-x)$，于是当 $x\neq 0$ 时有，$S(x)=\dfrac{1}{2}xS_1(x)-\dfrac{1}{2x}S_2(x)=-\dfrac{1}{2}x\ln(1-x)+\dfrac{1}{4}x+\dfrac{1}{2}+\dfrac{1}{2x}\ln(1-x)$，因此 $\sum\limits_{n=2}^{\infty}\dfrac{1}{(n^2-1)2^n}=S\left(\dfrac{1}{2}\right)=\dfrac{5}{8}-\dfrac{3}{4}\ln 2$.

(12) $\sum\limits_{n=0}^{\infty}\dfrac{(2n+1)2^n}{n!}=2\sum\limits_{n=0}^{\infty}\dfrac{n\cdot 2^n}{n!}+\sum\limits_{n=0}^{\infty}\dfrac{2^n}{n!}=4\sum\limits_{n=1}^{\infty}\dfrac{2^{n-1}}{(n-1)!}+\sum\limits_{n=0}^{\infty}\dfrac{2^n}{n!}=5e^2$.

例 18.2　求下列级数的和函数：

(1) $\sum\limits_{n=0}^{\infty}(n+1)^2x^n$；

(2) $\sum\limits_{n=1}^{\infty}(-1)^{n+1}\dfrac{2n+1}{n}x^{2n}$；

(3) $x+2\sum\limits_{n=1}^{\infty}\dfrac{(-1)^{n+1}}{4n^2-1}x^{2n+1}$；

(4) $\sum\limits_{n=0}^{\infty}\dfrac{x^{4n}}{(4n)!}$；

(5) $\sum\limits_{n=0}^{\infty}(-1)^n \dfrac{x^{2n}}{4^{n+1}(2n)!}$; (6) $\sum\limits_{n=1}^{\infty}(-1)^n \dfrac{x^{2n}}{(2n)!!}$.

解 (1) 令 $S(x)=\sum\limits_{n=0}^{\infty}(n+1)^2x^n$,容易求得该幂级数的收敛域为 $(-1,1)$.

由于 $S(x)=\sum\limits_{n=0}^{\infty}n(n+1)x^n+\sum\limits_{n=0}^{\infty}(n+1)x^n$,先考虑 $S_1(x)=\sum\limits_{n=0}^{\infty}(n+1)nx^{n-1}$ 和 $S_2(x)=\sum\limits_{n=0}^{\infty}(n+1)x^n$,则有

$$S_1(x)=\sum_{n=0}^{\infty}(x^{n+1})''=\left(\sum_{n=0}^{\infty}x^{n+1}\right)''=\left(\frac{x}{1-x}\right)''=\frac{2}{(1-x)^3}$$

$$S_2(x)=\sum_{n=0}^{\infty}(x^{n+1})'=\left(\sum_{n=0}^{\infty}x^{n+1}\right)'=\left(\frac{x}{1-x}\right)'=\frac{1}{(1-x)^2}$$

于是 $S(x)=xS_1(x)+S_2(x)=\dfrac{2x}{(1-x)^3}+\dfrac{1}{(1-x)^2}=\dfrac{1+x}{(1-x)^3}(-1<x<1)$.

(2) 令 $S(x)=\sum\limits_{n=1}^{\infty}(-1)^{n+1}\dfrac{2n+1}{n}x^{2n}$,容易求得该幂级数的收敛域为 $(-1,1)$.

由于 $S(x)=-2\sum\limits_{n=1}^{\infty}(-x^2)^n+2\sum\limits_{n=1}^{\infty}(-1)^{n+1}\dfrac{1}{2n}x^{2n}=\dfrac{2x^2}{1+x^2}+2S_1(x)$,其中 $S_1(x)=\sum\limits_{n=1}^{\infty}(-1)^{n+1}\dfrac{1}{2n}x^{2n}$ 满足 $S'_1(x)=\sum\limits_{n=1}^{\infty}(-1)^{n+1}x^{2n-1}=\dfrac{x}{1+x^2}$ 和 $S_1(0)=0$,因此 $S_1(x)=\dfrac{1}{2}\ln(1+x^2)$,故 $S(x)=\dfrac{2x^2}{1+x^2}+\ln(1+x^2)(-1<x<1)$.

(3) 令 $S(x)=x+2\sum\limits_{n=1}^{\infty}\dfrac{(-1)^{n+1}}{4n^2-1}x^{2n+1}$,容易计算出该幂级数的收敛域为 $[-1,1]$.

由于 $S(x)=x+\sum\limits_{n=1}^{\infty}\dfrac{(-1)^{n+1}}{2n-1}x^{2n+1}-\sum\limits_{n=1}^{\infty}\dfrac{(-1)^{n+1}}{2n+1}x^{2n+1}=x^2\sum\limits_{n=0}^{\infty}\dfrac{(-1)^n}{2n+1}x^{2n+1}+\sum\limits_{n=0}^{\infty}\dfrac{(-1)^n}{2n+1}x^{2n+1}$,而 $S_1(x)=\sum\limits_{n=0}^{\infty}\dfrac{(-1)^n}{2n+1}x^{2n+1}$ 满足 $S'_1(x)=\sum\limits_{n=0}^{\infty}(-1)^nx^{2n}=\dfrac{1}{1+x^2}$ 和 $S_1(0)=0$,由此可得 $S_1(x)=\arctan x$,于是 $S(x)=(1+x^2)\arctan x(-1\leqslant x\leqslant 1)$.

(4) 令 $S(x)=\sum\limits_{n=0}^{\infty}\dfrac{x^{4n}}{(4n)!}$,容易计算出该幂级数的收敛域为 $(-\infty,+\infty)$.

逐项求导四次可得 $S^{(4)}(x)=S(x)$,且 $S(0)=1,S'(0)=S''(0)=S'''(0)=0$.解此常微分方程可得 $S(x)=C_1e^x+C_2e^{-x}+C_3\sin x+C_4\cos x$,代入初始条件有 $C_1=C_2=\dfrac{1}{4}$,$C_4=\dfrac{1}{2}$,即 $S(x)=\dfrac{1}{4}e^x+\dfrac{1}{4}e^{-x}+\dfrac{1}{2}\cos x$.

(5) $\sum\limits_{n=0}^{\infty}(-1)^n\dfrac{x^{2n}}{4^{n+1}(2n)!}=\dfrac{1}{4}\sum\limits_{n=0}^{\infty}(-1)^n\dfrac{\left(\dfrac{x}{2}\right)^{2n}}{(2n)!}=\dfrac{1}{4}\cos\dfrac{x}{2}$.

(6) $\sum\limits_{n=1}^{\infty}(-1)^n\dfrac{x^{2n}}{(2n)!!}=\sum\limits_{n=1}^{\infty}(-1)^n\dfrac{x^{2n}}{2^nn!}=\sum\limits_{n=1}^{\infty}\dfrac{1}{n!}\left(-\dfrac{x^2}{2}\right)^n=e^{-\frac{x^2}{2}}$.

例 18.3 设 $f(x)=\dfrac{1}{1-x-x^2}$,且 $a_n=\dfrac{f^{(n)}(0)}{n!}(n\geqslant 0)$,证明 $\sum\limits_{n=0}^{\infty}\dfrac{a_n}{a_n-a_{n+2}}$ 收敛,并求其和.

解　由于$1=f(x)(1-x-x^2)=(1-x-x^2)\sum_{n=0}^{\infty}\frac{f^{(n)}(0)}{n!}x^n=(1-x-x^2)\sum_{n=0}^{\infty}a_nx^n$，因此有$1=a_0+(a_1-a_0)x+\sum_{n=0}^{\infty}(a_{n+2}-a_{n+1}-a_n)x^{n+2}$. 比较两边系数可知$a_0=1,a_1=1,a_{n+2}=a_{n+1}+a_n(n\geqslant 0)$. 因此级数的部分和为

$$\begin{aligned}S_n&=\sum_{k=0}^{n}\frac{a_{k+1}}{a_ka_{k+2}}=\sum_{k=0}^{n}\frac{a_{k+2}-a_k}{a_ka_{k+2}}=\sum_{k=0}^{n}\left(\frac{1}{a_k}-\frac{1}{a_{k+2}}\right)\\&=\left(\frac{1}{a_0}-\frac{1}{a_2}\right)+\left(\frac{1}{a_1}-\frac{1}{a_3}\right)+\left(\frac{1}{a_2}-\frac{1}{a_4}\right)+\cdots+\left(\frac{1}{a_{n-1}}-\frac{1}{a_{n+1}}\right)+\left(\frac{1}{a_n}-\frac{1}{a_{n+2}}\right)\\&=\frac{1}{a_0}+\frac{1}{a_1}-\frac{1}{a_{n+1}}-\frac{1}{a_{n+2}}\end{aligned}$$

而由递推关系容易得到$a_n\geqslant n$，即$\lim\limits_{n\to\infty}\frac{1}{a_n}=0$，因此级数$\sum_{n=0}^{\infty}\frac{a_n}{a_n-a_{n+2}}$收敛，且和为$\frac{1}{a_0}+\frac{1}{a_1}$.

例 18.4　设$\{a_n\}$为Fibonacci数列，即$a_n=\frac{1}{\sqrt5}\left[\left(\frac{1+\sqrt5}{2}\right)^{n+1}-\left(\frac{1-\sqrt5}{2}\right)^{n+1}\right]$，证明$\sum_{n=1}^{\infty}\frac{a_n}{2^n}$收敛，并求其和.

解　记$u_n=\frac{a_n}{2^n}$，则$\frac{u_{n+1}}{u_n}=\frac{a_{n+1}}{2a_n}=\frac{1}{2}\frac{\left(\frac{1+\sqrt5}{2}\right)^{n+2}-\left(\frac{1-\sqrt5}{2}\right)^{n+2}}{\left(\frac{1+\sqrt5}{2}\right)^{n+1}-\left(\frac{1-\sqrt5}{2}\right)^{n+1}}\to\frac{1+\sqrt5}{4}<1$，因此由比值判别法可知级数$\sum_{n=1}^{\infty}\frac{a_n}{2^n}$收敛. 设其和为$S$，注意到$a_0=1,a_1=1,a_{n+2}=a_{n+1}+a_n(n\geqslant 0)$，因此就有$u_0=1,u_1=\frac{1}{2},u_{n+2}=\frac{1}{2}u_{n+1}+\frac{1}{4}u_n(n\geqslant 0)$. 把等式$u_{n+2}=\frac{1}{2}u_{n+1}+\frac{1}{4}u_n$从1到$n$求和可得$S_{n+2}-u_1-u_2=\frac{1}{2}(S_{n+1}-u_1)+\frac{1}{4}S_n$，再令$n\to\infty$即有$S-1=\frac{1}{2}\left(S-\frac{1}{2}\right)+\frac{1}{4}S$，故$\sum_{n=1}^{\infty}\frac{a_n}{2^n}=S=3$.

例 18.5　计算函数$|x|(-\pi\leqslant x\leqslant\pi)$的傅里叶展开，并由此计算级数和(1)$\sum_{n=1}^{\infty}\frac{1}{(2n)^2}$，(2)$\sum_{n=1}^{\infty}\frac{1}{n^2}$，(3)$\sum_{n=1}^{\infty}(-1)^n\frac{1}{n^2}$.

解　显然函数$f(x)=|x|$是偶函数，因此$b_n=0$. 又

$$a_0=\frac{2}{\pi}\int_0^{\pi}x\mathrm{d}x=\pi$$

$$\begin{aligned}a_n&=\frac{2}{\pi}\int_0^{\pi}x\cos nx\,\mathrm{d}x=\frac{2}{\pi}\left(\frac{x\sin nx}{n}\Big|_0^{\pi}-\int_0^{\pi}\frac{\sin nx}{n}\mathrm{d}x\right)=\frac{2}{\pi}\frac{\cos nx}{n}\Big|_0^{\pi}=\frac{2}{\pi}\frac{(-1)^n-1}{n^2}\\&=\begin{cases}0, & n=2k\\ -\frac{4}{\pi(2k+1)^2}, & n=2k+1\end{cases}\end{aligned}$$

由于$f(\pi)=f(-\pi)$，因此$f(x)$的傅里叶展开为

$$f(x)=\frac{a_0}{2}+\sum_{n=1}^{\infty}a_n\cos nx=\frac{\pi}{2}-\frac{4}{\pi}\sum_{n=1}^{\infty}\frac{1}{(2n-1)^2}\cos(2n-1)x$$

在上式中令 $x=0$,即有 $\sum_{n=1}^{\infty}\frac{1}{(2n-1)^2}=\frac{\pi^2}{8}$. 记 $\sigma_1=\sum_{n=1}^{\infty}\frac{1}{(2n-1)^2}$,$\sigma_2=\sum_{n=1}^{\infty}\frac{1}{(2n)^2}$,$\sigma=\sum_{n=1}^{\infty}\frac{1}{n^2}$,则 $\sigma=\sigma_1+\sigma_2$,$\sigma_2=\frac{1}{4}\sigma=\frac{1}{4}(\sigma_1+\sigma_2)$,故 $\sigma_2=\frac{1}{3}\sigma_1=\frac{\pi^2}{24}$,$\sigma=\frac{\pi^2}{6}$,即 $\sum_{n=1}^{\infty}\frac{1}{(2n)^2}=\frac{\pi^2}{24}$,$\sum_{n=1}^{\infty}\frac{1}{n^2}=\frac{\pi^2}{6}$,$\sum_{n=1}^{\infty}(-1)^n\frac{1}{n^2}=\sigma_1-\sigma_2=\frac{\pi^2}{12}$.

(三) 练习题

18.1 求下列级数的和:

(1) $\sum_{n=1}^{\infty}\frac{1}{\sqrt{n(n+1)}(\sqrt{n}+\sqrt{n+1})}$;

(2) $\sum_{n=1}^{\infty}\frac{1}{n(n+3)}$;

(3) $\sum_{n=0}^{\infty}(\sqrt{n+2}-2\sqrt{n+1}+\sqrt{n})$;

(4) $\sum_{n=1}^{\infty}\frac{2n+1}{(n^2+n)^2}$;

(5) $\sum_{n=1}^{\infty}\frac{n}{(2n+1)!}$;

(6) $\sum_{n=1}^{\infty}\frac{n!+1}{2^n(n-1)!}$;

(7) $\sum_{n=0}^{\infty}\frac{n^2+2}{3^n}$;

(8) $\sum_{n=1}^{\infty}\frac{n}{a^n}(a>1)$.

18.2 求下列级数的和函数:

(1) $\sum_{n=1}^{\infty}\frac{n}{(n+1)!}x^n$;

(2) $\sum_{n=1}^{\infty}\frac{x^n}{n(n+1)}$;

(3) $\sum_{n=0}^{\infty}\frac{n^2}{x^n}$;

(4) $\sum_{n=0}^{\infty}\frac{x^{2n}}{(2n)!}$;

(5) $\sum_{n=0}^{\infty}\frac{x^{2n+1}}{(2n+1)!!}$;

(6) $\sum_{n=1}^{\infty}\frac{x^n}{n!!}$.

18.3 求级数 $\sum_{n=0}^{\infty}ne^{-nx}$ 的和函数.

18.4 计算函数 $f(x)=|\sin x|$ 的傅里叶展开,并由此计算 $\sum_{n=1}^{\infty}\frac{1}{4n^2-1}$.

(四) 答案与提示

18.1 (1) 1. 提示:$\frac{1}{\sqrt{n(n+1)}(\sqrt{n}+\sqrt{n+1})}=\frac{\sqrt{n+1}-\sqrt{n}}{\sqrt{n(n+1)}}=\frac{1}{\sqrt{n}}-\frac{1}{\sqrt{n+1}}$.

(2) $\frac{11}{18}$.

(3) -1. 提示:$S_n=-1+\sqrt{n+2}-\sqrt{n+1}$.

(4) 1. 提示:$\frac{2n+1}{(n^2+n)^2}=\frac{2n+1}{n^2(n+1)^2}=\frac{1}{n^2}-\frac{1}{(n+1)^2}$.

(5) $\frac{1}{2\mathrm{e}}$. 提示：$\sum_{n=1}^{\infty}\frac{n}{(2n+1)!}=\frac{1}{2}\sum_{n=1}^{\infty}\frac{2n+1-1}{(2n+1)!}=\frac{1}{2}\left(\sum_{n=1}^{\infty}\frac{1}{(2n)!}-\sum_{n=1}^{\infty}\frac{1}{(2n+1)!}\right)=\frac{1}{2}\sum_{n=1}^{\infty}\frac{(-1)^n}{n!}=\frac{1}{2\mathrm{e}}$.

(6) $2+\frac{1}{2}\sqrt{\mathrm{e}}$. 提示：考虑 $S(x)=\sum_{n=1}^{\infty}\frac{n!+1}{(n-1)!}x^n=\sum_{n=1}^{\infty}nx^n+\sum_{n=1}^{\infty}\frac{1}{(n-1)!}x^n$.

(7) $\frac{9}{2}$. 提示：考虑 $S(x)=\sum_{n=0}^{\infty}(n^2+2)x^n=\sum_{n=0}^{\infty}(n+2)(n+1)x^n-3x\sum_{n=1}^{\infty}nx^{n-1}$.

(8) $\frac{a}{(a-1)^2}$.

18.2　(1) $S(x)=\begin{cases}\frac{x\mathrm{e}^x-\mathrm{e}^x+1}{x}, & x\neq 0\\ 0, & x=0\end{cases}$.

(2) $S(x)=\begin{cases}x+(1-x)\ln(1-x), & -1\leqslant x<1\\ 1, & x=1\end{cases}$.

(3) $S(x)=\frac{x+x^2}{(x-1)^3}$, $(|x|>1)$.

(4) $S(x)=\frac{\mathrm{e}^x+\mathrm{e}^{-x}}{2}$.

(5) $S(x)=\int_0^x \mathrm{e}^{\frac{x^2-t^2}{2}}\mathrm{d}t$. 提示：$S(x)$满足 $S'(x)-xS(x)=1$.

(6) $S(x)=\mathrm{e}^{\frac{x^2}{2}}-1+\int_0^x \mathrm{e}^{\frac{x^2-t^2}{2}}\mathrm{d}t$. 提示：$S(x)$满足 $S'(x)-xS(x)=x+1$.

18.3　$\sum_{n=0}^{\infty}n\mathrm{e}^{-nx}=\frac{\mathrm{e}^x}{(\mathrm{e}^x-1)^2}(x>0)$.

18.4　$|\sin x|=\frac{2}{\pi}-\frac{4}{\pi}\sum_{n=1}^{\infty}\frac{1}{4n^2-1}\cos 2nx$, $\sum_{n=1}^{\infty}\frac{1}{4n^2-1}=\frac{1}{2}$.

第十九讲　级数的相关问题

(一) 内容要点

综合运用本章的知识点.

(二) 例题选讲

例 19.1　设$\{a_n\}$满足$0\leqslant a_k\leqslant 100a_n, n\leqslant k\leqslant 2n, n=1,2,\cdots$,且$\sum\limits_{n=1}^{\infty}a_n$收敛,证明$\lim\limits_{n\to\infty}na_n=0$.

证明　由题设条件可知,$a_{2n}\leqslant 100a_k(n\leqslant k\leqslant 2n-1)$,把这$n$个不等式相加即得$na_{2n}\leqslant 100(a_n+\cdots+a_{2n-1})$,即$2na_{2n}\leqslant 200(a_n+\cdots+a_{2n-1})$.由于$\sum\limits_{n=1}^{\infty}a_n$收敛,则有$0\leqslant a_n+\cdots+a_{2n-1}\leqslant R_{n-1}\to 0$,故$\lim\limits_{n\to\infty}2na_{2n}=0$.又注意到$a_{2n+1}\leqslant 100a_{2n}$,则有$0\leqslant(2n+1)a_{2n+1}\leqslant 100(2n+1)a_{2n}=\dfrac{100(2n+1)}{2n}2na_{2n}\to 0$,即$\lim\limits_{n\to\infty}(2n+1)a_{2n+1}=0$.因此有$\lim\limits_{n\to\infty}na_n=0$.

评注:需要注意的是仅由$\lim\limits_{n\to\infty}2na_{2n}=0$是无法保证$\lim\limits_{n\to\infty}na_n=0$的,必须要$\lim\limits_{n\to\infty}2na_{2n}=0$和$\lim\limits_{n\to\infty}(2n+1)a_{2n+1}=0$同时成立才能推出$\lim\limits_{n\to\infty}na_n=0$.

例 19.2　设$\sum\limits_{n=1}^{\infty}a_n$收敛,证明$\lim\limits_{n\to\infty}\dfrac{1}{n+1}\sum\limits_{k=1}^{n}ka_k=0$收敛.

证明　设$S_n=\sum\limits_{k=1}^{n}a_k$,则$\lim\limits_{n\to\infty}S_n=s$存在,从而有$\lim\limits_{n\to\infty}\dfrac{S_1+S_2+\cdots+S_n}{n+1}=s$.
另一方面,由于

$$\begin{aligned}\sum_{k=1}^{n}ka_k&=S_1+2(S_2-S_1)+3(S_3-S_2)+\cdots+(n-1)(S_{n-1}-S_{n-2})+n(S_n-S_{n-1})\\&=-S_1-S_2-S_3-\cdots-S_{n-1}+nS_n=(n+1)S_n-(S_1+S_2+\cdots+S_n)\end{aligned}$$

因此有$\lim\limits_{n\to\infty}\dfrac{1}{n+1}\sum\limits_{k=1}^{n}ka_k=\lim\limits_{n\to\infty}\left(S_n-\dfrac{S_1+S_2+\cdots+S_n}{n+1}\right)=s-s=0$.

例 19.3　设$\sum\limits_{n=1}^{\infty}a_n=A$,证明$\sum\limits_{n=1}^{\infty}\dfrac{a_1+2a_2+\cdots+na_n}{n(n+1)}=A$.

证明　令$T_k=a_1+2a_2+\cdots+ka_k$,$T_0=0$,则$a_k=\dfrac{T_k-T_{k-1}}{k}$.由上题结论可知$\lim\limits_{n\to\infty}\dfrac{T_n}{n}=0$.

另一方面，由于

$$\sum_{k=1}^{n} a_k = \sum_{k=1}^{n} \frac{T_k - T_{k-1}}{k} = (T_1 - T_0) + \left(\frac{T_2}{2} - \frac{T_1}{2}\right) + \left(\frac{T_3}{3} - \frac{T_2}{3}\right) + \cdots + \left(\frac{T_n}{n} - \frac{T_{n-1}}{n}\right)$$

$$= \left(T_1 - \frac{T_1}{2_{\ 0}}\right) + \left(\frac{T_2}{2} - \frac{T_2}{3}\right) + \left(\frac{T_3}{3} - \frac{T_3}{4}\right) + \cdots + \left(\frac{T_{n-1}}{n-1} - \frac{T_{n-1}}{n}\right) + \frac{T_n}{n}$$

$$= \sum_{k=1}^{n-1} \frac{T_k}{k(k+1)} + \frac{T_n}{n}$$

因此有

$$\sum_{n=1}^{\infty} \frac{a_1 + 2a_2 + \cdots + na_n}{n(n+1)} = \lim_{n\to\infty} \sum_{k=1}^{n-1} \frac{T_k}{k(k+1)} = \lim_{n\to\infty}\left(\sum_{k=1}^{n} a_k - \frac{T_n}{n}\right) = \lim_{n\to\infty}\sum_{k=1}^{n} a_k - \lim_{n\to\infty}\frac{T_n}{n} = A$$

例 19.4　设 $\{a_n\}$ 是单调递减的正序列，且 $\sum\limits_{n=1}^{\infty} a_n$ 发散，证明 $\lim\limits_{n\to\infty} \dfrac{a_2 + a_4 + \cdots + a_{2n}}{a_1 + a_3 + \cdots + a_{2n-1}} = 1$.

证明　由题意可知 $a_1 + a_3 + \cdots + a_{2n-1} \geqslant a_2 + a_4 + \cdots + a_{2n}$，即 $\dfrac{a_2 + a_4 + \cdots + a_{2n}}{a_1 + a_3 + \cdots + a_{2n-1}} \leqslant 1$.

另一方面有 $\dfrac{a_2 + a_4 + \cdots + a_{2n}}{a_1 + a_3 + \cdots + a_{2n-1}} \geqslant \dfrac{a_3 + a_5 + \cdots + a_{2n+1}}{a_1 + a_3 + \cdots + a_{2n-1}} = 1 - \dfrac{a_1 - a_{2n+1}}{a_1 + a_3 + \cdots + a_{2n-1}}$. 又由于 $a_1 + a_3 + \cdots + a_{2n-1} \geqslant a_2 + a_4 + \cdots + a_{2n}$，有 $2(a_1 + a_3 + \cdots + a_{2n-1}) \geqslant S_{2n}$，即 $a_1 + a_3 + \cdots + a_{2n-1} \geqslant \dfrac{1}{2} S_{2n}$，于是有 $\dfrac{a_2 + a_4 + \cdots + a_{2n}}{a_1 + a_3 + \cdots + a_{2n-1}} \geqslant 1 - \dfrac{a_1 - a_{2n+1}}{\frac{1}{2} S_{2n}} \to 1$.

因此有 $\lim\limits_{n\to\infty} \dfrac{a_2 + a_4 + \cdots + a_{2n}}{a_1 + a_3 + \cdots + a_{2n-1}} = 1$.

例 19.5　设 $a_n > 0$，且 $\sum\limits_{n=1}^{\infty} a_n$ 发散，判断下列级数的敛散性：(1) $\sum\limits_{n=1}^{\infty} \dfrac{a_n}{1 + n^2 a_n}$，(2) $\sum\limits_{n=1}^{\infty} \dfrac{a_n}{1 + a_n}$.

解　(1) 由于 $\dfrac{a_n}{1 + n^2 a_n} < \dfrac{a_n}{n^2 a_n} = \dfrac{1}{n^2}$，故级数 $\sum\limits_{n=1}^{\infty} \dfrac{a_n}{1 + n^2 a_n}$ 收敛 .

(2) 当序列 $\{a_n\}$ 有界，即 $|a_n| \leqslant M$ 时，$\dfrac{a_n}{1 + a_n} > \dfrac{a_n}{1 + M}$，故级数 $\sum\limits_{n=1}^{\infty} \dfrac{a_n}{1 + a_n}$ 发散. 当序列 $\{a_n\}$ 无界时，通项 $\dfrac{a_n}{1 + a_n}$ 不趋于零，故此时级数 $\sum\limits_{n=1}^{\infty} \dfrac{a_n}{1 + a_n}$ 也发散 .

例 19.6　设 $a_n = \dfrac{x_n^{\alpha}}{n^{\alpha}}$，其中 x_n 是方程 $e^x + \ln x = n$ 的正根，讨论 $\sum\limits_{n=1}^{\infty} a_n$ 的敛散性 .

解　容易验证函数 $f(x) = e^x + \ln x$ 在定义域内是严格单调递增的，故 x_n 是有良好定义的. 由于 $f(1) = e$，而 $f(x_n) = n$，因此当 $n \geqslant 3$ 时就有 $x_n \geqslant 1$.

另一方面，当 $n \geqslant 3$ 时，由于 $e^{x_n} \leqslant e^{x_n} + \ln x_n = n$，则有 $x_n \leqslant \ln n$. 因此当 $n \geqslant 3$ 时有 $1 \leqslant x_n \leqslant \ln n$，于是就有 $\dfrac{1}{n^{\alpha}} \leqslant a_n = \dfrac{x_n^{\alpha}}{n^{\alpha}} \leqslant \dfrac{\ln^{\alpha} n}{n^{\alpha}}$. 所以，当 $\alpha > 1$ 时，级数 $\sum\limits_{n=1}^{\infty} a_n$ 收敛，当 $\alpha \leqslant 1$ 时，$\sum\limits_{n=1}^{\infty} a_n$ 发散.

例 19.7　（对数判别法）若 $\lim\limits_{n\to\infty} \dfrac{-\ln u_n}{\ln n} = q$ 存在，证明 $\sum\limits_{n=1}^{\infty} u_n$ 当 $q > 1$ 时收敛，当 $q < 1$ 时发散.

证明 当$q>1$时,必存在$r>1$使得$q-r>0$.对于给定的$\varepsilon=q-r>0$,由于$\lim\limits_{n\to\infty}\dfrac{-\ln u_n}{\ln n}=q$存在,故存在正整数$N$,使得当$n>N$时有$\left|\dfrac{-\ln u_n}{\ln n}-q\right|<\varepsilon$,从而有$\dfrac{-\ln u_n}{\ln n}>q-\varepsilon=r$,即$u_n<\dfrac{1}{n^r}$.注意到$r>1$,故此时$\sum\limits_{n=1}^{\infty}u_n$收敛.

当$q<1$时,必存在$r<1$使得$r-q>0$.对于给定的$\varepsilon=r-q>0$,存在正整数N_1,使得当$n>N_1$时有$\left|\dfrac{-\ln u_n}{\ln n}-q\right|<\varepsilon$,从而有$\dfrac{-\ln u_n}{\ln n}<q+\varepsilon=r$,即$u_n>\dfrac{1}{n^r}$.注意到$r<1$,故此时$\sum\limits_{n=1}^{\infty}u_n$发散.

例 19.8 若正项级数$\sum\limits_{n=1}^{\infty}a_n$收敛,证明$\sum\limits_{n=1}^{\infty}(a_n^{a_n}-1)^2$收敛.

证明 由于$\sum\limits_{n=1}^{\infty}a_n$收敛,故$\lim\limits_{n\to\infty}a_n=0$.

由$\lim\limits_{x\to0+}\dfrac{(x^x-1)^2}{x}=\lim\limits_{x\to0+}\dfrac{(e^{x\ln x}-1)^2}{x}\lim\limits_{x\to0+}\dfrac{x^2\ln^2x}{x}=0$有$\lim\limits_{n\to\infty}\dfrac{(a_n^{a_n}-1)^2}{a_n}=0$,因此由$\sum\limits_{n=1}^{\infty}a_n$收敛,可得$\sum\limits_{n=1}^{\infty}(a_n^{a_n}-1)^2$收敛.

例 19.9 设$a_n=\int_0^{\frac{\pi}{4}}\tan^n x\,dx$,(1) 求$\sum\limits_{n=1}^{\infty}\dfrac{a_n+a_{n+2}}{n}$,(2) 证明对任意$c>0$,$\sum\limits_{n=1}^{\infty}\dfrac{a_n}{n^c}$收敛.

解 (1) 由于

$$a_n+a_{n+2}=\int_0^{\frac{\pi}{4}}(\tan^n x+\tan^{n+2}x)dx=\int_0^{\frac{\pi}{4}}\tan^n x(1+\tan^2 x)dx$$
$$=\int_0^{\frac{\pi}{4}}\tan^n x\sec^2 x\,dx=\frac{1}{n+1}\tan^{n+1}x\Big|_0^{\frac{\pi}{4}}=\frac{1}{n+1}$$

因此$\sum\limits_{n=1}^{\infty}\dfrac{a_n+a_{n+2}}{n}=\sum\limits_{n=1}^{\infty}\dfrac{1}{n(n+1)}=\sum\limits_{n=1}^{\infty}\left(\dfrac{1}{n}-\dfrac{1}{n+1}\right)=1$.

(2) 显然有$a_n\geqslant0$,因此由$a_n+a_{n+2}=\dfrac{1}{n+1}$可知$0\leqslant a_n\leqslant\dfrac{1}{n+1}$,故$\dfrac{a_n}{n^c}\leqslant\dfrac{1}{n^{1+c}}$,而级数$\sum\limits_{n=1}^{\infty}\dfrac{1}{n^{1+c}}$收敛,故级数$\sum\limits_{n=1}^{\infty}\dfrac{a_n}{n^c}$收敛.

例 19.10 设$\sum\limits_{n=1}^{\infty}a_n$条件收敛,$a_n^+=\max\{a_n,0\}$,$a_n^-=\max\{-a_n,0\}$,$S_n^+=\sum\limits_{k=1}^{n}a_n^+$,$S_n^-=\sum\limits_{k=1}^{n}a_n^-$,证明$\lim\limits_{n\to\infty}\dfrac{S_n^+}{S_n^-}=1$.

证明 注意到$a_n^++a_n^-=|a_n|$,$a_n^+-a_n^-=a_n$,且级数$\sum\limits_{n=1}^{\infty}a_n$条件收敛,故$\lim\limits_{n\to\infty}(S_n^++S_n^-)=+\infty$,$\lim\limits_{n\to\infty}(S_n^+-S_n^-)=\sum\limits_{n=1}^{\infty}a_n=S$.显然序列$S_n^-$是单调递增的.

下面证明$\lim\limits_{n\to\infty}S_n^-=+\infty$.若$\lim\limits_{n\to\infty}S_n^-=a$是有限数,则$\lim\limits_{n\to\infty}S_n^+=\lim\limits_{n\to\infty}(S_n^+-S_n^-)+\lim\limits_{n\to\infty}S_n^-=S+a$,于是就有$\lim\limits_{n\to\infty}(S_n^++S_n^-)=S+2a$,而这与$\lim\limits_{n\to\infty}(S_n^++S_n^-)=+\infty$矛盾,故必有$\lim\limits_{n\to\infty}S_n^-=+\infty$.从而

有$\lim\limits_{n\to\infty}\dfrac{S_n^+}{S_n^-}=\lim\limits_{n\to\infty}\left(\dfrac{S_n^+-S_n^-}{S_n^-}+1\right)=1$.

例 19.11　将下列函数在 $x=0$ 点展开为幂级数：

(1) $f(x)=\ln(1+x+x^2)$；　　(2) $f(x)=\dfrac{1}{(1+x)(1+x^2)(1+x^4)}$；

(3) $f(x)=\dfrac{1+x}{(1-x)^3}$；　　(4) $f(x)=\dfrac{1}{4}\ln\dfrac{1+x}{1-x}+\dfrac{1}{2}\arctan x-x$；

(5) $f(x)=\displaystyle\int_0^x\frac{\arctan t}{t}\mathrm{d}t$.

解　(1) $f(x)=\ln\dfrac{1-x^3}{1-x}=\ln(1-x^3)-\ln(1-x)=-\displaystyle\sum_{n=1}^{\infty}\frac{x^{3n}}{n}+\sum_{n=1}^{\infty}\frac{x^n}{n}(-1\leqslant x<1)$.

(2) $f(x)=\dfrac{1-x}{1-x^8}=\dfrac{1}{1-x^8}-\dfrac{x}{1-x^8}=\displaystyle\sum_{n=0}^{\infty}x^{8n}-\sum_{n=0}^{\infty}x^{8n+1}(-1<x<1)$.

(3) 由于$\dfrac{1}{(1-x)^3}=(1-x)^{-3}=\displaystyle\sum_{n=0}^{\infty}\frac{(n+2)(n+1)}{2}x^n(-1<x<1)$，因此 $f(x)=$ $\displaystyle\sum_{n=0}^{\infty}\frac{(n+2)(n+1)}{2}x^n+\sum_{n=0}^{\infty}\frac{(n+2)(n+1)}{2}x^{n+1}=\sum_{n=0}^{\infty}(n+1)^2x^n(-1<x<1)$.

评注：本题中$\dfrac{1}{(1-x)^3}$的泰勒展开式也可以由$\dfrac{1}{1-x}=\displaystyle\sum_{n=0}^{\infty}x^n$求导两次得到.

(4) 由于 $f'(x)=\dfrac{1}{4}\left(\dfrac{1}{1+x}+\dfrac{1}{1-x}\right)+\dfrac{1}{2}\dfrac{1}{1+x^2}-1=\dfrac{1}{1-x^4}-1=\displaystyle\sum_{n=0}^{\infty}x^{4n}-1=$ $\displaystyle\sum_{n=1}^{\infty}x^{4n}$，且 $f(0)=0$，因此 $f(x)=\displaystyle\sum_{n=1}^{\infty}\frac{1}{4n+1}x^{4n+1}(-1<x<1)$.

(5) 先考虑 $g(x)=\arctan x$，由于 $g'(x)=\dfrac{1}{1+x^2}=\displaystyle\sum_{n=0}^{\infty}(-x^2)^n$，且 $g(0)=0$，因此 $g(x)=\displaystyle\sum_{n=0}^{\infty}(-1)^n\frac{1}{2n+1}x^{2n+1}$. 于是 $f'(x)=\dfrac{\arctan x}{x}=\displaystyle\sum_{n=0}^{\infty}(-1)^n\frac{1}{2n+1}x^{2n}$，所以 $f(x)=$ $\displaystyle\int_0^x\frac{\arctan t}{t}\mathrm{d}t=\int_0^x\sum_{n=0}^{\infty}(-1)^n\frac{1}{2n+1}t^{2n}\mathrm{d}t=\sum_{n=0}^{\infty}(-1)^n\frac{1}{(2n+1)^2}x^{2n+1}(-1\leqslant x\leqslant 1)$.

例 19.12　计算$\displaystyle\int_0^1\frac{\ln(1+x)}{x}\mathrm{d}x$.

解　由于$\dfrac{\ln(1+x)}{x}=\dfrac{1}{x}\displaystyle\sum_{n=1}^{\infty}(-1)^{n-1}\frac{x^n}{n}=\sum_{n=1}^{\infty}(-1)^{n-1}\frac{x^{n-1}}{n}$，因此

$$\begin{aligned}\int_0^1\frac{\ln(1+x)}{x}\mathrm{d}x&=\lim_{b\to1^-}\int_0^b\frac{\ln(1+x)}{x}\mathrm{d}x=\lim_{b\to1^-}\int_0^b\sum_{n=1}^{\infty}(-1)^{n-1}\frac{x^{n-1}}{n}\mathrm{d}x\\&=\lim_{b\to1^-}\sum_{n=1}^{\infty}(-1)^{n-1}\frac{b^n}{n^2}=\sum_{n=1}^{\infty}(-1)^{n-1}\frac{1}{n^2}=\frac{\pi^2}{12}\end{aligned}$$

评注：本题最后一个等式用到了第十八讲中例 18.5 的结论.

例 19.13　把 $f(x)=2^x$ 展开成$(x+1)$的幂级数.

解　令 $t=x+1$，则 $2^x=2^{t-1}=\dfrac{1}{2}\mathrm{e}^{t\ln 2}=\dfrac{1}{2}\displaystyle\sum_{n=0}^{\infty}\frac{(t\ln 2)^n}{n!}=\frac{1}{2}\sum_{n=0}^{\infty}\frac{(\ln 2)^n}{n!}(x+1)^n$ $(x\in R)$.

例 19.14 设 $f(x)$ 是 $[-\pi,\pi]$ 上的可积函数，且其傅里叶系数为 a_n,b_n，证明 $\frac{1}{\pi}\int_{-\pi}^{\pi}f^2(x)\mathrm{d}x \geqslant \frac{a_0^2}{2}+\sum_{n=1}^{\infty}(a_n^2+b_n^2)$.

证明 令 $S_n(x)=\frac{a_0}{2}+\sum_{k=1}^{n}(a_k\cos kx+b_k\sin kx)$,则有

$$\int_{-\pi}^{\pi}[f(x)-S_n(x)]^2\mathrm{d}x=\int_{-\pi}^{\pi}f^2(x)\mathrm{d}x-2\int_{-\pi}^{\pi}f(x)S_n(x)\mathrm{d}x+\int_{-\pi}^{\pi}S_n^2(x)\mathrm{d}x$$

由于 $\int_{-\pi}^{\pi}f(x)S_n(x)\mathrm{d}x=\int_{-\pi}^{\pi}f(x)\left(\frac{a_0}{2}+\sum_{k=1}^{n}(a_k\cos kx+b_k\sin kx)\right)\mathrm{d}x$

$$=\frac{a_0}{2}\int_{-\pi}^{\pi}f(x)\mathrm{d}x+\sum_{k=1}^{n}\left(a_k\int_{-\pi}^{\pi}f(x)\cos kx\mathrm{d}x+b_k\int_{-\pi}^{\pi}f(x)\sin kx\mathrm{d}x\right)$$

$$=\pi\left(\frac{a_0^2}{2}+\sum_{k=1}^{n}(a_k^2+b_k^2)\right)$$

又由三角函数系的正交性有

$$\int_{-\pi}^{\pi}S_n^2(x)\mathrm{d}x=\int_{-\pi}^{\pi}\left(\frac{a_0}{2}+\sum_{k=1}^{n}(a_k\cos kx+b_k\sin kx)\right)^2\mathrm{d}x$$

$$=\int_{-\pi}^{\pi}\frac{a_0^2}{4}\mathrm{d}x+\sum_{k=1}^{n}\left(a_k\int_{-\pi}^{\pi}\cos^2 kx\mathrm{d}x+b_k\int_{-\pi}^{\pi}\sin^2 kx\mathrm{d}x\right)$$

$$=\pi\left(\frac{a_0^2}{2}+\sum_{k=1}^{n}(a_k^2+b_k^2)\right)$$

因此有 $\int_{-\pi}^{\pi}[f(x)-S_n(x)]^2\mathrm{d}x=\int_{-\pi}^{\pi}f^2(x)\mathrm{d}x-\pi\left(\frac{a_0^2}{2}+\sum_{k=1}^{n}(a_k^2+b_k^2)\right)\geqslant 0$,即 $\frac{1}{\pi}\int_{-\pi}^{\pi}f^2(x)\mathrm{d}x\geqslant \frac{a_0^2}{2}+\sum_{n=1}^{\infty}(a_n^2+b_n^2)$.

例 19.15 设 $f(x)\in C[-\pi,\pi]$ 是偶函数，且 $f\left(\frac{\pi}{2}+x\right)=-f\left(\frac{\pi}{2}-x\right)$,其傅里叶系数为 a_n,b_n,证明 $a_{2n}=0$.

证明 由于 $f(x)$ 是偶函数，故 $a_{2n}=\frac{2}{\pi}\int_0^{\pi}f(x)\cos 2nx\mathrm{d}x$. 作变量替换 $t=x-\frac{\pi}{2}$,则有 $a_{2n}=\frac{2}{\pi}\int_{-\frac{\pi}{2}}^{\frac{\pi}{2}}f\left(\frac{\pi}{2}+t\right)\cos(2nt+n\pi)\mathrm{d}t$. 令 $g(t)=f\left(\frac{\pi}{2}+t\right)\cos(2nt+n\pi)$，则有 $g(-t)=f\left(\frac{\pi}{2}-t\right)\cos(-2nt+n\pi)=-f\left(\frac{\pi}{2}+t\right)\cos(2nt+n\pi)=-g(t)$，这表明被积函数是奇函数，而积分区间 $\left[-\frac{\pi}{2},\frac{\pi}{2}\right]$ 关于原点对称，故 $a_{2n}=0$.

例 19.16 设 a_n,b_n 是连续函数 $f(x)$ 的傅里叶系数，证明 $\sum_{n=1}^{\infty}\frac{b_n}{n}$ 收敛.

证明 令 $F(x)=\int_0^x\left(f(t)-\frac{a_0}{2}\right)\mathrm{d}t$, $(-\pi\leqslant x\leqslant\pi)$,则 $F(x)$ 在 $[-\pi,\pi]$ 上连续可微，且有 $F(\pi)-F(-\pi)=\int_{-\pi}^{\pi}f(t)\mathrm{d}t-\pi a_0=0$,因此可以将 $F(x)$ 延拓为整个实轴上的以 2π 为周期的连续函数，从而 $F(x)$ 可以展开成傅里叶级数：

$$F(x)=\frac{A_0}{2}+\sum_{n=1}^{\infty}(A_n\cos nx+B_n\sin nx),-\infty<x<\infty$$

其中 $A_n=\frac{1}{\pi}\int_{-\pi}^{\pi}F(x)\cos nx\,\mathrm{d}x=\frac{1}{n\pi}F(x)\sin nx\Big|_{-\pi}^{\pi}-\frac{1}{n\pi}\int_{-\pi}^{\pi}f(x)\sin nx\,\mathrm{d}x=-\frac{b_n}{n}$. 另一方面，由于 $0=F(0)=\frac{A_0}{2}+\sum_{n=1}^{\infty}A_n=\frac{A_0}{2}-\sum_{n=1}^{\infty}\frac{b_n}{n}$，因此 $\sum_{n=1}^{\infty}\frac{b_n}{n}=\frac{A_0}{2}$ 收敛.

（三）练习题

19.1　设正项级数 $\sum_{n=1}^{\infty}b_n$ 收敛，级数 $\sum_{n=1}^{\infty}(a_n-a_{n-1})$ 收敛，证明 $\sum_{n=1}^{\infty}a_nb_n$ 绝对收敛.

19.2　设 $\{a_n\}$ 是单调递增的有界正数列，判断 $\sum_{n=1}^{\infty}\left(\frac{b}{a_n}\right)^n$ 的敛散性.

19.3　设 $u_n>0,v_n>0$，且 $\frac{u_{n+1}}{u_n}<\frac{v_{n+1}}{v_n}$，证明若 $\sum_{n=1}^{\infty}v_n$ 收敛，则 $\sum_{n=1}^{\infty}u_n$ 收敛，若 $\sum_{n=1}^{\infty}u_n$ 发散，则 $\sum_{n=1}^{\infty}v_n$ 发散 .

19.4　设 $u_n\geqslant 0$，且 nu_n 有界，证明 $\sum_{n=1}^{\infty}u_n^2$ 收敛.

19.5　设 $a_1=2,a_{n+1}=\frac{1}{2}\left(a_n+\frac{1}{a_n}\right)$，证明：(1) $\lim\limits_{n\to\infty}a_n$ 存在；(2) $\sum_{n=1}^{\infty}\left(\frac{a_n}{a_{n+1}}-1\right)$ 收敛.

19.6　设 $\sum_{n=1}^{\infty}\ln(n(n+1)^a(n+2)^b)$ 收敛，求 a,b .

19.7　设 $f(x)$ 是偶函数，在零点的某个邻域内有连续二阶导数，且 $f(0)=1,f''(0)=2$，证明 $\sum_{n=1}^{\infty}\left(f\left(\frac{1}{n}\right)-1\right)$ 收敛 .

19.8　设序列 $\{a_n\}$ 单调递减趋于零，证明 $\sum_{n=1}^{\infty}(-1)^n\frac{a_1+a_2+\cdots+a_n}{n}$ 收敛 .

19.9　将下列函数在 $x=0$ 点展开为幂级数：

(1) $f(x)=2\cos^2x-3\sin^2x$；　　(2) $f(x)=\frac{x}{1+x-2x^2}$；

(3) $f(x)=\frac{1}{(1-x^2)\sqrt{1-x^2}}$；　　(4) $f(x)=\int_0^x t\cos t\,\mathrm{d}t$；

(5) $f(x)=\arctan\frac{4+x^2}{4-x^2}$.

19.10　把 $f(x)=\ln\frac{x}{1+x}$ 展开成 $(x-1)$ 的幂级数.

19.11　设 $f(x)=\ln(x+\sqrt{1+x^2})$，求 $f^{(n)}(0)$.

19.12　设 $f(x)=\sum_{n=1}^{\infty}\frac{\cos nx}{\sqrt{n^3+n}}$，$F(x)$ 是 $f(x)$ 的原函数，且 $F(0)=0$，证明 $\frac{\sqrt{2}}{2}-\frac{\sqrt{30}}{90}<F\left(\frac{\pi}{2}\right)<\frac{\sqrt{2}}{2}$.

19.13　$f(x)=\sum_{n=1}^{\infty}\frac{x^n}{n^2}(0\leqslant x\leqslant 1)$,证明当 $0<x<1$ 时,

$$f(x)+f(1-x)+\ln x\ln(1-x)=\frac{\pi^2}{6}$$

19.14　若 $f(x)$ 是 $[-\pi,\pi]$ 上的连续函数,证明例题选讲第14题中的结论等式成立.

19.15　设 $f(x)$ 在 $[0,\pi]$ 上有连续导数,且 $\int_0^{\pi}f(x)\mathrm{d}x=0$,证明 $\int_0^{\pi}f'(x)^2\mathrm{d}x\geqslant\int_0^{\pi}f^2(x)\mathrm{d}x$.

19.16　设 $f(x)\in C[-\pi,\pi]$ 满足 $f(x)+f(x+\pi)=0$,其傅里叶系数为 a_n,b_n,证明 $a_0=a_{2n}=b_{2n}=0$.

(四)答案与提示

19.1　提示:由 $\sum_{n=1}^{\infty}(a_n-a_{n-1})$ 收敛可知 $\lim_{n\to\infty}a_n$ 存在,从而 a_n 有界,则 $|a_nb_n|\leqslant Mb_n$.

19.2　设 $\lim_{n\to\infty}a_n=a$,则当 $a>|b|$ 时级数绝对收敛,$a\leqslant|b|$ 时级数发散. 提示:当 $a=|b|$ 时,可以证明通项不趋于零.

19.3　提示:可证 $\frac{u_{n+1}}{u_1}<\frac{v_{n+1}}{v_1}$,从而由比较判别法可得.

评注:下面的证法是错误的:若 $\sum_{n=1}^{\infty}v_n$ 收敛,则 $\lim_{n\to\infty}\frac{u_{n+1}}{u_n}\leqslant\lim_{n\to\infty}\frac{v_{n+1}}{v_n}<1$,从而 $\sum_{n=1}^{\infty}u_n$ 收敛. 错误的原因是 $\lim_{n\to\infty}\frac{v_{n+1}}{v_n}<1$ 只是正项级数 $\sum_{n=1}^{\infty}v_n$ 收敛的充分条件而非必要条件.

19.4　提示:设 $nu_n\leqslant M$,则 $u_n^2\leqslant\frac{M^2}{n^2}$.

19.5　提示:由条件可证 a_n 单调递减有下界1,从而 $\lim_{n\to\infty}a_n$ 存在. $0\leqslant\frac{a_n}{a_{n+1}}-1\leqslant a_n-a_{n+1}$.

19.6　$a=-2,b=1$. 提示:$u_n=(1+a+b)\ln n+\frac{a+2b}{n}+\left(-\frac{a}{2}-2b\right)\frac{1}{n^2}+o\left(\frac{1}{n^2}\right)$.

19.7　提示:由于 $f(x)$ 是偶函数,因此可证 $f'(0)=0$,从而 $f\left(\frac{1}{n}\right)-1=\frac{1}{n^2}+o\left(\frac{1}{n^2}\right)$.

19.8　提示:利用莱布尼茨判别法.

19.9　(1) $f(x)=-\frac{1}{2}+\frac{5}{2}\sum_{n=0}^{\infty}(-4)^n\frac{x^{2n}}{n!}$,$x\in R$. 提示:$f(x)=-\frac{1}{2}+\frac{5}{2}\cos 2x$.

(2) $f(x)=\frac{1}{3}\sum_{n=0}^{\infty}(1-(-2)^n)x^n$,$\left(-\frac{1}{2}<x<\frac{1}{2}\right)$. 提示:$f(x)=\frac{1}{3}\left(\frac{1}{1-x}-\frac{1}{1+2x}\right)$.

(3) $f(x)=\sum_{n=0}^{\infty}\frac{(2n+1)!!}{2^n n!}x^{2n}$,$(-1<x<1)$. 提示:$f(x)=(1-x^2)^{-\frac{3}{2}}$.

(4) $f(x)=\sum_{n=0}^{\infty}\frac{(-1)^n x^{2n+2}}{(2n)!(2n+2)}$,$x\in R$. 提示:$f(x)=\int_0^x\sum_{n=0}^{\infty}\frac{(-1)^n t^{2n+1}}{(2n)!}\mathrm{d}t=\sum_{n=0}^{\infty}\frac{(-1)^n}{(2n)!}\int_0^x t^{2n+1}\mathrm{d}t$.

(5) $f(x)=\sum\limits_{n=0}^{\infty}(-1)^n\dfrac{x^{4n+2}}{4^{2n+1}(2n+1)}$. 提示：$f'(x)=\dfrac{8x}{16+x^4}=\dfrac{x}{2}\sum\limits_{n=0}^{\infty}\left(-\dfrac{x^4}{16}\right)^n=\sum\limits_{n=0}^{\infty}(-1)^n\dfrac{x^{4n+1}}{2^{4n+1}}$.

19.10　$f(x)=\ln\dfrac{x}{1+x}=-\ln 2+\sum\limits_{n=1}^{\infty}(-1)^{n-1}\dfrac{(x-1)^n}{n}+\sum\limits_{n=1}^{\infty}(-1)^{n-1}\dfrac{(x-1)^n}{2^n n}$.

提示：令 $t=x-1$，则 $f=\ln\dfrac{1+t}{2+t}=\ln(1+t)-\ln 2-\ln\left(1+\dfrac{t}{2}\right)$.

19.11　$f^{(2k)}(0)=0, f'(0)=1, f^{(2k+1)}(0)=\dfrac{(-1)^k(2k-1)!!(2k)!}{2^k k!}$. 提示：利用 $f'(x)=\dfrac{1}{\sqrt{1+x^2}}=(1+x^2)^{-\frac{1}{2}}=1+\sum\limits_{n=1}^{\infty}\dfrac{(-1)^n(2n-1)!!}{2^n n!}x^{2n}$.

19.12　提示：先证明 $F(x)=\int_0^x\sum\limits_{n=1}^{\infty}\dfrac{\cos nt}{\sqrt{n^3+n}}\mathrm{d}t=\sum\limits_{n=1}^{\infty}\dfrac{\sin nx}{n\sqrt{n^3+n}}$，则有 $F\left(\dfrac{\pi}{2}\right)=\sum\limits_{k=0}^{\infty}\dfrac{(-1)^k}{(2k+1)\sqrt{(2k+1)^3+(2k+1)}}$，该级数满足莱布尼茨判别法的条件.

19.13　提示：先证明 $(f(x)+f(1-x)+\ln x\ln(1-x))'=0$，然后利用 $\lim\limits_{x\to1-}(f(x)+f(1-x)+\ln x\ln(1-x))=\sum\limits_{n=1}^{\infty}\dfrac{1}{n^2}=\dfrac{\pi^2}{6}$.

19.14　提示：当 $f(x)$ 是 $[-\pi,\pi]$ 上的连续函数时，$f(x)=\dfrac{a_0}{2}+\sum\limits_{n=1}^{\infty}(a_n\cos nx+b_n\sin nx)$.

19.15　提示：把 $f(x)$ 偶延拓到 $[-\pi,0]$ 上，可证 $f(x)=\sum\limits_{n=1}^{\infty}a_n\cos nx$，$f'(x)=\sum\limits_{n=1}^{\infty}-na_n\sin nx$，再利用上题的结论即得.

19.16　提示：利用傅里叶系数的定义，并作变量替换 $t=x+\pi$.

第二十讲　多元函数的极限连续偏导可微

(一) 内容要点

1. 二元函数的极限

(1) 设函数 $f(x,y)$ 在 D 内有定义，(x_0,y_0) 是 D 的聚点，若 $\forall \varepsilon>0$，$\exists \delta>0$，使得对任意满足 $0<\sqrt{(x-x_0)^2+(y-y_0)^2}<\delta$ 且 $(x,y)\in D$ 的 (x,y) 都有 $|f(x,y)-A|<\varepsilon$ 成立，则称 $f(x,y)$ 在 (x_0,y_0) 点的极限为 A，记为 $\lim\limits_{\substack{x\to x_0\\y\to y_0}}f(x,y)=A$.

(2) 若能找到两条特殊的趋于 (x_0,y_0) 的路径，使得当 (x,y) 沿这两条路径趋于 (x_0,y_0) 时，$f(x,y)$ 的极限不相等，则说明 $f(x,y)$ 在 (x_0,y_0) 点的极限不存在.

(3) 若 $\lim\limits_{\substack{x\to x_0\\y\to y_0}}f(x,y)=A$，$\lim\limits_{\substack{x\to x_0\\y\to y_0}}g(x,y)=B$，则

$$\lim_{\substack{x\to x_0\\y\to y_0}}(af(x,y)+bg(x,y))=aA+bB;$$

$$\lim_{\substack{x\to x_0\\y\to y_0}}f(x,y)g(x,y)=AB;$$

$$\lim_{\substack{x\to x_0\\y\to y_0}}\frac{f(x,y)}{g(x,y)}=\frac{A}{B}\ (B\neq 0).$$

2. 二元函数的连续性

(1) 若 $\lim\limits_{\substack{x\to x_0\\y\to y_0}}f(x,y)=f(x_0,y_0)$，则称 $f(x,y)$ 在 (x_0,y_0) 点连续. 若 $f(x,y)$ 在 D 内的每个点都连续，则称 $f(x,y)$ 在 D 内连续.

(2) 二元初等函数是由常数和基本初等函数经过有限次四则运算和复合运算构成的用一个式子表示的二元函数. 二元初等函数在其定义域内是连续的.

3. 偏导数

若极限 $\lim\limits_{\Delta x\to 0}\dfrac{f(x_0+\Delta x,y_0)-f(x_0,y_0)}{\Delta x}$ 存在，则称 $f(x,y)$ 在 (x_0,y_0) 点关于 x 的偏导数存在，记为 $\left.\dfrac{\partial f}{\partial x}\right|_{\substack{x=x_0\\y=y_0}}$ 或 $f_x(x_0,y_0)$. 类似地，$f_y(x_0,y_0)=\lim\limits_{\Delta y\to 0}\dfrac{f(x_0,y_0+\Delta y)-f(x_0,y_0)}{\Delta y}$.

4. 全微分

若函数 $z=f(x,y)$ 在 (x,y) 点的全增量 $\Delta z=f(x+\Delta x,y+\Delta y)-f(x,y)$ 可表示为

$\Delta z=A\Delta x+B\Delta y+o(\rho)$，其中 A,B 与 $\Delta x,\Delta y$ 无关，$\rho=\sqrt{\Delta x^2+\Delta y^2}$，则称 $f(x,y)$ 在 (x,y) 点可微，称 $A\Delta x+B\Delta y$ 为 $f(x,y)$ 在 (x,y) 点的全微分，记为 $dz=Adx+Bdy$.

5. 连续、偏导数、可微之间的关系

(1) $f(x,y)$ 在 (x_0,y_0) 点的两个偏导数都存在不能保证 $f(x,y)$ 在 (x_0,y_0) 点连续. 反过来也是一样.

(2) 若 $f(x,y)$ 在 (x_0,y_0) 点可微，则 $f(x,y)$ 在 (x_0,y_0) 点连续. 但反过来不一定成立.

(3) 若 $f(x,y)$ 在 (x_0,y_0) 点可微，则 $f(x,y)$ 在 (x_0,y_0) 点的两个偏导数都存在. 反过来不一定成立.

(4) 若 $f(x,y)$ 在 (x_0,y_0) 点的两个偏导数都存在且连续，则 $f(x,y)$ 在 (x_0,y_0) 点可微. 反过来不一定成立.

（二）例题选讲

例 20.1　求下列极限：

(1) $\lim\limits_{\substack{x\to 2\\ y\to\infty}}\dfrac{xy-1}{2y+1}$；

(2) $\lim\limits_{\substack{x\to 0\\ y\to 0}}\dfrac{xy-\sin(xy)}{xy-xy\cos(xy)}$；

(3) $\lim\limits_{\substack{x\to 0\\ y\to 0}}\dfrac{xy}{\sqrt{x^2+y^2}}$；

(4) $\lim\limits_{\substack{x\to\infty\\ y\to\infty}}\dfrac{x^2+y^2}{x^4+y^4}$；

(5) $\lim\limits_{\substack{x\to\infty\\ y\to\infty}}\left(\dfrac{xy}{x^2+y^2}\right)^{x^2}$；

(6) $\lim\limits_{\substack{x\to 0\\ y\to 0}}\dfrac{2x^3-3y^4}{3x^2-2xy+y^2}$；

(7) $\lim\limits_{\substack{x\to 0\\ y\to 0}}\dfrac{xy^2}{x^2+y^2+y^4}$；

(8) $\lim\limits_{\substack{x\to 0\\ y\to 0}}(x^2+y^2)^{x^2y^2}$.

解　(1) $\lim\limits_{\substack{x\to 2\\ y\to\infty}}\dfrac{xy-1}{2y+1}=\lim\limits_{\substack{x\to 2\\ y\to\infty}}\dfrac{x-\dfrac{1}{y}}{2+\dfrac{1}{y}}=1$.

(2) $\lim\limits_{\substack{x\to 0\\ y\to 0}}\dfrac{xy-\sin(xy)}{xy-xy\cos(xy)}=\lim\limits_{t=xy\to 0}\dfrac{t-\sin t}{t-t\cos t}=\lim\limits_{t\to 0}\dfrac{\dfrac{1}{3}t^3+o(t^3)}{\dfrac{1}{2}t^3+o(t^3)}=\dfrac{2}{3}$.

(3) 由于 $0\leqslant\left|\dfrac{xy}{\sqrt{x^2+y^2}}\right|=\dfrac{|x|}{\sqrt{x^2+y^2}}|y|\leqslant|y|\to 0$，因此 $\lim\limits_{\substack{x\to 0\\ y\to 0}}\dfrac{xy}{\sqrt{x^2+y^2}}=0$.

评注：或者可以令 $x=r\cos\theta,y=r\sin\theta$，则 $0\leqslant\left|\dfrac{xy}{\sqrt{x^2+y^2}}\right|=\left|\dfrac{r^2\cos\theta\sin\theta}{r}\right|\leqslant r\to 0$，从而有 $\lim\limits_{\substack{x\to 0\\ y\to 0}}\dfrac{xy}{\sqrt{x^2+y^2}}=0$. 注意在这种做法里，$\theta$ 应该是任意的，即最后求极限的过程中应该与 θ 无关.

(4) 由于 $0\leqslant\dfrac{x^2+y^2}{x^4+y^4}=\dfrac{x^2}{x^4+y^4}+\dfrac{y^2}{x^4+y^4}\leqslant\dfrac{1}{x^2}+\dfrac{1}{y^2}\to 0$，因此 $\lim\limits_{\substack{x\to\infty\\ y\to\infty}}\dfrac{x^2+y^2}{x^4+y^4}=0$.

(5) 由于 $0\leqslant\left(\dfrac{|xy|}{x^2+y^2}\right)^{x^2}\leqslant\left(\dfrac{1}{2}\right)^{x^2}\to 0,x\to\infty$，因此 $\lim\limits_{\substack{x\to\infty\\ y\to\infty}}\left(\dfrac{xy}{x^2+y^2}\right)^{x^2}=0$.

(6) 由于

$$0\leqslant\left|\frac{2x^3-3y^4}{3x^2-2xy+y^2}\right|\leqslant\frac{2|x|^3}{2x^2+(x-y)^2}+\frac{3y^4}{\left(\sqrt{3}x-\frac{1}{\sqrt{3}}y\right)^2+\frac{2}{3}y^2}\leqslant|x|+\frac{9}{2}y^2\to 0,$$

因此$\lim\limits_{\substack{x\to 0\\y\to 0}}\frac{2x^3-3y^4}{3x^2-2xy+y^2}=0$.

(7) 由于 $0\leqslant\frac{|xy^2|}{x^2+y^2+y^4}\leqslant\frac{|xy|}{x^2+y^2}|y|\leqslant\frac{1}{2}|y|\to 0$,因此$\lim\limits_{\substack{x\to 0\\y\to 0}}\frac{xy^2}{x^2+y^2+y^4}=0$.

(8) $0\leqslant(x^2+y^2)^{x^2y^2}=\left[(x^2+y^2)^{x^2+y^2}\right]^{\frac{x^2y^2}{x^2+y^2}}$,而 $0\leqslant\frac{x^2y^2}{x^2+y^2}\leqslant y^2\to 0$,因此$\lim\limits_{\substack{x\to 0\\y\to 0}}(x^2+y^2)^{x^2y^2}=1^0=1$.

例 20.2 证明下列极限不存在:

(1) $\lim\limits_{\substack{x\to 0\\y\to 0}}\frac{xy}{x^2+y^2}$;

(2) $\lim\limits_{\substack{x\to 0\\y\to 0}}\frac{x^2y}{x^4+y^2}$;

(3) $\lim\limits_{\substack{x\to +\infty\\y\to +\infty}}\frac{x^2+y^2}{\arctan x+(x-y)^2}$;

(4) $\lim\limits_{\substack{x\to 0\\y\to 0}}\frac{x^3y+xy^4+x^2y}{x+y}$.

解 (1) 当(x,y)沿着 $y=kx$ 趋于$(0,0)$时,$\frac{xy}{x^2+y^2}=\frac{kx^2}{x^2+k^2x^2}\to\frac{k}{1+k^2}$与 k 有关,因此原极限不存在.

(2) 当(x,y)沿着 $y=kx^2$ 趋于$(0,0)$时,$\frac{x^2y}{x^4+y^2}=\frac{kx^4}{x^4+k^2x^4}\to\frac{k}{1+k^2}$与 k 有关,因此原极限不存在.

(3) 当(x,y)沿着 y 轴$(x=0)$趋于$(+\infty,+\infty)$时,$\frac{x^2+y^2}{\arctan x+(x-y)^2}=\frac{y^2}{y^2}\to 1$,而当$(x,y)$沿着 $y=x$ 趋于$(+\infty,+\infty)$时,$\frac{x^2+y^2}{\arctan x+(x-y)^2}=\frac{2x^2}{\arctan x}\to\infty$,因此原极限不存在.

(4) 当(x,y)沿着 y 轴$(x=0)$趋于$(0,0)$时,$\frac{x^3y+xy^4+x^2y}{x+y}=\frac{0}{x}\to 0$,而当$(x,y)$沿着 $y=x^3-x$趋于$(0,0)$时,$\frac{x^3y+xy^4+x^2y}{x+y}=\frac{-x^3+o(x^3)}{x^3}\to -1$,故原极限不存在.

评注:本题中当(x,y)沿着任意直线 $y=kx$ 和二次曲线 $y=kx^2$ 趋于$(0,0)$时,极限都是0,但这并不能保证原极限存在.事实上,原极限的确是不存在的.

例 20.3 讨论下列函数的连续性:

(1) $f(x,y)=\begin{cases}x\sin\frac{1}{y}, & y\neq 0\\ 0, & y=0\end{cases}$;

(2) $f(x,y)=\begin{cases}\frac{\sin xy}{x}, & x\neq 0\\ y, & x=0\end{cases}$.

解 (1) 显然 $f(x,y)$在 $y_0\neq 0$ 的点都连续. 当 $y_0=0$ 时,若 $x_0=0$,由于$\lim\limits_{\substack{x\to 0\\y\to 0}}f(x,y)=$

$\lim\limits_{\substack{x\to 0\\y\to 0}} x\sin\dfrac{1}{y}=0=f(0,0)$，故 $f(x,y)$ 在 $(0,0)$ 点连续；若 $x_0\neq 0$，由于 $\lim\limits_{\substack{x\to x_0\\y\to 0}} f(x,y)=\lim\limits_{\substack{x\to x_0\\y\to 0}} x\sin\dfrac{1}{y}$ 不存在，因此 $f(x,y)$ 在 $(x_0,0)(x_0\neq 0)$ 点不连续.

评注：上题中用到了结论 $\lim\limits_{x\to\infty}\sin x$ 不存在，这个结论我们在第 16 讲中证明过了.

(2) 显然 $f(x,y)$ 在 $x_0\neq 0$ 的点都连续. 当 $x_0=0$ 时，由于 $\lim\limits_{\substack{x\to 0\\y\to y_0}} f(x,y)=\lim\limits_{\substack{x\to 0\\y\to y_0}}\dfrac{\sin xy}{x}=\lim\limits_{\substack{x\to 0\\y\to y_0}}\dfrac{\sin xy}{xy}y=y_0=f(0,y_0)$，因此 $f(x,y)$ 在所有点都连续.

例 20.4　设 $f(x,y)=\begin{cases}1, & xy\neq 0\\ 0, & xy=0\end{cases}$，求其在原点处的偏导数.

解　由定义有

$$\frac{\partial f}{\partial x}(0,0)=\lim_{\Delta x\to 0}\frac{f(\Delta x,0)-f(0,0)}{\Delta x}=\lim_{\Delta x\to 0}\frac{0-0}{\Delta x}=0$$

$$\frac{\partial f}{\partial y}(0,0)=\lim_{\Delta y\to 0}\frac{f(0,\Delta y)-f(0,0)}{\Delta y}=\lim_{\Delta y\to 0}\frac{0-0}{\Delta y}=0$$

例 20.5　求函数 $z=f(x,y)=x+(y-2)\arcsin\sqrt{\dfrac{x}{y}}$ 在 $(0,2)$ 点的偏导数.

解　$\dfrac{\partial f}{\partial x}(0,2)=\dfrac{\mathrm{d}f(x,2)}{\mathrm{d}x}\bigg|_{x=0}=\dfrac{\mathrm{d}(x)}{\mathrm{d}x}\bigg|_{x=0}=1$，$\dfrac{\partial f}{\partial y}(0,2)=\dfrac{\mathrm{d}f(0,y)}{\mathrm{d}y}\bigg|_{y=2}=\dfrac{\mathrm{d}(0)}{\mathrm{d}x}\bigg|_{y=2}=0$.

评注：在计算偏导数时有时把另一个分量的值先代入会大大地简化计算过程.

例 20.6　设 $f(x,y)=\begin{cases}xy\dfrac{x^2-y^2}{x^2+y^2}, & x^2+y^2\neq 0\\ 0, & x^2+y^2=0\end{cases}$，求 $f_{xx}(0,0)$ 和 $f_{yy}(0,0)$.

解　先计算一阶偏导数. 当 $(x,y)\neq(0,0)$ 时，有

$$f_x(x,y)=\frac{(3x^2y-y^3)(x^2+y^2)-2x^2y(x^2-y^2)}{(x^2+y^2)^2}=\frac{x^4y+4x^2y^3-y^5}{(x^2+y^2)^2}$$

$$f_y(x,y)=\frac{(x^3-3xy^2)(x^2+y^2)+2xy^2(x^2-y^2)}{(x^2+y^2)^2}=\frac{x^5-5xy^4}{(x^2+y^2)^2}$$

而当 $(x,y)=(0,0)$ 时，

$$f_x(0,0)=\lim_{\Delta x\to 0}\frac{f(\Delta x,0)-f(0,0)}{\Delta x}=\lim_{\Delta x\to 0}\frac{0-0}{\Delta x}=0$$

$$f_y(0,0)=\lim_{\Delta y\to 0}\frac{f(0,\Delta y)-f(0,0)}{\Delta y}=\lim_{\Delta y\to 0}\frac{0-0}{\Delta y}=0$$

因此

$$f_{xx}(0,0)=\lim_{\Delta x\to 0}\frac{f_x(\Delta x,0)-f_x(0,0)}{\Delta x}=\lim_{\Delta x\to 0}\frac{0-0}{\Delta x}=0$$

$$f_{yy}(0,0)=\lim_{\Delta y\to 0}\frac{f_y(0,\Delta y)-f_y(0,0)}{\Delta y}=\lim_{\Delta y\to 0}\frac{0-0}{\Delta y}=0$$

例 20.7　讨论 $f(x,y)=\begin{cases}x+y+\dfrac{x^3y}{x^4+y^2}, & x^2+y^2\neq 0\\ 0, & x^2+y^2=0\end{cases}$ 在原点处的连续性、偏导数存在性和可微性.

解 当$(x,y)\to(0,0)$时,$0\leqslant\dfrac{|x^3y|}{x^4+y^2}=\dfrac{|x^2y|}{x^4+y^2}|x|\leqslant\dfrac{1}{2}|x|\to0$,因此就有

$$\lim_{\substack{x\to0\\y\to0}}f(x,y)=\lim_{\substack{x\to0\\y\to0}}\left(x+y+\frac{x^3y}{x^4+y^2}\right)=0=f(0,0)$$

故$f(x,y)$在$(0,0)$点连续. 由偏导数的定义有

$$f_x(0,0)=\lim_{\Delta x\to0}\frac{f(\Delta x,0)-f(0,0)}{\Delta x}=\lim_{\Delta x\to0}\frac{\Delta x-0}{\Delta x}=1$$

$$f_y(0,0)=\lim_{\Delta y\to0}\frac{f(0,\Delta y)-f(0,0)}{\Delta y}=\lim_{\Delta y\to0}\frac{\Delta y-0}{\Delta y}=1$$

即两个偏导数都存在,且都等于1. 下面考虑

$$\begin{aligned}&f(\Delta x,\Delta y)-f(0,0)-f_x(0,0)\Delta x-f_y(0,0)\Delta y\\&=\Delta x+\Delta y+\frac{\Delta x^3\Delta y}{\Delta x^4+\Delta y^2}-0-\Delta x-\Delta y=\frac{\Delta x^3\Delta y}{\Delta x^4+\Delta y^2}\end{aligned}$$

对于极限$\lim\limits_{\substack{x\to0\\y\to0}}\dfrac{x^3y}{(x^4+y^2)\sqrt{x^2+y^2}}$,当$(x,y)$沿着$y=kx^2$趋于$(0,0)$时,

$$\frac{x^3y}{(x^4+y^2)\sqrt{x^2+y^2}}=\frac{kx^5}{2x^5\sqrt{1+k^2x^2}}\to\frac{k}{2}$$

与k有关,故极限不存在. 这表明$\lim\limits_{\substack{\Delta x\to0\\\Delta y\to0}}\dfrac{f(\Delta x,\Delta y)-f(0,0)-f_x(0,0)\Delta x-f_y(0,0)\Delta y}{\sqrt{\Delta x^2+\Delta y^2}}$不为零,从而函数在$(0,0)$点不可微.

例 20.8 设 $f(x,y)=\begin{cases}(x^2+y^2)\sin\dfrac{1}{x^2+y^2}, & x^2+y^2\neq0\\0, & x^2+y^2=0\end{cases}$,证明在$(0,0)$点的邻域内$f_x(x,y)$和$f_y(x,y)$均存在,且$f$在$(0,0)$点可微,但$f_x(x,y)$和$f_y(x,y)$在$(0,0)$点不连续.

证明 当$(x,y)\neq(0,0)$时,有

$$f_x(x,y)=2x\sin\frac{1}{x^2+y^2}-\frac{2x}{x^2+y^2}\cos\frac{1}{x^2+y^2}$$

$$f_y(x,y)=2y\sin\frac{1}{x^2+y^2}-\frac{2y}{x^2+y^2}\cos\frac{1}{x^2+y^2}$$

而当$(x,y)=(0,0)$时,有

$$f_x(0,0)=\lim_{\Delta x\to0}\frac{f(\Delta x,0)-f(0,0)}{\Delta x}=\lim_{\Delta x\to0}\frac{\Delta x^2\sin\dfrac{1}{\Delta x^2}}{\Delta x}=0$$

$$f_y(0,0)=\lim_{\Delta y\to0}\frac{f(0,\Delta y)-f(0,0)}{\Delta y}=\lim_{\Delta y\to0}\frac{\Delta y^2\sin\dfrac{1}{\Delta y^2}}{\Delta y}=0$$

这表明在$(0,0)$点的邻域内,$f_x(x,y)$和$f_y(x,y)$都存在. 又

$$\begin{aligned}&\lim_{\substack{\Delta x\to0\\\Delta y\to0}}\frac{f(\Delta x,\Delta y)-f(0,0)-f_x(0,0)\Delta x-f_y(0,0)\Delta y}{\sqrt{\Delta x^2+\Delta y^2}}\\&=\lim_{\substack{\Delta x\to0\\\Delta y\to0}}\frac{(\Delta x^2+\Delta y^2)\sin\dfrac{1}{\Delta x^2+\Delta y^2}}{\sqrt{\Delta x^2+\Delta y^2}}=\lim_{\substack{\Delta x\to0\\\Delta y\to0}}\sqrt{\Delta x^2+\Delta y^2}\sin\frac{1}{\Delta x^2+\Delta y^2}=0\end{aligned}$$

这表明 $f(x,y)$ 在 $(0,0)$ 点可微. 考虑极限

$$\lim_{\substack{x\to 0\\y\to 0}}f_x(x,y)=\lim_{\substack{x\to 0\\y\to 0}}\left(2x\sin\frac{1}{x^2+y^2}-\frac{2x}{x^2+y^2}\cos\frac{1}{x^2+y^2}\right)$$

易有 $\lim\limits_{\substack{x\to 0\\y\to 0}}2x\sin\frac{1}{x^2+y^2}=0$,而对于极限 $\lim\limits_{\substack{x\to 0\\y\to 0}}\frac{2x}{x^2+y^2}\cos\frac{1}{x^2+y^2}$,取 $y=0$,容易看出极限不存在,故 $\lim\limits_{\substack{x\to 0\\y\to 0}}\frac{2x}{x^2+y^2}\cos\frac{1}{x^2+y^2}$ 不存在,这表明 $\lim\limits_{\substack{x\to 0\\y\to 0}}f_x(x,y)$ 不存在,即 $f_x(x,y)$ 在 $(0,0)$ 点不连续. 类似可证 $f_y(x,y)$ 在 $(0,0)$ 点也不连续.

例 20.9 设 $f(x,y)=|x-y|g(x,y)$,其中 $g(x,y)$ 在原点的某个邻域内连续,且 $g(0,0)=0$,证明 $f(x,y)$ 在原点处可微.

证明 由于 $g(x,y)$ 在原点的某个邻域内连续,且 $g(0,0)=0$,故 $f(0,0)=0$,而且有 $f_x(0,0)=\lim\limits_{\Delta x\to 0}\frac{f(\Delta x,0)-f(0,0)}{\Delta x}=\lim\limits_{\Delta x\to 0}\frac{|\Delta x|g(\Delta x,0)}{\Delta x}=0$,类似可得 $f_y(0,0)=0$.

考虑 $\frac{f(\Delta x,\Delta y)-f(0,0)-f_x(0,0)\Delta x-f_y(0,0)\Delta y}{\sqrt{\Delta x^2+\Delta y^2}}=\frac{|\Delta x-\Delta y|g(\Delta x,\Delta y)}{\sqrt{\Delta x^2+\Delta y^2}}$,由于 $0\leqslant\frac{|\Delta x-\Delta y|}{\sqrt{\Delta x^2+\Delta y^2}}\leqslant\frac{|\Delta x|}{\sqrt{\Delta x^2+\Delta y^2}}+\frac{|\Delta y|}{\sqrt{\Delta x^2+\Delta y^2}}\leqslant 2$,而 $\lim\limits_{\substack{\Delta x\to 0\\\Delta y\to 0}}g(\Delta x,\Delta y)=g(0,0)=0$,因此 $\lim\limits_{\substack{\Delta x\to 0\\\Delta y\to 0}}\frac{f(\Delta x,\Delta y)-f(0,0)-f_x(0,0)\Delta x-f_y(0,0)\Delta y}{\sqrt{\Delta x^2+\Delta y^2}}=\lim\limits_{\substack{\Delta x\to 0\\\Delta y\to 0}}\frac{|\Delta x-\Delta y|g(\Delta x,\Delta y)}{\sqrt{\Delta x^2+\Delta y^2}}=0$,这表明 $f(x,y)$ 在原点处可微.

例 20.10 设 $f(x,y)$ 在点 (x_0,y_0) 连续,$g(x,y)$ 在点 (x_0,y_0) 可微,且 $g(x_0,y_0)=0$,证明函数 $h(x,y)=f(x,y)g(x,y)$ 在 (x_0,y_0) 处可微.

证明 先求函数 $h(x,y)$ 在 (x_0,y_0) 点的偏导数.

$$\begin{aligned}h_x(x_0,y_0)&=\lim_{\Delta x\to 0}\frac{h(x_0+\Delta x,y_0)-h(x_0,y_0)}{\Delta x}\\&=\lim_{\Delta x\to 0}\frac{f(x_0+\Delta x,y_0)g(x_0+\Delta x,y_0)-f(x_0,y_0)g(x_0,y_0)}{\Delta x}\\&=\lim_{\Delta x\to 0}\frac{g(x_0+\Delta x,y_0)-g(x_0,y_0)}{\Delta x}f(x_0+\Delta x,y_0)\\&=f(x_0,y_0)g_x(x_0,y_0)\end{aligned}$$

这里第三个等式用到了 $g(x_0,y_0)=0$,最后一个等式用到了 $f(x,y)$ 在点 (x_0,y_0) 连续,$g(x,y)$ 在点 (x_0,y_0) 可微. 类似有

$$h_y(x_0,y_0)=f(x_0,y_0)g_y(x_0,y_0)$$

考虑

$$\begin{aligned}&h(x_0+\Delta x,y_0+\Delta y)-h(x_0,y_0)-h_x(x_0,y_0)\Delta x-h_y(x_0,y_0)\Delta y\\=&f(x_0+\Delta x,y_0+\Delta y)g(x_0+\Delta x,y_0+\Delta y)-f(x_0,y_0)g(x_0,y_0)-\\&\qquad f(x_0,y_0)g_x(x_0,y_0)\Delta x-f(x_0,y_0)g_y(x_0,y_0)\Delta y\\=&(f(x_0+\Delta x,y_0+\Delta y)-f(x_0,y_0))g(x_0+\Delta x,y_0+\Delta y)+\\&f(x_0,y_0)(g(x_0+\Delta x,y_0+\Delta y)-g(x_0,y_0)-g_x(x_0,y_0)\Delta x-g_y(x_0,y_0)\Delta y)\end{aligned}$$

由于 $g(x,y)$ 在点 (x_0,y_0) 可微,因此有

$$\lim_{\substack{\Delta x\to 0\\\Delta y\to 0}}\frac{g(x_0+\Delta x,y_0+\Delta y)-g(x_0,y_0)-g_x(x_0,y_0)\Delta x-g_y(x_0,y_0)\Delta y}{\sqrt{\Delta x^2+\Delta y^2}}=0$$

又因 $f(x,y)$在点(x_0,y_0)连续,即$\lim\limits_{\substack{\Delta x\to 0\\ \Delta y\to 0}} f(x_0+\Delta x,y_0+\Delta y)-f(x_0,y_0)=0$,因此为了证明

$$\lim_{\substack{\Delta x\to 0\\ \Delta y\to 0}}\frac{h(x_0+\Delta x,y_0+\Delta y)-h(x_0,y_0)-h_x(x_0,y_0)\Delta x-h_y(x_0,y_0)\Delta y}{\sqrt{\Delta x^2+\Delta y^2}}=0$$

接下来只需证明$\dfrac{g(x_0+\Delta x,y_0+\Delta y)}{\sqrt{\Delta x^2+\Delta y^2}}$有界即可. 再次利用 $g(x,y)$在点(x_0,y_0)可微,于是可知,当 $\Delta x,\Delta y$ 充分小时,就有

$$\left|\frac{g(x_0+\Delta x,y_0+\Delta y)}{\sqrt{\Delta x^2+\Delta y^2}}\right|=\left|\frac{g_x(x_0,y_0)\Delta x+g_y(x_0,y_0)\Delta y+o(\sqrt{\Delta x^2+\Delta y^2})}{\sqrt{\Delta x^2+\Delta y^2}}\right|$$
$$\leqslant|g_x(x_0,y_0)|+|g_y(x_0,y_0)|+1$$

这样就证明了函数 $h(x,y)$在(x_0,y_0)处可微.

例 20.11 设 $f(x,y)$的两个偏导数在点(x_0,y_0)的某个邻域内有界,证明 $f(x,y)$在点(x_0,y_0)连续.

证明 考虑

$$\begin{aligned}&f(x_0+\Delta x,y_0+\Delta y)-f(x_0,y_0)\\ =&f(x_0+\Delta x,y_0+\Delta y)-f(x_0+\Delta x,y_0)+f(x_0+\Delta x,y_0)-f(x_0,y_0)\\ =&f_y(x_0+\Delta x,y_0+\theta_1\Delta y)\Delta y+f_x(x_0+\theta_2\Delta x,y_0)\Delta x\end{aligned}$$

由于 $f(x,y)$的两个偏导数在点(x_0,y_0)的某个邻域内有界,因此可设

$$|f_y(x_0+\Delta x,y_0+\theta_1\Delta y)|\leqslant M_2,\ |f_x(x_0+\theta_2\Delta x,y_0)|\leqslant M_1$$

这样就有 $0\leqslant|f(x_0+\Delta x,y_0+\Delta y)-f(x_0,y_0)|\leqslant M_1|\Delta x|+M_2|\Delta y|$,因此

$$\lim_{\substack{\Delta x\to 0\\ \Delta y\to 0}}f(x_0+\Delta x,y_0+\Delta y)-f(x_0,y_0)=0$$

即 $f(x,y)$在(x_0,y_0)点连续.

(三) 练习题

20.1 求下列极限:

(1) $\lim\limits_{\substack{x\to+\infty\\ y\to+\infty}}\dfrac{x^2+y^2}{e^{xy}}$;

(2) $\lim\limits_{\substack{x\to\infty\\ y\to a}}\left(1+\dfrac{1}{x}\right)^{\frac{x^2}{x+y}}$;

(3) $\lim\limits_{\substack{x\to 0\\ y\to 0}}\dfrac{\sin xy}{\sqrt{xy+1}-1}$;

(4) $\lim\limits_{\substack{x\to 0\\ y\to 0}}\dfrac{x^2+y^2}{|x|+|y|}$;

(5) $\lim\limits_{\substack{x\to\infty\\ y\to\infty}}\dfrac{x+y}{xy}$;

(6) $\lim\limits_{\substack{x\to 0\\ y\to 0}}\dfrac{\sin(xy^2)-\tan(xy^2)}{x^3y^6}$;

(7) $\lim\limits_{\substack{x\to 0\\ y\to 0}}(x^2+y^2)\sin\dfrac{1}{x^2y^2}$;

(8) $\lim\limits_{\substack{x\to 0\\ y\to 0}}\dfrac{\sin(x^2y+y^4)}{x^2+y^2}$.

20.2 证明下列极限不存在:

(1) $\lim\limits_{\substack{x\to 0\\ y\to 0}}\dfrac{(1-x)y}{|x|+|y|}$;

(2) $\lim\limits_{\substack{x\to 0\\ y\to 0}}\dfrac{x^2+2y}{x^2-2y}$;

(3) $\lim\limits_{\substack{x\to 0\\ y\to 0}}\dfrac{x^2y^2}{x^2y^2+(y-x)^2}$;

(4) $\lim\limits_{\substack{x\to 0\\ y\to 0}}(1+xy)^{\frac{1}{x+y}}$.

20.3　讨论下列函数的连续性：

(1) $f(x,y)=\begin{cases}\dfrac{2xy}{x^2+y^2}, & x^2+y^2\neq 0\\ 0, & x^2+y^2=0\end{cases}$；

(2) $f(x,y)=\begin{cases}\dfrac{x}{y^2}e^{-\frac{x^2}{y^2}}, & y\neq 0,\\ 0, & y=0\end{cases}$.

20.4　设 $f(x,y)=\begin{cases}x\ln(x^2+y^2), & x^2+y^2\neq 0\\ 0, & x^2+y^2=0\end{cases}$，求其在原点处的偏导数.

20.5　求函数 $z=\arctan\dfrac{x+y-xy}{2-xy}$ 在(0,0)点的偏导数.

20.6　讨论函数 $f(x,y)=\sqrt{x^2+y^2}$ 在(0,0)点的连续性和偏导数存在性.

20.7　证明 $f(x,y)=\begin{cases}\dfrac{xy}{\sqrt{x^2+y^2}}, & x^2+y^2\neq 0\\ 0, & x^2+y^2=0\end{cases}$ 在原点处偏导数存在，但不可微.

20.8　求 $f(x,y)=\begin{cases}(x^2+y^2)\sin\dfrac{1}{\sqrt{x^2+y^2}}, & x^2+y^2\neq 0\\ 0, & x^2+y^2=0\end{cases}$ 的偏导数，并讨论在(0,0)处偏导数的连续性及函数 $f(x,y)$ 的可微性.

20.9　设 $f(x,y)$ 在区域 D 上有定义，$f(x,y)$ 对变量 x 连续，$f_y(x,y)$ 存在且有界，证明 $f(x,y)$ 在 D 内连续.

(四) 答案与提示

20.1　(1) 0. 提示：$e^x>\dfrac{1}{2}x^2$，$\dfrac{x^2+y^2}{e^{xy}}\leqslant\dfrac{x^2+y^2}{\frac{1}{4}x^2y^2}=4\left(\dfrac{1}{x^2}+\dfrac{1}{y^2}\right)\to 0$.

(2) e. 提示：$\left(1+\dfrac{1}{x}\right)^{\frac{x^2}{x+y}}=\left(1+\dfrac{1}{x}\right)^{x\cdot\frac{x}{x+y}}$.

(3) 2.

(4) 0. 提示：$\dfrac{x^2+y^2}{|x|+|y|}=\dfrac{x^2}{|x|+|y|}+\dfrac{y^2}{|x|+|y|}\leqslant|x|+|y|$.

(5) 0.

(6) $-\dfrac{1}{2}$.

(7) 0.

(8) 0. 提示：$\dfrac{|\sin(x^2y+y^4)|}{x^2+y^2}\leqslant\dfrac{|x^2y+y^4|}{x^2+y^2}\leqslant\dfrac{|x^2y|}{x^2+y^2}+\dfrac{y^4}{x^2+y^2}\leqslant|y|+y^2$.

20.2　(1) 提示：考虑 (x,y) 沿着 y 轴 $(x=0)$ 趋于(0,0)时，极限不存在.

(2) 提示：考虑 (x,y) 沿着曲线 $y=kx^2$ 趋于(0,0).

(3) 提示：考虑 (x,y) 沿着 y 轴 $(x=0)$ 和直线 $y=x$ 趋于(0,0).

(4) 提示:$(1+xy)^{\frac{1}{x+y}}=(1+xy)^{\frac{1}{xy}\cdot\frac{xy}{x+y}}$,而$\lim\limits_{\substack{x\to 0\\ y\to 0}}\dfrac{xy}{x+y}$极限不存在.

20.3 (1) 除(0,0)点外都连续.

(2) 除(0,0)点外都连续.

20.4 $f_x(0,0)$不存在,$f_y(0,0)=0$.

20.5 $f_x(0,0)=f_y(0,0)=\dfrac{1}{2}$.

20.6 $f(x,y)$在(0,0)连续,两个偏导数都不存在.

20.7 提示:$f_x(0,0)=f_y(0,0)=0$. 当(x,y)很靠近(0,0)时,若$xy\geqslant 0$,$f(x,y)=0$;若$xy<0$,$f(x,y)=-1$,函数在原点处不连续,从而不可微.

20.8 当$(x,y)\neq(0,0)$时,偏导数为

$$f_x(x,y)=2x\sin\frac{1}{\sqrt{x^2+y^2}}-\frac{x}{\sqrt{x^2+y^2}}\cos\frac{1}{\sqrt{x^2+y^2}}$$

$$f_y(x,y)=2y\sin\frac{1}{\sqrt{x^2+y^2}}-\frac{y}{\sqrt{x^2+y^2}}\cos\frac{1}{\sqrt{x^2+y^2}}$$

而$f_x(0,0)=f_y(0,0)=0$. $f_x(x,y)$和$f_y(x,y)$在(0,0)点都不连续,但$f(x,y)$在(0,0)点可微.

20.9 提示:$f(x_0+\Delta x,y_0+\Delta y)-f(x_0,y_0)$

$=f(x_0+\Delta x,y_0+\Delta y)-f(x_0,y_0+\Delta y)+f(x_0,y_0+\Delta y)-f(x_0,y_0)$

$=f(x_0+\Delta x,y_0+\Delta y)-f(x_0,y_0+\Delta y)+f_y(x_0,y_0+\theta\Delta y)\Delta y$

第二十一讲　多元微分

（一）内容要点

1. 复合函数求导

如果函数 $z=f(u,v)$ 在区域 D 内可微，函数 $u=u(x,y),v=v(x,y)$ 在区域 E 内偏导数存在，且当 $(x,y)\in E$ 时，$(u,v)\in D$，则复合函数 $z=f(u(x,y),v(x,y))$ 在 E 内偏导数存在，且 $\frac{\partial z}{\partial x}=\frac{\partial z}{\partial u}\frac{\partial u}{\partial x}+\frac{\partial z}{\partial v}\frac{\partial v}{\partial x},\frac{\partial z}{\partial y}=\frac{\partial z}{\partial u}\frac{\partial u}{\partial y}+\frac{\partial z}{\partial v}\frac{\partial v}{\partial y}$.

其他情形可依此类推.

2. 一阶全微分形式不变性

设 $z=f(u,v),u=u(x,y),v=v(x,y)$ 都可微，则

$$\mathrm{d}z=\frac{\partial z}{\partial x}\mathrm{d}x+\frac{\partial z}{\partial y}\mathrm{d}y=\frac{\partial z}{\partial u}\mathrm{d}u+\frac{\partial z}{\partial v}\mathrm{d}v$$

3. 隐函数求导

(1) 一个方程的情形：设 $F(x,y,z)$ 在 (x_0,y_0,z_0) 点的某个邻域内具有连续偏导数，且 $F(x_0,y_0,z_0)=0,F_z(x_0,y_0,z_0)\neq 0$，则方程 $F(x,y,z)=0$ 在 (x_0,y_0,z_0) 点的某个邻域内唯一确定一个单值连续且具有连续偏导数的函数 $z=z(x,y)$，满足 $z_0=z(x_0,y_0)$，且 $\frac{\partial z}{\partial x}=-\frac{F_x}{F_z}$，$\frac{\partial z}{\partial y}=-\frac{F_y}{F_z}$.

(2) 方程组的情形：设 $F(x,y,u,v)$ 和 $G(x,y,u,v)$ 在 (x_0,y_0,u_0,v_0) 点的某个邻域内具有对各个变量的连续偏导数，且 $F(x_0,y_0,u_0,v_0)=0,G(x_0,y_0,u_0,v_0)=0$，又 $J=\frac{\partial(F,G)}{\partial(u,v)}=\begin{vmatrix}F_u & F_v\\ G_u & G_v\end{vmatrix}$ 在 (x_0,y_0,u_0,v_0) 点不为零，则方程组 $\begin{cases}F(x,y,u,v)=0\\ G(x,y,u,v)=0\end{cases}$ 在 (x_0,y_0,u_0,v_0) 的某个邻域内唯一确定一组单值连续且具有连续偏导数的函数 $u=u(x,y),v=v(x,y)$，满足 $u_0=u(x_0,y_0),v_0=v(x_0,y_0)$，且

$$\frac{\partial u}{\partial x}=-\frac{1}{J}\frac{\partial(F,G)}{\partial(x,v)},\quad \frac{\partial u}{\partial y}=-\frac{1}{J}\frac{\partial(F,G)}{\partial(y,v)}$$

$$\frac{\partial v}{\partial x}=-\frac{1}{J}\frac{\partial(F,G)}{\partial(u,x)},\quad \frac{\partial v}{\partial y}=-\frac{1}{J}\frac{\partial(F,G)}{\partial(u,y)}$$

其他情形可依此类推.

(二) 例题选讲

例 21.1 求函数 $u=y\cos(x-2y)$ 在 $\left(\frac{\pi}{4},\pi\right)$ 处的全微分 du.

解 $\frac{\partial u}{\partial x}=-y\sin(x-2y)$, $\frac{\partial u}{\partial y}=\cos(x-2y)+2y\sin(x-2y)$, 因此函数在 $\left(\frac{\pi}{4},\pi\right)$ 处的全微分为

$$\begin{aligned}du&=-\pi\sin\left(\frac{\pi}{4}-2\pi\right)dx+\left(\cos\left(\frac{\pi}{4}-2\pi\right)+2\pi\sin\left(\frac{\pi}{4}-2\pi\right)\right)dy\\&=-\frac{\sqrt{2}\pi}{2}dx+\left(\frac{\sqrt{2}}{2}+\sqrt{2}\pi\right)dy\end{aligned}$$

例 21.2 设 $f\left(\frac{x}{z},\frac{y}{z}\right)=0$, f 具有连续偏导数, 求 dz.

解 由题意可知 $z=z(x,y)$. 把 $f\left(\frac{x}{z},\frac{y}{z}\right)=0$ 对 x 求偏导有 $f_1'\cdot\left(\frac{1}{z}-\frac{x}{z^2}z_x\right)+f_2'\cdot\left(-\frac{y}{z^2}z_x\right)=0$, 由此解得 $z_x=\frac{zf_1'}{xf_1'+yf_2'}$. 类似有 $z_y=\frac{zf_2'}{xf_1'+yf_2'}$, 因此有 $dz=\frac{zf_1'}{xf_1'+yf_2'}dx+\frac{zf_2'}{xf_1'+yf_2'}dy$.

另解: 利用微分形式不变性, 对方程取微分可得

$$df\left(\frac{x}{z},\frac{y}{z}\right)=f_1'd\left(\frac{x}{z}\right)+f_2'd\left(\frac{y}{z}\right)=f_1'\cdot\left(\frac{zdx-xdz}{z^2}\right)+f_2'\cdot\left(\frac{zdy-ydz}{z^2}\right)=0$$

由此可解得 $dz=\frac{zf_1'}{xf_1'+yf_2'}dx+\frac{zf_2'}{xf_1'+yf_2'}dy$.

评注: 注意本题的两种方法的区别, 在第一种方法中, z 看作是 x,y 的二元函数, 即 x,y 是自变量, 而 z 是因变量, 它们之间是不一样的, 而在第二种方法中, x,y,z 的地位都是平等的.

例 21.3 设 $u=f(x,z)$, 而 $z=x+y\varphi(z)$, f,φ 可微, 且 $1-y\varphi'(z)\neq 0$, 求 du.

解 由 $u=f(x,z)$ 有 $u_x=f_1'+f_2'z_x$, $u_y=f_2'z_y$, 又由 $z=x+y\varphi(z)$ 有 $z_x=1+y\varphi'z_x$, 即 $z_x=\frac{1}{1-y\varphi'}$, 和 $z_y=\varphi+y\varphi'z_y$, 即 $z_y=\frac{\varphi}{1-y\varphi'}$. 因此有

$$du=\left(f_1'+\frac{f_2'}{1-y\varphi'}\right)dx+\frac{\varphi f_2'}{1-y\varphi'}dy$$

评注: 本题也可以利用微分形式不变性, 但需要注意的是要把 dz 消去.

例 21.4 设 $z=f(x,u,v)$, $u=\varphi(x,v)$, $v=\phi(x,y)$, 求 $\frac{\partial z}{\partial x},\frac{\partial z}{\partial y}$.

解 由 $z=f(x,u,v)$ 有 $\frac{\partial z}{\partial x}=f_1'+f_2'\frac{\partial u}{\partial x}+f_3'\frac{\partial v}{\partial x}$, $\frac{\partial z}{\partial y}=f_2'\frac{\partial u}{\partial y}+f_3'\frac{\partial v}{\partial y}$; 而由 $u=\varphi(x,v)$ 有 $\frac{\partial u}{\partial x}=\varphi_1'+\varphi_2'\frac{\partial v}{\partial x}$, $\frac{\partial u}{\partial y}=\varphi_2'\frac{\partial v}{\partial y}$; 由 $v=\phi(x,y)$ 有 $\frac{\partial v}{\partial x}=\phi_1'$, $\frac{\partial v}{\partial y}=\phi_2'$. 代入即得

$$\frac{\partial z}{\partial x}=f_1'+f_2'\cdot(\varphi_1'+\varphi_2'\phi_1')+f_3'\phi_1',\ \frac{\partial z}{\partial y}=f_2'\varphi_2'\phi_2'+f_3'\phi_2'$$

例 21.5　设 $z=x^3f\left(xy,\dfrac{y}{x}\right)$，$f$ 有连续的二阶偏导数，求$\dfrac{\partial z}{\partial y},\dfrac{\partial^2 z}{\partial y^2},\dfrac{\partial^2 z}{\partial x\partial y}$.

解　把 $z=x^3f\left(xy,\dfrac{y}{x}\right)$对 y 求偏导有

$$\frac{\partial z}{\partial y}=x^3\left(xf_1'+\frac{1}{x}f_2'\right)=x^4f_1'+x^2f_2'$$

再对 y 求偏导有

$$\frac{\partial^2 z}{\partial y^2}=x^4\frac{\partial f_1'}{\partial y}+x^2\frac{\partial f_2'}{\partial y}=x^4\left(xf_{11}''+\frac{1}{x}f_{12}''\right)+x^2\left(xf_{21}''+\frac{1}{x}f_{22}''\right)=x^5f_{11}''+2x^3f_{12}''+xf_{22}''$$

把$\dfrac{\partial z}{\partial y}$再对 x 求偏导有

$$\begin{aligned}\frac{\partial^2 z}{\partial x\partial y}&=4x^3f_1'+x^4\frac{\partial f_1'}{\partial x}+2xf_2'+x^2\frac{\partial f_2'}{\partial x}\\&=4x^3f_1'+2xf_2'+x^4\left(yf_{11}''-\frac{y}{x^2}f_{12}''\right)+x^2\left(yf_{21}''-\frac{y}{x^2}f_{22}''\right)\\&=4x^3f_1'+2xf_2'+x^4yf_{11}''-yf_{22}''\end{aligned}$$

例 21.6　设 $z=f(u,x,y)$，$u=xe^y$，f 有连续的二阶偏导数，求$\dfrac{\partial^2 z}{\partial x\partial y}$.

解　由 $z=f(u,x,y)$有$\dfrac{\partial z}{\partial x}=f_1'\dfrac{\partial u}{\partial x}+f_2'$，又由 $u=xe^y$ 有$\dfrac{\partial u}{\partial x}=e^y$，$\dfrac{\partial u}{\partial y}=xe^y$，因此有$\dfrac{\partial z}{\partial x}=e^yf_1'+f_2'$. 再对 y 求偏导有

$$\begin{aligned}\frac{\partial^2 z}{\partial x\partial y}&=e^yf_1'+e^y\frac{\partial f_1'}{\partial y}+\frac{\partial f_2'}{\partial y}\\&=e^yf_1'+e^y\left(f_{11}''\frac{\partial u}{\partial y}+f_{13}''\right)+f_{21}''\frac{\partial u}{\partial y}+f_{23}''\\&=e^yf_1'+xe^{2y}f_{11}''+e^yf_{13}''+xe^yf_{21}''+f_{23}''\end{aligned}$$

例 21.7　设 $z=f(x,y)$在$(1,1)$处可微，且 $f(1,1)=1$，$f_x(1,1)=2$，$f_y(1,1)=3$，$\varphi(x)=f(x,f(x,x))$，求$\dfrac{d}{dx}\varphi^3(x)\Big|_{x=1}$.

解　$$\begin{aligned}\frac{d}{dx}\varphi^3(x)&=3\varphi^2(x)\frac{d\varphi(x)}{dx}=3\varphi^2(x)\left(f_x(x,f(x,x))+f_y(x,f(x,x))\frac{\partial f(x,x)}{\partial x}\right)\\&=3\varphi^2(x)(f_x(x,f(x,x))+f_y(x,f(x,x))(f_x(x,x)+f_y(x,x)))\end{aligned}$$

因此

$$\begin{aligned}\frac{d}{dx}\varphi^3(x)\Big|_{x=1}&=3\varphi^2(1)(f_x(1,f(1,1))+f_y(1,f(1,1))(f_x(1,1)+f_y(1,1)))\\&=3\varphi^2(1)(f_x(1,1)+f_y(1,1)(f_x(1,1)+f_y(1,1)))\\&=3(1)(2+3(2+3))=51\end{aligned}$$

评注:本题中用链式法则求导时，类似于 $f_x(x,f(x,x))$的偏导数一定要写全，而不能简写成 f_x，那样会引起混淆.

例 21.8　设 $z=z(x,y)$由 $x^2+y^2+z^2=yf\left(\dfrac{z}{y}\right)$确定，其中 f 可导，证明

$$(x^2-y^2-z^2)\frac{\partial z}{\partial x}+2xy\frac{\partial z}{\partial y}=2xz$$

证明 把方程 $x^2+y^2+z^2=yf\left(\frac{z}{y}\right)$ 对 x 求偏导有 $2x+2z\frac{\partial z}{\partial x}=yf'\cdot\left(\frac{1}{y}\frac{\partial z}{\partial x}\right)=f'\frac{\partial z}{\partial x}$，即 $\frac{\partial z}{\partial x}=\frac{2x}{f'-2z}$. 对 y 求偏导有 $2y+2z\frac{\partial z}{\partial y}=f+yf'\cdot\left(\frac{1}{y}\frac{\partial z}{\partial y}-\frac{z}{y^2}\right)=f+f'\frac{\partial z}{\partial y}-\frac{z}{y}f'$，即 $\frac{\partial z}{\partial y}=\frac{2y^2-yf+zf'}{y(f'-2z)}$. 因此有

$$\begin{aligned}(x^2-y^2-z^2)\frac{\partial z}{\partial x}+2xy\frac{\partial z}{\partial y}&=(x^2-y^2-z^2)\frac{2x}{f'-2z}+2xy\frac{2y^2-yf+zf'}{y(f'-2z)}\\&=\frac{2x}{f'-2z}(x^2-y^2-z^2+2y^2-yf+zf')\\&=\frac{2x}{f'-2z}(x^2+y^2-z^2-yf+zf')\\&=\frac{2x}{f'-2z}(zf'-2z^2)=2xz\end{aligned}$$

例 21.9 设 $u=u(x,y,z)$ 是由方程 $\frac{x^2}{a^2+u}+\frac{y^2}{b^2+u}+\frac{z^2}{c^2+u}=1$ 所确定的隐函数，证明 $u_x^2+u_y^2+u_z^2=2(xu_x+yu_y+zu_z)$.

证明 把方程 $\frac{x^2}{a^2+u}+\frac{y^2}{b^2+u}+\frac{z^2}{c^2+u}=1$ 对 x 求偏导有

$$\frac{2x}{a^2+u}-\frac{x^2}{(a^2+u)^2}u_x-\frac{y^2}{(b^2+u)^2}u_x-\frac{z^2}{(c^2+u)^2}u_x=0$$

若记 $d=\frac{x^2}{(a^2+u)^2}+\frac{y^2}{(b^2+u)^2}+\frac{z^2}{(c^2+u)^2}$，则 $u_x=\frac{2x}{d(a^2+u)}$. 类似有 $u_y=\frac{2y}{d(b^2+u)}$，$u_z=\frac{2z}{d(c^2+u)}$. 因此

$$\begin{aligned}&u_x^2+u_y^2+u_z^2-2(xu_x+yu_y+zu_z)\\&=\frac{4x^2}{d^2(a^2+u)^2}+\frac{4y^2}{d^2(b^2+u)^2}+\frac{4z^2}{d^2(c^2+u)^2}-\frac{4x^2}{d(a^2+u)}-\frac{4y^2}{d(b^2+u)}-\frac{4z^2}{d(c^2+u)}\\&=\frac{4d}{d^2}-\frac{4}{d}\left(\frac{x^2}{a^2+u}+\frac{y^2}{b^2+u}+\frac{z^2}{c^2+u}\right)=\frac{4}{d}-\frac{4}{d}=0\end{aligned}$$

其中第二个等号用到了 d 的定义，而第三个等号用到了方程 $\frac{x^2}{a^2+u}+\frac{y^2}{b^2+u}+\frac{z^2}{c^2+u}=1$.

例 21.10 设 $z=f(u,v)$，而 u,v 为由方程组 $u+v=g(xy)$，$u-v=h\left(\frac{x}{y}\right)$ 确定的 x,y 的函数，且 f,g,h 均可微，求 $\frac{\partial z}{\partial x}$，$\frac{\partial z}{\partial y}$.

解 把 $u+v=g(xy)$，$u-v=h\left(\frac{x}{y}\right)$ 分别对 x 和 y 求偏导有

$$\frac{\partial u}{\partial x}+\frac{\partial v}{\partial x}=yg',\ \frac{\partial u}{\partial x}-\frac{\partial v}{\partial x}=\frac{1}{y}h',\ \frac{\partial u}{\partial y}+\frac{\partial v}{\partial y}=xg',\ \frac{\partial u}{\partial y}-\frac{\partial v}{\partial y}=-\frac{x}{y^2}h'$$

从而有

$$\frac{\partial u}{\partial x}=\frac{1}{2}\left(yg'+\frac{1}{y}h'\right),\ \frac{\partial v}{\partial x}=\frac{1}{2}\left(yg'-\frac{1}{y}h'\right)$$

$$\frac{\partial u}{\partial y}=\frac{1}{2}\left(xg'-\frac{x}{y^2}h'\right),\ \frac{\partial v}{\partial y}=\frac{1}{2}\left(xg'+\frac{x}{y^2}h'\right)$$

因此就有

$$\frac{\partial z}{\partial x}=f_1'\frac{\partial u}{\partial x}+f_2'\frac{\partial v}{\partial x}=\frac{f_1'}{2}\left(yg'+\frac{1}{y}h'\right)+\frac{f_2'}{2}\left(yg'-\frac{1}{y}h'\right)$$

$$\frac{\partial z}{\partial y}=f_1'\frac{\partial u}{\partial y}+f_2'\frac{\partial v}{\partial y}=\frac{f_1'}{2}\left(xg'-\frac{x}{y^2}h'\right)+\frac{f_2'}{2}\left(xg'+\frac{x}{y^2}h'\right)$$

例 21.11　设 $f(x,y)$ 为 n 阶齐次函数(即 $\forall t>0$ 有 $f(tx,ty)=t^nf(x,y)$，其中 n 是固定的非负整数)，且 $f(x_0,y_0)=a$，求 $(x^2f_{xx}+2xyf_{xy}+y^2f_{yy})\big|_{x=x_0,y=y_0}$.

解　将 $f(tx,ty)=t^nf(x,y)$ 两边对 t 求导数，得

$$xf_x(tx,ty)+yf_y(tx,ty)=nt^{n-1}f(x,y)$$

再对 t 求导得

$$x(xf_{xx}(tx,ty)+yf_{xy}(tx,ty))+y(xf_{yx}(tx,ty)+yf_{yy}(tx,ty))=n(n-1)t^{n-2}f(x,y)$$

在上式中令 $t=1,x=x_0,y=y_0$，即有

$$(x^2f_{xx}+2xyf_{xy}+y^2f_{yy})\big|_{x=x_0,y=y_0}=n(n-1)f(x_0,y_0)=an(n-1)$$

评注:题中是把 x,y 看成固定值，把 f 看做是 t 的函数，对 t 求两次导数得到.

例 21.12　设 $u=f(x,y,z)$，而 $z=z(x,y)$ 由 $\varphi(x^2,\mathrm{e}^y,z)=0$ 确定，且 $y=\sin x$，f,φ 均有一阶偏导数，$\frac{\partial\varphi}{\partial z}\neq0$，求 $\frac{\mathrm{d}u}{\mathrm{d}x}$.

解　把 $\varphi(x^2,\mathrm{e}^y,z)=0$ 对 x 求导数有 $\varphi_1'\cdot2x+\varphi_2'\cdot\mathrm{e}^y\frac{\mathrm{d}y}{\mathrm{d}x}+\varphi_3'\frac{\mathrm{d}z}{\mathrm{d}x}=0$，又由于 $y=\sin x$，即 $\frac{\mathrm{d}y}{\mathrm{d}x}=\cos x$，从而有 $\frac{\mathrm{d}z}{\mathrm{d}x}=\frac{1}{\varphi_3'}(2x\varphi_1'+\mathrm{e}^y\cos x\varphi_2')$. 因此

$$\frac{\mathrm{d}u}{\mathrm{d}x}=f_1'+f_2'\frac{\mathrm{d}y}{\mathrm{d}x}+f_3'\frac{\mathrm{d}z}{\mathrm{d}x}=f_1'+\cos xf_2'+\frac{1}{\varphi_3'}(2x\varphi_1'+\mathrm{e}^y\cos x\varphi_2')f_3'$$

例 21.13　设 $z=z(x,y)$ 由 $x+y-z=\mathrm{e}^z$ 确定，而 x,y 都是 t 的函数，满足 $x\mathrm{e}^x=\tan t$，$y=\cos t$，求 $\frac{\mathrm{d}^2z}{\mathrm{d}t^2}\bigg|_{t=0}$.

解　把 $x\mathrm{e}^x=\tan t$ 对 t 求导数有 $\mathrm{e}^x\frac{\mathrm{d}x}{\mathrm{d}t}+x\mathrm{e}^x\frac{\mathrm{d}x}{\mathrm{d}t}=\sec^2t$，即 $\frac{\mathrm{d}x}{\mathrm{d}t}=\frac{\sec^2t}{(1+x)\mathrm{e}^x}$.

上式再对 t 求一次导数有 $\frac{\mathrm{d}^2x}{\mathrm{d}t^2}=\frac{2(1+x)\sec^2t\tan t-(2+x)\sec^2t}{(1+x)^2\mathrm{e}^x}$.

令 $t=0$，则有 $x(0)=0$，$\frac{\mathrm{d}x}{\mathrm{d}t}\bigg|_{t=0}=1$，$\frac{\mathrm{d}^2x}{\mathrm{d}t^2}\bigg|_{t=0}=-2$. 由 $y=\cos t$，易有 $\frac{\mathrm{d}y}{\mathrm{d}t}=-\sin t$，$\frac{\mathrm{d}^2y}{\mathrm{d}t^2}=-\cos t$，$y(0)=1$，$\frac{\mathrm{d}y}{\mathrm{d}t}\bigg|_{t=0}=0$，$\frac{\mathrm{d}^2y}{\mathrm{d}t^2}\bigg|_{t=0}=-1$.

把方程 $x+y-z=\mathrm{e}^z$ 对 t 求导数可得 $\frac{\mathrm{d}x}{\mathrm{d}t}+\frac{\mathrm{d}y}{\mathrm{d}t}-\frac{\mathrm{d}z}{\mathrm{d}t}=\mathrm{e}^z\frac{\mathrm{d}z}{\mathrm{d}t}$，再对 t 求一次导数有

$$\frac{\mathrm{d}^2x}{\mathrm{d}t^2}+\frac{\mathrm{d}^2y}{\mathrm{d}t^2}-\frac{\mathrm{d}^2z}{\mathrm{d}t^2}=\mathrm{e}^z\frac{\mathrm{d}^2z}{\mathrm{d}t^2}+\mathrm{e}^z\left(\frac{\mathrm{d}z}{\mathrm{d}t}\right)^2$$

令 $t=0$，则有 $z(0)=0$，$\frac{\mathrm{d}z}{\mathrm{d}t}\bigg|_{t=0}=\frac{1}{2}$. 代入上式可求得 $\frac{\mathrm{d}^2z}{\mathrm{d}t^2}\bigg|_{t=0}=-\frac{13}{8}$.

评注:关于 $z(0)=0$，是在方程 $x+y-z=\mathrm{e}^z$ 中令 $t=0$，并注意到 $x(0)=0,y(0)=1$，就有 $z+\mathrm{e}^z=1$. 显然 $z=0$ 是解，又由于函数 $z+\mathrm{e}^z$ 是严格单调递增的，因此必有 $z(0)=0$.

例 21.14　设 $x=\cos\theta\cos\varphi$，$y=\cos\theta\sin\varphi$，$z=\sin\theta$，求 $\frac{\partial z}{\partial x},\frac{\partial z}{\partial y},\frac{\partial^2z}{\partial x^2},\frac{\partial^2z}{\partial y^2}$.

解 把三个方程对 x 求偏导可得

$$\begin{cases}1=-\sin\theta\dfrac{\partial\theta}{\partial x}\cos\varphi-\cos\theta\sin\varphi\dfrac{\partial\varphi}{\partial x}\\0=-\sin\theta\dfrac{\partial\theta}{\partial x}\sin\varphi+\cos\theta\cos\varphi\dfrac{\partial\varphi}{\partial x}\\\dfrac{\partial z}{\partial x}=\cos\theta\dfrac{\partial\theta}{\partial x}\end{cases}$$

由前两个方程可解得$\dfrac{\partial\theta}{\partial x}=-\dfrac{\cos\varphi}{\sin\theta}$,代入第三个方程即有$\dfrac{\partial z}{\partial x}=-\dfrac{\cos\theta\cos\varphi}{\sin\theta}=-\dfrac{x}{z}$. 类似可得$\dfrac{\partial z}{\partial y}=-\dfrac{y}{z}$. 于是还有

$$\frac{\partial^2 z}{\partial x^2}=\frac{\partial}{\partial x}\left(-\frac{x}{z}\right)=-\frac{z-x\dfrac{\partial z}{\partial x}}{z^2}=-\frac{x^2+z^2}{z^3}$$

$$\frac{\partial^2 z}{\partial y^2}=\frac{\partial}{\partial y}\left(-\frac{y}{z}\right)=-\frac{z-y\dfrac{\partial z}{\partial y}}{z^2}=-\frac{y^2+z^2}{z^3}$$

评注:本题更简单的方法是,由题目所给条件消去 θ 和 φ 后可得 $x^2+y^2+z^2=1$,再对 x,y 求偏导即得.但是这种方法不具有一般性.

例 21.15 设 $x^2+y^2+z^2=f(x,f(x,y))$,其中 f 有连续偏导数,求$\dfrac{\partial z}{\partial x}$.

解 把 $x^2+y^2+z^2=f(x,f(x,y))$两边对 x 求偏导有

$$2x+2z\frac{\partial z}{\partial x}=f_1'(x,f(x,y))+f_2'(x,f(x,y))f_1'(x,y)$$

由此得$\dfrac{\partial z}{\partial x}=\dfrac{f_1'(x,f(x,y))+f_2'(x,f(x,y))f_1'(x,y)-2x}{2z}$.

评注:本题与例 21.7 题类似,函数的自变量一定要写全,不能省略,否则会引起混淆.

例 21.16 设 $u=xy,v=\dfrac{x}{y}$,以 u,v 为新变量变换方程 $x^2\dfrac{\partial^2 z}{\partial x^2}-y^2\dfrac{\partial^2 z}{\partial y^2}=0$,这里假设 z 有二阶连续偏导数.

解 由 $u=xy,v=\dfrac{x}{y}$有$\dfrac{\partial u}{\partial x}=y,\dfrac{\partial u}{\partial y}=x,\dfrac{\partial v}{\partial x}=\dfrac{1}{y},\dfrac{\partial v}{\partial y}=-\dfrac{x}{y^2}$. 把 u,v 看做中间变量,则

$$\frac{\partial z}{\partial x}=\frac{\partial z}{\partial u}\frac{\partial u}{\partial x}+\frac{\partial z}{\partial v}\frac{\partial v}{\partial x}=y\frac{\partial z}{\partial u}+\frac{1}{y}\frac{\partial z}{\partial v}$$

$$\frac{\partial^2 z}{\partial x^2}=y\left(\frac{\partial^2 z}{\partial u^2}\frac{\partial u}{\partial x}+\frac{\partial^2 z}{\partial u\partial v}\frac{\partial v}{\partial x}\right)+\frac{1}{y}\left(\frac{\partial^2 z}{\partial v\partial u}\frac{\partial u}{\partial x}+\frac{\partial^2 z}{\partial^2 v}\frac{\partial v}{\partial x}\right)=y^2\frac{\partial^2 z}{\partial u^2}+2\frac{\partial^2 z}{\partial u\partial v}+\frac{1}{y^2}\frac{\partial^2 z}{\partial^2 v}$$

$$\frac{\partial z}{\partial y}=\frac{\partial z}{\partial u}\frac{\partial u}{\partial y}+\frac{\partial z}{\partial v}\frac{\partial v}{\partial y}=x\frac{\partial z}{\partial u}-\frac{x}{y^2}\frac{\partial z}{\partial v}$$

$$\frac{\partial^2 z}{\partial y^2}=x\left(\frac{\partial^2 z}{\partial u^2}\frac{\partial u}{\partial y}+\frac{\partial^2 z}{\partial u\partial v}\frac{\partial v}{\partial y}\right)+\frac{2x}{y^3}\frac{\partial z}{\partial v}-\frac{x}{y^2}\left(\frac{\partial^2 z}{\partial v\partial u}\frac{\partial u}{\partial}y+\frac{\partial^2 z}{\partial^2 v}\frac{\partial v}{\partial y}\right)$$

$$=x^2\frac{\partial^2 z}{\partial u^2}-\frac{2x^2}{y^2}\frac{\partial^2 z}{\partial u\partial v}+\frac{x^2}{y^4}\frac{\partial^2 z}{\partial^2 v}+\frac{2x}{y^3}\frac{\partial z}{\partial v}$$

代入原方程 $x^2\dfrac{\partial^2 z}{\partial x^2}-y^2\dfrac{\partial^2 z}{\partial y^2}=0$ 有

$$x^2\left(y^2\frac{\partial^2 z}{\partial u^2}+2\frac{\partial^2 z}{\partial u\partial v}+\frac{1}{y^2}\frac{\partial^2 z}{\partial^2 v}\right)-y^2\left(x^2\frac{\partial^2 z}{\partial u^2}-\frac{2x^2}{y^2}\frac{\partial^2 z}{\partial u\partial v}+\frac{x^2}{y^4}\frac{\partial^2 z}{\partial^2 v}+\frac{2x}{y^3}\frac{\partial z}{\partial v}\right)=0$$

化简可得$\frac{\partial^2 z}{\partial u\partial v}=\frac{1}{2u}\frac{\partial z}{\partial v}$.

例 21.17　设 $z=z(x,y)$满足 $x\frac{\partial^2 z}{\partial x^2}+2\frac{\partial z}{\partial x}=\frac{2}{y}$,以 $\xi=\frac{y}{x}$,$\eta=y$ 为新变量,求 $u=yz-x$ 为ξ,η 的函数满足的方程,这里假设 u,z 有二阶连续偏导数.

解　由 $\xi=\frac{y}{x}$,$\eta=y$ 有$\frac{\partial\xi}{\partial x}=-\frac{y}{x^2}$,$\frac{\partial\eta}{\partial x}=0$. 再由 $u=yz-x$ 有 $z=\frac{u+x}{y}$,则有

$$\frac{\partial z}{\partial x}=\frac{1}{y}\left(\frac{\partial u}{\partial\xi}\frac{\partial\xi}{\partial x}+\frac{\partial u}{\partial\eta}\frac{\partial\eta}{\partial x}+1\right)=\frac{1}{y}\left(-\frac{y}{x^2}\frac{\partial u}{\partial\xi}+1\right)$$

$$\frac{\partial^2 z}{\partial x^2}=\frac{1}{y}\left(\frac{2y}{x^3}\frac{\partial u}{\partial\xi}-\frac{y}{x^2}\left(\frac{\partial^2 u}{\partial\xi^2}\frac{\partial\xi}{\partial x}+\frac{\partial^2 u}{\partial\xi\partial\eta}\frac{\partial\eta}{\partial x}\right)\right)=\frac{2}{x^3}\frac{\partial u}{\partial\xi}+\frac{y}{x^4}\frac{\partial^2 u}{\partial\xi^2}$$

代入原方程 $x\frac{\partial^2 z}{\partial x^2}+2\frac{\partial z}{\partial x}=\frac{2}{y}$有

$$x\left(\frac{2}{x^3}\frac{\partial u}{\partial\xi}+\frac{y}{x^4}\frac{\partial^2 u}{\partial\xi^2}\right)+\frac{2}{y}\left(-\frac{y}{x^2}\frac{\partial u}{\partial\xi}+1\right)=\frac{2}{y}$$

化简可得$\frac{\partial^2 u}{\partial\xi^2}=0$.

例 21.18　设 $u=f(\ln\sqrt{x^2+y^2})$满足方程$\frac{\partial^2 u}{\partial x^2}+\frac{\partial^2 u}{\partial y^2}=(x^2+y^2)^{3/2}$,求 f 的表达式.

解　设 $u=f(r)$,$r=\ln\sqrt{x^2+y^2}$,则有

$$\frac{\partial u}{\partial x}=\frac{x}{x^2+y^2}f'(r),\ \frac{\partial^2 u}{\partial x^2}=\frac{x^2}{(x^2+y^2)^2}f''(r)+\frac{y^2-x^2}{(x^2+y^2)^2}f'(r)$$

$$\frac{\partial u}{\partial y}=\frac{y}{x^2+y^2}f'(r),\ \frac{\partial^2 u}{\partial y^2}=\frac{y^2}{(x^2+y^2)^2}f''(r)+\frac{x^2-y^2}{(x^2+y^2)^2}f'(r)$$

代入原方程$\frac{\partial^2 u}{\partial x^2}+\frac{\partial^2 u}{\partial y^2}=(x^2+y^2)^{3/2}$,则有$\frac{1}{x^2+y^2}f''(r)=(x^2+y^2)^{3/2}$,即 $f''(r)=\mathrm{e}^{5r}$. 由此可解得 $f(r)=\frac{1}{25}\mathrm{e}^{5r}+C_1r+C_2$,其中 C_1,C_2 为任意常数.

例 21.19　设 $u=f(z)$,z 是由 $z=x+y\varphi(z)$所确定的 x,y 的函数,其中 f,φ 有 n 阶连续偏导数,且 $1-y\varphi'\neq0$,证明对任意正整数 n,都有$\frac{\partial^n u}{\partial y^n}=\frac{\partial^{n-1}}{\partial x^{n-1}}\left(\varphi^n\frac{\partial u}{\partial x}\right)$.

证明　由 $z=x+y\varphi(z)$有$\frac{\partial z}{\partial x}=1+y\varphi'\frac{\partial z}{\partial x}$,$\frac{\partial z}{\partial y}=\varphi+y\varphi'\frac{\partial z}{\partial y}$,因此有$\frac{\partial z}{\partial x}=\frac{1}{1-y\varphi'}$,$\frac{\partial z}{\partial y}=\frac{\varphi}{1-y\varphi'}$. 又由 $u=f(z)$可知$\frac{\partial u}{\partial x}=f'\frac{\partial z}{\partial x}=\frac{f'}{1-y\varphi'}$,$\frac{\partial u}{\partial y}=f'\frac{\partial z}{\partial y}=\frac{\varphi f'}{1-y\varphi'}$,所以$\frac{\partial u}{\partial y}=\varphi\frac{\partial u}{\partial x}$,即等式当 $n=1$ 时成立.

现假设等式当 $n=k$ 时成立,即$\frac{\partial^k u}{\partial y^k}=\frac{\partial^{k-1}}{\partial x^{k-1}}\left(\varphi^k\frac{\partial u}{\partial x}\right)$,接下来要证明等式当 $n=k+1$ 时也成立,即要证明$\frac{\partial^{k+1}u}{\partial y^{k+1}}=\frac{\partial^k}{\partial x^k}\left(\varphi^{k+1}\frac{\partial u}{\partial x}\right)$. 由于

$$\frac{\partial^{k+1}u}{\partial y^{k+1}}=\frac{\partial}{\partial y}\left(\frac{\partial^k u}{\partial y^k}\right)=\frac{\partial}{\partial y}\left(\frac{\partial^{k-1}}{\partial x^{k-1}}\left(\varphi^k\frac{\partial u}{\partial x}\right)\right)=\frac{\partial^{k-1}}{\partial x^{k-1}}\left(\frac{\partial}{\partial y}\left(\varphi^k\frac{\partial u}{\partial x}\right)\right)$$

因此要证明$\dfrac{\partial^{k+1}u}{\partial y^{k+1}}=\dfrac{\partial^k}{\partial x^k}\left(\varphi^{k+1}\dfrac{\partial u}{\partial x}\right)$,只需证明$\dfrac{\partial}{\partial y}\left(\varphi^k\dfrac{\partial u}{\partial x}\right)=\dfrac{\partial}{\partial x}\left(\varphi^{k+1}\dfrac{\partial u}{\partial x}\right)$即可.

注意到

$$\frac{\partial}{\partial y}\left(\varphi^k\frac{\partial u}{\partial x}\right)=k\varphi^{k-1}\varphi'\frac{\partial z}{\partial y}\frac{\partial u}{\partial x}+\varphi^k\frac{\partial^2 u}{\partial x\partial y}=k\varphi^k\varphi'\frac{\partial z}{\partial x}\frac{\partial u}{\partial x}+\varphi^k\frac{\partial^2 u}{\partial x\partial y}$$

其中第二个等式用到了$\dfrac{\partial z}{\partial y}=\varphi\dfrac{\partial z}{\partial x}$,而$\dfrac{\partial}{\partial x}\left(\varphi^{k+1}\dfrac{\partial u}{\partial x}\right)=(k+1)\varphi^k\varphi'\dfrac{\partial z}{\partial x}\dfrac{\partial u}{\partial x}+\varphi^{k+1}\dfrac{\partial^2 u}{\partial x^2}$,因此接下来只需证明$\dfrac{\partial^2 u}{\partial x\partial y}=\varphi'\dfrac{\partial z}{\partial x}\dfrac{\partial u}{\partial x}+\varphi\dfrac{\partial^2 u}{\partial x^2}$即可.前面已经证明了$\dfrac{\partial u}{\partial y}=\varphi\dfrac{\partial u}{\partial x}$,把这个等式两边同时对$x$求偏导即可得到等式$\dfrac{\partial^2 u}{\partial x\partial y}=\varphi'\dfrac{\partial z}{\partial x}\dfrac{\partial u}{\partial x}+\varphi\dfrac{\partial^2 u}{\partial x^2}$.这样就证明了等式对$n=k+1$也成立.从而由数学归纳法可知等式对任意$n$都成立.

(三)练习题

21.1 设$u=f(x,y,z)=\left(\dfrac{x}{y}\right)^{\frac{1}{z}}$,求$\mathrm{d}f(1,1,1)$.

21.2 设$z=\dfrac{y}{f(x^2-y)}$,其中f二阶可导且不为零,求$\dfrac{\partial^2 z}{\partial x\partial y}$.

21.3 设$u=u(x,y)$具有连续二阶偏导数,满足方程$\dfrac{\partial^2 u}{\partial x^2}-\dfrac{\partial^2 u}{\partial y^2}=0$,且$u(x,2x)=x$,$u_x(x,2x)=x^2$,求$u_{xx}(x,2x)$,$u_{xy}(x,2x)$,$u_{yy}(x,2x)$.

21.4 设$u=f\left(\dfrac{x}{y},\dfrac{y}{z}\right)$,$f$具有连续偏导数,求$\mathrm{d}u$.

21.5 设$z=\dfrac{x^2}{x+y}$,又$x=\ln t$,$y=2^t$,求$\dfrac{\mathrm{d}z}{\mathrm{d}t}$.

21.6 证明函数$z=yf(x^2-y^2)$满足方程$\dfrac{1}{x}\dfrac{\partial z}{\partial x}+\dfrac{1}{y}\dfrac{\partial z}{\partial y}=\dfrac{z}{y^2}$.

21.7 设$u=\cos x+f(\cos y-\sin x)$,其中$f$可微,证明$\sin y\dfrac{\partial u}{\partial x}-\cos x\dfrac{\partial u}{\partial y}=-\sin x\sin y$.

21.8 设$y=1+y^x$,求$\dfrac{\mathrm{d}y}{\mathrm{d}x}$.

21.9 设函数$z=f(x,y(x))$,其中$y(x)$是由方程$g(x,y)=0$所确定的函数,求$\dfrac{\mathrm{d}z}{\mathrm{d}x}$.

21.10 设由方程组$\begin{cases}x=u+v+w\\y=uv+vw+wu\\z=uvw\end{cases}$确定函数$u=u(x,y,z)$,$v=v(x,y,z)$,$w=w(x,y,z)$,求$\dfrac{\partial u}{\partial x}$,$\dfrac{\partial v}{\partial x}$,$\dfrac{\partial w}{\partial x}$.

21.11 设$z=z(x,y)$由$xy+yz-\mathrm{e}^{xz}=0$确定,求$\mathrm{d}z$.

21.12 设$u=u(x,y,z)$由$F(u^2-x^2,u^2-y^2,u^2-z^2)=0$所确定,求$\dfrac{u_x}{x}+\dfrac{u_y}{y}+\dfrac{u_z}{z}$.

21.13　设$\begin{cases}u=f(x,y,\varphi(u),\phi(v))\\v=g(s(x),t(y),u,v)\end{cases}$，求$\dfrac{\partial u}{\partial y},\dfrac{\partial v}{\partial y}$.

21.14　函数$u=u(x,y)$和$v=v(x,y)$由方程组$\begin{cases}u+v=xy\\y\sin u=x\sin v\end{cases}$确定，求$\mathrm{d}u,\mathrm{d}v$.

21.15　已知$y=f(x,y,z),z=g(x,y,z)$，f和g具有连续偏导数，求$\dfrac{\mathrm{d}z}{\mathrm{d}y}$.

21.16　设$x=u(t,s),y=v(t,s),z=w(t,s)$，其中$u,v,w$有连续偏导数，求$\dfrac{\partial z}{\partial x},\dfrac{\partial z}{\partial y}$.

21.17　设$f(x,y,z)$是n次齐次函数，证明f满足$xf_x+yf_y+zf_z=nf(x,y,z)$.

21.18　设$z=z(x,y)$满足$x^2\dfrac{\partial z}{\partial x}+y^2\dfrac{\partial z}{\partial y}=z^2$，以$u=x,v=\dfrac{1}{y}-\dfrac{1}{x}$为新变量，求$w=\dfrac{1}{z}-\dfrac{1}{x}$为$u,v$的函数满足的方程，这里假设$z,w$都可微.

21.19　设$z=z(x,y)$有二阶连续偏导数，且满足方程$6\dfrac{\partial^2 z}{\partial x^2}+\dfrac{\partial^2 z}{\partial x\partial y}-\dfrac{\partial^2 z}{\partial y^2}=0$. 以$u=x-2y,v=x+ay$为新变量可以把方程变为$\dfrac{\partial^2 z}{\partial u\partial v}=0$，求$a$的值.

21.20　设$u=f(\sqrt{x^2+y^2})$满足方程$\dfrac{\partial^2 u}{\partial x^2}+\dfrac{\partial^2 u}{\partial y^2}=(x^2+y^2)^{3/2}$，求$f$的表达式.

（四）答案与提示

21.1　$\mathrm{d}f(1,1,1)=\mathrm{d}x+\mathrm{d}y$.

21.2　$\dfrac{\partial^2 z}{\partial x\partial y}=\dfrac{-2xf'+2xyf^2f''-4xyf(f')^2}{f^4}$.

21.3　$u_{xx}(x,2x)=u_{yy}(x,2x)=-\dfrac{4}{3}x,u_{xy}(x,2x)=\dfrac{5}{3}x$. 提示：把$u(x,2x)=x$对$x$求导数，并利用$u_x(x,2x)=x^2$可计算出$u_y(x,2x)=\dfrac{1}{2}(1-x^2)$. 再把$u_x(x,2x)=x^2$和$u_y(x,2x)=\dfrac{1}{2}(1-x^2)$对$x$求导数并利用条件$u_{xx}=u_{yy}$即得.

21.4　$\mathrm{d}u=\dfrac{f_1'}{y}\mathrm{d}x+\left(-\dfrac{xf_1'}{y^2}+\dfrac{f_2'}{z}\right)\mathrm{d}y-\dfrac{yf_2'}{z^2}\mathrm{d}z$.

21.5　$\dfrac{\mathrm{d}z}{\mathrm{d}t}=\dfrac{\ln^2 t+2^{t+1}\ln t-\ln 2\cdot t2^t\ln^2 t}{t(\ln t+2^t)^2}$. 提示：可以利用链式法则，也可以把$x(t)$和$y(t)$直接代入$z$的表达式再求导.

21.6　提示：$\dfrac{\partial z}{\partial x}=2xyf',\dfrac{\partial z}{\partial y}=f-2y^2f'$.

21.7　提示：$\dfrac{\partial u}{\partial x}=-\sin x-f'\cos x,\dfrac{\partial u}{\partial y}=-f'\sin y$.

21.8　$\dfrac{\mathrm{d}y}{\mathrm{d}x}=\dfrac{y^{x+1}\ln y}{x(1-y^x)}$. 提示：利用$y^x=\mathrm{e}^{x\ln y}$.

21.9 $\dfrac{dz}{dx}=f_1'-\dfrac{g_1'}{g_2'}f_2'$.

21.10 $\dfrac{\partial u}{\partial x}=\dfrac{u^2}{(u-v)(u-w)},\dfrac{\partial v}{\partial x}=\dfrac{v^2}{(v-u)(v-w)},\dfrac{\partial w}{\partial x}=\dfrac{w^2}{(w-u)(w-v)}$.

21.11 $dz=\dfrac{y-ze^{xz}}{xe^{xz}-y}dx+\dfrac{x+z}{xe^{xz}-y}dy$.

21.12 $\dfrac{u_x}{x}+\dfrac{u_y}{y}+\dfrac{u_z}{z}=\dfrac{1}{u}$.

21.13 $\dfrac{\partial u}{\partial y}=\dfrac{(1-g_4')f_2'+f_4'\phi'g_2't'}{(1-f_3'\varphi')(1-g_4')+f_4'\phi'g_3'},\dfrac{\partial v}{\partial y}=\dfrac{(1-f_3'\varphi')g_2't'-f_2'g_3'}{(1-f_3'\varphi')(1-g_4')+f_4'\phi'g_3'}$.

21.14 $du=\dfrac{xy\cos v+\sin v}{y\cos u+x\cos v}dx+\dfrac{x^2\cos v-\sin u}{y\cos u+x\cos v}dy$,

$dv=\dfrac{y^2\cos u-\sin v}{y\cos u+x\cos v}dx+\dfrac{xy\cos u+\sin u}{y\cos u+x\cos v}dy$.

21.15 $\dfrac{dz}{dy}=\dfrac{-f_1'g_2'-(1-f_2')g_1'}{f_1'(g_3'-1)-f_3'g_1'}$. 提示:$x$ 和 z 都是 y 的一元函数.

21.16 $\dfrac{\partial z}{\partial x}=\dfrac{w_1'v_2'-w_2'v_1'}{u_1'v_2'-u_2'v_1'},\dfrac{\partial z}{\partial y}=\dfrac{-w_1'u_2'+w_2'u_1'}{u_1'v_2'-u_2'v_1'}$. 提示:$z,t,s$ 都是 x,y 的二元函数.

21.17 提示:把 $f(tx,ty,tz)=t^nf(x,y,z)$ 对 t 求导数,再令 $t=1$ 即得.

21.18 $\dfrac{\partial w}{\partial u}=0$. 提示:由 $w=\dfrac{1}{z}-\dfrac{1}{x}$ 有 $z=\dfrac{x}{xw+1}$,对 x,y 求偏导,再代入原方程.

21.19 $a=3$. 提示:原方程可变为 $(10+5a)\dfrac{\partial^2 z}{\partial u\partial v}+(6+a-a^2)\dfrac{\partial^2 z}{\partial v^2}=0$.

21.20 $u(x,y)=\dfrac{1}{20}(x^2+y^2)^{\frac{5}{2}}+C_1\ln\sqrt{x^2+y^2}+C_2$. 提示:令 $r=\sqrt{x^2+y^2}$,则原方程变为 $\dfrac{d^2u}{dr^2}+\dfrac{1}{r}\dfrac{du}{dr}=r^3$,由此解得 $\dfrac{du}{dr}=\dfrac{1}{5}r^4+\dfrac{C_1}{r}$,$u=\dfrac{1}{20}r^5+C_1\ln r+C_2$.

第二十二讲　多元函数的几何应用

（一）内容要点

1. 空间曲面的切平面与法线

(1) 曲面以方程 $F(x,y,z)=0$ 给出，点 $M(x_0,y_0,z_0)$ 在曲面上，则曲面在 M 点的法向量为 $(F_x,F_y,F_z)|_M$，切平面方程为

$$F_x(x_0,y_0,z_0)(x-x_0)+F_y(x_0,y_0,z_0)(y-y_0)+F_z(x_0,y_0,z_0)(z-z_0)=0$$

法线方程为

$$\frac{x-x_0}{F_x(x_0,y_0,z_0)}=\frac{y-y_0}{F_y(x_0,y_0,z_0)}=\frac{z-z_0}{F_z(x_0,y_0,z_0)}$$

(2) 曲面以方程 $z=f(x,y)$ 给出，点 $M(x_0,y_0,z_0)$ 在曲面上，则曲面在 M 点的法向量为 $(f_x,f_y,-1)|_M$，切平面方程为

$$f_x(x_0,y_0)(x-x_0)+f_y(x_0,y_0)(y-y_0)-(z-z_0)=0$$

法线方程为

$$\frac{x-x_0}{f_x(x_0,y_0)}=\frac{y-y_0}{f_y(x_0,y_0)}=\frac{z-z_0}{-1}$$

2. 空间曲线的切线与法平面

(1) 曲线以参数方程 $\begin{cases}x=x(t)\\y=y(t)\\z=z(t)\end{cases}$ 给出，其中 $x(t),y(t),z(t)$ 都是 t 的可微函数，则曲线在点 $(x(t_0),y(t_0),z(t_0))$ 的切向量为 $(x'(t_0),y'(t_0),z'(t_0))$，切线方程为

$$\frac{x-x(t_0)}{x'(t_0)}=\frac{y-y(t_0)}{y'(t_0)}=\frac{z-z(t_0)}{z'(t_0)}$$

法平面方程为

$$x'(t_0)(x-x(t_0))+y'(t_0)(y-y(t_0))+z'(t_0)(z-z(t_0))=0$$

(2) 曲线以一般方程 $\begin{cases}F(x,y,z)=0\\G(x,y,z)=0\end{cases}$ 给出，若 $\frac{\partial(F,G)}{\partial(y,z)}\neq 0$，并满足隐函数存在定理的条件，点 (x_0,y_0,z_0) 在曲线上，则曲线在 (x_0,y_0,z_0) 点的切向量为

$$\left(\begin{vmatrix}F_y & F_z\\G_y & G_z\end{vmatrix},\begin{vmatrix}F_z & F_x\\G_z & G_x\end{vmatrix},\begin{vmatrix}F_x & F_y\\G_x & G_y\end{vmatrix}\right)$$

切线方程为

$$\frac{x-x_0}{\begin{vmatrix} F_y & F_z \\ G_y & G_z \end{vmatrix}}=\frac{y-y_0}{\begin{vmatrix} F_z & F_x \\ G_z & G_x \end{vmatrix}}=\frac{z-z_0}{\begin{vmatrix} F_x & F_y \\ G_x & G_y \end{vmatrix}}$$

法平面方程为

$$\begin{vmatrix} F_y & F_z \\ G_y & G_z \end{vmatrix}(x-x_0)+\begin{vmatrix} F_z & F_x \\ G_z & G_x \end{vmatrix}(y-y_0)+\begin{vmatrix} F_x & F_y \\ G_x & G_y \end{vmatrix}(z-z_0)=0$$

3. 方向导数

(1) 函数 $f(x,y,z)$在区域D内定义,$(x,y,z)\in D$,l是从点(x,y,z)开始的射线,其方向向量为$(\cos\alpha,\cos\beta,\cos\gamma)$,考虑 $\Delta x=\rho\cos\alpha$, $\Delta y=\rho\cos\beta$, $\Delta z=\rho\cos\gamma$,其中 $\rho=\sqrt{\Delta x^2+\Delta y^2+\Delta z^2}$,若极限$\lim\limits_{\rho\to 0}\dfrac{f(x+x_0,y+y_0,z+z_0)-f(x,y,z)}{\rho}$存在,则称函数$f(x,y,z)$沿方向$l$的方向导数存在,记为$\dfrac{\partial f}{\partial l}$.

(2) 函数 $f(x,y,z)$在(x,y,z)点的梯度是一个向量,其方向是函数增加最快的方向,其大小是函数的最大增长率. 函数 $f(x,y,z)$在(x,y,z)点的梯度为 $\mathrm{grad}\, f=\left(\dfrac{\partial f}{\partial x},\dfrac{\partial f}{\partial y},\dfrac{\partial f}{\partial z}\right)$.

(3) 若函数 $f(x,y,z)$在(x,y,z)点可微,则其沿方向 l:$(\cos\alpha,\cos\beta,\cos\gamma)$的方向导数为$\dfrac{\partial f}{\partial l}=\dfrac{\partial f}{\partial x}\cos\alpha+\dfrac{\partial f}{\partial y}\cos\beta+\dfrac{\partial f}{\partial z}\cos\gamma$.

(二) 例题选讲

例 22.1 求过直线 L:$\begin{cases}3x-2y-z=5\\x+y+z=0\end{cases}$,且与曲面 $2x^2-2y^2+2z=\dfrac{5}{6}$相切的切平面方程.

解 设切点为$M(x_0,y_0,z_0)$. 设曲面方程为 $F(x,y,z)=2x^2-2y^2+2z-\dfrac{5}{6}=0$,则在点$M$处的切平面的法向量为$\boldsymbol{n}=(4x_0,-4y_0,2)$. 直线$L$显然经过点$P(1,-1,0)$,且方向向量为$\boldsymbol{l}=(3,-2,-1)\times(1,1,1)=(-1,-4,5)$.

由于切平面经过直线L和点M,因此有$\boldsymbol{n}\perp\boldsymbol{l}$,$\boldsymbol{n}\perp MP$,即$\boldsymbol{n}\cdot\boldsymbol{l}=-4x_0+16y_0+10=0$,$4x_0(x_0-1)-4y_0(y_0+1)+2z_0=0$. 又$M(x_0,y_0,z_0)$在曲面上,因此有 $2x_0^2-2y_0^2+2z_0=\dfrac{5}{6}$. 联立这三个方程可以解得 $x_0=\dfrac{7}{6}$,$y_0=-\dfrac{1}{3}$,$z_0=-\dfrac{5}{6}$. 因此所求的切平面方程为$\dfrac{14}{3}\left(x-\dfrac{7}{6}\right)+\dfrac{4}{3}\left(y+\dfrac{1}{3}\right)+2\left(z+\dfrac{5}{6}\right)=0$,即 $7x+2y+3z-5=0$.

例 22.2 证明曲面 $z=xf\left(\dfrac{y}{x}\right)$的所有切平面都相交于一点.

解 在曲面上任取一点$M(x_0,y_0,z_0)$. 设曲面方程为 $F(x,y,z)=xf\left(\dfrac{y}{x}\right)-z=0$,则 $F_x=f\left(\dfrac{y}{x}\right)-\dfrac{y}{x}f'\left(\dfrac{y}{x}\right)$, $F_y=f'\left(\dfrac{y}{x}\right)$, $F_z=-1$,故曲面在M点的切平面的法向量

为$\left(f\left(\frac{y_0}{x_0}\right)-\frac{y_0}{x_0}f'\left(\frac{y_0}{x_0}\right),f'\left(\frac{y_0}{x_0}\right),-1\right)$.

从而切平面方程为

$$\left(f\left(\frac{y_0}{x_0}\right)-\frac{y_0}{x_0}f'\left(\frac{y_0}{x_0}\right)\right)(x-x_0)+f'\left(\frac{y_0}{x_0}\right)(y-y_0)-(z-z_0)=0$$

注意到$z_0=x_0f\left(\frac{y_0}{x_0}\right)$,上述切平面方程即为

$$\left(f\left(\frac{y_0}{x_0}\right)-\frac{y_0}{x_0}f'\left(\frac{y_0}{x_0}\right)\right)x+f'\left(\frac{y_0}{x_0}\right)y-z=0$$

显然经过原点.故曲面的所有切平面都经过原点.

例 22.3　设$a>0$,证明曲面$xyz-a^3=0$上任一点的切平面与坐标平面所围成的四面体的体积均相等.

证明　在曲面上任取一点$M(x_0,y_0,z_0)$.容易求得在M点的法向量为(y_0z_0,x_0z_0,x_0y_0),从而切平面方程为$y_0z_0(x-x_0)+x_0z_0(y-y_0)+x_0y_0(z-z_0)=0$.因此切平面在三个坐标轴上的截距分别为$3x_0,3y_0,3z_0$,所以切平面与坐标平面所围成的四面体的体积为$\frac{1}{6}|3x_0\cdot 3y_0\cdot 3z_0|=\frac{9}{2}|x_0y_0z_0|=\frac{9}{2}a^3$是一个常数.

例 22.4　证明曲面$F(ax-bz,ay-cz)=0(abc\neq 0)$的切平面平行于定直线.

证明　在曲面上任取一点(x_0,y_0,z_0),在该点的切平面的法向量为$\boldsymbol{n}=(aF'_1,aF'_2,-bF'_1-cF'_2)$.考虑向量$\boldsymbol{v}=(b,c,a)$,显然有$\boldsymbol{n}\cdot\boldsymbol{v}=0$,因此所有的切平面都平行于向量$\boldsymbol{v}$,即平行于定直线.

例 22.5　求λ的值,使曲面$xyz=\lambda$与$\frac{x^2}{a^2}+\frac{y^2}{b^2}+\frac{z^2}{c^2}=1$在第一象限内相切,并求此切点处的切平面.

解　设切点为$M(x_0,y_0,z_0)$,这里$x_0>0,y_0>0,z_0>0$.曲面$xyz=\lambda$在点M的切平面的法向量为$\boldsymbol{n}_1=(y_0z_0,x_0z_0,x_0y_0)$,曲面$\frac{x^2}{a^2}+\frac{y^2}{b^2}+\frac{z^2}{c^2}=1$在点$M$的切平面的法向量为$\boldsymbol{n}_2=\left(\frac{x_0}{a^2},\frac{y_0}{b^2},\frac{z_0}{c^2}\right)$.这两个法向量是平行的,即存在实数$\mu$,使得$\boldsymbol{n}_1=\mu\boldsymbol{n}_2$,又由于点$M$在两个曲面上,因此有如下的方程组

$$\begin{cases}y_0z_0=\mu\frac{x_0}{a^2}\\x_0z_0=\mu\frac{y_0}{b^2}\\x_0y_0=\mu\frac{z_0}{c^2}\\\frac{x_0^2}{a^2}+\frac{y_0^2}{b^2}+\frac{z_0^2}{c^2}=1\\x_0y_0z_0=\lambda\end{cases}$$

在前三个方程的两边分别乘以x_0,y_0,z_0,把所得方程相加,并利用第四个方程即有$2x_0y_0z_0=\mu$.代回前三个方程可解得$x_0=\frac{a}{\sqrt{3}},y_0=\frac{b}{\sqrt{3}},z_0=\frac{c}{\sqrt{3}}$,于是就有$\lambda=x_0y_0z_0=\frac{abc}{3\sqrt{3}}$.又因切平面的

法向量为 $\boldsymbol{n}_2=\left(\frac{x_0}{a^2},\frac{y_0}{b^2},\frac{z_0}{c^2}\right)=\left(\frac{1}{\sqrt{3}a},\frac{1}{\sqrt{3}b},\frac{1}{\sqrt{3}c}\right)$，故切平面的方程为 $\frac{1}{\sqrt{3}a}\left(x-\frac{a}{\sqrt{3}}\right)+\frac{1}{\sqrt{3}b}\cdot\left(y-\frac{b}{\sqrt{3}}\right)+\frac{1}{\sqrt{3}c}\left(z-\frac{c}{\sqrt{3}}\right)=0$，即 $\frac{x}{a}+\frac{y}{b}+\frac{z}{c}=\sqrt{3}$.

例 22.6 设平面 π 平行于直线 $\frac{x}{1}=\frac{y}{2}=\frac{z}{-2}$ 和 $\frac{x}{2}=\frac{y}{-2}=\frac{z}{1}$，并与曲面 $z=x^2+y^2-\frac{29}{144}$ 相切，求平面 π 的方程.

解 设切点为 $M(x_0,y_0,z_0)$，则平面 π 的法向量为 $\boldsymbol{n}=(2x_0,2y_0,-1)$.

由于平面 π 平行于直线 $\frac{x}{1}=\frac{y}{2}=\frac{z}{-2}$ 和 $\frac{x}{2}=\frac{y}{-2}=\frac{z}{1}$，因此有 $(2x_0,2y_0,-1)\cdot(1,2,-2)=2x_0+4y_0+2=0$，$(2x_0,2y_0,-1)\cdot(2,-2,1)=4x_0-4y_0-1=0$.

由此解得 $x_0=-\frac{1}{6}$，$y_0=-\frac{5}{12}$，则切点为 $\left(-\frac{1}{6},-\frac{5}{12},0\right)$，法向量为 $\left(-\frac{1}{3},-\frac{5}{6},-1\right)$，故 π 的方程为 $-\frac{1}{3}\left(x+\frac{1}{6}\right)-\frac{5}{6}\left(y+\frac{5}{12}\right)-z=0$，即 $24x+60y+72z+29=0$.

例 22.7 求椭球面 $3x^2+y^2+z^2=16$ 上点 $(-1,-2,3)$ 处的切平面与平面 $z=0$ 的夹角.

解 设曲面方程为 $F(x,y,z)=3x^2+y^2+z^2-16=0$，则 $F_x=6x$，$F_y=2y$，$F_z=2z$，因此曲面在点 $(-1,-2,3)$ 处的切平面的法向量为 $\boldsymbol{n}_1=(-6,-4,6)$. 而平面 $z=0$ 的法向量为 $\boldsymbol{n}_2=(0,0,1)$，因此两个平面的夹角，即两个法向量的夹角 θ 满足 $\cos\theta=\frac{|\boldsymbol{n}_1\cdot\boldsymbol{n}_2|}{|\boldsymbol{n}_1||\boldsymbol{n}_2|}=\frac{3}{\sqrt{22}}$，故 $\theta=\arccos\frac{3}{\sqrt{22}}$.

例 22.8 证明曲面 $\sqrt{x}+\sqrt{y}+\sqrt{z}=\sqrt{a}\,(a>0)$ 的切平面在三个坐标轴上割下的线段的和为常量.

证明 在曲面上任取一点 $M(x_0,y_0,z_0)$，曲面在 M 点的法向量为 $\left(\frac{1}{2\sqrt{x_0}},\frac{1}{2\sqrt{y_0}},\frac{1}{2\sqrt{z_0}}\right)$，从而切平面方程为

$$\frac{1}{2\sqrt{x_0}}(x-x_0)+\frac{1}{2\sqrt{y_0}}(y-y_0)+\frac{1}{2\sqrt{z_0}}(z-z_0)=0$$

又点 M 在曲面上，即 $\sqrt{x_0}+\sqrt{y_0}+\sqrt{z_0}=\sqrt{a}$，故切平面方程为 $\frac{1}{2\sqrt{x_0}}x+\frac{1}{2\sqrt{y_0}}y+\frac{1}{2\sqrt{z_0}}z=\frac{\sqrt{a}}{2}$.

因此切平面在三个坐标轴上的截距分别为 $\sqrt{ax_0}$，$\sqrt{ay_0}$，$\sqrt{az_0}$，所以切平面在三个坐标轴上割下的线段的和为 $\sqrt{ax_0}+\sqrt{ay_0}+\sqrt{az_0}=\sqrt{a}\cdot\sqrt{a}=a$ 是一个常量.

例 22.9 求椭球面 $3x^2+y^2+z^2=16$ 与球面 $x^2+y^2+z^2=14$ 在点 $P(-1,2,3)$ 处的夹角.

解 椭球面 $3x^2+y^2+z^2=16$ 在点 $P(-1,2,3)$ 的切平面的法向量为 $\boldsymbol{n}_1=(-6,4,6)$，球面 $x^2+y^2+z^2=14$ 在点 $P(-1,2,3)$ 的切平面的法向量为 $\boldsymbol{n}_2=(-2,4,6)$. 因此两个曲面在点 P 处的夹角，即两个切平面的夹角，即两个切平面的法向量的夹角为

$$\theta=\arccos\frac{|\boldsymbol{n}_1\cdot\boldsymbol{n}_2|}{|\boldsymbol{n}_1||\boldsymbol{n}_2|}=\arccos\frac{8}{\sqrt{77}}$$

例 22.10　从原点向曲面$\frac{x^2}{a^2}+\frac{y^2}{b^2}-\frac{z^2}{c^2}=1$的切平面引垂线，求垂足的轨迹.

解　在曲面上任取一点$M(x_0,y_0,z_0)$，曲面在M点的法向量为$\left(\frac{2x_0}{a^2},\frac{2y_0}{b^2},-\frac{2z_0}{c^2}\right)$，因此曲面在$M$点的切平面的方程为$\frac{2x_0}{a^2}(x-x_0)+\frac{2y_0}{b^2}(y-y_0)-\frac{2z_0}{c^2}(z-z_0)=0$，化简可得$\frac{x_0}{a^2}x+\frac{y_0}{b^2}y-\frac{z_0}{c^2}z-1=0$.

从原点出发向该切平面所引垂线的方程为$\frac{a^2x}{x_0}=\frac{b^2y}{y_0}=-\frac{c^2z}{z_0}$，因此若设垂足坐标为$(x_1,y_1,z_1)$，则$\frac{a^2x_1}{x_0}=\frac{b^2y_1}{y_0}=-\frac{c^2z_1}{z_0}$，$\frac{x_0}{a^2}x_1+\frac{y_0}{b^2}y_1-\frac{z_0}{c^2}z_1=1$.

令$\frac{a^2x_1}{x_0}=\frac{b^2y_1}{y_0}=-\frac{c^2z_1}{z_0}=\frac{1}{k}$，则$x_0=ka^2x_1,y_0=kb^2y_1,z_0=-kc^2z_1$，代入$\frac{x_0}{a^2}x_1+\frac{y_0}{b^2}y_1-\frac{z_0}{c^2}z_1=1$则有$k(x_1^2+y_1^2+z_1^2)=1$. 又由于点$M(x_0,y_0,z_0)$在曲面上，即$\frac{x_0^2}{a^2}+\frac{y_0^2}{b^2}-\frac{z_0^2}{c^2}=1$.

把$x_0=ka^2x_1,y_0=kb^2y_1,z_0=-kc^2z_1$代入则有$k^2(a^2x_1^2+b^2y_1^2-c^2z_1^2)=1$.

消去k，得垂足(x_1,y_1,z_1)满足的方程为$(x^2+y^2+z^2)^2=a^2x^2+b^2y^2-c^2z^2$.

例 22.11　求曲线$\begin{cases}y^2-x=0\\x^2-z=0\end{cases}$在点$(1,1,1)$的切线方程.

解　把两个方程都对x求导可得$2y\frac{\mathrm{d}y}{\mathrm{d}x}-1=0,2x-\frac{\mathrm{d}z}{\mathrm{d}x}=0$，即$\frac{\mathrm{d}y}{\mathrm{d}x}=\frac{1}{2y},\frac{\mathrm{d}z}{\mathrm{d}x}=2x$. 因此曲线在点$(1,1,1)$的切线的方向向量为$\left(1,\frac{1}{2},2\right)$，或者$(2,1,4)$. 因此要求的切线方程为$\frac{x-1}{2}=\frac{y-1}{1}=\frac{z-1}{4}$.

例 22.12　证明螺旋线$\begin{cases}x=3\cos t\\y=3\sin t\\z=2t\end{cases}$上任一点的切线与$z$轴成定角.

解　螺旋线上某一点的切线的方向向量为$\boldsymbol{l}=(x'(t),y'(t),z'(t))=(-3\sin t,3\cos t,2)$，而$z$轴的方向向量为$\boldsymbol{m}=(0,0,1)$，因此切线与$z$轴之间的夹角为

$$\theta=\arccos\frac{|\boldsymbol{l}\cdot\boldsymbol{m}|}{|\boldsymbol{l}|\cdot|\boldsymbol{m}|}=\arccos\frac{2}{\sqrt{13}}$$

即在任一点的切线与z轴成定角.

例 22.13　求曲线$\begin{cases}x^2-z=0\\x+y+4=0\end{cases}$在点$P(1,-5,1)$处的法平面与直线$\begin{cases}4x-3y-2z=0\\x-y-z+1=0\end{cases}$之间的夹角.

解　把曲线的方程对x求导数有$2x-\frac{\mathrm{d}z}{\mathrm{d}x}=0,1+\frac{\mathrm{d}y}{\mathrm{d}x}=0$，因此在$P$点的法平面的法向量为$\boldsymbol{n}=(1,-1,2)$. 而直线的方向向量为$\boldsymbol{l}=(4,-3,-2)\times(1,-1,-1)=(1,2,-1)$，因此法

平面与直线之间的夹角θ满足$\sin\theta=\dfrac{|\boldsymbol{l}\cdot\boldsymbol{n}|}{|\boldsymbol{l}|\cdot|\boldsymbol{n}|}=\dfrac{3}{6}=\dfrac{1}{2}$,即$\theta=\dfrac{\pi}{6}$.

例 22.14 求过直线L:$\begin{cases}x+2y+z=1\\x-y-2z=3\end{cases}$的平面,使之平行于曲线$\begin{cases}2x^2+2y^2=z^2\\x+y+2z=4\end{cases}$在点$P(1,-1,2)$的切线.

解 把曲线的方程对x求导数有$4x+4y\dfrac{\mathrm{d}y}{\mathrm{d}x}=2z\dfrac{\mathrm{d}z}{\mathrm{d}x}$,$1+\dfrac{\mathrm{d}y}{\mathrm{d}x}+2\dfrac{\mathrm{d}z}{\mathrm{d}x}=0$,在点$P$处有$4-4\dfrac{\mathrm{d}y}{\mathrm{d}x}=4\dfrac{\mathrm{d}z}{\mathrm{d}x}$,$1+\dfrac{\mathrm{d}y}{\mathrm{d}x}+2\dfrac{\mathrm{d}z}{\mathrm{d}x}=0$,因此在$P$点的切线的方向向量为$\boldsymbol{l}=(1,3,-2)$.

另一方面,过直线L的平面束方程为$(x+2y+z-1)+\lambda(x-y-2z-3)=0$,其法向量为$\boldsymbol{n}=(1+\lambda,2-\lambda,1-2\lambda)$.由于平面要平行于曲线在点$P$处的切线,因此就有$\boldsymbol{n}\cdot\boldsymbol{l}=0$,即$(1+\lambda)+3(2-\lambda)-2(1-2\lambda)=0$,由此解得$\lambda=-\dfrac{5}{2}$,因此所求的平面的方程为$(x+2y+z-1)-\dfrac{5}{2}(x-y-2z-3)=0$,即$-3x+9y+12z+13=0$.

例 22.15 过点$(2,0,0)$引曲面$x^2+\dfrac{y^2}{4}+\dfrac{z^2}{9}=1$的切线,求全部切线组成的曲面方程.

解 设切点为$M(x_0,y_0,z_0)$,则曲面在点M处的切平面的法向量为$\boldsymbol{n}=\left(2x_0,\dfrac{y_0}{2},\dfrac{2z_0}{9}\right)$.另一方面从点$(2,0,0)$到$M$点所引的切线的方向向量$\boldsymbol{l}=(x_0-2,y_0,z_0)$必须垂直于法向量$\boldsymbol{n}$,因此有$2x_0(x_0-2)+\dfrac{y_0^2}{2}+\dfrac{2z_0^2}{9}=0$.

注意到$x_0^2+\dfrac{y_0^2}{4}+\dfrac{z_0^2}{9}=1$,可解得$x_0=\dfrac{1}{2}$.由于切线方程为$\dfrac{x-2}{x_0-2}=\dfrac{y}{y_0}=\dfrac{z}{z_0}$,于是有$y_0=-\dfrac{3}{2}\dfrac{y}{x-2}$,$z_0=-\dfrac{3}{2}\dfrac{z}{x-2}$.由于点$M(x_0,y_0,z_0)$在曲面$x^2+\dfrac{y^2}{4}+\dfrac{z^2}{9}=1$上,因此全部切线组成的曲面方程为$\dfrac{1}{4}+\dfrac{9}{16}\dfrac{y^2}{(x-2)^2}+\dfrac{1}{4}\dfrac{z^2}{(x-2)^2}=1$,即$\dfrac{(x-2)^2}{3}=\dfrac{y^2}{4}+\dfrac{z^2}{9}$.

例 22.16 求曲面$x^2+y^2=2z$的切平面,使之过曲线Γ:$\begin{cases}3x^2+y^2+z^2=5\\2x^5+y^2-4z=7\end{cases}$在点$M(1,-1,-1)$的切线.

解 把曲线Γ的方程对x求导数有$6x+2y\dfrac{\mathrm{d}y}{\mathrm{d}x}+2z\dfrac{\mathrm{d}z}{\mathrm{d}x}=0$,$10x^4+2y\dfrac{\mathrm{d}y}{\mathrm{d}x}-4\dfrac{\mathrm{d}z}{\mathrm{d}x}=0$,在点$M$处有$6-2\dfrac{\mathrm{d}y}{\mathrm{d}x}-2\dfrac{\mathrm{d}z}{\mathrm{d}x}=0$,$10-2\dfrac{\mathrm{d}y}{\mathrm{d}x}-4\dfrac{\mathrm{d}z}{\mathrm{d}x}=0$,由此解得$\dfrac{\mathrm{d}y}{\mathrm{d}x}=1$,$\dfrac{\mathrm{d}z}{\mathrm{d}x}=2$,即曲线$\Gamma$在$M$点的切线的方向向量为$\boldsymbol{l}=(1,1,2)$.另一方面,设曲面$x^2+y^2=2z$的切点为$P(x_0,y_0,z_0)$,则曲面在点$P$处的切平面$\pi$的法向量为$\boldsymbol{n}=(2x_0,2y_0,-2)$.由于切平面$\pi$要经过切线,因此就有$\boldsymbol{n}\perp\boldsymbol{l}$,且$\boldsymbol{n}\perp MP$,即$2x_0+2y_0-4=0$,$2x_0(x_0-1)+2y_0(y_0+1)-2(z_0+1)=0$.由于切点$P$在曲面$x^2+y^2=2z$上,因此有$x_0^2+y_0^2=2z_0$.联立这三个方程可解得$(x_0,y_0,z_0)=(1,1,1)$或$(3,-1,5)$,在这两个切点对应的切平面的法向量分别为$(2,2,-2)$或$(6,-2,-2)$.

因此所求的切平面方程为$2(x-1)+2(y-1)-2(z+1)=0$或$6(x-3)-2(y+1)-2(z-5)=0$,即$x+y-z-1=0$或$3x-y-z-5=0$.

例 22.17 证明曲面$xyz+x^2(y+z)=a^3$在两点$A(-a,-a,a)$和$B(-a,a,-a)$处的

法线相交.

证明　设曲面方程为 $F(x,y,z)=xyz+x^2(y+z)-a^3=0$，则 $F_x=yz+2x(y+z)$，$F_y=xz+x^2$，$F_z=xy+x^2$，因此曲面在 A 点的法线的方向向量为 $\boldsymbol{l}_1=(-a^2,0,2a^2)$，在 B 点的法线的方向向量为 $\boldsymbol{l}_2(-a^2,2a^2,0)$. 由于

$$(\boldsymbol{l}_1\times\boldsymbol{l}_2)\cdot AB=\begin{vmatrix}-a^2 & 0 & 2a^2\\ -a^2 & 2a^2 & 0\\ 0 & 2a & -2a\end{vmatrix}=0$$

因此曲面在 A,B 两点的法线相交.

例 22.18　设函数 $z=f(x,y)$ 可微，求曲线 $\begin{cases}x=1+t\cos\theta\\ y=t\sin\theta\\ z=f(x,y)\end{cases}$（其中 θ 为常数）在点 $M(1,0,f(1,0))$ 的切线与 xOy 平面所成角的正切.

解　由于 $x'(t)=\cos\theta,y'(t)=\sin\theta,z'(t)=f_x(x,y)x'(t)+f_y(x,y)y'(t)$，因此曲线在点 M 的切线的方向向量为 $\boldsymbol{l}=(\cos\theta,\sin\theta,f_x(1,0)\cos\theta+f_y(1,0)\sin\theta)$. 而 xOy 平面的法向量为 $\boldsymbol{n}=(0,0,1)$，因此若设切线与 xOy 平面的夹角为 α，则

$$\sin\alpha=\frac{|\boldsymbol{l}\cdot\boldsymbol{n}|}{|\boldsymbol{l}|\cdot|\boldsymbol{n}|}=\frac{|f_x(1,0)\cos\theta+f_y(1,0)\sin\theta|}{\sqrt{1+(f_x(1,0)\cos\theta+f_y(1,0)\sin\theta)^2}}$$

因此有 $\cot\alpha=\dfrac{\cos\alpha}{\sin\alpha}=\dfrac{1}{|f_x(1,0)\cos\theta+f_y(1,0)\sin\theta|}$.

例 22.19　求函数 $u=\dfrac{x}{\sqrt{x^2+y^2+z^2}}$ 在点 $(1,2,-2)$ 处沿曲线 $\begin{cases}x=t\\ y=2t^2\\ y=-2t^4\end{cases}$ 在此点的切线方向上的方向导数.

解　由于 $u_x=\dfrac{y^2+z^2}{(x^2+y^2+z^2)^{\frac{3}{2}}},u_y=\dfrac{xy}{(x^2+y^2+z^2)^{\frac{3}{2}}},u_z=\dfrac{xz}{(x^2+y^2+z^2)^{\frac{3}{2}}}$，因此函数在点 $(1,2,-2)$ 处的梯度为 $\operatorname{grad} f=\left(\dfrac{8}{27},\dfrac{2}{27},-\dfrac{2}{27}\right)$. 而曲线在 $(1,2,-2)$ 点的切线的方向向量为 $(1,4,-8)$，即 $\left(\dfrac{1}{9},\dfrac{4}{9},-\dfrac{8}{9}\right)$，因此函数在此方向上的方向导数为 $\left(\dfrac{8}{27},\dfrac{2}{27},-\dfrac{2}{27}\right)\cdot\left(\dfrac{1}{9},\dfrac{4}{9},-\dfrac{8}{9}\right)=\dfrac{32}{243}$.

例 22.20　讨论函数 $f(x,y)=\begin{cases}\dfrac{xy}{x^2+y^2}, & x^2+y^2\neq 0\\ 0, & x^2+y^2=0\end{cases}$ 在 $(0,0)$ 点的方向导数是否存在.

解　设 $\boldsymbol{l}=(\cos\alpha,\sin\alpha)$ 是任意方向，考虑 $\Delta x=\rho\cos\alpha$，$\Delta y=\rho\sin\alpha$，其中 $\rho=\sqrt{\Delta x^2+\Delta y^2}$. 由于

$$\frac{\Delta z}{\rho}=\frac{\dfrac{\Delta x\Delta y}{\Delta x^2+\Delta y^2}}{\rho}=\frac{\rho\cos\alpha\cdot\rho\sin\alpha}{\rho^3}=\frac{\sin 2\alpha}{2\rho}$$

因此只有沿着 $\alpha=0,\dfrac{\pi}{2},\pi,\dfrac{3\pi}{2}$ 的方向的方向导数存在，而在其他方向的方向导数不存在.

例 22.21 证明函数 $z=\sqrt[3]{x^2+y^2}$ 在 $(0,0)$ 点连续,但在 $(0,0)$ 点沿各个方向的方向导数不存在.

证明 令 $x=r\cos\theta, y=r\sin\theta$,则 $\lim\limits_{\substack{x\to 0\\ y\to 0}}\sqrt[3]{x^2+y^2}=\lim\limits_{r\to 0}r^{\frac{2}{3}}=0=f(0,0)$,因此函数 $z=\sqrt[3]{x^2+y^2}$ 在 $(0,0)$ 点连续. 设 $\boldsymbol{l}=(\cos\alpha,\sin\alpha)$ 是任意方向,考虑 $\Delta x=\rho\cos\alpha, \Delta y=\rho\sin\alpha$,其中 $\rho=\sqrt{\Delta x^2+\Delta y^2}$. 由于当 $\rho\to 0$ 时,

$$\frac{\Delta z}{\rho}=\frac{\sqrt[3]{\Delta x^2+\Delta y^2}}{\rho}=\frac{\rho^{\frac{2}{3}}}{\rho}=\rho^{-\frac{1}{3}}\to\infty$$

因此函数在 $(0,0)$ 点沿各个方向的方向导数都不存在.

(三) 练习题

22.1 证明曲面 $f\left(\dfrac{x-a}{z-c},\dfrac{y-b}{z-c}\right)=0$ 的所有切平面都过一定点,其中 a,b,c 为常数.

22.2 证明曲面 $x^{2/3}+y^{2/3}+z^{2/3}=a^{2/3}$ 上任一点的切平面在各坐标轴上截距的平方和等于常数 a^2.

22.3 在曲面 $\dfrac{x^2}{a^2}+\dfrac{y^2}{b^2}+\dfrac{z^2}{c^2}=1$ 上求一点,使得曲面在该点的切平面的法线与三个坐标轴正向成等角.

22.4 设曲面 $z=1-x^3+y^2$ 在点 P 处的切平面平行于平面 $3x-2y+z-21=0$,求点 P 的坐标.

22.5 设直线 L:$\begin{cases}x+y+b=0\\x+ay-z-3=0\end{cases}$ 在平面 π 上,而平面 π 与曲面 $z=x^2+y^2$ 相切于点 $(1,-2,5)$,求 a,b 的值.

22.6 求由曲线 $\begin{cases}3x^2+2y^2=12\\z=0\end{cases}$ 绕 y 轴旋转一周所得到的旋转面在点 $(0,\sqrt{3},\sqrt{2})$ 处的切平面方程.

22.7 证明锥面 $\dfrac{x^2}{a^2}+\dfrac{y^2}{b^2}=\dfrac{z^2}{c^2}$ 与球面 $x^2+y^2+\left(z-\dfrac{b^2+c^2}{c}\right)^2=\dfrac{b^2}{c^2}(b^2+c^2)$ 在点 $(0,\pm b,c)$ 处相切.

22.8 过直线 $\begin{cases}10x+2y-2z=27\\x+y-z=0\end{cases}$ 做曲面 $3x^2+y^2-z^2=27$ 的切平面,求此切平面方程.

22.9 在曲面 $x^2+2y^2+3z^2+2xy+2xz+4yz=8$ 上求出切平面平行于 xOy 平面的切点.

22.10 求曲线 $\begin{cases}x^2+y^2+z^2-3x=0\\2x-3y+5z-4=0\end{cases}$ 在点 $(1,1,1)$ 处的切线和法平面方程.

22.11 证明曲线 $\begin{cases}x^2-z=0\\3x+2y+1=0\end{cases}$ 在点 $P(1,-2,1)$ 处的法平面与直线 $\begin{cases}9x-7y-21z=0\\x-y-z=0\end{cases}$ 平行.

22.12　证明曲线$\begin{cases}x=a\cos^2 t\\ y=b\sin^2 t\\ z=c\sin t\cos t\end{cases}$在$t=\dfrac{\pi}{2}$处的法平面必定垂直于$z$轴.

22.13　求曲线$\begin{cases}x=t\\ y=-t^2\\ z=t^3\end{cases}$上与平面$x+2y+z+4=0$平行的切线方程.

22.14　求函数$u=x^2+y^2+z^2$在椭球面$\dfrac{x^2}{a^2}+\dfrac{y^2}{b^2}+\dfrac{z^2}{c^2}=1$上的点$M(x_0,y_0,z_0)$沿其外法线方向的方向导数.

22.15　求函数$f(x,y)=\begin{cases}\dfrac{xy}{\sqrt{x^2+y^2}}, & x^2+y^2\neq 0\\ 0, & x^2+y^2=0\end{cases}$在$(0,0)$点的方向导数.

22.16　设$f(x,y)=\begin{cases}\dfrac{x^3}{y}, & y\neq 0\\ 0, & y=0\end{cases}$,证明其在点$(0,0)$处不连续,但沿各个方向的方向导数都存在.

(四) 答案与提示

22.1　提示:所有切平面都经过点(a,b,c).

22.2　提示:曲面在(x_0,y_0,z_0)点的切平面的方程为$x_0^{-\frac{1}{3}}x+y_0^{-\frac{1}{3}}y+z_0^{-\frac{1}{3}}z=a^{\frac{2}{3}}$.

22.3　$\pm\dfrac{1}{\sqrt{a^2+b^2+c^2}}(a^2,b^2,c^2)$.

22.4　$(1,1,1)$或$(-1,1,3)$.

22.5　$a=-5,b=-2$. 提示:平面π的方程为$2x-4y-z=5$,然后将直线的方程代入即得.

22.6　$2\sqrt{3}y+3\sqrt{2}z-12=0$.

22.7　提示:锥面$\dfrac{x^2}{a^2}+\dfrac{y^2}{b^2}=\dfrac{z^2}{c^2}$在点$(0,\pm b,c)$的切平面的法向量为$\left(0,\pm\dfrac{1}{b},-\dfrac{1}{c}\right)$,球面$x^2+y^2+\left(z-\dfrac{b^2+c^2}{c}\right)^2=\dfrac{b^2}{c^2}(b^2+c^2)$在点$(0,\pm b,c)$的切平面的法向量为$\left(0,\pm b,-\dfrac{b^2}{c}\right)$.

22.8　$9x+y-z=27$和$9x+17y-17z+27=0$.

22.9　$\left(-\dfrac{1}{2},0,\dfrac{1}{2}\right)$.

22.10　切线方程为$\dfrac{x-1}{16}=\dfrac{y-1}{9}=\dfrac{z-1}{-1}$,法平面方程为$16x+9y-z=24$.

22.11　提示:曲线$\begin{cases}x^2-z=0\\ 3x+2y+1=0\end{cases}$在点$P(1,-2,1)$处的法平面的法向量为$\left(1,-\dfrac{3}{2},2\right)$.

22.12　提示:曲线$\begin{cases}x=a\cos^2 t\\ y=b\sin^2 t\\ z=c\sin t\cos t\end{cases}$在$t=\dfrac{\pi}{2}$处的法平面的法向量为$(0,0,-c)$.

22.13 $\frac{x-1}{1}=\frac{y+1}{-2}=\frac{z-1}{3}$和$\frac{x-\frac{1}{3}}{3}=\frac{y+\frac{1}{9}}{-2}=\frac{z-\frac{1}{27}}{1}$.

22.14 $\frac{2}{\sqrt{\frac{x_0^2}{a^4}+\frac{y_0^2}{b^4}+\frac{z_0^2}{c^4}}}$.

22.15 在任意方向 $\boldsymbol{l}=(\cos\alpha,\sin\alpha)$的方向导数都存在,且$\frac{\partial f}{\partial l}=\frac{1}{2}\sin 2\alpha$.

22.16 提示:对于极限$\lim\limits_{\substack{x\to 0\\ y\to 0}}\frac{x^3}{y}$,考虑$(x,y)$沿着曲线 $y=kx^3$ 趋于$(0,0)$时,极限不存在.

$\frac{\partial f}{\partial l}=\lim\limits_{\rho\to 0}\frac{\frac{\Delta x^3}{\Delta y}}{\rho}=\lim\limits_{\rho\to 0}\frac{\frac{\rho^3\cos^3\theta}{\rho\sin\theta}}{\rho}=\lim\limits_{\rho\to 0}\rho\cos^2\theta\cot\theta=0$,沿各个方向的方向导数都是零.

第二十三讲　多元函数极值问题及其应用

（一）内容要点

1. 无条件极值

(1) 驻点定义. 由$\begin{cases} f_x(x,y)=0 \\ f_y(x,y)=0 \end{cases}$求出 $f(x,y)$的驻点；

(2) 极值的必要条件，注意驻点不一定是极值；

(3) 多元函数 $f(P)$极值的充分条件：函数 $f(P)$于 P_0(驻点)点有

① 极大值，若 $df(P_0)=0, d^2f(P_0)<0$,

② 极小值，若 $df(P_0)=0, d^2f(P_0)>0$.

(4) 二元(多元)函数的驻点是否是极值点的充分性判别条件：

定理　设 $z=f(x,y)$的(x_0,y_0)的某邻域内有连续二阶导数，且 $f_x(x_0,y_0)=0, f_y(x_0,y_0)=0$，记 $A=f_{xx}(x_0,y_0), B=f_{xy}(x_0,y_0), C=f_{yy}(x_0,y_0)$，则

(1) $AC-B^2>0$，$f(x,y)$具有极值，且 $A<0$ 时取极大值，$A>0$ 时取极小值；

(2) $AC-B^2<0$，没有极值；

(3) $AC-B^2=0$，不能确定，需另行讨论(一般用极值定义).

记忆窍门：该定理的 $AC-B^2$ 相当于一元二次函数与方程的判别式，$AC-B^2>0$ 说明有极值，$A<0$ 想象成函数开口向下，有极大值，而 $A>0$ 想象成函数开口向上，有极小值；$AC-B^2<0$说明判别式小于零，无极值；而 $AC-B^2=0$ 只要知道几个特例即可.

2. 条件极值

(1) 问题：$\begin{cases} z=f(x,y) \\ \varphi(x,y)=0 \end{cases}$的极值问题实际是带等式约束的最优化问题；

(2) 方法：拉格朗日乘数法

① 引入辅助函数 $F=F(x,y,\lambda)=f(x,y)+\lambda\phi(x,y)$

② 解以下方程组求出可能的极值点

$$\begin{cases} F_x=f_x+\lambda\phi_x=0 \\ F_y=f_y+\lambda\phi_y=0 \\ F_\lambda=\phi(x,y)=0 \end{cases}$$

③ 解方程组常用方法：从方程组前两个方程中得出 x 与 y 之间的关系，代入第三个方程.

④ 判断可能的极值点是否是极值，往往根据问题的实际意义.

3. 多元函数的最值

在闭域 D 上求 $z=f(x,y)$ 最值的基本步骤：

(1) 求出 $z=f(x,y)$ 在 D 内可能的极值点，包括驻点和偏导不存在的点；

(2) 求出 $z=f(x,y)$ 在闭域边界上的最值(往往转化为一元函数的最值问题)；

(3) 比较以上所有点的函数值，求出最大、最小值点和最大、最小值.

(二) 例题选讲

1. 无条件极值

例 23.1 求函数 $z=1-\sqrt{x^2+y^2}$ 的极值.

解 容易确认该函数没有驻点，但是在 $(0,0)$ 点一阶偏导数不存在，因为差商 $\dfrac{z(\Delta x,0)-z(0,0)}{\Delta x}=\dfrac{|\Delta x|}{\Delta x}$，$\dfrac{z(\Delta y,0)-z(0,0)}{\Delta y}=\dfrac{|\Delta y|}{\Delta y}$ 没有极限，因此 $(0,0)$ 点是可能的极值点，由增量 $z(x,y)-z(0,0)=-\sqrt{x^2+y^2}\leqslant 0$，可知，函数在该点有极大值，且 $z_{\max}=1$.

评注: 当函数偏导数不存在时，应根据定义判断，其他点只需判断驻点即可.

例 23.2 求 $z=(1+e^y)\cos x-ye^y$ 的极值.

解 令 $\begin{cases} z'_x=-(1+e^y)\sin x=0 \\ z'_y=e^y\cos x-e^y-ye^y=e^y(\cos x-1-y)=0 \end{cases}$

得驻点 $(2n\pi,0)$，$((2n+1)\pi,-2)$，$n\in Z$.

而 $\dfrac{\partial^2 z}{\partial x^2}=-(1+e^y)\cos x$，$\dfrac{\partial^2 z}{\partial x\partial y}=-e^y\sin x$，$\dfrac{\partial^2 z}{\partial y^2}=e^y(\cos x-y-2)$.

(1) 对 $(2n\pi,0)$：$A=-2$，$B=0$，$C=-1$，因 $AC-B^2=2>0$，且 $A=-2<0$，故 $(2n\pi,0)$ 是极大值点，极大值 $z(2n\pi,0)=2$.

(2) 对 $((2n+1)\pi,-2)$ 有 $A=1+e^{-2}$，$B=0$，$C=-e^{-2}$，故 $AC-B^2<0$，因此 $((2n+1)\pi,-2)$ 不是极值点.

例 23.3 求函数 $z=(x^2+y^2)e^{-(x^2+y^2)}$ 的极值点.

解 解方程组 $\begin{cases} z'_x=(2x-2x(x^2+y^2))e^{-(x^2+y^2)}=0 \\ z'_y=(2y-2y(x^2+y^2))e^{-(x^2+y^2)}=0 \end{cases}$，得到驻点集合是由点 $(0,0)$ 和圆周 $x^2+y^2=1$ 上的点构成，求二阶导数

$$\begin{cases} z''_{xx}=(4x^2(x^2+y^2)-12x^2+2)e^{-(x^2+y^2)} \\ z''_{yy}=(4y^2(x^2+y^2)-12y^2+2)e^{-(x^2+y^2)} \\ z''_{xy}=(4xy(x^2+y^2)-8xy)e^{-(x^2+y^2)} \end{cases}$$

由于在 $(0,0)$ 点 $z''_{xx}=2$，$z''_{xy}=0$，$z''_{yy}=2$，$\Delta(0,0)=AC-B^2=4>0$，所以函数在该点有极小值 $z_{\min}=0$；检查圆周 $x^2+y^2=1$ 上的点是否为极值点，将函数 z 作为单变量 $t=x^2+y^2$ 的函数，即 $z=te^{-t}$，$t=1$ 是它的驻点，由于二阶导数 $z''=(t-2)e^{-t}$ 在 $t=1$ 时是负的，所以函数 z 有极大值，于是，原给定函数 $(x,y)\to z(x,y)$ 在圆周 $x^2+y^2=1$ 上取到极大值.

评注: 此题为无限个极值点的情况.

例 23.4 求由方程 $2x^2+2y^2+z^2+8xz-z+8=0$ 所确定的隐函数的极值.

解 隐函数两边分别对 x 和 y 求导得

$$\begin{cases}4x+2zz_x+8z+8xz_x-z_x=0\\4y+2zz_y+8xz_y-z_y=0\end{cases} \quad ①$$

令 $z_x=z_y=0$，得 $\begin{cases}x+2z=0\\y=0\end{cases}$ 解得 $\begin{cases}x=-2z\\y=0\end{cases}$，带入原方程得 $7z^2+z-8=0$. 解出 $z_1=1$，$z_2=-\dfrac{8}{7}$，得驻点$(-2,0)$和$\left(\dfrac{16}{7},0\right)$.

对①求导得 $z_{xx}=\dfrac{2z_x^2+16z_x+4}{-8x-2z+1}$，$z_{xy}=\dfrac{2z_xz_y+8z_y}{1-8x-2z}$，$z_{yy}=\dfrac{2z_y^2+4}{1-8x-2z}$.

对驻点$(-2,0)$：$A=\dfrac{4}{15}>0$，$B=0$，$C=\dfrac{4}{15}$，得$(-2,0)$是极小值点，且 $z_{\min}=1$.

对驻点$\left(\dfrac{16}{7},0\right)$：$A=-\dfrac{4}{15}<0$，$B=0$，$C=-\dfrac{4}{15}$，得$\left(\dfrac{16}{7},0\right)$是极大值点，且 $z_{\max}=-\dfrac{8}{7}$.

例 23.5 已知 $z=x^2y^3(6-x-y)$，求函数的极值.

解 建立方程组 $z'_x=xy^3(12-3x-2y)=0$，$z'_y=x^2y^2(18-3x-4y)=0$，解之，求出驻点$(2,3)$，$(x,0)$，$(0,y)$，这里 $x,y\in R$，为验证局部极值的充分条件，求导数 $z''_{xx}=12y^3-6xy^3-2y^4$，$z''_{xy}=36xy^2-9x^2y^2-8xy^3$，$z''_{yy}=36x^2y-6x^3y-12x^2y^2$.

(1) 对驻点$(2,3)$

由于 $z''_{xx}(2,3)=-162$，$z''_{xy}(2,3)=-108$，$z''_{yy}(2,3)=-144$，而 $\Delta(2,3)=144\times162-108^2>0$，所以函数在$(2,3)$点有极大值，$z_{\max}=108$；而在驻点$(0,y)$和$(x,0)$点表达式 $\Delta=AC-B^2=0$，无法确定在这些点是否有极值点，下面通过定义讨论.

(2) 对驻点$(x,0)$

计算函数在$(x,0)$$(x\in R)$点的增量 $\Delta z(x,0)=(x+\Delta x)^2\Delta y^3(6-x-\Delta x-\Delta y)$，令 Δx 和 Δy 任意小，使得 $x+\Delta x\neq0$，即$(x+\Delta x)^2>0$. 当 $x>6$ 时，当 Δx 和 Δy 绝对值充分小时，$(6-x-\Delta x-\Delta y)<0$，因此 $\Delta z(x,0)$的正负取决于 Δy^3，即 Δy 的符号，因此改变量 $\Delta z(x,0)$正负不定，因此当 $x>6$ 时$(x,0)$不是极值点；同理讨论 $x\leqslant6$ 时$(x,0)$也不是极值点.

(3) 对驻点$(0,y)$

计算函数在$(0,y)$$(y\in R)$点的增量 $\Delta z(0,y)=\Delta x^2(y+\Delta y)^3(6-y-\Delta x-\Delta y)$，当$|\Delta x|$和$|\Delta y|$充分小时，如果 $y<0$ 或 $y>6$，则 $\Delta z(0,y)\leqslant0$，此时驻点$(0,y)$是非严格极大值点；如果 $0<y<6$，则 $\Delta z(0,y)\geqslant0$，此时驻点$(0,y)$是非严格极小值点；当 $y=0$ 或 $y=6$ 时，即在原点$(0,0)$和点$(0,6)$时，函数 z 没有极值，因为如上分析，当 $x=0$ 时增量 $\Delta z(0,y)$在变量 y 通过 $y=0$ 和 $y=6$ 点时改变符号，因此不是极值点.

评注： 函数极值当 $\Delta=0$ 时的判断要用定义分析.

例 23.6 已知锐角三角形$\triangle ABC$，若取点 $P(x,y)$，令 $f(x,y)=|AP|+|BP|+|CP|$，($|.|$表示线段长度)，证明：在 $f(x,y)$极值点 P_0 处，向量$\overrightarrow{P_0A}$，$\overrightarrow{P_0B}$，$\overrightarrow{P_0C}$所夹的角相等.

证明 设 A,B,C 三点的坐标为$(x_i,y_i)$$(i=1,2,3)$，极值点 P_0 的坐标为(x_0,y_0)，则

$$\overrightarrow{P_0A}=(x_1-x_0,y_1-y_0),\overrightarrow{P_0B}=(x_2-x_0,y_2-y_0),\overrightarrow{P_0C}=(x_3-x_0,y_3-y_0)$$

又 $f(x,y)=\sum\limits_{i=1}^{3}((x-x_i)^2+(y-y_i)^2)^{\frac{1}{2}}$，$\dfrac{\partial f}{\partial x}=\sum\limits_{i=1}^{3}\dfrac{x-x_i}{((x-x_i)^2+(y-y_i)^2)^{\frac{1}{2}}}$，$\dfrac{\partial f}{\partial y}=\sum\limits_{i=1}^{3}\dfrac{y-y_i}{((x-x_i)^2+(y-y_i)^2)^{\frac{1}{2}}}$. 极值点 $P_0(x_0,y_0)$ 应满足$\left.\dfrac{\partial f}{\partial x}\right|_{P_0}=\left.\dfrac{\partial f}{\partial y}\right|_{P_0}=0$，即

$$-\frac{x_0-x_1}{((x_0-x_1)^2+(y_0-y_1)^2)^{\frac{1}{2}}}=\sum_{i=2}^{3}\frac{x_0-x_i}{((x_0-x_i)^2+(y_0-y_i)^2)^{\frac{1}{2}}}$$

$$-\frac{y_0-y_1}{((x_0-x_1)^2+(y_0-y_1)^2)^{\frac{1}{2}}}=\sum_{i=2}^{3}\frac{y_0-y_i}{((x_0-x_i)^2+(y_0-y_i)^2)^{\frac{1}{2}}}$$

以上两式两边平方再相加,得

$$\cos(\overrightarrow{P_0B},\overrightarrow{P_0C})=\frac{(x_0-x_2)(x_0-x_3)+(y_0-y_2)(y_0-y_3)}{\sqrt{(x_0-x_2)^2+(y_0-y_2)^2}\sqrt{(x_0-x_3)^2+(y_0-y_3)^2}}=-\frac{1}{2}$$

同理 $\cos(\overrightarrow{P_0A},\overrightarrow{P_0B})=\cos(\overrightarrow{P_0A},\overrightarrow{P_0C})=-\frac{1}{2}$.

例 23.7 $z=x+y+4\sin x\sin y$,求极值点.

解 解方程组

$$\begin{cases}\dfrac{\partial z}{\partial x}=1+4\cos x\sin y=0 & ①\\[2mm] \dfrac{\partial z}{\partial x}=1+4\sin x\cos y=0 & ②\end{cases}$$

②-①,得 $\sin(x-y)=0$,故 $x-y=n\pi$.

②+①,得 $\sin(x+y)=-\frac{1}{2}$,故 $x+y=m\pi-(-1)^m\frac{\pi}{6}$.

得极值点 $P_0(x_0,y_0)$,其中

$$x_0=(-1)^{m+1}\frac{\pi}{12}+(m+n)\frac{\pi}{2},\ y_0=(-1)^{m+1}\frac{\pi}{12}+(m-n)\frac{\pi}{2}$$

在此点,有

$$\begin{aligned}AC-B^2&=(-4\sin x_0\sin y_0)(-4\sin x_0\sin y_0)-(4\cos x_0\cos y_0)^2\\&=16(\sin x_0\sin y_0-\cos x_0\cos y_0)(\sin x_0\sin y_0+\cos x_0\cos y_0)\\&=-16\cos(x_0+y_0)\cos(x_0-y_0)\\&=-16\cos\left[m\pi-(-1)^m\frac{\pi}{6}\right]\cos n\pi\\&=-16(-1)^{m+n}\cos\frac{\pi}{6}\end{aligned}$$

当 m 和 n 具有相同的奇偶性时,$m+n$ 为偶数,$AC-B^2<0$,故无极值;当 m 及 n 有不同的奇偶性时,$m+n$ 为奇数,$AC-B^2>0$,故有极值,且当 m 为奇数,n 为偶数时,$A<0$,取得极大值,当 m 为偶数,n 为奇数时,$A<0$,取得极小值,极值为 $z(x_0,y_0)=m\pi+\left(\frac{\pi}{6}+\sqrt{3}\right)(-1)^{m+1}+2\cdot(-1)^n$.

例 23.8 设 $f(x,y)$是定义在 $x^2+y^2\leqslant 1$ 上连续且具有偏导数的实函数,$|f(x,y)|\leqslant 1$,证明:在单位圆内存在一点(x_0,y_0),使得$\left[\frac{\partial f(x_0,y_0)}{\partial x}\right]^2+\left[\frac{\partial f(x_0,y_0)}{\partial y}\right]^2\leqslant 16$.

证明 在 $x^2+y^2\leqslant 1$ 上构造辅助函数 $g(x,y)=f(x,y)+2(x^2+y^2)$,记 $D=\{(x,y)\mid x^2+y^2\leqslant 1\}$,由题设 $f\in C(D)$,知 $g\in C(D)$,从而 $g(x,y)$在 D 上具有最小(大)值. 在单位圆 $x^2+y^2=1$ 上,显然 $g(x,y)\geqslant 1$,而在圆心,$g(0,0)=f(0,0)\leqslant 1$,因此 $g(x,y)$在单位圆内部取到它的最小值,设该点为(x_0,y_0),它是极值点,由必要条件,有

$$\frac{\partial g(x_0,y_0)}{\partial x}=\frac{\partial g(x_0,y_0)}{\partial y}=0$$

得$\left|\dfrac{\partial f(x_0,y_0)}{\partial x}\right|=4|x_0|$，$\left|\dfrac{\partial f(x_0,y_0)}{\partial y}\right|=4|y_0|$.

从而$\left[\dfrac{\partial f(x_0,y_0)}{\partial x}\right]^2+\left[\dfrac{\partial f(x_0,y_0)}{\partial y}\right]^2=16(x_0^2+y_0^2)\leqslant 16$.

评注:此题关键在于辅助函数的构造,其次要利用极值点的性质.

2. 条件极值问题及极值方法证明相关不等式

例 23.9　在旋转椭球面 $2x^2+y^2+z^2=1$ 上求距离平面 $2x+y-z=6$ 的最近点和最远点.

解法一　设 $P(x,y,z)$是椭球面上的点,则 $d=\dfrac{|2x+y-z-6|}{\sqrt{4+1+1}}=\dfrac{1}{\sqrt{6}}|2x+y-z-6|$,求函数 $f(x,y,z)=(2x+y-z-6)^2$ 在条件 $2x^2+y^2+z^2=1$ 下的极值.

令 $F(x,y,z)=(2x+y-z-6)^2+\lambda(2x^2+y^2+z^2-1)$,且由

$$\begin{cases}F_x=4(2x+y-z-6)+4\lambda x=0\\F_y=2(2x+y-z-6)+2\lambda x=0\\F_z=-2(2x+y-z-6)+2\lambda x=0\\F_\lambda=2x^2+y^2+z^2-1=0\end{cases}$$

易知 $\lambda\neq 0$(因平面与椭球面不相切,由原点到平面距离为$\sqrt{6}$可知). 得 $x=y=-z$,带入 $2x^2+y^2+z^2=1$得 $x=\pm\dfrac{1}{2}$,即得驻点 $P_1\left(\dfrac{1}{2},\dfrac{1}{2},-\dfrac{1}{2}\right)$,$P_2\left(-\dfrac{1}{2},-\dfrac{1}{2},\dfrac{1}{2}\right)$,求得 $d_1=\dfrac{1}{\sqrt{6}}|2x+y-z-6|_{P_1}=\dfrac{4}{\sqrt{6}}$,$d_2=\dfrac{1}{\sqrt{6}}|2x+y-z-6|_{P_2}=\dfrac{9}{\sqrt{6}}$,所以最近点是 $P_1\left(\dfrac{1}{2},\dfrac{1}{2},-\dfrac{1}{2}\right)$,最远点是 $P_2\left(-\dfrac{1}{2},-\dfrac{1}{2},\dfrac{1}{2}\right)$.

解法二　求椭球面上与平面 $2x^2+y^2+z^2=1$ 平行的切平面即可. 设切点 $P(x,y,z)$,则 $\boldsymbol{n}_p=(4x,2y,2z)\parallel(2,1,-1)$,即$\dfrac{2x}{2}=\dfrac{y}{1}=\dfrac{z}{-1}\Rightarrow x=y=-z$,代入椭球面方程即得切点为 $P_1\left(\dfrac{1}{2},\dfrac{1}{2},-\dfrac{1}{2}\right)$和 $P_2\left(-\dfrac{1}{2},-\dfrac{1}{2},\dfrac{1}{2}\right)$.

例 23.10　确定函数 $u=x^2+2y^2+3z^2$ 在区域 $x^2+y^2+z^2\leqslant 100$ 上的上确界和下确界.

解　由方程组 $u'_x=2x=0,u'_y=4y=0,u'_z=6z=0$,求得驻点 $M_1=(0,0,0)$,属于集合 $\{x^2+y^2+z^2<100\}$.

建立拉格朗日函数 $\phi=x^2+2y^2+3z^2+\lambda(100-x^2-y^2-z^2)$,由方程组 $\phi'_x=0,\phi'_y=0,\phi'_z=0$,求出 3 个可能的条件极值点:$M_2=(10,0,0),\lambda_1=1,M_3=(0,10,0),\lambda_2=2$, $M_4=(0,0,10),\lambda_3=3$,由等式 $u(M_1)=0,u(M_2)=100,u(M_3)=200$, $u(M_4)=300$ 得出上确界为 300,下确界为 0.

评注:此题为求二元函数的最大最小值,在函数内部和边界上求所有驻点再比较即可.

例 23.11　已知平面上两定点 $A(1,3),B(4,2)$,试在$\dfrac{x^2}{9}+\dfrac{y^2}{4}=1,x\geqslant 0,y\geqslant 0$ 的椭圆周上求一点 C,使得三角形$\triangle ABC$ 面积最大.

解　设所求点为 $C(x,y)$,则$\triangle ABC$ 的面积为

$$S(x,y)=\frac{1}{2}\left\|\begin{matrix} x & y & 1 \\ 1 & 3 & 1 \\ 4 & 2 & 1 \end{matrix}\right\|=\frac{1}{2}|x+3y-10|$$

令 $F(x,y,z)=(x+3y-10)^2+\lambda\left(\frac{x^2}{9}+\frac{y^2}{4}-1\right)$,由

$$\begin{cases} F_x=2(x+3y-10)+\frac{2\lambda}{9}x=0 \\ F_y=6(x+3y-10)+\frac{\lambda}{2}x=0 \\ F_z=-2(2x+y-z-6)+2\lambda x=0 \\ F_\lambda=\frac{x^2}{9}+\frac{y^2}{4}-1=0 \end{cases}$$

得驻点 $C'\left(\frac{3}{\sqrt{5}},\frac{4}{\sqrt{5}}\right)$,$S\left(\frac{3}{\sqrt{5}},\frac{4}{\sqrt{5}}\right)=\frac{1}{2}\left|\frac{3}{\sqrt{5}}+\frac{12}{\sqrt{5}}-10\right|=\frac{1}{2}(10-3\sqrt{5})$,端点上 $S(0,2)=\frac{1}{2}|0+6-10|=2$,$S(3,0)=\frac{1}{2}|3+0-10|=\frac{7}{2}$,因此所求点为(3,0).

例 23.12 求条件极值 $z=\cos^2 x+\cos^2 y$,若 $x-y=\frac{\pi}{4}$.

解 设 $F(x,y)=\cos^2 x+\cos^2 y+\lambda\left(x-y-\frac{\pi}{4}\right)$

解方程组

$$\begin{cases} \frac{\partial F}{\partial x}=-\sin 2x+\lambda=0 \\ \frac{\partial F}{\partial y}=-\sin 2y-\lambda=0 \\ x-y=\frac{\pi}{4} \end{cases}$$

可得 $x_k=\frac{\pi}{8}+\frac{k\pi}{2}$,$y_k=-\frac{\pi}{8}+\frac{k\pi}{2}(k=0,\pm1,\cdots\cdots)$,当 k 为偶数时 $z=1+\frac{1}{\sqrt{2}}$,当 k 为奇数时,$z=1-\frac{1}{\sqrt{2}}$.

由于所给的连续函数 z 在任意有限区间内取得最大值和最小值,而且 z 又是关于 x,y 的周期函数,故当 k 为偶数时,函数 z 在点 (x_k,y_k) 取得最大值 $z=1+\frac{1}{\sqrt{2}}$,从而是极大值;当 k 为奇数时,函数 z 在点 (x_k,y_k) 取得最小值 $z=1-\frac{1}{\sqrt{2}}$,从而是极小值.

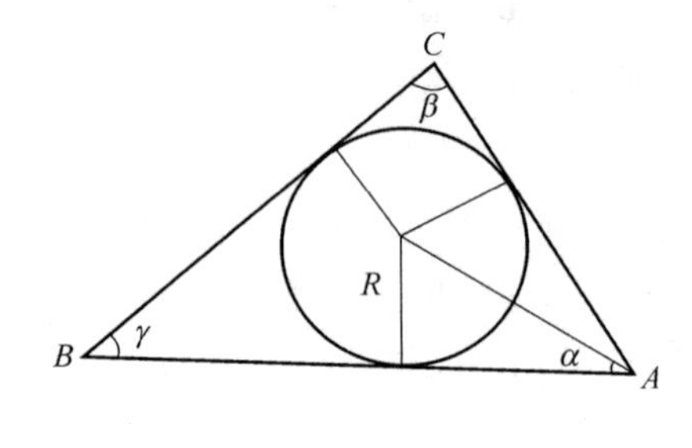

例 23.13 图

例 23.13 证明:圆的面积最小的外切三角形为正三角形(例 23.13 图).

证明 设圆的半径为 R,外切三角形的三个角为 α,β,γ,则三角形的面积为 $S=R^2\left(\cot\frac{\alpha}{2}+\cot\frac{\beta}{2}+\cot\frac{\gamma}{2}\right)$,讨论 S 在 $\alpha+\beta+\gamma=\pi$ 条件下的极值.

令 $F(\alpha,\beta,\gamma,\lambda)=\cot\frac{\alpha}{2}+\cot\frac{\beta}{2}+\cot\frac{\gamma}{2}+\lambda(\alpha+\beta+\gamma-\pi)$.

解方程组

$$\begin{cases}\frac{\partial F}{\partial\alpha}=-\frac{1}{\sin^2\frac{\alpha}{2}}\frac{1}{2}+\lambda=0\\ \frac{\partial F}{\partial\beta}=-\frac{1}{\sin^2\frac{\beta}{2}}\frac{1}{2}+\lambda=0\\ F_\gamma=-\frac{1}{\sin^2\frac{\gamma}{2}}\frac{1}{2}+\lambda=0\\ \alpha+\beta+\gamma=\pi\end{cases}$$

得 $\sin^2\frac{\alpha}{2}=\sin^2\frac{\beta}{2}=\sin^2\frac{\gamma}{2}$，得出 $\alpha=\beta=\gamma$，因而驻点为 $\left(\frac{\pi}{3},\frac{\pi}{3},\frac{\pi}{3}\right)$.

例 23.14　周长为 $2l$ 的等腰三角形，绕其底边旋转形成旋转体，问底和腰多长时，旋转体的体积最大？

解　如例 23.14 图所示，设腰长为 x，底边长为 y，则旋转体体积为

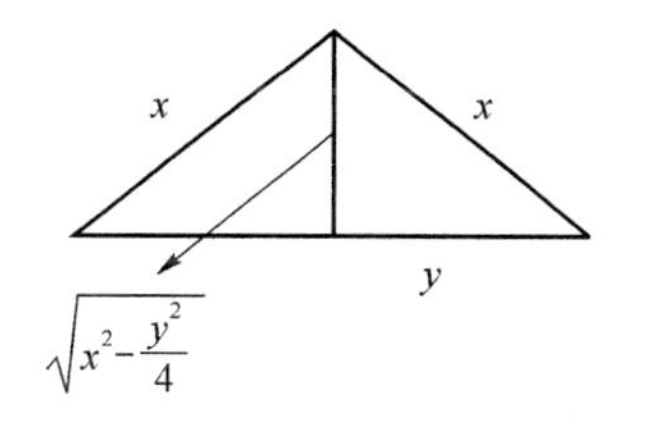

例 23.14 图

$$V(x,y)=\frac{1}{3}\pi h^2\ \frac{y}{2}\times 2=\frac{1}{3}\pi\left(x^2-\frac{y^2}{4}\right)y=\frac{\pi}{3}\left(x^2y-\frac{1}{4}y^3\right)$$

令 $F(x,y,\lambda)=x^2y-\frac{1}{4}y^3+\lambda(2x+y-2l)$，由

$$\begin{cases}F_x=2xy+2\lambda=0\\ F_y=x^2-\frac{3}{4}y^2+\lambda=0\\ 2x+y-2l=0\end{cases}$$

得 $4x^2-4xy-3y^2=0$，$(2x+y)(2x-3y)=0$，解得唯一驻点 $\left(\frac{3l}{4},\frac{l}{2}\right)$，即当腰为 $\frac{3l}{4}$、底为 $\frac{l}{2}$ 时体积最大.

例 23.15　在椭球面 $\frac{x^2}{4}+y^2+z^2=1$ 内，求一表面积为最大的内接长方体，并求出其最大表面积.

解　设此长方形的长、宽、高分别为 $2a,2b,2c$，则其表面积为 $A=8(ab+bc+ca)$.

此题要求满足条件 $\frac{x^2}{4}+y^2+z^2=1$ 的 a,b,c 使得 A 达到最大值. 令

$$F(a,b,c)=8(ab+bc+ca)+\lambda\left(\frac{a^2}{4}+b^2+c^2-1\right)$$

则 $\frac{\partial f}{\partial a}=8(b+c)+\frac{2}{4}\lambda a$，$\frac{\partial f}{\partial b}=8(a+c)+\frac{2}{4}\lambda b$，$\frac{\partial f}{\partial c}=8(a+b)+\frac{2}{4}\lambda c$.

令 $\frac{\partial f}{\partial a}=\frac{\partial f}{\partial b}=\frac{\partial f}{\partial c}=0$，得 $b=c=\frac{-4a}{4+\lambda}$. 于是 $\frac{-64a}{4+\lambda}+\frac{1}{2}\lambda a=0$，即 $\lambda^2+4\lambda-128=0$，故 $\lambda=-2(1\pm\sqrt{33})$，代入 $\frac{a^2}{4}+2b^2=\frac{a^2}{4}+2\left[\frac{-4a}{4-2(1+\sqrt{33})}\right]^2=1$，即 $(1-\sqrt{33})^2a^2+32a^2=$

$4(1-\sqrt{33})^2$,故 $a=-\dfrac{2(1-\sqrt{33})}{\sqrt{66-2\sqrt{33}}}>0$, $b=c=\dfrac{4}{\sqrt{66-2\sqrt{33}}}>0$,故 $A=8(ab+bc+ca)=8$ $\left[\dfrac{-16(1-\sqrt{33})}{66-2\sqrt{33}}+\dfrac{16}{66-2\sqrt{33}}\right]=2(1+\sqrt{33})$.

例 23.16 $u=x^m y^n z^p$,其中 $x+y+z=a(x>0,y>0,z>0,m>0,n>0,p>0,a>0)$.

解 显然,函数 u 和 $v=\ln u$ 极值点重合,考虑 $v=\ln u=m\ln x+n\ln y+p\ln z$ 在条件 $x+y+z=a$ 之下取极值的条件.

设拉格朗日函数 $\phi=m\ln x+n\ln y+p\ln z+\lambda(x+y+z-a)$,求解方程组

$$\begin{cases}\phi'_x=\dfrac{m}{x}+\lambda=0\\[2mm]\phi'_y=\dfrac{n}{y}+\lambda=0\\[2mm]\phi'_z=\dfrac{p}{z}+\lambda=0\\[2mm]x+y+z=a\end{cases}$$

得驻点坐标 $x=mt,y=nt,z=pt$, 其中 $t=\dfrac{a}{m+n+p}$,由于函数 ϕ 的二阶微分 $\mathrm{d}^2\phi=-\dfrac{m(\mathrm{d}x)^2}{x^2}-\dfrac{n(\mathrm{d}y)^2}{y^2}-\dfrac{p(\mathrm{d}y)^2}{z^2}$,在 (mt,nt,pt) 点满足不等式 $\mathrm{d}^2\phi<0$,所以函数 v 以及 u 在 (mt,nt,pt) 点具有极大值 $\left(u_{\max}=\dfrac{m^m n^n p^p a^{m+n+p}}{(m+n+p)^{m+n+p}}\right)$.

评注:求一个函数的极值点,可以转换为求另一个函数的极值点,这两个函数的极值点相同. 利用 $v=\ln u$ 可以使计算简化.

例 23.17 证明:$\forall a,b,c>0$ 有 $abc^3\leqslant 27\left(\dfrac{a+b+c}{5}\right)^5$.

证明 转化问题为求 $\ln x+\ln y+3\ln z$ 在条件 $x^2+y^2+z^2=5R^2(x>0,y>0,z>0)$ 之下的极大值问题.

令 $F(x,y,z)=\ln x+\ln y+3\ln z+\lambda(x^2+y^2+z^2-5R^2)$. 由

$$\begin{cases}F_x=\dfrac{1}{x}+2\lambda x=0\\[2mm]F_y=\dfrac{1}{y}+2\lambda y=0\\[2mm]F_z=\dfrac{1}{z}+2\lambda z=0\\[2mm]x^2+y^2+z^2=5R^2\end{cases}\quad 得\begin{cases}x^2=-\dfrac{1}{2\lambda}\\[2mm]y^2=-\dfrac{1}{2\lambda}\\[2mm]x^2=-\dfrac{3}{2\lambda}\\[2mm]x^2+y^2+z^2=5R^2\end{cases}$$

得 $x=R,y=R,z=\sqrt{3}R$.

根据问题实际意义知,当 $x=R,y=R,z=\sqrt{3}R$ 时 $\ln(xyz^3)$ 取得最大值,即 $\ln(xyz^3)\leqslant\ln(R^5 3\sqrt{3})$,即 $xyz^3\leqslant 3\sqrt{3}R^5$,$x^2y^2(z^2)^3\leqslant 27(R^2)^5=27\left(\dfrac{x^2+y^2+z^2}{5}\right)^5$. 令 $a=x^2,b=y^2,c=z^2$,得 $abc^3\leqslant 27\left(\dfrac{a+b+c}{5}\right)^5$.

例 23.18 函数 $f(x,y)$ 在 $M(p,q)$ 有极小值 m 的充分条件是否为此函数在沿着过 M 的

每一条直线上都以 m 为极小值?

解　函数 $f(x,y)=(x-y^2)(2x-y^2)$ 对于每一条过原点的直线:$y=kx$, 均有

$$f(x,kx)=(x-k^2x^2)(2x-k^2x^2)=x^2(1-k^2x)(2-k^2x),x\in(-\infty,+\infty)$$

当 $0<|x|<\dfrac{1}{k^2}$ 时 $f(x,kx)>0$,而 $f(0,0)=0$,所以函数 $f(x,y)$ 在直线 $y=kx$ 上在原点取得极小值 0.

对于通过原点的另一直线 $x=0$,有 $f(0,y)=y^4$,故在原点取得极小值,因此函数 $f(x,y)$ 在一切通过原点的直线上均有极小值. 但是 $f(a,\sqrt{1.5a})=-0.25a^2<0(a>0)$,因此函数 $f(x,y)$ 在 $(0,0)$ 点不取得极小值.

评注:此例说明,尽管函数在通过定点的每一条直线在该点取得极值,但不能保证多元函数在该点一定有极值.此题的难点在于反例的构造.

例 23.19　设四边形的各边长一定,证明当四边形的四个顶点共圆时,其面积最大.

解　如例 23.19 图所示,$S_{\triangle ABC}=\dfrac{1}{2}ab\sin\alpha$,$S_{\triangle ADC}=\dfrac{1}{2}cd\sin\beta$,四边形的面积为

$$S=\frac{1}{2}ab\sin\alpha+\frac{1}{2}cd\sin\beta$$

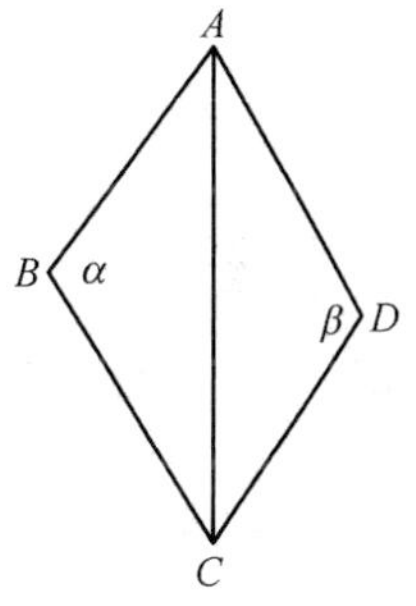

且 $AC^2=a^2+b^2-2ab\cos\alpha=c^2+d^2-2cd\cos\beta$,令 $F(\alpha,\beta,\lambda)=\dfrac{1}{2}ab\sin\alpha+\dfrac{1}{2}cd\sin\beta+\lambda(a^2+b^2-2ab\cos\alpha-c^2-d^2+2cd\cos\beta)$.

例 23.19 图

$$\begin{cases}F_\alpha=\dfrac{1}{2}ab\cos\alpha+2\lambda\sin\alpha=0\\ F_\beta=\dfrac{1}{2}ab\cos\beta-2\lambda\sin\beta=0\\ a^2+b^2-c^2-d^2-2ab\cos\alpha+2cd\cos\beta=0\end{cases}\Rightarrow\begin{cases}\cos\alpha=-4\lambda\sin\alpha\\ \cos\beta=-4\lambda\sin\beta\end{cases}$$

$\Rightarrow\dfrac{\cos\alpha}{\cos\beta}=\dfrac{\sin\alpha}{\sin\beta}\Rightarrow\sin\alpha\cos\beta+\cos\alpha\sin\beta=0$,即 $\sin(\alpha+\beta)=0$.而 $0<\alpha+\beta<2\pi$,所以 $\alpha+\beta=\pi$,所以当四边形的四个顶点共圆时面积最大.

例 23.20　设曲线 $L:\varphi(x,y)=0$,函数 $\varphi(x,y)$ 有一阶连续偏导数,P 为曲线外一点,PQ 是 P 到曲线的最短距离(Q 在 L 上),求证:PQ 是曲线 L 的法线.

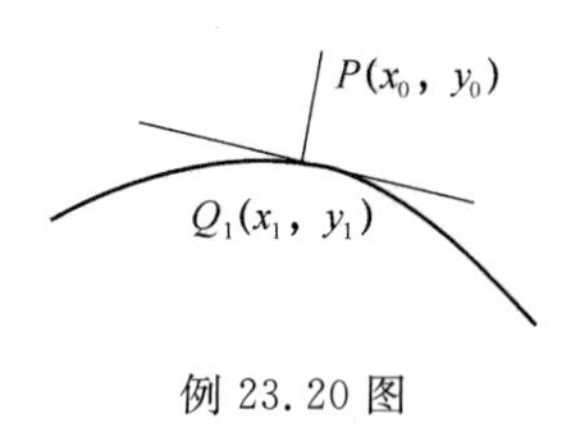

例 23.20 图

证明　如例 23.20 图所示,设点 $P(x_0,y_0)$,$Q(x,y)$ 在 L 上,则曲线 L 上 Q 点处的切向量为

$$\boldsymbol{s}=\{x',y'\}=\left\{1,-\frac{\varphi_x}{\varphi_y}\right\}\parallel\{-\varphi_y,\varphi_x\},d=PQ=\sqrt{(x-x_0)^2+(y-y_0)^2}$$

令 $F(x,y)=d^2+\lambda\varphi(x,y)=(x-x_0)^2+(y-y_0)^2+\lambda\varphi(x,y)$,有

$$\begin{cases}F_x=2(x-x_0)+\lambda\varphi_x(x,y)=0\\ F_y=2(y-y_0)+\lambda\varphi_y(x,y)=0\\ F_\lambda=\varphi(x,y)=0\end{cases}$$

因为 PQ_1 是 P 到曲线的最短距离,所以点 $Q_1(x_1,y_1)$ 的坐标满足方程 $F_x(x_1,y_1)=0$,

$F_y(x_1,y_1)=0$,于是得$\begin{cases}2(x_1-x_0)+\lambda\varphi_x(x_1,y_1)=0\\2(y_1-y_0)+\lambda\varphi_y(x_1,y_1)=0\end{cases}$,则$\overrightarrow{PQ}=\{x_1-x_0,y_1-y_0\}\parallel\{\varphi_x(x_1,y_1),\varphi_y(x_1,y_1)\}$,而$\{\varphi_x(x_1,y_1),\varphi_y(x_1,y_1)\}$是曲线 L 在 Q 点的法线向量.

例 23.21 在光滑曲面 $F(x,y,z)=0$ 上离原点最近的点处的法线必过原点.

证明 设 $P(x,y,z)$是曲面上任一点,P 到原点距离为 $d=\sqrt{x^2+y^2+z^2}$.

令 $G(x,y,z,\lambda)=x^2+y^2+z^2+\lambda F(x,y,z)$,则

$$\begin{cases}G_x=2x+\lambda F_x(x,y,z)=0\\G_y=2y+\lambda F_y(x,y,z)=0\\G_z=2z+\lambda F_z(x,y,z)=0\\G_\lambda=F(x,y,z)=0\end{cases}$$

曲面上到原点最近的点设为 $Q(x_1,y_1,z_1)$,则 Q 点的坐标满足上述方程组,从而 Q 点处的法向量为$\boldsymbol{n}=\{F_x,F_y,F_z\}=\{-2x_1,-2y_1,-2z_1\}\parallel\{x_1,y_1,z_1\}$,过 Q 点的法线为$\dfrac{x-x_1}{x_1}=\dfrac{y-y_1}{y_1}=\dfrac{z-z_1}{z_1}$或$\dfrac{x}{x_1}=\dfrac{y}{y_1}=\dfrac{z}{z_1}$,显然过原点.

例 23.22 分解已知正数 a 为 n 个正的因数,使得它们的倒数和最小.

解 按题设,应求函数 $u=\sum\limits_{i=1}^{n}\dfrac{1}{x_i}$ 在条件$a=\prod\limits_{i=1}^{n}x_i$ 或 $\ln a=\sum\limits_{i=1}^{n}\ln x_i\,(a>0,x_i>0)$ 下的极值. 设 $F(x_1,x_2,\cdots\cdots,x_n)=u+\lambda\left(\sum\limits_{i=1}^{n}\ln x_i-\ln a\right)$,解方程组

$$\begin{cases}\dfrac{\partial F}{\partial x_i}=-\dfrac{1}{x_i^2}+\dfrac{\lambda}{x_i}=0(i=1,2,\cdots,n)\\a=\prod\limits_{i=1}^{n}x_i\end{cases}$$

可得 $x_i=\dfrac{1}{\lambda}(i=1,2,\cdots,n)$,从而解得 $x_1^0=\cdots=x_n^0=a^{\frac{1}{n}}$, $u(x_1^0,x_2^0,\cdots,x_n^0)=na^{-\frac{1}{n}}$,当点 $P(x_1,x_2,\cdots,x_n)$趋于边界时,至少有一个 $x_i\to0$,即$\dfrac{1}{x_i}\to+\infty$,而 $u>\dfrac{1}{x_i}$,故 $u\to+\infty$,因此函数 u 必在区域内部取得最小值. 于是,将正数 a 分解为 n 个相等的正的因数 $a^{\frac{1}{n}}$ 时,其倒数和最小.

评注:此题难点在于根据题意构造合适的函数,利用多元函数极值求解此问题.

例 23.23 根据费马原则,从 A 点发出的光线到 B,沿着需要最短时间的曲线传播. 假定点 A 和点 B 位于以平面分开的不同介质中,在 A 一侧的介质中速度等于 v_1,在另一侧的速度为 v_2. 求光的传播路径.

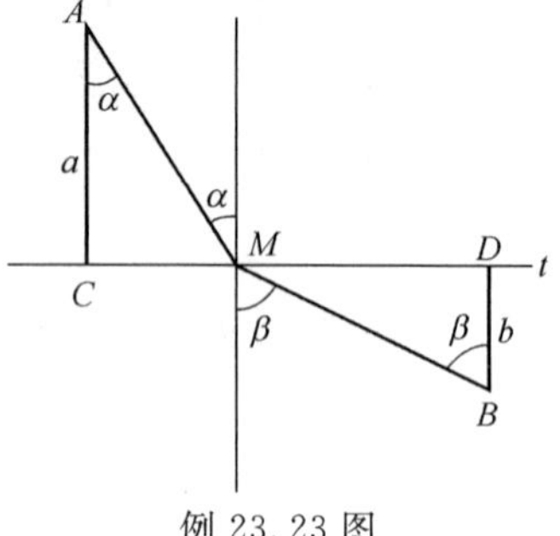

例 23.23 图

解 如例 23.23 图所示,光沿着折线 AMB 到 B 点,各变量标注在图中. 选变量 α,β,则 $AM=\dfrac{a}{\cos\alpha}$,$BM=\dfrac{b}{\cos\beta}$,$CM=a\tan\alpha$,$MD=b\tan\beta$,于是,问题是求函数 $f(\alpha,\beta)=\dfrac{a}{v_1\cos\alpha}+\dfrac{b}{v_2\cos\beta}$在条件 $a\tan\alpha+b\tan\beta=d$,其中$-\dfrac{\pi}{2}<\alpha<\dfrac{\pi}{2}$,$-\dfrac{\pi}{2}<\beta<\dfrac{\pi}{2}$,(当 M 在 C,D 之间时,$\alpha>0$,$\beta>0$;当 M 在 C 左边

时，$\alpha<0,\beta>0$；当 M 在 D 的右边时 $\alpha>0,\beta<0$)，显然 $f(\alpha,\beta)$ 是连续函数，又当 $\alpha\to\frac{\pi}{2}-0$ 时(这时点 M 从右边伸向无穷远，$\beta\to-\frac{\pi}{2}+0$)，$f(\alpha,\beta)\to+\infty$；当 $\alpha\to-\frac{\pi}{2}+0$ 时(这时点 M 从左边伸向无穷远，$\beta\to\frac{\pi}{2}-0$)，$f(\alpha,\beta)\to+\infty$. 由此可知 $f(\alpha,\beta)$ 在有限处达到最小值，此处必为极值点.

设 $F=\frac{a}{v_1\cos\alpha}+\frac{b}{v_2\cos\beta}-\lambda(a\tan\alpha+b\tan\beta-d)$.

由 $\begin{cases}\frac{\partial F}{\partial\alpha}=\frac{a\sin\alpha}{v_1\cos^2\alpha}-\frac{\lambda a}{\cos^2\alpha}=0\\ \frac{\partial F}{\partial\beta}=\frac{b\sin\beta}{v_2\cos^2\beta}-\frac{\lambda b}{\cos^2\beta}=0\end{cases}$ 得 $\frac{\sin\alpha}{v_1}=\lambda,\frac{\sin\beta}{v_2}=\lambda$. 于是，在极值点必须满足 $\frac{\sin\alpha}{\sin\beta}=\frac{v_1}{v_2}$，由此可知，光的传播路径必须满足上面的关系.

例 23.24　求平面 $Ax+By+Cz=0(C\neq0)$ 与椭圆柱面 $\frac{x^2}{a^2}+\frac{y^2}{b^2}=1$ 相交所成的椭圆的面积.

解　只要求出椭圆长半轴和短半轴，也即是曲线上的点到原点的最大距离和最小距离，$d=\sqrt{x^2+y^2+z^2}$.

令 $F(x,y,z,\lambda,\mu)=x^2+y^2+z^2+\lambda(Ax+By+Cz)+\mu\left(\frac{x^2}{a^2}+\frac{y^2}{b^2}-1\right)$，有

$$\begin{cases}F_x=2x+\lambda A+\frac{2\mu}{a^2}x=0 & ①\\ F_y=2y+\lambda B+\frac{2\mu}{b^2}y=0 & ②\\ F_z=2z+\lambda C=0 & ③\end{cases}$$

$$\begin{cases}F_\lambda=Ax+By+Cz=0\\ F_\mu=\frac{x^2}{a^2}+\frac{y^2}{b^2}-1=0\end{cases}$$

求得驻点 $(x_1,y_1,z_1,\lambda_1,\mu_1)$，$(x_2,y_2,z_2,\lambda_2,\mu_2)$.

由③式得出 $\lambda=-\frac{2z}{C}$，代入①②式得 $\left(1+\frac{\mu}{a^2}\right)x=\frac{Az}{C}$，$\left(1+\frac{\mu}{b^2}\right)y=\frac{Bz}{C}$，故 $Ax+By+Cz=0$ 化为 $\frac{A^2}{C\left(1+\frac{\mu}{a^2}\right)}+\frac{B^2}{C\left(1+\frac{\mu}{b^2}\right)}+C=0$，化简得一元二次方程

$$\mu^2+\left(a^2+b^2+a^2\frac{A^2}{C^2}+b^2\frac{B^2}{C^2}\right)\mu+\frac{a^2b^2(A^2+B^2+C^2)}{C^2}=0\quad ④$$

由①②③三式分别乘以 x,y,z 后，可得 $x^2+y^2+z^2=-\mu\left(\frac{x^2}{a^2}+\frac{y^2}{b^2}\right)-\frac{\lambda}{2}(Ax+By+Cz)=-\mu$，故椭圆的两个半轴为 $\sqrt{-\mu_1}$，$\sqrt{-\mu_2}$，其中 μ_1,μ_2 是方程④的两个根，而椭圆面积 $S=\pi\sqrt{-\mu_1}\cdot\sqrt{-\mu_2}=\pi\sqrt{\mu_1\mu_2}=\frac{\pi ab\sqrt{A^2+B^2+C^2}}{|C|}$（韦达定理）.

3. 最值及相关问题

例 23.25 求函数 $f(x,y)=\frac{1}{y^2}e^{-\frac{1}{2y^2}[(x-a)^2+(y-b)^2]}$ 的最值，$y\neq 0,b>0$.

分析：为求二元函数的极值、最值，可先对函数取对数.

解 因为 f 与 $\ln f$ 的最值点相同，且 $F(x,y)=\ln f=-2\ln y-\frac{1}{2y^2}[(x-a)^2+(y-b)^2]$，

由方程组 $\begin{cases} F_x=-\frac{1}{y^2}(x-a)=0 \\ F_y=-\frac{2}{y}+\frac{1}{y^3}[(x-a)^2+(y-b)^2]-\frac{1}{y^2}(y-b)=0 \end{cases}$ 解得驻点 $P_0\left(a,\frac{1}{2}b\right)$. 又因

$A_0=F_{xx}\mid_{P_0}=-\frac{1}{y_0^2}<0$，$B_0=F_{xy}\mid_{P_0}=\frac{2}{y_0^3}(x_0-a)=0$，$C_0=F_{yy}\mid_{P_0}=-\frac{1}{y_0^4}[y_0^2-3(y_0-b)^2+4y_0(y_0-b)]<0$，故 $A_0C_0-B_0^2>0$，$A_0<0$，因此函数 $f(x,y)$ 在 $P_0\left(a,\frac{1}{2}b\right)$ 取到极大值，也是 $f(x,y)$ 在 xOy 平面上的唯一极大值，从而 $P_0\left(a,\frac{1}{2}b\right)$ 也是函数的最大值，且最大值 $f\left(a,\frac{1}{2}b\right)=\frac{4}{b^2}e^{-\frac{1}{2}}=\frac{4}{b^2\sqrt{e}}$.

例 23.26 如例 23.26 图所示，设三角形△ABC 为正三角形，边长为 a，P 为△ABC 内任意一点，由 P 向三边引垂线，与三边的交点为 D,E,F，如图，求三角形△DEF 的面积的最大值.

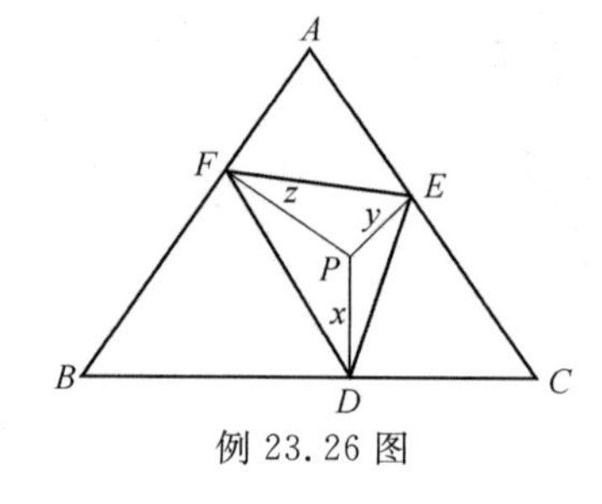

例 23.26 图

解 记 P 至三边的距离分别为 x,y,z，注意到 $\angle DPF=\angle DPE=\angle EPF=\frac{2}{3}\pi$，所以△$DEF$ 的面积为

$$S_{\triangle DEF}=S_{\triangle DPF}+S_{\triangle DPE}+S_{\triangle EPF}=\frac{1}{2}\sin\frac{\pi}{3}(xz+xy+yz)=\frac{\sqrt{3}}{4}(xz+xy+yz)$$

由 $S_{\triangle PBC}+S_{\triangle CPA}+S_{\triangle APB}=S_{\triangle ABC}$ 的约束方程 $\frac{1}{2}ax+\frac{1}{2}ay+\frac{1}{2}az=\frac{1}{2}a\frac{\sqrt{3}}{2}a$，即 $x+y+z=\frac{\sqrt{3}}{2}a$ 可得 $x=y=z=\frac{\sqrt{3}}{6}a$，故 $\max S_{\triangle DEF}=\frac{\sqrt{3}}{10}a^2$(计算和判断过程省略).

例 23.27 已知三角形的周长为 $2p$，求三角形，当它绕着自己的一边旋转所构成的体积最大.

解 如例 23.27 图所示，以 AC 为轴旋转，取参数：高 h 以及两个角 a,b，考虑函数 $V=\frac{1}{3}\pi h^3(\tan a+\tan b)$ 在 $\frac{h}{\cos a}+\frac{h}{\cos b}+h(\tan a+\tan b)=2p$ 下的极值.

设 $F=h^3(\tan a+\tan b)-\lambda\left(\frac{h}{\cos a}+\frac{h}{\cos b}+h\tan a+h\tan b-2p\right)$. 解方程组

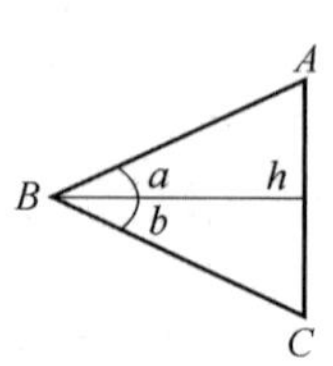

例 23.27 图

$$\begin{cases}\dfrac{\partial F}{\partial h}=3h^2(\tan a+\tan b)-\lambda\left(\dfrac{1}{\cos a}+\dfrac{1}{\cos b}+\tan a+\tan b\right)=0 & ①\\ \dfrac{\partial F}{\partial a}=\dfrac{h^3}{\cos^2 a}-\lambda h\left(\dfrac{\sin a}{\cos^2 a}+\dfrac{1}{\cos^2 a}\right)=0 & ②\\ \dfrac{\partial F}{\partial b}=\dfrac{h^3}{\cos^2 b}-\lambda h\left(\dfrac{\sin b}{\cos^2 b}+\dfrac{1}{\cos^2 b}\right)=0 & ③\\ h\left(\dfrac{1}{\cos a}+\dfrac{1}{\cos b}+\tan a+\tan b\right)=2p & ④\end{cases}$$

由②式及③式得 $a=b$ 及 $\lambda=\dfrac{h^2}{1+\sin a}=\dfrac{h^2}{1+\sin b}$,代入①式得 $\sin a=\sin b=\dfrac{1}{3}$. 于是,$h\tan a=\dfrac{h}{3\cos a}$,代入④式得 $\dfrac{h}{\cos a}=\dfrac{3}{4}p$,从而得三边分别为 $AB=BC=\dfrac{3}{4}p$,$AC=2h\tan a=\dfrac{p}{2}$.

讨论边界情况,当 $h\to+0$ 或 $h\to p^-$ 时,显然有 $V\to 0$,对于二 V 角 a 及 b 必有大小限制:$0\leqslant a<\dfrac{\pi}{2}$,$-a\leqslant b\leqslant a$(注意 a,b 的方向规定不同),当 $a\to 0^+$ 或 $a\to\dfrac{\pi}{2}-0$ 或 $b\to -a$ 时,同样均有 $V\to 0$. 于是,当三角形的三边长分别为 $\dfrac{p}{2}$,$\dfrac{3p}{4}$,$\dfrac{3p}{4}$,绕 $\dfrac{p}{2}$ 的边旋转时,所得旋转体的体积最大.

例 23.28　在平面上有一边长为 a,b,c 的三角形,在它上面作无数个定高为 h 的锥体,求侧面积最小的锥体.

解　锥顶 H 在底面的投影记为 O,从 O 到三边 BC,AC,AB 的距离分别为 x,y,z,则锥的侧面积为

$$S=\frac{1}{2}a\sqrt{h^2+x^2}+\frac{1}{2}b\sqrt{h^2+y^2}+\frac{1}{2}c\sqrt{h^2+z^2} \qquad ①$$

规定:若 O 点与三角形 ABC 的内心在 BC 的同侧,则 x 为正,在异侧,则为负,对 y,z 类似. 此时,不论点 O 在 $\triangle ABC$ 的内部还是外部,恒有

$$\frac{1}{2}ax+\frac{1}{2}by+\frac{1}{2}cz=S_{\triangle ABC} \qquad ②$$

即 $ax+by+cz=2S_{\triangle ABC}=m$.

其中 $S_{\triangle ABC}=\sqrt{p(p-a)(p-b)(p-c)}$,$p=\dfrac{a+b+c}{2}$.

记 $L=a\sqrt{h^2+x^2}+b\sqrt{h^2+y^2}+c\sqrt{h^2+z^2}-\lambda(ax+by+cz-m)$,令 $L'_x=L'_y=L'_z=0$ 得

$$\lambda=\frac{x}{\sqrt{h^2+x^2}}=\frac{y}{\sqrt{h^2+y^2}}=\frac{z}{\sqrt{h^2+z^2}} \qquad ③$$

从实际背景看,问题有最小值,无最大值. 现在只有一个可疑点,故它对应最小值,③式表明取得最小值时,三侧面与底面成等角. 因此,当 $x=y=z$ 时,即 O 与三角形内心重合时,侧面积最小,此时 $S=\dfrac{1}{2}\sqrt{h^2+r^2}(a+b+c)$. 其中由②式求出内圆半径 $r=\dfrac{2\sqrt{p(p-a)(p-b)(p-c)}}{a+b+c}$,$p=\dfrac{a+b+c}{2}$.

例 23.29　确定函数 $u=x+y+z$ 在区域 $x^2+y^2\leqslant z\leqslant 1$ 上的最值.

解　易知函数 u 在所围区域内部没有极值,所以函数极值取在区域的底面和侧面上. 在上边界 $z=1$,$x^2+y^2\leqslant 1$ 的内部 $u=x+y+1$ 也取不到极值.

(1) 在上边界线 $z=x^2+y^2=1$ 上,构造拉格朗日函数 $\phi=x+y+1+\lambda(1-x^2-y^2)$,由方程组 $\phi_x'=1-2\lambda x=0,\phi_y'=1-2\lambda y=0,\ x^2+y^2=1$,求得 4 个可能的极值点:$\left(-\frac{\sqrt{2}}{2},-\frac{\sqrt{2}}{2},1\right)$,$\left(\frac{\sqrt{2}}{2},\frac{\sqrt{2}}{2},1\right)$,$\left(-\frac{\sqrt{2}}{2},\frac{\sqrt{2}}{2},1\right)$,$\left(\frac{\sqrt{2}}{2},-\frac{\sqrt{2}}{2},1\right)$,相应的函数值是 $1-\sqrt{2},\ 1+\sqrt{2},0,0$;

(2) 现求边界面 $z=x^2+y^2(0\leqslant z<1)$ 上函数 $u=x+y+x^2+y^2$ 在区域 $0\leqslant x^2+y^2<1$ 上可能的极值点.令 $u_x'=1+2x=0,u_y'=1+2y=0$,得到极值点$\left(-\frac{1}{2},-\frac{1}{2},\frac{1}{2}\right)$函数值为$-\frac{1}{2}$.

综上所述可得,函数 $u=x+y+z$ 最大值是 $1+\sqrt{2}$,最小值是$-\frac{1}{2}$.

例 23.30 证明:$\sum\limits_{i=1}^{n}a_ib_i\leqslant\left(\sum\limits_{i=1}^{n}a_i^p\right)^{\frac{1}{p}}\left(\sum\limits_{i=1}^{n}b_i^q\right)^{\frac{1}{q}},a_i,b_i\geqslant 0,p>1,\frac{1}{p}+\frac{1}{q}=1$.

证明 不妨设 $b_1,b_2,\cdots,b_n$ 不全为零,记 $B=\left(\sum\limits_{i=1}^{n}b_i^q\right)^{\frac{1}{q}}$,只需证 $\sum\limits_{i=1}^{n}a_i\cdot\frac{b_i}{B}\leqslant\left(\sum\limits_{i=1}^{n}a_i^p\right)^{\frac{1}{p}}$,设 $f(x_1,x_2,\cdots,x_n)=\sum\limits_{i=1}^{n}a_ix_i$,约束条件是 $\sum\limits_{i=1}^{n}x_i^q=1(x_i\geqslant 0)$,令 $F(x_1,x_2,\cdots,x_n)=f(x_1,x_2,\cdots,x_n)-\lambda\left(\frac{1}{q}\sum\limits_{i=1}^{n}x_i^q-\frac{1}{q}\right)$,并令 $F_{x_i}=f_{x_i}-\lambda x_i^{q-1}=0,i=1,2,\ldots,n$,即 $a_i=\lambda x_i^{q-1},x_i=\left(\frac{a_i}{\lambda}\right)^{\frac{1}{q-1}}$,再由 $\sum\limits_{i=1}^{n}x_i^q=1$,得 $\sum\limits_{i=1}^{n}\left(\frac{a_i}{\lambda}\right)^{\frac{q}{q-1}}=1,\sum\limits_{i=1}^{n}(a_i)^{\frac{q}{q-1}}=\lambda^{\frac{q}{q-1}}=\lambda^p=\sum\limits_{i=1}^{n}(a_i)^p\left(\frac{1}{p}+\frac{1}{q}=1\Rightarrow\frac{1}{p}=\frac{q-1}{q}\right)$,有 $\lambda=\left(\sum\limits_{i=1}^{n}(a_i)^p\right)^{\frac{1}{p}}$,则 f 的最大值为$\left(\frac{1}{p}+\frac{1}{q}=1\Rightarrow\frac{1}{q-1}=\frac{p}{q}\right)$.

$$\sum_{i=1}^{n}a_ix_i=\sum_{i=1}^{n}a_i\left(\frac{a_i}{\lambda}\right)^{\frac{p}{q}}=\sum_{i=1}^{n}a_i\left[\frac{a_i}{\left(\sum\limits_{k=1}^{n}(a_k)^p\right)^{\frac{1}{p}}}\right]^{\frac{p}{q}}=\frac{\sum\limits_{i=1}^{n}a_i^{1+\frac{p}{q}}}{\left(\sum\limits_{k=1}^{n}(a_k)^p\right)^{\frac{1}{q}}}=\frac{\sum\limits_{i=1}^{n}a_i^p}{\left(\sum\limits_{k=1}^{n}(a_k)^p\right)^{\frac{1}{q}}}=$$

$$\left(\sum_{i=1}^{n}a_i^p\right)^{1-\frac{1}{q}}=\left(\sum_{i=1}^{n}a_i^p\right)^{\frac{1}{p}}$$

所以将 $x_i=\frac{b_i}{B}$ 代入得

$$\sum_{i=1}^{n}a_ib_i\leqslant\left(\sum_{i=1}^{n}a_i^p\right)^{\frac{1}{p}}\left(\sum_{i=1}^{n}b_i^q\right)^{\frac{1}{q}}$$

(三) 练习题

23.1 在经过点$\left(2,1,\frac{1}{3}\right)$的所有平面中,试问哪一个平面与三个坐标面在第一象限所围体积最小?

23.2 $z=\sin x+\cos y+\cos(x-y)\left(0\leqslant x\leqslant\frac{\pi}{2};0\leqslant y\leqslant\frac{\pi}{2}\right)$,求函数的极值.

23.3 试求抛物线 $x^2=4y$ 上的动点 $P(x,y)$ 与 y 轴上的定点 $Q(0,b)$ 间的最短距离.

23.4 求在锥面 $Rz=h\sqrt{x^2+y^2}$ 与平面 $z=h$ 所围成的椎体内做出的底面平行于 xOy 平

面的最大长方体的体积($R>0,h>0$).

23.5　证明:周长一定三角形中的等边三角形的面积最大.

23.6　证明:一圆内嵌入的面积最大的三角形为正三角形.

23.7　求条件极值 $u=\sum_{i=1}^{n}x_i^2$,若 $\sum_{i=1}^{n}\frac{x_i}{a_i}=1(a_i>0,i=1,2,\cdots,n)$.

23.8　在曲线 $\begin{cases}z=x^2+2y^2\\ z=6-2x^2-y^2\end{cases}$ 上求竖坐标最大、最小的点.

23.9　分解已知正数 a 为 n 个正的因数,使得它们已知的正幂次的和最小(即每个因子的次数是已知的常数).

23.10　设

$$ax^2+by^2+cz^2+2exy+2fyz+2gzx=1 \qquad ①$$

为一椭球面,求证其三个半轴长恰为矩阵

$$\begin{pmatrix}a & e & g\\ e & b & f\\ g & f & c\end{pmatrix} \qquad ②$$

的三个特征值的平方根的倒数.

23.11　$u=x_1+\frac{x_2}{x_1}+\cdots\cdots+\frac{x_n}{x_{n-1}}+\frac{2}{x_n}(x_i>0,i=1,\cdots,n)$,求 u 的最小值.

23.12　已知在平面上的 n 个质点 $P_1(x_1,y_1),P_2(x_2,y_2),\cdots,P_n(x_n,y_n)$,其质量分别为 $m_1,m_2,\cdots,m_n$,$P(x,y)$ 点在怎样的位置,这一体系对于此点的转动惯量最小?

23.13　若函数 $f(x,y)=\mathrm{e}^{-x}(ax+b-y^2)$ 在$(-1,0)$点取得极大值,找出参数 a,b 满足的条件.

23.14　求曲线 $\begin{cases}z=\sqrt{x}\\ y=0\end{cases}$ 与 $\begin{cases}x+2y-3=0\\ z=0\end{cases}$ 的距离.

23.15　在椭圆 $\frac{x^2}{a^2}+\frac{y^2}{b^2}+\frac{z^2}{c^2}=1$ 位于第一象限的部分上求一点 P_0,使椭圆面过 P_0 点的切平面与三个坐标面所围成的四面体体积最小.

23.16　已知 a,b 满足 $\int_a^b|x|\,\mathrm{d}x=\frac{1}{2}(a\leqslant 0\leqslant b)$,求曲线 $y=x^2+ax$ 与直线 $y=bx$ 所围区域的面积的最大值与最小值.

23.17　已知曲面 $4x^2+4y^2-z^2=1$ 与平面 $x+y-z=0$ 的交线在 xOy 平面的投影为一椭圆,求该椭圆的面积.

23.18　求函数 $f(x,y,z)=\ln x+2\ln y+3\ln z$ 在球面 $x^2+y^2+z^2=6r^2$ 上的最大值,其中 $x,y,z>0$.并证明:对任何正实数 a,b,c 不等式 $ab^2c^3\leqslant 108\left(\frac{a+b+c}{6}\right)^6$ 成立.

(四) 答案与提示

23.1　$\frac{x}{6}+\frac{y}{3}+\frac{z}{1}=1$.

23.2　解方程组

$$\begin{cases}\dfrac{\partial z}{\partial x}=\cos x-\sin(x-y)=0 & ①\\[2mm] \dfrac{\partial z}{\partial y}=-\sin y+\sin(x-y)=0 & ②\end{cases}$$

①+②,得 $\cos x=\sin y$,由于 x,y 均为锐角,故有 $y=\dfrac{\pi}{2}-x$,代入①式得

$$\cos x-\sin\left(2x-\frac{\pi}{2}\right)=\cos x+\cos 2x=2\cos\frac{x}{2}\cos\frac{3x}{2}=0$$

从而得极值点 $P_0\left(\dfrac{\pi}{3},\dfrac{\pi}{6}\right)$,由于 $\dfrac{\partial^2 z}{\partial x^2}=-\sin x-\cos(x-y)$,$\dfrac{\partial^2 z}{\partial y^2}=-\cos y-\cos(x-y)$,$\dfrac{\partial^2 z}{\partial x\partial y}=\cos(x-y)$ 故在点 P_0,有 $A=-\dfrac{1+\sqrt{3}}{2}$,$B=\dfrac{\sqrt{3}}{2}$,$C=-\dfrac{1+\sqrt{3}}{2}$,$AC-B^2=\dfrac{1+2\sqrt{3}}{4}>0$,于是,函数在 P_0 处取得极大值 $\dfrac{3}{2}\sqrt{3}$.

23.3　设曲线 $x^2=4y$ 上的点 $P(x,y)$ 与点 $Q(0,b)$ 间的距离为 d,则 $d^2=x^2+(y-b)^2$,令 $H(x,y)=x^2+(y-b)^2=4y+(y-b)^2$,$(0\leqslant y<+\infty)$,并令 $H'=4+2(y-b)=0$,得驻点 $y=b-2$.

(1) 当 $b\geqslant 2$ 时,H 在 $0\leqslant y<+\infty$ 内有唯一驻点,又所讨论的最短距离客观存在,故 $P(\pm 2\sqrt{b-2},b-2)$ 到 Q 最短距离是 $2\sqrt{b-2}$;

(2) 当 $b<2$ 时,$H'=4+2(y-b)>0$,H 是单增函数,因此最短距离在 $P(0,0)$ 取到,且距离 $d=b$.

23.4　$\dfrac{8}{27}k^2h$. 由对称性只考虑第一象限体积 V_1 即可,$V_1=xy(h-z)$ 在条件 $R^2z^2=h^2(x^2+y^2)$ 下的极大值.

23.5　设边长为 a,b,c,由海伦公式三角形面积 $S^2=p(p-a)(p-b)(p-c)$,令 $F(x,y,z)=p(p-a)(p-b)(p-c)+\lambda(a+b+c-2p)$,得驻点 $\left(\dfrac{2p}{3},\dfrac{2p}{3},\dfrac{2p}{3}\right)$.

23.6　如题 23.6 图所示,设内嵌三角形三个圆心角为 α,β,γ,则 $S_\triangle=\dfrac{1}{2}R^2(\sin\alpha+\sin\beta+\sin\gamma)$,其中 $\alpha+\beta+\gamma=2\pi$ 构造拉格朗日函数,得 $\alpha=\beta=\gamma=\dfrac{2\pi}{3}$.

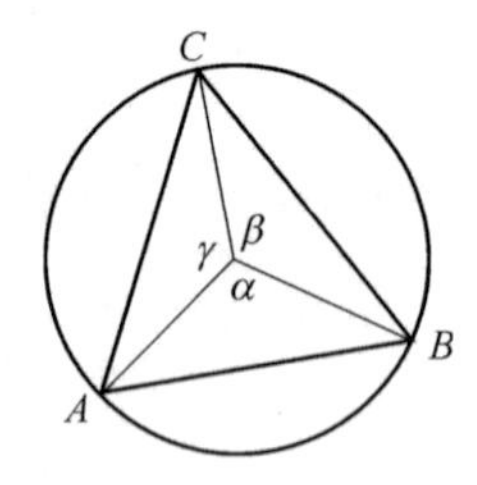

题 23.6 图

23.7　设 $F(x_1,x_2,\cdots,x_n)=\sum\limits_{i=1}^{n}x_i^2+\lambda\left(\sum\limits_{i=1}^{n}\dfrac{x_i}{a_i}-1\right)$,解方程组

$$\begin{cases}\dfrac{\partial F}{\partial x_i}=2x_i+\dfrac{\lambda}{a_i}=0(i=1,2,\cdots,n)\\ \sum\limits_{i=1}^{n}\dfrac{x_i}{a_i}=1\end{cases}$$

得驻点 $P_0(x_1,x_2,\cdots,x_n)$，其中 $x_i=\dfrac{1}{a_i}\left(\sum\limits_{j=1}^{n}\dfrac{1}{a_j^2}\right)^{-1}(i=1,2,\cdots,n)$，由于 $\mathrm{d}^2u=\mathrm{d}^2F=2\sum\limits_{i=1}^{n}dx_i^2>0$（它不受约束条件的限制），故当 $x_i=\dfrac{1}{a_i}\left(\sum\limits_{j=1}^{n}\dfrac{1}{a_i^2}\right)^{-1}$ 时函数极小值 $u_{\min}=\sum\limits_{i=1}^{n}\left[\dfrac{1}{a_i}\left(\sum\limits_{j=1}^{n}\dfrac{1}{a_j^2}\right)^{-1}\right]^2=\left(\sum\limits_{i=1}^{n}\dfrac{1}{a_j^2}\right)^{-1}$.

23.8　等价于求函数 $z=x^2+2y^2$ 在条件 $x^2+y^2=2$（曲线在 xOy 平面上的投影方程）下的极值，点是 $(0,\pm\sqrt{2},4)$ 和 $(\pm\sqrt{2},0,2)$.

23.9　考虑函数 $u=\sum\limits_{i=1}^{n}x_i^{a_i}(a_i>0)$ 在条件 $\ln a=\sum\limits_{i=1}^{n}\ln x_i(a>0,x_i>0)$ 下的极值，设 $F=u-\lambda\left(\sum\limits_{i=1}^{n}\ln x_i-\ln a\right)$，解方程组

$$\begin{cases}\dfrac{\partial F}{\partial x_i}=a_ix_i^{a_i-1}-\dfrac{\lambda}{x_i}=0(i=1,\cdots,n) & ①\\ \sum\limits_{i=1}^{n}\ln x_i=\ln a & ②\end{cases}$$

由①式得 $x_i=\left(\dfrac{\lambda}{a_i}\right)^{\frac{1}{a_i}}$，代入②式，得 $\ln a+\sum\limits_{i=1}^{n}\dfrac{\ln a_i}{a_i}=\ln\lambda\sum\limits_{i=1}^{n}\dfrac{1}{a_i}$，令 $\beta=\sum\limits_{i=1}^{n}\dfrac{1}{a_i}$，则有 $\lambda=a^{\frac{1}{\beta}}\prod\limits_{i=1}^{n}\alpha_i^{\frac{1}{\beta\alpha_i}}=\left(a\prod\limits_{i=1}^{n}\alpha_i^{\frac{1}{\alpha_i}}\right)^{\frac{1}{\beta}}$，驻点 $x_i^0=\dfrac{\left(a\prod\limits_{i=1}^{n}a_i^{\frac{1}{a_i}}\right)^{\frac{1}{a_i\beta}}}{(a_i)^{\frac{1}{a_i}}}(i=1,\cdots,n)$，由①式可得 $x_i^{a_i}=\dfrac{\lambda}{a_i}$，故 $u=\sum\limits_{i=1}^{n}\dfrac{\lambda}{\alpha_i}=\beta\lambda=\left(\sum\limits_{i=1}^{n}\dfrac{1}{\alpha_i}\right)\left(a\prod\limits_{i=1}^{n}\alpha_i^{\frac{1}{\alpha_i}}\right)^{\frac{1}{\sum_{i=1}^{n}\frac{1}{\alpha_i}}}$，显然，函数 u 在区域内部达到极小值，于是所求的 u 即为极小值.

23.10　因为 $p=\sqrt{x^2+y^2+z^2}$ 与 $u=x^2+y^2+z^2$ 有相同的极值点，曲面中心为 $(0,0,0)$，由题意，达到曲面半轴的点 (x,y,z) 一定是函数 $u=x^2+y^2+z^2$ 在曲面方程条件下的驻点，记 $L=x^2+y^2+z^2-\dfrac{1}{\lambda}(ax^2+by^2+cz^2+2exy+2fyz+2gzx-1)$，令 $L'_x=L'_y=L'_z=0$，得方程组

$$\begin{cases}(a-\lambda)x+ey+gz=0 & ③\\ ex+(b-\lambda)y+fz=0 & ④\\ gx+fy+(c-\lambda)z=0 & ⑤\end{cases}$$

此方程组有非零解，系数行列式一定为零，即

$$\begin{vmatrix}a-\lambda & e & g\\ e & b-\lambda & f\\ g & f & c-\lambda\end{vmatrix}=0 \quad ⑥$$

这是 λ 的三次方程式，因为椭球面是有心的非退化二次曲面，故 $\begin{vmatrix}a & e & g\\ e & b & f\\ g & f & c\end{vmatrix}\neq0$. 因而方程⑥有

三个实根 $\lambda_1,\lambda_2,\lambda_3$,根据线性代数的知识它们是矩阵②的特征值.将 λ 代回方程③,④,⑤,对方程③,④,⑤分别乘以 x,y,z 相加,注意到(x,y,z)满足椭球面的方程①,则 $\lambda_i(x^2+y^2+z^2)=ax^2+by^2+cz^2+2exy+2fyz+2gzx=1$,从而 $x^2+y^2+z^2=\dfrac{1}{\lambda_i}$, $p=\sqrt{x^2+y^2+z^2}=\dfrac{1}{\sqrt{\lambda_i}}$ $(i=1,2,3)$.这就证明了半轴之长等于矩阵②的特征值的平方根倒数.

23.11 设 $y_1=x_1,y_2=\dfrac{x_2}{x_1},\cdots,y_k-\dfrac{x_k}{x_{k-1}},\cdots,y_n=\dfrac{x_n}{x_{n-1}}$,则 $x_n=y_1y_2\cdots y_n,y_k>0(k=0,1,\cdots,n)$,$u=y_1+y_2+\cdots+\dfrac{2}{y_1y_2\cdots y_n}$,记 $A=y_1y_2\cdots y_n$,则可得 $\mathrm{d}u=\sum\limits_{k=1}^{n}\left(1-\dfrac{2}{Ay_k}\right)\mathrm{d}y_k$,令 $\dfrac{\partial u}{\partial y_k}=0$,得方程组 $1-\dfrac{2}{Ay_k}=0$,解之,得驻点 $P_0(y_1,y_2,\cdots,y_n)$,其中 $y_1=y_2=\cdots=y_n=2^{\frac{1}{n+1}}=y_0$,在点 P_0 处,有

$$\mathrm{d}^2u\,|_{p=p_0}=\frac{2}{A}\sum_{k=1}^{n}\frac{1}{y_k^2}\mathrm{d}y_k^2+\frac{2}{A}\left(\sum_{k=1}^{n}\frac{\mathrm{d}y_k}{y_k}\right)^2\Big|_{p=p_0}$$

$$=\frac{1}{y_0}\Big[\sum_{k=1}^{n}\mathrm{d}y_k^2+\Big(\sum_{k=1}^{n}\mathrm{d}y_k\Big)^2\Big]>0\quad(\text{当}\sum_{k=1}^{n}\mathrm{d}y_k^2\neq 0\text{ 时})$$

故函数在 P_0 点取得最小值,也即在 $x_1=y_1=2^{\frac{1}{n+1}},x_2=y_2x_1=2^{\frac{2}{n+1}},\cdots,x_n=y_nx_n=2^{\frac{n}{n+1}}$,$u$ 取得最小值 $u=(n+1)2^{\frac{1}{n+1}}$

评注:适当的变量代换.

23.12 $\left(\dfrac{1}{M}\sum\limits_{i=1}^{n}m_ix_i,\dfrac{1}{M}\sum\limits_{i=1}^{n}m_iy_i\right)$.设 $f(x,y)=\sum\limits_{i=1}^{n}m_i[(x-x_i)^2+(y-y_i)^2]$,求偏导得驻点,且当 $x\to+\infty$ 或 $y\to+\infty$ 时 $f\to+\infty$,因此驻点 $P(x_0,y_0)$ 即为所求.

23.13 $a\geqslant 0,b=2a$.必要条件得 $f'_x(-1,0)=\mathrm{e}(2a-b)=0,f'_y(-1,0)=-2y\mathrm{e}^{-x}\,|_{(-1,0)}=0$,因此 $b=2a$.求出 $A=f''_{xx}(-1,0)=\mathrm{e}(-3a+b),B=f''_{xy}(-1,0)=2y\mathrm{e}^{-x}\,|_{(-1,0)}=0$,$C=f''_{yy}(-1,0)=-2\mathrm{e}^{-x}\,|_{(-1,0)}=-2\mathrm{e}$,所以 $\Delta=AC-B^2=-2\mathrm{e}^2(b-3a)$,下面讨论若 $\Delta>0,A<0$,得出不等式 $b<3a$,加上驻点的条件 $b=2a$,推出 $a>0,b=2a$ 时满足极大值条件;若 $a<0$,推出 $\Delta=2a\mathrm{e}^2<0$,此时$(-1,0)$不是极值;若判别式 $\Delta=0$,则 $a=0,b=2a=0$,此时 $f(x,y)=-y^2\mathrm{e}^{-x}\leqslant f(-1,0)=0$,由定义知$(-1,0)$也是极大值,因此可得.

23.14 $\left(\dfrac{1}{2},0,\dfrac{\sqrt{2}}{2}\right)$与$(1,1,0)$之间的最小距离为$\dfrac{\sqrt{7}}{2}$.设 $A(a,b,c)$ 与 $B(d,e,f)$ 分别为两曲线上任意的点,则两点间距离的平方 $\mathrm{Dis}=(a-d)^2+(b-e)^2+(c-f)^2$,由曲线条件得 $c=\sqrt{a},b=0,d=3-2e,f=0$,代入两点间距离公式得 $\mathrm{Dis}=(a-3+2e)^2+e^2+a$,则距离转化为变量 a,e 的二元函数,令偏导等于零,得唯一驻点$(a,e)=\left(\dfrac{1}{2},1\right)$,几何意义说明最小距离肯定存在,故曲线 1 上的点$\left(\dfrac{1}{2},0,\dfrac{\sqrt{2}}{2}\right)$与曲线 2 上的点$(1,1,0)$之间距离最小为$\dfrac{\sqrt{7}}{2}$,此即为两条曲线的距离.

23.15 过 P_0 的切平面方程是$\dfrac{x}{a^2}(X-x)+\dfrac{y}{b^2}(Y-y)+\dfrac{z}{c^2}(Z-z)=0$,即$\dfrac{X}{\frac{a^2}{x}}+\dfrac{Y}{\frac{b^2}{y}}+\dfrac{Z}{\frac{c^2}{z}}=$

1,则切平面同三个坐标面围成的体积 $V=\frac{1}{6}\cdot\frac{a^2}{x}\cdot\frac{b^2}{y}\cdot\frac{c^2}{z}=\frac{a^2b^2c^2}{6}\cdot\frac{1}{xyz}(x,y,z>0)$,求体积最小,即求 $F=xyz+\lambda\left(\frac{x^2}{a^2}+\frac{y^2}{b^2}+\frac{z^2}{c^2}-1\right)$的最大值,唯一驻点$\left(\frac{a}{\sqrt{3}},\frac{b}{\sqrt{3}},\frac{c}{\sqrt{3}}\right)$.

评注:对体积也可由基本不等式方法证明.

23.16　最大值$\frac{\sqrt{2}}{3}$,最小值$\frac{1}{6}$.由$\int_a^b|x|\mathrm{d}x=\int_a^0(-x)\mathrm{d}x+\int_0^b x\mathrm{d}x=\frac{1}{2}(a^2+b^2)=\frac{1}{2}$,故 $a^2+b^2=1$,两曲线交点的横坐标是 0 和 $b-a$,因此所围面积 $S=\int_0^{b-a}[bx-(x^2+ax)]\mathrm{d}x=\frac{1}{6}(b-a)^3$,求面积最值转化为条件极值 $F(a,b,\lambda)=\frac{1}{6}(b-a)^3+\lambda(a^2+b^2-1)$,考虑驻点和边界点即可.

23.17　$\frac{\sqrt{2}}{4}\pi$.思路一是求椭圆长短轴,继而求其面积,椭圆在 xOy 平面的方程为 $3x^2+3y^2-2xy=1$,椭圆中心在原点,求椭圆到原点距离的最大值和最小值,分别对应长短轴,令 $F(x,y,\lambda)=x^2+y^2+\lambda(3x^2+3y^2-2xy-1)$,得四个驻点分别对应椭圆长短轴的顶点;思路二做坐标变换$\begin{cases}x=\frac{1}{\sqrt{2}}u-\frac{1}{\sqrt{2}}v\\ y=\frac{1}{\sqrt{2}}u+\frac{1}{\sqrt{2}}v\end{cases}$,得椭圆 $2u^2+4v^2=1$,长短轴分别是$\frac{1}{\sqrt{2}},\frac{1}{2}$.

23.18　令 $F(x,y,\lambda)=\ln x+2\ln y+3\ln z+\lambda(x^2+y^2+z^2-6r^2)$,得唯一驻点 $(r,\sqrt{2}r,\sqrt{3}r)$,且点趋于球面第一象限部分与坐标面交线时,函数趋于 $-\infty$,故最大值是 $f(r,\sqrt{2}r,\sqrt{3}r)=\ln(6\sqrt{3}r^6)$;即 $xy^2z^3\leqslant 6\sqrt{3}r^6\leqslant 6\sqrt{3}\left(\frac{x^2+y^2+z^2}{6}\right)^3$,即 $x^2y^4z^6\leqslant 108\left(\frac{x^2+y^2+z^2}{6}\right)^6$,令 $a=x^2,b=y^2,c=z^2$ 即可.

第二十四讲　二重积分计算及应用

（一）内容要点

1. 定义

$$\iint_D f(x,y)\mathrm{d}\sigma = \lim_{\lambda\to 0}\sum_{k=1}^{n} f(\xi_k,\eta_k)\Delta\sigma_k$$

评注：二重积分是个数；$\iint_D 1\mathrm{d}\sigma = \sigma$.

2. 几何和物理意义

$\iint_D f(x,y)\mathrm{d}\sigma$ 表示以 D 为底，$z=f(x,y)$ 为顶，侧面以 D 的边界为准线，母线平行于 z 轴的曲顶柱体的体积；

$\iint_D f(x,y)\mathrm{d}\sigma$ 的物理意义是以 $\mu = f(x,y)$ 为面密度的平面 D 的质量.

3. 性质

（1）可加性：$\iint_D f(x,y)\mathrm{d}\sigma = \iint_{D_1} f(x,y)\mathrm{d}\sigma + \iint_{D_2} f(x,y)\mathrm{d}\sigma$.

（2）积分比较：若在 D 上 $f(x,y)\leqslant \phi(x,y)$，则$\iint_D f(x,y)\mathrm{d}\sigma \leqslant \iint_D \phi(x,y)\mathrm{d}\sigma$.

（3）积分估值：设 $M=\max\limits_D f(x,y)$，$m=\min\limits_D f(x,y)$，则 $m\sigma \leqslant \iint_D f(x,y)\mathrm{d}\sigma \leqslant M\sigma$.

（4）中值定理：$f(x,y)$ 在闭区域 D 上连续，σ 为 D 的面积，则至少存在一点$(\xi,\eta)\in D$，使得$\iint_D f(x,y)\mathrm{d}\sigma = f(\xi,\eta)\sigma$.

4. 直角坐标系和极坐标系的关系

（1）$x=\rho\cos\theta, y=\rho\sin\theta$；（2）$\mathrm{d}\sigma=\mathrm{d}x\mathrm{d}y$（直角），$\mathrm{d}\sigma=\rho\mathrm{d}\rho\mathrm{d}\theta$（极坐标）.

5. 计算步骤

（1）确定积分区域 D；　　（2）确定使用的坐标系；

（3）确定积分次序和积分限；　　（4）计算累次积分.

评注：确定累次积分的上、下限是关键.

6. 计算方法

(1) 直角坐标 $d\sigma=dxdy$,先对 x 积分(后对 y 积分)(同理先 y 后 x)

① 在 D 中画平行于 x 轴的平行线与 D 有两个交点,则左(右)交点的横坐标就是对 x 积分的下限和上限;

② 区域 D 中最下(上)的点的纵坐标对应 y 的积分下限和上限.

(2) 极坐标 $d\sigma=\rho d\rho d\theta$ 先对 ρ 积分(后对 θ)

① 在 D 中画射线与 D 有两个交点,则 ρ 从小到大对应 ρ 的积分下限和上限;

② 区域 D 中 θ 的最小(大)值对应对 θ 的积分下限和上限.

(3) 极坐标 $d\sigma=\rho d\rho d\theta$ 先对 θ 积分(后对 ρ)

① 在 D 中以极点为圆心,r 为半径画圆弧与 D 有两个交点,则下(上)交点的 θ 值就是对 θ 积分的下限(上限);

② 区域 D 中最小(大)ρ 的值对应于 ρ 的积分下限或上限.

(二) 例题选讲

1. 选择适当的积分次序化为累次积分

例 24.1 求 $\iint\limits_D(1+x)\sqrt{1-\cos^2 y}\,dxdy$,积分区域 D 由 $y=x+3$,$y=\dfrac{x-5}{2}$,$y=\dfrac{\pi}{2}$,$y=-\dfrac{\pi}{2}$ 所围成.

解

$$\begin{aligned}I&=\int_{-\frac{\pi}{2}}^{\frac{\pi}{2}}dy\int_{y-3}^{2y+5}(1+x)\,|\sin y|\,dx\\&=\int_{-\frac{\pi}{2}}^{0}(-\sin y)dy\int_{y-3}^{2y+5}(1+x)dx+\int_{0}^{\frac{\pi}{2}}\sin y dy\int_{y-3}^{2y+5}(1+x)dx\\&=3\pi+26\end{aligned}$$

评注:选 x 型积分区域较麻烦.

例 24.2 将 $I=\iint\limits_D f(x,y)dxdy$,$D$:$x^4-4a^2x^2+x^2-2xy+y^2\leqslant 0(a>0)$ 写成累次积分.

解 由 $x^4-4a^2x^2+x^2-2xy+y^2\leqslant 0$ 可知 $(y-x)^2\leqslant 4a^4-(x^2-2a^2)^2$,解得

$$x-\sqrt{4a^4-(x^2-2a^2)^2}\leqslant y\leqslant x+\sqrt{4a^4-(x^2-2a^2)^2}$$

又因为 $(y-x)^2\geqslant 0\Rightarrow 4a^4-(x^2-2a^2)^2\geqslant 0,\Rightarrow -2a\leqslant x\leqslant 2a$,故 $I=\int_{-2a}^{2a}dx\int_{x-\sqrt{4a^4-(x^2-2a^2)^2}}^{x+\sqrt{4a^4-(x^2-2a^2)^2}}f(x,y)dy$.

例 24.3 交换下列二次积分的积分次序:$\int_{-\frac{\pi}{4}}^{\frac{\pi}{2}}d\theta\int_0^{2a\cos\theta}f(r,\theta)dr$,$a>0$.

解 这是极坐标中的二次积分,一般情况是先对 r 后对 θ 的二次积分,但也可交换积分次序,积分区域所表示的不等式为 D:$-\dfrac{\pi}{4}\leqslant\theta\leqslant\dfrac{\pi}{2}$,$0\leqslant r\leqslant 2a\cos\theta$.

改变积分次序,D 分为两部分 $D_1:0\leqslant r\leqslant\sqrt{2}a,-\dfrac{\pi}{4}\leqslant\theta\leqslant\arccos\dfrac{r}{2a}$,于是

$$\text{原式}=\int_0^{\sqrt{2}a}\mathrm{d}r\int_{-\frac{\pi}{4}}^{\arccos\frac{r}{2a}}f(r,\theta)\mathrm{d}\theta+\int_{\sqrt{2}a}^{2a}\mathrm{d}r\int_{-\arccos\frac{r}{2a}}^{\arccos\frac{r}{2a}}f(r,\theta)\mathrm{d}\theta$$

例 24.4 交换积分次序:$\int_0^1\mathrm{d}y\int_0^{y^2}(x^2+y^2)\mathrm{d}x+\int_1^2\mathrm{d}y\int_0^{\sqrt{1-(y-1)^2}}(x^2+y^2)\mathrm{d}x$.

解 $I=\int_0^1\mathrm{d}x\int_{\sqrt{x}}^{1+\sqrt{1-x^2}}(x^2+y^2)\mathrm{d}y$.

例 24.5 求证:

$$\int_a^b\mathrm{d}x\int_a^x(x-y)^{n-2}f(y)\mathrm{d}y=\frac{1}{n-1}\int_a^b(b-y)^{n-1}f(y)\mathrm{d}y\mathrm{d}x$$

证明 如例 24.5 图所示,有

$$\begin{aligned}I&=\int_a^b\mathrm{d}y\int_y^b(x-y)^{n-2}f(y)\mathrm{d}x\\&=\int_a^b f(y)\mathrm{d}y\left[\frac{1}{n-1}(x-y)^{n-1}\right]_{x=y}^{x=b}\\&=\frac{1}{n-1}\int_a^b(b-y)^{n-1}f(y)\mathrm{d}y\mathrm{d}x.\end{aligned}$$

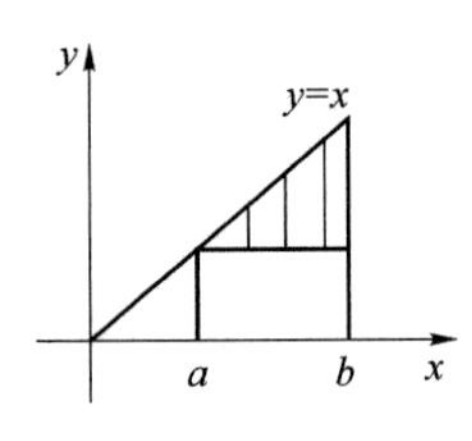

例 24.5 图

2. 交换积分次序计算累次积分

例 24.6 计算积分 $I_1=\int_0^1\sin\left(\ln\dfrac{1}{x}\right)\dfrac{x^b-x^a}{\ln x}\mathrm{d}x$.

解 原式可化为二重积分 $I_1=\int_0^1\mathrm{d}x\int_a^b x^y\sin\left(\ln\left(\dfrac{1}{x}\right)\right)\mathrm{d}y$. 函数连续,可以交换积分次序,即 $I_1=\int_a^b\mathrm{d}y\int_0^1 x^y\sin\left(\ln\left(\dfrac{1}{x}\right)\right)\mathrm{d}x$. 作代换 $x=\mathrm{e}^t$,可得

$$\begin{aligned}I_1&=\int_a^b\mathrm{d}y\int_0^{-\infty}\mathrm{e}^{t(y+1)}\sin t\mathrm{d}t=\int_a^b\mathrm{d}y\int_0^{+\infty}\mathrm{e}^{-t(y+1)}\sin t\mathrm{d}t\\&=\int_a^b\frac{\mathrm{d}y}{(y+1)^2+1}=\arctan\frac{b-a}{1+(a+1)(b+1)}\end{aligned}$$

例 24.7 计算 $I=\iint_D\dfrac{1}{\arcsin\sqrt{x^2+y^2}}\mathrm{d}\sigma,D:x^2+y^2\geqslant y,x^2+y^2\leqslant1,x\geqslant0,y\geqslant0$.

解 如例 24.7 图所示,有

$$D:0\leqslant\theta\leqslant\frac{\pi}{2},\sin\theta\leqslant r\leqslant1$$

$$\begin{aligned}I&=\int_0^{\frac{\pi}{2}}\mathrm{d}\theta\int_{\sin\theta}^1\frac{r}{\arcsin r}\mathrm{d}r\\&=\int_0^1\mathrm{d}r\int_0^{\arcsin r}\frac{r}{\arcsin r}\mathrm{d}\theta=\int_0^1 r\mathrm{d}r=\frac{1}{2}\end{aligned}$$

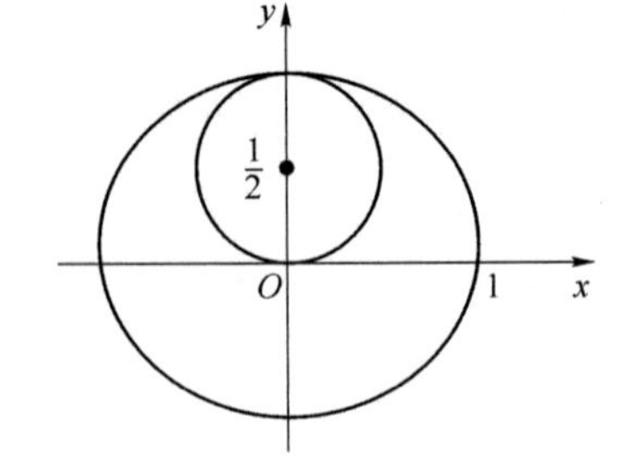

例 24.7 图

例 24.8 求 $\int_0^1\mathrm{d}y\int_y^{\sqrt{y}}\dfrac{\sin x}{x}\mathrm{d}x$

解 $I=\int_0^1\mathrm{d}x\int_{x^2}^x\dfrac{\sin x}{x}\mathrm{d}y=\int_0^1(\sin x-x\sin x)\mathrm{d}x=\int_0^1\sin x\mathrm{d}x+\int_0^1 x(\cos x)'\mathrm{d}x=1-\sin 1$

3. 利用坐标变换计算二重积分

例 24.9　设 $f(x)$ 为连续偶函数,试证明

$$\iint_D f(x-y)\mathrm{d}x\mathrm{d}y = 2\int_0^{2a}[2a-u]f(u)\mathrm{d}u,\text{其中 }D\text{ 为正方形}\begin{cases}|x|\leqslant a\\|y|\leqslant a\end{cases}(a>0).$$

证明　做变换$\begin{cases}x-y=u\\x+y=v\end{cases}$,则 $J=\dfrac{D(u,v)}{D(x,y)}=\begin{vmatrix}1, & -1\\1, & 1\end{vmatrix}=2$,故 $\mathrm{d}x\mathrm{d}y=\dfrac{1}{2}\mathrm{d}u\mathrm{d}v$. xOy 平面上的积分区域 D 变为 uOv 平面上的区域 $D_1:0\leqslant|u|+|v|\leqslant 2a$. 故$\iint\limits_D f(x-y)\mathrm{d}x\mathrm{d}y=\iint\limits_{D_1} f(u)\dfrac{1}{2}\mathrm{d}u\mathrm{d}v$, 因为 $f(u)$ 是偶函数, 积分区域关于 v 轴对称, 所以$\iint\limits_{D_1} f(u)\dfrac{1}{2}\mathrm{d}u\mathrm{d}v=\iint\limits_{D_2} f(u)\mathrm{d}u\mathrm{d}v$, D_2 是 D_1 在 u 轴的正半周的部分. 故

$$\iint_D f(x-y)\mathrm{d}x\mathrm{d}y=\iint_{D_2} f(u)\mathrm{d}u\mathrm{d}v=\int_0^{2a}\mathrm{d}u\int_{u-2a}^{2a-u}f(u)\mathrm{d}v=2\int_0^{2a}(2a-u)f(u)\mathrm{d}u$$

评注:利用适当的坐标变换和雅克比行列式可以化简计算.

例 24.10　计算 $I=\iint\limits_D\sqrt{xy}\,\mathrm{d}x\mathrm{d}y$,其中 D 为曲线$\left(\dfrac{x}{2}+\dfrac{y}{3}\right)^4=\dfrac{xy}{6}$在第一象限中围成的区域.

解　令 $x=2r\cos^2\theta, y=3r\sin^2\theta$,则曲线方程化为 $r^2=\cos^2\theta\sin^2\theta$,因在第一象限,可知 $r=\sin\theta\cos\theta$, 令 $r=0$,则 $\theta=0,\dfrac{\pi}{2}$,而

$$J=\frac{\partial(x,y)}{\partial(r,\theta)}=\begin{vmatrix}2\cos^2\theta & -4r\cos\theta\sin\theta\\3\sin^2\theta & 6r\sin\theta\cos\theta\end{vmatrix}=12r\sin\theta\cos\theta$$

故

$$\begin{aligned}I&=\iint_D\sqrt{xy}\,\mathrm{d}x\mathrm{d}y=\int_0^{\frac{\pi}{2}}\mathrm{d}\theta\int_0^{\sin\theta\cos\theta}\sqrt{2r\cos^2\theta\cdot 3r\sin^2\theta}\,|J|\,\mathrm{d}r\\&=12\sqrt{6}\int_0^{\frac{\pi}{2}}\mathrm{d}\theta\int_0^{\sin\theta\cos\theta}\cos^2\theta\sin^2\theta r^2\,\mathrm{d}r\\&=\frac{\sqrt{6}}{15}\end{aligned}$$

例 24.11　设 $f(t)$ 是连续函数,求证:当 $a^2+b^2\neq 0$ 时,

$$\iint_{x^2+y^2\leqslant 1} f(ax+by+c)\mathrm{d}x\mathrm{d}y=2\int_{-1}^1\sqrt{1-u^2}\,f(u\sqrt{a^2+b^2}+c)\mathrm{d}u$$

证明　令 $u=\dfrac{a}{\sqrt{a^2+b^2}}x+\dfrac{b}{\sqrt{a^2+b^2}}y, v=-\dfrac{b}{\sqrt{a^2+b^2}}x+\dfrac{a}{\sqrt{a^2+b^2}}y$, 令 $\cos\theta=\dfrac{a}{\sqrt{a^2+b^2}}, \sin\theta=\dfrac{b}{\sqrt{a^2+b^2}}$,则上述变换可写成

$$u=x\cos\theta+y\sin\theta, v=-x\sin\theta+y\cos\theta$$

由线性代数易知正交变换 $|J|=1$,且积分区域 $u^2+v^2=x^2+y^2\leqslant 1$

因此

$$\iint_{x^2+y^2\leqslant 1} f(ax+by+c)\mathrm{d}x\mathrm{d}y=\int_{-1}^1\mathrm{d}u\int_{-\sqrt{1-u^2}}^{\sqrt{1-u^2}}f(u\sqrt{a^2+b^2}+c)\mathrm{d}v$$

$$= 2\int_{-1}^{1} \sqrt{1-u^2} f(u\sqrt{a^2+b^2}+c)\mathrm{d}u$$

4. 利用对称性计算二重积分

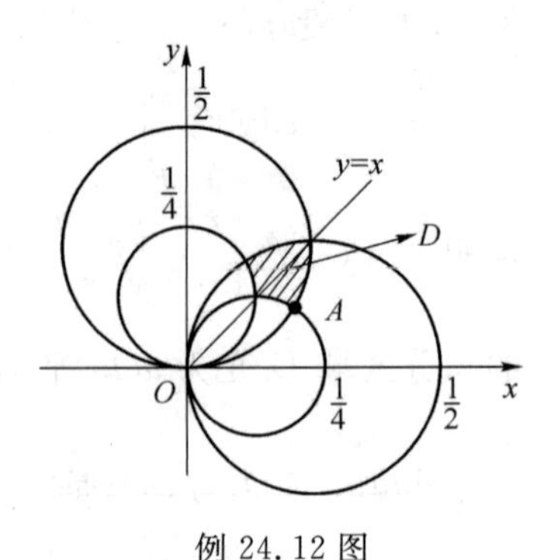

例 24.12 图

例 24.12 计算$\iint\limits_D \frac{\mathrm{d}x\mathrm{d}y}{xy}$,如例 24.12 图所示,其中 D:

$$\begin{cases} 2 \leqslant \dfrac{x}{x^2+y^2} \leqslant 4 \\ 2 \leqslant \dfrac{y}{x^2+y^2} \leqslant 4 \end{cases}.$$

解 在极坐标系中,积分区域为 $D = \left\{(r,\theta) \mid \frac{\cos\theta}{4} \leqslant r \leqslant \frac{\cos\theta}{2}, \frac{\sin\theta}{4} \leqslant r \leqslant \frac{\sin\theta}{2}\right\}$,积分区域 D 关于 $y = x$ 对称,只要计算 $0 \leqslant \theta \leqslant \frac{\pi}{4}$ 内部分即可,A 是 $r = \frac{\cos\theta}{2}, r = \frac{\sin\theta}{2}$ 的交点,$\theta = \arctan\frac{1}{2}$,因此

$$\iint\limits_D \frac{\mathrm{d}x\mathrm{d}y}{xy} = 2\int_{\arctan\frac{1}{2}}^{\frac{\pi}{4}} \mathrm{d}\theta \int_{\frac{\cos\theta}{4}}^{\frac{\sin\theta}{2}} \frac{\mathrm{d}r}{r\sin\theta\cos\theta}$$

$$= 2\int_{\arctan\frac{1}{2}}^{\frac{\pi}{4}} \frac{1}{\sin\theta\cos\theta}\ln(2\tan\theta)\mathrm{d}\theta$$

$$= 2\int_{\arctan\frac{1}{2}}^{\frac{\pi}{4}} \frac{1}{\tan\theta}(\ln 2\tan\theta)\mathrm{d}\tan\theta = (\ln 2 + \ln\tan\theta)\Big|_{\arctan\frac{1}{2}}^{\frac{\pi}{4}} = \ln^2 2$$

评注:熟悉二重积分中直角坐标系和极坐标系的转换.

例 24.13 计算 $I = \iint\limits_D 2y[(x+1)f(x)+(x-1)f(-x)]\mathrm{d}x\mathrm{d}y$,其中 $D = \{(x,y) \mid x^3 \leqslant y \leqslant 1, -1 \leqslant x \leqslant 1\}$,$f(x) \in [-a,a]$,$(a \geqslant 1)$.

解 因为 $f(x)+f(-x)$ 为偶函数,因而 $x[f(x)+f(-x)]$ 是奇函数;有 $f(x)-f(-x)$ 是奇函数,因此 $(x+1)f(x)+(x-1)f(-x) = x[f(x)+f(-x)]+[f(x)-f(-x)]$ 是奇函数,因此

$$I = \int_{-1}^{1} [(x+1)f(x)+(x-1)f(-x)]\mathrm{d}x\int_{x^3}^{1} 2y\mathrm{d}y$$

$$= \int_{-1}^{1} (1-x^6)[(x+1)f(x)+(x-1)f(-x)]\mathrm{d}x = 0$$

例 24.14 若 $f(x)$ 在 $[0,1]$ 上为连续,严格递增函数,则$\dfrac{\int_0^1 f^3(x)\mathrm{d}x}{\int_0^1 f^2(x)\mathrm{d}x} \leqslant \dfrac{\int_0^1 xf^3(x)\mathrm{d}x}{\int_0^1 xf^2(x)\mathrm{d}x}$.

解 只需证 $I = \int_0^1 xf^3(x)\mathrm{d}x \cdot \int_0^1 f^2(x)\mathrm{d}x - \int_0^1 f^3(x)\mathrm{d}x \cdot \int_0^1 xf^2(x)\mathrm{d}x \geqslant 0$ 即可.

$$I = \int_0^1 xf^3(x)\mathrm{d}x \cdot \int_0^1 f^2(y)\mathrm{d}y - \int_0^1 f^3(y)\mathrm{d}y \cdot \int_0^1 xf^2(x)\mathrm{d}x$$

$$= \iint\limits_D xf^3(x)f^2(y)\mathrm{d}x\mathrm{d}y - \iint\limits_D xf^2(x)f^3(y)\mathrm{d}x\mathrm{d}y \tag{①}$$

$$= \iint\limits_D xf^2(x)f^2(y)[f(x)-f(y)]\mathrm{d}x\mathrm{d}y$$

其中 D 为正方形域：$0 \leqslant x \leqslant 1, 0 \leqslant y \leqslant 1$. 另一方面，因为 D 关于 $y = x$ 对称，所以

$$I = \iint_D y f^2(y) f^2(x)[f(y) - f(x)] \mathrm{d}x\mathrm{d}y \qquad ②$$

① 式 + ② 式可得

$$\begin{aligned} 2I &= \iint_D x f^2(x) f^2(y)[f(x) - f(y)] \mathrm{d}x\mathrm{d}y + \iint_D y f^2(y) f^2(x)[f(y) - f(x)] \mathrm{d}x\mathrm{d}y \\ &= \iint_D f^2(x) f^2(y)(x - y) \cdot [f(x) - f(y)] \mathrm{d}x\mathrm{d}y \end{aligned}$$

因为 $f(x)$ 在 $[0,1]$ 内严格单调递增，对 $\forall\, x, y \in [0,1]$，均有 $(x - y) \cdot [f(x) - f(y)] \geqslant 0$，所以 $2I \geqslant 0$，即 $I \geqslant 0$.

评注：充分利用积分区域对称性与单调函数对 $(x - y)(f(x) - f(y))$ 的保号性.

例 24.15　计算二重积分 $\iint_D \dfrac{\mathrm{d}x\mathrm{d}y}{(a^2 + x^2 + y^2)^{\frac{2}{3}}}$，其中 D 为正方形域：$0 \leqslant x \leqslant a, 0 \leqslant y \leqslant a$.

解　D 的边界线 $x = a$ 及 $y = a$ 的极坐标方程分别为 $r = \dfrac{a}{\cos\theta}\left(0 \leqslant \theta \leqslant \dfrac{\pi}{4}\right)$，$r = \dfrac{a}{\sin\theta}\left(\dfrac{\pi}{4} \leqslant \theta \leqslant \dfrac{\pi}{2}\right)$，所以

$$\begin{aligned} &\iint_D \frac{\mathrm{d}x\mathrm{d}y}{(a^2 + x^2 + y^2)^{\frac{2}{3}}} \\ &= \int_0^{\frac{\pi}{4}} \mathrm{d}\theta \int_0^{\frac{a}{\cos\theta}} \frac{r\mathrm{d}r}{(a^2 + r^2)^{\frac{2}{3}}} + \int_{\frac{\pi}{4}}^{\frac{\pi}{2}} \mathrm{d}\theta \int_0^{\frac{a}{\sin\theta}} \frac{r\mathrm{d}r}{(a^2 + r^2)^{\frac{2}{3}}} \\ &= \int_0^{\frac{\pi}{4}} -\frac{1}{\sqrt{a^2 + r^2}}\Bigg|_0^{\frac{a}{\cos\theta}} \mathrm{d}\theta + \int_{\frac{\pi}{4}}^{\frac{\pi}{2}} -\frac{1}{\sqrt{a^2 + r^2}}\Bigg|_0^{\frac{a}{\sin\theta}} \mathrm{d}\theta \\ &= \int_0^{\frac{\pi}{4}} \left(\frac{1}{a} - \frac{\cos\theta}{a\sqrt{1 + \cos^2\theta}}\right) \mathrm{d}\theta + \int_{\frac{\pi}{4}}^{\frac{\pi}{2}} \left(\frac{1}{a} - \frac{\sin\theta}{a\sqrt{1 + \sin^2\theta}}\right) \mathrm{d}\theta \end{aligned}$$

注意到对任意连续函数 $f(u)$，有 $\int_{\frac{\pi}{4}}^{\frac{\pi}{2}} f(\sin\theta)\mathrm{d}\theta = \int_0^{\frac{\pi}{4}} f(\cos\theta)\mathrm{d}\theta$，所以

$$\begin{aligned} \iint_D \frac{\mathrm{d}x\mathrm{d}y}{(a^2 + x^2 + y^2)^{\frac{2}{3}}} &= \frac{1}{a}\,\frac{\pi}{2} - \frac{2}{a}\int_0^{\frac{\pi}{4}} \frac{\cos\theta}{\sqrt{1 + \cos^2\theta}} \mathrm{d}\theta \\ &= \frac{\pi}{2a} - \frac{2}{a}\int_0^{\frac{\sqrt{2}}{2}} \frac{\mathrm{d}t}{\sqrt{2 - t^2}} = \frac{\pi}{2a} - \frac{2}{a}\arcsin\frac{t}{\sqrt{2}}\Bigg|_0^{\frac{\sqrt{2}}{2}} = \frac{\pi}{6a} \end{aligned}$$

例 24.16　计算 $I = \iint_D |\cos(x + y)| \mathrm{d}x\mathrm{d}y$，其中 $D = \{(x, y) \mid 0 \leqslant x \leqslant \pi, 0 \leqslant y \leqslant \pi\}$.

解　区域 D 的一条对角线为 $x + y = \pi$，在 D 内关于对角线对称的点上，被积函数取得相同的值，因此有 $I = 2\iint_{D'} |\cos(x + y)| \mathrm{d}x\mathrm{d}y$，其中 $D' = \{(x, y) \mid 0 \leqslant x \leqslant \pi, 0 \leqslant y \leqslant \pi - x\}$.

借助于线段 $y = \dfrac{\pi}{2} - x, 0 \leqslant x \leqslant \dfrac{\pi}{2}$ 将 D 分成两个集合，在其中一个上被积函数为正，而在另一个上为负. 所给积分区域分别表示成

$$D_1=\left\{(x,y)\mid 0\leqslant x\leqslant \frac{\pi}{2},0\leqslant y\leqslant \frac{\pi}{2}-x\right\}$$

$$D_2=\left\{(x,y)\mid 0\leqslant x\leqslant \frac{\pi}{2},\frac{\pi}{2}-x\leqslant y\leqslant \pi-x\right\}\cup\left\{(x,y)\mid \frac{\pi}{2}\leqslant x\leqslant \pi,0\leqslant y\leqslant \pi-x\right\}$$

则
$$\begin{aligned}I&=2\iint_{D'}|\cos(x+y)|\,\mathrm{d}x\mathrm{d}y=2\iint_{D_1}\cos(x+y)\mathrm{d}x\mathrm{d}y-2\iint_{D_2}\cos(x+y)\mathrm{d}x\mathrm{d}y\\&=2\iint_{D_1}\cos(x+y)\mathrm{d}x\mathrm{d}y-2\left[\iint_{D'}\cos(x+y)\mathrm{d}x\mathrm{d}y-\iint_{D_1}\cos(x+y)\mathrm{d}x\mathrm{d}y\right]\\&=4\iint_{D_1}\cos(x+y)\mathrm{d}x\mathrm{d}y-2\iint_{D'}\cos(x+y)\mathrm{d}x\mathrm{d}y\\&=4\int_0^{\frac{\pi}{2}}\mathrm{d}y\int_0^{\frac{\pi}{2}-y}\cos(x+y)\mathrm{d}x-2\int_0^{\pi}\mathrm{d}y\int_0^{\pi-y}\cos(x+y)\mathrm{d}x\\&=2\pi-8\end{aligned}$$

例 24.17 $(x^2+y^2)^2=a(x^3-3xy^2)(a>0)$,求曲线所围区域的面积.

解 如例 24.17 图所示,显然曲线关于 Ox 轴对称,故只要求出 $y\geqslant 0$ 的部分. 化为极坐标:$r=a\cos\theta(4\cos^2\theta-3)$. 由于必须使 $x^3-3xy^2\geqslant 0$,故 $\cos\theta(4\cos^2\theta-3)\geqslant 0$,因此 $\cos\theta\geqslant 0$ 且 $\cos\theta\geqslant\frac{\sqrt{3}}{2}$ 或 $\cos\theta\leqslant 0$ 且 $\cos\theta\geqslant-\frac{\sqrt{3}}{2}$,故 $-\frac{\pi}{6}\leqslant\theta\leqslant\frac{\pi}{6}$,$\frac{\pi}{2}\leqslant\theta\leqslant\pi-\frac{\pi}{6}$,$-\pi+\frac{\pi}{6}\leqslant\theta\leqslant-\frac{\pi}{2}$,于是,在 Ox 轴的上方部分为:$0\leqslant\theta\leqslant\frac{\pi}{6}$,$\frac{\pi}{2}\leqslant\theta\leqslant\pi-\frac{\pi}{6}$,由此可知

$$\begin{aligned}S&=\iint_S r\mathrm{d}r\mathrm{d}\theta=2\left(\int_0^{\frac{\pi}{6}}\mathrm{d}\theta\int_0^{a\cos\theta(4\cos^2\theta-3)}r\mathrm{d}r+\int_{\frac{\pi}{2}}^{\pi-\frac{\pi}{6}}\mathrm{d}\theta\int_0^{a\cos\theta(4\cos^2\theta-3)}r\mathrm{d}r\right)\\&=\int_0^{\frac{\pi}{6}}a^2\cos^2\theta(4\cos^2\theta-3)^2\mathrm{d}\theta+\int_{\frac{\pi}{2}}^{\frac{5\pi}{6}}a^2\cos^2\theta(4\cos^2\theta-3)^2\mathrm{d}\theta\end{aligned}$$

上式右端第二个积分式中做代换 $\theta=\pi-\varphi$,则

$$\int_{\frac{\pi}{2}}^{\frac{5\pi}{6}}a^2\cos^2\theta(4\cos^2\theta-3)^2\mathrm{d}\theta=\int_{\frac{\pi}{6}}^{\frac{\pi}{2}}a^2\cos^2\theta(4\cos^2\theta-3)^2\mathrm{d}\theta$$

故
$$\begin{aligned}S&=\int_0^{\frac{\pi}{2}}a^2\cos^2\theta(4\cos^2\theta-3)^2\mathrm{d}\theta\\&=a^2\int_0^{\frac{\pi}{2}}(16\cos^6\theta-24\cos^4\theta+9\cos^2\theta)\mathrm{d}\theta=\frac{\pi a^2}{4}\end{aligned}$$

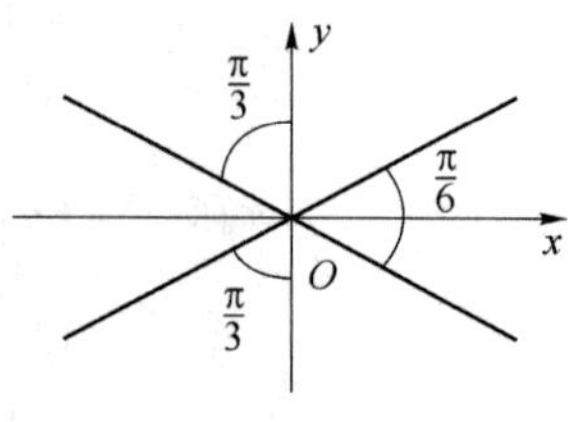

例 24.17 图

5. 积分区域的确定

例 24.18 求二重积分:$I=\iint_D\big||x+y|-2\big|\mathrm{d}x\mathrm{d}y$,其中 $D:0\leqslant x\leqslant 2,-2\leqslant y\leqslant 2$.

解 D 是矩形,因为 $\big||x+y|-2\big|=\begin{cases}|x+y-2|,y\geqslant -x\\|x+y+2|,y\leqslant -x\end{cases}=\begin{cases}x+y-2,y\geqslant -x+2\\2-x-y,-x\leqslant y\leqslant -x+2\\x+y+2,-2\leqslant y\leqslant -x\end{cases}$,故用直线 $y=-x+2$ 和 $y=-x$ 将矩形积分区域 D 从上至下分成 D_1,D_2,D_3 于是

$$I=\iint\limits_{D_1}(x+y-2)\mathrm{d}x\mathrm{d}y+\iint\limits_{D_2}(2-x-y)\mathrm{d}x\mathrm{d}y+\iint\limits_{D_3}(x+y+2)\mathrm{d}x\mathrm{d}y$$

$$=\iint\limits_{D_1\cup D_2\cup D_3}(x+y)\mathrm{d}x\mathrm{d}y-2\iint\limits_{D_2}(x+y)\mathrm{d}x\mathrm{d}y-2\iint\limits_{D_1}\mathrm{d}x\mathrm{d}y+2\iint\limits_{D_2}\mathrm{d}x\mathrm{d}y+2\iint\limits_{D_3}\mathrm{d}x\mathrm{d}y$$

$$=\iint\limits_{D}(x+y)\mathrm{d}x\mathrm{d}y-2\iint\limits_{D_2}(x+y)\mathrm{d}x\mathrm{d}y+2\iint\limits_{D_2}\mathrm{d}x\mathrm{d}y$$

$$=\iint\limits_{D}(x-1)\mathrm{d}x\mathrm{d}y+\iint\limits_{D}\mathrm{d}x\mathrm{d}y-2\iint\limits_{D_2}(x-1+y)\mathrm{d}x\mathrm{d}y=0+8-0=8$$

例 24.19　求二重积分：$I=\iint\limits_{D}|3x+4y|\mathrm{d}x\mathrm{d}y, D: x^2+y^2\leqslant 1$.

解　利用极坐标变换，转化为定积分后被积函数也分段表示的，但可以利用周期函数的积分性质. 令 $x=r\cos\theta, y=r\sin\theta$，则 $D=\{(r,\theta)\mid 0\leqslant\theta\leqslant 2\pi, 0\leqslant r\leqslant 1\}$，

$$I=\int_0^{2\pi}|3\cos\theta+4\sin\theta|\mathrm{d}\theta\cdot\int_0^1 r\cdot r\mathrm{d}r$$

$$=\frac{5}{3}\int_0^{2\pi}\left|\frac{3}{5}\cos\theta+\frac{4}{5}\sin\theta\right|\mathrm{d}\theta$$

$$=\frac{5}{3}\int_0^{2\pi}|\sin(\theta+\theta_0)|\mathrm{d}\theta$$

其中 $\sin\theta_0=\frac{3}{5}, \cos\theta_0=\frac{4}{5}$，由周期函数的积分性质，有

$$I=\frac{5}{3}\int_{\theta_0}^{2\pi+\theta_0}|\sin t|\mathrm{d}t=\frac{5}{3}\int_{-\pi}^{\pi}|\sin t|\mathrm{d}t=\frac{10}{3}\int_0^{\pi}\sin t\mathrm{d}t=\frac{20}{3}$$

例 24.20　设 $f(x)$ 为连续函数，$D: |y|\leqslant|x|\leqslant 1$，求证：

$$I=\iint\limits_{D}f(\sqrt{x^2+y^2})\mathrm{d}x\mathrm{d}y=\pi\int_0^1 xf(x)\mathrm{d}x+\int_1^{\sqrt{2}}\left(\pi-4\arccos\frac{1}{x}\right)xf(x)\mathrm{d}x$$

证明　如例 24.20 图所示，记 $D_1: 0\leqslant y\leqslant x\leqslant 1$，则 $I=4\iint\limits_{D_1}f(\sqrt{x^2+y^2})\mathrm{d}x\mathrm{d}y=4\iint\limits_{D_{11}}f(\sqrt{x^2+y^2})\mathrm{d}x\mathrm{d}y+4\iint\limits_{D_{12}}f(\sqrt{x^2+y^2})\mathrm{d}x\mathrm{d}y\overset{\Delta}{=}4I_1+4I_2$，其中 $D_{11}: 0\leqslant y\leqslant x, x^2+y^2\leqslant 1$，$D_{12}: 0\leqslant y\leqslant x\leqslant 1, x^2+y^2\geqslant 1$，则

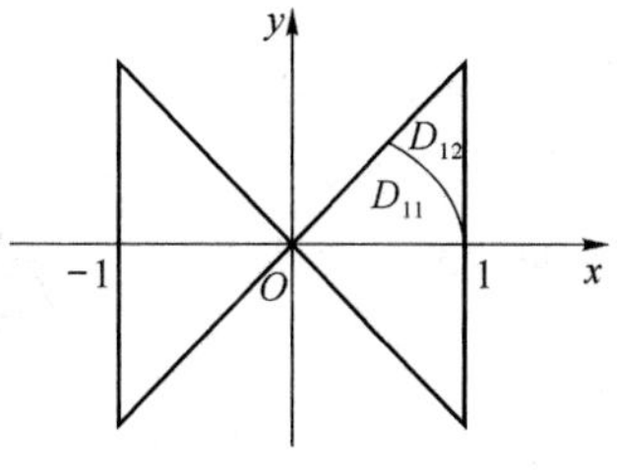

例 24.20 图

$$I_1=\int_0^{\frac{\pi}{4}}\mathrm{d}\theta\int_0^1 rf(r)\mathrm{d}r=\frac{\pi}{4}\int_0^1 rf(r)\mathrm{d}r=\frac{\pi}{4}\int_0^1 xf(x)\mathrm{d}x$$

$$I_2=\int_1^{\sqrt{2}}\mathrm{d}r\int_{\arccos\frac{1}{r}}^{\frac{\pi}{4}}rf(r)\mathrm{d}\theta=\int_1^{\sqrt{2}}\left(\frac{\pi}{4}-\arccos\frac{1}{r}\right)rf(r)\mathrm{d}r=\int_1^{\sqrt{2}}\left(\frac{\pi}{4}-\arccos\frac{1}{x}\right)xf(x)\mathrm{d}x$$

故 $I=\pi\int_0^1 xf(x)\mathrm{d}x+\int_1^{\sqrt{2}}\left(\pi-4\arccos\frac{1}{x}\right)xf(x)\mathrm{d}x$.

评注：注意积分表达式中的字母何时能换、何时不能换.

例 24.21　求 $I=\iint\limits_{x^2+y^2\leqslant\frac{3}{16}}\min\left\{2(x^2+y^2),\sqrt{\frac{3}{16}-x^2-y^2}\right\}\mathrm{d}x\mathrm{d}y$.

解 令 $x=\frac{\sqrt{3}}{4}r\cos\theta, y=\frac{\sqrt{3}}{4}r\sin\theta$,则雅克比行列式 $J=\frac{3}{16}r$,故

$$I=\int_0^{2\pi}d\theta\int_0^1\min\left\{\frac{3r^2}{8},\sqrt{\frac{3}{16}-\frac{3}{16}r^2}\right\}\frac{3}{16}rdr$$

$$=\frac{3\sqrt{3}\pi}{128}\int_0^1\min\{\sqrt{3}r^2,2\sqrt{1-r^2}\}dr^2$$

$$=\frac{3\sqrt{3}\pi}{128}\int_0^1\min\{\sqrt{3}t,2\sqrt{1-t}\}dt$$

$$=\frac{3\sqrt{3}\pi}{128}\left(\int_0^{\frac{2}{3}}\sqrt{3}tdt+\int_{\frac{2}{3}}^1 2\sqrt{1-t}dt\right)(\text{解不等式}\sqrt{3}t>2\sqrt{1-t})$$

$$=\frac{5\pi}{192}$$

例 24.22 计算不连续函数的积分 $\iint\limits_{x^2\leqslant y\leqslant 4}\sqrt{[y-x^2]}dxdy$.

解 当 $x^2\leqslant y<x^2+1$ 时,$[y-x^2]=0$;当 $1+x^2\leqslant y<x^2+2$ 时,$[y-x^2]=1$;当 $2+x^2\leqslant y<x^2+3$ 时,$[y-x^2]=2$;当 $3+x^2\leqslant y<4$ 时,$[y-x^2]=3$.

抛物线 $y=x^2+3, y=x^2+2, y=x^2+1, y=x^2$ 与直线 $y=4$ 在第一象限内的交点为 $A(1,4), B(\sqrt{2},4), C(\sqrt{3},4), D(2,4)$ 与 Oy 轴对称的位置还有四个交点,于是

$$\iint\limits_{x^2\leqslant y\leqslant 4}\sqrt{[y-x^2]}dxdy$$

$$=2\sqrt{3}\int_0^1dx\int_{x^2+3}^4dy+2\sqrt{2}\left(\int_0^1dx\int_{x^2+2}^{x^2+3}dy+\int_1^{\sqrt{2}}dx\int_{x^2+2}^4dy\right)+2\left(\int_0^{\sqrt{2}}dx\int_{x^2+1}^{x^2+2}dy+\int_{\sqrt{2}}^{\sqrt{3}}dx\int_{x^2+1}^4dy\right)$$

$$=2\left[\sqrt{2}+\int_{\sqrt{2}}^{\sqrt{3}}(3-x^2)dx\right]+2\sqrt{2}\left[1+\int_1^{\sqrt{2}}(2-x^2)dx\right]+2\sqrt{3}\int_0^1(1-x^2)dx$$

$$=\frac{4}{3}(4+4\sqrt{3}-3\sqrt{2})$$

例 24.23 计算 $I=\iint\limits_D\frac{x^3\sin y\cos ye^{\sqrt{x^2+2}}}{\sqrt{x^2\cos^2y+2}\cdot\sqrt{x^2+2}}dxdy$,其中 $D:0\leqslant x\leqslant 1,0\leqslant y\leqslant\frac{\pi}{2}$.

解

$$I=\iint\limits_D\frac{x^3\sin y\cos ye^{\sqrt{x^2+2}}}{\sqrt{x^2\cos^2y+2}\cdot\sqrt{x^2+2}}dxdy$$

$$=\int_0^{\frac{\pi}{2}}dy\int_0^1\frac{(x\sin y)(x\cos y)e^{\sqrt{x^2+2}}}{\sqrt{(x\cos y)^2+2}\cdot\sqrt{x^2+2}}\cdot xdx(\text{变换积分变量})$$

$$=\int_0^{\frac{\pi}{2}}d\theta\int_0^1\frac{(r\sin\theta)(r\cos\theta)e^{\sqrt{r^2+2}}}{\sqrt{(r\cos\theta)^2+2}\cdot\sqrt{r^2+2}}\cdot rdr(\text{第一象限单位圆内直角坐标转化为直角坐标})$$

$$=\int_0^1dx\int_0^{\sqrt{1-x^2}}\frac{yxe^{\sqrt{x^2+y^2+2}}}{\sqrt{x^2+2}\cdot\sqrt{x^2+y^2+2}}dy(\text{凑微分})$$

$$=\int_0^1\frac{x}{\sqrt{x^2+2}}dx\int_0^{\sqrt{1-x^2}}\frac{e^{\sqrt{x^2+y^2+2}}}{2\sqrt{x^2+y^2+2}}d(x^2+y^2+2)$$

$$= \int_0^1 \frac{x}{\sqrt{x^2+2}} \mathrm{e}^{\sqrt{x^2+y^2+2}} \Big|_{y=0}^{\sqrt{1-x^2}} \mathrm{d}x$$

$$= \int_0^1 \frac{x}{\sqrt{x^2+2}} (\mathrm{e}^{\sqrt{3}} - \mathrm{e}^{\sqrt{x^2+2}}) \mathrm{d}x$$

$$= \mathrm{e}^{\sqrt{3}} \sqrt{x^2+2} \Big|_0^1 - \mathrm{e}^{\sqrt{x^2+2}} \Big|_0^1$$

$$= \mathrm{e}^{\sqrt{2}} + \mathrm{e}^{\sqrt{3}} (\sqrt{3} - \sqrt{2} - 1)$$

评注：直角和极坐标系积分变量的转化.

6. 重积分等式、不等式证明及其相关应用

例 24.24　设 D 域是 $x^2+y^2 \leqslant 1$，试证明不等式：$\frac{61}{165}\pi \leqslant \iint\limits_D \sin\sqrt{(x^2+y^2)^3}\,\mathrm{d}x\mathrm{d}y \leqslant \frac{2}{5}\pi$.

证明　$I = \iint\limits_D \sin\sqrt{(x^2+y^2)^3}\,\mathrm{d}x\mathrm{d}y = 2\pi\int_0^1 r\sin r^3 \mathrm{d}r = 2\pi\int_0^1 r\left(r^3 - \frac{r^9}{6} + \cdots\right)\mathrm{d}r$

由 $2\pi\int_0^1 r\left(r^3 - \frac{r^9}{6}\right)\mathrm{d}r = \frac{165}{61}\pi$，$2\pi\int_0^1 r^4 \mathrm{d}r = \frac{2}{5}\pi$，得

$$\frac{165}{61}\pi = 2\pi\int_0^1 r\left(r^3 - \frac{r^9}{6}\right)\mathrm{d}r \leqslant I \leqslant 2\pi\int_0^1 r^4 \mathrm{d}r = \frac{2}{5}\pi$$

例 24.25　设 $f(x)$ 在 $[0,1]$ 上连续，证明：$\int_0^1 \mathrm{e}^{f(x)}\mathrm{d}x\int_0^1 \mathrm{e}^{-f(y)}\mathrm{d}y \geqslant 1$.

证明

证法一　将累次积分改写为重积分形式，$I = \int_0^1 \mathrm{e}^{f(x)}\mathrm{d}x\int_0^1 \mathrm{e}^{-f(y)}\mathrm{d}y = \iint\limits_D \mathrm{e}^{f(x)-f(y)}\mathrm{d}x\mathrm{d}y$，由对称性得 $I = \iint\limits_D \mathrm{e}^{f(y)-f(x)}\mathrm{d}x\mathrm{d}y = \frac{1}{2}\iint\limits_D \left(\frac{\mathrm{e}^{f(y)}}{\mathrm{e}^{f(x)}} + \frac{\mathrm{e}^{f(x)}}{\mathrm{e}^{f(y)}}\right)\mathrm{d}x\mathrm{d}y \geqslant 1$（均值不等式）.

证法二　由泰勒公式知，$\forall x \in R$，有 $\mathrm{e}^x = 1 + x + \frac{\mathrm{e}^{\xi}}{2}x^2 \geqslant 1 + x$，$\xi$ 位于 0 与 x 之间，因此 $\mathrm{e}^{f(y)-f(x)} \geqslant 1 + f(y) - f(x)$，从而

$$\int_0^1 \mathrm{e}^{f(x)}\mathrm{d}x\int_0^1 \mathrm{e}^{-f(y)}\mathrm{d}y \geqslant \int_0^1 \mathrm{d}x\int_0^1 [1 + f(x) - f(y)]\mathrm{d}y$$

$$= 1 + \int_0^1 \mathrm{d}x\int_0^1 f(x)\mathrm{d}y - \int_0^1 \mathrm{d}x\int_0^1 f(y)\mathrm{d}y = 1$$

例 24.26　计算 $I = \int_{-\infty}^{\infty}\int_{-\infty}^{\infty} \min\{x,y\}\mathrm{e}^{-(x^2+y^2)}\mathrm{d}x\mathrm{d}y$.

解　$I = \int_{-\infty}^{\infty}\mathrm{d}y\int_{-\infty}^{y} x\mathrm{e}^{-(x^2+y^2)}\mathrm{d}x + \int_{-\infty}^{\infty}\mathrm{d}y\int_{y}^{\infty} y\mathrm{e}^{-(x^2+y^2)}\mathrm{d}x$

$= \int_{-\infty}^{\infty} \frac{1}{2}\mathrm{e}^{-(x^2+y^2)} \Big|_y^{-\infty} \mathrm{d}y + \int_{-\infty}^{\infty}\mathrm{d}x\int_{-\infty}^{x} y\mathrm{e}^{-(x^2+y^2)}\mathrm{d}y$（对第二项交换积分次序）

$= -\frac{1}{2}\int_{-\infty}^{\infty} \mathrm{e}^{-2y^2}\mathrm{d}y - \frac{1}{2}\int_{-\infty}^{\infty} \mathrm{e}^{-2x^2}\mathrm{d}x$

$= -2\int_0^{\infty} \mathrm{e}^{-2x^2}\mathrm{d}x\left(y = \frac{t}{\sqrt{2}}\right)$

$= -2\int_0^{\infty} \mathrm{e}^{-t^2} \frac{1}{\sqrt{2}}\mathrm{d}t = -\sqrt{\frac{\pi}{2}}$

评注:$\int_0^{\infty} e^{-x^2}\,dt = \dfrac{\sqrt{\pi}}{2}$.

例 24.27 设 $f(x,y)$ 在单位圆上有连续的偏导数,且在边界上取值为零,求证:

$$f(0,0) = \lim_{\varepsilon \to 0^+} \frac{-1}{2\pi} \iint_D \frac{x\dfrac{\partial f}{\partial x} + y\dfrac{\partial f}{\partial y}}{x^2+y^2}\,dx\,dy,\text{其中 } D:\varepsilon \leqslant x^2+y^2 \leqslant 1.$$

证明 令 $x = r\cos\theta, y = r\sin\theta$,则方向导数为 $\dfrac{\partial f}{\partial r} = \dfrac{\partial f}{\partial x}\cos\theta + \dfrac{\partial f}{\partial y}\sin\theta, r\dfrac{\partial f}{\partial r} = \dfrac{\partial f}{\partial x}x + \dfrac{\partial f}{\partial y}y$.
故

$$\begin{aligned} I &= \int_0^{2\pi} d\theta \int_\varepsilon^1 \frac{r\dfrac{\partial f}{\partial r}}{r^2} r\,dr = \int_0^{2\pi} [f(r\cos\theta, r\sin\theta)]\,\Big|_\varepsilon^1 d\theta \\ &= \int_0^{2\pi} [f(\cos\theta, \sin\theta) - f(\varepsilon\cos\theta, \varepsilon\sin\theta)]\,d\theta \\ &= -\int_0^{2\pi} f(\varepsilon\cos\theta, \varepsilon\sin\theta)\,d\theta \quad (\text{积分中值定理}) \\ &= -2\pi f(\varepsilon\cos\theta^*, \varepsilon\sin\theta^*), \theta^* \in [0, 2\pi] \end{aligned}$$

故 $\lim\limits_{\varepsilon \to 0^+} \dfrac{-1}{2\pi}[-2\pi f(\varepsilon\cos\theta^*, \varepsilon\sin\theta^*)] = f(0,0)$.

例 24.28 设二元函数 $f(x,y) \geqslant 0$,在 $D: x^2+y^2 \leqslant a^2$ 上有连续的一阶偏导数,$f(x,y) = 0, \forall (x,y) \in \partial(D)$,求证:$\left|\iint_D f(x,y)\,d\sigma\right| \leqslant \dfrac{1}{3}\pi a^3 \max\limits_{(x,y)\in D} \sqrt{\left(\dfrac{\partial f}{\partial x}\right)^2 + \left(\dfrac{\partial f}{\partial y}\right)^2}$.

证明 即 $M = \max\limits_{(x,y)\in D} \sqrt{\left(\dfrac{\partial f}{\partial x}\right)^2 + \left(\dfrac{\partial f}{\partial y}\right)^2}$,$\forall (x,y) \in D$,由原点向 (x,y) 引射线,此射线与圆周交于点 (x_0,y_0),由泰勒公式,存在 (x,y) 到 (x_0,y_0) 线段上一点 P,使

$$\begin{aligned} |f(x,y)| &= |f(x_0,y_0) + f'_x(P)(x-x_0) + f'_y(P)(y-y_0)| \\ &= |f'_x(P)(x-x_0) + f'_y(P)(y-y_0)| \\ &= |(f'_x(P), f'_y(p)) \cdot (x-x_0, y-y_0)| \\ &\leqslant \sqrt{\left(\frac{\partial f}{\partial x}\right)^2 + \left(\frac{\partial f}{\partial y}\right)^2} \cdot \sqrt{(x-x_0)^2 + (y-y_0)^2} \\ &\leqslant M(a-r), (r = \sqrt{x^2+y^2}) \end{aligned}$$

得 $\left|\iint_D f(x,y)\,d\sigma\right| \leqslant \iint_D |f(x,y)|\,d\sigma$

$$\leqslant \iint_D M(a-r)\,d\sigma = M\int_0^{2\pi} d\theta \int_0^a (a-r)\,dr = \frac{1}{3}\pi a^3 M$$

7. 二重积分求面积、体积

例 24.29 求平面 $x+y+z=b$ 与曲面 $x^2+y^2+z^2-xy-xz-yz=a^2$ 所得截断面的面积.

解 为简化平面和曲面的方程,作变量代换

$$x' = \frac{1}{\sqrt{2}}x - \frac{1}{\sqrt{2}}z, y' = \frac{1}{\sqrt{6}}x - \frac{2}{\sqrt{6}} + \frac{1}{\sqrt{6}}z, z' = \frac{1}{\sqrt{3}}x + \frac{1}{\sqrt{3}}y + \frac{1}{\sqrt{3}}z$$

这是一个正交变换,故 $Ox'y'z'$ 成为一个新的直角坐标系,在新的坐标系下,平面的方程为

$$z' = \frac{1}{\sqrt{3}}(x+y+z) = \frac{b}{\sqrt{3}}$$

由于

$$x = \frac{1}{\sqrt{2}}x' + \frac{1}{\sqrt{6}}y' + \frac{1}{\sqrt{3}}z'$$

$$y = \frac{-\sqrt{6}}{3}y' + \frac{1}{\sqrt{3}}z'$$

$$z = -\frac{1}{\sqrt{2}}x' + \frac{1}{\sqrt{6}}y' + \frac{1}{\sqrt{3}}z'$$

$$\begin{aligned} &x^2+y^2+z^2-xy-xz-yz \\ =& \frac{1}{2}[(x-y)^2+(y-z)^2+(z-x)^2] = \frac{3}{2}(x'^2+y'^2) \end{aligned}$$

从而曲面方程变为 $x'^2+y'^2 = \frac{2}{3}a^2$，于是所求的面积为 $S = \iint\limits_{x'^2+y'^2\leqslant\frac{2}{3}a^2} \mathrm{d}x'\mathrm{d}y' = \frac{2}{3}\pi a^2$.

评注：线性变换 $x' = x-y, y' = y-z, z' = z-x$ 退化，需要找线性代数的正交变换.

例 24.30　求曲线 $\sqrt[4]{\frac{x}{a}} + \sqrt[4]{\frac{y}{b}} = 1$；$x=0, y=0$ 围成的区域面积.

解　设 $x = ar\cos^8\varphi, y = br\sin^8\varphi$，则方程化为 $r = 1\left(0\leqslant\varphi\leqslant\frac{\pi}{2}\right)$，于是，曲线所围的面积为

$$\begin{aligned} S &= \iint\limits_S 8abr\cos^7\varphi\sin^7\varphi\mathrm{d}\varphi\mathrm{d}r \\ &= 4ab\int_0^{\frac{\pi}{2}}\cos^7\varphi\sin^7\varphi\mathrm{d}\varphi \\ &= 4ab\int_0^1 u^7(1-u^2)^3\mathrm{d}u \\ &= 4ab\left(\frac{1}{8}-\frac{3}{10}+\frac{1}{4}-\frac{1}{14}\right) = \frac{ab}{70} \end{aligned}$$

例 24.31　求曲面围成的立体的体积：$z = x^2+y^2, xy = a^2, xy = 2a^2, y = \frac{x}{2}, y = 2x, z = 0$.

解　曲面所界的立体在 xOy 平面上的投影域 Ω 由曲线 $xy = a^2, xy = 2a^2$ 和直线 $y = \frac{x}{2}$，$y = 2x$ 围成. 利用对称性，曲面所界的体积可表示为

$$V = 2\iint\limits_\Omega z\mathrm{d}x\mathrm{d}y = 2\iint\limits_\Omega (x^2+y^2)\mathrm{d}x\mathrm{d}y$$

作变量代换 $xy = ua^2, y = vx$，则积分区域 Ω 变为长方形域 $1\leqslant u\leqslant 2, \frac{1}{2}\leqslant v\leqslant 2$，且

$$|I| = \frac{a^2}{2v}, z = x^2+y^2 = a^2\left(\frac{u}{v}+uv\right)$$

于是，所求的体积为

$$V = 2\iint_{\Omega}(x^2+y^2)\mathrm{d}x\mathrm{d}y$$

$$= 2\iint_{\substack{1\leqslant u\leqslant 2\\ \frac{1}{2}\leqslant v\leqslant 2}} a^2\left(\frac{u}{v}+uv\right)\frac{a^2}{2v}\mathrm{d}u\mathrm{d}v$$

$$= a^4\int_1^2 u\mathrm{d}u\int_{\frac{1}{2}}^2\left(1+\frac{1}{v^2}\right)\mathrm{d}v = \frac{9}{2}a^4$$

例 24.32 求曲面 $(z+1)^2=(x-z-1)^2+y^2$ 与平面 $z=0$ 所围成立体的体积.

解 曲面变形为 $z+1=\dfrac{x^2+y^2}{2x}$,令 $\begin{cases}x=r\cos\theta\\ y=r\sin\theta\end{cases}$,则 $z=\dfrac{r}{2\cos\theta}-1$. 而上述曲面与 xOy 面($z=0$)的交线为圆:$r=2\cos\theta$.

又 $\displaystyle\int_{-\frac{\pi}{2}}^{\frac{\pi}{2}}\mathrm{d}\theta\int_0^{2\cos\theta}\left(\frac{r}{2\cos\theta}-1\right)r\mathrm{d}r = 2\int_0^{\frac{\pi}{2}}\left[\frac{1}{2\cos\theta}\frac{r^3}{3}-\frac{r^2}{2}\right]\Bigg|_0^{2\cos\theta}\mathrm{d}\theta=-\frac{\pi}{3}$,所以 $V=\left|-\dfrac{\pi}{3}\right|=\dfrac{\pi}{3}$.

(三)练习题

24.1 交换积分次序 $\displaystyle\int_0^1\mathrm{d}x\int_0^{x^2}f(x,y)\mathrm{d}y+\int_1^3\mathrm{d}x\int_0^{\frac{3-x}{2}}f(x,y)\mathrm{d}y$.

24.2 交换积分次序 $I=\displaystyle\int_0^{2\pi}\mathrm{d}x\int_0^{\sin x}f(x,y)\mathrm{d}y$.

24.3 求 $\displaystyle\int_0^1\frac{x^b-x^a}{\ln x}\mathrm{d}x$.

24.4 $\displaystyle\iint_D y^2\mathrm{d}x\mathrm{d}y$,$D$ 由摆线 $\begin{cases}x=a(t-\sin t)\\ y=a(1-\cos t)\end{cases}$ $(0\leqslant t\leqslant 2\pi)$ 与 $y=0$ 所围成.

24.5 计算 $I=\displaystyle\iint_{\substack{x^2+y^2\leqslant 1\\ x\geqslant 0,y\geqslant 0}}\sqrt{\frac{1-x^2-y^2}{1+x^2+y^2}}\mathrm{d}\sigma$.

24.6 计算 $\displaystyle\int_0^1 t\mathrm{d}t\int_t^1 \mathrm{e}^{\left(\frac{t}{x}\right)^2}\mathrm{d}x$.

24.7 计算二重积分 $\displaystyle\iint_D(x+y+2y^2)\mathrm{d}x\mathrm{d}y$,$D$ 由圆周 $x^2+y^2=2ax$ 围成的区域 $(a>0)$.

24.8 计算 $I=\displaystyle\iint_D x(1+y\sqrt{1+x^2+y^2})\mathrm{d}x\mathrm{d}y$,$D$ 由 $y=x^3$,$y=1$,$x=-1$ 所围成的闭区域.

24.9 求 $I=\displaystyle\iint_{x^2+y^2\leqslant 4}\mathrm{sgn}(x^2-y^2+2)\mathrm{d}x\mathrm{d}y$.

24.10 求证:$\displaystyle\iint_D f(x,y)\mathrm{d}x\mathrm{d}y=\ln\int_1^2 f(u)\mathrm{d}u$,$D$ 由 $xy=1$,$xy=2$,$y=x$,$y=4x$ $(x,y>0)$ 围成.

24.11　设 $D:x=0,y=0,x^2+y^2=a^2$ 在第一象限所围，$f(x,y)\in C(D)$，证明：在 $y=\sqrt{a^2-x^2}$ 上存在一点 (ξ,η) 使 $\iint\limits_D \frac{\partial^2 f}{\partial x\partial y}\mathrm{d}x\mathrm{d}y=f(0,0)-f(a,0)+a\frac{\partial f(x,y)}{\partial x}\Big|_{(\xi,\eta)}$.

24.12　证明：设 $f(x,y)$ 是平面上区域 D 上的连续函数，且在 D 的任何一个子域 σ 上恒有 $\iint\limits_\sigma f(x,y)\mathrm{d}x\mathrm{d}y=0$，求证：在 D 内 $f(x,y)\equiv 0$.

24.13　若函数 $f(x,y)$ 在 $D:0\leqslant x\leqslant 1,0\leqslant y\leqslant 1$ 上连续，且 $xy\left(\iint\limits_D f(x,y)\mathrm{d}x\mathrm{d}y\right)^2=f(x,y)-1$，求 $f(x,y)$.

24.14　求证：$\frac{\pi}{4}\left(1-\frac{1}{\mathrm{e}}\right)<\left(\int_0^1 \mathrm{e}^{-x^2}\mathrm{d}x\right)^2<\frac{16}{25}$.

24.15　计算二重积分 $\iint\limits_D \mathrm{e}^{\max(x^2,y^2)}\mathrm{d}x\mathrm{d}y$，其中 $D=\{(x,y)\mid 0\leqslant x\leqslant 1,0\leqslant y\leqslant 1\}$.

24.16　利用适当的代数变换，将二重积分 $\iint\limits_{|x|+|y|\leqslant 1} f(x+y)\mathrm{d}x\mathrm{d}y$ 化为一重积分.

24.17　$\iint\limits_\Omega f(x,y)\mathrm{d}x\mathrm{d}y$，其中 Ω 为曲线 $xy=1,xy=2,y=x,y=4x(x>0,y>0)$ 所围的区域，用适当的变换将上述二重积分化为一重积分.

24.18　$(x-y)^2+x^2=a^2(a>0)$，求此区域的面积.

24.19　设 $f(x)=\begin{cases}\sin x, & 0\leqslant x\leqslant 2\\ 0, & 其他\end{cases}$，$D$ 是全平面，那么 $I=\iint\limits_D f(x)f(y-x)\mathrm{d}x\mathrm{d}y=(1-\cos 2)^2$.

24.20　计算 $\iint\limits_\Omega \frac{1}{x^4+y^2}\mathrm{d}x\mathrm{d}y$，其中 $x\geqslant 1,y\geqslant x^2$.

24.21　试用二重积分计算 $I=\int_0^{+\infty}\frac{\arctan(\pi x)-\arctan x}{x}\mathrm{d}x$.

（四）答案与提示

24.1　$I=\int_0^1 \mathrm{d}y\int_{\sqrt{y}}^{3-2y} f(x,y)\mathrm{d}x$.

24.2　$I=\int_0^1 \mathrm{d}y\int_{\arcsin y}^{\pi-\arcsin y} f(x,y)\mathrm{d}x-\int_{-1}^0 \mathrm{d}y\int_{\pi-\arcsin y}^{2\pi+\arcsin y} f(x,y)\mathrm{d}x$.

24.3　$\int_0^1 \frac{x^b-x^a}{\ln x}\mathrm{d}x=\int_0^1\left[\int_a^b x^t\mathrm{d}t\right]\mathrm{d}x=\int_a^b\left[\int_0^1 x^t\mathrm{d}x\right]\mathrm{d}t=\int_a^b \frac{1}{t+1}x^{t+1}\Big|_0^1\mathrm{d}t=\int_a^b\left(\frac{1}{t-1}-0\right)\mathrm{d}t=\ln(t+1)\Big|_a^b=\ln\frac{b+1}{a+1}$.

评注：此题用一次积分无法计算，需转换为二重积分再交换积分顺序求解.

24.4　$\iint\limits_D y^2\mathrm{d}x\mathrm{d}y=\int_0^{2\pi a}\mathrm{d}x\int_0^{y(x)} y^2\mathrm{d}y=\frac{1}{3}\int_0^{2\pi a} y^3(x)\mathrm{d}x$，参数方程代入. 答案为 $\frac{35\pi}{12}a^4$.

24.5　$\frac{\pi}{8}(\pi-2)$，极坐标方法.

24.6　交换积分次序，$\frac{1}{6}(\mathrm{e}-1)$.

24.7　D 的图形是关于 Ox 轴对称的.所以有 $\iint\limits_{D} y\mathrm{d}x\mathrm{d}y=0$，又 $(x+2y^2)$ 对 y 为偶函数，因而 $\iint\limits_{D}(x+y+2y^2)\mathrm{d}x\mathrm{d}y=2\iint\limits_{D上}(x+2y^2)\mathrm{d}x\mathrm{d}y$，$D$ 的边界圆的极坐标方程为 $r=2a\cos\theta\ -\frac{\pi}{2}\leqslant\theta\leqslant\frac{\pi}{2}$，所以 $I=2\iint\limits_{D上}(x+2y^2)\mathrm{d}x\mathrm{d}y=\pi a^3\left(1+\frac{a}{2}\right)$.

24.8　观察被积函数和积分域 D 的特点，引入辅助线 $y=-x^3$，该线将 D 域化为两部分：D_1,D_2. D_2 关于 Oy 轴对称且 $x(1+y\sqrt{1+x^2+y^2})$ 为 x 的奇函数；D_1 关于 Ox 轴对称且 $x(1+y\sqrt{1+x^2+y^2})$ 是 y 的奇函数.答案为 $-\frac{2}{5}$.

评注：添加辅助线使得积分域满足对称性；整体被积函数不满足对称性要求，拆项后使得分项满足对称性要求.

24.9　$\frac{4\pi}{3}+4\ln(2+\sqrt{3})$.

24.10　令 $u=xy,v=\frac{y}{x}$，则 $x=\sqrt{\frac{u}{v}},y=\sqrt{uv},J=\frac{\partial(x,y)}{\partial(u,v)}=\frac{1}{2v}$.

24.11　偏导数定义直接从二重积分号中积分.

24.12　依据偏导数定义化成累次积分.

24.13　$f(x,y)=4xy+1$.

24.14　左边不等式 $=\left(\int_0^1\mathrm{e}^{-x^2}\mathrm{d}x\right)^2=\iint\limits_{\substack{0\leqslant x\leqslant 1\\0\leqslant y\leqslant 1}}\mathrm{e}^{-(x^2+y^2)}\mathrm{d}x\mathrm{d}y>\iint\limits_{\substack{x^2+y^2\leqslant 1\\x,y\geqslant 0}}\mathrm{e}^{-(x^2+y^2)}\mathrm{d}x\mathrm{d}y$；右边不等式对被积函数泰勒展开再积分.

24.15　令 $x^2=y^2$，得知直线 $y=x$ 将 D 划分为两个区域：

$D_1=\{(x,y)\mid 0\leqslant x\leqslant 1,0\leqslant y\leqslant x\},D_2=\{(x,y)\mid 0\leqslant x\leqslant 1,x\leqslant y\leqslant 1\}$

于是，原式 $=\iint\limits_{D_1}\mathrm{e}^{\max(x^2,y^2)}\mathrm{d}x\mathrm{d}y+\iint\limits_{D_2}\mathrm{e}^{\max(x^2,y^2)}\mathrm{d}x\mathrm{d}y=\iint\limits_{D_1}\mathrm{e}^{x^2}\mathrm{d}x\mathrm{d}y+\iint\limits_{D_2}\mathrm{e}^{y^2}\mathrm{d}x\mathrm{d}y=\int_0^1\mathrm{d}x\int_0^x\mathrm{e}^{x^2}\mathrm{d}y+\int_0^1\mathrm{d}y\int_0^y\mathrm{e}^{y^2}\mathrm{d}x=\int_0^1 x\mathrm{e}^{x^2}\mathrm{d}x+\int_0^1 y\mathrm{e}^{y^2}\mathrm{d}y=\mathrm{e}-1$.

24.16　作变换 $x+y=u,x-y=v$，则有 $|J|=\frac{1}{2}$ 且 u 从 -1 变到 1，v 从 -1 变到 1，于是

$$\iint\limits_{|x|+|y|\leqslant 1}f(x+y)\mathrm{d}x\mathrm{d}y=\frac{1}{2}\int_{-1}^1\mathrm{d}v\int_{-1}^1 f(u)\mathrm{d}u=\int_{-1}^1 f(u)\mathrm{d}u$$

24.17　作变换 $xy=u,\frac{y}{x}=v$，则域 Ω 变为域 $\Omega'=\{1\leqslant u\leqslant 2,1\leqslant v\leqslant 4\}$，且 $|J|=\frac{1}{2v}$，于是

$$\iint\limits_{\Omega}f(x,y)\mathrm{d}x\mathrm{d}y=\int_1^4\frac{\mathrm{d}v}{2v}\int_1^2 f(u)\mathrm{d}u=\ln 2\int_1^2 f(u)\mathrm{d}u$$

24.18　**解**

解法一　如题 24.18 图所示，所求面积区域为 $-a \leqslant x \leqslant a, x-\sqrt{a^2-x^2} \leqslant y \leqslant x+\sqrt{a^2-x^2}$，于是所求面积为

$$S=\int_{-a}^{a}\mathrm{d}x\int_{x-\sqrt{a^2-x^2}}^{x+\sqrt{a^2-x^2}}\mathrm{d}y=4\int_{0}^{a}\sqrt{a^2-x^2}\,\mathrm{d}x=4\int_{0}^{\frac{\pi}{2}}a^2\cos^2 t\mathrm{d}t=\pi a^2$$

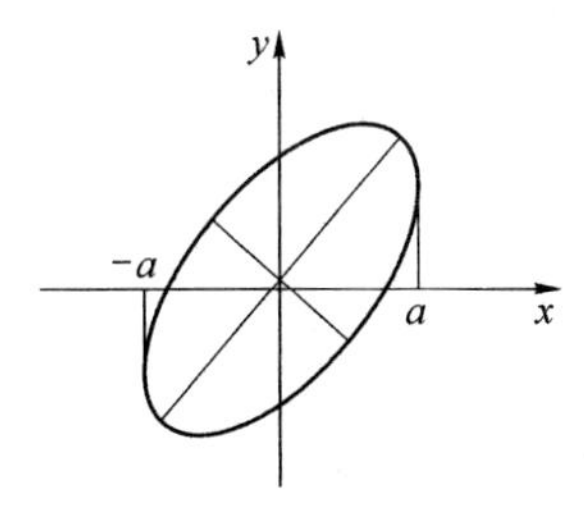

题 24.18 图

解法二　作变换 $u=x, v=x-y$，即 $x=u, y=u-v$，且 $|J|=1$，于是方程 $(x-y)^2+x^2=a^2(a>0)$ 变成 $v^2+u^2=a^2(a>0)$，于是所求面积为 $S=\iint\limits_{\Omega}1\mathrm{d}x\mathrm{d}y=\iint\limits_{\Omega'}1\mathrm{d}u\mathrm{d}v=\pi a^2$.

24.19　$f(x)f(y-x)$ 仅在区域 $D_1=\{(x,y)\mid x\leqslant y\leqslant x+2, 0\leqslant x\leqslant 2\}$ 内非零.

24.20　$I=\lim\limits_{\substack{a\to+\infty\\ b\to+\infty}}\int_{1}^{a}\mathrm{d}x\int_{x^2}^{b}\frac{1}{x^4+y^2}\mathrm{d}y=\frac{\pi}{4}$.

24.21　$\frac{\pi}{2}\ln\pi$. $I=\int_{0}^{+\infty}\frac{1}{x}\arctan ux\Big|_{u=1}^{u=\pi}\mathrm{d}x=\int_{0}^{+\infty}\mathrm{d}x\int_{1}^{\pi}\frac{\mathrm{d}u}{1+(xu)^2}=\int_{1}^{\pi}\mathrm{d}u\int_{0}^{+\infty}\frac{1}{1+(xu)^2}\mathrm{d}x$.

第二十五讲　三重积分计算及应用

（一）内容要点

1. 定义和性质

2. 计算坐标系

（1）直角坐标系：$dV=dxdydz$；

（2）柱面坐标系：$dV=\rho d\rho dz$，$x=\rho\cos\theta$，$y=\rho\sin\theta$，$z=z$，柱坐标实质是对直角坐标中的两个变量采取极坐标，而第三个变量依然采用直角坐标；

（3）球面坐标系：$dV=\rho^2\sin\varphi d\rho d\varphi d\theta$，$x=\rho\sin\phi\cos\theta$，$y=\rho\sin\phi\sin\theta$，$z=\rho\cos\phi$

3. 计算方法

（1）方法一：化为累次积分

① "先一后二"（即先对一个变量积分，再对另两个变量积分）.

先对 z 积分，后对 x,y 积分.

在 Ω 中任意画一条平行于 z 轴的直线，同 Ω 有两个交点. 那么，首先，下交点到上交点的 z 值就是对 z 积分的下限和下限；然后，对 x,y 的二重积分，其积分区域就是 Ω 在 xOy 平面的投影，即 $\iiint\limits_{\Omega} f(x,y,z)dxdydz=\iint\limits_{D}d\sigma\int_{z_1}^{z_2}f(x,y,z)dz$，采取直角坐标计算二重积分，即三重积分的"直角坐标下的积分"；采取极坐标计算二重积分，即三重积分的"柱面坐标系下的积分".

② "先二后一"（先对两个变量积分，后对一个变量积分）.

若先对 x,y 的二重积分，再对 z 积分.

在 Ω 中任意画一个平行于 xOy 平面的平面，它与 Ω 相交的区域是 D_{xy}，则 $\iiint\limits_{\Omega} f(x,y,z)dxdydz=\int_c^d dz\iint\limits_{D_{xy}}f(x,y,z)d\sigma$.

评注：① 计算三重积分时，一般来说"先二后一"比"先一后二"方便些.

② "先二后一"时，若 $f(x,y,z)$ 仅是 z 的函数，或仅是特殊的 x,y 的函数，如 $f(x^2+y^2)$，即 $\iint\limits_{D_{xy}}f(x,y,z)d\sigma$ 易求，此时一般采取"先二后一"法.

（2）方法二：对称性

① 充分利用积分区域 Ω 的对称和 $f(x,y,z)$ 的奇偶性.

若 Ω 关于 xOy 平面对称，$f(x,y,z)$ 关于 z 有奇偶性，则

$$\iiint\limits_{\Omega} f(x,y,z)\mathrm{d}V = \begin{cases} 2\iiint\limits_{\Omega_1} f(x,y,z)\mathrm{d}V, & f(x,y,-z)=f(x,y,z) \\ 0, & f(x,y,-z)=-f(x,y,z) \end{cases}$$

② 利用变量对称性.

若变量 x,y 交换后积分区域不变，则 $\iiint\limits_{\Omega} f(x,y,z)\mathrm{d}V = \iiint\limits_{\Omega} f(y,x,z)\mathrm{d}V$.

③ 对事先知道形心$(\overline{x},\overline{y},\overline{z})$和体积的积分区域，利用形心计算公式.

例如，$\iiint\limits_{\Omega} x\,\mathrm{d}V = \overline{x}\cdot V$.

(3) 方法三：坐标变换

若 $Oxyz$ 空间的有界三维闭域 Ω 经过如下连续可微函数单值的映射到 $O'uvw$ 空间的域 Ω'，$x=x(u,v,w)$，$y=y(u,v,w)$，$z=z(u,v,w)$，且当 $(u,v,w)\in\Omega'$ 时，$I=\dfrac{\partial(x,y,z)}{\partial(u,v,w)}\neq 0$，则下面公式成立：$\iiint\limits_{\Omega} f(x,y,z)\mathrm{d}x\mathrm{d}y\mathrm{d}z = \iiint\limits_{\Omega'} f[x(u,v,w),y(u,v,w),z(u,v,w)]\,|I|\,\mathrm{d}x\mathrm{d}y\mathrm{d}z$；特殊情况下：

① 圆柱坐标系 θ,r,h，其中 $x=r\cos\theta$，$y=r\sin\theta$，$z=h$ 及 $\dfrac{\partial(x,y,z)}{\partial(\theta,r,h)}=r$；

② 球坐标系 θ,ϕ,ρ，其中 $x=r\sin\varphi\cos\theta$，$y=r\sin\varphi\sin\theta$，$z=r\cos\varphi$，则 $\dfrac{\partial(x,y,z)}{\partial(r,\varphi,\theta)}=r^2\sin\varphi$.

4. 三重积分的应用

空间区域体积，物体质量，质心，转动惯量等.

5. 含参变量积分

设 $f(x,y)$ 及其偏导数 $f_x(x,y)$ 是矩形域 $R=[a,b]\times[c,d]$ 上的连续函数，则

(1) $\varphi(x)=\int_c^d f(x,y)\mathrm{d}y\,(a\leqslant x\leqslant b)$，则 $\varphi'(x)=\dfrac{\mathrm{d}}{\mathrm{d}x}\int_c^d f(x,y)\mathrm{d}y=\int_c^d f_x(x,y)\mathrm{d}y$；

(2) $\phi(x)=\int_{\alpha(x)}^{\beta(x)} f(x,y)\mathrm{d}y\,(a\leqslant x\leqslant b)$，并且 $\alpha(x),\beta(x)\in[c,d]$ 且可微，则 $\phi'(x)=\dfrac{\mathrm{d}}{\mathrm{d}x}\int_{\alpha(x)}^{\beta(x)} f(x,y)\mathrm{d}y=\int_{\alpha(x)}^{\beta(x)} f_x(x,y)\mathrm{d}y+f[x,\beta(x)]\beta'(x)-f[x,\alpha(x)]\alpha'(x)$.

(二) 例题选讲

1. 交换积分次序

例 25.1 $\int_0^1\mathrm{d}x\int_0^1\mathrm{d}y\int_0^{x^2+y^2} f(x,y,z)\mathrm{d}z$，按 y,z,x 次序积分.

解 积分区域投影到 zOx 平面，投影在 zOx 面上的区域分为 D_1,D_2 两部分，其中 D_1：$0\leqslant x\leqslant 1$，$0\leqslant z\leqslant x^2$；$D_2$：$0\leqslant x\leqslant 1$，$x^2\leqslant z\leqslant 1+x^2$，则

$$I=\int_0^1 dx\int_0^{x^2} dz\int_0^1 f(x,y,z)dy+\int_0^1 dx\int_{x^2}^{x^2+1} dz\int_{\sqrt{z-x^2}}^1 f(x,y,z)dy$$

评注:第二项中上限由 $z=x^2+y^2$ 与 $y=1$ 相截所得曲线.

例 25.2 计算积分 $I=\int_0^{2\pi} d\theta\int_0^1 d\rho\int_0^{1-\rho^2} e^{-(1-z)^2}\rho dz$.

解 显然无法直接计算关于 z 的积分,由柱坐标的积分限,知积分域 D 是定点在(0,0,1),开口方向朝下的旋转抛物面,改为直角坐标系计算.平行于 xOy 面的截面 $D(z)$ 为圆:$z=1-(x^2+y^2)$,即 $x^2+y^2=1-z(0\leqslant z\leqslant 1)$,其面积为 $S(z)=\pi(1-z)$,于是由切片法可得

$$I=\int_0^1 e^{-(1-z)^2}dz\iint_{D(z)}dxdy$$

$$=\pi\int_0^1(1-z)e^{-(1-z)^2}dz$$

$$\xlongequal{t=1-z}-\pi\int_0^1 te^{-t^2}dt=\frac{\pi}{2}(1-e^{-1})$$

评注:当题目中的积分无法直接计算时,可以交换积分顺序,或者将题目中的积分视作某坐标系的积分,改为另一种坐标系的积分计算.

例 25.3 计算 $I=\int_0^1 dx\int_0^{1-x} dz\int_0^{1-x-z}(1-y)e^{-(1-y-z)^2}dy$.

解 积分区域如例 25.3 图所示。

$$I=\int_0^1 dy\int_0^{1-y}dz\int_0^{1-y-z}(1-y)e^{-(1-y-z)^2}dx$$

$$=\int_0^1(1-y)dy\int_0^{1-y}(1-y-z)e^{-(1-y-z)^2}dz$$

$$=\int_0^1(1-y)\cdot\frac{1}{2}e^{-(1-y-z)^2}\Big|_0^{1-y}dy$$

$$=\frac{1}{2}\int_0^1(1-y)dy-\frac{1}{2}\int_0^1(1-y)e^{-(1-y)^2}dy$$

$$=\frac{1}{4e}$$

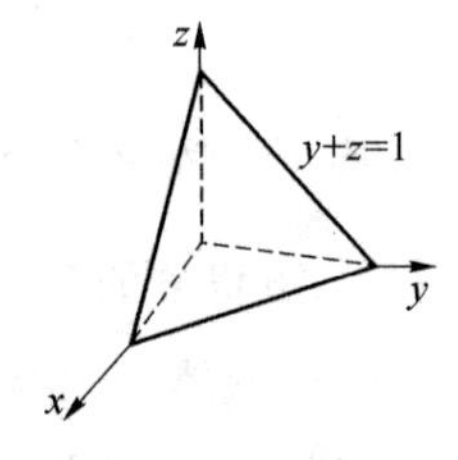

例 25.3 图

例 25.4 求证:$\int_0^x dv\int_0^v du\int_0^u f(t)dt=\frac{1}{2}\int_0^x(x-t)^2f(t)dt$,其中 $f(t)$ 为连续函数.

证明 先将变量 t 与 u 的二重积分交换积分次序,如例 25.4 图所示,得

$$\int_0^v du\int_0^u f(t)dt=\int_0^v dt\int_t^v f(t)du=\int_0^v(v-t)f(t)dt$$

故 $$I=\int_0^x dv\int_0^v du\int_0^u f(t)dt=\int_0^x dv\int_0^v(v-t)f(t)dt$$

$$=\int_0^x dt\int_t^x(v-t)f(t)dv \text{ (交换变量 } t \text{ 与 } u \text{ 的积分次序)}$$

$$=\frac{1}{2}\int_0^x(x-t)^2f(t)dt$$

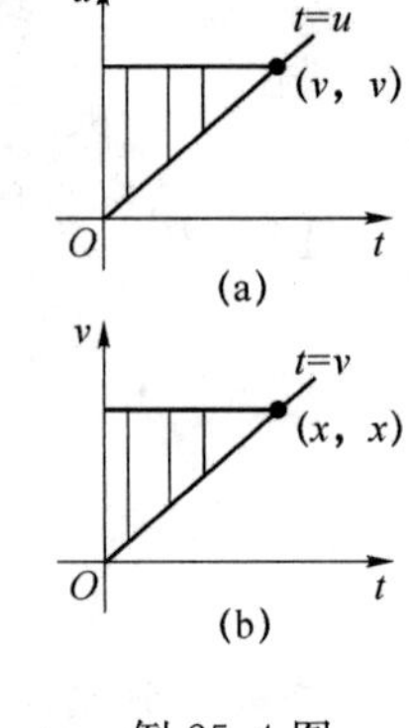

例 25.4 图

评注:左边三重积分化成右边定积分,必将其积出二重,且不能先对 t 积分.

2. 定限方法

例 25.5　把积分 $\iiint\limits_{\Omega} f(\sqrt{x^2+y^2+z^2})\mathrm{d}x\mathrm{d}y\mathrm{d}z$ 变为球坐标积分，此处 Ω 是由曲面 $z=x^2+y^2, x=y, x=1, y=0, z=0$ 围成的区域.

解　引用球坐标 $x=r\sin\varphi\cos\theta, y=r\sin\varphi\sin\theta, z=r\cos\varphi$，由 $x=y, x=1, y=0$，知 $0\leqslant\theta\leqslant\frac{\pi}{4}$；从原点引射线，由曲面 $z=x^2+y^2$ 穿进，平面 $x=1$ 穿出，于是，得 r 的下限为 $r=\frac{\cos\varphi}{\sin^2\varphi}$，$r$ 的上限为 $r=\frac{1}{\sin\varphi\cos\theta}$；而 φ 的变化域由 $z=x^2+y^2, x=1$ 到 $z=0$ 所决定，即 $\left(\arctan\cos\theta\leqslant\varphi\leqslant\frac{\pi}{2}\right)$，于是

$$\iiint\limits_{V} f(\sqrt{x^2+y^2+z^2})\mathrm{d}x\mathrm{d}y\mathrm{d}z=\int_0^{\frac{\pi}{4}}\mathrm{d}\theta\int_{\arctan\cos\theta}^{\frac{\pi}{2}}\sin\varphi\mathrm{d}\varphi\int_{\frac{\cos\varphi}{\sin^2\varphi}}^{\frac{1}{\sin\varphi\cos\theta}} r^2 f(r)\mathrm{d}r$$

评注：维度 φ 下限的确定：每给定经度 θ，φ 的下限由 $x=1\left(r=\frac{1}{\sin\varphi\cos\theta}\right)$ 和 $z=x^2+y^2\left(r=\frac{\cos\varphi}{\sin^2\varphi}\right)$ 确定，即 $\frac{\cos\varphi}{\sin^2\varphi}=\frac{1}{\sin\varphi\cos\theta}\Rightarrow\varphi=\arctan(\cos\theta)$.

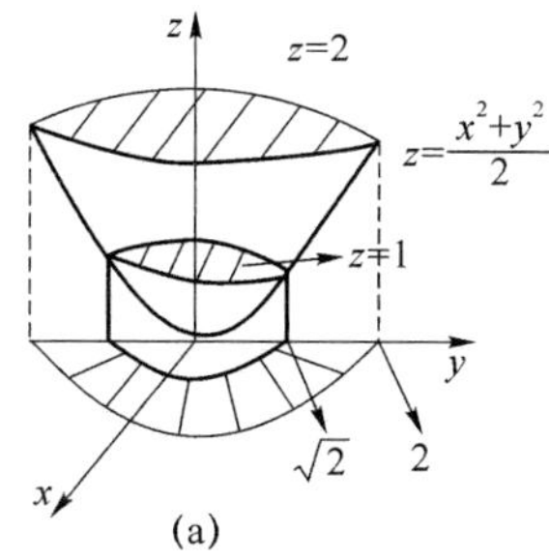

(a)

(b)

例 25.6 图

例 25.6　设 Ω 由 $2z=x^2+y^2, z=1, z=2$ 所围，将 $I=\iiint\limits_{\Omega} f(x,y,z)\mathrm{d}x\mathrm{d}y\mathrm{d}z$ 表示成直角坐标、柱坐标和球坐标的累次积分.

解　(1) 如例 25.6 图(a) 所示，在直角坐标系下，投影到 yOz 平面，Ω：$1\leqslant z\leqslant 2, -\sqrt{2z}\leqslant y\leqslant\sqrt{2z}, -\sqrt{2z-y^2}\leqslant x\leqslant\sqrt{2z-y^2}$，故

$$I=\int_1^2\mathrm{d}z\int_{-\sqrt{2z}}^{\sqrt{2z}}\mathrm{d}u\int_{-\sqrt{2z-y^2}}^{\sqrt{2z-y^2}} f(x,y,z)\mathrm{d}x$$

(2) 柱坐标系下，有

$$I=\int_0^{2\pi}\mathrm{d}\theta\int_0^{\sqrt{2}} r\mathrm{d}r\int_1^2 f(x,y,z)\mathrm{d}z+\int_0^{2\pi}\mathrm{d}\theta\int_{\sqrt{2}}^2 r\mathrm{d}r\int_{\frac{r^2}{2}}^2 f(x,y,z)\mathrm{d}z$$

(3) 如例 25.6 图(b) 所示，在球坐标系下，$x=r\sin\varphi\cos\theta, y=r\sin\varphi\sin\theta, z=r\cos\varphi$，得

$$\tan\varphi_1=\frac{\sqrt{x_1^2+y_1^2}}{z_1}=\frac{|y_1|}{2}=\frac{\sqrt{4}}{2}=1\Rightarrow\varphi_1=\frac{\pi}{4}$$

$$\tan\varphi_2=\frac{\sqrt{y_2^2}}{z_2}=\frac{|y_2|}{z_2}=\frac{\sqrt{2}}{1}=\sqrt{2}\Rightarrow\varphi_1=\arctan\sqrt{2}$$

$$I=\int_0^{2\pi}\mathrm{d}\theta\int_0^{\frac{\pi}{4}}\mathrm{d}\varphi\int_0^{\frac{2}{\cos\varphi}} f\cdot r^2\sin\varphi\mathrm{d}r+\int_0^{2\pi}\mathrm{d}\theta\int_{\frac{\pi}{4}}^{\arctan\sqrt{2}}\mathrm{d}\varphi\int_0^{\frac{2\cos\varphi}{\sin^2\varphi}} f\cdot r^2\sin\varphi\mathrm{d}r$$

例 25.7　求 $I=\int_{-1}^1\mathrm{d}x\int_0^{\sqrt{1-x^2}}\mathrm{d}y\int_1^{1+\sqrt{1-x^2-y^2}}\frac{\mathrm{d}z}{\sqrt{x^2+y^2+z^2}}$

解　(1) 在柱坐标系下，有

$$I=\int_0^{\pi}\mathrm{d}\theta\int_0^1 r\mathrm{d}r\int_1^{1+\sqrt{1-r^2}}\frac{\mathrm{d}z}{\sqrt{r^2+z^2}}=\pi\int_0^1 r\mathrm{d}r\int_1^{1+\sqrt{1-r^2}}\frac{\mathrm{d}\left(\frac{z}{r}\right)}{\sqrt{1+\left(\frac{z}{r}\right)^2}}$$

$$=\pi\int_0^1 r\ln\left(\frac{z}{r}+\sqrt{1+\left(\frac{z}{r}\right)^2}\right)\Bigg|_1^{1+\sqrt{1-r^2}}\mathrm{d}r$$

$$=\pi\int_0^1 r\left[\ln\frac{1+\sqrt{1-r^2}+\sqrt{2(1+\sqrt{1-r^2})}}{1+\sqrt{1+r^2}}\right]\mathrm{d}r$$

$$=\frac{2\pi}{3}\left(1-\frac{\sqrt{2}}{4}\right)-\frac{\pi}{2}(\sqrt{2}-1)$$

(2) 在球坐标系下,有

$$I=\int_{-1}^1\mathrm{d}x\int_0^{\sqrt{1-x^2}}\mathrm{d}y\int_1^{1+\sqrt{1-x^2-y^2}}\frac{\mathrm{d}z}{\sqrt{x^2+y^2+z^2}},\ (z-1)^2\leqslant 1-x^2-y^2,z\geqslant 1,y\geqslant 0$$

$$=\int_0^{\pi}\mathrm{d}\theta\int_0^{\frac{\pi}{4}}\mathrm{d}\varphi\int_{\frac{1}{\cos\varphi}}^{2\cos\varphi}\frac{1}{r}\cdot r^2\sin\varphi\mathrm{d}r=\frac{2\pi}{3}\left(1-\frac{\sqrt{2}}{4}\right)-\frac{\pi}{2}(\sqrt{2}-1)$$

例 25.8 求$\iiint\limits_{\Omega}z\,\mathrm{d}x\mathrm{d}y\mathrm{d}z$,$\Omega$:$x^2+y^2+z^2\leqslant a^2,z\geqslant h(0<h<a),y\leqslant x,y\geqslant\frac{\sqrt{3}}{3}x$ 的第一象限部分.

解 在柱坐标系下,有

$$\iiint\limits_{\Omega}z\,\mathrm{d}x\mathrm{d}y\mathrm{d}z=\int_{\frac{\pi}{6}}^{\frac{\pi}{4}}\mathrm{d}\theta\int_0^{\sqrt{a^2-h^2}}r\mathrm{d}r\int_h^{\sqrt{a^2-r^2}}z\,\mathrm{d}z$$

$$=\frac{\pi}{12}\int_0^{\sqrt{a^2-h^2}}r\cdot\frac{1}{2}(a^2-r^2-h^2)\mathrm{d}r$$

$$=\frac{\pi}{24}\int_0^{\sqrt{a^2-h^2}}\left[\frac{1}{2}(a^2-h^2)r^2-\frac{1}{4}r^4\right]'\mathrm{d}r$$

$$=\frac{\pi}{24}\left[\frac{1}{2}(a^2-h^2)r^2-\frac{1}{4}r^4\right]_0^{\sqrt{a^2-h^2}}=\frac{\pi}{96}(a^2-h^2)^2$$

例 25.9 求$\iiint\limits_{\Omega}y\sqrt{1-x^2}\mathrm{d}x\mathrm{d}y\mathrm{d}z$,$\Omega$:$y=-\sqrt{1-x^2-z^2},x^2+z^2=1,y=1$.

解 积分区域的左边界面是单位左半球,沿柱面到平面 $y=1$,因此先对 y 后对 xz 积分.

$$\iiint\limits_{\Omega}y\sqrt{1-x^2}\mathrm{d}x\mathrm{d}y\mathrm{d}z=\iint\limits_{D_{xz}}\sqrt{1-x^2}\mathrm{d}x\mathrm{d}z\int_{-\sqrt{1-x^2-z^2}}^1 y\mathrm{d}y$$

$$=\int_{-1}^1\sqrt{1-x^2}\mathrm{d}x\int_{-\sqrt{1-x^2}}^{\sqrt{1-x^2}}\frac{x^2+z^2}{2}\mathrm{d}z$$

$$=\int_{-1}^1\sqrt{1-x^2}\left(x^2z+\frac{z^3}{3}\right)\Bigg|_0^{\sqrt{1-x^2}}\mathrm{d}x=\frac{28}{45}$$

3. 利用对称性计算积分

例 25.10 求 $I=\iiint\limits_{\Omega}\left(\frac{x^2}{a^2}+\frac{y^2}{b^2}+\frac{z^2}{c^2}\right)\mathrm{d}V$,其中 Ω 是椭球体$\frac{x^2}{a^2}+\frac{y^2}{b^2}+\frac{z^2}{c^2}\leqslant 1$.

解　设 $I=\iiint\limits_{\Omega}\frac{x^2}{a^2}\mathrm{d}V+\iiint\limits_{\Omega}\frac{y^2}{b^2}\mathrm{d}V+\iiint\limits_{\Omega}\frac{z^2}{c^2}\mathrm{d}V=I_1+I_2+I_3$，下面求 I_3.

由 Ω：$(x,y)\in Dz,-c\leqslant z\leqslant c,\frac{x^2}{a^2}+\frac{y^2}{b^2}\leqslant 1-\frac{z^2}{c^2}$，有 $\frac{x^2}{\left(a\sqrt{1-\frac{z^2}{c^2}}\right)^2}+\frac{y^2}{\left(b\sqrt{1-\frac{z^2}{c^2}}\right)^2}\leqslant 1$.

Dz 的面积为 $\pi\left(a\sqrt{1-\frac{z^2}{c^2}}\right)\left(b\sqrt{1-\frac{z^2}{c^2}}\right)=\pi ab\left(1-\frac{z^2}{c^2}\right)$，于是

$$
\begin{aligned}
I_3&=\int_{-c}^{c}\mathrm{d}z\iint\limits_{Dz}\frac{z^2}{c^2}\mathrm{d}x\mathrm{d}y=\int_{-c}^{c}\frac{z^2}{c^2}\pi ab\left(1-\frac{z^2}{c^2}\right)\mathrm{d}z\\
&=\frac{2\pi ab}{c^2}\int_0^c\left(z^2-\frac{z^4}{c^2}\right)\mathrm{d}z=\frac{4}{15}\pi abc
\end{aligned}
$$

同理，$I_1=\frac{4}{15}\pi abc,I_2=\frac{4}{15}\pi abc$，故 $I=\frac{4}{5}\pi abc$.

评注：被积函数只有一个变量时，通常"截面法"积分方法较容易.

例 25.11　求 $I=\iiint\limits_{\Omega}(x^2+y^2+z^2)\mathrm{d}V,\Omega:\frac{x^2}{a^2}+\frac{y^2}{b^2}+\frac{z^2}{c^2}\leqslant 1$.

解

$$
\begin{aligned}
\iiint\limits_{\Omega}z^2\mathrm{d}V&=\int_{-c}^{c}\mathrm{d}z\iint\limits_{Dz}z^2\mathrm{d}x\mathrm{d}y=\int_{-c}^{c}\mathrm{d}z\iint\limits_{\frac{x^2}{a^2}+\frac{y^2}{b^2}\leqslant 1-\frac{z^2}{c^2}}z^2\mathrm{d}x\mathrm{d}y\\
&=\int_{-c}^{c}z^2\cdot\pi ab\left(1-\frac{z^2}{c^2}\right)\mathrm{d}z\\
&=2\pi ab\int_0^c\left(z^2-\frac{z^4}{c^2}\right)\mathrm{d}z=\frac{4}{15}\pi abc^3
\end{aligned}
$$

同理，$\iiint\limits_{\Omega}x^2\mathrm{d}V=\frac{4}{15}\pi a^3bc,\iiint\limits_{\Omega}y^2\mathrm{d}V=\frac{4}{15}\pi ab^3c$.

故 $I=\frac{4}{15}\pi abc(a^2+b^2+c^2)$.

例 25.12　计算积分 $I=\iiint\limits_{\Omega}(y-z)\cdot\arctan z\mathrm{d}x\mathrm{d}y\mathrm{d}z$，其中 Ω 是由曲面 $x^2+\frac{1}{2}(y-z)^2=R^2$，$z=0,z=h$ 所围成的立体.

解　令 $x=u,y-z=\sqrt{2}v,z=w$，即 $x=u,y=\sqrt{2}v+w,z=w$，于是

$$
J=\begin{vmatrix}1&0&0\\0&\sqrt{2}&1\\0&0&1\end{vmatrix}=\sqrt{2},\Omega'=\{(u,v,w)\mid 0\leqslant w\leqslant h,u^2+v^2\leqslant R^2\}
$$

从而 $I=\int_0^h\mathrm{d}w\iint\limits_{u^2+v^2\leqslant R^2}(\sqrt{2}v)\cdot\arctan w\cdot\sqrt{2}\mathrm{d}u\mathrm{d}v=2\int_0^h\arctan w\mathrm{d}w\iint\limits_{u^2+v^2\leqslant R^2}v\mathrm{d}u\mathrm{d}v=0$.

评注：由对称性可知 $\iint\limits_{u^2+v^2\leqslant R^2}v\mathrm{d}u\mathrm{d}v=0$.

例 25.13　求 $I=\iiint\limits_{\Omega}(x+z)\mathrm{e}^{-(x^2+y^2+z^2)}\mathrm{d}V,\Omega:1\leqslant x^2+y^2+z^2\leqslant 4,x\geqslant 0,y\geqslant 0,z\geqslant 0$.

解　$I=\iiint\limits_{\Omega}(x+z)\mathrm{e}^{-(x^2+y^2+z^2)}\mathrm{d}V=2\iiint\limits_{\Omega}z\mathrm{e}^{-(x^2+y^2+z^2)}\mathrm{d}V$

$$= 2\int_0^{\frac{\pi}{2}} d\theta \int_0^{\frac{\pi}{2}} d\varphi \int_1^2 r\cos\varphi e^{-r^2} \cdot r^2 \sin\varphi dz$$

$$= 2 \cdot \frac{\pi}{2}\int_0^{\frac{\pi}{2}} \sin\varphi\cos\varphi d\varphi \int_1^2 e^{-r^2} r^3 dr = \frac{\pi}{4}(2e^{-1} - 5e^{-4})$$

例 25.14 求 $I = \iiint\limits_{\Omega}(lx^2 + my^2 + nz^2)dV$,$\Omega: x^2 + y^2 + z^2 \leqslant R^2$,其中 l,m,n 是常数.

解 积分区域 $\Omega: x^2 + y^2 + z^2 \leqslant R^2$ 满足轮换对称性,则

$$I = \iiint\limits_{\Omega}(lx^2 + my^2 + nz^2)dV = (l+m+n)\iiint\limits_{\Omega} z^2 dV$$

$$= \frac{1}{3}(l+m+n)\iiint\limits_{\Omega}(x^2 + y^2 + z^2)dV$$

$$= \frac{1}{3}(l+m+n)\int_0^{2\pi} d\theta \int_0^{\pi} d\varphi \int_0^R r^2 \cdot r^2 \sin\varphi dr = \frac{4\pi(l+m+n)}{15}R^5$$

例 25.15 设有一半径为 R 的球体,P_0 是此球的表面上的一个定点,球体上任意点的密度与该点到 P_0 的距离平方成正比(比例常数 $k > 0$),求球体的重心位置.

解 (1) 将空间直角坐标系的原点放到球心,正半 z 轴通过定点 P_0,然后利用重心坐标公式. 记球体为 Ω,则由上可知,取定的空间直角坐标系得,Ω 的方程为 $x^2 + y^2 + z^2 \leqslant R^2$,$P_0$ 的坐标为 $(0,0,R)$.

(2) 设 Ω 的重心坐标为 (x_0, y_0, z_0),则由 Ω 的对称性得 $x_0 = y_0 = 0$,则

$$z_0 = \frac{\iiint\limits_{\Omega} z \cdot k[x^2 + y^2 + (z-R)^2]dV}{\iiint\limits_{\Omega} k[x^2 + y^2 + (z-R)^2]dV} = \frac{\iiint\limits_{\Omega} z[x^2 + y^2 + (z-R)^2]dV}{\iiint\limits_{\Omega}[x^2 + y^2 + (z-R)^2]dV}$$

化简三重积分,再利用球面坐标,得

$$\iiint\limits_{\Omega}[x^2 + y^2 + (z-R)^2]dV = \iiint\limits_{\Omega}(x^2 + y^2 + z^2)dV + R^2\iiint\limits_{\Omega} dV = \iiint\limits_{\Omega}(x^2 + y^2 + z^2)dV + \frac{4}{3}\pi R^5$$

(积分区域关于 xOy 平面对称,故 $\iiint\limits_{\Omega} z dV = 0$) $\xlongequal{\text{球面坐标}} \int_0^{\pi} d\varphi \int_0^{2\pi} d\theta \int_0^R r^2 \cdot r^2 \sin\varphi dr + \frac{4}{3}\pi R^5 = \frac{32}{15}\pi R^5$.

$$\iiint\limits_{\Omega} z[x^2 + y^2 + (z-R)^2]dV = \iiint\limits_{\Omega}[z(x^2 + y^2 + z^2 + R^2) - 2Rz^2]dV$$

$$= -2R\iiint\limits_{\Omega} z^2 dV \xlongequal{\text{球面坐标}} -2R\int_0^{\pi} d\varphi \int_0^{2\pi} d\theta \int_0^R (r\cos\varphi)^2 \cdot r^2 \sin\varphi dr = -\frac{8}{15}\pi R^6$$

因此,$z_0 = \dfrac{-\frac{8}{15}\pi R^6}{\frac{32}{15}\pi R^5} = -\dfrac{1}{4}R$.

例 25.16 计算 $\iiint\limits_{\Omega} 2x^2 + 3y^2 + 5z^2 dxdydz$,$\Omega: x^2 + y^2 + z^2 \leqslant 1, z \geqslant 0$.

解 记 $\Omega_1: x^2 + y^2 + z^2 \leqslant 1$,则

$$\iiint_{\Omega} 2x^2+3y^2+5z^2\mathrm{d}x\mathrm{d}y\mathrm{d}z=\frac{1}{2}\iiint_{\Omega_1} 2x^2+3y^2+5z^2\mathrm{d}x\mathrm{d}y\mathrm{d}z \quad (\text{奇偶性})$$

$$=\frac{2+3+5}{2}\iiint_{\Omega_1} x^2\mathrm{d}x\mathrm{d}y\mathrm{d}z \quad (\text{轮换对称性})$$

$$=\frac{5}{3}\iiint_{\Omega_1}(x^2+y^2+z^2)\mathrm{d}x\mathrm{d}y\mathrm{d}z$$

$$=\frac{5}{3}\int_0^{2\pi}\mathrm{d}\theta\int_0^{\pi}\mathrm{d}\varphi\int_c^1 r^2\cdot r^2\sin\varphi\mathrm{d}r=\frac{4\pi}{3}$$

评注:第一个等号奇偶性也可变换到第一象限的 4 倍.

4. 坐标变换

例 25.17　计算三重积分$\iiint_{\Omega}\sqrt{1-\frac{x^2}{a^2}-\frac{y^2}{b^2}-\frac{z^2}{c^2}}\mathrm{d}x\mathrm{d}y\mathrm{d}z$,$\Omega$ 是椭球$\frac{x^2}{a^2}+\frac{y^2}{b^2}+\frac{z^2}{c^2}=1$的内部.

解　作变量代换 $x=ar\sin\varphi\cos\theta, y=br\sin\varphi\cos\theta, z=cr\cos\varphi$,则有 $|I|=abcr^2\sin\varphi$,且对于 Ω 的第一象限部分 $0\leqslant\theta\leqslant\frac{\pi}{2}, 0\leqslant\varphi\leqslant\frac{\pi}{2}, 0\leqslant r\leqslant 1$,于是

$$\iiint_{\Omega}\sqrt{1-\frac{x^2}{a^2}-\frac{y^2}{b^2}-\frac{z^2}{c^2}}\mathrm{d}x\mathrm{d}y\mathrm{d}z$$

$$=8\int_0^{\frac{\pi}{2}}\mathrm{d}\theta\int_0^{\frac{\pi}{2}}\mathrm{d}\varphi\int_c^1 abcr^2\sin\varphi\sqrt{1-r^2}\mathrm{d}r$$

$$=4\pi abc\int_0^1 r^2\sqrt{1-r^2}\mathrm{d}r$$

$$=4\pi abc\int_0^{\frac{\pi}{2}}\sin^2t\cos^2t\mathrm{d}t$$

$$=\frac{\pi^2abc}{4}$$

例 25.18　计算$\iiint_{\Omega}x^2\mathrm{d}x\mathrm{d}y\mathrm{d}z$,其中 $\Omega: z=ay^2, z=by^2, y>0, (0<a<b), z=\alpha x, z=\beta x(0<\alpha<\beta)$ 和 $z=h(h>0)$ 所围成的立体区域.

解　作变换$\frac{z}{y^2}=u, \frac{z}{x}=v, z=w$, 则 $x=\frac{w}{v}, y=\sqrt{\frac{w}{u}}, z=w$. 从而积分区域变为 $\Omega_{uvw}=\{(u,v,w)\mid a\leqslant u\leqslant b, \alpha\leqslant v\leqslant\beta, 0\leqslant w\leqslant h\}$,雅克比行列式

$$J=\begin{vmatrix} 0 & -\frac{w}{v} & \frac{1}{v} \\ -\frac{1}{2}w^{\frac{1}{2}}u^{-\frac{3}{2}} & 0 & \frac{1}{2}w^{\frac{1}{2}}u^{-\frac{1}{2}} \\ 0 & 0 & 1 \end{vmatrix}=-\frac{1}{2}u^{-\frac{3}{2}}v^{-2}w^{\frac{3}{2}}$$

于是

$$I=\iiint_{\Omega}x^2\mathrm{d}x\mathrm{d}y\mathrm{d}z=\iiint_{\Omega_{uvw}}\left(\frac{w}{v}\right)^2|J|\mathrm{d}u\mathrm{d}v\mathrm{d}w=\iiint_{\Omega_{uvw}}\frac{1}{2}u^{-\frac{3}{2}}v^{-4}w^{\frac{7}{2}}\mathrm{d}u\mathrm{d}v\mathrm{d}w$$

$$=\frac{1}{2}\int_a^b u^{-\frac{3}{2}}\mathrm{d}u\int_\alpha^\beta v^{-4}\mathrm{d}v\int_0^h w^{\frac{7}{2}}\mathrm{d}w$$

$$=\frac{2}{27}h^{\frac{9}{2}}\left(\frac{1}{\sqrt{a}}-\frac{1}{\sqrt{b}}\right)\left(\frac{1}{\alpha^3}-\frac{1}{\beta^3}\right)$$

例 25.19 计算下列曲面围成的立体的体积：$\dfrac{\frac{x}{a}+\frac{y}{b}}{\frac{x}{a}+\frac{y}{b}+\frac{z}{c}}=\dfrac{2}{\pi}\arcsin\left(\frac{x}{a}+\frac{y}{b}+\frac{z}{c}\right)$，$\frac{x}{a}+\frac{y}{b}=1, x=0, x=a$，$a,b,c$ 为正常数.

解 令 $u=\frac{x}{a}, v=\frac{x}{a}+\frac{y}{b}, w=\frac{x}{a}+\frac{y}{b}+\frac{z}{c}$，则雅克比行列式 $\frac{\partial(u,v,w)}{\partial(x,y,z)}=\begin{vmatrix}\frac{1}{a} & & \\ \frac{1}{a} & \frac{1}{b} & \\ \frac{1}{a} & \frac{1}{b} & \frac{1}{c}\end{vmatrix}=\frac{1}{abc}$，则区域 Ω 变为 $0\leqslant u\leqslant 1, \frac{2}{\pi}w\arcsin w\leqslant v\leqslant 1, -1\leqslant w\leqslant 1$. 所求的体积为

$$V=abc\int_0^1\mathrm{d}u\int_{-1}^1\mathrm{d}w\int_{\frac{2}{\pi}w\arcsin w}^1\mathrm{d}v$$

$$=2abc\int_0^1\left(1-\frac{2}{\pi}w\arcsin w\right)\mathrm{d}w$$

$$=2abc-\frac{2abc}{\pi}\int_0^1\arcsin w\mathrm{d}(w^2)$$

$$=abc+\frac{2abc}{\pi}\int_0^1 w^2(1-w^2)^{-\frac{1}{2}}\mathrm{d}w\ \left(w=\sin^2 t, t\in\left[0,\frac{\pi}{2}\right]\right)$$

$$=\frac{3}{2}abc$$

5. 三重积分的等式、不等式证明和应用

例 25.20 设 $f(u)$ 有连续导数，求 $\lim\limits_{t\to 0^+}\frac{1}{\pi t^4}\iiint\limits_{x^2+y^2+z^2\leqslant t^2}f(\sqrt{x^2+y^2+z^2})\mathrm{d}V$.

解 $\iiint\limits_{x^2+y^2+z^2\leqslant t^2}f(\sqrt{x^2+y^2+z^2})\mathrm{d}V=\int_0^{2\pi}\mathrm{d}\theta\int_0^\pi\mathrm{d}\varphi\int_0^t f(r)\cdot r^2\sin\varphi\mathrm{d}\varphi=4\pi\int_0^t r^2 f(r)\mathrm{d}r$

因此原式 $\lim\limits_{t\to 0^+}\dfrac{4\pi\int_0^t r^2 f(r)\mathrm{d}r}{\pi t^4}=\lim\limits_{t\to 0^+}\dfrac{4\pi t^2 f(t)}{4\pi t^3}=\lim\limits_{t\to 0^+}\dfrac{f(t)}{t}=\begin{cases}f'(0), & f(0)=0\\ \infty, & f(0)\neq 0\end{cases}$.

例 25.21 设 $F(t)=\iiint\limits_{\substack{0\leqslant x\leqslant t\\0\leqslant y\leqslant t\\0\leqslant z\leqslant t}}f(xyz)\mathrm{d}x\mathrm{d}y\mathrm{d}z$，其中 $f(x)$ 以一阶导数连续，求 $F'(t)$.

解 $F(t)=\int_0^t\mathrm{d}x\int_0^t\mathrm{d}y\int_0^t f(xyz)\mathrm{d}z=\int_0^t g(x,t)\mathrm{d}x$，其中 $g(x,t)=\int_0^t\mathrm{d}y\int_0^t f(xyz)\mathrm{d}z$. 故 $F'(t)=g(t,t)+\int_0^t g_t'(x,t)\mathrm{d}x=\int_0^t\mathrm{d}y\int_0^t f(tyz)\mathrm{d}z+\int_0^t g_t'(x,t)\mathrm{d}x$，记 $h(t,x,y)=\int_0^t f(xyz)\mathrm{d}z$,

则 $h_t'(t,x,y)=f(xyt)$，且 $g(x,t)=\int_0^t h(t,x,y)\mathrm{d}y$，因此 $g'_t(x,t)=h(t,x,t)+\int_0^t h_t'(t,x,y)\mathrm{d}y=\int_0^t f(xtz)\mathrm{d}z+\int_0^t f(xyt)\mathrm{d}y$，所以 $F'(t)=\int_0^t\mathrm{d}y\int_0^t f(yzt)\mathrm{d}z+\int_0^t\mathrm{d}x\int_0^t f(xzt)\mathrm{d}z+\int_0^t\mathrm{d}x\int_0^t f(xyt)\mathrm{d}y$.

评注：反复利用含参变量积分的求导方法；结果看出变量 x,y,z 满足轮换对称性.

例 25.22　求下列曲面围成的立体的重心坐标：$z=x^2+y^2,x+y=a,x=0,y=0,z=0$.

解　确定封闭区域 Ω：$0\leqslant x\leqslant a,0\leqslant y\leqslant a-x,0\leqslant z\leqslant x^2+y^2$.

物体的质量为 $M=\int_0^a\mathrm{d}x\int_0^{a-x}\mathrm{d}y\int_0^{x^2+y^2}\mathrm{d}z=\frac{1}{6}a^4$，重心的坐标为 $x_0=\frac{1}{M}\int_0^a x\mathrm{d}x\int_0^{a-x}\mathrm{d}y\int_0^{r^2+y^2}\mathrm{d}z=\frac{6}{a^4}\cdot\frac{a^5}{15}=\frac{2a}{5}$，同理可求得 $y_0=\frac{2a}{5}$.

故

$$\begin{aligned}z_0&=\frac{1}{M}\int_0^a\mathrm{d}x\int_0^{a-x}\mathrm{d}y\int_0^{x^2+y^2}z\mathrm{d}z\\&=\frac{1}{M}\int_0^a\left(\frac{a^5}{10}-\frac{1}{2}a^4x+\frac{4}{3}a^3x^2-2a^2x^3+2ax^4-\frac{14}{15}x^5\right)\mathrm{d}x\\&=\frac{7}{30}a^2\end{aligned}$$

例 25.23　求 $I=\iiint\limits_{\Omega}(x+2y+3z)\mathrm{d}V$，其中 Ω 为圆锥体，顶点在(0,0,0)，底为平面 $x+y+z=3$ 上以点(1,1,1) 为圆心、1 为半径的圆.

解　首先注意积分域的对称轴 $x=y=z$，积分域对 x,y,z 有轮换对称性. 考虑重积分的值仅与积分域及被积函数有关，于是有

$$\iiint\limits_{\Omega}x\,\mathrm{d}V=\iiint\limits_{\Omega}y\,\mathrm{d}V=\iiint\limits_{\Omega}z\,\mathrm{d}V=\frac{1}{3}\iiint\limits_{\Omega}(x+y+z)\mathrm{d}V$$

因此，原积分可化为

$$I=\iiint\limits_{\Omega}(x+2y+3z)\mathrm{d}V=2\iiint\limits_{\Omega}(x+y+z)\mathrm{d}V \qquad ①$$

上式结果中被积函数是积分变量的一次式，联想静力矩.

将方程 $x+y+z=3$ 化为法式方程，有 Ω 内点 (x,y,z) 到锥底面的距离为

$$\frac{|x+y+z-3|}{\sqrt{3}}=\frac{3-(x+y+z)}{\sqrt{3}}$$

当视锥体均匀分布时有质量且密度 $\rho=1$ 时，锥体 Ω 对底面的静力矩为

$$M_{\Pi}=\iiint\limits_{\Omega}\frac{3-(x+y+z)}{\sqrt{3}}\mathrm{d}V$$

代入 ① 式中，得

$$I=6\iiint\limits_{\Omega}\mathrm{d}V-2\sqrt{3}M_{\Pi}=6V-2\sqrt{3}M_{\Pi}$$

其中 V 为积分域 Ω 的体积，M_{Π} 为密度为 1 的锥体对底面的静力矩. 因为 V,M_{Π} 与锥体的具体位置无关，并考虑到圆锥体的底面半径为 1 且高为 $h=\sqrt{1^2+1^2+1^2}=\sqrt{3}$，不妨设圆锥体 Ω' 由 $z^2=3(x^2+y^2),z=\sqrt{3}$ 所围成，其体积为 V，对底面的静力矩为 $M_{z=\sqrt{3}}$.

$$V=\frac{1}{3}S\cdot h=\frac{1}{3}(\pi^2\cdot 1)\cdot\sqrt{3}=\frac{\sqrt{3}}{3}\pi,\quad M_{\Pi}=M_{z=\sqrt{3}}=\iiint\limits_{\Omega}(\sqrt{3}-z)\mathrm{d}V=\frac{\pi}{4}$$

于是 $I = 6\iiint\limits_{\Omega} \mathrm{d}V - 2\sqrt{3}M_{z=\sqrt{3}} = \dfrac{3\sqrt{3}}{2}\pi.$

(三)练习题

25.1 $\int_0^1 \mathrm{d}x\int_0^{1-x} \mathrm{d}y\int_0^{x+y} f(x,y,z)\mathrm{d}z$,按 x,z,y 次序交换积分次序.

25.2 计算$\int_0^1 \mathrm{d}x\int_0^x \mathrm{d}y\int_0^y \dfrac{\sin z}{1-z}\mathrm{d}z$.

25.3 求$\iiint\limits_{\Omega} r^2\mathrm{d}V$,$\Omega$是底面为单位正方形,高为$h$的正四棱锥,而$r$为锥体中任一点到顶点的距离.

25.4 求 $I = \iiint\limits_{\Omega}(x+y+z)\mathrm{d}V$,$\Omega$:$x^2+y^2+z^2 \leqslant 1, z \geqslant 0$.

25.5 求 $I = \iiint\limits_{\Omega}(x+y+z)^2\mathrm{d}V$,$\Omega$:$x^2+y^2+z^2 \leqslant R^2$.

25.6 计算 $I = \iiint\limits_{\Omega} x\mathrm{d}V$,$\Omega$:$\dfrac{x^2}{a^2}+\dfrac{y^2}{b^2}+\dfrac{z^2}{c^2} \leqslant 2, \dfrac{y^2}{b^2}+\dfrac{z^2}{c^2} \leqslant \dfrac{x}{a}(a,b,c>0)$.

25.7 计算$\iiint\limits_{\Omega} \dfrac{\mathrm{d}V}{\sqrt{x^2+y^2+(z-2)^2}}$,$\Omega$:$x^2+y^2+z^2 \leqslant 1$.

25.8 设$F(t) = \int_0^t \mathrm{d}x\int_0^x \mathrm{d}y\int_0^y f(z)\mathrm{d}z$,其中 $f(z)$ 连续,试把 $F(t)$ 化为对 z 的定积分,并求 $F'''(t)$.

25.9 计算$\iiint\limits_{\Omega}(a_0z^4+a_1z^3+a_2z^2+a_3z+a_4)\mathrm{d}V$,$\Omega$:$x^2+y^2+z^2 \leqslant 1$,$a_i$ 是常数.

25.10 计算$\iiint\limits_{\Omega}\left(\dfrac{x^2}{a^2}+\dfrac{y^2}{b^2}+\dfrac{z^2}{c^2}\right)\mathrm{d}V$,$\Omega$:$x^2+y^2+z^2 \leqslant 1$.

25.11 $\iiint\limits_{\Omega}(\sqrt[3]{(x^2+y^2+z^2)\sin x\sin y\sin z}+3)\mathrm{d}V$,$\Omega$:$\dfrac{x^2}{a^2}+\dfrac{y^2}{b^2}+\dfrac{z^2}{c^2} \leqslant 1$.

25.12 求积分$\iiint\limits_{\Omega}\sqrt{x^2+y^2+z^2}\,\mathrm{d}x\mathrm{d}y\mathrm{d}z$,$\Omega$ 是由曲面 $x^2+y^2+z^2=z$ 所围的区域.

25.13 求积分$\int_0^1 \mathrm{d}x\int_0^{\sqrt{1-x^2}} \mathrm{d}y\int_{\sqrt{x^2+y^2}}^{\sqrt{2-x^2-y^2}} z^2\mathrm{d}z$.

25.14 $\iiint\limits_{\Omega}|z-x-1|\mathrm{d}V$,$\Omega$ 由曲面 $0 \leqslant z \leqslant 2, |x|+|y| \leqslant 1$ 所围.

25.15 求积分$\iiint\limits_{\Omega} xyz\mathrm{d}x\mathrm{d}y\mathrm{d}z$,$\Omega$ 是 $x>0, y>0, z>0$ 这一象限内被下列曲面所界的区域:

$$z = \frac{x^2+y^2}{m}, z = \frac{x^2+y^2}{n}, xy = a^2, xy = b^2, y = \alpha x,$$

$$y = \beta x(0<a<b;0<\alpha<\beta;0<m<n)$$

25.16　设 $F(t)=\iint\limits_{x^2+y^2\leqslant t^2} f(x^2+y^2)\mathrm{d}\sigma$，$f$ 为可微函数，$f(0)=0$，求 $\lim\limits_{t\to 0}\dfrac{F(t)}{t^4}$.

25.17　$F(t)=\iiint\limits_{\Omega}[z^2+f(x^2+y^2)]\mathrm{d}V$，$f$ 为连续函数，Ω：$x^2+y^2\leqslant t^2$，$0\leqslant z\leqslant h$，求 $\dfrac{\mathrm{d}F}{\mathrm{d}t}$ 及 $\lim\limits_{t\to 0}\dfrac{F(t)}{t^2}$.

25.18　求下列曲面围成的立体的重心：$x^2=2pz$，$y^2=2px$，$x=\dfrac{p}{2}$，$z=0$.

25.19　求函数 $f(x,y,z)=\mathrm{e}^{\sqrt{\frac{x^2}{a^2}+\frac{y^2}{b^2}+\frac{z^2}{c^2}}}$ 在域 $\dfrac{x^2}{a^2}+\dfrac{y^2}{b^2}+\dfrac{z^2}{c^2}\leqslant 1$ 内的平均值.

25.20　求抛物面 $z=1+x^2+y^2$ 的一个切平面，使得它与该抛物面及柱面 $(x-1)^2+y^2=1$ 所围成的体积最小，试写出切平面方程，并求出最小体积.

25.21　计算曲面所围的体积：$\left(\dfrac{x}{a}+\dfrac{y}{b}+\dfrac{z}{c}\right)^4=\dfrac{xyz}{abc}(x>0,y>0,z>0)$，其中 a,b,c 为正参数.

（四）答案与提示

25.1　$I=\int_0^1\mathrm{d}y\int_0^y\mathrm{d}z\int_0^{1-y}f(x,y,z)\mathrm{d}x+\int_0^1\mathrm{d}y\int_y^1\mathrm{d}z\int_{z-y}^{1-y}f(x,y,z)\mathrm{d}x$，$x$ 从内向外穿越积分区域时穿入平面不一样.

25.2　$I=\int_0^1\mathrm{d}z\int_z^1\mathrm{d}y\int_y^1\dfrac{\sin z}{1-z}\mathrm{d}x=\dfrac{1}{2}(1-\sin 1)$.

25.3　如题 25.3 图所示，第一象限 $y=x$ 两侧的锥体顶不一样.

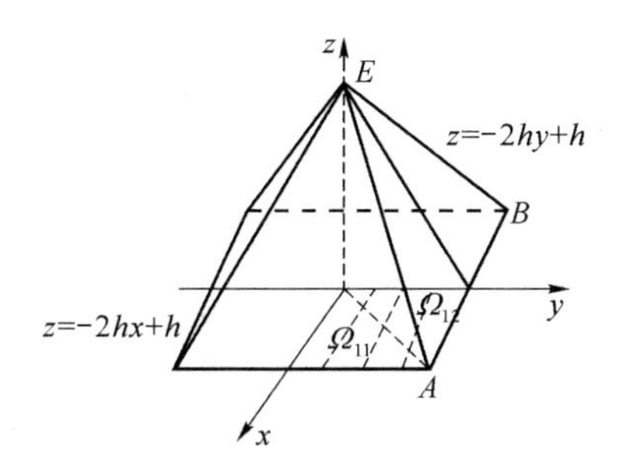

题 25.3 图

由对称性得 $\iiint\limits_{\Omega}r^2\mathrm{d}V=4\left(\iiint\limits_{\Omega_{11}}r^2\mathrm{d}V+\iiint\limits_{\Omega_{12}}r^2\mathrm{d}V\right)=4\int_0^{\frac{1}{2}}\mathrm{d}x\int_x^{\frac{1}{2}}\mathrm{d}y\int_0^{-2hy+h}[x^2+y^2+(z-h)^2]\mathrm{d}z+4\int_0^{\frac{1}{2}}\mathrm{d}x\int_0^x\mathrm{d}y\int_0^{-2hx+h}[x^2+y^2+(z-h)^2]\mathrm{d}z=\dfrac{h}{30}(6h^2+1)$.

25.4　$I=0+0+4\iiint\limits_{\Omega_1}z\mathrm{d}V=4\int_0^{\frac{\pi}{2}}\mathrm{d}\theta\int_0^{\frac{\pi}{2}}\mathrm{d}\varphi\int_0^R r\cos\varphi\cdot r^2\sin\varphi\mathrm{d}r=\dfrac{\pi R^4}{4}$.

25.5　$I=\iiint\limits_{\Omega_1}(x^2+y^2+z^2+2xy+2yz+2zx)\mathrm{d}V=\dfrac{4}{5}\pi R^5$.

25.6　$\dfrac{7}{12}\pi a^2bc$. 投影到 yOz 平面,投影椭圆区域按 $0\leqslant x\leqslant a,a\leqslant x\leqslant\sqrt{2}a$ 划分.

25.7　$\dfrac{2\pi}{3}$.

25.8　$F(t)=\dfrac{1}{2}\int_0^t(t-z)^2f(z)\mathrm{d}z,F'''(t)=f(t)$. 交换积分次序.

25.9　$\dfrac{4\pi}{35}a_0+\dfrac{4\pi}{15}a_2+\dfrac{4\pi}{3}a_4$.

25.10　$\dfrac{4\pi}{15}\left(\dfrac{1}{a^2}+\dfrac{1}{b^2}+\dfrac{1}{c^2}\right)$.

25.11　$4\pi abc$,对称性.

25.12　$\dfrac{\pi}{10}$,球坐标积分法.

25.13　$\dfrac{\pi}{15}(2\sqrt{2}-1)$;转化为球面坐标.

25.14　$\dfrac{7}{3}$.

25.15　坐标变换 $u=\dfrac{z}{x^2+y^2},v=xy,w=\dfrac{y}{x}$,则 $x=\sqrt{\dfrac{v}{w}},y=\sqrt{vw},z=uv\left(w+\dfrac{1}{w}\right)$,故 $\iiint\limits_{\Omega}xyz\mathrm{d}x\mathrm{d}y\mathrm{d}z=\dfrac{1}{32}\left(\dfrac{1}{m^2}-\dfrac{1}{n^2}\right)(b^8-a^8)\left[(\beta^2-\alpha^2)\left(1+\dfrac{1}{\alpha^2\beta^2}\right)+4\ln\dfrac{\beta}{\alpha}\right]$.

25.16　$\dfrac{\pi}{2}f'(0)$.

25.17　$F(t)=\int_0^{2\pi}\mathrm{d}\theta\int_0^t r\mathrm{d}r\int_0^h[z^2+f(r^2)]\mathrm{d}z$.

$$\frac{\mathrm{d}F}{\mathrm{d}t}=\frac{2\pi h^3t}{3}+2\pi htf(t^2),\lim_{t\to0}\frac{F(t)}{t^2}=\frac{\pi h^3}{3}+\pi hf(0)$$

25.18　物体的质量为 $M=\int_0^{\frac{p}{2}}\mathrm{d}x\int_{-\sqrt{2px}}^{\sqrt{2px}}\mathrm{d}y\int_0^{\frac{x^2}{2p}}\mathrm{d}z=\sqrt{\dfrac{2}{p}}\int_0^{\frac{p}{3}}x^{\frac{5}{2}}\mathrm{d}x=\dfrac{p^3}{28}$.

重心坐标为 $x_0=\dfrac{1}{M}\int_0^{\frac{p}{2}}x\mathrm{d}x\int_{-\sqrt{2px}}^{\sqrt{2px}}\mathrm{d}y\int_0^{\frac{x^2}{2p}}\mathrm{d}z=\dfrac{7}{18}p,y_0=\dfrac{1}{M}\int_0^{\frac{p}{2}}\mathrm{d}x\int_{-\sqrt{2px}}^{\sqrt{2px}}y\mathrm{d}y\int_0^{\frac{y^2}{2p}}\mathrm{d}z=0,z_0=\dfrac{1}{M}\int_0^{\frac{p}{2}}\mathrm{d}x\int_{-\sqrt{2px}}^{\sqrt{2px}}\mathrm{d}y\int_0^{\frac{x^2}{2p}}z\mathrm{d}z=\dfrac{7}{176}p$.

25.19　积分区域 Ω: $\dfrac{x^2}{a^2}+\dfrac{y^2}{b^2}+\dfrac{z^2}{c^2}\leqslant1$ 体积等于 $\dfrac{4\pi}{3}abc$,故平均值为 $f_{平均}=\dfrac{3}{4\pi abc}\iiint\limits_{V}\mathrm{e}^{\sqrt{\frac{x^2}{a^2}+\frac{y^2}{b^2}+\frac{z^2}{c^2}}}\mathrm{d}x\mathrm{d}y\mathrm{d}z=6\mathrm{e}$.

25.20　切平面方程是 $2x-z=0$,最小体积 $V_{\min}(1,0)=\dfrac{\pi}{2}$.

25.21　$\dfrac{abc}{554400}$. 令 $x=ar\cos^2\theta\cos^2\varphi,y=br\sin^2\theta\cos^2\varphi,z=cr\sin^2\varphi$,则 $|I|=4abcr^2\cdot\cos\theta\sin\theta\cos^3\varphi\sin\varphi$, 体积为 $V=4abc\int_0^{\frac{\pi}{2}}\mathrm{d}\theta\int_0^{\frac{\pi}{2}}\mathrm{d}\varphi\int_0^{\cos^2\theta\sin^2\theta\cos^4\varphi\sin^2\varphi}r^2\cos\theta\sin\theta\cos^3\varphi\sin\varphi\mathrm{d}r$.

第二十六讲　重积分的几个相关问题

（一）内容要点

1. 不等式证明常用方法

（1）柯西-施瓦兹不等式：$\int_a^b f(x)g(x)\mathrm{d}x \leqslant \left(\int_a^b f^2(x)\mathrm{d}x\right)^{\frac{1}{2}}\left(\int_a^b g^2(x)\mathrm{d}x\right)^{\frac{1}{2}}$；

（2）积分中值定理；

（3）积分估值定理；

（4）变换被积函数，比如证明被积函数非负、对被积函数泰勒展开等.

2. 等式证明

（1）积分中值定理；（2）交换积分次序；（3）积分对称性；（4）轮换对称性：

$\iint\limits_D f(x,y)\mathrm{d}\sigma = \iint\limits_D f(y,x)\mathrm{d}\sigma = \frac{1}{2}\iint\limits_D [f(x,y)+f(y,x)]\mathrm{d}\sigma$，$D$ 关于 $y=x$ 对称.

3. 重积分相关的极限、导数问题

（1）积分中值定理；

（2）变换积分次序；

（3）被积函数泰勒展开.

4. 利用重积分求广义积分

选择合适的积分次序将广义积分变换成重积分.

5. 重积分的几何应用，如体积、面积等

（1）重积分定义；

（2）依据不同的积分区域选择合适的积分坐标系和积分次序.

（二）例题选讲

1. 积分不等式和积分等式证明

例 26.1　证明：$\iint\limits_D \frac{\ln(1+y)}{\ln(1+x)}\mathrm{d}x\mathrm{d}y \geqslant 1$，$D$：$1\leqslant x\leqslant 2, 1\leqslant y\leqslant 2$.

证明

证法一 $\iint\limits_D \frac{\ln(1+y)}{\ln(1+x)}\mathrm{d}x\mathrm{d}y = \iint\limits_D \frac{\ln(1+x)}{\ln(1+y)}\mathrm{d}x\mathrm{d}y = \frac{1}{2}\iint\limits_D \left[\frac{\ln(1+x)}{\ln(1+y)} + \frac{\ln(1+y)}{\ln(1+x)}\right]\mathrm{d}x\mathrm{d}y \geqslant 1$

证法二 $\iint\limits_D \frac{\ln(1+y)}{\ln(1+x)}\mathrm{d}x\mathrm{d}y = \int_1^2 \ln(1+y)\mathrm{d}y\int_1^2 \frac{1}{\ln(1+x)}\mathrm{d}x$ (换积分变量的字母)

$$= \int_1^2 \ln(1+x)\mathrm{d}x\int_1^2 \frac{1}{\ln(1+y)}\mathrm{d}y = \iint\limits_D \frac{\ln(1+x)}{\ln(1+y)}\mathrm{d}x\mathrm{d}y$$

$$= \frac{1}{2}\iint\limits_D \left[\frac{\ln(1+y)}{\ln(1+x)} + \frac{\ln(1+x)}{\ln(1+y)}\right]\mathrm{d}x\mathrm{d}y \geqslant 1$$

例 26.2 证明:$\frac{\pi(R^2-r^2)}{R+K} \leqslant \iint\limits_D \frac{\mathrm{d}\sigma}{\sqrt{(x-a)^2+(y-b)^2}} \leqslant \frac{\pi(R^2-r^2)}{r-K}$,其中 $0 < K = \sqrt{a^2+b^2} < r < R$, $D: r^2 \leqslant x^2+y^2 \leqslant R^2$.

证明 设 $f(x, y) = \frac{1}{\sqrt{(x-a)^2+(y-b)^2}} \in C(D)$,由积分中值定理,$\exists P_0(\xi,\eta) \in D$,使得

$$\iint\limits_D \frac{\mathrm{d}\sigma}{\sqrt{(x-a)^2+(y-b)^2}} = \frac{1}{\sqrt{(\xi-a)^2+(\eta-b)^2}}\iint\limits_D \mathrm{d}\sigma = \frac{\pi(R^2-r^2)}{|P_0P_1|} \qquad ①$$

其中 $|P_0P_1| = \sqrt{(\xi-a)^2+(\eta-b)^2}$ 为两点 $P_0(\xi,\eta)$, $P_1(a,b)$ 之间的距离,且 $r \leqslant |OP_0| \leqslant R$, $r-K \leqslant |OP_0|-K = |OP_0|-|OP_1| \leqslant |P_0P_1| \leqslant |OP_0|+|OP_1| \leqslant R+K$,所以 $\frac{1}{R+K} \leqslant \frac{1}{|P_0P_1|} \leqslant \frac{1}{r-K}$, $\Rightarrow \frac{\pi(R^2-r^2)}{R+K} \leqslant \frac{\pi(R^2-r^2)}{|P_0P_1|} \leqslant \frac{\pi(R^2-r^2)}{r-K}$,将 ① 式代入上式得证.

例 26.3 设 m 及 n 为正整数且其中至少有一个是奇数,证明 $\iint\limits_{x^2+y^2\leqslant a^2} x^m y^n \mathrm{d}x\mathrm{d}y = 0$.

证明 作变换:$x = r\cos\phi$, $y = r\sin\phi$,则得

$$\iint\limits_{x^2+y^2\leqslant a^2} x^m y^n \mathrm{d}x\mathrm{d}y = \iint\limits_{\substack{0\leqslant\phi\leqslant 2\pi\\ 0\leqslant r\leqslant a}} r^{m+n+1}\cos^m\phi\sin^n\phi\,\mathrm{d}r\mathrm{d}\phi \qquad ①$$

$$= \frac{a^{m+n+2}}{m+n+2}\int_0^{2\pi}\cos^m\phi\sin^n\phi\,\mathrm{d}\phi = \frac{a^{m+n+2}}{m+n+2}\int_{-\frac{\pi}{2}}^{\frac{3\pi}{2}}\cos^m\phi\sin^n\phi\,\mathrm{d}\phi$$

$$= \frac{a^{m+n+2}}{m+n+2}\left(\int_{-\frac{\pi}{2}}^{\frac{\pi}{2}}\cos^m\phi\sin^n\phi\,\mathrm{d}\phi + \int_{\frac{\pi}{2}}^{\frac{3\pi}{2}}\cos^m\phi\sin^n\phi\,\mathrm{d}\phi\right)$$

若在上式右端的第二个积分中令 $\phi = \pi + t$,即得

$$\int_{\frac{\pi}{2}}^{\frac{3\pi}{2}}\cos^m\phi\sin^n\phi\,\mathrm{d}\phi = (-1)^m(-1)^n\int_{-\frac{\pi}{2}}^{\frac{\pi}{2}}\cos^m t\sin^n t\,\mathrm{d}t \qquad ②$$

当 m 及 n 中有且仅有一个为奇数时,$(-1)^m(-1)^n = -1$,因而,① 式为零;当 m 及 n 均为奇数时,$(-1)^m(-1)^n = 1$,因而,① 式等于 $\frac{2a^{m+n+2}}{m+n+2}\int_{-\frac{\pi}{2}}^{\frac{\pi}{2}}\cos^m\phi\sin^n\phi\,\mathrm{d}\phi$,但此被积函数在对称区间 $\left[-\frac{\pi}{2},\frac{\pi}{2}\right]$ 上为奇函数,故积分仍然为零.

总之,当 m 及 n 中至少有一个为奇数时,$\iint\limits_{x^2+y^2\leqslant a^2} x^m y^n \mathrm{d}x\mathrm{d}y = 0$.

例 26.4 证明:若函数 $f(x,y,z)$ 在域 Ω 内连续,且对于任何的域 $w \subset \Omega$, $\iiint\limits_{w} f(x,y,z)\mathrm{d}x\mathrm{d}y\mathrm{d}z = 0$,则当 $(x,y,z) \in \Omega$ 时 $f(x,y,z) \equiv 0$.

证明 反证法,若当 $(x,y,z) \in \Omega$ 时 $f(x,y,z) \neq 0$,不失一般性,设对于 Ω 内的某点 (x_0, y_0, z_0),有 $f(x_0, y_0, z_0) > 0$,则由于 $f(x,y,z)$ 的连续性,故存在点 (x_0, y_0, z_0) 的某邻域 $w' \subset \Omega$,使当 $(x,y,z) \in w'$ 时 $f(x,y,z) > 0$,由此,用中值定理,有

$$\iiint\limits_{w'} f(x,y,z)\mathrm{d}x\mathrm{d}y\mathrm{d}z = f(\xi,\eta,\zeta) \cdot V_{w'} > 0$$

其中 $(\xi,\eta,\zeta) \in w' \subset \Omega$,这与假设 $\iiint\limits_{w} f(x,y,z)\mathrm{d}x\mathrm{d}y\mathrm{d}z \equiv 0$ 矛盾,因此,当 $(x,y,z) \in \Omega$ 时 $f(x,y,z) \equiv 0$.

例 26.5 设 $f(x)$ 在 $[0,+\infty)$ 上连续且单调增加,试证:对任意正数 a,b,恒有

$$\int_a^b xf(x)\mathrm{d}x \geqslant \frac{1}{2}\left[b\int_0^b f(x)\mathrm{d}x - a\int_0^a f(x)\mathrm{d}x\right]$$

解 令 $F(x) = x\int_0^x f(t)\mathrm{d}t$,则 $F'(x) = \int_0^x f(t)\mathrm{d}t + xf(x)$,故

$$F(b) - F(a) = \int_a^b F'(x)\mathrm{d}x = \int_a^b\left[\int_0^x f(t)\mathrm{d}t + xf(x)\right]\mathrm{d}x$$

$$\leqslant \int_a^b [xf(x) + xf(x)]\mathrm{d}x = 2\int_a^b xf(x)\mathrm{d}x \quad (f(x)\text{ 连续且单调增加})$$

于是 $\int_a^b xf(x)\mathrm{d}x \geqslant \frac{1}{2}[F(b) - F(a)] = \frac{1}{2}\left[b\int_0^b f(x)\mathrm{d}x - a\int_0^a f(x)\mathrm{d}x\right]$.

例 26.6 设 $u(x) \in [0,1]$,且 $u(x) = 1 + \lambda\int_x^1 u(y)u(y-x)\mathrm{d}y$,试证:$\lambda \leqslant \frac{1}{2}$.

证明 如例 26.6 图所示,令 $\alpha = \int_0^1 u(x)\mathrm{d}x$,则对已知式子积分得

$$\alpha = \int_0^1 u(x)\mathrm{d}x = \int_0^1 \mathrm{d}x + \lambda\int_0^1 \mathrm{d}x\int_x^1 u(y)u(y-x)\mathrm{d}y$$

$$= 1 + \lambda\int_0^1 u(y)\mathrm{d}y\int_0^y u(y-x)\mathrm{d}x \text{(交换积分次序)}$$

$$\xlongequal{t=y-x} 1 + \lambda\int_0^1 u(y)\mathrm{d}y\int_y^0 u(t)(-\mathrm{d}t)$$

$$= 1 + \lambda\int_0^1 u(y)\mathrm{d}y\int_0^u u(t)\mathrm{d}t$$

$$= 1 + \lambda\int_0^1 u(y)\mathrm{d}y\int_0^y u(x)\mathrm{d}x \qquad ①$$

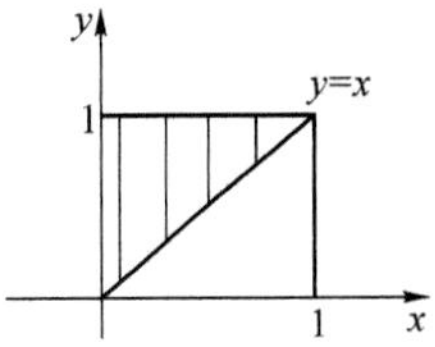

例 26.6 图

又

$$\int_0^1 u(y)\mathrm{d}y\int_0^y u(x)\mathrm{d}x = \int_0^1 \mathrm{d}x\int_x^1 u(x)u(y)\mathrm{d}y$$

$$= \int_0^1 u(x)\mathrm{d}x\int_x^1 u(y)\mathrm{d}y = \int_0^1 u(y)\mathrm{d}y\int_y^1 u(x)\mathrm{d}x$$

$$= \frac{1}{2}\left[\int_0^1 u(y)\mathrm{d}y\int_0^y u(x)\mathrm{d}x + \int_0^1 u(y)\mathrm{d}y\int_y^1 u(x)\mathrm{d}x\right]$$

$$= \frac{1}{2}\left[\int_0^1 u(y)\mathrm{d}y\int_0^1 u(x)\mathrm{d}x\right] = \frac{1}{2}\alpha^2 \qquad ②$$

由 ①、② 两式得 $\alpha = 1 + \frac{\lambda}{2}\alpha^2$,即一元二次方程 $\frac{\lambda}{2}x^2 - x + 1 = 0$ 有解,其一为 α,因此 $\Delta = 1 -$

$4\cdot 1\cdot \dfrac{\lambda}{2}\geqslant 0$,故 $\lambda\leqslant \dfrac{1}{2}$.

例 26.7 设 $f(x)$ 在 $[a,b]$ 上连续,在 $[a,b]$ 之外等于 0,记 $\varphi(x)=\dfrac{1}{2h}\int_{x-h}^{x+h}f(t)\mathrm{d}t(h>0)$,证明:$\int_a^b|\varphi(x)|\mathrm{d}x\leqslant\int_a^b|f(x)|\mathrm{d}x$.

证明
$$\int_a^b|\varphi(x)|\mathrm{d}x=\int_a^b\left|\frac{1}{2h}\int_{x-h}^{x+h}f(t)\mathrm{d}t\right|\mathrm{d}x$$
$$\leqslant\frac{1}{2h}\int_a^b\left(\int_{x-h}^{x+h}|f(t)|\mathrm{d}t\right)\mathrm{d}x$$
$$=\frac{1}{2h}\int_a^b\mathrm{d}x\int_{-h}^{+h}|f(u+x)|\mathrm{d}u=\frac{1}{2h}\int_{-h}^{h}\mathrm{d}u\int_a^b|f(u+x)|\mathrm{d}x \qquad ①$$
$$\int_a^b|f(u+x)|\mathrm{d}x\xlongequal{v=u+x}\int_{a+u}^{b+u}|f(v)|\mathrm{d}v \qquad ②$$

当 $u\in[-h,0]$ 时,有
$$\int_{a+u}^{b+u}|f(v)|\mathrm{d}v=\int_a^{b+u}|f(v)|\mathrm{d}v\leqslant\int_a^b|f(v)|\mathrm{d}v=\int_a^b|f(x)|\mathrm{d}x \qquad ③$$

当 $u\in[0,h]$ 时,有
$$\int_{a+u}^{b+u}|f(v)|\mathrm{d}v=\int_{a+u}^{b}|f(v)|\mathrm{d}v\leqslant\int_a^b|f(v)|\mathrm{d}v=\int_a^b|f(x)|\mathrm{d}x \qquad ④$$

由 ①、②、③、④ 式可得
$$\int_a^b|\varphi(x)|\mathrm{d}x\leqslant\frac{1}{2h}\int_{-h}^{h}\left[\int_a^b|f(u+x)|\mathrm{d}x\right]\mathrm{d}u$$
$$\leqslant\frac{1}{2h}\int_{-h}^{h}\left[\int_a^b|f(x)|\mathrm{d}x\right]\mathrm{d}u=\int_a^b|f(x)|\mathrm{d}x$$

例 26.8 设 $f(x,y)$ 为连续函数,证明:$\left\{\int_a^b\mathrm{d}x\left[\int_c^d f(x,y)\mathrm{d}y\right]^2\right\}^{\frac{1}{2}}\leqslant\left\{\int_c^d\mathrm{d}y\int_a^b f^2(x,y)\mathrm{d}x\right\}^{\frac{1}{2}}$.

证明
$$\int_a^b\mathrm{d}x\left[\int_c^d f(x,y)\mathrm{d}y\right]^2=\int_a^b\mathrm{d}x\int_c^d f(x,y)\mathrm{d}y\cdot\int_c^d f(x,y)\mathrm{d}y$$
$$=\int_a^b\mathrm{d}x\int_c^d f(x,y)\mathrm{d}y\int_c^d f(x,z)\mathrm{d}z=\int_a^b\mathrm{d}x\int_c^d\mathrm{d}y\int_c^d(f(x,y)f(x,z))\mathrm{d}z$$
$$=\iiint\limits_{\Omega}f(x,y)f(x,z)\mathrm{d}x\mathrm{d}y\mathrm{d}z$$
$$=\int_c^d\mathrm{d}y\int_c^d\mathrm{d}z\int_a^b(f(x,y)f(x,z))\mathrm{d}x$$
$$\leqslant\int_c^d\mathrm{d}y\int_c^d\mathrm{d}z\left[\int_a^b f^2(x,y)\mathrm{d}x\int_a^b f^2(x,z)\mathrm{d}x\right]^{\frac{1}{2}}$$
$$=\int_c^d\mathrm{d}y\int_c^d\mathrm{d}z\left[\int_a^b f^2(x,y)\mathrm{d}x\right]^{\frac{1}{2}}\cdot\left[\int_a^b f^2(x,z)\mathrm{d}x\right]^{\frac{1}{2}}$$
$$=\int_c^d\mathrm{d}y\left[\int_a^b f^2(x,y)\mathrm{d}x\right]^{\frac{1}{2}}\cdot\int_c^d\mathrm{d}z\left[\int_a^b f^2(x,z)\mathrm{d}x\right]^{\frac{1}{2}}$$
$$=\left\{\int_c^d\mathrm{d}y\left[\int_a^b f^2(x,y)\mathrm{d}x\right]^{\frac{1}{2}}\right\}^2$$

故 $\left\{\int_a^b\mathrm{d}x\left[\int_c^d f(x,y)\mathrm{d}y\right]^2\right\}^{\frac{1}{2}}\leqslant\left\{\int_c^d\mathrm{d}y\int_a^b f^2(x,y)\mathrm{d}x\right\}^{\frac{1}{2}}$.

例 26.9　设函数 $f(x,y)$ 四阶导数连续光滑，在平面区域 $D:0\leqslant x,y\leqslant 1$ 的边界为零，且 $\left|\dfrac{\partial^4 f}{\partial^2 x\partial^2 y}\right|\leqslant B$，证明：$\iint\limits_D f(x,y)\mathrm{d}x\mathrm{d}y\leqslant\dfrac{B}{144}$.

证明　令 $g(x,y)=xy(1-x)(1-y)$，则由题设及分部积分法可得

$$\iint\limits_D\frac{\partial^4 f}{\partial x^2\partial y^2}g(x,y)\mathrm{d}x\mathrm{d}y=\int_0^1\mathrm{d}y\int_0^1\frac{\partial^4 f}{\partial x^2\partial y^2}\cdot g\mathrm{d}x \quad ①$$

$$\int_0^1\frac{\partial^4 f}{\partial x^2\partial y^2}\cdot g\mathrm{d}x=\frac{\partial^3 f}{\partial y^2\partial x}\cdot g\Big|_0^1-\int_0^1\frac{\partial^3 f}{\partial y^2\partial x}\cdot\frac{\partial g}{\partial x}\mathrm{d}x=-\int_0^1\frac{\partial^3 f}{\partial y^2\partial x}\cdot\frac{\partial g}{\partial x}\mathrm{d}x$$

$$=-\left[\frac{\partial^2 f}{\partial y^2}\frac{\partial g}{\partial x}\Big|_0^1-\int_0^1\frac{\partial^2 f}{\partial y^2}\cdot\frac{\partial^2 g}{\partial x^2}\mathrm{d}x\right] \quad ②$$

而

$$\frac{\partial^2 f}{\partial y^2}\frac{\partial g}{\partial x}\Big|_0^1=\frac{\partial^2 f(x,y)}{\partial y^2}[(1-x)y(1-y)-xy(1-y)]\Big|_0^1$$

$$=-\frac{\partial^2 f(1,y)}{\partial y^2}y(1-y)-\frac{\partial^2 f(0,y)}{\partial y^2}y(1-y) \quad ③$$

由 ②、③ 式得 $\displaystyle\int_0^1\frac{\partial^4 f}{\partial x^2\partial y^2}\cdot g\mathrm{d}x=\frac{\partial^2 f(1,y)}{\partial y^2}y(1-y)+\frac{\partial^2 f(0,y)}{\partial y^2}y(1-y)+\int_0^1\frac{\partial^2 f}{\partial y^2}\cdot\frac{\partial^2 g}{\partial x^2}\mathrm{d}x$.

代入 ① 式得

$$\iint\limits_D\frac{\partial^4 f}{\partial x^2\partial y^2}g(x,y)\mathrm{d}x\mathrm{d}y=\int_0^1\frac{\partial^2 f(1,y)}{\partial y^2}y(1-y)\mathrm{d}y+\int_0^1\frac{\partial^2 f(0,y)}{\partial y^2}y(1-y)\mathrm{d}y+$$

$$\int_0^1\mathrm{d}y\int_0^1\frac{\partial^2 f}{\partial y^2}\cdot\frac{\partial^2 g}{\partial x^2}\mathrm{d}x \quad ④$$

又

$$\int_0^1\frac{\partial^2 f(1,y)}{\partial y^2}y(1-y)\mathrm{d}y=\frac{\partial f(1,y)}{\partial y}(y-y^2)\Big|_0^1-\int_0^1\frac{\partial f(1,y)}{\partial y}(1-2y)\mathrm{d}y$$

$$=0-[f(1,y)(1-2y)\Big|_0^1-\int_0^1 f(1,y)(-2)\mathrm{d}y]$$

$$=0\quad（在边界上）$$

同理 $\displaystyle\int_0^1\frac{\partial^2 f(0,y)}{\partial y^2}y(1-y)\mathrm{d}y=0$.

而

$$\int_0^1\mathrm{d}y\int_0^1\frac{\partial^2 f}{\partial y^2}\cdot\frac{\partial^2 g}{\partial x^2}\mathrm{d}x=\int_0^1\mathrm{d}x\int_0^1\frac{\partial^2 f}{\partial y^2}\cdot[-2(y-y^2)]\mathrm{d}y$$

$$=-2\int_0^1\left[\frac{\partial f}{\partial y}\cdot(y-y^2)\Big|_0^1-\int_0^1\frac{\partial f}{\partial y}\cdot(1-2y)\mathrm{d}y\right]\mathrm{d}x=2\int_0^1\left[\int_0^1\frac{\partial f}{\partial y}\cdot(1-2y)\mathrm{d}y\right]\mathrm{d}x$$

$$=2\int_0^1[f(x,y)(1-2y)\Big|_0^1-2\int_0^1 f(x,y)(-2)\mathrm{d}y]\mathrm{d}x$$

$$=4\int_0^1\mathrm{d}x\int_0^1 f(x,y)\mathrm{d}y=4\iint\limits_D f(x,y)\mathrm{d}x\mathrm{d}y$$

所以 $\left|\iint\limits_D f(x,y)\mathrm{d}x\mathrm{d}y\right|\leqslant\dfrac{1}{4}\iint\limits_D\left|\dfrac{\partial^4 f}{\partial x^2\partial y^2}\right|\cdot g(x,y)\mathrm{d}x\mathrm{d}y\leqslant\dfrac{B}{4}\iint\limits_D(x-x^2)(y-y^2)\mathrm{d}x\mathrm{d}y=\dfrac{B}{4}$ $\displaystyle\int_0^1(x-x^2)\mathrm{d}x\int_0^1(y-y^2)\mathrm{d}y=\frac{B}{4}\cdot\frac{1}{6}\cdot\frac{1}{6}=\frac{B}{144}$.

例 26.10　证明：$\sqrt{\dfrac{\pi}{2}(1-\mathrm{e}^{-\frac{u^2}{2}})}<\displaystyle\int_0^u\mathrm{e}^{-\frac{x^2}{2}}\mathrm{d}x<\sqrt{\dfrac{\pi}{2}(1-\mathrm{e}^{-u^2})}\quad(u>0)$

证明 如例 26.10 图所示，记 $I=\int_0^u e^{-\frac{x^2}{2}}dx$，则

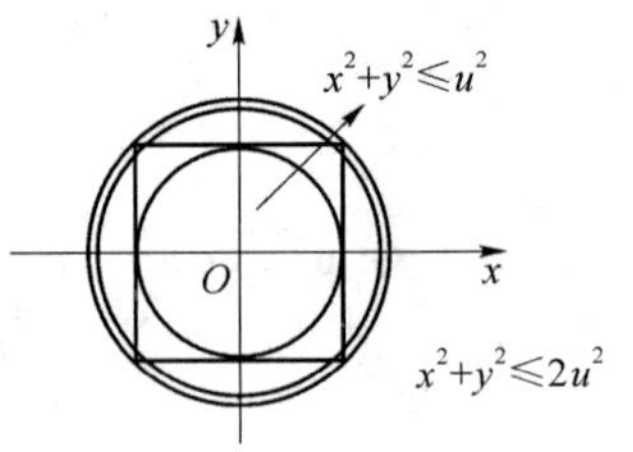

$4I^2=\int_{-u}^{u}dx\int_{-u}^{u}e^{-\frac{x^2+y^2}{2}}dy$(积分对称性) 则

$$4I^2=\iint\limits_{\substack{-u\leqslant x\leqslant u\\-u\leqslant y\leqslant u}}e^{-\frac{x^2+y^2}{2}}dxdy>\iint\limits_{x^2+y^2\leqslant u^2}e^{-\frac{x^2+y^2}{2}}dxdy$$

$$=\int_0^{2\pi}d\theta\int_0^u e^{-\frac{r^2}{2}}\cdot rdr=2\pi(1-e^{-\frac{u^2}{2}})$$

例 26.10 图

于是$\int_0^u e^{-\frac{x^2}{2}}dx>\sqrt{\frac{\pi}{2}(1-e^{-\frac{u^2}{2}})}$.

又

$$4I^2<\iint\limits_{x^2+y^2\leqslant 2u^2}e^{-\frac{x^2+y^2}{2}}dxdy=\int_0^{2\pi}d\theta\int_0^{2u}e^{-\frac{r^2}{2}}\cdot rdr=2\pi(1-e^{-u^2})$$

故 $I<\sqrt{\frac{\pi}{2}(1-e^{-u^2})}$.

2. 与重积分相关的极限、导数问题

例 26.11 计算$\lim\limits_{n\to\infty}\int_0^1\int_0^1\cdots\int_0^1\cos^2\left[\frac{\pi}{2n}\sum\limits_{i=1}^{n}x_i\right]dx_1dx_2\cdots dx_n$.

解 令 $x_k=1-y_k$,则

$$I=\int_0^1\int_0^1\cdots\int_0^1\cos^2\left[\frac{\pi}{2n}\sum_{i=1}^{n}x_i\right]dx_1dx_2\cdots dx_n$$

$$=\int_1^0\int_1^0\cdots\int_1^0\cos^2\left\{\frac{\pi}{2n}\left[n-\sum_{i=1}^{n}y_i\right]\right\}(-1)^n dy_1dy_2\cdots dy_n$$

$$=\int_0^1\int_0^1\cdots\int_0^1\sin^2\left(\frac{\pi}{2n}\sum_{i=1}^{n}y_i\right)dy_1dy_2\cdots dy_n$$

$$=\int_0^1\int_0^1\cdots\int_0^1\left[1-\cos^2\left(\frac{\pi}{2n}\sum_{i=1}^{n}y_i\right)\right]dy_1dy_2\cdots dy_n$$

$$=1-I$$

所以 $I=\frac{1}{2}$.

评注:利用变量代换求积分的值.

例 26.12 设函数 $f(x,y)$ 在区域 $D=\{(x,y)\mid x^2+y^2\leqslant 1\}$ 上有二阶连续导数,且 $f''_{xx}+f''_{yy}=e^{-(x^2+y^2)}$,证明:$I=\iint\limits_D(xf'_x+yf'_y)dxdy=\frac{\pi}{2e}$.

证明

$$I=\int_0^{2\pi}d\theta\int_0^1(r\cos\theta f'_x+r\sin\theta f'_y)\cdot rdr\quad(交换积分次序)$$

$$=\int_0^1 rdr\int_0^{2\pi}(r\cos\theta f'_x+r\sin\theta f'_y)d\theta\quad(逆向应用格林公式)$$

$$=\int_0^1 rdr\oint_{L_r}(f'_xdy-f'_ydx)(L_r:x=r\cos\theta,y=r\sin\theta)$$

$$=\int_0^1 rdr\iint\limits_{D_r}(f''_{xx}+f''_{yy})dxdy\quad(格林公式)$$

$$=\int_0^1 r\mathrm{d}r\iint_{D_r}\mathrm{e}^{-(x^2+y^2)}\mathrm{d}x\mathrm{d}y=\int_0^1 r\mathrm{d}r\left(\int_0^{2\pi}\mathrm{d}\theta\int_0^r \mathrm{e}^{-r^2}\cdot l\mathrm{d}l\right)=\frac{\pi}{2\mathrm{e}}$$

评注:本题综合应用二重积分交换次序、格林公式、三重积分等知识点,且有一定技巧.

例 26.13　证明:$\lim\limits_{n\to+\infty}\dfrac{1}{n^4}\iiint\limits_{r\leqslant n}[r]\mathrm{d}x\mathrm{d}y\mathrm{d}z=\pi$,其中 $r=\sqrt{x^2+y^2+z^2}$.

证明　当 $k\leqslant r\leqslant k+1$ 时,有

$$\iiint\limits_{r\leqslant n}[r]\mathrm{d}x\mathrm{d}y\mathrm{d}z=k\iiint\limits_{r\leqslant n}\mathrm{d}x\mathrm{d}y\mathrm{d}z=k\left[\frac{4\pi(k+1)^3}{3}-\frac{4\pi k^3}{3}\right]=4\pi\left(k^3+k^2+\frac{k}{3}\right)$$

故
$$\iiint\limits_{r\leqslant n}[r]\mathrm{d}x\mathrm{d}y\mathrm{d}z=4\pi\sum_{k=0}^{n}\left(k^3+k^2+\frac{k}{3}\right)$$
$$=4\pi\left[\left(\frac{n(n+1)}{2}\right)^2+\frac{n(n+1)(2n+1)}{6}+\frac{n(n+1)}{6}\right]$$

故 $\lim\limits_{n\to+\infty}\dfrac{4\pi\left[\left(\dfrac{n(n+1)}{2}\right)^2+\dfrac{n(n+1)(2n+1)}{6}+\dfrac{n(n+1)}{6}\right]}{n^4}=\pi$.

例 26.14　设 $f(x,y)$ 在 $0\leqslant x,y\leqslant 1$ 内连续,$f(0,0)=0$,且在$(0,0)$处可微,$f_y(0,0)=1$,求

$$\lim_{x\to0^+}\frac{\int_0^{x^2}\mathrm{d}t\int_x^{\sqrt{t}}f(t,u)\mathrm{d}u}{1-\mathrm{e}^{-\frac{x^4}{4}}}$$

解　如例 26.14 图所示,

$$原式=\lim_{x\to0^+}\frac{-\int_0^{x^2}\mathrm{d}t\int_{\sqrt{t}}^{x}f(t,u)\mathrm{d}u}{1-\mathrm{e}^{-\frac{x^4}{4}}}$$
$$=\lim_{x\to0^+}\frac{-\int_0^{x}\mathrm{d}u\int_0^{u^2}f(t,u)\mathrm{d}t}{1-\mathrm{e}^{-\frac{x^4}{4}}}$$
$$=\lim_{x\to0^+}\frac{-\int_0^{x}\mathrm{d}u\int_0^{u^2}f(t,u)\mathrm{d}t}{\frac{x^4}{4}}=\lim_{x\to0^+}\frac{-\int_0^{x^2}f(t,x)\mathrm{d}t}{x^3}$$

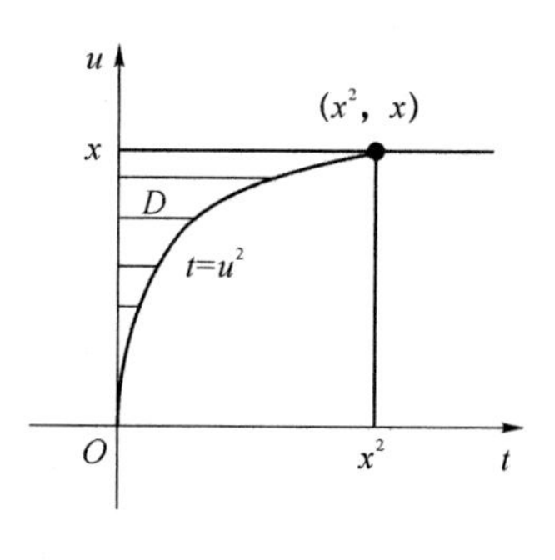

例 26.14 图

$$\overset{中值定理}{=\!=\!=}\lim_{x\to0^+}\frac{-x^2f(\xi,x)}{x^3}=-\lim_{x\to0^+}\frac{f(\xi,x)}{x}$$

因 $f(x,y)$ 在(x,y)处可微,$f(0,0)=0$ 及 $0<\xi<x^2$,则

$$f(\xi,x)=f(0,0)+f'_x(0,0)\xi+f'_y(0,0)x+o\left(\sqrt{\xi^2+x^2}\right)=x+o(x)$$

所以原极限 $=-\lim\limits_{x\to0^+}\dfrac{x+o(x)}{x}=-1$.

评注:$\left|\dfrac{f'_x(0,0)\xi}{x}\right|\leqslant|f'_x(0,0)|\dfrac{x^2}{x}\to0(x\to0)$,故 $f'_x(0,0)\xi=o(x)$.

例 26.15　设 $F(t)=\iint\limits_D\mathrm{e}^{-\frac{tx}{y^2}}\mathrm{d}x\mathrm{d}y$,$D$:$\begin{cases}0\leqslant x\leqslant t\\0\leqslant y\leqslant t\end{cases}$ $t>0$,求证 $F'(t)=\dfrac{2}{t}F(t)$.

证明 作变换$\begin{cases}x=tu\\y=tv\end{cases}$,则有 $F(t)=t^2\iint\limits_{\substack{0\leqslant u\leqslant 1\\0\leqslant v\leqslant 1}}\mathrm{e}^{-\frac{u}{v^2}}\mathrm{d}u\mathrm{d}v$,从而

$$F'(t)=2t\iint\limits_{\substack{0\leqslant u\leqslant 1\\0\leqslant v\leqslant 1}}\mathrm{e}^{-\frac{u}{v^2}}\mathrm{d}u\mathrm{d}v=\frac{2}{t}\cdot t^2\iint\limits_{\substack{0\leqslant u\leqslant 1\\0\leqslant v\leqslant 1}}\mathrm{e}^{-\frac{u}{v^2}}\mathrm{d}u\mathrm{d}v=\frac{2}{t}F(t)$$

3. 利用重积分求广义积分

例 26.16 $I=\iint\limits_{E}\frac{\mathrm{d}x\mathrm{d}y}{\sqrt{1-x^2-y^2}}$,$E=\{(x,y)\in R^2:x^2+y^2<1\}$.

解 被积函数取正值,选取容许集合序列

$$E_n=\left\{(x,y)\in R^2:\frac{1}{n}<x^2+y^2<1-\frac{1}{n}\right\},n=2,3,\cdots$$

$$I_n=\iint\limits_{E_n}F(x,y)\mathrm{d}x\mathrm{d}y=\int_0^{2\pi}\mathrm{d}\theta\int_{\frac{1}{\sqrt{n}}}^{\sqrt{1-\frac{1}{n}}}\frac{\rho}{\sqrt{1-\rho^2}}\mathrm{d}\rho$$

则有

$$=2\pi\sqrt{1-\rho^2}\Big|_{\sqrt{1-\frac{1}{n}}}^{\frac{1}{\sqrt{n}}}=2\pi\left(\sqrt{1-\frac{1}{n}}-\sqrt{1-\left(1-\frac{1}{n}\right)}\right)$$

故 $I=\lim\limits_{n\to\infty}I_n=2\pi$.

评注:此题为广义积分,边界不存在时可以考虑利用上述方法解题.

例 26.17 证明二重积分$\iint\limits_{R^2}\sin(x^2+y^2)\mathrm{d}x\mathrm{d}y$ 发散.

解 证明积分发散只需证明以下结论:

$\lim\limits_{n\to\infty}\iint\limits_{E_n}\sin(x^2+y^2)\mathrm{d}x\mathrm{d}y=\pi$,$E_n=\{(x,y)\in R^2:|x|<n,|y|<n\}$,而$\lim\limits_{n\to\infty}\iint\limits_{E_n'}\sin(x^2+y^2)\mathrm{d}x\mathrm{d}y=0$,其中 $E_n'=\{(x,y)\in R^2:x^2+y^2<2n\pi\}$.

由函数 $\sin(x^2+y^2)$,$(x,y)\in R^2$ 的连续性,有等式

$$\iint\limits_{E_n}\sin(x^2+y^2)\mathrm{d}x\mathrm{d}y=\int_{-n}^{n}\mathrm{d}x\int_{-n}^{n}\sin(x^2+y^2)\mathrm{d}y=2\int_{-n}^{n}\sin x^2\mathrm{d}x\int_{-n}^{n}\cos y^2\mathrm{d}y$$

据此对积分的乘积取极限,得

$$\lim_{n\to\infty}\iint\limits_{E_n}\sin(x^2+y^2)\mathrm{d}x\mathrm{d}y=2\int_{-\infty}^{+\infty}\sin x^2\mathrm{d}x\int_{-\infty}^{+\infty}\cos y^2\mathrm{d}y=\pi$$

对于第二个关系式引入极坐标并计算积分

$$\iint\limits_{\substack{0<\rho<\sqrt{2\pi n}\\0<\varphi<2\pi}}\rho\sin\rho^2\mathrm{d}\rho\mathrm{d}\varphi=2\pi\int_0^{\sqrt{2\pi n}}\rho\sin\rho^2\mathrm{d}\rho=\pi\cos\rho^2\Big|_{\sqrt{2\pi n}}^{0}=0$$

所以原来的积分发散.

评注:注意此题证明积分发散方法:证明积分在不同积分区域趋于不同的值.

例 26.18 讨论广义积分的收敛性: $\iiint\limits_{x^2+y^2+z^2>1}\frac{\varphi(x,y,z)}{(x^2+y^2+z^2)^{\rho}}\mathrm{d}x\mathrm{d}y\mathrm{d}z$,这里 $0<m\leqslant|\varphi(x,y,z)|\leqslant M$.

解 由于$\frac{m}{(x^2+y^2+z^2)^{\rho}}\leqslant\frac{|\varphi(x,y,z)|}{(x^2+y^2+z^2)^{\rho}}\leqslant\frac{M}{(x^2+y^2+z^2)^{\rho}}$,注意到广义积分收敛必

绝对收敛,可知积分 $\iiint\limits_{x^2+y^2+z^2>1} \dfrac{\varphi(x,y,z)}{(x^2+y^2+z^2)^p}\mathrm{d}x\mathrm{d}y\mathrm{d}z$ 与积分 $\iiint\limits_{x^2+y^2+z^2>1} \dfrac{\mathrm{d}x\mathrm{d}y\mathrm{d}z}{(x^2+y^2+z^2)^p}$ 同时收敛或发散. 由于被积函数 $\dfrac{1}{(x^2+y^2+z^2)^p}>0$,采用球坐标系 $x=r\sin\varphi\cos\theta, y=r\sin\varphi\sin\theta, z=r\cos\varphi$ 得

$$\begin{aligned}&\iiint\limits_{x^2+y^2+z^2>1} \frac{\mathrm{d}x\mathrm{d}y\mathrm{d}z}{(x^2+y^2+z^2)^p}\\&=\int_0^{2\pi}\mathrm{d}\theta\int_0^{\pi}\sin\varphi\mathrm{d}\varphi\int_1^{+\infty}\frac{\mathrm{d}r}{r^{2p-2}}\\&=4\pi\int_1^{+\infty}\frac{\mathrm{d}r}{r^{2p-2}}=4\pi\frac{1}{2-2p+1}r^{3-2p}\Big|_1^{+\infty}\ (p>1)\end{aligned}$$

显然,当 $p>\dfrac{3}{2}$ 时收敛,$p\leqslant\dfrac{3}{2}$ 时发散.

例 26.19　设 $f(u)$ 连续,$a>0,b>0$ 试证

$$\int_0^{+\infty}\int_0^{+\infty}f(a^2x^2+b^2y^2)\mathrm{d}x\mathrm{d}y=\frac{\pi}{4ab}\int_0^{+\infty}f(x)\mathrm{d}x$$

证明　令 $ax=r\cos\theta, by=r\sin\theta$,则有 $\mathrm{d}x\mathrm{d}y=\dfrac{r}{ab}\mathrm{d}r\mathrm{d}\theta$. 故

$$\int_0^{+\infty}\int_0^{+\infty}f(a^2x^2+b^2y^2)\mathrm{d}x\mathrm{d}y=\frac{1}{ab}\int_0^{\frac{\pi}{2}}\mathrm{d}\theta\int_0^{+\infty}f(r^2)r\mathrm{d}r=\frac{\pi}{4ab}\int_0^{+\infty}f(x)\mathrm{d}x$$

4. 利用重积分求体积问题

例 26.20　求下列曲面围成的立体的体积:$z=x^2+y^2, x^2+y^2=x, x^2+y^2=2x, z=0$.

解　令 $x=r\cos\theta, y=r\sin\theta$,则方程 $x^2+y^2=x, x^2+y^2=2x$ 及 $z=x^2+y^2$ 变为 $r=\cos\theta$, $r=2\cos\theta$ 及 $z=r^2$. 于是,所求体积为

$$\begin{aligned}V&=\iint\limits_{\Omega}(x^2+y^2)\mathrm{d}x\mathrm{d}y=\int_{-\frac{\pi}{2}}^{\frac{\pi}{2}}\mathrm{d}\theta\int_{\cos\theta}^{2\cos\theta}r^3\mathrm{d}r=\frac{2}{4}\int_0^{\frac{\pi}{4}}(16\cos^4\theta-\cos^4\theta)\mathrm{d}\theta\\&=\frac{15}{2}\int_0^{\frac{\pi}{2}}\cos^4\theta\mathrm{d}\theta=\frac{15}{2}\cdot\frac{3}{4}\cdot\frac{1}{2}\cdot\frac{\pi}{2}=\frac{45}{32}\pi\end{aligned}$$

例 26.21　求下列曲面围成的立体的体积:$z=x^2+y^2, z=x+y$.

解　立体的投影域的边界线 $x^2+y^2=x+y$ 或 $\left(x-\dfrac{1}{2}\right)^2+\left(y-\dfrac{1}{2}\right)^2=\dfrac{1}{2}$,若引用代换 $x=\dfrac{1}{2}+r\cos\theta, y=\dfrac{1}{2}+r\sin\theta$,则有

$$z=r^2+\frac{1}{2}+r(\cos\theta+\sin\theta),\ z=1+r(\cos\theta+\sin\theta),\ \left(0\leqslant\theta\leqslant2\pi,0\leqslant r\leqslant\frac{1}{\sqrt{2}}\right)$$

于是,所求的体积为

$$\begin{aligned}V&=\iint\limits_{(x-\frac{1}{2})^2+(y-\frac{1}{2})^2\leqslant\frac{1}{2}}[(x+y)-(x^2+y^2)]\mathrm{d}x\mathrm{d}y\\&=\int_0^{2\pi}\mathrm{d}\theta\int_0^{\frac{1}{\sqrt{2}}}\left\{[1+r(\cos\theta+\sin\theta)]-\left[r^2+\frac{1}{2}+r(\cos\theta+\sin\theta)\right]\right\}r\mathrm{d}r\\&=\int_0^{2\pi}\mathrm{d}\varphi\int_0^{\frac{1}{\sqrt{2}}}\left(\frac{1}{2}-r^2\right)r\mathrm{d}r=\frac{\pi}{8}\end{aligned}$$

例 26.22 求下列曲面围成立体的体积:$\dfrac{x^2}{a^2}+\dfrac{y^2}{b^2}+\dfrac{z^2}{c^2}=1,\left(\dfrac{x^2}{a^2}+\dfrac{y^2}{b^2}\right)^2=\dfrac{x^2}{a^2}-\dfrac{y^2}{b^2}$.

解 令 $x=ar\cos\theta,y=br\sin\theta$,则方程化为 $z=\pm c\sqrt{1-r^2}$,$r^2=\cos^2\theta-\sin^2\theta=\cos 2\theta$,因为 $r^2=\cos 2\theta\geqslant 0$,故 $-\dfrac{\pi}{4}\leqslant\theta\leqslant\dfrac{\pi}{4},\dfrac{3\pi}{4}\leqslant\theta\leqslant\dfrac{5\pi}{4}$,于是,利用对称性,曲面所围的立体的体积为

$$
\begin{aligned}
V&=8c\iint_{\Omega}\sqrt{1-\frac{x^2}{a^2}-\frac{y^2}{b^2}}\mathrm{d}x\mathrm{d}y\\
&=8abc\int_0^{\frac{\pi}{4}}\int_0^{\sqrt{\cos 2\theta}}\sqrt{1-r^2}\,\mathrm{d}r\mathrm{d}\theta\\
&=8abc\int_0^{\frac{\pi}{4}}\frac{1}{3}(1-\sqrt{8}\sin^3\theta)\mathrm{d}\theta\\
&=\frac{2abc}{9}(3\pi+20-16\sqrt{2})
\end{aligned}
$$

评注:围成区域是双纽线柱面夹在球面内部的区域体积.

例 26.23 求曲面 $(x^2+y^2)^2+z^4=y$ 所围的立体的体积.

解 图形位于 $y\geqslant 0$ 的四个象限内,由对称性,所求的体积等于第一象限部分的 4 倍,引用球坐标系 $x=r\sin\varphi\cos\theta,y=r\sin\varphi\sin\theta,z=r\cos\varphi$,曲面方程可写为 $r=\sqrt[3]{\dfrac{\sin\varphi\sin\theta}{\sin^4\varphi+\cos^4\varphi}}$,因此

$$
\begin{aligned}
V&=4\int_0^{\frac{\pi}{2}}\mathrm{d}\theta\int_0^{\frac{\pi}{2}}\mathrm{d}\varphi\int_0^{\sqrt[3]{\frac{\sin\varphi\sin\theta}{\sin^4\varphi+\cos^4\varphi}}}r^2\sin\varphi\mathrm{d}r\\
&=\frac{4}{3}\int_0^{\frac{\pi}{2}}\sin\theta\mathrm{d}\theta\int_0^{\frac{\pi}{2}}\frac{\sin^2\varphi}{\sin^4\varphi+\cos^4\varphi}\mathrm{d}\varphi\\
&=\frac{4}{3}\int_0^{+\infty}\frac{t^2}{1+t^4}\mathrm{d}t(\text{令 } t=\tan\varphi)\\
&=\frac{\sqrt{2}}{3}\pi
\end{aligned}
$$

例 26.24 试证抛物面 $z=1+x^2+y^2$ 上任意点处的切平面与抛物面 $z=x^2+y^2$ 所围成的立体体积是一定值.

解 设曲面 $z=1+x^2+y^2$ 上任一点为 $P(x_0,y_0,z_0)$,则过点 P 的法向量为 $\boldsymbol{n}=\{z_x,z_y,-1\}|_P=\{2x_0,2y_0,-1\}$,切平面方程为 $2x_0(x-x_0)+2y_0(y-y_0)-(z-z_0)=0$,即 $2x_0x+2y_0y-z+(2-z_0)=0$.

现求此平面与曲面 $z=x^2+y^2$ 所围成立体的体积:先求出投影区域 D,联立方程

$$
\begin{cases}2x_0x+2y_0y-z+(2-z_0)=0\\ z=x^2+y^2\end{cases},z_0=1+x_0^2+y_0^2
$$

消去 z 得投影区域 $D:(x-x_0)^2+(y-y_0)^2\leqslant 1$,故所求体积为

$$
\begin{aligned}
V&=\iint_D[(2x_0x+2y_0y+2-z_0)-(x^2+y^2)]\mathrm{d}x\mathrm{d}y\\
&=\iint_D[1-(x-x_0)^2-(y-y_0)^2]\mathrm{d}x\mathrm{d}y\\
&=\int_0^{2\pi}\mathrm{d}\theta\int_0^1(1-r^2\cos^2\theta-r^2\sin^2\theta)r\mathrm{d}r
\end{aligned}
$$

$$= 2\pi\int_0^1 (r - r^3)\,\mathrm{d}r = \frac{\pi}{2}$$

即 V 为一常数，与切点 P 无关.

5. 利用重积分求面积问题

例 26.25　求曲线 $\sqrt{\frac{x}{a}}+\sqrt{\frac{y}{b}}=1$，$\sqrt{\frac{x}{a}}+\sqrt{\frac{y}{b}}=2$，$\frac{x}{a}=\frac{y}{b}$，$\frac{4x}{a}=\frac{y}{b}$，$(a>0,b>0)$ 围成图形的面积.

解　作变换 $\sqrt{\frac{x}{a}}+\sqrt{\frac{y}{b}}=u$，$\frac{x}{y}=v$，即 $x=\frac{u^2 v}{\left(\sqrt{\frac{v}{a}}+\frac{1}{\sqrt{b}}\right)^2}$，$y=\frac{u^2}{\left(\sqrt{\frac{v}{a}}+\frac{1}{\sqrt{b}}\right)^2}$，则 $1\leqslant u\leqslant 2$，$\frac{a}{4b}\leqslant v\leqslant\frac{a}{b}$，且有 $|I|=\frac{2u^3}{\left(\sqrt{\frac{v}{a}}+\frac{1}{\sqrt{b}}\right)^4}$. 于是，所求的面积为

$$S=\int_1^2 2u^3\,\mathrm{d}u\int_{\frac{a}{4b}}^{\frac{a}{b}}\frac{\mathrm{d}v}{\left(\sqrt{\frac{v}{a}}+\frac{1}{\sqrt{b}}\right)^4}$$

$$=\frac{15}{2}\cdot\int_{\frac{1}{2\sqrt{b}}}^{\frac{1}{\sqrt{b}}}\frac{2at\,\mathrm{d}t}{\left(t+\frac{1}{\sqrt{b}}\right)^4}=15a\int_{\frac{1}{2\sqrt{b}}}^{\frac{1}{\sqrt{b}}}\left[\frac{1}{\left(t+\frac{1}{\sqrt{b}}\right)^3}-\frac{1}{\sqrt{b}}\cdot\frac{1}{\left[\sqrt{\frac{1}{b}}+t\right]^4}\right]\mathrm{d}t$$

$$=15a\left(\frac{7b}{72}-\frac{37b}{648}\right)=\frac{65ab}{108}$$

例 26.26　求用平面 $z=1-2(x+y)$ 与曲面 $\frac{1}{x}+\frac{1}{y}+\frac{1}{z}=0$ 相截所得截面的面积.

解　设平面被曲面所截的部分为 S，它在 xOy 平面上的投影记为 D，由于平面 $z=1-2(x+y)$ 的法线方向余弦为 $\cos\alpha=\cos\beta=\frac{2}{3}$，$\cos\gamma=\frac{1}{3}$，故 $D=S\cos\gamma=\frac{1}{3}S$，从而 $S=3D$，显然 D 为 xOy 平面上由曲线 $\frac{1}{x}+\frac{1}{y}+\frac{1}{1-2(x+y)}=0$（即 $2x^2+2y^2+3xy-x-y=0$）所围的区域，作变量代换 $x=u+v+\frac{1}{7}$，$y=u-v+\frac{1}{7}$，于是 $\frac{D(x,y)}{D(u,v)}=-2$ 且曲线 $2x^2+2y^2+3xy-x-y=0$ 变为 $7u^2+v^2-\frac{1}{7}=0$，这是一个椭圆（在 uv 平面上），从而 $D=\iint\limits_D \mathrm{d}x\mathrm{d}y=2\iint\limits_{49u^2+7v^2\leqslant 1}\mathrm{d}u\mathrm{d}v=2\pi\left(\frac{1}{7}\right)\left(\frac{1}{\sqrt{7}}\right)=\frac{2\pi}{7\sqrt{7}}$，最后得 $S=3D=\frac{6\pi}{7\sqrt{7}}$.

（三）练习题

26.1　若 $f(x)$ 为在 $[0,1]$ 上非负的连续单调函数，求证：$\frac{\int_0^1 xf^2(x)\,\mathrm{d}x}{\int_0^1 xf(x)\,\mathrm{d}x}\leqslant\frac{\int_0^1 f^2(x)\,\mathrm{d}x}{\int_0^1 f(x)\,\mathrm{d}x}$.

26.2　若 $f(x)$ 在$[0,1]$上连续,$0 \leqslant f(x) \leqslant 1$,求证:$\int_0^1 \frac{f(x)}{1-f(x)}dx \geqslant \frac{\int_0^1 f(x)dx}{1-\int_0^1 f(x)dx}$.

26.3　设 $f(x)$ 在$[a,b]$连续,$n>1$ 为自然数,证明:

$$\int_a^b dx\int_a^x (x-y)^{n-2} f(y)dy = \frac{1}{n-1}\int_a^b (b-y)^{n-1} f(y)dy$$

26.4　设 $f(x)$ 连续,常数 $a>0$,D:$|x| \leqslant \frac{a}{2}$,$|y| \leqslant \frac{a}{2}$,证明:$\iint\limits_D f(x-y)dxdy = \int_{-a}^a f(t)(a-|t|)dt$.

26.5　设 Ω:$x^2+y^2+z^2 \leqslant 1$,证明:$\frac{4\sqrt[3]{2}\pi}{3\sqrt[3]{3}} \leqslant \iiint\limits_\Omega \sqrt[3]{x+2y-2z+5}dv \leqslant \frac{8\pi}{3}$.

26.6　设 $f(x,y)$ 在 D:$a \leqslant x \leqslant b$,$\varphi(x) \leqslant y \leqslant \phi(x)$ 上可微,其中 $\varphi(x)$,$\phi(x) \in c[a,b]$,且 $f(x,\varphi(x))=0$,证明:$\exists K>0$,使得 $I=\iint\limits_D f^2(x,y)dxdy \leqslant K\iint\limits_D \left(\frac{\partial f}{\partial y}\right)^2 dxdy$.

26.7　设 $f(x)$ 在$(0,+\infty)$上连续,且满足 $\forall x,y \geqslant 0$,有 $f(x)f(y) \leqslant xf\left(\frac{y}{2}\right)+yf\left(\frac{x}{2}\right)$,证明:$\int_0^x f(t)dt \leqslant 2x^2$.

26.8　设 $f(x) \in [0,1]$,且 $1 \leqslant f(x) \leqslant 2$,则$\int_0^1 f(x)dx\int_0^1 \frac{1}{f(x)}dx \leqslant \frac{9}{8}$.

26.9　设 $f(x,y)$ 连续,求$\lim\limits_{\rho\to 0}\frac{1}{\pi\rho^2}\iint\limits_D f(x,y)dxdy$,$D$:$(x-x_0)^2+(y-y_0)^2 \leqslant \rho^2$.

26.10　求$\lim\limits_{x\to 0}\int_{-\frac{x}{2}}^0 dt\int_{-\frac{x}{2}}^t \frac{e^{-(t-u)^2}}{1-e^{-\frac{x^2}{4}}}du$.

26.11　设 $\varphi(x)$ 为$[0,1]$上的正值连续函数,证明:$\iint\limits_D \frac{a\varphi(x)+b\varphi(y)}{\varphi(x)+\varphi(y)}dxdy = \frac{1}{2}(a+b)$,其中 a,b 为常数,D 为正方形区域:$0 \leqslant x,y \leqslant 1$.

26.12　设 $f(t)$ 在$[0,+\infty)$上连续,且满足方程 $f(t)=e^{a\pi t^2}+\iint\limits_{x^2+y^2\leqslant 4t^2} f\left(\frac{1}{2}\sqrt{x^2+y^2}\right)dxdy$,求 $f(t)$.

26.13　设 $f(x)$ 连续,证明:$\int_0^a dx\int_x^a dy\int_x^y f(x)f(y)f(z)dz = \frac{1}{3!}\left[\int_0^a f(x)dx\right]^3$,$a>0$.

26.14　设 $f(x)$ 有连续的偏导数,证明:$\int_{-a}^a dx\int_{-a}^a f(y-x)dy = \int_0^{2a} f(t)(4a-2t)dt$.

26.15　设 $f(x)$ 连续,证明:$\iint\limits_D f(x-y)dxdy = \int_{-A}^A f(t)(A-|t|)dt$,$D$:$|x| \leqslant \frac{A}{2}$,$|y| \leqslant \frac{A}{2}$.

26.16　设 $f(x,y)$ 在 $0 \leqslant x,y \leqslant 1$ 内连续,$f(0,0)=-1$,求 $\lim\limits_{t\to 0^+}\frac{\int_0^{x^2} dt\int_x^{\sqrt{t}} f(t,u)du}{1-e^{-x^3}}$.

26.17　求二重积分 $I=\iint\limits_D (|x|+|y|)dxdy$,$D$:$xy=2$,$y=x\pm 1$.

26.18　求曲面围成的立体的体积：$z=c\arctan\dfrac{y}{x}, z=0, \sqrt{x^2+y^2}=a\arctan\dfrac{y}{x}(y\geqslant 0)$.

26.19　计算曲面围成的立体体积：$z=x^2+y^2, z=2(x^2+y^2)$，$xy=a^2, xy=2a^2$，$x=2y, 2x=y\ (x>0, y>0)$.

26.20　$(x^3+y^3)^2=x^2+y^2, x\geqslant 0, y\geqslant 0$，求此区域的面积.

26.21　利用二重积分计算下面广义积分 $I=\int_0^1\dfrac{x^b-x^a}{\ln x}\mathrm{d}x(a,b>0)$.

26.22　已知连续可微函数 $F(x)$ 满足 $F(t)=\iint\limits_{x^2+y^2\leqslant t^2}x\left[1-\dfrac{F(\sqrt{x^2+y^2})}{x^2+y^2}\right]\mathrm{d}x\mathrm{d}y$，其中 $x>0, y>0, t>0$，求 $F(t)$.

26.23　设 $z=(x^2+y^2)f(x^2+y^2)$，其中 f 具有连续二阶导数，$f(1)=0, f'(1)=1$，且 z 满足 $\dfrac{\partial^2 z}{\partial x^2}+\dfrac{\partial^2 z}{\partial y^2}=0$，求 $I=\lim\limits_{\varepsilon\to 0^+}\iint\limits_D z\mathrm{d}x\mathrm{d}y, D: 0<\varepsilon\leqslant\sqrt{x^2+y^2}\leqslant 1$.

（四）答案与提示

26.1　证明 $I=\int_0^1 xf^2(x)\mathrm{d}x\int_0^1 f(x)\mathrm{d}x-\int_0^1 f^2(x)\mathrm{d}x\int_0^1 xf(x)\mathrm{d}x\leqslant 0$ 利用轮换对称性与函数单调性.

26.2　等价于证明 $I=\int_0^1\dfrac{f(x)}{1-f(x)}\mathrm{d}x\cdot\int_0^1(1-f(x))\mathrm{d}x-\int_0^1 f(x)\mathrm{d}x\geqslant 0$，利用轮换对称性与函数的有界单调性.

26.3　交换积分次序.

26.4　抽象函数，先作变量代换，结合积分域再化累次积分.

26.5　求 $f(x,y,z)=x+2y-2z+5$ 在 Ω 内的最值，内部无驻点，边界取到最值，求函数的条件极值 $F(x,y,z,\lambda)=x+2y-2z+5+\lambda(x^2+y^2+z^2-1)$.

26.6　$\varphi(x),\phi(x)$ 可微，则存在 $K>0$，使得 $|\varphi(x)-\phi(x)|\leqslant K$，$f^2(x,y)=\left[\int_{\varphi(x)}^y 1\cdot\dfrac{\partial f(x,t)}{\partial y}\mathrm{d}t\right]^2\leqslant\int_{\varphi(x)}^y 1^2\mathrm{d}t\cdot\int_{\varphi(x)}^y\left(\dfrac{\partial f(x,t)}{\partial y}\right)^2\mathrm{d}t\leqslant K^{\frac{1}{2}}\cdot\int_{\varphi(x)}^{\phi(x)}\left(\dfrac{\partial f(x,t)}{\partial y}\right)^2\mathrm{d}t$.

26.7　令 $x=y$，得 $f(x)\geqslant 0$；$\left[\int_0^x f(t)\mathrm{d}t\right]^2$ 化成二重积分，对被积函数使用题设条件.

26.8　$1\leqslant f(x)\leqslant 2\Rightarrow\int_0^1\dfrac{(f(x)-1)(f(x)-2)}{f(x)}\mathrm{d}x\leqslant 0\Rightarrow\int_0^1 f(x)\mathrm{d}x+2\int_0^1\dfrac{1}{f(x)}\mathrm{d}x\leqslant 3$.

26.9　$f(x_0,y_0)$.

26.10　$\dfrac{1}{2}$. 交换积分次序、分子换元与洛必达法则.

26.11　轮换对称性，$\iint\limits_D\dfrac{a\varphi(x)+b\varphi(y)}{\varphi(x)+\varphi(y)}\mathrm{d}x\mathrm{d}y=\dfrac{1}{2}\iint\limits_D\left[\dfrac{a\varphi(x)+b\varphi(y)}{\varphi(x)+\varphi(y)}+\dfrac{a\varphi(y)+b\varphi(x)}{\varphi(y)+\varphi(x)}\right]\mathrm{d}x\mathrm{d}y$.

26.12　$f(t)=(4\pi t^2+1)\mathrm{e}^{4\pi t^2}$. 极坐标得 $\iint\limits_{x^2+y^2\leqslant 4t^2}f\left(\dfrac{1}{2}\sqrt{x^2+y^2}\right)\mathrm{d}x\mathrm{d}y=2\pi\int_0^{2t}rf\left(\dfrac{r}{2}\right)\mathrm{d}r$，求导得微分方程 $f'(t)=8\pi t\mathrm{e}^{4\pi t^2}+8\pi tf(t), f(0)=1$.

26.13 令 $F(x)=\int_0^x f(t)\mathrm{d}t$.

26.14 变量替换 $t=y-x$,$t=y-x$, 再交换 x,t 的积分次序.

26.15 令 $x-y=t$,转化为(x,t) 的重积分,先对 x 积分.

26.16 $\frac{1}{3}$. 交换分子积分次序,洛必达法则和积分中值定理.

26.17 $\frac{26}{3}$.利用对称性,右侧区域分成三部分:$D_1:0\leqslant x\leqslant 1,x-1\leqslant y\leqslant 0,D_2:0\leqslant x\leqslant 1,0\leqslant y\leqslant x-1,D_3:1\leqslant x\leqslant 2,x-1\leqslant y\leqslant \frac{2}{x}$.

26.18 $\frac{\pi^4 a^2 c}{128}$.极坐标方法,方程化为 $z=c\theta,r=a\theta\left(0\leqslant\theta\leqslant\frac{\pi}{2}\right)$, $V=\iint\limits_D z\,\mathrm{d}x\mathrm{d}y$.

26.19 $\frac{9a^4}{4}$.坐标变换,令 $z=u(x^2+y^2),xy=v,x=yw$,则 $x=\sqrt{vw},y=\sqrt{\frac{v}{w}}$, $z=u\left(vw+\frac{v}{w}\right),J=-\left(\frac{v}{2}+\frac{v}{2w^2}\right)$,体积 $V=\iiint\limits_\Omega \mathrm{d}V$.

26.20 $\frac{\sqrt{2}}{3}\ln(1+\sqrt{2})+\frac{\pi}{6}$.将方程化为极坐标得 $r^2=\frac{1}{\cos^3\theta+\sin^3\theta}$,$(0\leqslant\theta\leqslant\frac{\pi}{2})$,曲线所围面积为 $S=\iint\limits_D r\,\mathrm{d}r\mathrm{d}\theta=\int_0^{\frac{\pi}{2}}\mathrm{d}\theta\int_0^{\frac{1}{\sqrt{\cos^3\theta+\sin^3\theta}}}\rho\mathrm{d}\rho=\frac{1}{2}\int_0^{\frac{\pi}{2}}\frac{\mathrm{d}\theta}{\cos^3\theta+\sin^3\theta}$.

26.21 $\ln\left|\frac{b+1}{a+1}\right|$.化成二重积分,交换积分次序.

26.22 $F(t)=t^2-2t+2-2\mathrm{e}^{-t}$.因为 $F(t)=\int_0^{\frac{\pi}{2}}\cos\theta\mathrm{d}\theta\int_0^t r^2\left[1-\frac{F(r)}{r^2}\right]\mathrm{d}r=\int_0^t[r^2-F(r)]\mathrm{d}r$,从而 $F'(t)=t^2-F(t),F(0)=0$,解之得 $F(t)=t^2-2t+2-2\mathrm{e}^{-t}$.

26.23 $\frac{\partial^2 z}{\partial x^2}+\frac{\partial^2 z}{\partial y^2}=0$ 在极坐标下有形式:$\frac{\partial^2 z}{\partial r^2}+\frac{1}{r}\frac{\partial z}{\partial r}+\frac{1}{r^2}\frac{\partial^2 z}{\partial\theta^2}=0$,而 $z=r^2 f(r^2)$,所以有 $r^4 f(r^2)+3r^2 f'(r^2)+f(r^2)=0$,令 $r^2=t$ 变成欧拉方程可解得 $f(r^2)=\frac{1}{r^2}\ln r^2\Rightarrow z=\ln r^2=2\ln r\Rightarrow\lim\limits_{\varepsilon\to0^+}\iint\limits_D z\,\mathrm{d}x\mathrm{d}y=\lim\limits_{\varepsilon\to0^+}\int_0^{2\pi}\mathrm{d}\theta\int_\varepsilon^1 2r\ln r\mathrm{d}r=\lim\limits_{\varepsilon\to0^+}4\pi\left(-\frac{\varepsilon^2}{2}\ln\varepsilon-\frac{1}{4}+\frac{1}{4}\varepsilon^2\right)=-\pi$.

第二十七讲　曲线积分及计算

（一）内容要点

1. 主要知识点

两类曲线积分及其格林公式.

2. 第一类曲线积分(对弧长的线积分)

(1) 定义：$\int_L f(x,y)\mathrm{d}s = \lim\limits_{\lambda\to 0}\sum\limits_{k=1}^{n} f(\xi_k,\eta_k)\Delta s_k$

(2) 性质：

① $\int_L [\alpha f(x,y,z)+\beta g(x,y,z)]\mathrm{d}s = \alpha\int_L f(x,y,z)\mathrm{d}s + \beta\int_L g(x,y,z)\mathrm{d}s$；

② $\int_L f(x,y,z)\mathrm{d}s = \int_{L_1} f(x,y,z)\mathrm{d}s + \int_{L_2} f(x,y,z)\mathrm{d}s$，$L$ 由 L_1 和 L_2 组成；

③ $\int_L \mathrm{d}s = l$(l 是曲线弧 L 的长度)；

④ 与积分路径的方向无关，即$\int_L f(x,y)\mathrm{d}s = \int_{L^-} f(x,y)\mathrm{d}s$；

⑤ 变量对称性：

曲线 L 的方程中，x 与 y 对调后方程不变，那么$\int_L f(x,y)\mathrm{d}s = \int_L f(y,x)\mathrm{d}s$；

⑥ 曲线 L 关于 y 轴对称，那么

$$\int_L f(x,y)\mathrm{d}s = \begin{cases} 2\int_{L_1} f(x,y)\mathrm{d}s, & f(x,-y)=f(x,y) \\ 0, & f(x,-y)=-f(x,y) \end{cases}$$

⑦ 曲线 L 关于 x 轴对称，那么

$$\int_L f(x,y)\mathrm{d}s = \begin{cases} 2\int_{L_1} f(x,y)\mathrm{d}s, & f(-x,y)=f(x,y) \\ 0, & f(-x,y)=-f(x,y) \end{cases}$$

(其中 L_1 是 y 轴的右侧部分，或者 x 轴的上侧部分).

(3) 计算方法

$L:x=\varphi(t),y=\psi(t),(\alpha\leqslant t\leqslant\beta)$：$\int_L f(x,y)\mathrm{d}s = \int_\alpha^\beta f[\varphi(t),\psi(t)]\sqrt{\varphi'^2(t)+\psi'^2(t)}\,\mathrm{d}t$；

$L: y=\psi(x)(a \leqslant x \leqslant b): \int_L f(x,y)\mathrm{d}s=\int_a^b f(x,\psi(x))\sqrt{1+\psi'^2(x)}\,\mathrm{d}x$;

$L: r=r(\theta)(\alpha \leqslant \theta \leqslant \beta): \int_L f(x,y)\mathrm{d}s=\int_\alpha^\beta f(r(\theta)\cos\theta, r(\theta)\sin\theta)\sqrt{r^2(\theta)+r'^2(\theta)}\,\mathrm{d}\theta$;

空间曲线 $\Gamma: x=\varphi(t), y=\psi(t), z=\omega(t)(\alpha \leqslant t \leqslant \beta)$:

$$\int_\Gamma f(x,y,z)\mathrm{d}s=\int_\alpha^\beta f[\varphi(t),\psi(t),\omega(t)]\sqrt{\varphi'^2(t)+\psi'^2(t)+\omega'^2(t)}\,\mathrm{d}t$$

评注:

A. 曲线 L 一定转化为参数方程;

B. 积分下限一定小于积分上限(与起始点大小无关);

C. 利用曲线的对称性和被积函数的奇偶性,例如 L 曲线关于 x 或 y 轴对称,只要检查 $f(x,y)$ 关于 y 或 x 是否为奇偶函数;

D. 利用变量的对称性,即若曲线方程中 x 和 y 对调,L 的方程保持不变,那么 $\int_L f(x,y)\mathrm{d}s=\int_L f(y,x)\mathrm{d}s$.

3. 第二类线积分(对坐标的线积分)

(1) L 为从 A 到 B 的有向光滑曲线,$P(x,y)$,$Q(x,y)$ 是 L 上有界函数,则 P,Q 沿 L 的积分为

$$\int_L P(x,y)\mathrm{d}x+Q(x,y)\mathrm{d}y=\lim_{\lambda\to 0}\sum_{k=1}^n[P(\xi_k,\eta_k)\Delta x_k+Q(\xi_k,\eta_k)\Delta y_k]$$

(2) 性质

① 有向光滑曲线弧的积分可加性

$$\int_L P(x,y)\mathrm{d}x+Q(x,y)\mathrm{d}y=\sum_{i=1}^k\int_{L_i}P(x,y)\mathrm{d}x+Q(x,y)\mathrm{d}y$$

② 与积分路径方向的有关性,

$$\int_{L^-}P(x,y)\mathrm{d}x+Q(x,y)\mathrm{d}y=-\int_L P(x,y)\mathrm{d}x+Q(x,y)\mathrm{d}y$$

(3) 计算方法

① 直接法(参数法)

$$\int_L P(x,y)\mathrm{d}x+Q(x,y)\mathrm{d}y=\int_\alpha^\beta\{P[\varphi(t),\psi(t)]\varphi'(t)+Q[\varphi(t),\psi(t)]\psi'(t)\}\mathrm{d}t$$

评注:

A. 将曲线化为参数方程;

B. $\alpha\to\beta$ 是指参数 t 的起点值到终点值,与起始点参数的大小无关.

② 间接法:格林公式,与路径无关性质,求原函数方法

格林公式定理:$\oint_{L^+}P\mathrm{d}x+Q\mathrm{d}y=\iint_D\left(\frac{\partial Q}{\partial x}-\frac{\partial P}{\partial y}\right)\mathrm{d}x\mathrm{d}y$

评注:

A. L^+ 指曲线 L 的正向;

B. L 必须是封闭曲线;

C. 实际是将第二类线积分转化为二重积分.

③ 常用技巧

条件不满足，创造条件（连续、正向、封闭）尽可能利用格林公式；

常用技巧：补线、挖洞、换曲线.

4. 利用线积分与路径无关方法的四个等价定理

（1）线积分法

在 Ω 中任取一点 (x_0,y_0)，则 $F(x,y)=\int_{(x_0,y_0)}^{(x,y)} P\mathrm{d}x+Q\mathrm{d}y+c$.

（2）偏导数法

由 $\dfrac{\partial F}{\partial x}=P \Rightarrow F(x,y)=\int_{x_0}^{x} P(x,y)\mathrm{d}x+A(y)$，求导 $\dfrac{\partial F}{\partial y}=Q \Rightarrow A(y)$ 得 $F(x,y)$.

（3）凑微分法

利用凑微分，将 $P\mathrm{d}x+Q\mathrm{d}y \xlongequal{\text{改写为}} \mathrm{d}F(x,y) \Rightarrow F(x,y)$.

5. 空间线积分

$\oint_{\Gamma} P(x,y,z)\mathrm{d}x+Q(x,y,z)\mathrm{d}y+R(x,y,z)\mathrm{d}z$ 的计算.

（1）直接法（参数法）

设 Γ 有参数方程 $\Gamma: x=\varphi(t), y=\psi(t), z=\omega(t) (\alpha \leqslant t \leqslant \beta)$，则

$$\oint_{\Gamma} P\mathrm{d}x+Q\mathrm{d}y+R\mathrm{d}z=\int_{\alpha}^{\beta}\{P[\varphi(t),\psi(t),\omega(t)]\varphi'(t)+Q[\varphi(t),\psi(t),\omega(t)]\psi'(t)+ R[\varphi(t),\psi(t),\omega(t)]\omega'(t)\}\mathrm{d}t$$

（2）斯托克斯公式

① 公式结论是将空间线积分转换为面积分计算；

② 关键是如何由曲线 Γ 选择相应的曲面 S，可选曲面、平面时，选择平面相对方便.

（3）空间曲线积分与路径无关的条件

设空间区域 G 是一维单连通域，函数 $P(x,y,z)$，$Q(x,y,z)$，$R(x,y,z)$ 在 G 内具有一阶连续偏导数，则以下四个条件等价：

① 沿 G 内任意闭曲线的曲线积分为零；

② 曲线积分 $\int_{\Gamma} P\mathrm{d}x+Q\mathrm{d}y+R\mathrm{d}z$ 在 G 内与路径无关；

③ $\dfrac{\partial P}{\partial y}=\dfrac{\partial Q}{\partial x}, \dfrac{\partial Q}{\partial z}=\dfrac{\partial R}{\partial y}, \dfrac{\partial R}{\partial x}=\dfrac{\partial P}{\partial z}$；

④ $P\mathrm{d}x+Q\mathrm{d}y+R\mathrm{d}z$ 是某个函数 $u(x,y,z)$ 的全微分.

当曲线积分与路径无关时，可选折线路径求出函数 $u(x,y,z)=\int_{(x_0,y_0,z_0)}^{(x,y,z)} P\mathrm{d}x+Q\mathrm{d}y+R\mathrm{d}z$.

6. 两类线积分的关系

$$\int_{L} P(x,y)\mathrm{d}x+Q(x,y)\mathrm{d}y=\int_{L}\{P(x,y)\cos\alpha+Q(x,y)\cos\beta\}\mathrm{d}s,$$

其中 $\cos\alpha=\dfrac{\mathrm{d}x}{\mathrm{d}s}$，$\cos\beta=\dfrac{\mathrm{d}y}{\mathrm{d}s}$ 是 L 切向量的方向余弦.

(二)例题选讲

1. 关于弧长的曲线积分

(1) 利用公式直接计算

例 27.1 计算 $I=\int_L \frac{\sqrt{x^2+y^2}}{(x-1)^2+y^2}\mathrm{d}s$,其中曲线弧 L 为:$x^2+y^2=2x, y\geqslant 0$.

解 曲线 $y=\sqrt{2x-x^2}$,$y'=\frac{1-x}{\sqrt{2x-x^2}}$,$\mathrm{d}s=\sqrt{1+y'^2}\,\mathrm{d}x=\frac{1}{\sqrt{2x-x^2}}\mathrm{d}x$,按定义代入 $I=\int_L \frac{\sqrt{x^2+y^2}}{(x-1)^2+y^2}\mathrm{d}s$,得

$$I=\int_0^2 \sqrt{2x}\frac{1}{\sqrt{2x-x^2}}\mathrm{d}x=\sqrt{2}\int_0^2\frac{1}{\sqrt{2-x}}\mathrm{d}x=4$$

例 27.2 计算 $I=\int_L (x^2+y^2+z^2)\mathrm{d}s$,其中 L 是球面 $x^2+y^2+z^2=\frac{9}{2}$ 与平面 $x+z=1$ 的交线.

解

解法一 球面与平面的交线为圆,设其半径为 r,球半径为 R,球心到平面的距离 $d=\frac{1}{\sqrt{2}}$,因此 $r^2=R^2-d^2=\frac{9}{2}-\frac{1}{2}=4$,且在曲面 $x^2+y^2+z^2=\frac{9}{2}$ 上.故

$$I=\int_L (x^2+y^2+z^2)\mathrm{d}s=\frac{9}{2}\int_L \mathrm{d}s=\frac{9}{2}\cdot 2\pi r=18\pi$$

解法二 利用 L 的直角坐标方程,有

$$\begin{cases} y=\pm\sqrt{\frac{9}{2}-x^2-(1-x)^2} \\ z=1-x\end{cases},\text{即}\begin{cases} y=\pm\sqrt{4-2\left(x-\frac{1}{2}\right)^2} \\ z=1-x\end{cases},x\in\left[\frac{1}{2}-\sqrt{2},\frac{1}{2}+\sqrt{2}\right]$$

由对称性 $I=\int_L (x^2+y^2+z^2)\mathrm{d}s=\int_{L_1}(x^2+y^2+z^2)\mathrm{d}s$($L_1$ 为 L 对应于 $y\geqslant 0$ 的部分)

$$=\frac{9}{2}\times 2\times\int_{L_1}\mathrm{d}s=9\int_{\frac{1}{2}-\sqrt{2}}^{\frac{1}{2}+\sqrt{2}}\sqrt{1+y_x'^2+z_x'^2}\,\mathrm{d}x=9\int_{\frac{1}{2}-\sqrt{2}}^{\frac{1}{2}+\sqrt{2}}\sqrt{1+\frac{2\left(x-\frac{1}{2}\right)^2}{2-\left(x-\frac{1}{2}\right)^2}+1}\,\mathrm{d}x$$

$$\xlongequal{x=t+\frac{1}{2}} 18\int_{-\sqrt{2}}^{\sqrt{2}}\sqrt{\frac{1}{2-t^2}}\mathrm{d}t=18\pi$$

例 27.3 求 $I=\oint_L (2x^2+3y^2)\mathrm{d}s$,其中 L 为 $x^2+y^2=2(x+y)$.

解 **解法一**

将 L 表示为参数方程:$x=1+\sqrt{2}\cos t$,$y=1+\sqrt{2}\sin t\,(0\leqslant t\leqslant 2\pi)$. 于是

$$2x^2+3y^2=2(1+\sqrt{2}\cos t)^2+3(1+\sqrt{2}\sin t)^2=10+2\sqrt{2}(2\cos t+3\sin t)-\cos 2t$$

$$ds = \sqrt{x'^2(t) + y'^2(t)}\,dt = \sqrt{2}\,dt$$

从而有 $I = \int_0^{2\pi} [10 + 2\sqrt{2}(2\cos t + 3\sin t) - \cos 2t]\sqrt{2}\,dt = 20\sqrt{2}\pi$.

解法二

因为对弧长的曲线积分的值仅与被积函数(指法则)与积分域有关,则

$$\oint_L x^2 ds = \oint_L y^2 ds = \frac{1}{2}\oint_L (x^2 + y^2) ds$$

$$\oint_L x ds = \oint_L y ds = \frac{1}{2}\oint_L (x + y) ds$$

视曲线 L 均匀分布有质量,线密度 $\rho = 1$,因为 L 的质心为(1,1),所以$\oint_L x ds = \bar{x} \cdot \oint_L ds = 2\sqrt{2}\pi$,于是

$$I = \oint_L (2x^2 + 3y^2) ds = 5\oint_L x^2 ds = \frac{5}{2}\oint_L (x^2 + y^2) ds = 5\oint_L (x + y) ds$$

$$= 10\oint_L x ds = 20\sqrt{2}\pi$$

例 27.4　求二次曲面 $x^2 + y^2 - 4x + 2y + 4 = 0$ 夹在两平面 $S_1: x - 2y + 3z = 12$;$S_2: x - 3y - 2z = 6$ 之间部分的曲面面积.

分析:经配方知二次曲面为母线平行于 z 轴的圆柱面,其方程为$(x-2)^2 + (y+1)^2 = 1$. 为把握问题,必须考虑两平面交线 L 与圆柱面的位置关系. 为此从 S_1、S_2 的方程中消去变量 z,得到 L 在 xOy 平面上的投影直线 L': $5x - 13y = 42, z = 0$. 因为圆柱面与 xOy 平面交线圆的圆心$(2, -1, 0)$到直线 L' 的距离为$\frac{19}{\sqrt{194}} > 1$,所以直线 L' 与圆$(x-2)^2 + (y+1)^2 = 1, z = 0$ 无交点,从而知两平面相交于圆柱面之外. 一般解法,利用弧长的曲面积分的几何意义.

解　由分析知两平面相交于圆柱面$(x-2)^2 + (y+1)^2 = 1$ 之外,又圆柱面的轴线 $x = 2, y = -1$. 分别交 S_1、S_2 于 $P_1\left(2, -1, \frac{8}{3}\right)$, $P_2\left(2, -1, -\frac{1}{2}\right)$,于是将 S_1、S_2 表为 $z_1 = \frac{1}{3}(12 - x + 2y)$, $z_2 = \frac{1}{2}(x - 3y - 6)$ 时,有 $z_1 > z_2$. 于是所求曲面面积为 $A = \oint_L (z_1 - z_2) ds = \oint_L \left(7 - \frac{5}{6}x + \frac{13}{6}y\right) ds$,其中 L 为 xOy 平面上的圆$(x-2)^2 + (y+1)^2 = 1$. 令 $x = 2 + \cos\theta$, $y = -1 + \sin\theta (0 \leqslant \theta \leqslant 2\pi)$ 有 $\sqrt{x'^2(\theta) + y'^2(\theta)} = 1$,从而

$$A = \int_0^{2\pi} \left[7 - \frac{5}{6}(2 + \cos\theta) + \frac{13}{6}(\sin\theta - 1)\right] d\theta = \frac{1}{6}\int_0^{2\pi} (19 - 5\cos\theta + 13\sin\theta) d\theta = \frac{19}{3}\pi$$

(2) 利用对称性及曲线方程法

例 27.5　设 L 为椭圆$\frac{x^2}{4} + \frac{y^2}{3} = 1$,记其周长为 a,求$\oint_L (3x^2 + 4y^2 + 2xy + 3x + 6y) ds$.

解　利用曲线积分的概念及积分曲线的对称性化简曲线积分

$$\oint_L (3x^2 + 4y^2 + 2xy + 3x + 6y) ds = \oint_L \left[12\left(\frac{x^2}{4} + \frac{y^2}{3}\right) + 2xy + 3x + 6y\right] ds$$

$$= \oint_L 12 ds + \oint_L 2xy ds + \oint_L 3x ds + \oint_L 6y ds$$

$\oint_L 12\mathrm{d}s = 12a$,又由于曲线 L 关于 x 和 y 轴的对称性,所以$\oint_L 2xy\mathrm{d}s = \oint_L 3x\mathrm{d}s = \oint_L 6y\mathrm{d}s = 0$,因此$\oint_L (2xy + 3x^2 + 4y^2)\mathrm{d}s = 12a$.

例 27.6 求 $I = \oint_L \dfrac{2x+3y}{|x-2|+|y-3|}\mathrm{d}s$,其中 L 为闭曲线 $|x-2|+|y-3|=2$.

解 闭曲线 $|x-2|+|y-3|=2$ 所围区域为关于(2, 3)点对称,即区域的形心为(2, 3),又曲线积分满足积分路径方程,故

$$I = \frac{1}{2}\oint_L (2x+3y)\mathrm{d}s = \oint_L x\mathrm{d}s + \frac{3}{2}\oint_L y\mathrm{d}s = \left(\bar{x} + \frac{3}{2}\bar{y}\right)\oint_L \mathrm{d}s = \left(2 + \frac{3}{2}\cdot 3\right)\cdot(4\cdot 2\sqrt{2})$$
$$= 52\sqrt{2}.$$

例 27.7 求$\oint_L (x\sin\sqrt{x^2+y^2} + x^2 + 4y^2 - 7y + \sin^3 x\cos^2 y)\mathrm{d}s$,其中 $L:\dfrac{x^2}{4} + (y-1)^2 = 1$,周长为 a.

解 由 L 关于 y 轴对称,且 $x\sin\sqrt{x^2+y^2} + \sin^3 x\cos^2 y$ 关于 x 是奇函数,故

$$\oint_L (x\sin\sqrt{x^2+y^2} + \sin^3 x\cos^2 y)\mathrm{d}s = 0$$

由$\dfrac{x^2}{4} + (y-1)^2 = 1 \Rightarrow x^2 + 4y^2 = 8y$,所以 $x^2 + 4y^2 - 7y = y$,$\oint_L y\mathrm{d}s = \bar{y}\cdot a = a$,故

$$\oint_L (x\sin\sqrt{x^2+y^2} + x^2 + 4y^2 - 7y + \sin^3 x\cos^2 y)\mathrm{d}s = a$$

2. 关于坐标的曲线积分

(1) 利用公式直接计算

例 27.8 求积分 $I = \int_L (\mathrm{e}^x\sin y - b(x+y))\mathrm{d}x + (\mathrm{e}^x\cos y - ax)\mathrm{d}y$,其中 a,b 是正常数,L 为从点 $A(2a,0)$ 沿曲线 $y = \sqrt{2ax - x^2}$ 到点 $O(0,0)$ 的弧.

解

解法一
$$\begin{aligned} I &= \int_L (\mathrm{e}^x\sin y - b(x+y))\mathrm{d}x + (\mathrm{e}^x\cos y - ax)\mathrm{d}y \\ &= \int_L (\mathrm{e}^x\sin y\mathrm{d}x + \mathrm{e}^x\cos y\mathrm{d}y) - \int_L b(x+y)\mathrm{d}x + ax\mathrm{d}y \\ &= I_1 - I_2 \end{aligned}$$

其中 I_1 积分与路径无关,因此由基本公式$\int_L (\mathrm{e}^x\sin y\mathrm{d}x + \mathrm{e}^x\cos y\mathrm{d}y) = \mathrm{e}^x\sin y\,\Big|_{(2a,0)}^{(0,0)} = 0$,对 I_2 用参数方程 $x = a + a\cos\theta$,$y = a\sin\theta$,$0\leqslant\theta\leqslant\pi$ 直接计算,得

$$\begin{aligned} I_2 &= \int_0^\pi b(a + a\cos\theta + a\sin\theta)\cdot(-a\sin\theta)\mathrm{d}\theta + a(a + a\cos\theta)\cdot a\cos\theta\mathrm{d}\theta \\ &= \int_0^\pi [-a^2 b\sin^2\theta - a^2 b\cos\theta\sin\theta - a^2 b\sin\theta + a^3\cos\theta + a^3\cos^2\theta]\mathrm{d}\theta \\ &= -2a^2 b - \frac{1}{2}\pi a^2 b + \frac{1}{2}\pi a^3 \end{aligned}$$

因此 $I = I_1 - I_2 = \left(2 + \dfrac{1}{2}\pi\right)a^2 b - \dfrac{1}{2}\pi a^3$.

解法二 添加从点 $O(0,0)$ 沿 $y = 0$ 到点 $A(2a,0)$ 的有向直线段 L_1,则

$$I=\int_{L+L_1}(\mathrm{e}^x\sin y-b(x+y))\mathrm{d}x+(\mathrm{e}^x\cos y-ax)\mathrm{d}y-$$

$$\int_{L_1}(\mathrm{e}^x\sin y-b(x+y))\mathrm{d}x+(\mathrm{e}^x\cos y-ax)\mathrm{d}y\xlongequal{\Delta}I_1-I_2$$

由格林公式

$$I_1=\iint_D\left[\frac{\partial}{\partial x}(\mathrm{e}^x\cos y-ax)-\frac{\partial}{\partial y}(\mathrm{e}^x\sin y-b(x+y))\right]\mathrm{d}x\mathrm{d}y$$

$$=\iint_D(b-a)\mathrm{d}x\mathrm{d}y=\frac{\pi}{2}a^2(b-a)$$

$$I_2=\int_0^{2a}(-bx)\mathrm{d}x=-2a^2b$$

因此 $I=I_1-I_2=\left(2+\frac{1}{2}\pi\right)a^2b-\frac{1}{2}\pi a^3$.

例 27.9　求对坐标的曲线积分$\oint_\Gamma(y-z)\mathrm{d}x+(z-x)\mathrm{d}y+(x-y)\mathrm{d}z$,其中 Γ 是圆周 $x^2+y^2+z^2=1,y=\sqrt{3}x$,若从 x 轴正方向看去圆周按逆时针方向绕行.

解

解法一　将 Γ 分为 Γ_1,Γ_2. 其中 Γ_1 为上半个圆周($z\geqslant 0$),表示为 x 的参数方程有

$$\Gamma_1:\begin{cases}x=x\\ y=\sqrt{3}x\\ z=\sqrt{1-4x^2}\end{cases},(\Gamma_1\text{ 方向为 }x\text{ 从}\frac{1}{2}\text{ 变化到}-\frac{1}{2})$$

则下半周为 $\Gamma_2:\begin{cases}x=x\\ y=\sqrt{3}x\\ z=-\sqrt{1-4x^2}\end{cases}$,($\Gamma_2$ 方向为 x 从 $-\frac{1}{2}$ 变化到$\frac{1}{2}$)

从而$\oint_\Gamma(y-z)\mathrm{d}x+(z-x)\mathrm{d}y+(x-y)\mathrm{d}z$

$$=\int_{\Gamma_1}(y-z)\mathrm{d}x+(z-x)\mathrm{d}y+(x-y)\mathrm{d}z+\int_{\Gamma_2}(y-z)\mathrm{d}x+(z-x)\mathrm{d}y+(x-y)\mathrm{d}z$$

$$=\int_{\frac{1}{2}}^{-\frac{1}{2}}\left[(\sqrt{3}x-\sqrt{1-4x^2})+(\sqrt{1-4x^2}-x)\sqrt{3}+(x-\sqrt{3}x)\frac{-4x}{\sqrt{1-4x^2}}\right]\mathrm{d}x+$$

$$\int_{-\frac{1}{2}}^{\frac{1}{2}}\left[(\sqrt{3}x+\sqrt{1-4x^2})+(-\sqrt{1-4x^2}-x)\sqrt{3}+(x-\sqrt{3}x)\frac{-4x}{\sqrt{1-4x^2}}\right]\mathrm{d}x$$

$$=4(1-\sqrt{3})\int_0^{\frac{1}{2}}\frac{\mathrm{d}x}{\sqrt{1-4x^2}}=(1-\sqrt{3})\pi$$

解法二　仍用参数方程表示 Γ. 在“球面坐标”中球面 $x^2+y^2+z^2=1$ 表示为 $r=1$;平面 $y=\sqrt{3}x$ 表示为 $\varphi=\frac{\pi}{3}$. 于是 Γ 的方程可表示为 $\Gamma:x=\frac{1}{2}\sin\theta,y=\frac{\sqrt{3}}{2}\sin\theta,z=\cos\theta$. 当 θ 从 0 变到 2π 时,点(x,y,z) 沿 Γ 的反向转一周. 所以,有

$\oint_\Gamma(y-z)\mathrm{d}x+(z-x)\mathrm{d}y+(x-y)\mathrm{d}z$

$$=\int_0^{2\pi}\left[\left(\frac{\sqrt{3}}{2}\sin\theta-\cos\theta\right)\left(\frac{1}{2}\sin\theta\right)'+\left(\cos\theta-\frac{1}{2}\sin\theta\right)\left(\frac{\sqrt{3}}{2}\sin\theta\right)'+\left(\frac{1}{2}\sin\theta-\frac{\sqrt{3}}{2}\sin\theta\right)(\cos\theta)'\right]\mathrm{d}\theta$$

$$=(1-\sqrt{3})\pi$$

解法三 采用间接法,利用斯托克斯公式将对坐标的曲线积分化为相应的对面积的曲线积分.取平面 $y=\sqrt{3}x$ 上以 Γ 为边界的区域为 $\sum$,取 $\sum$ 侧为该侧法向量与 x 轴正向夹角为锐角.

令 $F=y-\sqrt{3}x$,则 $\boldsymbol{n}=\{-\sqrt{3},1,0\}$,$\boldsymbol{n}_0=\left\{-\frac{\sqrt{3}}{2},\frac{1}{2},0\right\}$,易见与 $\sum$ 规定侧一致的单位法向量应为 $-\boldsymbol{n}_0$.由斯托克斯公式知

$$\oint_{\Gamma}(y-z)\mathrm{d}x+(z-x)\mathrm{d}y+(x-y)\mathrm{d}z$$

$$=\iint_{\Sigma}\begin{vmatrix}\frac{\sqrt{3}}{2} & -\frac{1}{2} & 0\\ \frac{\partial}{\partial x} & \frac{\partial}{\partial y} & \frac{\partial}{\partial z}\\ y-z & z-x & x-y\end{vmatrix}\mathrm{d}S=(1-\sqrt{3})\pi$$

例 27.10 计算积分 $I=\int_{L^+}x\mathrm{d}y-y\mathrm{d}x$,其中 L^+ 为曲线 $x^{2n+1}+y^{2n+1}=ax^ny^n(x\geqslant 0,y\geqslant 0)$ 沿逆时针方向.

解 令 $y=tx$,代入曲线方程,对 $\forall t\in(0,+\infty)$ 有 $x=\frac{at^n}{1+t^{2n+1}}>0$,$y=\frac{at^{n+1}}{1+t^{2n+1}}>0$,当 t 从0变到 $+\infty$ 时,直线 $y=tx$ 沿逆时针方向扫过第一象限,它与 L^+ 的交点从原点出发,逆时针方向绕 L^+ 一周回到原点,说明 L^+ 对应 t 从0变到 $+\infty$.又因为

$$x\mathrm{d}y-y\mathrm{d}x=x\mathrm{d}(tx)-(tx)\mathrm{d}x=x(t\mathrm{d}x+x\mathrm{d}t)-tx\mathrm{d}x=x^2\mathrm{d}t=\left(\frac{at^n}{1+t^{2n+1}}\right)^2\mathrm{d}t$$

故 $I=\int_{L^+}x\mathrm{d}y-y\mathrm{d}x=\int_0^{+\infty}\left(\frac{at^n}{1+t^{2n+1}}\right)^2\mathrm{d}t=\frac{a^2}{2n+1}$.

(2) 利用格林公式(包括补线法)、路径无关性选择新路径、拆补函数法等

例 27.11 求积分 $I=\int_L\left(1-\frac{y^2}{x^2}\cos\frac{y}{x}\right)\mathrm{d}x+\left(\sin\frac{y}{x}+\frac{y}{x}\cos\frac{y}{x}\right)\mathrm{d}y$,其中 L 分别为

(1) $(x-2)^2+(y-2)^2=2$ 的正向;

(2) $y=x^2$ 从点 $(0,0)$ 到 $A(\pi,\pi^2)$ 的一段弧.

解 $\frac{\partial P}{\partial y}=-\frac{2y}{x^2}\cos\frac{y}{x}+\frac{y^2}{x^3}\sin\frac{y}{x}$,$\frac{\partial Q}{\partial x}=-\frac{2y}{x^2}\cos\frac{y}{x}+\frac{y^2}{x^3}\sin\frac{y}{x}$.

(1) 在圆内部都有 $\frac{\partial P}{\partial y}\equiv\frac{\partial Q}{\partial x}$,因此由格林公式 $I=\iint_D\left(\frac{\partial P}{\partial y}-\frac{\partial Q}{\partial x}\right)\mathrm{d}x\mathrm{d}y=0$.

(2) 除 y 轴的点外,均有 $\frac{\partial P}{\partial y}\equiv\frac{\partial Q}{\partial x}$,于是右半平面存在 $u(x,y)$ 使得

$$\mathrm{d}u=\left(1-\frac{y^2}{x^2}\cos\frac{y}{x}\right)\mathrm{d}x+\left(\sin\frac{y}{x}+\frac{y}{x}\cos\frac{y}{x}\right)\mathrm{d}y$$

不妨取
$$u(x,y)=\int_{(1,0)}^{(x,y)}\left(1-\frac{y^2}{x^2}\cos\frac{y}{x}\right)\mathrm{d}x+\left(\sin\frac{y}{x}+\frac{y}{x}\cos\frac{y}{x}\right)\mathrm{d}y$$

$$=\int_1^x\mathrm{d}x+\int_0^y\left(\sin\frac{y}{x}+\frac{y}{x}\cos\frac{y}{x}\right)\mathrm{d}y=x+y\sin\frac{y}{x}$$

于是
$$\int_{(\varepsilon,\varepsilon^2)}^{(\pi,\pi^2)}\left(1-\frac{y^2}{x^2}\cos\frac{y}{x}\right)\mathrm{d}x+\left(\sin\frac{y}{x}+\frac{y}{x}\cos\frac{y}{x}\right)\mathrm{d}y$$

$$= x + y\sin\frac{y}{x}\Big|_{(\varepsilon,\varepsilon^2)}^{(\pi,\pi^2)} = \pi - (\varepsilon + \varepsilon^2\sin\varepsilon)$$

故
$$\int_{(0,0)}^{(\pi,\pi^2)} P\mathrm{d}x + Q\mathrm{d}y = \lim_{\varepsilon\to 0}\int_{(\varepsilon,\varepsilon^2)}^{(\pi,\pi^2)}\left(1 - \frac{y^2}{x^2}\cos\frac{y}{x}\right)\mathrm{d}x + \left(\sin\frac{y}{x} + \frac{y}{x}\cos\frac{y}{x}\right)\mathrm{d}y$$
$$= \lim_{\varepsilon\to 0}[\pi - (\varepsilon + \varepsilon^2\sin\varepsilon)] = \pi$$

例 27.12　计算 $I = \int_L \frac{-y\mathrm{d}x + (x+1)\mathrm{d}y}{(x-1)^2 + y^2}$，其中 L 为抛物线 $y = x^2 - 2x$ 上从 $(0,0)$ 到 $(3,3)$ 的曲线弧.

解　设 $P = -\frac{y}{(x+1)^2 + y^2}, Q = \frac{x-1}{(x-1)^2 + y^2}$ 当 $(x,y) \neq (1,0)$ 时 $\frac{\partial P}{\partial y} = \frac{y^2 - (x-1)^2}{[(x-1)^2 + y^2]} = \frac{\partial Q}{\partial x}$. 作辅助线段 $\overline{AO}$: $y = x\ (0 \leqslant x \leqslant 3)$. 由于 $\frac{\partial P}{\partial y}, \frac{\partial Q}{\partial x}$ 在 $(1,0)$ 处不连续，不能直接使用格林公式，需再取一个小圆 C_ε: $(x-1)^2 + y^2 = \varepsilon^2$，使 C_ε 包含在闭曲线 $L + \overline{AO}$ 内，C_ε 取逆时针方向，因此

$$I = \int_{L+\overline{AO}} \frac{-y\mathrm{d}x + (x-1)\mathrm{d}y}{(x-1)^2 + y^2}y + \int_{\overline{OA}} \frac{-y\mathrm{d}x + (x-1)\mathrm{d}y}{(x-1)^2 + y^2}$$
$$= \int_{C_\varepsilon} \frac{-y\mathrm{d}x + (x-1)\mathrm{d}y}{(x-1)^2 + y^2} + \int_0^3 \frac{-x + (x-1)}{(x-1)^2 + x^2}\mathrm{d}x$$
$$= \int_0^{2\pi} \frac{\varepsilon^2\sin^2 t + \varepsilon^2\cos^2 t}{\varepsilon^2}\mathrm{d}t - \int_0^3 \frac{1}{2x^2 - 2x + 1}\mathrm{d}x$$
$$= 2\pi - \arctan\frac{x - \frac{1}{2}}{\frac{1}{2}}\Bigg|_0^3 = 2\pi - \left(\arctan 5 + \frac{\pi}{4}\right) = \frac{7\pi}{4} - \arctan 5$$

例 27.13　计算曲线积分 $I = \oint_L \frac{x\mathrm{d}y - y\mathrm{d}x}{4x^2 + y^2}$，其中 L 是以点 $(1,0)$ 为中心、R 为半径的圆周，$R > 0, R \neq 1$，取逆时针方向.

解　$P(x,y) = \frac{-y}{4x^2 + y^2},\ Q(x,y) = \frac{x}{4x^2 + y^2}$.

当 $(x,y) \neq (0,0)$ 时，$\frac{\partial P}{\partial y} = \frac{y^2 - 4x^2}{(4x^2 + y^2)^2} = \frac{\partial Q}{\partial x}$;

当 $0 < R < 1$ 时 $(0,0) \notin D$，由格林公式知，$I = 0$;

当 $R > 1$ 时，$(0,0) \in D$，作含于圆周内的椭圆曲线 C: $\begin{cases} x = \frac{\varepsilon}{2}\cos\theta \\ y = \varepsilon\sin\theta \end{cases}$，$\theta$ 从 0 到 2π;

当 $\varepsilon > 0$ 充分小时，C 取逆时针方向，使 $C \subset D$，于是由格林公式得 $\oint_{L+C^-} \frac{x\mathrm{d}y - y\mathrm{d}x}{4x^2 + y^2} = 0$.

因此 $\oint_L \frac{x\mathrm{d}y - y\mathrm{d}x}{4x^2 + y^2} = \oint_C \frac{x\mathrm{d}y - y\mathrm{d}x}{4x^2 + y^2} = \int_0^{2\pi} \frac{\frac{1}{2}\varepsilon^2}{\varepsilon^2}\mathrm{d}\theta = \pi$.

例 27.14　计算 $\int_{\widehat{AMB}} [\varphi(y)\mathrm{e}^x - my]\mathrm{d}x + [\varphi'(y)\mathrm{e}^x - m]\mathrm{d}y$，其中 $\varphi(y), \varphi'(y)$ 为连续函数，$\widehat{AMB}$ 为连接点 $A(x_1, y_1)$ 和点 $B(x_2, y_2)$ 在线段 AB 下方的任何路径，并与线段围成面积为 S 的图形 $AMBA$.

解 作线段BC和CA,C点坐标为(x_1,y_2),设由$AMBCA$所围成的区域为D.经计算$\frac{\partial Q}{\partial x}-\frac{\partial P}{\partial y}=m$,由格林公式得

$$\begin{aligned}&\int_{\overset{\frown}{AMB}}[\varphi(y)\mathrm{e}^x-my]\mathrm{d}x+[\varphi'(y)\mathrm{e}^x-m]\mathrm{d}y\\&=m\left[S+\frac{1}{2}(x_2-x_1)(y_2-y_1)\right]-\int_{x_2}^{x_1}[\varphi(y_2)\mathrm{e}^x-my_2]\mathrm{d}x-\int_{y_2}^{y_1}[\varphi'(y)\mathrm{e}^{x_1}-m]\mathrm{d}y\\&=mS+\frac{m}{2}(x_2-x_1)(y_2-y_1)-\varphi(y_2)(\mathrm{e}^{x_1}-\mathrm{e}^{x_2})+my_2(x_1-x_2)-\\&\quad[\varphi(y_1)-\varphi(y_2)]\mathrm{e}^{x_1}+m(y_1-y_2)\\&=mS-\frac{m}{2}(x_2-x_1)(y_2+y_1)+\mathrm{e}^{x_2}\varphi(y_2)-\mathrm{e}^{x_1}\varphi(y_1)+m(y_1-y_2)\end{aligned}$$

例 27.15 证明:$\int_L\frac{(x+2y)\mathrm{d}x+y\mathrm{d}y}{(x+y)^2}$分别在$x+y>0$与$x+y<0$的区域内与路径无关,并求$I=\int_{(1,1)}^{(3,1)}\frac{(x+2y)\mathrm{d}x+y\mathrm{d}y}{(x+y)^2}(y\neq-x)$.

证明 先用凑微分法求原函数.

$$\begin{aligned}\frac{(x+2y)\mathrm{d}x+y\mathrm{d}y}{(x+y)^2}&=\frac{(x+y+y)\mathrm{d}x+(x+y-x)\mathrm{d}y}{(x+y)^2}\\&=\frac{(x+y)(\mathrm{d}x+\mathrm{d}y)+y\mathrm{d}x-x\mathrm{d}y}{(x+y)^2}=\mathrm{d}\left[\ln|x+y|+\frac{x}{x+y}\right](x+y\neq0)\end{aligned}$$

于是$\frac{(x+2y)\mathrm{d}x+y\mathrm{d}y}{(x+y)^2}$分别在$x+y>0$与$x+y<0$存在原函数$u=\ln|x+y|+\frac{x}{x+y}$.

因此$\int_L\frac{(x+2y)\mathrm{d}x+y\mathrm{d}y}{(x+y)^2}$分别在$x+y>0$与$x+y<0$的区域内与路径无关.

故$I=\left[\ln|x+y|+\frac{x}{x+y}\right]\Big|_{(1,1)}^{(3,1)}=\ln2+\frac{1}{4}$.

例 27.16 计算$I=\frac{1}{2\pi}\oint_C\frac{X\mathrm{d}Y-Y\mathrm{d}X}{X^2+Y^2}$,若$X=ax+by$,$Y=cx+dy$,且$C$为包围坐标原点的简单正向闭曲线$(ad-bc\neq0)$.

解 首先注意由于$ad-bc\neq0$,故只有原点$(0,0)$使$X^2+Y^2=0$.易知

$$X\mathrm{d}Y-Y\mathrm{d}X=(ax+by)(c\mathrm{d}x+d\mathrm{d}y)-(cx+\mathrm{d}y)(a\mathrm{d}x+b\mathrm{d}y)=(ad-bc)(x\mathrm{d}y-y\mathrm{d}x)$$

故$I=\frac{1}{2\pi}\oint_C\frac{X\mathrm{d}Y-Y\mathrm{d}X}{X^2+Y^2}=\frac{1}{2\pi}\oint_C P(x,y)\mathrm{d}x+Q(x,y)\mathrm{d}y$,其中$P=-\frac{(ad-bc)y}{(ax+by)^2+(cx+dy)^2}$,$Q=\frac{(ad-bc)x}{(ax+by)^2+(cx+dy)^2}$.容易算得$\frac{\partial Q}{\partial x}=\frac{\partial P}{\partial y}=-\frac{(ad-bc)[(a^2+c^2)x^2-(b^2+d^2)y^2]}{[(ax+by)^2+(cx+dy)^2]^2}$,此时$(x,y)\neq(0,0)$.故由格林公式知$\oint_C P(x,y)\mathrm{d}x+Q(x,y)\mathrm{d}y=\oint_{C_1}P(x,y)\mathrm{d}x+Q(x,y)\mathrm{d}y$.其中$C_1$为包围原点$(0,0)$的任一位于$C$内的简单正向闭曲线.特别是,取$C_1$为简单正向闭曲线$(ax+by)^2+(cx+dy)^2=r^2$(即$X^2+Y^2=r^2$),$r>0$充分小.于是利用格林公式得

$$\begin{aligned}I&=\frac{1}{2\pi}\oint_C\frac{X\mathrm{d}Y-Y\mathrm{d}X}{X^2+Y^2}=\frac{1}{2\pi}\oint_{X^2+Y^2=r^2}\frac{X\mathrm{d}Y-Y\mathrm{d}X}{X^2+Y^2}\\&=\frac{1}{2\pi r^2}\oint_{X^2+Y^2=r^2}X\mathrm{d}Y-Y\mathrm{d}X=\frac{ad-bc}{2\pi r^2}\oint_{X^2+Y^2=r^2}x\mathrm{d}y-y\mathrm{d}x\end{aligned}$$

$$= \frac{ad-bc}{2\pi r^2}\iint\limits_{X^2+Y^2\leqslant r^2} 2\mathrm{d}x\mathrm{d}y = \frac{ad-bc}{2\pi r^2}\iint\limits_{X^2+Y^2\leqslant r^2}\left|\frac{D(x,y)}{D(X,Y)}\right|\mathrm{d}X\mathrm{d}Y$$

由于$\frac{D(X,Y)}{D(x,y)} = ad-bc$，故$\frac{D(x,y)}{D(X,Y)} = \frac{1}{ad-bc}$. 于是，代入上式得

$$I = \frac{ad-bc}{2\pi r^2}\iint\limits_{X^2+Y^2\leqslant r^2}\left|\frac{1}{ad-bc}\right|\mathrm{d}X\mathrm{d}Y = \frac{ad-bc}{2\pi r^2}\cdot\frac{1}{|ad-bc|}\pi r^2 = \frac{\mathrm{sgn}(ad-bc)}{2}$$

例 27.17　设在上半平面 $D=\{(x,y)\mid y>0\}$ 内，函数 $f(x,y)$ 具有连续偏导数，且对任意 $t>0$ 都有 $f(tx,ty)=t^{-2}f(x,y)$，证明：对 D 内任意分段光滑的有向简单闭曲线 L，都有 $\oint_L yf(x,y)\mathrm{d}x - xf(x,y)\mathrm{d}y = 0$.

证明　把 $f(tx,ty)=t^{-2}f(x,y)$ 两边对 t 求导得 $xf'_x(tx,ty)+yf'_y(tx,ty)=-2t^{-3}f(x,y)$. 令 $t=1$，则 $xf'_x(x,y)+yf'_y(x,y)=-2f(x,y)$，再令 $P=yf(x,y)$，$Q=-xf(x,y)$，所给曲线积分等于 0 的充分必要条件为$\frac{\partial Q}{\partial x}=\frac{\partial P}{\partial y}$. 令 $\frac{\partial Q}{\partial x}=-f(x,y)-xf'_x(x,y)$，$\frac{\partial P}{\partial y}=f(x,y)+yf'_y(x,y)$，则 $xf'_x(x,y)+yf'_y(x,y)=-2f(x,y)\Rightarrow f(x,y)+yf'_y(x,y)=-f(x,y)-xf'_x(x,y)$，即$\frac{\partial Q}{\partial x}=\frac{\partial P}{\partial y}$ 成立，于是结论成立.

3. 两类积分的关系

例 27.18　设 L 为平面上一条自身不相交的光滑曲线，其起点为$(1,0)$，终点为$(0,2)$，除起、终点外，曲线全部落在第一象限，计算曲线积分 $I=\int_L \frac{\partial \ln r}{\partial \boldsymbol{n}}\mathrm{d}s$，这里$\frac{\partial}{\partial \boldsymbol{n}}$ 表示沿曲线的法线方向的方向导数，法线指向原点所在一侧，r 表示 L 上的点到原点的距离.

解　设 $\boldsymbol{n}=(\cos\alpha,\cos\beta)$ 是指向原点的法线方向的方向余弦，则 $\boldsymbol{T}=(\cos\beta,-\cos\alpha)$ 是从$(1,0)$ 到$(0,2)$ 点曲线切线的方向余弦，$\mathrm{d}x=\cos\beta\cdot\mathrm{d}s$，$\mathrm{d}y=-\cos\alpha\cdot\mathrm{d}s$，因此$\int_L\frac{\partial\ln r}{\partial\boldsymbol{n}}\mathrm{d}s = \int_L\left(\frac{\partial\ln r}{\partial x}\cos\alpha+\frac{\partial\ln r}{\partial y}\cos\beta\right)\mathrm{d}s=\int_L\frac{\partial\ln r}{\partial y}\mathrm{d}x-\frac{\partial\ln r}{\partial x}\mathrm{d}y$，因 $r=\sqrt{x^2+y^2}$，所以 $P=\frac{\partial\ln r}{\partial y}=\frac{\partial}{\partial y}\ln\sqrt{x^2+y^2}=\frac{y}{x^2+y^2}$，$Q=-\frac{\partial\ln r}{\partial x}=-\frac{x}{x^2+y^2}$，在第一象限有连续导数，且$\frac{\partial Q}{\partial x}=\frac{\partial P}{\partial y}=\frac{x^2-y^2}{(x^2+y^2)^2}$，因此积分与路径无关.

选路径：$A(1,0)\to B(1,2)\to C(0,2)$，如例 27.18 图所示。

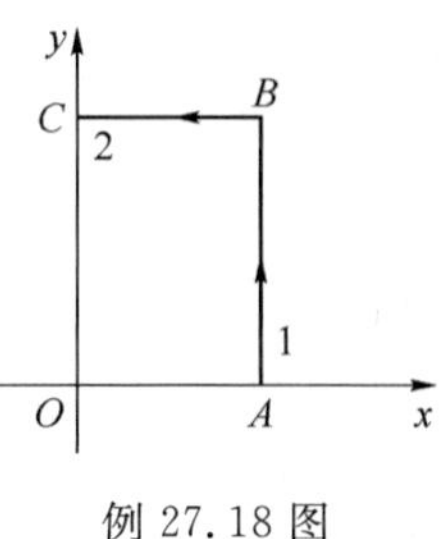

例 27.18 图

$$I=\int_L\frac{y}{x^2+y^2}\mathrm{d}x-\frac{x}{x^2+y^2}\mathrm{d}y$$

$$=\int_{AB+BC}\frac{y}{x^2+y^2}\mathrm{d}x-\frac{x}{x^2+y^2}\mathrm{d}y$$

$$=\int_0^1\frac{-\mathrm{d}y}{1+y^2}+\int_1^0\frac{2\mathrm{d}y}{4+x^2}=-\arctan 2-\arctan\frac{1}{2}=-\frac{\pi}{2}$$

例 27.19　证明：若函数 $P(x,y)$ 与 $Q(x,y)$ 在光滑曲线 C 上连续，则

(1) $\left|\int_C P\mathrm{d}x+Q\mathrm{d}y\right|\leqslant Ms$，其中 s 是曲线 C 的长，$M=\max\limits_{(x,y)\in C}\left\{\sqrt{P^2(x,y)+Q^2(x,y)}\right\}$；

(2) 应用该不等式，估计 $I_R=\oint_L\frac{y\mathrm{d}x-x\mathrm{d}y}{(x^2+xy+y^2)^2}$，其中 C：$x^2+y^2=R^2$；

(3) 证明:$\lim\limits_{R\to+\infty} I_R = 0$.

解 (1) 将第一型曲线积分化为第二型曲线积分,有 $\left|\int_C P\mathrm{d}x + Q\mathrm{d}y\right| = \left|\int_C (P\cos\alpha + Q\sin\alpha)\mathrm{d}s\right|$,$\forall (x,y)\in C$ 有 $|P\cos\alpha + Q\sin\alpha| = |(P,Q)\cdot(\cos\alpha,\sin\alpha)| \leqslant \sqrt{P^2(x,y)+Q^2(x,y)} \leqslant M$,于是 $\left|\int_C P\mathrm{d}x + Q\mathrm{d}y\right| \leqslant \int_C |P\cos\alpha + Q\sin\alpha|\mathrm{d}s \leqslant M\int_C \mathrm{d}s = Ms$.

(2) $C: x^2+y^2=R^2$ 化为参数方程 $x=R\cos t, y=R\sin t, 0\leqslant t\leqslant 2\pi$,有

$$P=\frac{y}{(x^2+xy+y^2)^2}=\frac{\sin t}{R^3(1+\frac{1}{2}\sin 2t)^2}, Q=\frac{-x}{(x^2+xy+y^2)^2}=\frac{-\cos t}{R^3(1+\frac{1}{2}\sin 2t)^2},$$

$$P^2(x,y)+Q^2(x,y)=\frac{1}{R^6(1+\frac{1}{2}\sin 2t)^4},$$

$$M=\max_{(x,y)\in C}\left\{\sqrt{P^2(x,y)+Q^2(x,y)}\right\}=\max_{(x,y)\in C}\left\{\frac{1}{R^3\left(1+\frac{1}{2}\sin 2t\right)^2}\right\}=\frac{4}{R^3}$$

故 $|I_R| \leqslant Ms = \frac{4}{R^3}\cdot 2\pi R = \frac{8\pi}{R^2}$.

(3) 由(2)知 $|I_R| \leqslant \frac{8\pi}{R^2}$,故 $\lim\limits_{R\to+\infty} I_R = 0$.

例 27.20 证明:若 C 是平面上光滑闭曲线,且 l 是任意确定方向的射线,则 $\oint_C \cos(l,\boldsymbol{n})\mathrm{d}s = 0$,其中 $\boldsymbol{n}$ 是 C 的外法线.

证明 如例 27.20 图所示,已知 $(l,\boldsymbol{n})$ 是 l 的正向与外法线 $\boldsymbol{n}$ 的交角,设 $(\boldsymbol{n},x)$ 和 (l,x) 分别是外法线 $\boldsymbol{n}$ 和 l 与 x 轴正向的夹角,则 $(l,x)=(l,\boldsymbol{n})+(\boldsymbol{n},x)$,$\cos(l,\boldsymbol{n}) = \cos[(l,x)-(\boldsymbol{n},x)] = \cos(l,x)\cos(\boldsymbol{n},x)+\sin(l,x)\sin(\boldsymbol{n},x)$,因 $(\cos(\boldsymbol{n},x),\sin(\boldsymbol{n},x))$ 是法线方向的方向余弦,则 $(-\sin(\boldsymbol{n},x), \cos(\boldsymbol{n},x))$ 是曲线沿切线的方向余弦,因此有 $\cos(\boldsymbol{n},x)\mathrm{d}s = \mathrm{d}y, -\sin(\boldsymbol{n},x)\mathrm{d}s = \mathrm{d}x$,有

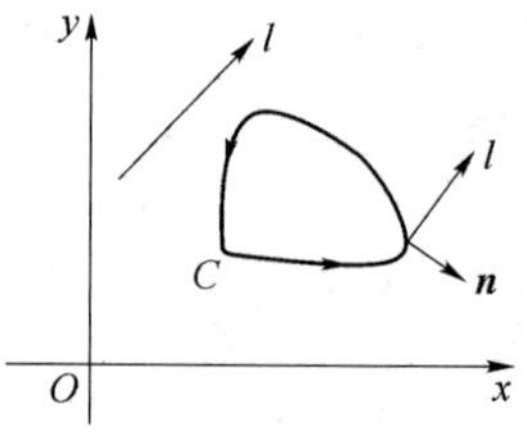

例 27.20 图

$$\oint_C \cos(l,\boldsymbol{n})\mathrm{d}s = \oint_C [\cos(l,x)\cos(\boldsymbol{n},x)+\sin(l,x)\sin(\boldsymbol{n},x)]\mathrm{d}s$$

$$= \oint_C \cos(l,x)\mathrm{d}y - \sin(l,x)\mathrm{d}x$$

其中 $P(x,y) = -\sin(l,x), Q(x,y)=\cos(l,x)$ 都是常数,有 $\frac{\partial Q}{\partial x} = \frac{\partial P}{\partial y} = 0$,根据格林公式有 $\oint_C \cos(l,\boldsymbol{n})\mathrm{d}s = 0$.

4. 全微分方程

例 27.21 选择 a,b 使 $\frac{(y^2+2xy+ax^2)\mathrm{d}x-(x^2+2xy+by^2)\mathrm{d}y}{(x^2+y^2)^2}$ 为某函数 $u(x,y)$ 的全微分,并求 $u(x,y)$.

解　$P=\frac{(y^2+2xy+ax^2)}{(x^2+y^2)^2}$，$Q=\frac{-(x^2+2xy+by^2)}{(x^2+y^2)^2}$，

$$\frac{\partial Q}{\partial x}=-\frac{2x+2y}{(x^2+y^2)^2}+\frac{4x(x^2+2xy+by^2)}{(x^2+y^2)^3}=\frac{2x^3+6x^2y-2y^3+(4b-2)xy^2}{(x^2+y^2)^3}$$

$$\frac{\partial P}{\partial y}=\frac{2y+2x}{(x^2+y^2)^2}-\frac{4y(y^2+2xy+ax^2)}{(x^2+y^2)^3}=\frac{2x^3+(2-4a)x^2y-2y^3-6xy^2}{(x^2+y^2)^3}$$

由全微分条件，$\frac{\partial Q}{\partial x}\equiv\frac{\partial P}{\partial y}$，因此 $6=2-4a$，$4b-2=-6$，因此 $a=b=-1$.

故 $\mathrm{d}u=\frac{y^2+2xy-x^2}{(x^2+y^2)^2}\mathrm{d}x-\frac{x^2+2xy-y^2}{(x^2+y^2)^2}\mathrm{d}y$.

选择折线$(1,1)\to(x,1)\to(x,y)$为积分路径，则

$$\begin{aligned}u(x,y)&=\int_1^x\frac{1+2x-x^2}{(x^2+1)^2}\mathrm{d}x-\int_1^y\frac{x^2+2xy-y^2}{(x^2+y^2)^2}\mathrm{d}y\\&=\int_1^x\frac{\mathrm{d}(1+x^2)}{(x^2+1)^2}+2\int_1^x\frac{\mathrm{d}x}{(x^2+1)^2}-\int_1^x\frac{\mathrm{d}x}{x^2+1}+\int_1^y\frac{\mathrm{d}y}{x^2+y^2}-\\&\quad 2x^2\int_1^y\frac{\mathrm{d}y}{(x^2+y^2)^2}-x\int_1^y\frac{\mathrm{d}(x^2+y^2)}{(x^2+y^2)^2}\\&=\frac{x-y}{x^2+y^2}\end{aligned}$$

故 $u(x,y)=\frac{x-y}{x^2+y^2}+C$.

例 27.22　问 λ 取何值，可使在右半平面 $x>0$ 上的向量 $\boldsymbol{A}(x,y)=2xy(x^4+y^2)^\lambda\boldsymbol{i}-x^2(x^4+y^2)^\lambda\boldsymbol{j}$ 为某二元函数 $u(x,y)$ 的梯度，并确定 $u(x,y)$ 的表达式.

解　$\boldsymbol{A}(x,y)=2xy(x^4+y^2)^\lambda\boldsymbol{i}-x^2(x^4+y^2)^\lambda\boldsymbol{j}$ 为某二元函数的梯度的充要条件是 $\frac{\partial Q}{\partial x}\equiv\frac{\partial P}{\partial y}$，其中 $P=2xy(x^4+y^2)^\lambda$，$Q=-x^2(x^4+y^2)^\lambda$，

故$\frac{\partial Q}{\partial x}=-2x(x^4+y^2)^2-\lambda x^2\cdot4x^3(x^4+y^2)^{\lambda-1}\equiv2x(x^4+y^2)^\lambda+2xy\cdot\lambda(x^4+y^2)^{\lambda-1}2y$，

整理得 $4x(x^4+y^2)^\lambda+\lambda(4xy^2+4x^5)(x^4+y^2)^{\lambda-1}=0$，即$(x^4+y^2)(1+\lambda)=0\Rightarrow\lambda=-1$，因此 $P=\frac{2xy}{x^4+y^2}$，$Q=-\frac{x^2}{x^4+y^2}$，取折线路径$(1,0)\to(1,y)\to(x,y)$为积分路径，则

$$\begin{aligned}u(x,y)&=\int_{(1,0)}^{(x,y)}\frac{2xy}{x^4+y^2}\mathrm{d}x-\frac{x^2}{x^4+y^2}\mathrm{d}y=\int_1^x\frac{2x0}{x^4+0^2}\mathrm{d}x-\int_0^y\frac{x^2}{x^4+y^2}\mathrm{d}y\\&=-\int_0^y\frac{1}{1+\left(\frac{y}{x^2}\right)^2}\mathrm{d}\left(\frac{y}{x^2}\right)=-\arctan\frac{y}{x^2}+C\end{aligned}$$

例 27.23　已知全微分 $\mathrm{d}u=\frac{(x+y-z)\mathrm{d}x+(x+y-z)\mathrm{d}y+(x+y+z)\mathrm{d}z}{x^2+y^2+z^2+2xy}$，求 $u(x,y,z)$.

解

$$\begin{aligned}&\text{由于}(x+y-z)\mathrm{d}x+(x+y-z)\mathrm{d}y+(x+y+z)\mathrm{d}z\\&=(x\mathrm{d}x+y\mathrm{d}y)+(y\mathrm{d}x+x\mathrm{d}y)+(x+y)\mathrm{d}z-z(\mathrm{d}x+\mathrm{d}y)+z\mathrm{d}z\\&=\frac{1}{2}\mathrm{d}(x^2+y^2)+\mathrm{d}(xy)+(x+y)\mathrm{d}z-z\mathrm{d}(x+y)+\frac{1}{2}\mathrm{d}z^2\\&=\frac{1}{2}\mathrm{d}[(x^2+y^2+2xy)+z^2]+(x+y)\mathrm{d}z-z\mathrm{d}(x+y)\end{aligned}$$

故
$$du=\frac{1}{2}\frac{d[(x^2+y^2+2xy)+z^2]}{x^2+y^2+z^2+2xy}+\frac{(x+y)dz-zd(x+y)}{x^2+y^2+z^2+2xy}$$
$$=\frac{1}{2}\frac{d[(x+y)^2+z^2]}{(x+y)^2+z^2}+\frac{(x+y)dz-zd(x+y)}{(x+y)^2+z^2}$$
$$=\frac{1}{2}d\ln[(x+y)^2+z^2]+d\left(\arctan\frac{z}{x+y}\right)$$
$$u(x,y,z)=\ln\sqrt{(x+y)^2+z^2}+\arctan\frac{z}{x+y}+C$$

5. 有关证明题和综合性题目

例 27.24 已知平面区域$D=\{(x,y)\mid 0\leqslant x\leqslant\pi,0\leqslant y\leqslant\pi\}$,$L$为$D$的正向边界.试证:

(1) $\oint_L xe^{\sin y}dy-ye^{-\sin x}dx=\oint_L xe^{-\sin y}dy-ye^{\sin x}dx$;

(2) $\oint_L xe^{\sin y}dy-ye^{-\sin x}dx\geqslant 2\pi^2$.

证明 (1) 由格林公式,得

$$左端积分=\iint\limits_D\left[\frac{\partial}{\partial x}(xe^{\sin y})-\frac{\partial}{\partial y}(-ye^{\sin x})dxdy\right]=\iint\limits_D[e^{\sin y}+e^{-\sin x}]dxdy$$
$$右端积分=\iint\limits_D\left[\frac{\partial(xe^{-\sin y})}{\partial x}+\frac{\partial(-ye^{\sin x})}{\partial y}\right]dxdy=\iint\limits_D(e^{-\sin y}+e^{\sin x})dxdy$$

因为区域D关于$y=x$对称,于是$\iint\limits_D[e^{\sin y}+e^{-\sin x}]dxdy=\iint\limits_D[e^{\sin x}+e^{-\sin y}]dxdy$,因而等式成立.

(2) $$\oint_L xe^{\sin y}dy-ye^{-\sin x}dx=\iint\limits_D(e^{\sin y}+e^{-\sin x})dxdy=\iint\limits_D e^{\sin y}dxdy+\iint\limits_D e^{-\sin x}dxdy$$
$$\xlongequal{\text{第二个积中 }x\text{ 与 }y\text{ 对换}}\iint\limits_D(e^{\sin y}+e^{-\sin y})dxdy\geqslant 2\iint\limits_D d\sigma=2\pi^2$$

例 27.25 设有光滑平面曲线段$C_1:y=g(x)(0<a\leqslant x\leqslant b)$及$C_2:y=-g(-x)$ $(-b\leqslant x\leqslant -a)$,它们关于坐标原点对称.又设连续函数$P(x,y)$,$Q(x,y)$都分别是关于$x$,$y$的偶函数,即有$P(-x,y)=P(x,y)$,$P(x,-y)=P(x,y)$,$Q(-x,y)=Q(x,y)$,$Q(x,-y)=Q(x,y)$,试证下式成立:$\int_{C_1}Pdx+Qdy=-\int_{C_2}Pdx+Qdy$,这里$C_1$,$C_2$或都沿逆时针方向,或都沿顺时针方向.

证明 不妨设C_1,C_2的指向都沿逆时针方向.于是

$$\int_{C_2}P(x,y)dx+Q(x,y)dy$$
$$=\int_{-b}^{-a}[P(x,-g(-x))+Q(x,-g(-x))g'(-x)]dx$$
$$=\int_{-b}^{-a}[P(x,g(-x))+Q(x,g(-x))g'(-x)]dx$$
$$\xlongequal{u=-x}-\int_b^a[P(-u,g(u))+Q(-u,g(u))g'(u)]du$$
$$=-\int_b^a[P(u,g(u))+Q(u,g(u))g'(u)]du$$

$$=-\int_b^a[P(x,g(x))+Q(x,g(x))g'(x)]\mathrm{d}x \quad (\text{逆时针方向})$$

$$=-\int_{C_1}P(x,y)\mathrm{d}x+Q(x,y)\mathrm{d}y$$

因而所求成立.

（三）练习题

27.1　计算曲线积分 $I=\int_L|y|\mathrm{d}s$，其中 $L:(x^2+y^2)^2=a^2(x^2-y^2)$.

27.2　计算 $I=\oint_L\frac{|y|}{x^2+y^2+z^2}\mathrm{d}s$，其中 L 是 $x^2+y^2+z^2=R^2$ 与 $x+y+z=0$ 的交线.

27.3　计算 $I=\int_L(x+y^2)\mathrm{d}s$，其中 L 是球面 $x^2+y^2+z^2=1$ 与平面 $x+y+z=1$ 的交线.

27.4　计算 $I=\oint_L(z+y^2)\mathrm{d}s$，其中 L 是 $x^2+y^2+z^2=4a^2$ 与 $x^2+y^2=2ax(z\geqslant 0, a>0)$ 的交线.

27.5　计算曲线积分 $\oint_C(z-y)\mathrm{d}x+(x-z)\mathrm{d}y+(x-y)\mathrm{d}z$，其中 C 是曲线

$$\begin{cases}x^2+y^2=1\\x-y+z=2\end{cases},$$

从 z 轴正向看 C 的方向是顺时针.

27.6　计算 $\oint_C\frac{(x+y)\mathrm{d}x-(x-y)\mathrm{d}y}{x^2+y^2}$，其中 C 是依逆时针方向的圆周 $x^2+y^2=a^2$.

27.7　求 $\oint_C\frac{(x-1)\mathrm{d}y-y\mathrm{d}x}{(x-1)^2+y^2}$，其中 C 为某条沿逆时针方向的闭曲线.

27.8　设函数 $f(x)$ 在 $(-\infty,+\infty)$ 内具有一阶连续导数，L 是上半平面 $(y>0)$ 内的有向分段光滑曲线，其起点为 (a,b)，终点 (c,d) 记 $I=\int_L\frac{1}{y}[1+y^2f(xy)]\mathrm{d}x+\frac{x}{y^2}[y^2f(xy)-1]\mathrm{d}y$.

(1) 证明曲线积分 I 与路径 L 无关；

(2) 当 $ab=cd$ 时，求 I.

27.9　已知曲线积分 $\oint_C\frac{x\mathrm{d}y-y\mathrm{d}x}{\varphi(x)+y^2}=A$（常数），其中 $\varphi(x)$ 可导，且 $\varphi(1)=1$，L 是绕原点一周的任意正向闭曲线，试求 $\varphi(x)$ 及 A.

27.10　设 $f(x)$，$g(x)$ 的二阶导数连续，$\oint_L[y^2f(x)+2y\mathrm{e}^x+2yg(x)]\mathrm{d}x+2[yg(x)+f(x)]\mathrm{d}y=0$，其中 L 为任意简单的封闭曲线.

(1) 求 $f(x)$，$g(x)$，使得 $f(0)=g(0)=0$；

(2) 计算沿任一条从点 $(0,0)$ 到点 $(1,1)$ 的曲线的积分.

27.11　证明 $\left(\frac{y}{x}+2\frac{x}{y}\right)\mathrm{d}x+\left(\ln x-\frac{x^2}{y^2}\right)\mathrm{d}y\,(x,y>0)$ 为某个二元函数的全微分，并求

一个这样的函数 $u(x,y)$ 及$\int_{(1,1)}^{(2,3)}\left(\frac{y}{x}+2\frac{x}{y}\right)\mathrm{d}x+(\ln x-\frac{x^2}{y^2})\mathrm{d}y$.

27.12　设 $f(u)$ 在$(-\infty,+\infty)$ 内连续且 $f(u)\neq 0$,L 是圆周$(x-a)^2+(y-a)^2=a^2$ 的逆时针方向,试证不等式$\oint_L xf^2(y)\mathrm{d}y-\frac{y}{f^2(x)}\mathrm{d}x\geqslant 2\pi a^2$.

27.13　证明:$\oint_C[x\cos(n,x)+y\cos(n,y)]\mathrm{d}s=2A$,其中 A 是光滑闭曲线 C 围成区域的面积,$\cos(\boldsymbol{n},x)$,$\cos(\boldsymbol{n},y)$ 是曲线 C 外法线 $\boldsymbol{n}$ 分别与 x 轴正向与 y 轴正向的交角.

27.14　若函数 $f(x,y)$ 存在连续二阶偏导数,在区域 G 满足方程$\frac{\partial^2 f}{\partial x^2}+\frac{\partial^2 f}{\partial y^2}=0$,则称 $f(x,y)$ 在 G 内是调和函数.证明:$f(x,y)$ 在 G 内是调和函数的充要条件是对 G 内任意逐段光滑曲线 C 有$\oint_C\frac{\partial f}{\partial n}\mathrm{d}s=0$,其中$\frac{\partial f}{\partial n}$是 f 沿 C 的边界曲线 L 的外法线方向的方向导数.

27.15　设 u 在 $L:r=1+\cos\theta$ 所围闭区域 D 上有二阶连续偏导数,且$\frac{\partial^2 u}{\partial x^2}+\frac{\partial^2 u}{\partial y^2}=1$,求证:$\oint_L\frac{\partial u}{\partial n}=|D|$,其中$\frac{\partial u}{\partial n}$是 u 沿 D 的边界曲线 L 的外法线方向的方向导数,L 的方向为逆时针方向,$|D|$是区域 D 的面积,并计算此曲线积分的值.

27.16　设函数 $u(x,y)$,$v(x,y)$ 在平面区域 $D:x^2+y^2\leqslant 1$ 上有连续的一阶偏导数,$\boldsymbol{A}(x,y)=v(x,y)\,\boldsymbol{i}+u(x,y)\,\boldsymbol{j}$,$\boldsymbol{B}(x,y)=\left(\frac{\partial u}{\partial x}-\frac{\partial u}{\partial y}\right)\boldsymbol{i}+\left(\frac{\partial v}{\partial x}-\frac{\partial v}{\partial y}\right)\boldsymbol{j}$,且在 D 的边界曲线 L 上,$u(x,y)\equiv 1$,$v(x,y)\equiv y$,边界方向取正向,求二重积分$\iint\limits_D\boldsymbol{A}(x,y)\cdot\boldsymbol{B}(x,y)\mathrm{d}x\mathrm{d}y$.

27.17　设 $\boldsymbol{F}(x,y)=P(x,y)\boldsymbol{i}+Q(x,y)\,\boldsymbol{j}$ 在开区域 D 内处处连续可微,在 D 内任一圆周上,有$\oint_L\boldsymbol{F}\cdot\boldsymbol{n}\mathrm{d}s=0$,其中$\boldsymbol{n}$ 是圆周外法线单位向量,试证在 D 内恒有$\frac{\partial Q}{\partial x}+\frac{\partial P}{\partial y}=0$.

27.18　设曲线 C 为 $y=\sin x,x\in[0,\pi]$,证明:$\frac{2\sqrt{2}}{8}\pi^2\leqslant\int_C x\mathrm{d}s\leqslant\frac{\sqrt{2}}{2}\pi^2$.

27.19　设曲线 $L:x^2+y^2+x+y=0$ 的方向为逆时针方向,求证:

$$\frac{\pi}{2}\leqslant\int_L(-y\sin x^2\mathrm{d}x+x\cos y^2\mathrm{d}y)\leqslant\frac{\pi}{\sqrt{2}}$$

27.20　设 $f(x,y)$ 为连续函数,证明曲线积分$\int_{(x_1,y_1,z_1)}^{(x_2,y_2,z_2)}f(\sqrt{x^2+y^2+z^2})(x\mathrm{d}x+y\mathrm{d}y+z\mathrm{d}z)$ 与路径无关,并转化为定积分.

27.21　确定参数 λ 的值,使得在不经过直线 $y=0$ 的区域上,下式曲线积分与路径无关:$I=\int_L\frac{x(x^2+y^2)^\lambda}{y}\mathrm{d}x-\frac{x^2(x^2+y^2)^\lambda}{y^2}\mathrm{d}y$,并求当 L 为从 $A(1,1)$ 到 $B(0,2)$ 的曲线时 I 的值.

27.22　设函数 $Q(x,y)$ 在 xOy 面上具有一阶连续偏导数,曲线积分$\int_L 2xy\mathrm{d}x+Q(x,y)\mathrm{d}y$ 与路径无关,且对任意 t 恒有$\int_{(0,0)}^{(t,1)}2xy\mathrm{d}x+Q(x,y)\mathrm{d}y=\int_{(0,0)}^{(1,t)}2xy\mathrm{d}x+Q(x,y)\mathrm{d}y$,求 $Q(x,y)$.

（四）答案与提示

27.1　$2a^2(2-\sqrt{2})$. 双纽线的参数方程 $r=a\sqrt{\cos 2\theta},\theta\in\left[0,\frac{\pi}{4}\right]$（第一象限）.

27.2　$\frac{2}{3}(2\sqrt{2}-1)$. 化成参数方程和积分变量满足曲线积分路径方程的特点.

27.3　$\frac{2}{3}\cdot 2\pi\sqrt{\frac{2}{3}}$. $I=\frac{1}{3}\int_L[(x+y+z)+(x^2+y^2+z^2)]\mathrm{d}s$.

27.4　$\frac{2\pi R^3}{3}$. 形心公式和积分变量轮换对称性；或消去 z 得参数方程.

27.5　-2π. 解法一：参数方程 $x=\cos\theta,y=\sin\theta,z=2-\cos\theta+\sin\theta,\theta=2\pi\to\theta=0$.
解法二：斯托克斯公式.

27.6　-2π. 挖去小圆和格林公式.

27.7　(1) 若点所围区域之内，由格林公式 $\int_C P\mathrm{d}x+Q\mathrm{d}y=\iint\limits_D\left(\frac{\partial Q}{\partial x}-\frac{\partial P}{\partial y}\right)\mathrm{d}\sigma=0$.

(2) 若点(1,0) 在 C 所围区域之内，$\oint_C P\mathrm{d}x+Q\mathrm{d}y=2\pi$.

27.8　(1) $\frac{\partial\left\{\frac{x}{y^2}[y^2f(xy)-1]\right\}}{\partial x}=\frac{\partial\left\{\frac{1}{y}[y^2f(xy)+1]\right\}}{\partial y}=f(xy)-\frac{1}{y}+xy^2f'(xy)$;

(2) $\frac{c}{d}-\frac{a}{b}$. 选过点(c,b)的折线.

27.9　$\varphi(x)=x^2$;　$A=2\pi$.

27.10　(1) $f(x)=\frac{1}{4}(\mathrm{e}^x-\mathrm{e}^{-x})+\frac{1}{2}x\mathrm{e}^x$, $g(x)=-\frac{1}{4}(\mathrm{e}^x-\mathrm{e}^{-x})+\frac{1}{2}x\mathrm{e}^x$.

(2) $\frac{1}{4}(7\mathrm{e}-\mathrm{e}^{-1})$.

27.11　$u(x,y)=y\ln x+\frac{x^2}{y}$; $I=3\ln 2+\frac{1}{3}$.

27.12　格林公式和积分区域关于 $y=x$ 对称.

27.13　$\cos(\boldsymbol{n},x)\mathrm{d}s=\mathrm{d}y,-\cos(\boldsymbol{n},y)\mathrm{d}s=\sin(\boldsymbol{n},x)\mathrm{d}s=\mathrm{d}x$ 和曲线积分计算面积公式.

27.14　充分条件考虑方向导数计算公式和格林公式；必要条件用反证法.

27.15　$\frac{3}{2}\pi$. $r=1+\cos\theta$ 是心形线.

27.16　$-\pi$. 格林公式转化为曲线积分.

27.17　反证法，利用 $\boldsymbol{n}=(\cos\alpha,\cos\beta)$，则 $\mathrm{d}s\cdot\cos\alpha=\mathrm{d}y,\mathrm{d}s\cdot\cos\beta=-\mathrm{d}x$.

27.18　利用 $\int_0^\pi xf(\sin x)\mathrm{d}x=\frac{\pi}{2}\int_0^\pi f(\sin x)\mathrm{d}x$ 与 $\frac{\sqrt{2}}{2}(1+\cos^2x)\leqslant\sqrt{1+\cos^2x}\leqslant\sqrt{2}$.

27.19　格林公式、轮换对称性与正弦估值，$I=\iint\limits_D[\sin x^2+\cos y^2]\mathrm{d}x\mathrm{d}y=$

$\sqrt{2}\iint\limits_{D}\sin\left(x^2+\frac{\pi}{4}\right)\mathrm{d}x\mathrm{d}y$. 在 D 上, $-\frac{1+\sqrt{2}}{2}\leqslant x\leqslant\frac{\sqrt{2}-1}{2}\Rightarrow 0\leqslant x^2\leqslant\frac{3}{4}+\frac{1}{\sqrt{2}}<\frac{\pi}{2}$.

27.20　利用空间曲线积分与路径无关的等价条件.

$$\int_{(x_1,y_1,z_1)}^{(x_2,y_2,z_2)} f(\sqrt{x^2+y^2+z^2})(x\mathrm{d}x+y\mathrm{d}y+z\mathrm{d}z)$$

$$=\int_{x_1}^{x_2} f(\sqrt{x^2+y_1^2+z_1^2})x\mathrm{d}x+\int_{y_1}^{y_2} f(\sqrt{x_2^2+y^2+z_1^2})y\mathrm{d}y+\int_{z_1}^{z_2} f(\sqrt{x_2^2+y_2^2+z^2})z\mathrm{d}z$$

27.21　$\lambda=-\frac{1}{2}$, $I=1-\sqrt{2}$.

27.22　$Q(x,y)=x^2+2y-1$.

第二十八讲　曲面积分及计算

（一）内容要点

1. 主要知识点

（1）两类曲面积分及其高斯公式；

（2）曲面积分与空间曲线积分的联系：斯托克斯公式；

（3）梯度、散度、旋度.

2. 第一类曲面积分（对面积的曲面积分）

（1）定义：$\iint\limits_{\Sigma} f(x,y,z)\mathrm{d}S=\lim\limits_{\lambda\to 0}\sum\limits_{k=1}^{n}f(\xi_k,\eta_k,\zeta_k)\Delta S_k$

（2）性质：

① 积分与曲面$\sum$的方向性无关，即$\iint\limits_{\Sigma^+} f(x,y,z)\mathrm{d}S=\iint\limits_{\Sigma^-} f(x,y,z)\mathrm{d}S$；

② 对称性：曲面关于xOy平面对称，$f(x,y,z)$关于z有奇偶性，那么

$$\iint\limits_{\Sigma} f(x,y,z)\mathrm{d}S=\begin{cases}2\iint\limits_{\Sigma_1} f(x,y,z)\mathrm{d}S, & f(x,y,-z)=f(x,y,z)\\ 0, & f(x,y,-z)=-f(x,y,z)\end{cases}$$

③ 变量对称性：曲面$\sum$的方程中某两个变量对调后方程不变，那么被积函数中这两个变量也可对调，且其值不变；

（3）计算方法

① 直接法（转化为二重积分）

$$\iint\limits_{\Sigma} f(x,y,z)\mathrm{d}S=\iint\limits_{D_{xy}} f(x,y,z(x,y))\sqrt{1+z_x^2(x,y)+z_y^2(x,y)}\mathrm{d}x\mathrm{d}y$$

② 利用曲面对称性和变量对称性解题

例，$\sum: x^2+y^2+z^2=r^2$，则

$$\iint\limits_{\Sigma} x^2\mathrm{d}S=\iint\limits_{\Sigma} y^2\mathrm{d}S=\iint\limits_{\Sigma} z^2\mathrm{d}S=\frac{1}{3}\iint\limits_{\Sigma} x^2+y^2+z^2\mathrm{d}S=\frac{1}{3}\cdot 4\pi r^2$$

3. 第二类曲面积分（对坐标的曲面积分）

（1）性质：积分与曲面侧的方向相关，即

$$\iint_{\Sigma^-} P\mathrm{d}y\mathrm{d}z + Q\mathrm{d}z\mathrm{d}x + R\mathrm{d}x\mathrm{d}y = -\iint_{\Sigma} P\mathrm{d}y\mathrm{d}z + Q\mathrm{d}z\mathrm{d}x + R\mathrm{d}x\mathrm{d}y$$

对称性:曲面关于 xOy 平面对称,$f(x,y,z)$ 关于 z 有奇偶性,那么

$$\iint_{\Sigma} f(x,y,z)\mathrm{d}x\mathrm{d}y = \begin{cases} 2\iint_{\Sigma_1} f(x,y,z)\mathrm{d}x\mathrm{d}y, & f(x,y,-z) = -f(x,y,z) \\ 0, & f(x,y,-z) = f(x,y,z) \end{cases}$$

评注:该对称性与定积分、二重和三重积分、第一类曲线和曲面积分不同,原因在于第二类曲面积分中位于 xOy 两侧的曲面投影时有符号的差别;其他变量的对称性类似.

(2) 直接法计算第二类曲面积分计算步骤(转化为投影的二重积分)

例,$\iint_{\Sigma} R(x,y,z)\mathrm{d}x\mathrm{d}y = \pm\iint_{D_{xy}} R(x,y,z(x,y))\mathrm{d}x\mathrm{d}y$

① 被积函数 $R(x,y,z)$ 的 z 用曲面 $z(x,y)$ 代替;

② 确定曲面 $\sum$ 在 xOy 坐标面上的投影区域 D_{xy};

③ 确定 $\sum$ 投影的正负号,同号于曲面的法向量与 z 轴的方向余弦.

(3) 矢量点积法

① 直接法

若有向曲面 $\sum$ 由 $z=z(x,y)$ 表示,$\sum$ 在 xOy 坐标面上投影域是 D_{xy},$z(x,y)$ 的一阶偏导连续,P,Q,R 在 $\sum$ 上连续,则

$$\iint_{\Sigma} P\mathrm{d}y\mathrm{d}z + Q\mathrm{d}z\mathrm{d}x + R\mathrm{d}x\mathrm{d}y = \pm\iint_{D_{xy}}\left(P(x,y,z(x,y))\left(-\frac{\partial z}{\partial x}\right) + Q(x,y,z(x,y))\left(-\frac{\partial z}{\partial y}\right) + R(x,y,z)\cdot 1\right)\mathrm{d}x\mathrm{d}y$$

② 间接法:高斯公式

$$\oiint_{\Sigma} P\mathrm{d}y\mathrm{d}z + Q\mathrm{d}z\mathrm{d}x + R\mathrm{d}x\mathrm{d}y = \iiint_{\Omega}\left(\frac{\partial P}{\partial x} + \frac{\partial Q}{\partial y} + \frac{\partial R}{\partial z}\right)\mathrm{d}x\mathrm{d}y\mathrm{d}z$$

评注:① 所涉及的函数连续;

② $\sum$ 必须是封闭曲面,且取外侧;

③ 实际是将第二类曲面积分转化为三重积分.

4. 两类曲面积分的关系

$$\iint_{\Sigma} P\mathrm{d}y\mathrm{d}z + Q\mathrm{d}z\mathrm{d}x + R\mathrm{d}x\mathrm{d}y = \iint_{\Sigma}(P\cos\alpha + Q\cos\beta + R\cos\gamma)\mathrm{d}S$$

其中 $\cos\alpha,\cos\beta,\cos\gamma$ 是 $\sum$ 法线的方向余弦.

5. 曲面积分的参数方程求法

若光滑曲面由参数形式表示,$S:x=x(u,v),y=y(u,v),z=z(u,v),(u,v)\in D$,其中 D 是一个平面有界区域,且三个雅克比行列式 $\frac{\partial(x,y)}{\partial(u,v)},\frac{\partial(y,z)}{\partial(u,v)},\frac{\partial(z,x)}{\partial(u,v)}$ 不全为零,则 $\iint_S f(x,y,$

$z)\mathrm{d}S = \iint\limits_D f(x(u,v),y(u,v),z(u,v))\ \sqrt{EG-F^2}\mathrm{d}u\mathrm{d}v.$

进一步，曲面 S 的面积 $S = \iint\limits_D \sqrt{EG-F^2}\mathrm{d}u\mathrm{d}v$，其中 $E = \left(\frac{\partial x}{\partial u}\right)^2 + \left(\frac{\partial y}{\partial u}\right)^2 + \left(\frac{\partial z}{\partial u}\right)^2$，$G = \left(\frac{\partial x}{\partial v}\right)^2 + \left(\frac{\partial y}{\partial v}\right)^2 + \left(\frac{\partial z}{\partial v}\right)^2$，$F = \frac{\partial x}{\partial u}\frac{\partial x}{\partial v} + \frac{\partial y}{\partial u}\frac{\partial y}{\partial v} + \frac{\partial z}{\partial u}\frac{\partial z}{\partial v}$.

（二）例题选讲

1. 第一类曲面积分的计算方法

例 28.1　设 $x^2+y^2+z^2=4$，求 $\oiint\limits_{\Sigma}(x^2+y^2)\mathrm{d}S$.

解

解法一　化为二重积分，令 $\sum_1 : z = \sqrt{4-x^2-y^2}$.

$$\begin{aligned}
\oiint\limits_{\Sigma}(x^2+y^2)\mathrm{d}S &= 2\oiint\limits_{\Sigma_1}(x^2+y^2)\mathrm{d}S \\
&= 2\iint\limits_{x^2+y^2\leqslant 4}(x^2+y^2)\sqrt{1+\frac{x^2}{4-x^2-y^2}+\frac{y^2}{4-x^2-y^2}}\mathrm{d}x\mathrm{d}y \\
&= 4\iint\limits_{x^2+y^2\leqslant 4}\frac{x^2+y^2}{\sqrt{4-x^2-y^2}}\mathrm{d}x\mathrm{d}y \\
&= 4\int_0^{2\pi}\mathrm{d}\theta\int_0^2\frac{r^3}{\sqrt{4-r^2}}\mathrm{d}r \\
&\xlongequal{r=2\cos t} 64\pi\int_0^{\frac{\pi}{2}}\sin^3 t\mathrm{d}t = \frac{128}{3}\pi
\end{aligned}$$

解法二　轮换对称性

$$\begin{aligned}
\oiint\limits_{\Sigma}(x^2+y^2)\mathrm{d}s &= \frac{1}{3}\oiint\limits_{\Sigma}(x^2+y^2+y^2+z^2+z^2+x^2)\mathrm{d}S \\
&= \frac{2}{3}\oiint\limits_{\Sigma}(x^2+y^2+z^2)\mathrm{d}S = \frac{8}{3}\oiint\limits_{\Sigma}\mathrm{d}S = \frac{128}{3}\pi
\end{aligned}$$

解法三　球面的参数方程为

$x = 2\sin\varphi\cos\theta, y = 2\sin\varphi\sin\theta, z = 2\cos\varphi, (0\leqslant\theta\leqslant 2\pi, 0\leqslant\varphi\leqslant\pi)$,

$\mathrm{d}S = 4\sin\varphi\mathrm{d}\varphi\mathrm{d}\theta$

故
$$\oiint\limits_{\Sigma}(x^2+y^2)\mathrm{d}S = \iint\limits_{D_{\varphi\theta}}4\sin^2\varphi\cdot 4\sin\varphi\mathrm{d}\theta\mathrm{d}\varphi = \frac{128}{3}\pi$$

例 28.2　计算曲面积分 $\iint\limits_{\Sigma}(xy+yz+zx)\mathrm{d}S$，其中 $\sum$ 为锥面 $z=\sqrt{x^2+y^2}$ 被柱面 $x^2+y^2=2ax(a>0)$ 所截得的部分.

解

解法一 设$\sum$在xOy平面的投影区域为D_{xy},则D_{xy}为$z=0$上由圆$x^2+y^2=2ax$围成的区域.

因为$\sqrt{1+z_x^2+z_y^2}=\sqrt{2}$,所以$\iint\limits_{\Sigma}(xy+yz+zx)\mathrm{d}S=\sqrt{2}\iint\limits_{D}[xy+(x+y)\cdot\sqrt{x^2+y^2}]\mathrm{d}x\mathrm{d}y$,利用极坐标计算,可得

$$\begin{aligned}&\iint\limits_{\Sigma}(xy+yz+zx)\mathrm{d}S\\&=\sqrt{2}\int_{-\frac{\pi}{2}}^{\frac{\pi}{2}}\mathrm{d}\theta\int_0^{2a\cos\theta}[r^2\sin\theta\cos\theta+r(\sin\theta+\cos\theta)r]r\mathrm{d}r\\&=4\sqrt{2}a^4\int_{-\frac{\pi}{2}}^{\frac{\pi}{2}}(\sin\theta\cos^5\theta+\sin\theta\cos^4\theta+\cos^5\theta)\mathrm{d}\theta\end{aligned}$$

因为$\sin\theta\cos^5\theta+\sin\theta\cos^4\theta$是奇函数,$\cos^5\theta$为偶函数,故原积分为

$$\iint\limits_{\Sigma}(xy+yz+zx)\mathrm{d}S=8\sqrt{2}a^4\int_0^{\frac{\pi}{2}}\cos^5\theta\mathrm{d}\theta=\frac{64}{15}\sqrt{2}a^4$$

解法二 利用对称性,考虑到$\sum$关于xOz平面对称且$(xy+yz)$是相应于y的奇函数,故有

$$I=\iint\limits_{\Sigma}(xy+yz+zx)\mathrm{d}S=\iint\limits_{\Sigma}zx\mathrm{d}S$$

又因为$\sqrt{1+z_x^2+z_y^2}=\sqrt{2}$,化$I$为二重积分并利用极坐标,有

$$\begin{aligned}I&=\iint\limits_{\Sigma}zx\mathrm{d}S=\iint\limits_{x^2+y^2\leqslant 2ax}\sqrt{2}x\sqrt{x^2+y^2}\mathrm{d}x\mathrm{d}y\\&=\sqrt{2}\int_{-\frac{\pi}{2}}^{\frac{\pi}{2}}\mathrm{d}\theta\int_0^{2a\cos\theta}r^3\cos\theta\mathrm{d}r\\&=\frac{64}{15}\sqrt{2}a^4\end{aligned}$$

例 28.3 求$I=\iint\limits_{\Sigma}(x+2y+3z-4)^2\mathrm{d}S$,其中$\sum$为正八面体$|x|+|y|+|z|\leqslant 1$的全表面.

解 $(x+2y+3z-4)^2=x^2+4y^2+9z^2+16+4xy+6xz+12yz-8x-16y-24z$,由$\sum$关于$zOx$平面对称,且$4xy,12yz,-16y$均是$y$的奇函数,由$\sum$关于$xOy$平面对称,且$6xz,-24z$均是$z$的奇函数,由$\sum$关于$yOz$平面对称,且$-8x$是$x$的奇函数,因此$\iint\limits_{\Sigma}(4xy+6xz+12yz-8x-16y-24z)\mathrm{d}S=0$.

故 $I=\iint\limits_{\Sigma}(x+2y+3z-4)^2\mathrm{d}S=\iint\limits_{\Sigma}(x^2+4y^2+9z^2)\mathrm{d}S+16\iint\limits_{\Sigma}\mathrm{d}S=I_1+I_2$

又有x,y,z变量满足轮换对称性,因而$I_1=14\iint\limits_{\Sigma}x^2\mathrm{d}S$,由$\sum$的对称性,$\sum=8\sum_1$,其中$\sum_1$

是第一象限部分，$\sum_1 : z = 1 - x - y$.

所以

$$I_1 = 14\iint_{\Sigma} x^2 \mathrm{d}S = 14 \times 8 \iint_{\Sigma_1} x^2 \sqrt{1 + z_x'^2 + z_y'^2}\,\mathrm{d}x\mathrm{d}y = 112\sqrt{3}\int_0^1 \mathrm{d}x \int_0^{1-x} x^2 \mathrm{d}y = \frac{28}{3}\sqrt{3}$$

$$I_2 = 8 \times 16\sqrt{3}\iint_{D_{xy}} \mathrm{d}x\mathrm{d}y = 64\sqrt{3}$$

故 $I = I_1 + I_2 = \dfrac{220}{3}\sqrt{3}$.

例 28.4　计算 $I = \iint_{\Sigma} z\mathrm{d}S$，$\sum : \begin{cases} x = u\cos v \\ y = u\sin v\,(0 \leqslant v \leqslant 2\pi, 0 \leqslant u \leqslant a). \\ z = v \end{cases}$

解

$$E = x_u'^2 + y_u'^2 + z_u'^2 = \sin^2 v + \cos^2 v = 1$$

$$G = x_v'^2 + y_v'^2 + z_v'^2 = 1 + u^2, F = x'_u x'_v + y'_u y'_v + z'_u z'_v = -u\sin v\cos v + u\sin v\cos v = 0$$

所以

$$\iint_{\Sigma} z\mathrm{d}S = \iint_{\substack{0 \leqslant v \leqslant 2\pi \\ 0 \leqslant u \leqslant a}} v\sqrt{1+u^2}\,\mathrm{d}u\mathrm{d}v = \int_0^{2\pi} v\mathrm{d}v \int_0^a \sqrt{1+u^2}\,\mathrm{d}u$$

$$= 2\pi^2\left[\frac{u\sqrt{1+u^2}}{2} + \frac{\ln(u + \sqrt{1+u^2})}{2}\right]\Bigg|_0^a$$

$$= \pi^2\left[a\sqrt{1+a^2} + \ln(a + \sqrt{1+a^2})\right]$$

例 28.5　计算 $I = \iint_{\Sigma} \dfrac{|z|}{a^2}(lx + my + nz)\mathrm{d}S$，其中 $\sum$ 为 $x^2 + y^2 + z^2 = a^2$，l, m, n 为球面外法线的方向余弦.

解　因为 $(l, m, n) = \left(\dfrac{x}{a}, \dfrac{y}{a}, \dfrac{z}{a}\right)$，于是

$$I = \iint_{\Sigma} \frac{|z|}{a^2}(lx + my + nz)\mathrm{d}S$$

$$= \iint_{\Sigma} \frac{|z|}{a^2}\left(\frac{x^2 + y^2 + z^2}{a}\right)\mathrm{d}S$$

$$= \iint_{\Sigma} \frac{|z|}{a}\mathrm{d}S = 2\iint_{\Sigma_{上}} \frac{|z|}{a}\mathrm{d}S$$

$$= 2\iint_{x^2+y^2 \leqslant a^2} \frac{\sqrt{a^2 - x^2 - y^2}}{a} \cdot \sqrt{1 + \frac{x^2}{a^2 - x^2 - y^2} + \frac{y^2}{a^2 - x^2 - y^2}}\,\mathrm{d}x\mathrm{d}y$$

$$= 2\iint_{x^2+y^2 \leqslant a^2} \mathrm{d}x\mathrm{d}y = 2\pi a^2$$

例 28.6　设 $\sum$ 为椭球面 $x^2 + y^2 + 2z^2 = 2$ 的上半部分，点 $P(x, y, z) \in \sum$，$\prod$ 为在点 P 处的切平面，$\mathrm{d}(x, y, z)$ 为点 $O(0, 0, 0)$ 到平面 $\prod$ 的距离，求 $I = \iint_{\Sigma} \dfrac{z}{\mathrm{d}(x, y, z)}\mathrm{d}S$.

解　椭球面在点 P 的切平面方程为 $x(X - x) + y(Y - y) + 2z(Z - z) = 0$，由 $P(x, y,$

$z) \in \sum$,化为 $xX+yY+2zZ-2=0$,$d(x,y,z)=\dfrac{2}{\sqrt{x^2+y^2+4z^2}}=\dfrac{2}{\sqrt{4-x^2-y^2}}$.

椭球面方程两边求微分:

$$x\mathrm{d}x+y\mathrm{d}y+2z\mathrm{d}z=0,\mathrm{d}z=-\frac{x}{2z}\mathrm{d}x-\frac{y}{2z}\mathrm{d}y \Rightarrow \frac{\partial z}{\partial x}=-\frac{x}{2z},\frac{\partial z}{\partial y}=-\frac{y}{2z}$$

所以

$$\mathrm{d}S=\sqrt{1+\left(\frac{x}{2z}\right)^2+\left(\frac{y}{2z}\right)^2}\mathrm{d}x\mathrm{d}y=\frac{\sqrt{x^2+y^2+4z^2}}{2z}\mathrm{d}x\mathrm{d}y(z\geqslant 0)=\frac{\sqrt{4-x^2-y^2}}{2z}\mathrm{d}x\mathrm{d}y$$

因此

$$\iint\limits_{\Sigma}\frac{z}{d(x,y,z)}\mathrm{d}S=\iint\limits_{x^2+y^2\leqslant 2}\frac{z\cdot\sqrt{4-x^2-y^2}}{2}\cdot\frac{\sqrt{4-x^2-y^2}}{2z}\mathrm{d}x\mathrm{d}y$$

$$=\frac{1}{4}\iint\limits_{x^2+y^2\leqslant 2}(4-x^2-y^2)\mathrm{d}x\mathrm{d}y=\frac{1}{4}\int_0^{2\pi}\mathrm{d}\theta\int_0^{\sqrt{2}}(4-r^2)r\mathrm{d}r=\frac{3}{2}\pi$$

例 28.7 计算 $F(t)=\iint\limits_{x+y+z=t}f(x,y,z)\mathrm{d}S$,其中 $f(x,y,z)=\begin{cases}1-x^2-y^2-z^2, & x^2+y^2+z^2\leqslant 1\\ 0, & x^2+y^2+z^2>1\end{cases}$.

解 $F(t)=\iint\limits_{\Sigma}(1-x^2-y^2-z^2)\mathrm{d}S$,其中 $\sum$ 为 $x+y+z=t$ 被 $x^2+y^2+z^2=1$ 所截部分,作坐标旋转,令 $w=\dfrac{x+y+z}{\sqrt{3}}$,并在 $w=0$ 的平面上,任取定二正交轴为 u,v 轴,使 $Ouvw$ 为右手系,并使 $x^2+y^2+z^2=u^2+v^2+w^2$,则 $F(t)=\iint\limits_{\Sigma_1}(1-u^2-v^2-w^2)\mathrm{d}S$,其中 $\sum_1$ 为 $w=\dfrac{t}{\sqrt{3}}$ 被 $u^2+v^2+w^2=1$ 截取部分,它在 uOv 平面上的投影为 $D_{uv}:u^2+v^2\leqslant 1-\dfrac{t^2}{3}(|t|\leqslant\sqrt{3})$. 因此当 $|t|\leqslant\sqrt{3}$ 时,$F(t)=\iint\limits_{D_{uv}}\left(1-u^2-v^2-\dfrac{t^2}{3}\right)\mathrm{d}u\mathrm{d}v=\int_0^{2\pi}\mathrm{d}\theta\int_0^{\sqrt{1-\frac{t^2}{3}}}\left(1-\dfrac{t^2}{3}-r^2\right)r\mathrm{d}r=\dfrac{1}{18}\pi(3-t^2)^2$. 当 $|t|>\sqrt{3}$ 时,$f(x,y,z)\equiv 0$,所以 $F(t)\equiv 0$.

例 28.8 求证 $I=\oiint\limits_{\Sigma}(x+y+z-\sqrt{3}a)\mathrm{d}S\leqslant 12\pi a^3$,其中 $\sum:x^2+y^2+z^2-2ax-2ay-2az+a^2=0$($a$ 为常数).

证明

证法一 球面 $\sum$ 即 $(x-a)^2+(y-a)^2+(z-a)^2=2a^2$ 由对称性得

$$\oiint\limits_{\Sigma}(x+y+z)\mathrm{d}S=3\oiint\limits_{\Sigma}z\mathrm{d}S$$

当球面均匀时,由形心坐标知 $\oiint\limits_{\Sigma}z\mathrm{d}S=\bar{z}\cdot\oiint\limits_{\Sigma}\mathrm{d}S=8\pi a^3$,故

$$I=\oiint\limits_{\Sigma}(x+y+z-\sqrt{3}a)\mathrm{d}S=3\oiint\limits_{\Sigma}z\mathrm{d}S-\sqrt{3}a\oiint\limits_{\Sigma}\mathrm{d}S$$

$$=24\pi a^3-\sqrt{3}a\cdot 8\pi a^2=8(3-\sqrt{3})\pi a^3$$

$$=\frac{4}{3+\sqrt{3}}\cdot 12\pi a^3\leqslant 12\pi a^3$$

证法二　球面上任意点 $M(x,y,z)$ 处的外法线方向的单位向量为

$$\boldsymbol{n}=(\cos\alpha,\cos\beta,\cos\gamma)=\frac{1}{\sqrt{(x-a)^2+(y-a)^2+(z-a)^2}}(x-a,y-a,z-a)$$

$$=\frac{1}{\sqrt{2}a}(x-a,y-a,z-a)$$

故 $I=\oiint\limits_{\Sigma}(x+y+z-\sqrt{3}a)\mathrm{d}S=\oiint\limits_{\Sigma}\left[(x-a)+(y-a)+(z-a)+(3-\sqrt{3})a\right]\mathrm{d}S$

$$=\sqrt{2}a\oiint\limits_{\Sigma}(\cos\alpha+\cos\beta+\cos\gamma)\mathrm{d}S+(3-\sqrt{3})a\oiint\limits_{\Sigma}\mathrm{d}S$$

$$=\sqrt{2}a\oiint\limits_{\Sigma}(\mathrm{d}y\mathrm{d}z+\mathrm{d}z\mathrm{d}x+\mathrm{d}x\mathrm{d}y)+(3-\sqrt{3})a\cdot 8\pi a^2$$

$$=\sqrt{2}a\iiint\limits_{\Omega}(0+0+0)\mathrm{d}V+(3-\sqrt{3})a\cdot 8\pi a^2$$

$$=8(3-\sqrt{3})\pi a^3\leqslant 12\pi a^3$$

例 28.9　求证 $\oiint\limits_{\Sigma}f(ax+by+cz)\mathrm{d}S=2\pi\int_{-1}^{1}f(\sqrt{a^2+b^2+c^2}t)\mathrm{d}t$，其中 $\sum$ 为球面 $x^2+y^2+z^2=1$.

证明

证法一　令 $\overrightarrow{OA}=(a,b,c)$，$\overrightarrow{OM}=(x,y,z)$，$\overrightarrow{OA}$，$\overrightarrow{OM}$ 夹角为 φ，则

$$ax+by+cz=\overrightarrow{OA}\cdot\overrightarrow{OM}=|\overrightarrow{OA}||\overrightarrow{OM}|\cos\varphi=\sqrt{a^2+b^2+c^2}\cos\varphi$$

取 $\overrightarrow{OA}$ 为 z 轴，单位球面的参数方程为

$$x=\cos\theta\sin\varphi,y=\sin\theta\sin\varphi,z=\cos\varphi(0\leqslant\theta\leqslant 2\pi,0\leqslant\varphi\leqslant\pi),\mathrm{d}S=\sin\varphi\mathrm{d}\varphi\mathrm{d}\theta$$

所以

$$\oiint\limits_{\Sigma}f(ax+by+cz)\mathrm{d}S=\int_0^{2\pi}\mathrm{d}\theta\int_0^{\pi}f(\sqrt{a^2+b^2+c^2}\cos\varphi)\sin\varphi\mathrm{d}\varphi$$

$$=-2\pi\int_0^{\pi}f(\sqrt{a^2+b^2+c^2}\cos\varphi)\mathrm{d}\cos\varphi$$

$$\xlongequal{t=\cos\varphi}\int_{-1}^{1}-2\pi f(\sqrt{a^2+b^2+c^2}t)\mathrm{d}t=2\pi\int_{-1}^{1}f(\sqrt{a^2+b^2+c^2}t)\mathrm{d}t$$

证法二　作坐标旋转，令 $w=\dfrac{ax+by+cz}{\sqrt{a^2+b^2+c^2}}$，并在 $w=0$ 的平面上，任意取定二正交轴为 u,v 轴，使 $Ouvw$ 为右手系且 $x^2+y^2+z^2=u^2+v^2+w^2$，积分曲面 $\sum:x^2+y^2+z^2=1$ 变为 $\sum_1:u^2+v^2+w^2=1$，$\sum_1$ 的柱坐标方程为 $u=\sqrt{1-w^2}\cos\alpha,v=\sqrt{1-w^2}\sin\alpha,w=w(0\leqslant\alpha\leqslant 2\pi,-1\leqslant w\leqslant 1)$，这时

$$E=u'^2_\alpha+v'^2_\alpha+w'^2_\alpha=1-w^2,G=u'^2_w+v'^2_w+w'^2_w=\frac{1}{1-w^2}$$

$$F=u'_\alpha u'_w+v'_\alpha v'_w+w'_\alpha w'_w=0$$

$$\mathrm{d}S=\sqrt{EG-F^2}\mathrm{d}\alpha\mathrm{d}w=\sqrt{\frac{1}{1-w^2}(1-w^2)-0}\mathrm{d}\alpha\mathrm{d}w=\mathrm{d}\alpha\mathrm{d}w$$

$$\oiint_{\Sigma} f(ax+by+cz)\mathrm{d}S = \iint_{\Sigma_1} f(\sqrt{a^2+b^2+c^2}w)\mathrm{d}S$$
$$= \int_0^{2\pi}\mathrm{d}\alpha\int_{-1}^{1} f(\sqrt{a^2+b^2+c^2}w)\mathrm{d}w$$
$$= 2\pi\int_{-1}^{1} f(\sqrt{a^2+b^2+c^2}w)\mathrm{d}w = 2\pi\int_{-1}^{1} f(\sqrt{a^2+b^2+c^2}t)\mathrm{d}t$$

例 28.10 计算 $I=\iint\limits_{\Sigma}\dfrac{\mathrm{d}S}{\sqrt{1+z^2}}$，$\sum$ 是 $\begin{cases}(x-1)\cos\alpha+y\sin\alpha+\ln z=0\\(1-x)\sin\alpha+y\cos\alpha=0\end{cases}$ 所确定的曲面 $z=z(x,y)$ 介于 $z=1,z=\mathrm{e}$ 之间的部分.

解 $\begin{cases}(x-1)\cos\alpha+y\sin\alpha+\ln z=0 & ①\\(1-x)\sin\alpha+y\cos\alpha=0 & ②\end{cases}$

确定了 $z=z(x,y),\alpha=\alpha(x,y)$.

$(1)\times\sin\alpha+(2)\times\cos\alpha\Rightarrow y=-\sin\alpha\cdot\ln z$ ③

$(1)\times\cos\alpha-(2)\times\sin\alpha\Rightarrow x-1=-\cos\alpha\cdot\ln z$ ④

$(3)^2+(4)^2\Rightarrow(x-1)^2+y^2=\ln^2 z$ ⑤

$\sum$ 在 xOy 平面上的投影为 $D:(x-1)^2+y^2\leqslant 1$.

⑤ 式求微分得 $(x-1)\mathrm{d}x+y\mathrm{d}y=\dfrac{\ln z}{z}\mathrm{d}z$，则 $\dfrac{\partial z}{\partial x}=(x-1)\dfrac{z}{\ln z},\dfrac{\partial z}{\partial y}=y\dfrac{z}{\ln z}$，因而 $\mathrm{d}S=\sqrt{1+z'^2_x+z'^2_y}=\sqrt{1+z^2}\mathrm{d}x\mathrm{d}y$，故 $\iint\limits_{\Sigma}\dfrac{\mathrm{d}S}{\sqrt{1+z^2}}=\iint\limits_{D}\mathrm{d}x\mathrm{d}y=\pi$.

例 28.11 计算 $I=\iint\limits_{\Sigma}\dfrac{\mathrm{d}S}{\sigma}$，其中 $\sum:\dfrac{x^2}{a^2}+\dfrac{y^2}{b^2}+\dfrac{z^2}{c^2}=1$，$\sigma$ 是坐标原点到曲面上过任一点 (x,y,z) 处的切平面的距离.

解 空间曲面上任一点 (x,y,z) 处的切平面方程为

$\dfrac{2x(X-x)}{a^2}+\dfrac{2y(Y-y)}{b^2}+\dfrac{2z(Z-z)}{c^2}=0$，即 $\dfrac{x}{a^2}X+\dfrac{y}{b^2}Y+\dfrac{z}{c^2}Z-1=0$

于是 $\dfrac{1}{\sigma}=\sqrt{\dfrac{x^2}{a^4}+\dfrac{y^2}{b^4}+\dfrac{z^2}{c^4}}$. 上半球面 $z=c\sqrt{1-\dfrac{x^2}{a^2}-\dfrac{y^2}{b^2}}$ 在 xOy 平面的投影区域为 D_{xy}：$\dfrac{x^2}{a^2}+\dfrac{y^2}{b^2}\leqslant 1$，且 $\mathrm{d}S=\sqrt{1+\left(\dfrac{\partial z}{\partial x}\right)^2+\left(\dfrac{\partial z}{\partial y}\right)^2}\mathrm{d}x\mathrm{d}y=\dfrac{c^2}{z}\sqrt{\dfrac{x^2}{a^4}+\dfrac{y^2}{b^4}+\dfrac{z^2}{c^4}}\mathrm{d}x\mathrm{d}y$，由积分曲面的对称性可知

$$I=\iint_{\Sigma}\frac{\mathrm{d}S}{\sigma}=2\iint_{\Sigma_{上}}\frac{\mathrm{d}S}{\sigma}=2\iint_{\Sigma_{上}}\sqrt{\frac{x^2}{a^4}+\frac{y^2}{b^4}+\frac{z^2}{c^4}}\cdot\frac{c^2}{z}\sqrt{\frac{x^2}{a^4}+\frac{y^2}{b^4}+\frac{z^2}{c^4}}\mathrm{d}x\mathrm{d}y$$
$$=2\iint_{D_{xy}}\frac{c^2}{c\sqrt{1-\frac{x^2}{a^2}-\frac{y^2}{b^2}}}\left[\frac{x^2}{a^4}+\frac{y^2}{b^4}+\frac{1-\frac{x^2}{a^2}-\frac{y^2}{b^2}}{c^2}\right]\mathrm{d}x\mathrm{d}y \quad (x=ar\cos\theta,y=br\sin\theta)$$
$$=2\int_0^{2\pi}\mathrm{d}\theta\int_0^1\frac{c}{\sqrt{1-r^2}}\left(\frac{r^2\cos^2\theta}{a^4}+\frac{r^2\sin^2\theta}{b^4}+\frac{1-r^2}{c^2}\right)abr\,\mathrm{d}r$$
$$=\frac{4\pi abc}{3}\left(\frac{1}{a^2}+\frac{1}{b^2}+\frac{1}{c^2}\right)$$

评注：考查切平面方程的写法和曲面积分定义.

2. 关于坐标的曲面积分的计算方法

(1) 利用公式、对称性直接计算曲面积分

例 28.12　计算 $I=\oiint\limits_{\Sigma}\left(\frac{\mathrm{d}y\mathrm{d}z}{x}+\frac{\mathrm{d}z\mathrm{d}y}{y}+\frac{\mathrm{d}x\mathrm{d}y}{z}\right)$，其中 $\sum$ 是 $\frac{x^2}{a^2}+\frac{y^2}{b^2}+\frac{z^2}{c^2}=1$ 的外侧.

解　$\oiint\limits_{\Sigma}\frac{\mathrm{d}x\mathrm{d}y}{z}=2\iint\limits_{\frac{x^2}{a^2}+\frac{y^2}{b^2}\leqslant 1}\frac{1}{c\sqrt{1-\frac{x^2}{a^2}-\frac{y^2}{b^2}}}\mathrm{d}x\mathrm{d}y$

$\xlongequal{x=ar\cos\theta,y=br\sin\theta}2\int_0^{2\pi}\mathrm{d}\theta\int_0^1\frac{abr}{c\sqrt{1-r^2}}\mathrm{d}r=\frac{4\pi ab}{c}$

同理，$\oiint\limits_{\Sigma}\frac{\mathrm{d}y\mathrm{d}z}{x}=\frac{4\pi bc}{a}$，$\oiint\limits_{\Sigma}\frac{\mathrm{d}z\mathrm{d}x}{y}=\frac{4\pi ac}{b}$.

故 $I=4\pi\left(\frac{cb}{a}+\frac{ac}{b}+\frac{ab}{c}\right)$.

例 28.13　计算曲面积分 $I=\iint\limits_{\Sigma}\frac{2\mathrm{d}y\mathrm{d}z}{x\cos^2 x}+\frac{\mathrm{d}z\mathrm{d}x}{\cos^2 y}+\frac{\mathrm{d}x\mathrm{d}y}{z\cos^2 z}$，其中 $\sum$ 是球面 $x^2+y^2+z^2=1$ 的外侧.

解　由轮换对称得 $\iint\limits_{\Sigma}\frac{2\mathrm{d}y\mathrm{d}z}{x\cos^2 x}=\iint\limits_{\Sigma}\frac{2\mathrm{d}x\mathrm{d}y}{z\cos^2 z}$，由奇偶对称性得 $\iint\limits_{\Sigma}\frac{\mathrm{d}z\mathrm{d}x}{\cos^2 y}=0$，所以

$$\iint\limits_{\Sigma}\frac{\mathrm{d}x\mathrm{d}y}{z\cos^2 z}=2\iint\limits_{x^2+y^2\leqslant 1}\frac{\mathrm{d}x\mathrm{d}y}{\sqrt{1-x^2-y^2}\cos^2\sqrt{1-x^2-y^2}}$$

$$=2\int_0^{2\pi}\mathrm{d}\theta\int_0^1\frac{r\mathrm{d}r}{\sqrt{1-r^2}\cos^2\sqrt{1-r^2}}$$

$$\xlongequal{t=\sqrt{1-r^2}}4\pi\int_0^1\frac{\mathrm{d}t}{\cos^2 t}=4\pi\tan 1$$

故 $I=3\iint\limits_{\Sigma}\frac{\mathrm{d}x\mathrm{d}y}{z\cos^2 z}=12\pi\tan 1$.

例 28.14　计算 $I=\iint\limits_{\Sigma}x^2\mathrm{d}y\mathrm{d}z+y^2\mathrm{d}z\mathrm{d}x+(x-a)^2yz\mathrm{d}x\mathrm{d}y$，其中积分曲面为 $\sum$：$z-c=\sqrt{R^2-(x-a)^2-(y-b)^2}$ 的上侧.

解　$\sum$ 是以 (a,b,c) 为中心，R 为半径的上半球面的外侧，它关于 $x=a$ 的平面前后对称，所以 $\iint\limits_{\Sigma}(x-a)^2yz\mathrm{d}x\mathrm{d}y=0$.

下面计算 $\iint\limits_{\Sigma}x^2\mathrm{d}y\mathrm{d}z+\iint\limits_{\Sigma}y^2\mathrm{d}x\mathrm{d}z$.

解法一　因 $x^2=(x-a)^2+2a(x-a)+a^2$，由曲面 $\sum$ 关于 $x=a$ 前后对称，所以 $\iint\limits_{\Sigma}[(x-a)^2+a^2]\mathrm{d}y\mathrm{d}z=0$.

$\iint\limits_{\Sigma}x^2\mathrm{d}y\mathrm{d}z=\iint\limits_{\Sigma}2a(x-a)\mathrm{d}y\mathrm{d}z=2\iint\limits_{\Sigma_1}2a(x-a)\mathrm{d}y\mathrm{d}z$，（$\sum_1$ 为 $\sum$ 在 $x=a$ 平面前面的部

分)

$$= 4a \iint\limits_{(y-b)^2+(z-c)^2 \leqslant R^2, z \geqslant c} \sqrt{R^2-(y-b)^2+(z-c)^2}\,\mathrm{d}y\mathrm{d}z \xlongequal{y=b+r\cos\theta, z=c+r\sin\theta} \frac{4}{3}\pi a R^3$$

同理,$\iint\limits_{\Sigma} y^2\,\mathrm{d}x\mathrm{d}z = \frac{4}{3}\pi b R^3$,所以 $I = \frac{4}{3}\pi(a+b)R^3$.

解法二 曲面$\sum$的参数方程

$$\begin{cases} x = a + R\cos\theta\sin\varphi \\ y = b + R\sin\theta\sin\varphi \\ z = c + R\cos\theta \end{cases} \left(0 \leqslant \theta \leqslant 2\pi, 0 \leqslant \varphi \leqslant \frac{\pi}{2}\right)$$

$A = \frac{\partial(y,z)}{\partial(\varphi,\theta)} = \begin{vmatrix} R\cos\varphi\sin\theta & R\sin\varphi\cos\theta \\ -R\sin\varphi & 0 \end{vmatrix} = R^2\sin^2\varphi\cos\theta$,且 $\boldsymbol{n}, \boldsymbol{T}_\varphi, \boldsymbol{T}_\theta$ 成右手系,故

$$\iint\limits_{\Sigma} x^2\,\mathrm{d}y\mathrm{d}z = \iint\limits_{\substack{0\leqslant\varphi\leqslant\frac{\pi}{2} \\ 0\leqslant\theta\leqslant 2\pi}} (a+R\sin\varphi\cos\theta)^2 R^2\sin^2\varphi\cos\theta\,\mathrm{d}\theta\mathrm{d}\varphi$$

$$= 2aR^3\int_0^{2\pi}\cos^2\theta\,\mathrm{d}\theta\int_0^{\frac{\pi}{2}}\sin^3\varphi\,\mathrm{d}\varphi = \frac{4}{3}a\pi R^3$$

同理求得$\iint\limits_{\Sigma} y^2\,\mathrm{d}x\mathrm{d}z = \frac{4}{3}b\pi R^3$,所以 $I = \frac{4}{3}(a+b)\pi R^3$.

(2) 高斯公式法

例 28.15 计算 $I = \oiint\limits_{\Sigma}(x+y+z)\mathrm{d}y\mathrm{d}z + [2y+\sin(x+z)]\mathrm{d}z\mathrm{d}x + (3z+\mathrm{e}^{x+y})\mathrm{d}x\mathrm{d}y$. 其中$\sum$为曲面 $|x-y+z|+|y-z+x|+|z-x+y|=1$ 表面的外侧.

解 利用高斯公式得

$$I = \iiint\limits_{\Omega} 6\,\mathrm{d}x\mathrm{d}y\mathrm{d}z, \Omega: |x-y+z|+|y-z+x|+|z-x+y| \leqslant 1$$

作变换:$u = x-y+z, v = y-z+x, w = z-x+y$,则

$$\Omega \to \Omega': |u|+|v|+|w| \leqslant 1$$

$$J = \frac{\partial(x,y,z)}{\partial(u,v,w)} = \frac{1}{\frac{\partial(u,v,w)}{\partial(x,y,z)}} = \frac{1}{\begin{vmatrix} 1 & -1 & 1 \\ 1 & 1 & -1 \\ -1 & 1 & 1 \end{vmatrix}} = \frac{1}{4}$$

故 $I = 6\iiint\limits_{\Omega'}\frac{1}{4}\mathrm{d}u\mathrm{d}v\mathrm{d}w = 2$.

例 28.16 设 $f(u)$ 有连续导函数,计算 $I = \iint\limits_{\Sigma}\frac{1}{y}f\left(\frac{x}{y}\right)\mathrm{d}y\mathrm{d}z + \frac{1}{x}f\left(\frac{x}{y}\right)\mathrm{d}y\mathrm{d}x + z\mathrm{d}x\mathrm{d}y$,其中$\sum$是 $y = x^2+z^2+6, y = 8-x^2-z^2$ 所围立体的外侧.

解 设 Ω 是$\sum$所围的区域,它在 xOz 面上的投影为 $x^2+z^2 \leqslant 1$,由高斯公式,得

$$I=\iiint\limits_{\Omega}\left\{\frac{\partial}{\partial x}\left[\frac{1}{y}f\left(\frac{x}{y}\right)\right]+\frac{\partial}{\partial y}\left[\frac{1}{x}f\left(\frac{x}{y}\right)\right]+\frac{\partial}{\partial z}(z)\right\}\mathrm{d}x\mathrm{d}y\mathrm{d}z$$

$$=\iiint\limits_{\Omega}\left[\frac{1}{y^2}f'\left(\frac{x}{y}\right)-\frac{1}{y^2}f'\left(\frac{x}{y}\right)+1\right]\mathrm{d}x\mathrm{d}y\mathrm{d}z$$

$$=\iiint\limits_{\Omega}\mathrm{d}x\mathrm{d}y\mathrm{d}z=\int_0^{2\pi}\mathrm{d}\theta\int_0^1 r\mathrm{d}r\int_{r^2+6}^{8-r^2}\mathrm{d}y=\pi$$

例 28.17　$\iint\limits_{S}x^2\mathrm{d}y\mathrm{d}z+y^2\mathrm{d}x\mathrm{d}z+z^2\mathrm{d}x\mathrm{d}y$,式中 S 为球壳 $(x-a)^2+(y-b)^2+(z-c)^2=R^2$ 的外表面.

解

解法一　根据轮换对称,只要计算 $\iint\limits_{S}z^2\mathrm{d}x\mathrm{d}y$. 注意到 $z-c=\pm\sqrt{R^2-(x-a)^2+(y-b)^2}$,并利用极坐标,即得

$$\iint\limits_{S}z^2\mathrm{d}x\mathrm{d}y$$

$$=\iint\limits_{(x-a)^2+(y-b)^2\leqslant R^2}\left[c+\sqrt{R^2-(x-a)^2+(y-b)^2}\right]^2\mathrm{d}x\mathrm{d}y-$$

$$\iint\limits_{(x-a)^2+(y-b)^2\leqslant R^2}[c-\sqrt{R^2-(x-a)^2+(y-b)^2}]^2\mathrm{d}x\mathrm{d}y$$

$$=4c\iint\limits_{(x-a)^2+(y-b)^2\leqslant R^2}\sqrt{R^2-(x-a)^2+(y-b)^2}\mathrm{d}x\mathrm{d}y$$

$$=4c\int_0^{2\pi}\mathrm{d}\varphi\int_0^R\sqrt{R^2-r^2}r\mathrm{d}r=8\pi c\left[-\frac{1}{3}(R^2-r^2)^{\frac{3}{2}}\right]\Big|_0^R=\frac{8}{3}\pi R^3c$$

于是有 $\iint\limits_{S}x^2\mathrm{d}y\mathrm{d}z+y^2\mathrm{d}x\mathrm{d}z+\iint\limits_{S}z^2\mathrm{d}x\mathrm{d}y=\frac{8}{3}\pi R^3(a+b+c)$.

解法二　设 $\Omega:(x-a)^2+(y-b)^2+(z-c)^2\leqslant R^2$,则由高斯公式得 $I=2\iiint\limits_{\Omega}(x+y+z)\mathrm{d}V$,若球体为均匀的,则其重心坐标为 (a,b,c),因为 $a=\dfrac{\iiint\limits_{\Omega}x\mathrm{d}V}{\iiint\limits_{\Omega}\mathrm{d}V}\Rightarrow\iiint\limits_{\Omega}x\mathrm{d}V=a\iiint\limits_{\Omega}\mathrm{d}V=\frac{4}{3}\pi aR^3$,同理 $\iiint\limits_{\Omega}y\mathrm{d}V=\frac{4}{3}\pi bR^3$,$\iiint\limits_{\Omega}z\mathrm{d}V=\frac{4}{3}\pi cR^3$,故 $I=\frac{8}{3}\pi R^3(a+b+c)$.

解法三　由高斯公式得

$$I=2\iiint\limits_{\Omega}(x+y+z)\mathrm{d}v$$

$$=2\iiint\limits_{\Omega}(x-a+y-b+z-c)\mathrm{d}x\mathrm{d}y\mathrm{d}z+2\iiint\limits_{\Omega}(a+b+c)\mathrm{d}x\mathrm{d}y\mathrm{d}z$$

$$\xlongequal{x-a=u,y-b=v,z-c=w}2\iiint\limits_{u^2+v^2+w^2\leqslant 1}(u+v+w)\mathrm{d}u\mathrm{d}v\mathrm{d}w+2(a+b+c)\times\frac{4}{3}\pi R^3$$

$$= \frac{8}{3}\pi R^3(a+b+c)$$

评注:充分利用对称性和质心坐标化简计算.

例 28.18 计算曲面积分 $I = \iint\limits_{S^+} \frac{x\mathrm{d}y\mathrm{d}z + y\mathrm{d}z\mathrm{d}x + z\mathrm{d}x\mathrm{d}y}{(x^2+y^2+z^2)^{\frac{3}{2}}}$,其中 S^+ 是 $\frac{7-z}{7} = \frac{(x-2)^2}{25} + \frac{(y-1)^2}{16}$ 的上侧.(特点:曲面不封闭;被积函数在原点不连续).

解 令 $P = \frac{x}{r^3}, Q = \frac{y}{r^3}, R = \frac{z}{r^3}, r = \sqrt{x^2+y^2+z^2}$,易求得

$$\frac{\partial P}{\partial x} + \frac{\partial Q}{\partial y} + \frac{\partial R}{\partial z} = \frac{3}{r^3} - \frac{3(x^2+y^2+z^2)}{r^5} = 0$$

$\sum^-$ 表示以原点为中心的上半单位球面的内侧,易见 $\sum^-$ 包含在 S 内,D^- 表示 xOy 平面上 $1 = \frac{(x-2)^2}{25} + \frac{(y-1)^2}{16}$ 的内部,$1 = x^2 + y^2$ 的外部的下侧,则

$$\iint\limits_{S^+ + D^- + \sum^-} = 0$$

故

$$I = \iint\limits_{S^+} = \oiint\limits_{S^+ + D^- + \sum^-} - \iint\limits_{D^- + \sum^-} = \iint\limits_{D^+ + \sum^+}$$

$$= \iint\limits_{D^+} \frac{x\mathrm{d}y\mathrm{d}z + y\mathrm{d}z\mathrm{d}x + z\mathrm{d}x\mathrm{d}y}{(x^2+y^2+z^2)^{\frac{3}{2}}} + \iint\limits_{\sum^+} \frac{x\mathrm{d}y\mathrm{d}z + y\mathrm{d}z\mathrm{d}x + z\mathrm{d}x\mathrm{d}y}{(x^2+y^2+z^2)^{\frac{3}{2}}}$$

$$= 0 + \iint\limits_{\sum^+} x\mathrm{d}y\mathrm{d}z + y\mathrm{d}z\mathrm{d}x + z\mathrm{d}x\mathrm{d}y$$

$$= \oiint\limits_{D_1^- + \sum^+} x\mathrm{d}y\mathrm{d}z + y\mathrm{d}z\mathrm{d}x + z\mathrm{d}x\mathrm{d}y - \iint\limits_{D_1^-} x\mathrm{d}y\mathrm{d}z + y\mathrm{d}z\mathrm{d}x + z\mathrm{d}x\mathrm{d}y$$

(D_1^- 表示 xOy 平面上 $x^2 + y^2 = 1$ 的内部的下侧)

$$= \iiint\limits_{\Omega} 3\mathrm{d}x\mathrm{d}y\mathrm{d}z - 0 = 3 \times \frac{1}{2} \times \frac{4\pi \times 1^3}{3} = 2\pi$$

评注:使用高斯公式一般来说会简单些,但碰到奇异点的方法是(1) 一般并不采取挖洞取奇点,用直接法较简单(因为三重积分的计算一般也并不简单);(2) 如果 $\frac{\partial P}{\partial x} + \frac{\partial Q}{\partial y} + \frac{\partial R}{\partial z} = 0$,则用挖洞法取奇点,用高斯公式会更简单.

例 28.19 计算 $I = \oiint\limits_{\sum} \frac{\cos(\boldsymbol{r},\boldsymbol{n})}{|\boldsymbol{r}|^2}\mathrm{d}S, \boldsymbol{r} = (x,y,z)$,$\sum:(x-a)^2 + (y-b)^2 + (z-c)^2 = R^2$ 的外侧.$(a^2+b^2+c^2 \neq R^2 > 0)$,$\boldsymbol{n}$ 是 $\sum$ 的外法线单位向量.

解 设 $\boldsymbol{n} = (\cos\alpha, \cos\beta, \cos\gamma)$,则

$$I = \oiint\limits_{\sum} \frac{\cos(\boldsymbol{r},\boldsymbol{n})}{|\boldsymbol{r}|^2}\mathrm{d}S = \oiint\limits_{\sum} \frac{\boldsymbol{r}\cdot\boldsymbol{n}}{|\boldsymbol{r}|^3}\mathrm{d}S = \oiint\limits_{\sum} \frac{x\cos\alpha + y\cos\beta + z\cos\gamma}{(x^2+y^2+z^2)^{\frac{3}{2}}}\mathrm{d}S$$

$$= \oiint\limits_{\sum} \frac{x\mathrm{d}y\mathrm{d}z + y\mathrm{d}z\mathrm{d}x + z\mathrm{d}x\mathrm{d}y}{(x^2+y^2+z^2)^{\frac{3}{2}}}$$

由于 $\frac{\partial P}{\partial x} + \frac{\partial Q}{\partial y} + \frac{\partial R}{\partial z} = \frac{3}{r^3} - \frac{3(x^2+y^2+z^2)}{r^5} = 0$,所以

(1) 当 $a^2+b^2+c^2>R^2$，$(0,0,0)$ 不在 $\sum$ 所围区域内，$I=0$；

(2) 当 $a^2+b^2+c^2<R^2$，$(0,0,0)$ 在 $\sum$ 所围区域内，此时在 $\sum$ 内作小球面：$\sum_1: x^2+y^2+z^2=\varepsilon^2$，取内侧，有

$$I=\oiint\limits_{\Sigma+\Sigma_1}-\oiint\limits_{\Sigma_1}=-\oiint\limits_{\Sigma_1}\frac{x\mathrm{d}y\mathrm{d}z+y\mathrm{d}z\mathrm{d}x+z\mathrm{d}x\mathrm{d}y}{(x^2+y^2+z^2)^{\frac{3}{2}}}$$

$$=-\frac{1}{\varepsilon^2}\oiint\limits_{\Sigma_1}x\mathrm{d}y\mathrm{d}z+y\mathrm{d}z\mathrm{d}x+z\mathrm{d}x\mathrm{d}y$$

$$=-\frac{1}{\varepsilon^2}\cdot(-1)\iiint\limits_{x^2+y^2+z^2\leqslant\varepsilon^2}3\mathrm{d}V=4\pi$$

3. 两类曲面积分的关系与一些证明题

例 28.20　计算曲面积分 $I=\iint\limits_{\Sigma}(z+2y)\mathrm{d}z\mathrm{d}x+z\mathrm{d}x\mathrm{d}y$. 其中，$\sum$ 是曲面 $z=x^2+y^2(0\leqslant z\leqslant 1)$，其法向量与 z 轴正向夹角为锐角，如例 28.20 图所示.

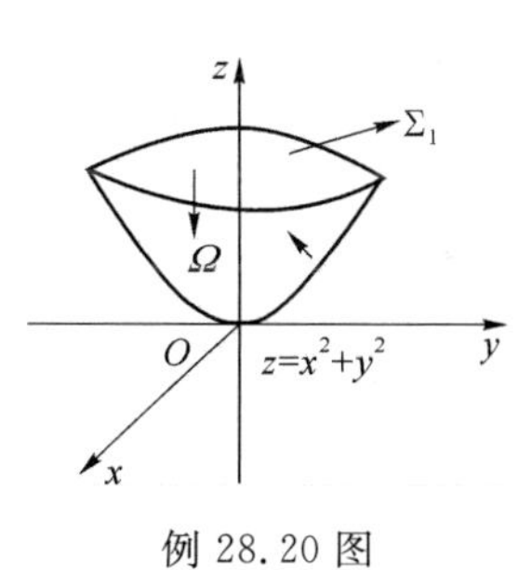

例 28.20 图

解

解法一　记 $\sum_1=\begin{cases}x^2+y^2\leqslant 1\\ z=1\end{cases}$ 下侧，则

$$I=\left(\iint\limits_{\Sigma}+\iint\limits_{\Sigma_1}\right)-\iint\limits_{\Sigma_1}=\oiint\limits_{\Sigma+\Sigma_1}(z+2y)\mathrm{d}z\mathrm{d}x+z\mathrm{d}x\mathrm{d}y-\iint\limits_{\Sigma_1}(z+2y)\mathrm{d}z\mathrm{d}x+z\mathrm{d}x\mathrm{d}y$$

$$=-\iiint\limits_{\Omega}3\mathrm{d}x\mathrm{d}y\mathrm{d}z-\iint\limits_{\Sigma_1}\mathrm{d}x\mathrm{d}y$$

$$=-3\int_0^{2\pi}\mathrm{d}\theta\int_0^1 r\mathrm{d}r\int_{r^2}^1\mathrm{d}z+\iint\limits_{x^2+y^2\leqslant 1}\mathrm{d}x\mathrm{d}y=-\frac{3}{2}\pi+\pi=-\frac{\pi}{2}$$

解法二　转换投影

曲面所给的法线方向为 $\boldsymbol{n}=(-2x,-2y,1)$，所以方向余弦为

$$\cos\alpha=\frac{-2x}{\sqrt{1+4x^2+4y^2}},\cos\beta=\frac{-2y}{\sqrt{1+4x^2+4y^2}},\cos\gamma=\frac{1}{\sqrt{1+4x^2+4y^2}}$$

故
$$I=\iint\limits_{\Sigma}(z+2y)\mathrm{d}z\mathrm{d}x+z\mathrm{d}x\mathrm{d}y$$

$$=\iint\limits_{\Sigma}[(z+2y)\cos\beta+z\cos\gamma]\mathrm{d}S$$

$$=\iint\limits_{\Sigma}\left[(z+2y)\frac{\cos\beta}{\cos\gamma}+z\right]\cos\gamma\mathrm{d}S$$

$$=\iint\limits_{\Sigma}[(z+2y)(-2y)+z]\mathrm{d}x\mathrm{d}y$$

$$= \iint\limits_{x^2+y^2\leqslant 1} [(x^2+y^2)(-2y)-4y^2+x^2+y^2]\mathrm{d}x\mathrm{d}y$$

$$= \iint\limits_{x^2+y^2\leqslant 1} [-4y^2+x^2+y^2]\mathrm{d}x\mathrm{d}y \quad (x,y\ \text{的轮换对称性})$$

$$=-\iint\limits_{x^2+y^2\leqslant 1} [x^2+y^2]\mathrm{d}x\mathrm{d}y=-\int_0^{2\pi}\mathrm{d}\theta\int_0^1 r^3\,\mathrm{d}r=-\frac{\pi}{2}$$

例 28.21 设半径为 r 的球面 $\sum$ 的球心在半径为 R(R 为正常数) 的定球面 $\sum_0$ 上,问当 r 为何值时,使得前者 $\sum$ 夹在定球内部 $\sum_0$ 的表面积最大,并求出此最大面积.

解 设定球的球心在原点,其方程为 $x^2+y^2+z^2=R^2$. 动球的球心在定球面上,由对称性不妨设动球的球心在 Oz 轴与定球面的交点 $A(0,0,R)$ 处,动球面的方程为 $x^2+y^2+(z-R)^2=r^2$,球面 $\sum$ 被球面 $\sum_0$ 所割部分的方程为 $z=R-\sqrt{r^2-x^2-y^2}$,则

$$\frac{\partial z}{\partial x}=\frac{x}{\sqrt{r^2-x^2-y^2}},\frac{\partial z}{\partial x}=\frac{y}{\sqrt{r^2-x^2-y^2}}$$

$$\sqrt{1+\left(\frac{\partial z}{\partial x}\right)^2+\left(\frac{\partial z}{\partial 2}\right)^2}=\frac{r}{\sqrt{r^2-x^2-y^2}}$$

球面 $\sum$ 与球面 $\sum_0$ 的交线在 xOy 平面的投影曲线方程为 $x^2+y^2=r^2-\dfrac{r^4}{4R^2}$,令 $l=\sqrt{r^2-\dfrac{r^4}{4R^2}}$,所求曲面面积为

$$S(r)=\iint\limits_D\sqrt{1+\left(\frac{\partial z}{\partial x}\right)^2+\left(\frac{\partial z}{\partial y}\right)^2}\mathrm{d}x\mathrm{d}y=\int_0^{2\pi}\mathrm{d}\theta\int_0^l\frac{r\rho}{\sqrt{r^2-\rho^2}}\mathrm{d}\rho$$

$$=2\pi r\left(r-\frac{r^2}{2R}\right)\quad(0<r<2R)$$

令 $\dfrac{\mathrm{d}S}{\mathrm{d}r}=\dfrac{\pi}{R}(4Rr-3r^2)=0$,得驻点 $r=\dfrac{4}{3}R$($r=0$ 舍去),$\dfrac{\mathrm{d}^2S}{\mathrm{d}r^2}=R(4R-6r)$,$\left.\dfrac{\mathrm{d}^2S}{\mathrm{d}r^2}\right|_{r=\frac{4}{3}R}=-4\pi<0$,所以 $S\left(\dfrac{4}{3}R\right)$是唯一极值且为极大值,故 $S\left(\dfrac{4}{3}R\right)$必为 S 在$(0,2R)$ 内的最大值.

4. 斯托克斯公式的计算问题

例 28.22 计算 $I=\oint_L(y^2-z^2)\mathrm{d}x+(2z^2-x^2)\mathrm{d}y+(3x^2-y^2)\mathrm{d}z$,其中 L 是平面 $x+y+z=2$ 与柱面 $|x|+|y|=1$ 的交线,从 z 轴正向看去,L 为逆时针方向.

解 利用斯托克斯公式,得

$$I=\oint\limits_L(y^2-z^2)\mathrm{d}x+(2z^2-x^2)\mathrm{d}y+(3x^2-y^2)\mathrm{d}z$$

$$=\iint\limits_S\begin{vmatrix}\cos\alpha & \cos\beta & \cos\gamma\\ \dfrac{\partial}{\partial x} & \dfrac{\partial}{\partial y} & \dfrac{\partial}{\partial z}\\ y^2-z^2 & 2z^2-x^2 & 3x^2-y^2\end{vmatrix}\mathrm{d}S$$

(S 是 $x+y+z=2$ 被 L 所围成部分,$\{\cos\alpha,\cos\beta,\cos\gamma\}$ 是 S 上侧法向量的方向余弦)

$$= \frac{1}{\sqrt{3}}\iint_S [(-2y-4z)+(-2z-6x)+(-2x-2y)]\mathrm{d}S$$

$$= \frac{1}{\sqrt{3}}\iint_D (-12-2x+2y)\sqrt{1+z_x^2+z_y^2}\,\mathrm{d}x\mathrm{d}y$$

$$\xlongequal{z=2-x-y} -12\iint_D \mathrm{d}x\mathrm{d}y = -24$$

其中 $D=\{(x,y)\mid |x|+|y|\leqslant 1\}$，由区域 D 的对称性得 $\iint_D x\,\mathrm{d}x\mathrm{d}y = \iint_D y\,\mathrm{d}x\mathrm{d}y = 0$.

例 28.23　计算 $\iint_\Sigma \mathrm{rot}\boldsymbol{F}\cdot \mathrm{d}\boldsymbol{S}$，其中 $\boldsymbol{F}=\{x-z, x^3+yz, -3xy^2\}$，$\sum$ 是锥面 $z=2-\sqrt{x^2+y^2}$ 在 xOy 坐标平面上方的部分，方向取上侧.

解

解法一　取平面 $\sum_1: z=0(x^2+y^2\leqslant 4)$，取下侧，则 Ω 为 $\sum$ 与 $\sum_1$ 围成的锥体，因此

$$\iint_\Sigma \mathrm{rot}\boldsymbol{F}\cdot\mathrm{d}S = \iint_\Sigma \begin{vmatrix} i & j & k \\ \dfrac{\partial}{\partial x} & \dfrac{\partial}{\partial y} & \dfrac{\partial}{\partial z} \\ x-z & x^3+yz & -3xy^2 \end{vmatrix}\cdot \mathrm{d}\boldsymbol{S}$$

$$= \iint_\Sigma \{-6xy-y, -1+3y^2, 3x^2-0\}\cdot\{\mathrm{d}y\mathrm{d}z, \mathrm{d}z\mathrm{d}x, \mathrm{d}x\mathrm{d}y\}$$

$$= \iint_\Sigma (-6xy-y)\mathrm{d}y\mathrm{d}z + (-1+3y^2)\mathrm{d}z\mathrm{d}x + 3x^2\mathrm{d}x\mathrm{d}y$$

$$= \iint_{\Sigma+\Sigma_1} - \iint_{\Sigma_1}$$

$$= \iiint_\Omega (-6y+6y+0)\mathrm{d}V - \iint_{\Sigma_1} 3x^2\mathrm{d}x\mathrm{d}y$$

$$= \iint_{x^2+y^2\leqslant 4} 3x^2\mathrm{d}x\mathrm{d}y = \frac{3}{2}\iint_{x^2+y^2\leqslant 4}(x^2+y^2)\mathrm{d}x\mathrm{d}y$$

$$= \frac{3}{2}\int_0^{2\pi}\mathrm{d}\theta\int_0^2 r^2\cdot r\mathrm{d}r = 12\pi$$

解法二　利用斯托克斯公式转化为曲线积分.

设曲面 $\sum$ 与 xOy 平面的交线(即曲面 $\sum$ 的边界)为 $\Gamma: x^2+y^2=4, z=0$；由斯托克斯公式得

$$\iint_\Sigma \mathrm{rot}\,\boldsymbol{F}\cdot\mathrm{d}\,\boldsymbol{S} = \oint_\Gamma (x-z)\mathrm{d}x + (x^3+yz)\mathrm{d}y - 3xy^2\mathrm{d}z$$

$$= \oint_\Gamma x\mathrm{d}x + x^3\mathrm{d}y \quad (z=0)$$

$$= \iint_{x^2+y^2\leqslant 4} 3x^2\mathrm{d}x\mathrm{d}y \quad (\text{格林公式})$$

$$= 12\pi$$

(三) 练习题

28.1　设$\sum$是平面$\frac{x}{2}+\frac{y}{3}+\frac{z}{4}=1$在第一象限的部分,求$\iint\limits_{\Sigma}\left(2x+\frac{4}{3}y+z\right)\mathrm{d}S$.

28.2　求$I=\oiint\limits_{\Sigma}(3x^2+y^2+2z^2)\mathrm{d}S$,其中$\sum$为$(x-1)^2+(y-1)^2+(z-1)^2=3$.

28.3　计算$I=\oiint\limits_{\Sigma}(ax+by+cz+\mathrm{d})^2\mathrm{d}S$,其中$\sum$为$x^2+y^2+z^2=R^2$.

28.4　求$I=\iint\limits_{\Sigma}2(1-x^2)\mathrm{d}y\mathrm{d}z+8xy\mathrm{d}z\mathrm{d}x-4xz\mathrm{d}x\mathrm{d}y$,其中$\sum$是由曲线$x=\mathrm{e}^y(0\leqslant y\leqslant a)$绕$x$轴旋转而成的曲面.

28.5　计算$\iint\limits_{\Sigma}\frac{ax\mathrm{d}y\mathrm{d}z+(z+a)^2\mathrm{d}x\mathrm{d}y}{x^2+y^2+z^2}$,其中$\sum$为$z=-\sqrt{a^2-x^2-y^2}$的上侧,$a$为正常数.

28.6　设曲面$\sum$:$|x|+|y|+|z|=1$,求$\oiint\limits_{\Sigma}(x+|y|)\mathrm{d}S$.

28.7　求证:$\left|\iint\limits_{\Sigma}f(ax+by+cz)\mathrm{d}S\right|\leqslant 4\pi M$,其中$\sum$为球面$x^2+y^2+z^2=1$,$a^2+b^2+c^2=1$,$a,b,c$为常数,$f(t)(|t|\leqslant 1)$为连续可微函数,$f(-1)=f(1)=0$,$M=\max\limits_{-1\leqslant t\leqslant 1}\{f'(t)\}$.

28.8　计算$I=\oiint\limits_{\Sigma}(x^2-2ax)\mathrm{d}y\mathrm{d}z+(y^2+by-\mathrm{e}^z)\mathrm{d}z\mathrm{d}x+(z^2+x-y)\mathrm{d}x\mathrm{d}y$,其中$\sum$为球面$(x-a)^2+(y-b)^2+z^2=R^2$的外侧.

28.9　球面$x^2+y^2+z^2=25$被曲面$z=13-x^2-y^2$分为三部分,试求这三部分曲面的面积之比.

28.10　设对于半空间$x>0$内任意的光滑有向闭曲面$\sum$,都有

$I=\oiint\limits_{\Sigma}xf(x)\mathrm{d}y\mathrm{d}z-xyf(x)\mathrm{d}z\mathrm{d}x-\mathrm{e}^{2x}z\mathrm{d}x\mathrm{d}y=0$,其中函数$f(x)$在$(0,+\infty)$内具有连续的一阶导数,且$\lim\limits_{x\to 0^+}f(x)=1$,求$f(x)$.

28.11　计算$I=\iint\limits_{\Sigma}[f(x,y,z)+x]\mathrm{d}y\mathrm{d}z+[2f(x,y,z)+y]\mathrm{d}z\mathrm{d}x+[f(x,y,z)+z]\mathrm{d}x\mathrm{d}y$,其中$f(x,y,z)$为连续函数,$\sum$是平面$x-y+z=1$在第四象限部分的上侧.

28.12　计算曲面积分$I=\iint\limits_{\Sigma}2x^3\mathrm{d}y\mathrm{d}z+2y^3\mathrm{d}z\mathrm{d}x+3(z^2-1)\mathrm{d}x\mathrm{d}y$,其中$\sum$是曲面$z=1-x^2-y^2$被平面$z=0$所截出部分的上侧.

28.13　求$I=\iint\limits_{\Sigma}(y-z)\mathrm{d}y\mathrm{d}z+(z-x)\mathrm{d}z\mathrm{d}x+(x-y)\mathrm{d}x\mathrm{d}y$,其中$\sum$是上半球面$x^2+$

$y^2+z^2=2Rx$ 被柱面 $x^2+y^2=2rx(0<r<R)$ 截下部分取上侧.

28.14　求证:$V=\dfrac{1}{3}\oiint\limits_{\Sigma} r\cos\varphi\mathrm{d}S$,其中 $r=r(\theta,\varphi)$ 为分片光滑闭曲面 $\sum$ 的球坐标,V 是 $\sum$ 所围的有界区域 Ω 的体积,φ 是曲面 $\sum$ 的外法线方向与向径所成的夹角.

24.15　设函数 $u=u(x,y,z)$ 在空间区域 Ω 内有直到二阶的连续偏导数,求证:Ω 内的任意封闭光滑曲面 $\sum$ 上的积分 $\oiint\limits_{\Sigma}\dfrac{\partial u}{\partial \boldsymbol{n}}\mathrm{d}S=0$($\boldsymbol{n}$ 是 $\sum$ 的外侧单位法向量)的充要条件是 u 为 Ω 内的调和函数(即在 Ω 内恒有 $\dfrac{\partial^2 u}{\partial x^2}+\dfrac{\partial^2 u}{\partial y^2}+\dfrac{\partial^2 u}{\partial z^2}=0$).

28.16　设 P,Q,R 在曲面 $\sum$ 上连续,M 为 $\sqrt{P^2+Q^2+R^2}$ 在 $\sum$ 上的最大值. 求证:$\oiint\limits_{\Sigma}P\mathrm{d}y\mathrm{d}z+Q\mathrm{d}z\mathrm{d}x+R\mathrm{d}x\mathrm{d}y\leqslant MS$,其中 S 为曲面 $\sum$ 的面积.

28.17　求证 $\oiint\limits_{\Sigma}\cos(\boldsymbol{n},\boldsymbol{l})\mathrm{d}S=0$,其中 $\sum$ 为封闭光滑曲面,$\boldsymbol{l}$ 为任意固定的已知方向向量,$\boldsymbol{n}$ 为曲面 $\sum$ 的外法线方向的单位向量.

28.18　设 P,Q,R 在 $\mathbf{R}^3$ 中有连续偏导数,对任意 $r>0$,$\forall(x_0,y_0,z_0)\in\mathbf{R}^3$,半球面 $\sum$:$z=z_0+\sqrt{r^2-(x-x_0)^2-(y-y_0)^2}$ 上的积分 $I=\oiint\limits_{\Sigma}P\mathrm{d}y\mathrm{d}z+Q\mathrm{d}z\mathrm{d}x+R\mathrm{d}x\mathrm{d}y=0$,求证:$\dfrac{\partial P}{\partial x}+\dfrac{\partial Q}{\partial y}=0$,$R=0$ 在 $\mathbf{R}^3$ 内处处成立.

28.19　求 $I=\oiint\limits_{\Sigma}\dfrac{x\mathrm{d}y\mathrm{d}z+y\mathrm{d}z\mathrm{d}x+z\mathrm{d}x\mathrm{d}y}{(x^2+y^2+z^2)^{3/2}}=0$,其中 $\sum$:$\dfrac{x^2}{a^2}+\dfrac{y^2}{b^2}+\dfrac{z^2}{c^2}=1$ 取外侧.

28.20　设 $\sum$:$x^2+y^2+z^2=1(z\geqslant 0)$ 的外侧,连续函数 $f(x,y)$ 满足 $f(x,y)=2(x-y)^2+\iint\limits_{\Sigma}x(z^2+\mathrm{e}^z)\mathrm{d}y\mathrm{d}z+y(z^2+\mathrm{e}^z)\mathrm{d}z\mathrm{d}x+[zf(x,y)-2\mathrm{e}^z]\mathrm{d}x\mathrm{d}y$,求 $f(x,y)$.

(四)答案与提示

28.1　$4\sqrt{61}$. $2x+\dfrac{4}{3}y+z=4\times\left(\dfrac{x}{2}+\dfrac{y}{3}+\dfrac{z}{4}\right)$.

28.2　144π. 轮换对称性和形心公式,$x^2+y^2+z^2=2(x+y+z)$,$I=6\oiint\limits_{\Sigma}(x^2)\mathrm{d}S=2\oiint\limits_{\Sigma}(x^2+y^2+z^2)\mathrm{d}S=4\oiint\limits_{\Sigma}(x+y+z)\mathrm{d}S=12\oiint\limits_{\Sigma}x\mathrm{d}S$.

28.3　$\dfrac{a^2+b^2+c^2}{3}4\pi R^4+4\pi d^2R^2$. 多项式展开和对称性.

28.4　$2\pi a^2(\mathrm{e}^{2a}-1)$. 作平面 $x=\mathrm{e}^a$,与曲面 $\sum$ 围成闭区域 Ω,利用高斯公式.

28.5　$-\frac{\pi}{2}a^3$. 曲面积分定义与高斯公式，或者两类积分关系将 $dydz$ 的积分转化为 $dxdy$.

28.6　$\frac{4}{3}\sqrt{3}$. 对称性知 $\oiint\limits_{\Sigma} x dS=0$, $\oiint\limits_{\Sigma} |y| dS=\frac{1}{3}\oiint\limits_{\Sigma}(|x|+|y|+|z|)dS$.

28.7　利用例28.8和分部积分，有 $I=2\pi\int_{-1}^{1}f(\sqrt{a^2+b^2+c^2}t)dt=2\pi\int_{-1}^{1}f(t)dt$.

28.8　$4\pi bR^3$. 对称性 $\oiint\limits_{\Sigma}(x-a)^2dydz=\oiint\limits_{\Sigma}(y-b)^2dzdx=\oiint\limits_{\Sigma}z^2dxdy=0$ 和高斯公式.

28.9　1∶7∶2. 关键是求出球面与曲面的两个交线，$\begin{cases}x^2+y^2=9\\ z=4\end{cases}$ 与 $\begin{cases}x^2+y^2=16\\ z=3\end{cases}$，分别求出两个球冠的面积 10π, 20π，再求出中间部分的面积 70π.

28.10　$f(x)=\frac{e^x}{x}(e^x-1)$. 由高斯公式对任意闭曲面有 $\pm\iiint\limits_{\Omega}[xf'(x)+f(x)-xf(x)-e^{2x}]dv=0$，得微分方程 $f'(x)+\left(\frac{1}{x}-1\right)f(x)=\frac{e^{2x}}{x}$.

28.11　$\frac{1}{2}$. 高斯公式.

28.12　$-\pi$. 高斯公式.

28.13　πRr^2. 投影轮换法与对称性，$\sum$ 的投影 $D_{xy}:(x-r)^2+y^2\leqslant r^2$, $z^2=2Rx-x^2-y^2\Rightarrow\frac{\partial z}{\partial x}=\frac{R-x}{z}$, $\frac{\partial z}{\partial y}=\frac{-y}{z}$，则

$$I=\iint\limits_{\Sigma}\left[(y-z)\left(-\frac{R-x}{z}\right)+(z-x)\left(\frac{y}{z}\right)+(x-y)\right]dxdy=\iint\limits_{D_{xy}}[(R-x)+x]dxdy$$

28.14　设曲面上任一点为 $P(x,y,z)$，则径向量为 $\boldsymbol{r}=(x,y,z)$，其模 $r=\sqrt{x^2+y^2+z^2}$, $\boldsymbol{n}=(\cos\alpha,\cos\beta,\cos\gamma)$ 表示曲面上外法线上单位向量，有 $\cos\varphi=\frac{\boldsymbol{r}\cdot\boldsymbol{n}}{r}=\frac{x}{r}\cos\alpha+\frac{y}{r}\cos\beta+\frac{z}{r}\cos\gamma$. 因此

$$\begin{aligned}\frac{1}{3}\oiint\limits_{\Sigma}r\cos\varphi dS&=\frac{1}{3}\oiint\limits_{\Sigma}(x\cos\alpha+y\cos\beta+z\cos\gamma)dS\\&=\frac{1}{3}\oiint\limits_{\Sigma}xdydz+ydzdx+zdxdy=\frac{1}{3}\iiint\limits_{\Omega}3dV=V\end{aligned}$$

28.15　充分性用高斯公式，必要性用反证法和二阶偏导的连续性.

28.16　两类曲面积分的关系和基本积分不等式.

28.17　令 $\boldsymbol{n}=(\cos\alpha,\cos\beta,\cos\gamma)$，单位向量 $\boldsymbol{l}=(\cos\alpha_0,\cos\beta_0,\cos\gamma_0)$，则

$$\oiint\limits_{\Sigma}\cos(\boldsymbol{n},\boldsymbol{l})dS=\oiint\limits_{\Sigma}(\cos\alpha\cdot\cos\alpha_0+\cos\beta\cdot\cos\beta_0+\cos\gamma\cdot\cos\gamma_0)dS=\iiint\limits_{\Omega}0dV.$$

28.18　略.

28.19　4π. 利用直接法计算很困难，高斯公式需要挖洞去掉奇点(0,0,0)，做 $\sum_1:x^2+y^2+$

$z^2=\varepsilon^2$，取内侧，计算 $\frac{\partial P}{\partial x}+\frac{\partial Q}{\partial y}+\frac{\partial R}{\partial z}=0$，故 $I=0+\iint\limits_{\Sigma_1^+}\frac{x\mathrm{d}y\mathrm{d}z+y\mathrm{d}z\mathrm{d}x+z\mathrm{d}x\mathrm{d}y}{(\varepsilon^2)^{3/2}}=$ $\frac{1}{\varepsilon^3}\iiint\limits_{\Omega}3\mathrm{d}V=4\pi$.

28.20　$f(x,y)=2(x-y)^2+\frac{18\pi}{5(2\pi-3)}$. 取 xOy 平面上 $\sum_1:x^2+y^2\leqslant 1$ 下侧，令曲面积分等于 a，则

$$a=\iint\limits_{\Sigma+\Sigma_1}-\iint\limits_{\Sigma_1}=\iiint\limits_{\Omega}[2z^2+f(x,y)]\mathrm{d}V+\iint\limits_{D}(-2)\mathrm{d}x\mathrm{d}y$$

$$=\iiint\limits_{\Omega}[2z^2+2(x-y)^2+a]\mathrm{d}V+\iint\limits_{D}(-2)\mathrm{d}x\mathrm{d}y=\iiint\limits_{\Omega}[2(x^2+y^2+z^2)-4xy+a]\mathrm{d}V-2\pi$$

$$=-\frac{6}{5}\pi+\frac{2}{3}\pi a$$

故 $a=\frac{18\pi}{5(2\pi-3)}$.

第二十九讲　常微分方程

（一）内容要点

1. 主要知识点

（1）基本概念：常微分方程、解（特解、通解），阶，（非）线性，（非）齐次，定解条件；

（2）微分方程解的叠加原理；

（3）基本题型：

① 一阶：可分离变量、齐次方程、线性方程、贝努利方程；

② 二阶：可降阶，二阶线性常系数方程；

③ 欧拉方程；

④ 微分方程应用问题建模与求解.

评注：

① n 阶微分方程的通解应包含 n 个独立的任意常数，求 n 阶方程的特解需要 n 个初始条件；

② 尽可能求出方程特解，方程的初始条件往往需要由题意找出.

（4）可化为齐次方程的微分方程 $\dfrac{\mathrm{d}y}{\mathrm{d}x}=f\left(\dfrac{a_1x+b_1y+c_1}{a_2x+b_2y+c_2}\right)$

① $c_1=c_2=0$，$\dfrac{\mathrm{d}y}{\mathrm{d}x}=f\left(\dfrac{a_1+b_1\dfrac{y}{x}}{a_2+b_2\dfrac{y}{x}}\right)=g\left(\dfrac{y}{x}\right)$；

② $\begin{vmatrix} a_1 & b_1 \\ a_2 & b_2 \end{vmatrix}=0\Rightarrow\dfrac{a_1}{a_2}=\dfrac{b_1}{b_2}=\lambda\Rightarrow\dfrac{\mathrm{d}y}{\mathrm{d}x}=f\left(\dfrac{\lambda(a_2x+b_2y)+c_1}{a_2x+b_2y+c_2}\right)=g(a_2x+b_2y)$，令 $u=a_2x+b_2y\Rightarrow a_2+b_2\dfrac{\mathrm{d}y}{\mathrm{d}x}=\dfrac{\mathrm{d}u}{\mathrm{d}x}\Rightarrow\dfrac{\mathrm{d}u}{\mathrm{d}x}=a_2+b_2f(u)$；

③ $\begin{vmatrix} a_1 & b_1 \\ a_2 & b_2 \end{vmatrix}\neq0\wedge c_1,c_2$ 不全为零，解方程组 $\begin{cases} a_1x+b_1y+c_1=0 \\ a_2x+b_2y+c_2=0 \end{cases}$，解为 (x_0,y_0)，做平移：$x=X+x_0$，$y=Y+y_0$，代入原方程得 $\dfrac{\mathrm{d}Y}{\mathrm{d}X}=\varphi\left(\dfrac{Y}{X}\right)$.

2. 一阶线性方程 $\dfrac{\mathrm{d}y}{\mathrm{d}x}+P(x)y=Q(x)$ 解法

（1）常数变异法；

（2）公式法 $y = e^{-\int P(x)dx}\left[\int Q(x)e^{\int P(x)dx}dx + C\right]$.

3. 贝努利方程 $\frac{dy}{dx} + P(x)y = Q(x)y^n$

令 $z = y^{1-n}$，贝努利方程变为标准的线性方程 $\frac{dz}{dx} + (1-n)P(x)z = (1-n)Q(x)$.

4. 全微分方程

$P(x,y)dx + Q(x,y)dy = 0$ 为全微分方程 $\Leftrightarrow \frac{\partial P}{\partial y} = \frac{\partial Q}{\partial x}$.

通解：$\int_{x_0}^{x} P(x,y)dx + \int_{y_0}^{y} Q(x,y)dy = C$.

全微分方程的三种解法：原函数法、分项组合法和曲线积分法.

常用表达式：

（1）$ydx + xdy = d(xy)$；

（2）$xdx + ydy = \frac{1}{2}d(x^2 + y^2)$；

（3）$\frac{ydx - xdy}{y^2} = d\left(\frac{x}{y}\right)$，$\frac{xdy - ydx}{x^2} = d\left(\frac{y}{x}\right)$；

（4）$\frac{ydx - xdy}{x^2 + y^2} = d\left(\arctan\frac{y}{x}\right)$；

（5）$\frac{ydx - xdy}{xy} = d\left(\ln\frac{x}{y}\right)$.

5. 线性方程性质

（1）线性齐次方程解的结构定理

设 $y'' + P(x)y' + Q(x)y = 0$ 有两个无关解 $y_1(x), y_2(x)$，则此齐次方程的通解为

$$y_{通解} = c_1 y_1(x) + c_2 y_2(x)$$

（2）线性非齐次方程解的结构定理

$y'' + P_1(x)y' + P_2(x)y = Q(x)$ 的通解等于相应齐次方程的通解加自身特解，即

$$y_{非通} = y_{齐通} + y^*_{非特}$$

（3）线性非齐次“特解”的叠加原理

设非齐次方程 $y'' + P_1(x)y' + P_2(x)y = Q_1(x) + Q_2(x)$，那么 $y^* = y_1^* + y_2^*$，其中 y_1^* 是 $y'' + P_1(x)y' + P_2(x)y = Q_1(x)$ 的特解，y_2^* 是 $y'' + P_1(x)y' + P_2(x)y = Q_2(x)$ 的特解.

6. 二阶线性常系数非齐次方程（重点加难点）

形如 $y'' + py' + qy = Q(x)$

（1）齐次方程 $y'' + py' + qy = 0$ 的通解求法步骤：

① 写出对应的特征方程 $r^2 + pr + q = 0$；

② 依据特征根写出相应的通解

若实特征根 $r_1 \neq r_2$，$y_{通解} = C_1 e^{r_1 x} + C_2 e^{r_2 x}$；

若实特征根 $r_1 = r_2 = -\frac{p}{2}$，$y_{通解} = (C_1 + C_2 x)e^{r_1 x}$；

若复特征根 $r_{1,2} = \alpha \pm i\beta$，$y_{通解} = e^{\alpha x}(C_1\cos\beta x + C_2\sin\beta x)$.

（2）非齐次方程 $y'' + py' + qy = Q(x)$ 特解求法

求特解有两种方法:常数变易法和待定系数法(重点是后者).

① 对 $Q(x)=e^{\lambda x}P_m(x)$ 型,有下列形式的特解:$y^*=x^k e^{\lambda x}Q_m(x)$,其中

当 λ 不是特征根时,取 $k=0$;

当 λ 是单特征根时,取 $k=1$;

当 λ 是二重特征根时,取 $k=2$.

评注:该结论可推广到高阶常系数线性微分方程(k 是重根次数).

② 对 $Q(x)=e^{\lambda x}[P_l(x)\cos\omega x+P_n(x)\sin\omega x]$型,其特解可设为

$y^*=x^k e^{\lambda x}[R_m^1\cos\omega x+R_m^2\sin\omega x]$,其中 $m=\max\{n,l\}$,k 是 $\lambda+i\omega$ 的重数.

③ 待定系数法

将 y^*、$y^{*\prime}$、$y^{*\prime\prime}$ 代入原方程比较系数,求出待定系数.

7. 欧拉方程

形如 $x^n y^{(n)}+p_1x^{n-1}y^{(n-1)}+\cdots p_{n-1}xy'+p_ny=Q(x)$.

特点:各项未知函数导数的阶数与乘积因子自变量的次数相同.

解法:欧拉方程是特殊的变系数方程,通过变量代换可化为常系数微分方程.

解法:令 $x=e^t$,则 $t=\ln x$,则

$$y'=\frac{dy}{dx}=\frac{dy}{dt}\frac{dt}{dx}=\frac{1}{x}\frac{dy}{dt}\Rightarrow xy'=\frac{dy}{dt}\overset{\text{记为}}{=\!=}Dy$$

$$y''=\frac{d^2y}{dx^2}=\frac{d}{dt}\left(\frac{1}{x}\frac{dy}{dt}\right)\cdot\frac{dt}{dx}=\frac{1}{x^2}\left(\frac{d^2y}{dt^2}-\frac{dy}{dt}\right)$$

$$\Rightarrow x^2y''=\frac{d^2y}{dt^2}-\frac{dy}{dt}\overset{\text{记为}}{=\!=}D^2y-Dy=D(D-1)y$$

一般地,$x^ky^{(k)}=D(D-1)\cdots(D-k+1)y$,于是欧拉方程

$$x^ny^{(n)}+p_1x^{n-1}y^{(n-1)}+\cdots p_{n-1}xy'+p_ny=Q(x)$$

转化为常系数线性方程:$\frac{d^ny}{dt^n}+b_1\frac{d^{n-1}y}{dt^{n-1}}+\cdots+b_ny=Q(e^t)$.

(二) 例题选讲

1. 一阶微分方程及应用

例 29.1 求解下列微分方程:

(1) $y^2\ln(1+x)dx+\arctan y\,dy=0$; (2) $y^2dx+(xy-1)dy=0$;

(3) $(y^4-3x^2)y'+xy=0$; (4) $y(1+e^{\frac{x}{y}})dx+e^{\frac{x}{y}}(y-x)dy=0$.

解 (1) 化为 $-\frac{\arctan y}{y^2}dy=\ln(1+x)dx$,两边分部积分得

$$\frac{\arctan y}{y}-\ln y+\frac{1}{2}\ln(1+y^2)=x\ln(1+x)-x+\ln(1+x)+C$$

(2) 化为$\frac{dx}{dy}+\frac{1}{y}x=\frac{1}{y^2}$,则 $x=e^{-\int\frac{1}{y}dy}\left[\int\frac{1}{y^2}e^{\int\frac{1}{y}dy}dy+C\right]=\frac{\ln|y|+C}{y}$;

(3) 化为$(y^4-3x^2)\frac{dy}{dx}=-xy\Rightarrow\frac{dx}{dy}=\frac{3x}{y}-\frac{y^3}{x}\Rightarrow\frac{xdx}{dy}=\frac{3x^2}{y}-y^3\Rightarrow\frac{d(x^2)}{dy}-\frac{6}{y}x^2=-2y^3$(关

于 x^2 的一阶线性微分方程)，代入公式 $x^2 = e^{\int \frac{6}{y}dy}\left[-2\int y^3 e^{-\int \frac{6}{y}dy}dy + C\right] \Rightarrow x^2 + y^4 = cy^6$；

(4) 令 $u = \dfrac{x}{y}$，方程化为 $y(1+e^u)(udy + ydu) + e^u(y - uy)dy = 0$，消去 y 得 $(1+e^u)(udy + ydu) + e^u(1-u)dy = 0$，$(u+e^u)dy = -y(1+e^u)du$，$-\dfrac{1}{y}dy = \dfrac{(1+e^u)}{(u+e^u)}du \Rightarrow C_1\ y(u+e^u) = 1$，即 $x + ye^{\frac{x}{y}} = C$，其中 $C = \dfrac{1}{C_1}$.

例 29.2　求解下列微分方程：

(1) $f(xy)ydx + g(xy)xdy = 0$；　　(2) $2yy' = e^{\frac{x^2+y^2}{x}} + \dfrac{x^2+y^2}{x} - 2x$.

解　(1) 令 $u = xy$，得 $du = ydx + xdy$，所以有 $f(u)ydx + g(u)(du - ydx) = 0$，

故
$$[f(u) - g(u)]\frac{u}{x}dx + g(u)du = 0, \frac{dx}{x} + \frac{g(u)}{u[f(u) - g(u)]}du = 0$$

即 $\ln x + \displaystyle\int \frac{g(u)}{u[f(u) - g(u)]}du = C$.

(2) 令 $u = x^2 + y^2$，得 $du = 2xdx + 2ydy = 2xdx + 2yy'dx \Rightarrow u' = 2x + 2yy' \Rightarrow 2x + e^{\frac{u}{x}} + \dfrac{u}{x} - 2x = u' \Rightarrow u' = e^{\frac{u}{x}} + \dfrac{u}{x}$. 令 $v = \dfrac{u}{x}$，则 $v + xv' = e^v + v$，$e^{-v}dv = \dfrac{1}{x}dx \Rightarrow -e^{-v} = \ln x + C$，即 $-e^{-\frac{x^2+y^2}{x}} = \ln x + C$.

例 29.3　求解下列微分方程：

(1) $y' = \dfrac{x-y+1}{x+y+5}$；　　(2) $(x+1)y' - ny = (1+x)^{n+1}e^x \sin x$；

(3) $y' + \sin y + x\cos y + x = 0$.

解　(1) $\begin{cases} x - y + 1 = 0 \\ x + y + 5 = 0 \end{cases} \Rightarrow \begin{cases} x = -3 \\ y = -2 \end{cases}$，坐标系移到原点 $(-3, -2)$，$\begin{cases} X = x + 3 \\ Y = y + 2 \end{cases}$ 建立新坐标系 XOY，则 $\dfrac{dY}{dX} = \dfrac{X - Y}{X + Y} = \dfrac{1 - \dfrac{Y}{X}}{1 + \dfrac{Y}{X}}$，令 $\dfrac{Y}{X} = u \Rightarrow Y = uX$，$\dfrac{dY}{dX} = u + X\dfrac{du}{dX}$，代入新微分方程得 $u + X\dfrac{du}{dX} = \dfrac{1-u}{1+u} \Leftrightarrow \dfrac{1+u}{2-(1+u)^2}du = \dfrac{dX}{X} \Leftrightarrow -\dfrac{1}{2}\dfrac{d[2-(1+u)^2]}{2-(1+u)^2} = \dfrac{dX}{X}$，解得 $\ln[2-(1+u)^2] = -2\ln X + C_1$，将 $u = \dfrac{Y}{X} = \dfrac{y+2}{x+3}$ 代入整理得 $2 - \left(1 + \dfrac{y+2}{x+3}\right)^2 = \dfrac{C}{\sqrt{x+3}}$.

(2) 化为标准方程 $y' - \dfrac{n}{x+1}y = (1+x)^n e^x \sin x$，首先解方程 $y' - \dfrac{n}{x+1}y = 0 \Rightarrow \dfrac{dy}{y} = \dfrac{n}{x+1}dx$，$\ln y = n\ln(x+1) + \ln C$，有 $y = C(x+1)^n$.

常数变异法，令 $y(x) = C(x)(x+1)^n$，$y'(x) = c'(x)(x+1)^n + nc(x)(x+1)^{n-1}$，代入原方程整理得 $c'(x) = e^x \sin x \Rightarrow c(x) = \dfrac{1}{2}e^x(\sin x - \cos x) + C_1$.

因此原方程得通解为 $y = \left[\dfrac{1}{2}e^x(\sin x - \cos x) + C_1\right](x+1)^n$.

(3) $y'+2\sin\frac{y}{2}\cos\frac{y}{2}+2x\cos^2\frac{y}{2}=0\Rightarrow\frac{1}{2\cos^2\frac{y}{2}}y'+\tan\frac{y}{2}+x=0\Rightarrow\left(\tan\frac{y}{2}\right)'+\tan\frac{y}{2}+x=0$,令 $u=\tan\frac{y}{2}$,则方程变为 $u'+u=-x$,$u=e^{-\int dx}\left(\int -xe^{\int dx}dx+C\right)=e^{-x}(e^x-xe^x+C)=1-x+Ce^{-x}$,所以方程的解为 $\tan\frac{y}{2}=Ce^{-x}+(1-x)$.

例 29.4 设 $f(x)$ 为连续函数,求初值问题 $y'+ay=f(x)$,$y|_{x=0}=0$ 的解 $y(x)$,其中 a 为正常数.

解 原方程的通解为 $y(x)=e^{-ax}\left[\int f(x)e^{ax}dx+C\right]=e^{-ax}[F(x)+C]$,其中 $F(x)$ 是 $f(x)e^{ax}$ 的任一原函数,有 $y(0)=0$,得 $F(0)=-C$,故

$$y(x)=e^{-ax}[F(x)-F(0)] \qquad (*)$$

而 $F(x)-F(0)=\int_0^x f(t)e^{at}dt$ 代入式(*)中得 $y(x)=e^{-ax}\int_0^x f(t)e^{at}dt$.

例 29.5 若 $F(x)$ 是 $f(x)$ 的一个原函数,$G(x)$ 是 $\frac{1}{f(x)}$ 的一个原函数,且 $F(x)\cdot G(x)=-1$,$f(0)=1$,求 $f(x)$.

解 由题设有 $F'(x)=f(x)$,$G'(x)=\frac{1}{f(x)}=\frac{1}{F'(x)}$,再由 $F(x)\cdot G(x)=-1$,两边对 x 求导得 $F'(x)G(x)+F(x)G'(x)=0$,将 $G(x)=-\frac{1}{F(x)}$,$G'(x)=\frac{1}{F'(x)}$ 代入 $F'(x)\left(-\frac{1}{F(x)}\right)+F(x)\frac{1}{F'(x)}=0$,得$[F'(x)]^2=[F(x)]^2$,开方得 $F'(x)=\pm F(x)$.

(1) 由 $F'(x)-F(x)=0$ 得 $F(x)=Ce^x$,而 $f(x)=F'(x)=Ce^x$,由 $f(0)=1$ 得 $C=1$,于是 $f(x)=e^x$;

(2) 由 $F'(x)+F(x)=0$ 得 $F(x)=Ce^{-x}$,$f(x)=F'(x)=-Ce^{-x}$,由 $f(0)=1$ 得 $C=-1$,于是 $f(x)=e^{-x}$.

例 29.6 设 $f(t)$ 为周期函数(周期为 T),试证 $\frac{dy}{dt}+ay=f(t)$(a 为非零常数)存在唯一的以 T 为周期的特解,并求特解.

分析: 先求出通解,在通解中找出一个以 T 为周期的特解,即令通解是以 T 为周期的解,确定通解中的常数 C.

解 方程的通解为 $y(t)=e^{-at}\left[\int_{t_0}^t f(\tau)e^{a\tau}d\tau+C\right]$,则

$$\begin{aligned}y(t+T)&=e^{-a(t+T)}\left[\int_{t_0}^{t+T}f(\tau)e^{a\tau}d\tau+C\right]\\&=e^{-a(t+T)}\left[\int_{t_0-T}^{t}f(u+T)e^{a(u+T)}du+C\right]\\&=e^{-at}\left[\int_{t_0-T}^{t}f(u)e^{au}du+Ce^{-aT}\right]\end{aligned}$$

要使 $y(t+T)=y(t)$,只要 C 满足 $\int_{t_0-T}^{t}f(u)e^{au}du+Ce^{-aT}=C+\int_{t_0}^{t}f(\tau)e^{a\tau}d\tau$,移项整理即得

$$C(1-e^{-aT})=\int_{t_0-T}^{t} f(u)e^{au}\,du-\int_{t_0}^{t} f(\tau)e^{a\tau}\,d\tau=\int_{t_0-T}^{t} f(u)e^{au}\,du+\int_{t}^{t_0} f(\tau)e^{a\tau}\,d\tau$$
$$=\int_{t_0-T}^{t_0} f(\tau)e^{a\tau}\,d\tau$$

即 $C(1-e^{-aT})=\int_{t_0-T}^{t_0} f(\tau)e^{a\tau}\,d\tau$,解出 $C=\dfrac{1}{(1-e^{-aT})}\int_{t_0-T}^{t_0} f(\tau)e^{a\tau}\,d\tau$.　　(*)

即这样取一个特殊的常数 C 可保证微分方程存在周期解,且 C 是唯一的;反之,若 C 由(*)式决定,则得到的特解是以 T 为周期的周期函数,即所求解为

$$y(t)=e^{-at}\left[\int_{t_0}^{t} f(\tau)e^{a\tau}\,d\tau+\frac{1}{(1-e^{-aT})}\int_{t_0-T}^{t_0} f(\tau)e^{a\tau}\,d\tau\right]$$

例 29.7　设曲线 L 位于 xOy 平面的第一象限内,L 上的任一点 M 处的切线与 y 轴的总相交,交点记为 A,已知 $|\overline{MA}|=|\overline{OA}|$,$y\left(\frac{3}{2}\right)=\frac{3}{2}$,且 L 过点 $\left(\frac{3}{2},\frac{3}{2}\right)$,求 L 的方程.

解　设点 M 的坐标为 (x,y),则切线 MA 的方程为 $Y-y=y'(X-x)$. 令 $X=0$,则 $Y=y-xy'$,故 A 点的坐标为 $(0,y-xy')$,由 $|\overline{MA}|=|\overline{OA}|$,有 $\sqrt{(x-0)^2+(y-y+xy')^2}=|y-xy'|$. 两边平方并化简 $2yy'-\frac{1}{x}y^2=-x$,即 $(y^2)'-\frac{1}{x}y^2=-x$. 令 $z=y^2$ 得 $\frac{dz}{dx}-\frac{z}{x}=-x$,解得 $z=e^{\int\frac{1}{x}dx}\left(-\int xe^{-\int\frac{1}{x}dx}+C\right)=x(-x+C)$. 代回原变量得 $y^2=-x^2+Cx$,由于所求曲线在第一象限内,故 $y=\sqrt{Cx-x^2}$. 又以 $y\left(\frac{3}{2}\right)=\frac{3}{2}$ 代入得 $C=3$,于是所求曲线方程为 $y=\sqrt{3x-x^2}\,(0<x<3)$.

例 29.8　求微分方程 $(y-x^3\sqrt{x^2-y^2})dx-xdy=0$ 的通解.

解　易见方程不是一阶线性方程,也不是可分离方程和全微分方程. 现只能利用凑微分的方法来重新组合方程各项,得 $ydx-xdy=x^3\sqrt{x^2-y^2}\,dx$,想到基本微分组合式及 $(\arcsin u)'=\frac{1}{\sqrt{1-u^2}}$,从而将方程进一步凑成 $\frac{ydx-xdy}{x^2}\cdot\frac{1}{\sqrt{1-\left(\frac{y}{x}\right)^2}}=x^2dx$,因为

$$\frac{ydx-xdy}{x^2}\cdot\frac{1}{\sqrt{1-\left(\frac{y}{x}\right)^2}}=\frac{-d\left(\frac{y}{x}\right)}{\sqrt{1-\left(\frac{y}{x}\right)^2}}=-d\left(\arcsin\frac{y}{x}\right),x^2dx=d\left(\frac{x^2}{3}\right)$$

故有 $d\left(\frac{x^2}{3}\right)+d\left(\arcsin\frac{y}{x}\right)=0$,$d\left(\frac{x^2}{3}+\arcsin\frac{y}{x}\right)=0$.

通解为 $\frac{x^2}{3}+\arcsin\frac{y}{x}=C$.

例 29.9　求解微分方程:

(1) $(xy)dx=(2x^2-y^4)dy$;　　　(2) $\frac{dy}{dx}+\frac{y}{x}=a(\ln x)y^2$.

解　(1) $x\frac{dx}{dy}=\frac{2}{y}x^2-y^3$,令 $z=x^2$,则原方程化为 $\frac{dz}{dy}-\frac{4}{y}z=-2y^3$,用公式法有 $z=e^{\int\frac{4}{y}dy}\left(\int-2y^3e^{-\int\frac{4}{y}dy}dy+C\right)=(-2\ln y+C)y^4$,即 $x^2=(-2\ln y+C)y^4$.

(2) 以 y^2 除方程的两端,得

$$y^{-2}\frac{\mathrm{d}y}{\mathrm{d}x}+\frac{1}{x}y^{-1}=a\ln x\Rightarrow\frac{\mathrm{d}y^{-1}}{\mathrm{d}x}-\frac{1}{x}y^{-1}=-a\ln x$$

令 $z=y^{-1}$,则上述方程为$\frac{\mathrm{d}z}{\mathrm{d}x}-\frac{1}{x}z=-a\ln x$,得 $z=x\left[C-\frac{a}{2}(\ln x)^2\right]$,以 $z=y^{-1}$ 代入方程,得所求方程的通解为 $yx\left[C-\frac{a}{2}(\ln x)^2\right]=1$.

例 29.10 设 $f(x)$ 为可微函数,解积分方程 $f(x)=\mathrm{e}^x+\mathrm{e}^x\int_0^x[f(t)]^2\mathrm{d}t$.

解 将方程两边求导得 $f'(x)=\mathrm{e}^x+\mathrm{e}^x\int_0^x[f(t)]^2\mathrm{d}t+\mathrm{e}^xf^2(x)$,再由原方程可知 $f'(x)=f(x)+\mathrm{e}^xf^2(x)$.

令 $y=f(x)$,则有 $y'-y=\mathrm{e}^xy^2$,这是贝努利方程,实际上,此方程可化为 $\mathrm{d}\frac{\frac{1}{y}}{\mathrm{d}x}+\frac{1}{y}=-\mathrm{e}^x$,由求解公式得$\frac{1}{y}=\mathrm{e}^{-\int\mathrm{d}x}\left[\int-\mathrm{e}^x\mathrm{e}^{\int\mathrm{d}x}+C\right]$,即 $y=\frac{2\mathrm{e}^x}{C-\mathrm{e}^{2x}}$.

由原方程可知 $x=0$ 时 $f(x)=1$,解得 $C=3$,所以原方程的解为 $f(x)=\frac{2\mathrm{e}^x}{3-\mathrm{e}^{2x}}$.

例 29.11 求解微分方程$(x\mathrm{e}^y-3x^2)\mathrm{d}x+\left(\frac{1}{2}x^2\mathrm{e}^y+2y\right)\mathrm{d}y=0$.

解 令 $P=\frac{1}{2}x^2\mathrm{e}^y+2y,Q=x\mathrm{e}^y-3x^2$,因为$\frac{\partial P}{\partial y}=x\mathrm{e}^y=\frac{\partial Q}{\partial x}$,所以是全微分方程.

解法一:原函数法

令 $\mathrm{d}u(x,y)=\frac{\partial u}{\partial x}\mathrm{d}x+\frac{\partial u}{\partial y}\mathrm{d}y=(x\mathrm{e}^y-3x^2)\mathrm{d}x+\left(\frac{1}{2}x^2\mathrm{e}^y+2y\right)\mathrm{d}y$. 故$\frac{\partial u}{\partial x}=x\mathrm{e}^y-3x^2$,$\frac{\partial u}{\partial y}=\frac{1}{2}x^2\mathrm{e}^y+2y$. 由第一个微分得 $u=\frac{1}{2}x^2\mathrm{e}^y-x^3+\varphi(y)$,$\frac{\partial u}{\partial y}=\frac{1}{2}x^2\mathrm{e}^y+\varphi'(y)=\frac{1}{2}x^2\mathrm{e}^y+2y\Rightarrow\varphi'(y)=2y$,故 $\varphi(y)=y^2+C$,$u=\frac{1}{2}x^2\mathrm{e}^y-x^3+y^2+C$,通解为$\frac{1}{2}x^2\mathrm{e}^y-x^3+y^2+C=0$.

解法二:分项组合法

原微分方程 $\Leftrightarrow\left(x\mathrm{e}^y\mathrm{d}x+\frac{1}{2}x^2\mathrm{e}^y\mathrm{d}y\right)+(-3x^2\mathrm{d}x)+(2y)\mathrm{d}y=0\Leftrightarrow\mathrm{d}\left(\frac{1}{2}x^2\mathrm{e}^y\right)-\mathrm{d}(x^3)+\mathrm{d}y^2=0\Leftrightarrow\mathrm{d}\left[\frac{1}{2}x^2\mathrm{e}^y-x^3+y^2\right]=0$.

所以通解为$\frac{1}{2}x^2\mathrm{e}^y-x^3+y^2=C$.

解法三:曲线积分法

$$\begin{aligned}u(x,y)&=\int_{(0,0)}^{(x,y)}(x\mathrm{e}^y-3x^2)\mathrm{d}x+\left(\frac{1}{2}x^2\mathrm{e}^y+2y\right)\mathrm{d}y\\&=\int_0^x(x-3x^2)\mathrm{d}x+\int_0^y\left(\frac{1}{2}x^2\mathrm{e}^y+2y\right)\mathrm{d}y\\&=\frac{1}{2}x^2\mathrm{e}^y-x^3+y^2\end{aligned}$$

所以通解为$\frac{1}{2}x^2\mathrm{e}^y-x^3+y^2=C$.

例 29.12 考虑一阶线性微分方程：$y'+ay=f(x)$，常数 $a>0$，$f(x)$ 连续且满足 $|f(x)|\leqslant K$(常数)，$0\leqslant x<+\infty$.

(1) 求满足初始条件 $y(0)=0$ 的特解；

(2) 证明上述解满足不等式 $|y(x)|\leqslant \dfrac{K}{a}(1-\mathrm{e}^{-ax})$，$0\leqslant x<+\infty$.

解 (1) 微分方程过定点 (x_0,y_0) 的特解可由公式表示为 $y=\mathrm{e}^{-\int_{x_0}^{x}a\mathrm{d}t}\left(\int_{x_0}^{x}f(t)\mathrm{e}^{\int_{x_0}^{t}a\mathrm{d}t}\mathrm{d}t+y_0\right)$，于是满足初始条件 $y(0)=0$ 的特解为 $y=\mathrm{e}^{-\int_0^x a\mathrm{d}t}\left(\int_0^x f(t)\mathrm{e}^{\int_0^t a\mathrm{d}t}\mathrm{d}t+0\right)=\int_0^x f(t)\mathrm{e}^{-a(x-t)}\mathrm{d}t$.

(2) 由条件 $|f(x)|\leqslant K$，$0\leqslant x<+\infty$ 知，当 $0\leqslant x<+\infty$ 时，有

$$\begin{aligned}|y(x)|&=\left|\int_0^x f(t)\mathrm{e}^{-a(x-t)}\mathrm{d}t\right|\leqslant\int_0^x|f(t)\mathrm{e}^{-a(x-t)}|\mathrm{d}t\\&\leqslant K\int_0^x\mathrm{e}^{-a(x-t)}\mathrm{d}t=\frac{K}{a}\mathrm{e}^{-a(x-t)}\Big|_0^x=\frac{K}{a}(1-\mathrm{e}^{-ax})\end{aligned}$$

评注：注意过定点 (x_0,y_0) 的特解公式 $y=\mathrm{e}^{-\int_{x_0}^{x}p(t)\mathrm{d}t}\left(\int_{x_0}^{x}f(t)\mathrm{e}^{\int_{x_0}^{t}p(t)\mathrm{d}t}\mathrm{d}t+y_0\right)$.

2. 可降阶高阶微分方程及应用

例 29.13 解 $(1+y'^2)y'''=(a+3y')y''^2$.

解 本题是不显含 y 的特殊高阶方程，令 $y'=u(x)$，原方程化为 $(1+u^2)u''=(a+3u)u'^2$. 再令 $u'=P$，$u''=P\dfrac{\mathrm{d}P}{\mathrm{d}u}$，得 $(1+u^2)P\dfrac{\mathrm{d}P}{\mathrm{d}u}=(a+3u)P^2$. 由分离变量法得 $\dfrac{1}{P}\mathrm{d}P=\dfrac{a+3u}{1+u^2}\mathrm{d}u$，积分得 $P=C_1(1+u^2)^{\frac{3}{2}}\mathrm{e}^{a\arctan u}$.

再令 $t=\arctan u$，即 $u=\tan t$，则 $\mathrm{d}u=\sec^2 t\mathrm{d}t$，代入上式有 $\dfrac{\sec^2 t\mathrm{d}t}{\mathrm{d}x}=C_1\sec^3 t\mathrm{e}^{at}$. 由分离变量法得 $\mathrm{d}x=\dfrac{\mathrm{e}^{-at}}{C_1}\cos t\mathrm{d}t$，积分得 $x=\dfrac{1}{C_1(1+a^2)}\mathrm{e}^{-at}(\sin t-a\cos t)+C_2$. 又因 $\mathrm{d}y=y'\mathrm{d}x=u\mathrm{d}x=\tan t\cdot\dfrac{1}{C_1}\mathrm{e}^{-at}\cos t\mathrm{d}t=\dfrac{1}{C_1}\mathrm{e}^{-at}\sin t\mathrm{d}t$，两边积分得 $y=\dfrac{-1}{C_1(1+a^2)}\mathrm{e}^{-at}(a\sin t+\cos t)+C_3$，所以原方程的解可以写成下面的参数方程的形式：

$$\begin{cases}x=\dfrac{1}{C_1(1+a^2)}\mathrm{e}^{-at}(\sin t-a\cos t)+C_2\\ y=\dfrac{-1}{C_1(1+a^2)}\mathrm{e}^{-at}(a\sin t+\cos t)+C_3\end{cases}$$

评注：本题由于解出 x 关于 t 的方程后，将 $t=\arctan u=\arctan y'$ 代入 x 的解中，关于 y' 的方程参数复杂，故而选参数方程的解。

例 29.14 如例 29.14 图所示，设函数 $y=y(x)(x\geqslant 0)$ 二阶可导且 $y'(x)>0$，$y(0)=1$，过曲线 $y=y(x)$ 上任意一点 $P(x,y)$ 作该曲线的切线及 x 轴的垂线，上述两直线与 x 轴所围成的三角形的面积记为 S_1，区间 $[0,x]$ 上以 $y=y(x)$ 为曲边的曲边梯形面积记为 S_2，并设 $2S_1-S_2\equiv 1$，求方程 $y=y(x)$.

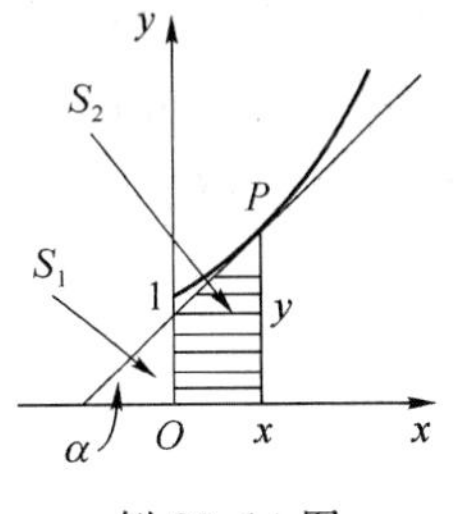

例 29.14 图

解 因为 $y(0)=1$，$y'(x)>0$，所以 $y(x)>0$，设曲线 $y=$

$y(x)$ 在点 $P(x,y)$ 处的切线倾角为 α,于是 $S_1=\frac{1}{2}y^2\cot\alpha=\frac{y^2}{2y'}$,$S_2=\int_0^x y(t)\mathrm{d}t$.

利用 $2S_1-S_2=1$,得$\frac{y^2}{y'}-\int_0^x y(t)\mathrm{d}t=1$,两边对 x 求导,得 $yy''=(y')^2$.

令 $y'=p(y)$,则 $y''=p\frac{\mathrm{d}p}{\mathrm{d}y}$,方程化为 $yp\frac{\mathrm{d}p}{\mathrm{d}y}=p^2\Rightarrow\frac{\mathrm{d}p}{p}=\frac{\mathrm{d}y}{y}$,解得 $p=C_1y$,定解条件为 $y(0)=1$,同时 $x=0$,$y=1$ 代入微分方程得定解条件,即得 $C_1=1$. 再解 $y'=y$,得 $y=C_2\mathrm{e}^x$,利用 $y(0)=1$ 得 $C_2=1$.

故所求曲线方程为 $y=\mathrm{e}^x$.

3. 高阶微分方程解的结构定理

例 29.15 以四个函数 $y_1(x)=\mathrm{e}^x$,$y_2(x)=2x\mathrm{e}^x$,$y_3(x)=3\cos 3x$,$y_4(x)=4\sin 3x$ 为解的四阶常系数线性齐次微分方程是什么?并求该方程的通解.

解 从 $y_1(x)$,$y_2(x)$ 观察出的二重实特征根 1,从 $y_3(x)$,$y_4(x)$ 观察出一对共轭复根 $\pm 3\mathrm{i}$,因此四阶微分方程的特征方程为$(r-1)^2(r^2+3^3)=0$,多项式展开得

$$r^4-3r^3+10r^2-10r+9=0$$

从而微分方程为 $$y^{(4)}-2y'''+10y''-10y'+9y=0$$

通解为$(c_1+c_2x)\mathrm{e}^x+c_3\cos 3x+c_4\sin 3x$.

例 29.16 求微分方程$(x^2\ln x)y''-xy'+y=0$ 的通解.

解 观察得到一个解 $y_1=x$. 令 $y_2=u(x)y_1$,求另一个线性无关的解,代入方程得

$$(x^2\ln x)(xu''(x)+2u'(x))-x(xu'(x)+u(x))+xu(x)=0$$

即$(x^3\ln x)u''(x)+x^2(2\ln x-1)u'(x)=0$,令 $p=u'(x)$,化简后得$(x\ln x)p'(x)+(2\ln x-1)p(x)=0\Rightarrow p=-\frac{\ln x}{x^2}$,故 $u=\int p\mathrm{d}x=\int-\frac{\ln x}{x^2}\mathrm{d}x=\frac{\ln x+1}{x}+C$,从而 $y_2=\ln x+1$,所以原方程的通解为 $y=c_1x+c_2(\ln x+1)$.

例 29.17 设二阶线性常系数方程 $y''+ay'+by=c\mathrm{e}^x$ 的一个特解是 $y^*=\mathrm{e}^{2x}+(1+x)\mathrm{e}^x$,试确定 a,b,c,并求通解.

解法一 将 $y^*=\mathrm{e}^{2x}+(1+x)\mathrm{e}^x$ 代入微分方程,比较系数得 $a=-3,b=2,c=-1$.

解法二 由非齐次项 $Q(x)=c\mathrm{e}^x$ 可知非齐次的特解中只能含有 e^x 项,因此特解 $y^*=\mathrm{e}^{2x}+(1+x)\mathrm{e}^x$ 中的 $y_1=\mathrm{e}^{2x}$ 必是对应齐次方程的解;而另外两项 e^x,$x\mathrm{e}^x$ 中,齐次方程解中只能包含 e^x 项,因为项 $x\mathrm{e}^x$ 与 $y_1=\mathrm{e}^{2x}$ 构成的齐次方程不可能是常系数微分方程,因此 $y_1=\mathrm{e}^{2x}$,$y_2=\mathrm{e}^x$ 是齐次方程的解,得特征方程$(r-1)(r-2)=0$,得齐次方程 $y''-3y'+2y=0$,比较 $y''+ay'+by=c\mathrm{e}^x$ 得 $a=-3,b=2$;再将特解 $x\mathrm{e}^x$ 代入得 $c=-1$,所以 $a=-3,b=2,c=-1$.

4. 齐次、非齐次高阶微分方程

例 29.18 解方程 $y''-3y'+2y=2\mathrm{e}^{-x}\cos x+\mathrm{e}^{2x}(4x+5)$.

解 特征方程 $r^2-3r+2=0\Rightarrow r_1=2,r_2=1$,因此齐次方程通解为$\overline{y}=c_1\mathrm{e}^x+c_2\mathrm{e}^{2x}$;由微分方程解的叠加原理,求解如下两个非齐次方程

$$y''-3y'+2y=2\mathrm{e}^{-x}\cos x \qquad ①$$

$$y''-3y'+2y=\mathrm{e}^{2x}(4x+5) \qquad ②$$

方程 ① 的一个特解设为 $y_1=\mathrm{e}^{-x}(A\cos x+B\sin x)$,则

$$y'_1=\mathrm{e}^{-x}[(B-A)\cos x-(A+B)\sin x],y''_1=\mathrm{e}^{-x}(-2B\cos x+2A\sin x)$$

代入方程 ① 解为 $A=\frac{1}{5}$，$B=-\frac{1}{5}$，因此 $y_1=\frac{1}{5}e^{-x}(\cos x-\sin x)$.

方程 ② 的一个特解设为 $y_2=xe^{2x}(ax+b)$，求得 $y'_2=e^{2x}[2ax^2+2(a+b)x+b]$，$y''_2=e^{2x}[4ax^2+(8a+4b)x+2a+4b]$，代入方程 ② 解得 $a=2$，$b=1$，即 $y_2=xe^{2x}(2x+1)$.

综合可知原方程的一个特解是 $y^*=y_1+y_2=\frac{1}{5}e^{-x}(\cos x-\sin x)+xe^{2x}(2x+1)$. 于是所求通解为 $y=\bar{y}+y^*=c_1e^x+c_2e^{2x}+\frac{1}{5}e^{-x}(\cos x-\sin x)+xe^{2x}(2x+1)$.

例 29.19　用变换 $t=\tan x$，把微分方程 $\cos^4 x\frac{d^2y}{dx^2}+2\cos^2 x(1-\sin x\cos x)\frac{dy}{dx}+y=\tan x$ 化成 y 关于 t 的微分方程，并求原微分方程的通解.

解　求导：$\frac{dy}{dx}=\frac{dy}{dt}\cdot\frac{dt}{dx}=\frac{dy}{dt}\frac{1}{\cos^2 x}$，$\frac{d^2y}{dx^2}=\frac{d}{dx}\left(\frac{dy}{dt}\frac{1}{\cos^2 x}\right)=\frac{dy}{dt}\cdot\frac{2\sin x}{\cos^3 x}+\frac{1}{\cos^4 x}\frac{d^2y}{dt^2}$

代入原方程，得关于 t 的微分方程：$\frac{d^2y}{dt^2}+2\frac{dy}{dt}+y=t$；解得 $y=(c_1t+c_2)e^{-t}+t-2$，将 $t=\tan x$ 代入该通解得微分方程的通解

$$y=(c_1\tan x+c_2)e^{-\tan x}+\tan x-2$$

例 29.20　设函数 $y=f(x)$ 在 $(-\infty,+\infty)$ 内具有二阶导数，且 $y'\neq 0$，$x=x(y)$ 是 $y=y(x)$ 的反函数.

(1) 试将 $x=x(y)$ 所满足的微分方程 $\frac{d^2x}{dy^2}+(y+\sin x)\left(\frac{dx}{dy}\right)^3=0$ 变为 $y=y(x)$ 满足的微分方程.

(2) 求变换后的微分方程满足初始条件 $y(0)=0$，$y'(0)=\frac{3}{2}$ 的解.

解　(1) $\frac{dx}{dy}=\frac{1}{\frac{dy}{dx}}$，$\frac{d^2x}{dy^2}=\frac{d}{dy}\left[\frac{1}{\frac{dy}{dx}}\right]=\frac{d}{dx}\left[\frac{1}{\frac{dy}{dx}}\right]\frac{dx}{dy}=-\frac{\frac{d^2y}{dx^2}}{\left(\frac{dy}{dx}\right)^3}$，将它们代入原微分方程 $\frac{d^2x}{dy^2}+(y+\sin x)\left(\frac{dx}{dy}\right)^3=0$ 得

$$y''-y=\sin x \qquad ①$$

其对应的齐次线性微分方程 $y''-y=0$ 的通解为 $Y=C_1e^x+C_2e^{-x}$.

此外 ① 式有形如 $y^*=A\cos x+B\sin x$ 的特解. 将它代入 ① 式得 $A=0$，$B=-\frac{1}{2}$，所以 $y^*=-\frac{1}{2}\sin x$. 因此 ① 式的通解为 $y=Y+y^*=C_1e^x+C_2e^{-x}-\frac{1}{2}\sin x$，并且 $y'=C_1e^x+C_2e^{-x}-\frac{1}{2}\cos x$.

(2) 利用初始条件得，$0=C_1+C_2$，$\frac{3}{2}=C_1-C_2-\frac{1}{2}$，即 $C_1=1$，$C_2=-1$. 所以满足初始条件的解为 $y=e^x-e^{-x}-\frac{1}{2}\sin x$.

例 29.21　求微分方程 $y''-xy'-y=1$ 满足初始条件 $y(0)=0$，$y'(0)=0$ 的特解.

分析：本例方程不属于可降阶的基本类型，而降阶的念头却使人想到 $xy'+y=(xy)'$ 的

利用,由此,原方程不难凑为$(y'-xy-x)'=0$,这样,使得求解很容易.

解 原方程可凑为$(y'-xy-x)'=0$,积分得$y'-xy-x=C$,将$y(0)=0,y'(0)=0$代入上式得$C=0$.从而有$y'-xy-x=0$,用分离变量将上式化为

$$\frac{dy}{1+y}=xdx\Rightarrow\ln(1+y)=\frac{x^2}{2}+C_1$$

利用条件$y(0)=0$,得$C_1=0$,于是所求特解为$y=e^{\frac{x^2}{2}}-1$.

例 29.22 求方程$4x^4y'''-4x^3y''+4x^2y'=1$的通解.

解 首先试探方程是否有形如$y^*=ax^{-1}$的特解,代入方程$a(-24-8-4)=1\Rightarrow a=-\frac{1}{36}$,所以$y^*=-\frac{1}{36}x^{-1}$;再求解齐次方程$4x^4y'''-4x^3y''+4x^2y'=0$,即$x^3y'''-x^2y''+xy'=0$;令$x=e^t$,上式化为$\frac{d^3y}{dt^3}-4\frac{d^2y}{dt^2}+4\frac{dy}{dt}=0$,解特征方程$r(r-2)^2=0$,得通解$y=c_1+c_2e^{2t}+c_3te^{2t}=c_1+c_2x^2+c_3x^2\ln x$,所以原方程的通解为$y=c_1+c_2x^2+c_3x^2\ln x-\frac{1}{36}x^{-1}$.

评注:原方程导数的阶数都比相应项系数小1,且右端是常数.

5. 微分方程应用及其综合题目

例 29.23 如例29.23图所示,设有一高度为$h(t)$(t为时间)的雪堆在融化过程中,其侧面满足方程$z=h(t)-\frac{2(x^2+y^2)}{h(t)}$,设长度单位为厘米,时间单位为小时,已知体积减小的速率与侧面积成正比(比例系数0.9),问高度为130 cm的雪堆全部融化需要多少小时?

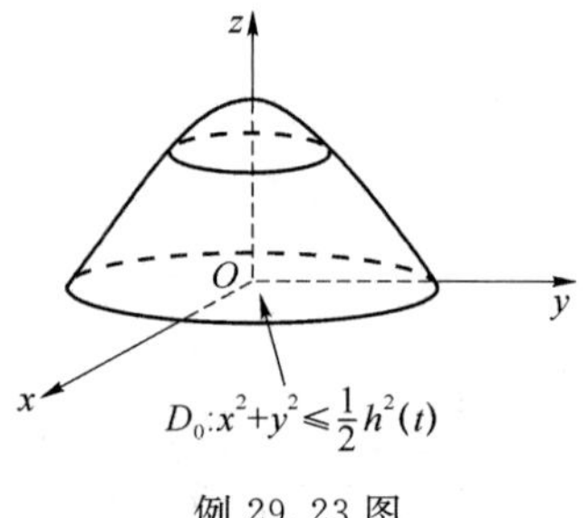

例 29.23 图

解 记雪堆体积为V,侧面积为S,则

$$V=\int_0^{h(t)}dz\iint_{D_z}dxdy=\int_0^{h(t)}\frac{1}{2}\pi[h^2(t)-h(t)z]dz=\frac{\pi}{4}h^3(t)$$

$$S=\iint_{D_0}\sqrt{1+(z'_x)^2+(z'_y)^2}\,dxdy=\iint_{D_0}\sqrt{1+\frac{16(x^2+y^2)}{h^2(t)}}dxdy \quad (\text{用极坐标})$$

$$=\frac{2\pi}{h(t)}\int_0^{\frac{h(t)}{\sqrt{2}}}\sqrt{h^2(t)+16r^2}\,rdr=\frac{13\pi}{12}h^2(t)$$

由题意知$\frac{dV}{dt}=-0.9S$得微分方程$\frac{dh}{dt}=-\frac{13}{10}$,$h(0)=130$,解得$h(t)=-\frac{13}{10}t+130$.令$h(t)\to 0$,得$t=100$(小时),因此高度为130 cm的雪堆全部融化所需的时间为100小时.

例 29.24 给定方程$xy'+ay=f(x)(x>0)$,其中a为常数($a<0$),$f(x)$在$(0,+\infty)$上连续,且$\lim\limits_{x\to 0^+}f(x)=b$(常数),证明方程的所有解当$x\to 0^+$时有相同的极限,并求此极限.

证明 原方程有$y'+\frac{a}{x}y=\frac{f(x)}{x}(x>0)$,其一般解为

$$y(x)=e^{-\int_1^x\frac{a}{t}dt}\left[\int_1^x\frac{f(t)}{t}e^{\int_1^t\frac{a}{\tau}d\tau}dt+C\right]$$

$$=x^{-a}\left(C+\int_1^x\frac{f(t)}{t}t^a dt\right)=x^{-a}\left(C+\int_1^x\frac{f(t)}{t^{1-a}}dt\right)$$

已知 $a<0$，故 $\lim\limits_{x\to0^+}x^{-a}=0$，$\lim\limits_{x\to0^+}f(x)=b$，下面按 $b=0$ 和 $b\neq0$ 分别讨论.

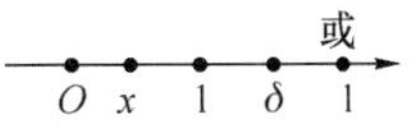

（1）$b\neq0$. 对 $\frac{|b|}{2}>0$，$\exists\delta>0$，当 $0<x<\delta$ 时有 $|f(x)-b|<\frac{|b|}{2}\Rightarrow|f(x)|\geqslant|b|-|f(x)-b|>|b|-\frac{|b|}{2}=\frac{|b|}{2}$，由于 $\int_1^x\frac{f(t)}{t^{1-a}}\mathrm{d}t=\int_1^\delta\frac{f(t)}{t^{1-a}}\mathrm{d}t+\int_\delta^x\frac{f(t)}{t^{1-a}}\mathrm{d}t$，以及 $f(x)$ 在 $(0,+\infty)$ 上连续，

或

O　x　1　δ　1

例 29.24 图

故对任何 $\delta>0$，$\frac{f(t)}{t^{1-a}}$ 在 $[\delta,1]$（或 $[1,\delta]$）上可积（如例 29.24 图所示），即 $\int_1^\delta\frac{f(t)}{t^{1-a}}\mathrm{d}t$ 为一个常数，又对 $0<x<\delta$ 有 $|f(x)|>\frac{|b|}{2}$，$\left|\int_\delta^x\frac{f(t)}{t^{1-a}}\mathrm{d}t\right|\geqslant\int_x^\delta\left|\frac{f(t)}{t^{1-a}}\right|\mathrm{d}t>\frac{|b|}{2}\int_x^\delta\frac{1}{t^{1-a}}\mathrm{d}t$；当 $a<0$ 时，

$\lim\limits_{x\to0^+}\int_x^\delta\frac{1}{t^{1-a}}\mathrm{d}t=\lim\limits_{x\to0^+}\int_x^\delta t^{a-1}\mathrm{d}t=\frac{1}{a}\lim\limits_{x\to0^+}t^a\Big|_x^\delta=+\infty\Rightarrow\lim\limits_{x\to0^+}\int_1^x\frac{f(t)}{t^{1-a}}\mathrm{d}t=\infty$.

用洛必达法则可得 $\lim\limits_{x\to0^+}y(x)=\lim\limits_{x\to0^+}\frac{\int_1^x\frac{f(t)}{t^{1-a}}\mathrm{d}t}{x^a}=\lim\limits_{x\to0^+}\frac{\frac{f(x)}{x^{1-a}}}{ax^{a-1}}=\lim\limits_{x\to0^+}\frac{f(x)}{a}=\frac{b}{a}$.

（2）$b=0$. 若 $\lim\limits_{x\to0^+}\int_1^x\frac{f(t)}{t^{1-a}}\mathrm{d}t$ 存在，由于 $\lim\limits_{x\to0^+}x^{-a}=0\Rightarrow\lim\limits_{x\to0^+}y(x)=0$；若 $\lim\limits_{x\to0^+}\int_1^x\frac{f(t)}{t^{1-a}}\mathrm{d}t$ 不存在，说明反常积分 $\int_0^1\frac{f(t)}{t^{1-a}}\mathrm{d}t$ 不可积，同样由洛必达法则可推出 $\lim\limits_{x\to0^+}y(x)=0$.

综上所述，不论何种情形均有

$$\lim_{x\to0^+}y(x)=\lim_{x\to0^+}x^{-a}\left(C+\int_1^x\frac{f(t)}{t^{1-a}}\mathrm{d}t\right)=\frac{b}{a}$$

例 29.25　设函数 $u_1(x)$，$u_2(x)$ 分别满足下面的关系式

$$u'_1=\alpha(x)u_1+v(x),u_1(0)=c \qquad ①$$

$$u'_2\leqslant\alpha(x)u_2+v(x),u_2(0)=c \qquad ②$$

其中 $\alpha(x)$，$v(x)$ 在 x 非负时连续，c 为常数，证明不等式：$u_2(x)\leqslant u_1(x)$，$x\geqslant0$.

证明　记 $w(x)=u_2(x)-u_1(x)$，则问题转化为证明 $w(x)\leqslant0$，$x\geqslant0$，由 ①，② 式知，$u'_2(x)-u'_1(x)\leqslant\alpha(x)(u_2(x)-u_1(x))$，$u_2(0)-u_1(0)=0$，即 $w'(x)-\alpha(x)w(x)\leqslant0$，$w(0)=0$，同时乘以因子 $\mathrm{e}^{-\int_0^x\alpha(t)\mathrm{d}t}$，得 $w'(x)\cdot\mathrm{e}^{-\int_0^x\alpha(t)\mathrm{d}t}-\alpha(x)\mathrm{e}^{-\int_0^x\alpha(t)\mathrm{d}t}\cdot w(x)\leqslant0$，即 $\frac{\mathrm{d}}{\mathrm{d}t}(w(x)\mathrm{e}^{-\int_0^x\alpha(t)\mathrm{d}t})\leqslant0$.

因此 $F(x)=w(x)\mathrm{e}^{-\int_0^x\alpha(t)\mathrm{d}t}$ 是单调递减函数（$x\geqslant0$），又 $F(0)=w(0)\mathrm{e}^0=0$，所以 $F(x)=w(x)\mathrm{e}^{-\int_0^x\alpha(t)\mathrm{d}t}\leqslant0$，$x\geqslant0$，因此 $w(x)=u_2(x)-u_1(x)\leqslant0$，$x\geqslant0$，即 $u_2(x)\leqslant u_1(x)$，$x\geqslant0$.

（三）练习题

29.1　解微分方程：

（1）$xy'-y[\ln(xy)-1]=0$；

（2）$\left(x-y\cos\frac{y}{x}\right)\mathrm{d}x+x\cos\frac{y}{x}\mathrm{d}y=0$；

（3）$\frac{\mathrm{d}x}{x^2-xy+y^2}=\frac{\mathrm{d}y}{2y^2-xy}$；

(4) $y\left(x\cos\dfrac{y}{x}+y\sin\dfrac{y}{x}\right)dx=x\left(y\sin\dfrac{y}{x}-x\cos\dfrac{y}{x}\right)dy$.

29.2 解微分方程：

(1) $y'=\dfrac{2x^3+3xy^2-7x}{3x^2y+2y^3-8y}$；

(2) $(x-2\sin y+3)dx-(2x-4\sin y-3)\cos y dy=0$.

29.3 设对任意 $x>0$，曲线 $y=f(x)$ 上点 $(x,f(x))$ 处的切线在 y 轴上的截距等于 $\dfrac{1}{x}\int_0^x f(t)dt$，求 $f(x)$ 的一般式.

29.4 设 $f(x)$ 为连续函数，满足方程 $f(x)=2(e^x-1)+\int_0^x(x-t)f(t)dt$，求 $f(x)$.

29.5 求微分方程 $(x^2-y^2-2y)dx+(x^2+2x-y^2)dy=0$ 的通解.

29.6 解微分方程 $\dfrac{2x}{y^3}dx+\dfrac{y^2-3x^2}{y^4}dy=0$.

29.7 解微分方程：

(1) $y'=\dfrac{y^2-x}{2y(x-1)}$；　　(2) $y(y+1)dx+[x(y+1)+x^2y^2]dy=0$.

29.8 求微分方程的通解：

(1) $x^3yy'=1-xyy'+y^2$；　　(2) $\dfrac{1}{y}\dfrac{dy}{dx}=2x+\dfrac{x-x^3}{y}$；

(3) $3e^x\tan y dx+(1-e^x)\sec^2 y dx=0$.

29.9 解微分方程：

(1) $y'\cos y=(1+\cos x\sin y)\sin y$；(2) $y dx-(x^3y+x)dy=0$.

29.10 设 $f(x)$ 在 $(0,+\infty)$ 上连续，且 $\lim\limits_{x\to+\infty}f(x)=k(k>0)$，试证：$y'+y=f(x)$ 的所有解，当 $x\to+\infty$ 时，$f(x)$ 趋于 k.

29.11 设 $\varphi(x),\phi(x)$ 分别是方程 $y'+ay=f(x)$ 和 $y'+ay=g(x)$ 的解，且满足 $\varphi(0)=\phi(0)$，其中 $a>0$ 为常数，$f(x),g(x)\in C[0,+\infty)$，且满足 $|f(x)-g(x)|\leqslant K$，证明：$|\varphi(x)-\phi(x)|\leqslant\dfrac{K}{a}(1-e^{-ax})$，$0\leqslant x<+\infty$.

29.12 设方程 $(3x^3+x)y''+2y'-6xy=4-12x^2$ 的特解为 $y_1=2x$，$y_2=(x+1)^2$，求方程的通解.

29.13 已知方程 $(6y+x^2y^2)dx+(8x+x^3y)dy=0$ 的两边乘以 $y^3f(x)$ 后变为全微分方程，试求出可导函数 $f(x)$，并解出此微分方程.

29.14 设 $f(t)$ 在 $[0,+\infty)$ 上连续，且 $f(t)=e^{4\pi t^2}+\iint\limits_{x^2+y^2\leqslant 4t^2}f\left(\dfrac{1}{2}\sqrt{x^2+y^2}\right)dxdy$，求 $f(t)$.

29.15 若 $f(t)=\iint\limits_{x^2+y^2\leqslant t^2}x\left(1+\dfrac{f(\sqrt{x^2+y^2})}{x^2+y^2}\right)dxdy$，$x,y\geqslant 0$，$t>0$，求 $f(t)$.

29.16 若 $f(x)$ 连续，$f(x)=x\sin x-\int_0^x(x-t)f(t)dt$，求 $f(x)$.

29.17 在过点 $O(0,0)$ 和 $A(\pi,0)$ 得曲线组 $y=\alpha\sin x(\alpha>0)$ 中，求一条曲线 L，使沿该曲线从 O 到 A 的积分 $\int_L(1+y^3)dx+(2x+y)dy$ 的值最小.

29.18　设 $y=y(x)$ 是二阶常系数线性方程 $y''+py'+qy=e^{3x}$ 满足 $y(0)=y'(0)=0$ 的特解，求极限 $\lim\limits_{x\to 0}\dfrac{\ln(1+x^2)}{y(x)}$.

29.19　求连接两点 $A(0,1)$，$B(1,0)$ 的一条曲线，它位于弦 AB 的上方，并且对此弧上任意一条弦 AP，该曲线与弦 AP 之间的面积为 x^3，其中 x 为 P 点的横坐标.

29.20　设 $f(x)$ 是以 2π 为周期的二阶导数连续的函数，且满足 $f(x)+3f'(x+\pi)=\sin x$，求 $f(x)$.

29.21　设 $a>0$，$f(x)$ 在$[0,+\infty)$ 上连续有界，证明：微分方程 $y'+ay=f(x)$ 的解在$[0,+\infty)$ 上有界.

（四）答案与提示

29.1　(1) $\ln(xy)=cx$；　　(2) $\sin\dfrac{y}{x}=-\ln x+C$；

(3) $(y-x)^2=cy(y-2x)^3$；　　(4) $xy\cos\dfrac{y}{x}=C$.

29.2　(1) $x^2+y^2-3=c(x^2-y^2-1)^5(x^2-2)^4$. 方程转化为 $\dfrac{dy^2}{dx^2}=\dfrac{2x^2+3y^2-7}{3x^2+2y^2-8}$，令 $u=x^2$，$v=y^2$，方程化为齐次方程类 $\dfrac{dv}{du}=\dfrac{2u+3v-7}{3u+2v-8}$.

(2) $3(x-2\sin y)-(x-2\sin y)^2=6x+C$. 方程化为 $\dfrac{d\sin y}{dx}=\dfrac{x-2\sin y+3}{2x-4\sin y-3}$.

29.3　$f(x)=C_1\ln x+C_2$（C_1，C_2 为任意常数）. $y=f(x)$ 在 $(x,f(x))$ 处切线方程为 $Y-f(x)=f'(x)(X-x)$，得微分方程 $\int_0^x f(t)dt=x[f(x)-xf'(x)]$.

29.4　$f(x)=\dfrac{1}{2}e^x-\dfrac{1}{2}e^{-x}+xe^x\cdot f''(x)=2e^x+f(x)$，$f(0)=0$，$f(0)=2$.

29.5　$e^{x+y}=C\dfrac{x-y}{x+y}$.

解法一：方程不属于一阶方程的基本类型，凑微分法，$(dx+dy)-2\dfrac{ydx-xdy}{x^2-y^2}=0$，

$d(x+y)-d\left(\ln\dfrac{x-y}{x+y}\right)=0$.

解法二：化为 $\left[1-\left(\dfrac{y}{x}\right)^2\right]d(x+y)+2d\left(\dfrac{y}{x}\right)=0$，令 $\dfrac{y}{x}=u$，$x+u=v$.

29.6　$-\dfrac{1}{y}+\dfrac{x^2}{y^3}+1=C$. 全微分方程.

29.7　(1) $y^2=-(x-1)\ln(x-1)+1+C(x-1)$. 方程化为 $2yy'-\dfrac{1}{x-1}y^2=-\dfrac{x}{x-1}$.

(2) $y+1=Ce^{\frac{1}{xy}}$. 方程化为 $\dfrac{ydx+xdy}{x^2y^2}+\dfrac{dy}{y+1}=0\Rightarrow d\left(-\dfrac{1}{xy}\right)+d\ln(y+1)=0$.

29.8　(1) $(1+x^2)(1+y^2)=cx^2$；　　(2) $y=\dfrac{1}{2}x^2+ce^{x^2}$；

(3) $\tan y = c(e^x - 1)^3$.

29.9 (1) $\frac{2}{\sin y} + \cos x + \sin x = ce^{-x}$. 令 $z = \sin y$,得到贝努利方程$\frac{dz}{dx} - z = z^2\cos x$.

(2) $3\left(\frac{y}{x}\right)^2 + 2y^3 = C$. 转化$\frac{x dy - y dx}{x^2} + xy dy = 0$,令 $z = \frac{y}{x}$.

29.10 通解 $y = e^{-x}\left[\int_0^x f(t)e^t dt + C\right]$,证明 $\lim\limits_{x\to+\infty}\int_0^x f(t)e^t dt = +\infty$,对通解运用洛必达法则即可.

29.11 $y(x) = \varphi(x) - \phi(x)$ 是方程 $y' + ay = f(x) - g(x)$ 的满足条件解 $y(0) = \varphi(0) - \phi(0) = 0$ 的特解,利用例 29.12 的结果.

29.12 $y = C_1(x^2 + 1) + \frac{C_2}{x} + 2x$,$y_1^* = y_2(x) - y_1(x) = x^2 + 1$ 是对应的齐次方程的一个特解,另一个线性无关解是$\frac{1}{x}$.

29.13 $f(x) = C_1 x^2$,通解为 $10x^3y^4 + x^5y^5 = C$. 利用全微分方程条件.

29.14 $f(t) = e^{4\pi t^2}(4\pi t^2 + 1)$. 极坐标积出二重积分得含初始条件的微分方程.

29.15 $f(t) = 2e^t - t^2 - 2t - 2$.

29.16 $f(x) = \frac{1}{4}(x^2\cos x + 3x\sin x)$. 得到二阶微分方程 $f''(x) + f(x) = 2\cos x - x\sin x$, $f(0) = 0, f'(0) = 0$.

29.17 $\alpha = 1$ 时积分值取最小值. 曲线积分定义得 $I(\alpha) = \pi - 4\alpha + \frac{4}{3}\alpha^3$.

29.18 分析 $Q(x) = e^{3x}$ 的三种特解形式:Ae^{3x}、Axe^{3x}、Ax^2e^{3x},满足初始条件的只能是 Ax^2e^{3x},因此 $r = 3$ 是特征方程的二重特征根,得出微分方程 $y'' - 6y' + 9y = e^{3x}$,求出特解$\frac{1}{2}x^2e^{3x}$.

29.19 $y = -6x^2 + 5x + 1$. 设所求曲线为 $y = f(x)$,弦 AP 的方程 $Y - f(x) = \frac{f(x) - 1}{x - 0}(X - x)$,曲线与弦之间的面积 $S = \int_0^x f(X) - \left[f(x) + \frac{f(x) - 1}{x}(X - x)\right]dX = x^3$.

29.20 $f(x) = \frac{1}{10}\sin x + \frac{3}{10}\cos x$,$f'(x) + 3f''(x + \pi) = \cos x$,得 $f'(x + \pi) + 3f''(x) = -\cos x$,原条件解出 $f'(x + \pi) = -\frac{1}{3}f(x) + \frac{1}{3}\sin x$ 得二阶微分方程 $f''(x) - \frac{1}{9}f(x) = -\frac{1}{3}\cos x - \frac{1}{9}\sin x$.

29.21 过定点$(0, y_0)$的解为 $y(x) = e^{-\int_0^x a dt}\left[y_0 + \int_0^x f(t)e^{\int_0^t a dt}dt\right]$.

参 考 文 献

[1] 孙洪祥,王晓红.高等数学难题解题方法选讲[M].北京:机械工业出版社,2003.

[2] 华苏,扈志明,莫骄.微积分学习指导——典型例题精解[M].北京:科学出版社,2003.

[3] 何卫力,缪克英.高等数学方法导引(上、下册)[M].北京:北京交通大学出版社,2004.

[4] 盛祥耀,葛严麟,胡金德,等.高等数学辅导(上、下册)[M].北京:清华大学出版社,1993.

[5] 裴礼文.数学分析中的典型问题与方法[M].北京:高等教育出版社,1993.

[6] 吉米多维奇.数学分析习题集题解[M].济南:山东科学技术出版社,2005.